中 国 国 家 标 准 汇 编

549

GB 28799～28812

（2012 年制定）

中国标准出版社　编

中国标准出版社

北　京

图书在版编目(CIP)数据

中国国家标准汇编:2012年制定.549:GB 28799～28812/中国标准出版社编.—北京:中国标准出版社,2013.10
ISBN 978-7-5066-7279-5

Ⅰ.①中… Ⅱ.①中… Ⅲ.①国家标准-汇编-中国-2012 Ⅳ.①T-652.1

中国版本图书馆CIP数据核字(2013)第183916号

中国标准出版社出版发行
北京市朝阳区和平里西街甲2号(100013)
北京市西城区三里河北街16号(100045)

网址 www.spc.net.cn
总编室:(010)64275323 发行中心:(010)51780235
读者服务部:(010)68523946

中国标准出版社秦皇岛印刷厂印刷
各地新华书店经销

*

开本 880×1230 1/16 印张 33.75 字数 1 029 千字
2013年10月第一版 2013年10月第一次印刷

*

定价 220.00 元

出 版 说 明

1.《中国国家标准汇编》是一部大型综合性国家标准全集。自1983年起，按国家标准顺序号以精装本、平装本两种装帧形式陆续分册汇编出版。它在一定程度上反映了我国建国以来标准化事业发展的基本情况和主要成就，是各级标准化管理机构，工矿企事业单位，农林牧副渔系统，科研、设计、教学等部门必不可少的工具书。

2.《中国国家标准汇编》收入我国每年正式发布的全部国家标准，分为"制定"卷和"修订"卷两种编辑版本。

"制定"卷收入上一年度我国发布的、新制定的国家标准，顺延前年度标准编号分成若干分册，封面和书脊上注明"20××年制定"字样及分册号，分册号一直连续。各分册中的标准是按照标准编号顺序连续排列的，如有标准顺序号缺号的，除特殊情况注明外，暂为空号。

"修订"卷收入上一年度我国发布的、被修订的国家标准，视篇幅分设若干分册，但与"制定"卷分册号无关联，仅在封面和书脊上注明"20××年修订-1,-2,-3,……"字样。"修订"卷各分册中的标准，仍按标准编号顺序排列(但不连续)；如有遗漏的，均在当年最后一分册中补齐。需提请读者注意的是，个别非顺延前年度标准编号的新制定的国家标准没有收入在"制定"卷中，而是收入在"修订"卷中。

读者配套购买《中国国家标准汇编》"制定"卷和"修订"卷则可收齐由我社出版的上一年度我国制定和修订的全部国家标准。

3.由于读者需求的变化，自1996年起，《中国国家标准汇编》仅出版精装本。

4.2012年我国制修订国家标准共2 101项。本分册为"2012年制定"卷第549分册，收入国家标准GB 28799～28812的最新版本。

中国标准出版社

2013年8月

目　　录

ICS 23.040.01;91.140.60
G 33

中华人民共和国国家标准

GB/T 28799.1—2012

冷热水用耐热聚乙烯(PE-RT)管道系统 第1部分:总则

Plastics piping systems for hot and cold water installations—Polyethylene of raised temperature resistance (PE-RT)—Part 1:General

2012-11-05 发布　　2013-03-01 实施

中华人民共和国国家质量监督检验检疫总局
中国国家标准化管理委员会　发布

前　言

GB/T 28799《冷热水用耐热聚乙烯(PE-RT)管道系统》分为三部分：

——第1部分：总则；

——第2部分：管材；

——第3部分：管件。

本部分为GB/T 28799的第1部分。

本部分按照GB/T 1.1—2009给出的规则起草。

本部分的制定参考了国际标准ISO 22391-1:2007《冷热水用耐热聚乙烯(PE-RT)管道系统　第1部分：总则》和奥地利国家标准ONORM B 5159:2004《冷热水用耐热聚乙烯(PE-RT)管道系统》，紧密跟踪标准的制定工作进展和管道原材料的最新发展，并结合了我国耐热聚乙烯管道生产使用实际。

请注意本文件的某些内容有可能涉及专利。本文件的发布机构不承担识别这些专利的责任。

本部分由中国轻工业联合会提出。

本部分由全国塑料制品标准化技术委员会(SAC/TC 48)归口。

本部分起草单位：上海乔治费歇尔管路系统有限公司、上海白蝶管业科技股份有限公司、成都川路塑胶集团有限公司、顾地科技股份有限公司。

本部分主要起草人：柯锦玲、邱强、陶杰、付志敏、赵启辉。

冷热水用耐热聚乙烯(PE-RT)管道系统 第1部分:总则

1 范围

GB/T 28799 的本部分规定了冷热水用耐热聚乙烯(PE-RT)管道系统的术语和定义、符号和缩略语、使用条件级别、材料和卫生要求。

本部分适用于用 PE-RT Ⅰ型和 PE-RT Ⅱ型材料生产的管道系统。

本部分与 GB/T 28799.2、GB/T 28799.3 配合使用,适用于建筑冷热水管道系统,包括民用与工业建筑冷热水、饮用水和采暖系统等。

本部分不适用于灭火系统。

2 规范性引用文件

下列文件对于本文件的应用是必不可少的。凡是注日期的引用文件,仅注日期的版本适用于本文件。凡是不注日期的引用文件,其最新版本(包括所有的修改单)适用于本文件。

GB/T 6111 流体输送用热塑性塑料管材耐内压试验方法(ISO 1167)

GB/T 17219 生活饮用水输配水设备及防护材料的安全性评价标准

GB/T 18252 塑料管道系统 用外推法确定热塑性塑料材料以管材形式的长期静液压强度(ISO 9080)

GB/T 18991 冷热水系统用热塑性塑料管材和管件(ISO 10508)

GB/T 19278 热塑性塑料管材、管件及阀门通用术语及其定义

GB/T 28799.2—2012 冷热水用耐热聚乙烯(PE-RT)管路系统 第2部分:管材

GB/T 28799.3—2012 冷热水用耐热聚乙烯(PE-RT)管路系统 第3部分:管件

3 术语和定义、符号和缩略语

3.1 术语和定义

GB/T 19278—2003 界定的以及下列术语和定义适用于本文件。

3.1.1 几何尺寸相关术语和定义

3.1.1.1

公称外径 nominal outside diameter

d_n

管材或管件插口外径的规定数值,单位为 mm。

3.1.1.2

任一点外径 outside diameter at any point

d_e

通过管材任一点横断面测量的外径,单位为 mm。

注:采用分度值不大于 0.05 mm 的量具测量,读数精确到 0.1 mm,小数点后第二位非零数字进位。

3.1.1.3

平均外径 mean outside diameter

d_{em}

管材或管件插口端任一横断面外圆周长除以3.142(圆周率),并向大圆整到0.1 mm得到的值。

3.1.1.4

最小平均外径 minimum mean outside diameter

$d_{em,min}$

平均外径的最小允许值。

3.1.1.5

最大平均外径 maximum mean outside diameter

$d_{em,max}$

平均外径的最大允许值。

3.1.1.6

承口的平均内径 mean inside diameter of socket

d_{sm}

承口规定部位(中部)的平均内径,单位mm。

3.1.1.7

不圆度 out-of roundness;ovality

在管材或管件的管状部位的同一横截面上,最大和最小外径测量值之差,或最大和最小内孔测量值之差。

3.1.1.8

公称壁厚 nominal wall thickness

e_n

管材壁厚的规定值,等于最小允许壁厚$e_{y,min}$,单位为mm。

3.1.1.9

任一点壁厚 wall thickness at any point

e

管材或管件圆周上任一点的壁厚,单位为mm。

3.1.1.10

最小壁厚 minimum wall thickness

e_{min}

管材或管件圆周上任一点壁厚的最小允许值,单位为mm。

3.1.1.11

最大壁厚 maximum wall thickness

e_{max}

管材或管件圆周上任一点壁厚的最大允许值,单位为mm。

3.1.1.12

管件的主体壁厚 wall thickness of the fitting main body

管件独立承受管道系统中静液压应力的任一点的壁厚。

3.1.1.13

管系列 pipe series

S

与公称外径和公称壁厚有关的无量纲数值,可用于指导管材规格的选用。S值可由式(1)计算,并按一定规则圆整：

$$S=\sigma/p \quad (1)$$

式中：

σ ——诱导应力，管材圆周方向的应力或管材/管件材料的设计应力；

p ——管材内压。

3.1.2 使用条件相关的术语和定义

3.1.2.1

设计压力 design pressure

p_D

管道系统压力的设计值，单位为兆帕（MPa）。

3.1.2.2

最大允许工作压力 maximum allowable operating pressure

p_{PMS}

管道系统中允许连续使用的流体最大工作压力。

3.1.2.3

静液压应力 Hydrostatic stress

σ

以水为介质，当管材承受内压时，管壁内的环应力，用式(2)近似计算，单位为 MPa。

$$\sigma=p\cdot\frac{(d_{em}-e_{min})}{2e_{min}} \quad (2)$$

式中：

p ——管道所受内压，单位为兆帕（MPa）；

d_{em}——管材的平均外径，单位为毫米（mm）；

e_{min}——管材的最小壁厚，单位为毫米（mm）。

3.1.2.4

设计温度 design temperature

T_D

水输送系统温度的设计值，单位为℃。

3.1.2.5

最高设计温度 maximum design temperature

T_{max}

仅在短期内出现的，可以接受的最高温度。

3.1.2.6

故障温度 malfunction temperature

T_{mal}

管道系统超出控制极限时出现的最高温度，单位为℃。

3.1.2.7

冷水温度 cold water temperature

T_{cold}

输送冷水的温度，单位为℃，最高为 25 ℃，设计值为 20 ℃。

3.1.2.8

采暖系统用的处理水 treated water for heating

对采暖系统无害的含添加剂的采暖用水。

3.1.3 材料性能相关的术语和定义

3.1.3.1

预测静液压强度置信下限 lower confidence limit of the predicted hydrostatic strength

$\boldsymbol{\sigma}_{LPL}$

置信度为97.5%时，对应于温度T和时间t的静液压强度预测值的下限，$\sigma_{LPL}=\sigma(T,t,0.975)$，与应力有相同的量纲。

3.1.3.2

设计应力 design stress

$\boldsymbol{\sigma}_{D}$

在规定的条件下，管材材料的许用应力或塑料管件材料的许用应力，单位为MPa。

注：可以参见GB/T 28799.2—2012中的附录A。

3.1.3.3

总体使用(设计)系数 overall service (design) coefficient

C

一个大于1的数值，它的大小考虑了使用条件和管路其他附件的特性对管系的影响，是在置信下限所包含因素之外考虑的管系的安全裕度。

3.1.3.4

带阻隔层的管材 pipe with barrier layer

带有很薄阻隔层的塑料管材，用于阻止或减少气体或光透过管壁，而设计应力的要求全部靠主体树脂(PE-RT)保证。

3.2 符号

下列符号适用于本文件。

C：总体使用(设计)系数(C)，无量纲数

d_e：任一点外径

d_{em}：平均外径

$d_{em,min}$：最小平均外径

$d_{em,max}$：最大平均外径

d_n：公称外径

d_{sm}：承口的平均内径

e：任一点壁厚

e_{max}：最大壁厚

e_{min}：最小壁厚

e_n：公称壁厚

p：内部静液压压力

p_D：设计压力

p_{PMS}：最大允许工作压力

T：温度

T_{cold}：冷水温度

T_D：设计温度

T_{mal}：故障温度

T_{max}：最高设计温度

t:时间

σ:静液压应力

σ_{cold}:20 ℃时的设计应力

σ_D:设计应力

σ_{DP}:管材材料的设计应力

σ_P:管材材料的静液压应力

σ_{LPL}:预测静液压强度置信下限

3.3 缩略语

下列缩略语适用于本文件。

PE-RT Ⅰ型:Ⅰ型耐热聚乙烯

PE-RT Ⅱ型:Ⅱ型耐热聚乙烯

S:管系列

4 使用条件级别

4.1 耐热聚乙烯(PE-RT)管道系统采用 GB/T 18991 的规定,按使用条件选用其中的 1、2、4、5 四个使用条件级别,见表 1。每个级别均对应着特定的应用范围及 50 年的设计使用寿命,在实际应用时,还应考虑 0.4 MPa、0.6 MPa、0.8 MPa 和 1.0 MPa 不同的设计压力。

表 1 使用条件级别

使用条件级别	T_D/℃	T_D 下的使用时间[a]/年	T_{max}/℃	T_{max} 下的使用时间/年	T_{mal}/℃	T_{mal} 下的使用时间/h	典型应用范围
1[a]	60	49	80	1	95	100	供热水(60 ℃)
2[b]	70	49	80	1	95	100	供热水(70℃)
4[b]	20 40 60	2.5 20 25	70	2.5	100	100	地板下供热和低温暖气
5[b]	20 60 80	14 25 10	90	1	100	100	较高温暖气

[a] 当时间和相关温度不止一个时,应当叠加处理。由于系统在设计时间内不总是连续运行,所以对于 50 年使用寿命来讲,实际操作时间并未累计达到 50 年,其他时间按 20 ℃考虑。

[b] T_D、T_{max} 和 T_{mal} 值超出本表范围时,不能用本表。

4.2 表 1 中所列各种级别的管道系统均应同时满足在 20 ℃和 1.0 MPa 下输送冷水,达到 50 年设计使用寿命。所有管道系统所输送的介质只能是水或者经处理的水。

注:塑料管材和管件生产厂家应该提供水处理的类型和有关使用要求,如许用透氧率等性能的指导。

5 材料

5.1 原料

5.1.1 生产管材、管件所用的材料应为耐热聚乙烯(PE-RT),根据材料的预测静液压强度曲线分为 PE-RT Ⅰ型和 PE-RT Ⅱ型。

5.1.2 材料的置信下限应力 σ_{LPL}值,计算应符合 GB/T 18252 要求,并按照 GB/T 6111 的规定进行试验。在规定的实验时间范围内,计算得到的值至少应该等于图 A.1 和图 A.2 中的参考曲线上相应的值。

注:也可以单独计算每个温度下的 σ_{LPL}值(例如:20 ℃,60 ℃和 95 ℃)。

5.1.3 参照线的符合性,应将试样放在如下温度和不同的环应力条件下试验,使每个规定的温度下至少应有 3 个破坏时间处于下列各时间段:

——温度:20 ℃;60 ℃～70 ℃;95 ℃;

——时间段:10 h～100 h,100 h～1 000 h,1 000 h～8 760 h,8 760 h 以上。

超过 8 760 h 无破坏的试验,此后的任一试验时间都可以看作是破坏时间。

将单个的试验结果标注在图上,至少 97.5%的数据应在参照曲线中或在参照曲线之上。

对于 PE-RT Ⅱ型,任何温度下(直到 110 ℃),8 760 h 之前的试验值均不应出现脆性破坏,即曲线上不应存在拐点。

混配料生产商应提供材料的预测静液压强度曲线。

5.2 原料的回收利用

允许使用来自本厂的同一牌号的生产同种产品的清洁回用料。不允许使用其他来源的回用料。

6 卫生要求

用于输送生活饮用水的耐热聚乙烯管道系统应符合 GB/T 17219 的规定。

附 录 A
（规范性附录）
PE-RT 预测静液压强度参照曲线

A.1 PE-RT Ⅰ型预测静液压强度参照曲线见图 A.1。

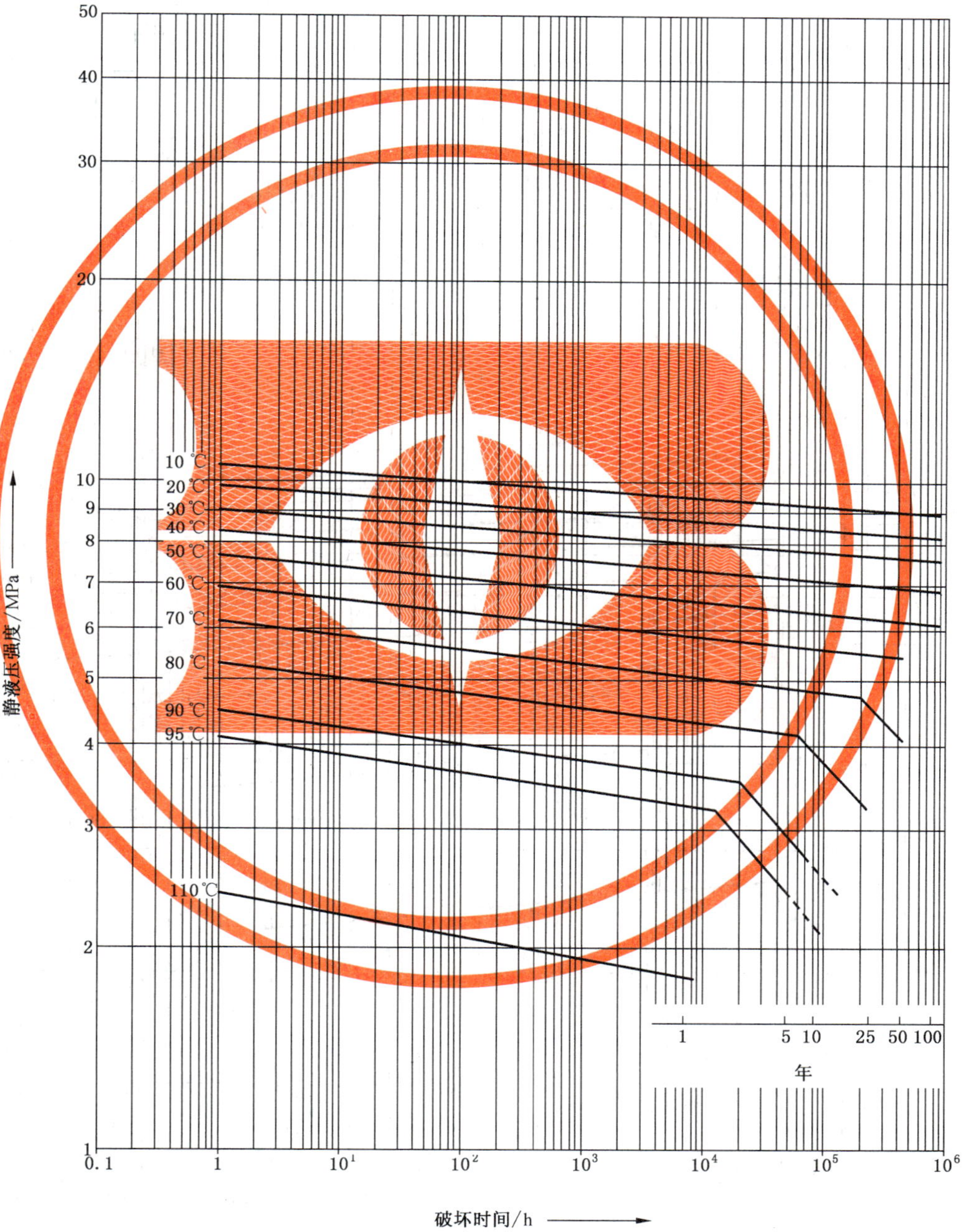

图 A.1 PE-RT Ⅰ型预测静液压强度参照曲线

A.2 PE-RT Ⅱ型预测静液压强度参照曲线见图 A.2。

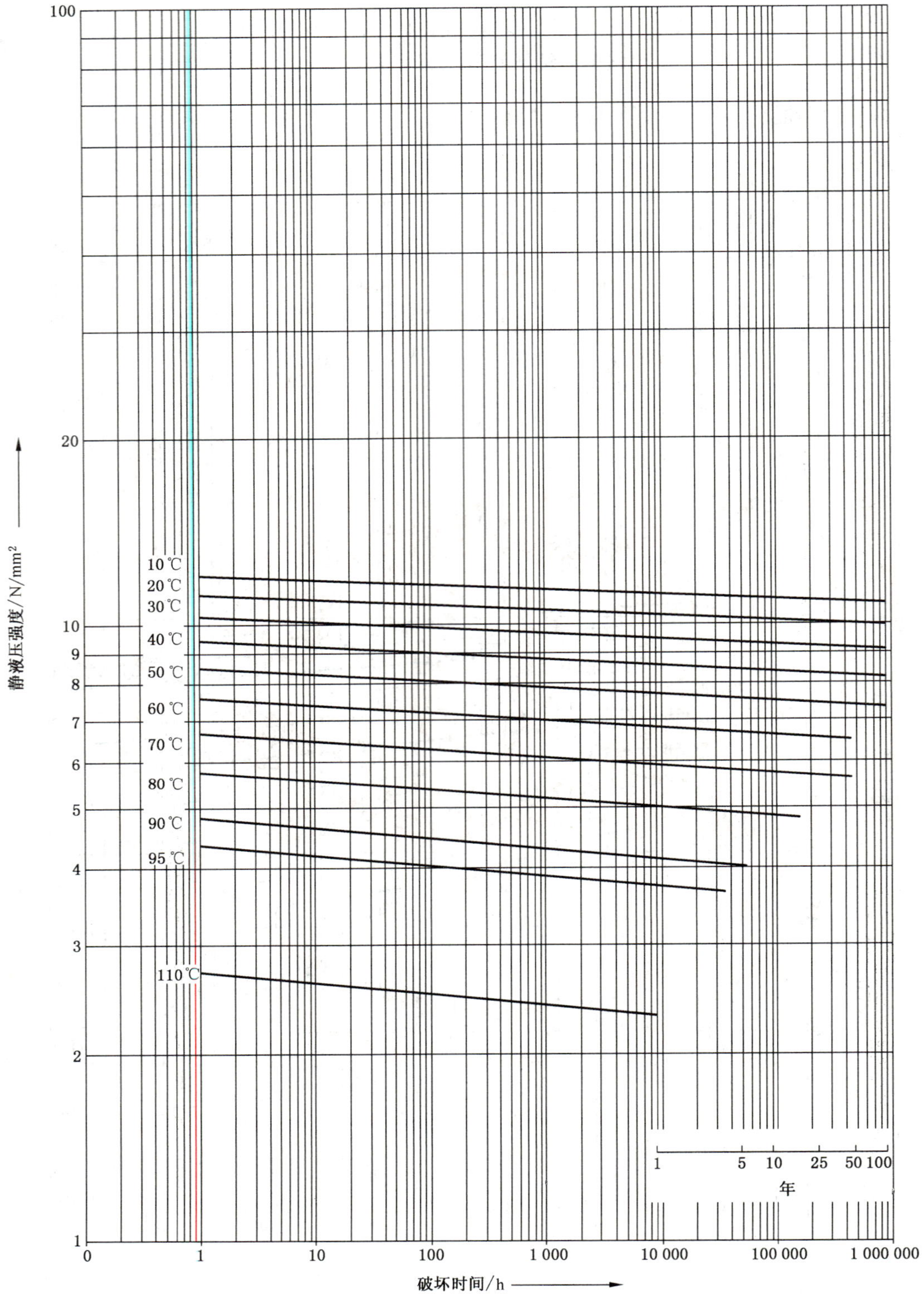

图 A.2 PE-RT Ⅱ型预测静液压强度参照曲线

A.3 PE-RT Ⅰ型材料在10 ℃～95 ℃的最小预测静液压强度分别参照曲线见图A.1,可以由式(A.1)和式(A.2)推导出。

第一条支线(即图A.1中拐点左边的直线段):

$$\lg t = -190.481 + \frac{78\,763.07}{T} + 119.877\lg\sigma - \frac{58\,219.035}{T}\lg\sigma \qquad \text{(A.1)}$$

第二条支线(即图A.1中拐点右边的直线段):

$$\lg t = -23.7954 + \frac{11\,150.56}{T} - \frac{1\,723.318}{T}\lg\sigma \qquad \text{(A.2)}$$

110 ℃的曲线是单独测定的,试样内部为水,外部为空气,它不是从式(A.1)和式(A.2)推导出的。

A.4 PE-RT Ⅱ型材料在10 ℃～110 ℃的最小预测静液压强度分别参照曲线见图A.2,可以由式(A.3)推导出:

$$\lg t = -301.621 + \frac{124\,594.128}{T} + 177.868\lg\sigma - \frac{86\,662.02}{T}\lg\sigma \qquad \text{(A.3)}$$

式中:

t ——时间,h;

T ——温度,K;

σ ——静液压强度(环应力),MPa。

参 考 文 献

[1] ISO 22391-1：2007（Plastics piping systems for hot and cold water installations—Polyethylene of raised temperature resistance（PE-RT）— Part 1：General）

[2] ISO 22391-2：2007（Plastics piping systems for hot and cold water installations—Polyethylene of raised temperature resistance（PE-RT）—Part 2：Pipes）

[3] ONORM B 5159：2004（Kunststoff-Rohrsysteme aus Polyethylen mit erhöhter Temperaturbeständigkeit（PE-RT）für Heißund Kaltwasserinstallationen）

ICS 23.040.20;91.140.60
G 33

中华人民共和国国家标准

GB/T 28799.2—2012

冷热水用耐热聚乙烯(PE-RT)管道系统 第2部分:管材

Plastics piping systems for hot and cold water installations—Polyethylene of raised temperature resistance (PE-RT)—Part 2:Pipes

2012-11-05 发布　　2013-03-01 实施

中华人民共和国国家质量监督检验检疫总局
中国国家标准化管理委员会　发布

前　言

GB/T 28799《冷热水用耐热聚乙烯(PE-RT)管道系统》分为三部分：

——第1部分：总则；

——第2部分：管材；

——第3部分：管件。

本部分为GB/T 28799的第2部分。

本部分按照GB/T 1.1—2009给出的规则起草。

本部分的制定参考了国际标准ISO 22391:2007《冷热水用耐热聚乙烯(PE-RT)管道系统》系列标准和奥地利国家标准ONORM B 5159:2004《冷热水用耐热聚乙烯(PE-RT)管道系统》，紧密跟踪了该标准的制定工作进展和管材的最新发展，并结合了我国耐热聚乙烯管材生产使用实际。

请注意本文件的某些内容可能涉及专利。本文件的发布机构不承担识别这些专利的责任。

本部分由中国轻工业联合会提出。

本部分由全国塑料制品标准化技术委员会(SAC/TC 48)归口。

本部分起草单位：上海乔治费歇尔管路系统有限公司、佛山市日丰企业有限公司、爱康企业集团(上海)有限公司、成都川路塑胶集团有限公司、上海白蝶管业科技股份有限公司、武汉金牛经济发展有限公司、公元塑业集团有限公司、浙江中财管道科技股份有限公司、顾地科技股份有限公司、浙江伟星新型建材股份有限公司、金德管业集团有限公司。

本部分主要起草人：赵启辉、彭晓翊、姚水良、贾立蓉、柴冈、涂向群、黄剑、丁良玉、付志敏、柯锦玲、冯金茂、王士良。

冷热水用耐热聚乙烯(PE-RT)管道系统
第2部分:管材

1 范围

GB/T 28799的本部分规定了耐热聚乙烯(PE-RT)管材(以下简称管材)的材料、产品分类、技术要求、试验方法、检验规则和标志、包装、运输、贮存。

本部分适用于PE-RT Ⅰ型和PE-RT Ⅱ型管材。

本部分与GB/T 28799.1、GB/T 28799.3配合使用。适用于建筑冷热水管道系统,包括民用与工业建筑冷热水、饮用水和采暖系统等。

本部分不适用于灭火系统。

2 规范性引用文件

下列文件对于本文件的应用是必不可少的。凡是注日期的引用文件,仅注日期的版本适用于本文件。凡是不注日期的引用文件,其最新版本(包括所有的修改单)适用于本文件。

GB/T 2828.1—2003 计数抽样检验程序 第1部分:按接收质量限(AQL)检索的逐批检验抽样计划

GB/T 2918 塑料试样状态调节和试验的标准环境(ISO 291)

GB/T 3682—2000 热塑性塑料熔体质量流动速率和熔体体积流动速率的测定(ISO 1133:1997)

GB/T 6111 流体输送用热塑性塑料管材耐内压试验方法(ISO 1167)

GB/T 6671—2001 热塑性塑料管材纵向回缩率的测定(ISO 2505:1994)

GB/T 8806 塑料管道系统 塑料部件 尺寸的测定

GB/T 15820 聚乙烯压力管材与管件连接的耐拉拔试验(ISO:3501)

GB/T 17219 生活饮用水输配水设备及防护材料的安全性评价标准

GB/T 19473.2—2004 冷热水用聚丁烯(PB)管道系统 第2部分:管材

GB/T 19993 冷热水用热塑性塑料管道系统 管材管件组合系统热循环试验方法

GB/T 21300 塑料管材和管件 不透光性的测定(ISO 7686)

GB/T 28799.1—2012 冷热水用耐热聚乙烯(PE-RT)管路系统 第1部分:总则

GB/T 28799.3—2012 冷热水用耐热聚乙烯(PE-RT)管路系统 第3部分:管件

ISO 17455 热塑性塑料管材的氧渗透性测试

3 材料

用于生产管材的PE-RT材料应是符合GB/T 28799.1—2012要求的混配料。

4 产品分类

4.1 管材按管系列分为S2.5、S3.2、S4和S5四个管系列。

4.2 管材按原材料分为PE-RT Ⅰ型管材和PE-RT Ⅱ型管材。

4.3 管材的使用条件级别分为级别 1、级别 2、级别 4、级别 5 四个级别，见 GB/T 28799.1—2012。

管材按使用条件级别和设计压力选择对应的管系列 S 值，见表 1 及表 2。

管材的最大允许工作压力(p_{PMS})的计算方法及示例参见附录 A.3。

表 1　管系列 S 的选择(PE-RT Ⅰ型)

设计压力 p_D MPa	级别 1 (σ_D=3.29 MPa)	级别 2 (σ_D=2.68 MPa)	级别 4 (σ_D=3.25 MPa)	级别 5 (σ_D=2.38 MPa)
	管系列(S)			
0.4	5	5	5	5
0.6	5	4	5	3.2
0.8	4	3.2	4	2.5
1.0	3.2	2.5	3.2	—

表 2　管系列 S 的选择(PE-RT Ⅱ型)

设计压力 p_D MPa	级别 1 (σ_D=3.84 MPa)	级别 2 (σ_D=3.72 MPa)	级别 4 (σ_D=3.60 MPa)	级别 5 (σ_D=3.16 MPa)
	管系列(S)			
0.4	5	5	5	5
0.6	5	5	5	5
0.8	4	4	4	3.2
1.0	3.2	3.2	3.2	2.5

4.4 管材按功能分为带阻隔层的管材和普通管材。

5 要求

5.1 颜色

地暖管材宜为本色，生活饮用水管材宜为灰色，其他颜色由供需双方协商确定。

5.2 外观

管材内外表面应光滑、平整、清洁，不应影响产品性能的明显划痕、凹陷、气泡、杂质等缺陷。

管材表面颜色应均匀一致，不允许有明显色差。管材端面应切割平整并与轴线垂直。

5.3 规格尺寸

管材的平均外径和最小壁厚应符合表 3 的要求。

管材任一点的壁厚偏差应符合表 4 的规定。带阻隔层管材的壁厚值不包括阻隔层和粘接层的厚度。

表 3　管材规格

单位为毫米

公称外径 d_n	平均外径		公称壁厚 e_n[a]			
			管系列			
	$d_{em,min}$	$d_{em,max}$	S5	S4	S3.2	S2.5
12	12.0	12.3	—	—	—	2.0
16	16.0	16.3	1.8	2.0	2.2	2.7
20	20.0	20.3	2.0	2.3	2.8	3.4
25	25.0	25.3	2.3	2.8	3.5	4.2
32	32.0	32.3	2.9	3.6	4.4	5.4
40	40.0	40.4	3.7	4.5	5.5	6.7
50	50.0	50.5	4.6	5.6	6.9	8.3
63	63.0	63.6	5.8	7.1	8.6	10.5
75	75.0	75.7	6.8	8.4	10.3	12.5
90	90.0	90.9	8.2	10.1	12.3	15.0
110	110.0	111.0	10.0	12.3	15.1	18.3
125	125.0	126.2	11.4	14.0	17.1	20.8
140	140.0	141.3	12.7	15.7	19.2	23.3
160	160.0	161.5	14.6	17.9	21.9	26.6

[a] 对于熔接连接的管材，最小壁厚不低于 2.0 mm。

表 4　任一点壁厚的偏差

单位为毫米

公称壁厚 e_n		允许偏差	公称壁厚 e_n		允许偏差
大于	不大于		大于	不大于	
1.0	2.0	$^{+0.3}_{0}$	14.0	15.0	$^{+1.6}_{0}$
2.0	3.0	$^{+0.4}_{0}$	15.0	16.0	$^{+1.7}_{0}$
3.0	4.0	$^{+0.5}_{0}$	16.0	17.0	$^{+1.8}_{0}$
4.0	5.0	$^{+0.6}_{0}$	17.0	18.0	$^{+1.9}_{0}$
5.0	6.0	$^{+0.7}_{0}$	18.0	19.0	$^{+2.0}_{0}$
6.0	7.0	$^{+0.8}_{0}$	19.0	20.0	$^{+2.1}_{0}$
7.0	8.0	$^{+0.9}_{0}$	20.0	21.0	$^{+2.2}_{0}$
8.0	9.0	$^{+1.0}_{0}$	21.0	22.0	$^{+2.3}_{0}$
9.0	10.0	$^{+1.1}_{0}$	23.0	24.0	$^{+2.5}_{0}$
10.0	11.0	$^{+1.2}_{0}$	24.0	25.0	$^{+2.6}_{0}$
11.0	12.0	$^{+1.3}_{0}$	25.0	26.0	$^{+2.7}_{0}$
12.0	13.0	$^{+1.4}_{0}$	26.0	27.0	$^{+2.8}_{0}$
13.0	14.0	$^{+1.5}_{0}$	—	—	—

5.4 静液压强度

管材的静液压强度应符合表 5 的规定。

表 5 管材的静液压强度

材料	要求	试验参数		
		静液压应力 MPa	试验温度 ℃	试验时间 h
PE-RT Ⅰ型	无渗漏 无破裂	9.9 3.8 3.6 3.4	20 95 95 95	1 22 165 1 000
PE-RT Ⅱ型	无渗漏 无破裂	11.2 4.1 4.0 3.8	20 95 95 95	1 22 165 1 000

5.5 物理和化学性能

管材的物理和化学性能应符合表 6 的规定。

表 6 管材的物理和化学性能

<table>
<tr><th rowspan="2">项目</th><th rowspan="2">要求</th><th colspan="3">试验参数</th><th rowspan="2">标准</th></tr>
<tr><th>参数</th><th colspan="2">数值</th></tr>
<tr><td>纵向回缩率</td><td>≤2%</td><td>温度
试验时间：
$e_n \leqslant 8$ mm
8 mm<$e_n \leqslant 16$ mm
e_n>16 mm</td><td colspan="2">110 ℃

1 h
2 h
4 h</td><td>GB/T 6671</td></tr>
<tr><td rowspan="2">静液压状态下的热稳定性</td><td rowspan="2">无破裂
无渗漏</td><td rowspan="2">静液压应力
试验温度
试验时间
试样数量</td><td>PE-RT Ⅰ型</td><td>PE-RT Ⅱ型</td><td rowspan="2">GB/T 6111</td></tr>
<tr><td>1.9 MPa
110 ℃
8 760 h
1</td><td>2.4 MPa
110 ℃
8 760 h
1</td></tr>
<tr><td>熔体质量流动速率 MFR</td><td>与对原料测定值之差，不应超过±0.3 g/10 min 且不超过±20%</td><td>砝码质量
试验温度</td><td colspan="2">5 kg
190 ℃</td><td>GB/T 3682—2000</td></tr>
<tr><td>透光率[a]</td><td>≤0.2%</td><td>—</td><td colspan="2">—</td><td>GB/T 21300</td></tr>
<tr><td>透氧率[b]</td><td>0.1 g/(d·m)³</td><td>—</td><td colspan="2">—</td><td>ISO 17455</td></tr>
<tr><td colspan="6">a 仅适用于输送生活饮用水用管材。
b 仅适用于带阻氧层的管材。</td></tr>
</table>

5.6 管材的卫生性能

用于输送生活饮用水的管材应符合 GB/T 17219 的规定。

5.7 系统适用性

管材与所配管件连接后,根据连接方式,按照表 7 的要求,应通过耐内压、弯曲、耐拉拔、热循环、循环压力、耐真空等系统适用性试验。

表 7 系统适用性试验

系统适用性试验	连接方式		
	热熔承插连接 SW	电熔焊连接 EF	机械连接 M
耐内压试验	●	●	●
弯曲试验	○	○	●
耐拉拔试验	○	○	●
热循环试验	●	●	●
循环压力试验	○	○	●
耐真空试验	○	○	●
注:●—需要试验;○—不需要试验。			

5.7.1 耐内压试验

按表 8 规定的参数进行静液压试验,试验中管材、管件以及连接处应无破裂、无渗漏。

表 8 耐内压试验条件

材料	管系列	试验压力/MPa	试验温度/℃	试验时间/h	试样数量/件
PE-RT Ⅰ型	S5	0.68	95	1 000	3
	S4	0.85			
	S3.2 S2.5	1.06			
PE-RT Ⅱ型	S5	0.76			
	S4	0.90			
	S3.2 S2.5	1.18			

5.7.2 弯曲试验

按表 9 规定的条件进行弯曲试验,试验中管材、管件以及连接处应无破裂、无渗漏。

仅当管材公称直径大于或等于 32 mm 时做此试验。

表 9　弯曲试验条件

<table>
<tr><th>材料</th><th>管系列</th><th>试验压力/MPa</th><th>试验温度/℃</th><th>试验时间/h</th><th>试样数量/件</th></tr>
<tr><td rowspan="3">PE-RT　Ⅰ型</td><td>S5</td><td>1.98</td><td rowspan="6">20</td><td rowspan="6">1</td><td rowspan="6">3</td></tr>
<tr><td>S4</td><td>2.47</td></tr>
<tr><td>S3.2
S2.5</td><td>3.09</td></tr>
<tr><td rowspan="3">PE-RT　Ⅱ型</td><td>S5</td><td>2.24</td></tr>
<tr><td>S4</td><td>2.80</td></tr>
<tr><td>S3.2
S2.5</td><td>3.50</td></tr>
</table>

5.7.3　耐拉拔试验

按表 10 规定的试验条件，将管材与等径或异径直通管件连接而成的组件施加恒定的轴向拉力，并保持规定的时间，试验过程中管材与管件连接处应不发生松脱。

表 10　耐拉拔试验条件

温度/℃	系统设计压力/MPa	轴向拉力/N	试验时间/h
23±2	所有压力等级	1.178 d_n^2 [a]	1
95	0.4	0.314 d_n^2	1
95	0.6	0.471 d_n^2	1
95	0.8	0.628 d_n^2	1
95	1.0	0.785 d_n^2	1

[a] d_n 为管材的公称外径，单位为 mm。

对各种设计压力的管道系统均应按表 10 规定进行 23 ℃±2 ℃的拉拔试验，同时根据管道系统的设计压力选取对应的轴向拉力，进行拉拔试验，试件数量为 3 个。

较高压力下的试验结果也可适用于较低压力下的应用级别。

5.7.4　热循环试验

按表 11 规定的条件进行热循环试验，试验中管材、管件以及连接处应无破裂、无渗漏。

表 11 热循环试验条件

材料	管系列	试验压力 MPa	最高试验温度 ℃	最低试验温度 ℃	循环次数 次	试验时间 min	试样数量 件
PE-RT Ⅰ型	S5	0.6	95	20	5 000	30^{+2}_{0} 冷热水各 15^{+1}_{0}	1
	S4	0.8					
	S3.2	1.0					
	S2.5	1.0					
PE-RT Ⅱ型	S5	0.8					
	S4	1.0					
	S3.2	1.0					
	S2.5	1.0					

较高温度、较高压力下的试验结果也可适用于较低温度或较低压力下的应用级别。

5.7.5 循环压力冲击试验

按表 12 规定的条件进行循环压力冲击试验，试验中管材、管件以及连接处应无破裂、无渗漏。

表 12 循环压力冲击试验条件

试验压力/MPa			试验温度 ℃	循环次数	循环频率 次/min	试样数量
设计压力 MPa	最高试验压力 MPa	最低试验压力 MPa				
0.4	0.6	0.05	23±2	10 000	30±5	1
0.6	0.9	0.05				
0.8	1.2	0.05				
1.0	1.5	0.05				

5.7.6 真空试验

按表 13 给出的参数进行真空试验。

表 13 真空试验参数

项目	试验参数		要求
真空密封性	试验温度 试验时间 试验压力 试样数量	23 ℃ 1 h −0.08 MPa 3	真空压力变化≤0.005 MPa

6 试验方法

6.1 试样状态调节

应在管材生产 24 h 后进行取样。

除非另有规定外，试样应按 GB/T 2918，在温度为 23 ℃±2 ℃下进行状态调节。

6.2 颜色及外观检查

采用目测方法，观察管材颜色是否符合 5.1、5.2 要求。

6.3 尺寸测量

6.3.1 平均外径及最小外径

按 GB/T 8806 进行测量。测量外径时应选取距离端头至少 50 mm 处进行。

6.3.2 壁厚

按 GB/T 8806 对所抽取的试样沿圆周测量壁厚的最大和最小值，精确到 0.1 mm，小数点后第二位非零数字四舍五入。

测量壁厚时应选取距离端头 10 mm～50 mm 处进行。

6.4 纵向回缩率

按 GB/T 6671—2001 方法 b 进行试验。

6.5 静液压试验

6.5.1 试验条件中的温度、静液压应力、时间按表 5 的规定。

6.5.2 试验方法按 GB/T 6111 进行，采用 a 型封头。

6.6 静液压状态下的热稳定性试验

6.6.1 试验条件

按表 6 的规定进行试验。试验介质：管材内部为水，外部为空气。

6.6.2 试验方法

按 GB/T 6111 进行试验，采用 a 型封头。

6.7 熔体质量流动速率

按 GB/T 3682 进行试验，带阻隔层的管材测试时应除去阻隔层和粘接层树脂。

6.8 透光率

按照 GB/T 21300 进行试验。

6.9 透氧率

按 ISO 17455 进行试验。

6.10 卫生性能

按 GB/T 17219 进行试验。

6.11 系统适用性试验

6.11.1 耐内压试验

试验组件应包括管材和至少两种以上相配套使用的管件，管内试验介质为水，管外介质为水或空气，按照 GB/T 6111 进行试验，采用 a 型封头。

6.11.2 弯曲试验

按 GB/T 19473.2—2004 附录 B 进行试验。

6.11.3 耐拉拔试验

按 GB/T 15820 进行试验。

6.11.4 热循环试验

按 GB/T 19993 进行试验。

6.11.5 循环压力冲击试验

按 GB/T 19473.2—2004 附录 D 进行试验。

6.11.6 真空试验

按 GB/T 19473.2—2004 附录 E 进行试验。

7 检验规则

7.1 检验分类

检验分为定型检验、出厂检验和型式检验。

7.2 组批和分组

7.2.1 同一原料、同一设备和工艺且连续生产的同一规格管材做为一批，每批数量不超过 30 t。如果生产 7 天仍不足 30 t，则以 7 天产量为一批。一次交付可由一批或多批组成，交付时应注明批号，同一交付批号产品为一个交付检验批。

7.2.2 按表 14 规定对管材进行尺寸分组。

表 14 管材的尺寸组和公称外径范围

尺寸组	公称外径范围/mm
1	$d_n \leqslant 63$
2	$75 \leqslant d_n \leqslant 160$

7.2.3 按表 14 规定选取每一尺寸组中任一规格的管材进行检验，即代表该尺寸组内所有规格产品。

7.3 定型检验

定型检验的项目为第 5 章规定的全部技术要求。同一设备制造厂的同类型设备首次投产或原料生产厂或原料牌号发生变化时，进行定型检验。

7.4 出厂检验

7.4.1 产品须经生产厂质量检验部门检验合格后并附有合格标志，方可出厂。

出厂检验项目为外观、尺寸、纵向回缩率、熔体质量流动速率(MFR)和静液压试验(20 ℃/1 h 及 95 ℃/22 h 或 165 h)。

7.4.2 管材外观、尺寸按 GB/T 2828.1—2003 采用正常检验一次抽样方案，取一般检验水平 Ⅰ，接收质量限(AQL)4.0，抽样方案见表 15。

表 15 抽样方案

根/盘

批量范围 N	样本大小 n	接收数 Ac	拒收数 Re
<15	2	0	1
16<25	3	0	1
26～90	5	0	1
91～150	8	1	2
151～280	13	1	2
281～500	20	2	3
501～1 200	32	3	4
1 201～3 200	50	5	6
3 201～10 000	80	7	8

7.4.3 在计数抽样合格的产品中，随机抽取足够的样品，进行纵向回缩率和(20 ℃/1 h)的静液压试验及(95 ℃/22 h) 或(95 ℃/165 h)的静液压试验。

7.5 型式检验

7.5.1 管材型式检验项目为第 5 章中除 5.5 中的静液压状态下的热稳定性试验和 5.7 中的系统适用性试验以外的所有试验项目。

7.5.2 每两年进行一次型式检验。

一般情况下，若有下列情况之一，也应进行型式检验：

a) 正式生产后，若材料、工艺有较大变化，可能影响产品性能时；

b) 因任何原因停产半年以上恢复生产时；

c) 出厂检验结果与上次型式检验结果有较大差异时；

d) 国家质量监督机构提出进行型式检验要求时。

7.6 判定规则

外观、尺寸按照表 15 进行判定。其他指标有一项达不到规定时，则随机抽取双倍样品进行该项复检，如仍不合格，则判该批为不合格批。

8 标志、包装、运输、贮存

8.1 标志

管材标志应打印或者直接成型在管材上，间隔不超过 1 m。标志不得造成管材出现裂痕或其他形式的损伤。如果是打印标志，标志的颜色应不同于管材本体的颜色。

标志至少应包括下列内容：

a) 生产厂名和(或)商标；

b) 产品名称：应按材料类型标明 PE-RT Ⅰ或 PE-RT Ⅱ；

c) 规格及尺寸：管系列 S、公称外径和公称壁厚；

d) 本部分编号；

e) 生产批号和(或)生产日期；

f) 若带阻隔层或为生活饮用水管，应分别注明。

8.2 包装

包装由供需双方协商确定。

8.3 运输

管材在装卸和运输时，不得抛掷、曝晒、沾污、重压和损伤。

8.4 贮存

管材应合理堆放于室内库房，远离热源、防止阳光照射。

附　录　A
（规范性附录）
管材允许工作压力的计算

A.1　总则

本附录详细说明如何根据本部分中表2所给的管材使用条件级别和管材规格，确定管材的最大允许工作压力。

A.2　设计应力

不同使用条件级别的管材的设计应力 σ_D 应用 Miner's 规则，并考虑到与表2中相对应的使用条件级别，以及表 A.1 中所给出的使用系数来确定。

表 A.1　总体使用系数

温度 ℃	总体使用系数 C
T_D	1.5
T_{max}	1.3
T_{mal}	1.0
T_{cold}	1.25

各种使用条件级别的设计应力 σ_D 的计算结果列在表 A.2 中。

表 A.2　设计应力

使用条件级别	设计应力 σ_D[a]/MPa	
	PE-RT Ⅰ型	PE-RT Ⅱ型
1	3.29	3.84
2	2.68	3.72
4	3.25	3.60
5	2.38	3.16
20 ℃/50 年	6.68	7.99

[a] 设计应力值 σ_D 精确到小数点后两位即 0.01 MPa。

A.3　最大允许工作压力

管材的最大允许工作压力用式(A.1)计算：

$$p_{PMS}=\frac{\sigma_D\times 2e_n}{d_n-e_n} \qquad \cdots\cdots(A.1)$$

式中：

p_{PMS}——最大允许工作压力，MPa；

σ_D ——对应级别下的设计应力，MPa；

d_n ——公称外径，mm；

e_n ——公称壁厚，mm。

示例 1：

$d_n16\times e_n2.0$ PE-RT Ⅰ型管材，应用于级别 4 的领域，最大允许工作压力计算如下：

$$p_{PMS}=\frac{3.25\times2\times2.0}{16-2.0}=0.9\ \text{MPa}$$

示例 2：

$d_n20\times e_n2.0$ PE-RT Ⅰ型管材，应用于级别 4 的领域，允许工作压力计算如下：

$$p_{PMS}=\frac{3.25\times2\times2.0}{20-2.0}=0.7\ \text{MPa}$$

示例 3：

$d_n16\times e_n2.0$ PE-RT Ⅱ型管材，应用于级别 4 的领域，允许工作压力计算如下：

$$p_{PMS}=\frac{3.6\times2\times2.0}{16-2.0}=1.03\ \text{MPa}$$

示例 4：

$d_n20\times e_n2.0$ PE-RT Ⅱ型管材，应用于级别 4 领域，允许工作压力计算如下：

$$p_{PMS}=\frac{3.6\times2\times2.0}{20-2.0}=0.8\ \text{MPa}$$

参 考 文 献

[1] ISO 22391-2:2007(Plastics piping systems for hot and cold water installations — Polyethylene of raised temperature resistance (PE-RT)—Part 2: Pipes)

[2] ISO 22391-5:2007(Plastics piping systems for hot and cold water installations — Polyethylene of raised temperature resistance (PE-RT)—Part 5: Fitness for purpose of the system)

[3] ONORM B 5159: 2004 (Kunststoff-Rohrsysteme aus Polyethylen mit erhöhter Temperaturbeständigkeit (PE-RT) für Heißund Kaltwasserinstallationen)

ICS 23.040.01;91.140.60
G 33

中华人民共和国国家标准

GB/T 28799.3—2012

冷热水用耐热聚乙烯(PE-RT)管道系统 第3部分:管件

Plastics piping systems for hot and cold water installations—Polyethylene of raised temperature resistance(PE-RT)—Part 3:Fittings

2012-11-05 发布 2013-03-01 实施

中华人民共和国国家质量监督检验检疫总局
中国国家标准化管理委员会 发布

前　　言

GB/T 28799《冷热水用耐热聚乙烯(PE-RT)管道系统》分为三部分：

——第 1 部分：总则；

——第 2 部分：管材；

——第 3 部分：管件。

本部分为 GB/T 28799 的第 3 部分

本部分按照 GB/T 1.1—2009 给出的规则起草。

本部分的制定参考了 ISO 22391：2007《冷热水用耐热聚乙烯(PE-RT)管道系统》系列标准和奥地利国家标准 ONORM B 5159：2004《冷热水用耐热聚乙烯(PE-RT)管道系统》，紧密跟踪了标准的制定工作进展和管道原材料的最新发展，并结合了我国耐热聚乙烯管道生产使用实际。

请注意本文件的某些内容可能涉及专利。本文件的发布机构不承担识别这些专利的责任。

本部分由中国轻工业联合会提出。

本部分由全国塑料制品标准化技术委员会(SAC/TC 48)归口。

本部分起草单位：上海乔治费歇尔管路系统有限公司、佛山市日丰企业有限公司、浙江中财管道科技股份有限公司、公元塑业集团有限公司、武汉金牛经济发展有限公司。

本部分主要起草人：柯锦玲、李白千、丁良玉、黄剑、涂向群、赵启辉。

冷热水用耐热聚乙烯(PE-RT)管道系统 第3部分:管件

1 范围

GB/T 28799 的本部分规定了耐热聚乙烯(PE-RT)管件(以下简称管件)的材料、产品分类、技术要求、试验方法、检验规则和标志、包装、运输、贮存。

本部分适用于 PE-RTⅠ型和 PE-RTⅡ型管件。

本部分与 GB/T 28799.1、GB/T 28799.2 配合使用,适用于建筑冷热水管道系统,包括民用与工业建筑冷热水、饮用水和采暖系统等。

本部分不适用于灭火系统。

2 规范性引用文件

下列文件对于本文件的应用是必不可少的。凡是注日期的引用文件,仅注日期的版本适用于本文件。凡是不注日期的引用文件,其最新版本(包括所有的修改单)适用于本文件。

GB/T 2828.1—2003 计数抽样检验程序 第1部分:按接收质量限(AQL)检索的逐批检验抽样计划

GB/T 2918—1998 塑料试样状态调节和试验的标准环境(idt ISO 291:1993)

GB/T 3682—2000 热塑性塑料熔体质量流动速率和熔体体积流动速率的测定(idt ISO 1133:1997)

GB/T 6111 流体输送用热塑性塑料管材耐内压试验方法(ISO 1167)

GB/T 7306—2000 55°密封管螺纹(eqv ISO 7-1:1982)

GB/T 8806 塑料管道系统 塑料部件 尺寸的测定(ISO 3126)

GB/T 15820 聚乙烯压力管材与管件连接的耐拉拔试验(ISO:3501)

GB/T 17219 生活饮用水输配水设备及防护材料的安全性评价标准

GB/T 19473.2—2004 冷热水用聚丁烯(PB)管道系统 第2部分:管材

GB/T 19993 冷热水用热塑性塑料管道系统 管材管件组合系统热循环试验方法

GB/T 21300 塑料管材和管件 不透光性的测定(ISO 7686)

GB/T 28799.1—2012 冷热水用耐热聚乙烯(PE-RT)管路系统 第1部分:总则

GB/T 28799.2—2012 冷热水用耐热聚乙烯(PE-RT)管路系统 第2部分:管材

3 材料

3.1 生产管件所用的耐热聚乙烯(PE-RT)材料应是符合 GB/T 28799.1—2012 要求的混配料。

3.2 管件中金属部分不应对 PE-RT 材料产生不利影响。

4 产品分类

4.1 管件按所用原材料分为 PE-RT Ⅰ型管件和 PE-RT Ⅱ型管件。

4.2 管件按连接方式分为熔接管件和机械连接管件。熔接管件按熔接方式不同分为热熔承插连接管件和电熔连接管件。机械连接管件是指通过机械方式实现连接的管件，如螺纹连接和法兰连接。

4.3 管件按管系列S分类与管材相同，按GB/T 28799.2—2012的规定。管件的主体壁厚应不小于相同管系列S的管材的壁厚。

5 要求

5.1 颜色

地暖用管件宜为本色，生活饮用水管件宜为灰色，其他颜色由供需双方协商确定。

5.2 外观

管件表面应光滑、平整，不应有裂纹、气泡、脱皮，不应有明显的杂质、冷斑、色泽不匀、分解变色等缺陷。

5.3 规格尺寸

5.3.1 热熔承插连接管件的承口应符合图1、表1的规定。

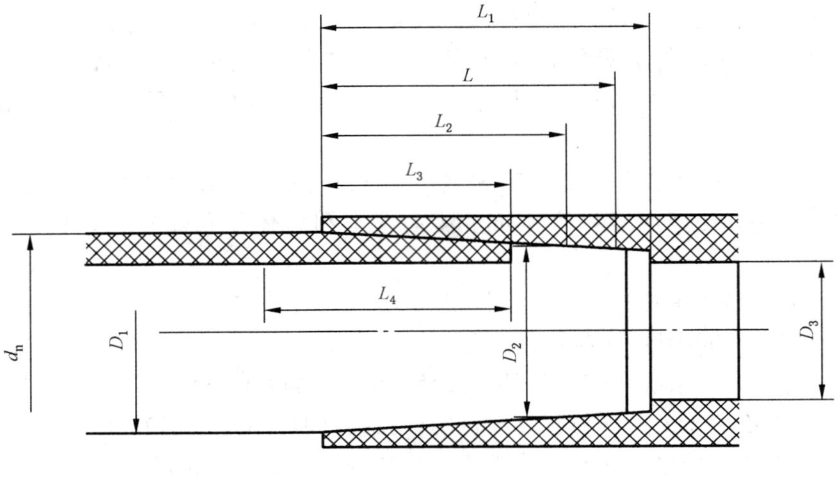

说明：

d_n——指与管件相连的管材的公称外径；

D_1——承口口部平均内径；

D_2——承口根部平均内径。即距端口距离为 L 的、平行于端口平面的圆环的平均直径，其中 L 为插口工作深度；

D_3——最小通径；

L ——承口参照深度；

L_1——承口实际深度，$L_1 \geqslant L$；

L_2——承口加热深度，即加热工具插入的深度；

L_3——承插深度；

L_4——插口管端加热长度，即插口管端进入加热工具的深度，$L_4 \geqslant L_3$。

图1 热熔承插连接管件承口

表 1　热熔承插连接管件承口尺寸与相应公称外径

单位为毫米

公称外径	承口平均内径				最大不圆度	最小通径	承口参照深度	承口加热深度		承插深度	
	口部		根部					$L_{2,min}$	$L_{2,max}$	$L_{3,min}$	$L_{3,max}$
d_n^a	$D_{1,min}$	$D_{1,max}$	$D_{2,min}$	$D_{2,max}$		D_3	L_{min} (=0.3d_n+8.5)	(=L−2.5)	(=L)	(=L−3.5)	(=L)
16	15.0	15.5	14.8	15.3	0.6	9	13.3	10.8	13.3	9.8	13.3
20	19.0	19.5	18.8	19.3	0.6	13	14.5	12.0	14.5	11.0	14.5
25	23.8	24.4	23.5	24.1	0.7	18	16.0	13.5	16.0	12.5	16.0
32	30.7	31.3	30.4	31.0	0.7	25	18.1	15.6	18.1	14.6	18.1
40	38.7	39.3	38.3	38.9	0.7	31	20.5	18.0	20.5	17.0	20.5
50	48.7	49.3	48.3	48.9	0.8	39	23.5	21.0	23.5	20.0	23.5
63	61.6	62.2	61.1	61.7	0.8	49	27.4	24.9	27.4	23.9	27.4
不去皮											
75	73.2	74.0	71.9	72.7	1.0	58.2	31.0	28.5	31.0	27.5	31.0
90	87.8	88.8	86.4	87.4	1.2	69.8	35.5	33.0	35.5	32.0	35.5
110	107.3	108.5	105.8	106.8	1.4	85.4	41.5	39.0	41.5	38.0	41.5
去皮[b]											
75	72.6	73.2	72.3	72.9	1.0	58.2	31.0	28.5	31.0	27.5	31.0
90	87.1	87.8	86.7	87.4	1.2	69.8	35.5	33.0	35.5	32.0	35.5
110	106.3	107.1	105.7	106.5	1.4	85.4	41.5	39.0	41.5	38.0	41.5

[a] 管件的公称外径 d_n 指与其相连接的管材的公称外径。

[b] 去皮是指去掉与管件连接的管材的表皮。

5.3.2　电熔连接管件的承口应符合图 2、表 2 的规定。

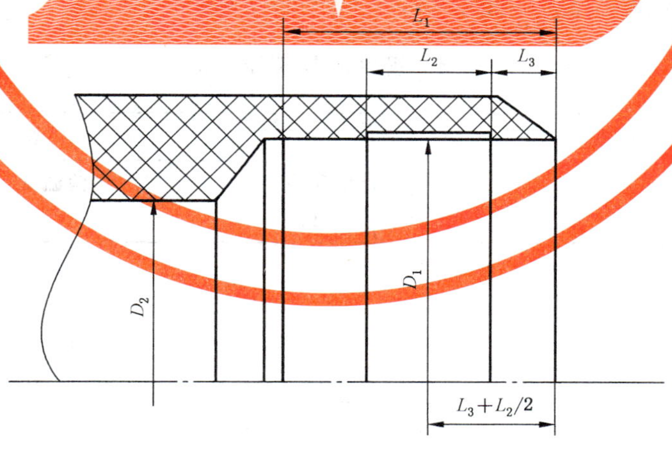

说明：

D_1——熔融区平均内径；

D_2——最小通径；

L_1——承插深度；

L_2——熔融区的长度；

L_3——管件承口口部非加热长度。

图 2　电熔连接管件承口

表 2　电熔连接管件承口尺寸与相应公称外径

单位为毫米

公称外径 d_n^a	熔融区平均内径 $D_{1,min}$	熔融区的长度 $L_{2,min}$	承插深度 L_1	
			$L_{1,min}$	$L_{1,max}$
16	16.1	10	20	35
20	20.1	10	20	37
25	25.1	10	20	40
32	32.1	10	20	44
40	40.1	10	20	49
50	50.1	10	20	55
63	63.2	11	23	63
75	75.2	12	25	70
90	90.2	13	28	79
110	110.3	15	32	85
125	125.3	16	35	90
140	140.3	18	38	95
160	160.4	20	42	101
[a] 公称外径 d_n 指与其相连接的管材的公称外径。				

5.3.3　带金属螺纹接头的管件其螺纹部分应符合 GB/T 7306—2000 的规定。

5.4　静液压强度

管件的静液压强度应符合表 3 的规定。

表 3　管件的静液压强度

材　　料	要　　求	试 验 参 数		
		静液压应力 MPa	试验温度 ℃	试验时间 h
PE-RT Ⅰ型	无渗漏 无破裂	9.9	20	1
		3.8	95	22
		3.6	95	165
		3.4	95	1000
PE-RT Ⅱ型	无渗漏 无破裂	11.2	20	1
		4.1	95	22
		4.0	95	165
		3.8	95	1000

5.5　物理和化学性能

管件的物理和化学性能应符合表 4 的规定。

表 4　管件的物理和化学性能

<table>
<tr><td rowspan="3">项　　目</td><td rowspan="3">要　　求</td><td colspan="4">试 验 参 数</td><td rowspan="3">试验方法</td></tr>
<tr><td colspan="2">PE-RT Ⅰ型</td><td colspan="2">PE-RT Ⅱ型</td></tr>
<tr><td>参数</td><td>数值</td><td>参数</td><td>数值</td></tr>
<tr><td>静液压状态下的
热稳定性[a,b]</td><td>无破裂
无渗漏</td><td>静液压应力
试验温度
试验时间
试样数量</td><td>1.9 MPa
110℃
8760 h
1</td><td>静液压应力
试验温度
试验时间
试样数量</td><td>2.4 MPa
110℃
8760 h
1</td><td>GB/T 6111</td></tr>
<tr><td>熔体质量流动
速率 MFR</td><td>与对原料测定值之
差，不应超过
±0.3 g/10 min
且不超±20%</td><td>砝码质量
试验温度</td><td>5 kg
190 ℃</td><td>砝码质量
试验温度</td><td>5kg
190℃</td><td>GB/T
3682—2000</td></tr>
<tr><td>透光率[c]</td><td>≤0.2%</td><td colspan="4">—</td><td>GB/T 21300</td></tr>
<tr><td colspan="7">[a] 用管件与管材相连进行试验，按照管件的管系列 S 计算试验压力，如试验中管材破裂则试验应重做。
[b] 相同原料同一生产厂家生产的管材已做过本试验则管件可不做。
[c] 仅适用于生活饮用水管件。相同原料同一生产厂家生产的管材已做过本试验则管件可不做。</td></tr>
</table>

5.6　管件的卫生性能

用于输送生活饮用水的管件，卫生性能应符合 GB/T 17219 的规定。

5.7　系统适用性

管件与所配管材连接后，根据连接方式，按照表 5 的要求，应通过耐内压、弯曲、耐拉拔、热循环、循环压力、耐真空六种系统适用性试验。

表 5　系统适用性试验

<table>
<tr><td rowspan="2">系统适用性试验</td><td colspan="3">连 接 方 式</td></tr>
<tr><td>热熔承插连接 SW</td><td>电熔焊连接 EF</td><td>机械连接 M</td></tr>
<tr><td>耐内压试验</td><td>●</td><td>●</td><td>●</td></tr>
<tr><td>弯曲试验</td><td>○</td><td>○</td><td>●</td></tr>
<tr><td>耐拉拔试验</td><td>○</td><td>○</td><td>●</td></tr>
<tr><td>热循环试验</td><td>●</td><td>●</td><td>●</td></tr>
<tr><td>循环压力试验</td><td>○</td><td>○</td><td>●</td></tr>
<tr><td>耐真空试验</td><td>○</td><td>○</td><td>●</td></tr>
<tr><td colspan="4">注 1：●—需要试验；○—不需要试验。</td></tr>
</table>

5.7.1　耐内压试验

按表 6 规定的参数进行静液压试验，试验中管材、管件以及连接处应无破裂，无渗漏。

表 6　耐内压试验条件

材料	管系列	试验压力/MPa	试验温度/℃	试验时间/h	试样数量/件
PE-RT Ⅰ型	S5	0.68	95	1 000	3
	S4	0.85			
	S3.2 S2.5	1.06			
PE-RT Ⅱ型	S5	0.76			
	S4	0.90			
	S3.2 S2.5	1.18			

5.7.2　弯曲试验

按表 7 规定的条件进行弯曲试验，试验中管材、管件以及连接处应无破裂、无渗漏。

仅对与公称外径大于等于 32 mm 管材连接的管件做此试验。

表 7　弯曲试验条件

材料	管系列	试验压力/MPa	试验温度/℃	试验时间/h	试样数量/件
PE-RT Ⅰ型	S5	1.98	20	1	3
	S4	2.47			
	S3.2 S2.5	3.09			
PE-RT Ⅱ型	S5	2.24			
	S4	2.80			
	S 3.2 S 2.5	3.50			

5.7.3　耐拉拔试验

5.7.3.1　按表 8 规定的试验条件，将管材与等径或异径直通管件连接而成的组件施加恒定的轴向拉力，并保持规定的时间，试验过程中管材与管件连接处应不发生松脱。

表 8　耐拉拔试验条件

温度 ℃	系统设计压力 MPa	轴向拉力 N	试验时间 h
23±2	所有压力等级	1.178 d_n^2	1
95	0.4	0.314 d_n^2	1
95	0.6	0.471 d_n^2	1
95	0.8	0.628 d_n^2	1
95	1.0	0.785 d_n^2	1
注：较高压力下的试验结果也可适用于较低压力下的应用级别。			

5.7.3.2 对各种设计压力的管道系统均应按表8规定进行23 ℃±2 ℃的拉拔试验，同时根据管道系统的设计压力选取对应的轴向拉力，进行拉拔试验，试件数量为3个。

5.7.4 热循环试验

按表9规定的条件进行热循环试验，试验中管材、管件以及连接处应无破裂、无渗漏。

表9 热循环试验条件

材料	管系列	试验压力 MPa	最高试验温度 ℃	最低试验温度 ℃	循环次数 次	试验时间 min	试样数量 件
PE-RT Ⅰ型	S5	0.6	95	20	5 000	30^{+2}_{0} 冷热水各 15^{+1}_{0}	1
	S4	0.8					
	S3.2	1.0					
	S2.5	1.0					
PE-RT Ⅱ型	S5	0.8					
	S4	1.0					
	S3.2	1.0					
注：较高温度、较高压力下的试验结果也可适用于较低温度或较低压力下的应用级别。							

5.7.5 循环压力冲击试验

按表10规定的条件进行循环压力冲击试验，试验中管材、管件以及连接处应无破裂、无渗漏。

表10 循环压力冲击试验条件

试验压力/MPa			试验温度 ℃	循环次数	循环频率 次/min	试样数量
设计压力	最高试验压力	最低试验压力				
0.4	0.6	0.05	23±2	10 000	30±5	1
0.6	0.9	0.05				
0.8	1.2	0.05				
1.0	1.5	0.05				
注：较高压力下的试验结果也可适用于较低压力下的应用级别。						

5.7.6 真空试验

按表11给出的参数进行真空试验。

表11 真空试验参数

项　　目	试验参数		要　　求
真空密封性	试验温度	23 ℃	真空压力变化≤0.005 MPa
	试验时间	1 h	
	试验压力	−0.08 MPa	
	试样数量	3	

6 试验方法

6.1 试样状态调节

应在管件生产 24 h 后进行试验。

除非另有规定外，试样应按 GB/T 2918 规定，在温度为 23 ℃±2 ℃下进行状态调节至少 24 h。

6.2 颜色及外观检查

采用目测方法，观察管材颜色是否符合 5.1、5.2 要求。

6.3 尺寸测量

按照 GB/T 8806 进行测量。管件的承口深度用精度不低于 0.02 mm 的量具测量；用精度不低于 0.01 mm 的内径量表测量图 1、图 2 规定部位承口的两个相互垂直的内径，计算出算术平均值为平均内径。用精度不低于 0.01 mm 的内径量表测量同一断面的最大内径和最小内径，用最大内径减最小内径为不圆度。

6.4 静液压试验

6.4.1 试验条件中的温度、静液压应力、时间按表 3 的规定，管内试验介质为水，管外介质为水或空气。

管件的静液压试验用管件和管材的组合件进行测试，组合件制备后，在室温下放置至少 24 h，组合件及管材的自由长度 L_0 至少为其公称直径(d_n)的 3 倍，但不小于 250 mm。

注：除非另有规定，连接所用的管材的 S 值应不大于管件的 S 值。试验过程中，如果管材破裂，则重新试验。

6.4.2 试验方法按 GB/T 6111—2003 的规定进行试验，采用 a 型封头。用管件 S 级别计算试验压力，见式(1)。

$$p=\frac{\sigma}{S} \quad \cdots\cdots(1)$$

式中：

p ——试验压力，单位为兆帕(MPa)；

σ ——静液压应力，单位为兆帕(MPa)；

S ——管件系列值。

6.5 静液压状态下的热稳定性试验

6.5.1 试验条件

按表 4 的规定。试验介质：管材内部为水，外部为空气。

6.5.2 试验方法

按 GB/T 6111 进行试验，采用 a 型封头。

6.6 熔体质量流动速率

按 GB/T 3682—2000 进行试验。

6.7 透光率

按照 GB/T 21300 进行试验。

6.8 卫生性能

按 GB/T 17219 进行试验。

6.9 系统适用性试验

6.9.1 耐内压试验

应将管件和相配套使用的管材连接后试验，管内试验介质为水，管外介质为水或空气，试验按 GB/T 6111—2003 进行，采用 a 型封头。

6.9.2 弯曲试验

按 GB/T 19473.2 附录 B 进行试验。

6.9.3 耐拉拔试验

按 GB/T 15820 进行试验。

6.9.4 热循环试验

按 GB/T 19993 进行试验。

6.9.5 循环压力冲击试验

按 GB/T 19473.2—2004 附录 D 进行试验。

6.9.6 真空试验

按 GB/T 19473.2—2004 附录 E 进行试验。

7 检验规则

7.1 检验分类

检验分为定型检验、出厂检验和型式检验。

7.2 组批和分组

7.2.1 组批

用同一原料和工艺连续生产的同一规格的管件作为一批。$d_n \leqslant 32$ mm 规格的管件每批不超过 20 000 件，$d_n > 32$ mm 规格的管件每批不超过 5 000 件。如果生产 7 天仍不足上述数量，则以 7 天为一批。一次交付可由一批或多批组成。交付时注明批号，同一交付批号产品为一个交付检验批。

7.2.2 分组

按表 12 规定对管件进行尺寸分组。

表 12 管件的尺寸组和公称外径范围

尺寸组	公称外径范围/mm
1	$d_n \leqslant 63$
2	$75 \leqslant d_n \leqslant 160$

按表12规定选取每一尺寸组中任一规格的管件进行检验，即可代表该组内其他规格产品。

7.3 定型检验

定型检验的项目为第5章规定的全部技术要求。同一设备制造厂的同类型设备首次投产或原料生产厂或牌号发生变化时，进行定型检验。

7.4 出厂检验

7.4.1 产品须经生产厂质量检验部门检验合格后并附有合格标志，方可出厂。

出厂检验项目为外观、尺寸、MFR和静液压试验(20 ℃,1 h)。

7.4.2 管件外观、尺寸按GB/T 2828—2003采用正常检验一次抽样方案，取一般检验水平Ⅰ，接收质量限(AQL) 4.0，抽样方案见表13。

表13 抽样方案

件

批量范围 N	样本大小 n	接收数 Ac	拒收数 Re
<15	2	0	1
16<25	3	0	1
26～90	5	0	1
91～150	8	0	1
151～280	13	1	2
281～500	20	2	3
501～1 200	32	3	4
1 201～3 200	50	5	6
3 201～10 000	80	7	8
10 001～35 000	125	10	11
35 001～150 000	200	14	15
150 001～500 000	315	21	22
500 001及其以上	500	21	22

7.4.3 在计数抽样合格的产品中，随机抽取足够的样品，进行熔体质量流动速率(MFR)和静液压试验(20 ℃/1 h)。

7.5 型式检验

7.5.1 管件型式检验项目为第5章中除5.5中的静液压状态下的热稳定性试验和5.7中的系统适用性试验以外的所有试验项目。

7.5.2 每两年进行一次型式检验。

一般情况下，若有下列情况之一，也应进行型式检验：

a) 正式生产后，若材料、工艺有较大变化，可能影响产品性能时；

b) 因任何原因停产半年以上恢复生产时；

c) 出厂检验结果与上次型式检验结果有较大差异时；

d) 国家质量监督机构提出进行型式检验要求时。

7.6 判定规则

外观、尺寸按照表13进行判定。其他指标有一项达不到规定时，则随机抽取双倍样品进行该项复检，如仍不合格，则判该批为不合格批。

8 标志、包装、运输、贮存

8.1 标志

8.1.1 产品应有下列永久性标志：

a） 产品名称：应注明原料类型，如 PE-RT Ⅰ或 PE-RT Ⅱ；

b） 产品规格：应注明公称外径、管系列 S；

c） 商标；

d） 如为去皮管件，应标注“P”。

8.1.2 包装标志应有如下内容：

a） 生产厂名、厂址、商标；

b） 产品名称、规格；

c） 生产日期或生产批号；

d） 本部分编号。

8.2 包装

一般情况下，每个包装箱内应装相同品种和规格的管件，包装箱应有内衬袋，每个包装箱重量不超过25 kg。

8.3 运输

管件在运输时，不得曝晒、沾污、重压、抛摔和损伤。

8.4 贮存

管件应贮存在室内，远离热源，合理放置。

参 考 文 献

[1] ISO 22391-3:2007(Plastics piping systems for hot and cold water installations—Polyethylene of raised temperature resistance (PE-RT)—Part 3:Fittings)

[2] ISO 22391-5:2007(Plastics piping systems for hot and cold water installations—Polyethylene of raised temperature resistance (PE-RT)—Part 5:Fitness for purpose of the system)

[3] ONORM B 5159:2004(Kunststoff—Rohrsysteme aus Polyethylen mit erhöhter Temperaturbeständigkeit (PE-RT) für Heißund Kaltwasserinstallationen)

ICS 97.220.30,97.220.40
Y 55

中华人民共和国国家标准

GB/T 28800—2012

气　　枪　　弹

Air gun pellets

2012-11-05 发布　　2013-03-01 实施

中华人民共和国国家质量监督检验检疫总局
中国国家标准化管理委员会　发布

前　　言

本标准按照 GB/T 1.1—2009 给出的规则起草。

请注意本文件的内容可能涉及专利。本文件的发布机构不承担识别这些专利的责任。

本标准由中国轻工业联合会提出。

本标准由全国文体用品标准化中心归口。

本标准起草单位:四川南充新原机械制造有限公司、上海汽枪厂。

本标准主要起草人:黎必博、马邦贵、刘佩章。

气 枪 弹

1 范围

本标准规定了气枪弹的术语和定义、分类、要求、试验方法、检验规则和标志、包装、运输、贮存。

本标准适用于 GB/T 28801—2012 规定的线膛气枪。

2 规范性引用文件

下列文件对于本文件的应用是必不可少的。凡是注日期的引用文件，仅注日期的版本适用于本文件。凡是不注日期的引用文件，其最新版本(包括所有的修改单)适用于本文件。

GB/T 191 包装储运图示标志

GB/T 2828.1—2003 计数抽样检验程序 第1部分：按接收质量限(AQL)检索的逐批检验抽样计划

GB/T 2829—2002 周期检验计数抽样程序及表(适用于对过程稳定性的检查)

GB/T 28801—2012 气枪

国际射联章程与规则[1)](2005年版)

3 术语和定义

下列术语和定义适用于本文件。

3.1

射击密集度 dispersion accuracy

一组规定射数的弹着点在靶上的分布程度，通常测量10发(一组)的弹着点包络圆直径 D_0(见图1)，然后减去一个弹孔直径。其中4.5 mm气枪弹减去4.8 mm，5.5 mm气枪弹减去5.8 mm，为该靶的射击密集度值，用 D 表示。

注：改写 GB/T 28801—2012，3.6。

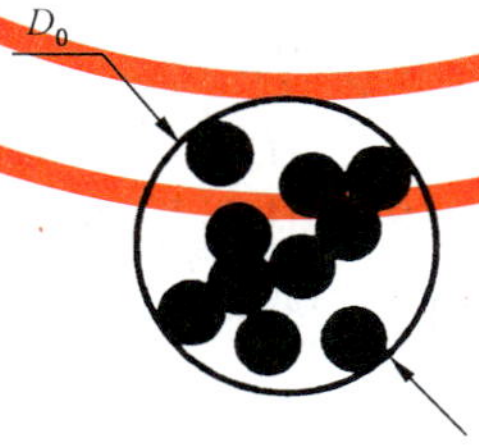

图 1

3.2

初速极差 the range of muzzle velocities

在连续10发初速试验组中，最高初速与最低初速的差值。

注：GB/T 28801—2012，3.5。

---

1) 《国际射联章程与规则》由 International Shooting Sport Federation(国际射击运动联合会)发布。

4 分类

4.1 气枪弹按用途分类

4.1.1 普通气枪弹

采用模压或搓制工艺成型的气枪弹。主要用于一般射击训练、射击场馆游艺活动。

4.1.2 竞赛气枪弹

符合《国际射联章程与规则》规定，主要用于竞赛气枪的 4.5 mm 平头气枪弹。

4.2 气枪弹按材质分类

4.2.1 铅或铅合金气枪弹

用铅或铅合金加工的气枪弹。

4.2.2 其他材质气枪弹

不用铅或铅合金，用其他材质加工的无铅气枪弹。

4.3 气枪弹按口径分类

4.3.1 4.5 mm 气枪弹

4.5 mm 线膛气枪使用的气枪弹。

4.3.2 5.5 mm 气枪弹

5.5 mm 线膛气枪使用的气枪弹。

4.4 气枪弹按结构分类

4.4.1 单体式气枪弹

由单一零件构成的气枪弹。

4.4.2 组合式气枪弹

由两个及其以上零件组合而成的气枪弹。

4.5 气枪弹按头部形状分类

4.5.1 平头气枪弹

头部为平面形状的气枪弹。

4.5.2 圆头气枪弹

头部为圆形的气枪弹。

4.5.3 尖头气枪弹

头部为圆锥尖形的气枪弹。

4.5.4 凹头气枪弹

头部为凹圆锥或凹圆柱形孔的气枪弹。

4.6 其他形状气枪弹

头部为其他形状的气枪弹。

5 要求

5.1 尺寸

气枪弹的口径规格尺寸应为 4.5 mm 和 5.5 mm。

5.1.1 其他部位尺寸

5.1.1.1 普通气枪弹

头部直径带直径、尾部直径带直径应符合表 1 规定。材质为铅或铅合金平头普通气枪弹的全弹长度应符合表 2 规定。

表 1 头部直径带直径、尾部直径带直径 单位为毫米

口 径	头部直径带直径	尾部直径带直径
4.5	$\phi 4.50^{+0.04}_{-0.08}$	$\phi 4.75\pm 0.15$
5.5	$\phi 5.50^{+0.04}_{-0.08}$	$\phi 5.75\pm 0.15$

表 2 全弹长度 单位为毫米

口 径	全 弹 长 度
4.5	$5.85^{\ 0}_{-0.75}$
5.5	$6.90^{\ 0}_{-0.75}$
注： 其他材质、结构、头部形状普通气枪弹的全弹长度按合同约定。	

5.1.1.2 竞赛气枪弹

头部直径带规格、头部直径带直径公差、尾部直径带直径和全弹长度极差应符合表 3 规定。

表 3 竞赛气枪弹尺寸 单位为毫米

头部直径带规格	头部直径带直径公差	尾部直径带直径	全弹长度极差
$\phi 4.48$、$\phi 4.49$、$\phi 4.50$、$\phi 4.51$	± 0.01	$\phi 4.75\pm 0.06$	$\leqslant 0.08$

5.2 质量

5.2.1 普通气枪弹

材质为铅及铅合金平头普通气枪弹的质量应符合表4规定。

表4 普通气枪弹质量

口径 mm	质量 g
4.5	0.52±0.08
5.5	0.92±0.08
注：其他材质、结构、头部形状普通气枪弹的质量按合同约定。	

5.2.2 竞赛气枪弹

分0.50 g、0.53 g、0.56 g三种规格，每种规格的极限偏差为±0.008 g。

5.3 外观

弹形完整，弹体无缺口、扁口、明显的飞边，内外表面无污秽物。

5.4 射击密集度

5.4.1 普通气枪弹

射击密集度应符合表5规定。

表5 普通气枪弹射击密集　　单位为毫米

口径	平均值($\overline{D}$)
4.5	≤28
5.5	≤38

5.4.2 竞赛气枪弹

射击密集度应符合表6规定。

表6 竞赛气枪弹射击密集度　　单位为毫米

级别	平均值($\overline{D}$)	最大值(D_{max})
特级	≤3	≤4.5
比赛级	≤4.5	≤5.3
训练级	≤6.7	≤8.2

5.5 初速极差

10 发气枪弹的初速极差应符合表 7 规定。

表 7 初速极差

弹种类	初速极差 m/s
普通气枪弹	≤28
竞赛气枪弹	≤8

6 试验方法

6.1 试验条件

在常温、室内进行试验。

6.2 尺寸

用专用量具检验气枪弹的头部直径带直径和尾部直径带直径。用分度值为 0.01 mm、测量范围为 0 mm～25 mm 的外径千分尺(或同等精度等级的量具)测量气枪弹的全弹长度。

6.3 质量

6.3.1 普通气枪弹

用感量为 0.01 g 的天平(或同等感量的称量器具),称量 10 发气枪弹的质量,求其平均值为判定值。

6.3.2 竞赛气枪弹

用感量为 0.000 1 g 的天平,逐个称量气枪弹的质量为判定值。

6.4 外观

在自然光条件下,目测检验 5.3 所规定的气枪弹外观。

6.5 射击密集度

见附录 A。

6.6 初速极差

使用测速仪测试初速 $v_{0.5}$。测试时用工厂选定的气步枪或专用试验枪。

7 检验规则

7.1 检验分类

产品检验分为交收检验和型式检验。

7.2 交收检验

7.2.1 产品应经生产方质检部门检验合格后方可提交进行交收检验。

7.2.2 交收检验批由交收产品中同一类别的产品组成。

7.2.3 外观按 GB/T 2828.1—2003 中"正常一次检验抽样方案"进行。要求、试验方法、抽样方案、接收质量限(AQL 值)等应按表 8 规定。

表 8 交收检验外观的抽样方案、AQL 值

不合格品分类	检验项目	要求	试验方法	抽样方案		AQL 值	
				普通气枪弹	竞赛气枪弹	普通气枪弹	竞赛气枪弹
C	外观	5.3	6.4	一般检验水平Ⅱ	特殊检验水平 S-3	6.5	4.0

7.2.4 普通气枪弹的射击密集度，每批 30 发(三靶，每靶 10 发)进行射击密集度试验，试验结果应符合 5.4.1 的要求，否则应加倍复试。复试两组均应符合 5.4.1 的要求为合格。

7.2.5 竞赛气枪弹的射击密集度，每批 30 发(三靶，每靶 10 发)进行射击密集度试验，试验结果应符合 5.4.2 的要求为合格。

7.2.6 交收检验不合格的批，应退回生产方进行返修和复验。复验合格后可再次提交检验。若再次提交检验仍不合格，则该批产品不合格。

7.3 型式检验

7.3.1 型式检验的样本应在交收检验合格批中随机抽取。

7.3.2 有下列情况之一时应进行型式检验：

——产品正常生产满 12 个月时；

——交收检验结果不合格时；

——新产品定型或老产品转厂初次生产时；

——产品停产一年以上恢复生产时；

——产品的结构、主要材料及重要工艺的改变，可能影响产品性能时；

——国家质量监督机构提出进行型式检验要求时。

7.3.3 尺寸、外观，按 GB/T 2829—2002 中"一次抽样方案"进行。要求、试验方法、判别水平(DL)、不合格质量水平(RQL)等应按表 9 规定。

表 9 型式检验尺寸、外观的抽样方案、RQL 值

产品	检验项目	要求	试验方法	判别水平(DL)	不合格质量水平(RQL)	判定组数 n(Ac,Re)
普通气枪弹	尺寸	5.1.2.1	6.2	Ⅰ	40	10(3,4)
竞赛气枪弹		5.1.2.2			20	10(1,2)
普通气枪弹	外观	5.3	6.4		50	12(4,5)
竞赛气枪弹					10	10(0,1)

7.3.4 普通气枪弹的质量，每批 30 发（三组，每组 10 发）。试验结果应符合 5.2.1 的要求，否则应加倍复试；复试两组均应符合 5.2.1 的要求。

7.3.5 竞赛气枪弹的质量，每批 10 发。试验结果应符合 5.2.2 的要求。

7.3.6 普通气枪弹的射击密集度，每批 30 发（三靶，每靶 10 发）进行射击密集度试验，试验结果应符合 5.4.1 的要求，否则应加倍复试；复试两组均应符合 5.4.1 的要求。

7.3.7 竞赛气枪弹的射击密集度，每批 30 发（三靶，每靶 10 发）进行射击密集度试验，试验结果应符合 5.4.2 的要求。

7.3.8 初速极差，每批 10 发（一组）。试验结果应符合 5.5 的要求。

7.3.9 所有检验项目都能通过时，此产品的型式检验为合格。

8 标志、包装、运输、贮存

8.1 标志

8.1.1 销售包装标志

产品销售包装上应标有下列内容：

——产品名称、口径、产品数量及商标；

——执行标准编号；

——厂名、厂址；

——安全提示：

“警告：错误地使用可能会导致严重的伤害或死亡。应在规定的场所使用。”

8.1.2 运输包装标志

产品运输包装上应标有下列内容：

——产品名称、口径、产品数量及商标；

——执行标准编号；

——厂名、厂址；

——包装箱外形尺寸及重量；

——“小心轻放”、“怕湿”等标志，并应符合 GB/T 191 规定。

8.2 包装

8.2.1 销售包装

普通气枪弹散装在销售包装内。

竞赛气枪弹的头部嵌入载弹板孔内。装好气枪弹的载弹板分层放入销售包装内。

竞赛气枪弹也可散装在销售包装内。

销售包装应适合运输、贮存的要求。

8.2.2 运输包装

气枪弹的包装应适合运输、贮存的要求，并具有完整的包装标志和正确的包装数量。

8.2.3 随行文件

产品在装箱时，按规定放置产品合格证（或印有检验合格的标志）。

8.3 运输

产品在运输及装卸中应避免碰撞、摔跌并应防湿、防晒。

8.4 贮存

气枪弹应贮存在干燥、防潮、防晒的库房内。不应与酸、碱等腐蚀品混存。

附　录　A
（规范性附录）
气枪弹射击密集度试验方法

A.1　试验设备、装置及其要求

A.1.1　试验用枪：专用气步枪。

A.1.2　专用枪架：应有足够的刚度，夹固可靠、位置可调、操作简便。

A.1.3　靶：立靶。靶纸为厚度 0.5 mm 的中性纸板。

A.1.4　射击室：为防风、防雨的射击室。

A.1.5　校靶弹：由工厂选定的，用于校正试验专用气步枪的专用气枪弹。校靶弹以其射击密集度平均值($\overline{D}$)为校靶值。

A.1.6　射击使用的枪支必须保持干净，射击后应将枪管线膛擦试干净并轻微涂机械油。当枪支不符合要求或零件损坏时，应更换枪支或零件。

A.2　试验样品

A.2.1　气枪弹外观、尺寸应经检验合格。

A.2.2　每批 30 发（三靶，每靶 10 发）。每靶所用的气枪弹应是同一销售包装盒内的产品。

A.3　试验条件

A.3.1　射击室温度：室温。

A.3.2　枪口到靶面的距离：10 m。

A.4　试验程序

A.4.1　用专用夹具将试验用枪固定在枪架上。

A.4.2　射击 2 发至 3 发气枪弹温枪并对靶。

A.4.3　实弹射击三靶，每靶 10 发，以检查枪支固定的正确性。若射击密集度值不大于校靶弹的校靶值时，则认为枪支固定正确，可以进行射击密集度试验。否则，应重新固定枪支，并重新射击。若经三次重新固定枪支，射击密集度值均大于校靶弹的校靶值时则应换枪。

A.4.4　试验时，每射击一靶，移动一次靶纸，直至射击完毕。移动靶纸距离为不使射击时出现重孔为准。射击速度为每分钟 5 发至 10 发。

A.4.5　若射击结果超出了规定值，应再次检查枪支固定的正确性，并射击三靶校靶弹；若校靶弹的射击密集度超出校靶值时，则该射击结果无效，重新按上述步骤紧固枪支并试验；如连续三次重新固定枪支后校靶弹的射击密集度仍超出校靶值时，则应换枪；若校靶弹的射击密集度小于校靶值时，则试验结果有效。

A.5 试验结果的表述

测量每靶气枪弹弹着点包络圆直径(D_0)，计算每靶的射击密集度(D)，其方法是测出两个最远弹孔相对外边缘间的距离减去一个弹孔直径。各靶射击密集度的算术平均值为该批气枪弹射击密集度平均值($\overline{D}$)；各靶射击密集度的最大值为该批气枪弹射击密集度最大值(D_{max})。

A.6 评定气枪弹级别

普通气枪弹不评定级别。

竞赛气枪弹按表 6 中射击密集度平均值($\overline{D}$)和射击密集度最大值(D_{max})的规定值，评定该批竞赛气枪弹的级别。

附　录　B
（资料性附录）
气枪弹各部位名称

气枪弹各部位名称见图 B.1。

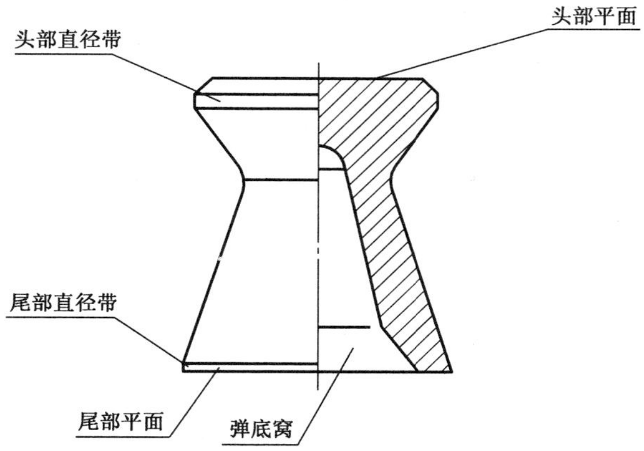

注 1：头部直径带可由几条组成。

注 2：头部形状有平头、圆头、尖头、凹头等。

图 B.1　4.5 mm 平头气枪弹示例

参 考 文 献

［1］ GB/T 14657—1993 民用枪弹术语

［2］ ASTM F590-05 非火药弹出物及压缩气瓶的客户安全标准(Standard Consumer Safety Specification for Non-Powder Gun Projectiles and Propellants)

ICS 97.220.30;97.220.40
Y 55

GB

中华人民共和国国家标准

GB/T 28801—2012

气枪

Air guns

2012-11-05 发布　　　　2013-03-01 实施

中华人民共和国国家质量监督检验检疫总局
中国国家标准化管理委员会　发布

前　言

本标准按照 GB/T 1.1—2009 给出的规则起草。

请注意本文件的内容可能涉及专利。本文件的发布机构不承担识别这些专利的责任。

本标准由中国轻工业联合会提出。

本标准由全国文体用品标准化中心归口。

本标准起草单位：上海汽枪厂、广东省江门市前卫匹特搏供应有限公司、浙江新华体育器材制造有限公司、无锡贝宁机械有限公司、南京汽枪厂有限公司、绍兴市岭峰气枪制造有限公司、重庆建设工业有限责任公司。

本标准主要起草人：刘佩章、梁国栋、尹满鸿、杜呈信、卢春苗、马述壮、徐立华、龚建。

气　　枪

1　范围

本标准规定了气枪的术语和定义、分类、要求、试验方法、检验规则和标志、包装、运输、贮存。

本标准适用于国内合法制造、销售、使用的气枪。

本标准不适用于枪口动能不大于 1 J、枪口比动能小于 1.8 J/cm^2、以压缩气体为动力的枪械。

2　规范性引用文件

下列文件对于本文件的应用是必不可少的。凡是注日期的引用文件，仅注日期的版本适用于本文件。凡是不注日期的引用文件，其最新版本（包括所有的修改单）适用于本文件。

GB/T 191　包装储运图示标志

GB/T 2828.1—2003　计数抽样检验程序　第 1 部分：按接收质量限（AQL）检索的逐批检验抽样计划

GB/T 2829—2002　周期检验计数抽样程序及表（适用于对过程稳定性的检查）

GB/T 28800—2012　气枪弹

国际射联章程与规则[1]（2005 年版）

3　术语和定义

下列术语和定义适用于本文件。

3.1

气枪　air gun

以压缩气体为动力，具有枪管、击发机构等基本结构，发射金属或其他材质弹丸，所发射弹丸的枪口动能超过 1 J，或者所发射弹丸的枪口比动能等于或大于 1.8 J/cm^2 的器械。

注：改写 GB/T 14658—1993，2.5。

3.2

枪口动能　muzzle kinetic energy

弹丸飞离枪口附近规定距离处所具有的动能，计算见式（1）：

$$E = \frac{1}{2} m v_0^2 \quad \cdots\cdots(1)$$

式中：

E ——枪口动能，单位为焦耳（J）；

m ——弹丸的质量，单位为千克（kg）；

v_0 ——弹丸飞离枪口时的速度，单位为米每秒（m/s）。

3.3

枪口比动能　muzzle specific kinetic energy

弹丸飞离枪口附近规定距离处单位面积上所具有的动能，计算见式（2）：

1）《国际射联章程与规则》由 International Shooting Sport Federation（国际射击运动联合会）发布。

$$B = \frac{E}{S} \quad \cdots\cdots(2)$$

式中：

B——枪口比动能，单位为焦耳每平方厘米（J/cm^2）；

E——枪口动能，单位为焦耳（J）；

S——弹丸的最大横截面，单位为平方厘米（cm^2）。

3.4

口径　caliber

枪管口部内膛的最小直径；具有来复线的枪管口径是指枪管内膛阳线的直径。

注：改写 GB/T 14658—1993，3.1.1。

3.5

初速极差　the range of muzzle velocities

在连续 10 发初速试验组中，最高初速与最低初速的差值。

3.6

射击密集度　dispersion accuracy

一组规定射数的弹着点在靶上的分布程度。通常用 10 发（一组）的弹着点包络圆直径 D_0 与弹孔直径的差值作为密集度圆直径，用 D 表示。

注：改写 GB/T 14658—1993，3.1.7.1。

3.7

活动气缸　moving cylinder

弹簧活塞整体式气枪的一个储气部件。挂机时，气缸体后移，敞开弹膛以便于装弹；闭锁时，气缸体前移闭合枪膛，并在气缸内形成一封闭空间，击发时活塞压缩该空间形成压缩空气。

4　分类

4.1　按枪管内膛种类分类[2)]

4.1.1　线膛气枪

符合气枪术语表述的特征，枪管具有膛线，通常以精确射击为主的枪械。

4.1.2　滑膛气枪

符合气枪术语表述的特征，枪管没有膛线，通常以非精确射击为主的枪械。

4.2　按线膛气枪的用途分类

4.2.1　普通气枪

非专业体育运动射击竞赛项目用的气步枪和气手枪。

4.2.2　竞赛气枪

符合《国际射联章程与规则》规定且专用于专业体育运动射击竞赛项目的气步枪和气手枪。

2）　当按枪管内堂分类并给出产品名称后，在要素前冠以产品名称，即针对该类产品进行分类；不冠以产品名称，则针对全部产品进行分类。本章分类后所命名的分类名称或分类名称组合，在以后各章应用。

4.3 按线膛气枪的发射能量分类

4.3.1 高能量气枪

枪口动能大于 7.5 J,且枪口比动能大于 31.6 J/cm² 的气枪。

4.3.2 低能量气枪

枪口动能或枪口比动能不符合 4.3.1 给出细节的气枪。

4.4 按动力方式分类

4.4.1 弹簧活塞式气枪

通过压缩弹簧释放,推动活塞在枪体或活动气缸内形成压缩空气获得射击动能的一种气枪。包括弹簧活塞折管式气枪、弹簧活塞整体式气枪等。

4.4.2 储气式气枪

一种具有专用储气装置或外接储气装置以获得射击动能的气枪。包括充气式气枪、气瓶式气枪和泵式气枪等。

4.5 按握持方式分类

4.5.1 气步枪

双手握持发射的长管气枪。

4.5.2 气手枪

单手握持发射的短管气枪。

5 要求

5.1 通用技术要求

5.1.1 表面与装饰

5.1.1.1 所有外露件的边角均应平滑光顺,不应有任何尖锐的边缘棱角或毛刺;所有暴露的木质部件表面应平滑光顺,不应有任何裂逢、毛刺和碎片翘起等情况。

5.1.1.2 木质枪托表面涂层不得有皱皮、发黏和漏漆现象;可见部分应无明显机械加工痕迹、划痕、流挂、刷毛和杂渣等缺陷。装枪后的外露金属件表面涂覆层色泽应均匀,不应有明显的露白、锈蚀、划痕等影响美观的缺陷。

5.1.2 射击方式

单发方式不应出现连发或不击发;连发方式不应出现单发或不击发。

5.1.3 一般射击功能

按照生产方说明书提示的使用方法,经挂机等正常操作应能正常发射弹丸,且在操作过程中不应有无意击发的现象。

5.1.4 扳机保险和扳机可靠性要求

普通气枪应装有扳机保险，扳机保险结构应有清晰的标识，表示保险所处“保险”和“击发”的位置。双向栓式扳机保险结构，处于击发位置时应露出红色的标记；处于保险位置时应盖住红色标志。杠式扳机保险结构，应在相应位置永久地标注“F”和“S”，分别对应于击发位置和保险位置；或者在相应位置有一个清晰、明显的红点，当处于击发位置时露出红点，保险位置时盖住红点。

扳机保险处于保险位置时，在扳机上施于133.3 N力时应不能击发。

按6.2.4.2的规定试验后，扳机和扳机保险的功能应正常。

5.1.5 零部件互换性

同一生产方生产相同型号(包括其所属改进型号)普通气枪的主要易损零部件应能互换。

5.1.6 使用寿命要求

5.1.6.1 高能量弹簧活塞式普通气枪的使用寿命为3 000发，低能量弹簧活塞式气枪和储气式气枪为5 000发。

5.1.6.2 使用寿命的寿终条件应为：

——不符合5.1.3、5.1.4的规定；

——线膛气枪的射击密集度超出规定值的50%；

——弹簧活塞式气枪初速降大于15%，其余气枪的初速降大于10%；

——弹簧活塞式气枪的挂机保险不符合5.2.7的规定；

——滑膛气枪的耐冲击要求不符合5.3.4的规定。

5.1.7 外形

气枪外形不应与制式军用枪支外形相同或近似。

5.2 线膛气枪的技术要求

5.2.1 长度与质量

长度和质量应符合表1的规定。

表1 长度和质量

枪支种类	长度 mm	质量 kg
普通气步枪	780～1 300	1.5～5
普通气手枪	152～780	0.8～2.4
竞赛气步枪	按《国际射联章程与规则》(2005版)7.4.3.5.3的规定	按《国际射联章程与规则》(2005版)7.4.3.7的规定
竞赛气手枪	按《国际射联章程与规则》(2005版)8.16.0的规定	按《国际射联章程与规则》(2005版)8.16.0的规定

5.2.2 口径

普通气枪口径及其公差应为$\phi 4.5_{-0.03}^{+0.01}$ mm或$\phi 5.5_{-0.03}^{+0.01}$ mm。

5.2.3 枪口动能与枪口比动能

普通气枪枪口动能与枪口比动能应符合表2的规定。

表2 枪口动能与枪口比动能

枪支种类	枪口动能 J	枪口比动能 J/cm^2
4.5 mm 低能量气枪	≤7.5	≤47.2
5.5 mm 低能量气枪	≤7.5	≤31.6
4.5 mm 高能量气枪	>7.5	>47.2
5.5 mm 高能量气枪	>7.5	>31.6
注：以二氧化碳为动力的枪支其枪口动能、枪口比动能与环境温度有关，表中给出的数值是在21 ℃环境温度时的数值。		

5.2.4 射击密集度

射击密集度 D 应符合表3的规定。

表3 射击密集度

单位为毫米

枪支种类	D
4.5 mm 普通气步枪	≤30
4.5 mm 普通气手枪	≤50
5.5 mm 普通气步枪	≤50
竞赛气步枪	≤3
竞赛气手枪	≤6

5.2.5 初速与初速极差

气枪的初速换算成枪口动能和枪口比动能后，应符合5.2.3的规定。同时在10发初速考核时，最大初速与最小初速间的极差应符合表4的规定。

表4 初速极差

单位为米每秒

枪支种类	初速极差
4.5 mm 普通气步枪	≤15
4.5 mm 普通气手枪	≤20
5.5 mm 普通气步枪	≤20
竞赛气枪	≤10

5.2.6 扳机引力

5.2.6.1 普通气枪的最小扳机引力应大于13.3 N。

5.2.6.2 普通气枪的最大扳机引力应小于44.5 N。

5.2.6.3 可调节扳机引力的扳机系统，出厂时应调节在5.2.6.1、5.2.6.2规定的范围内。

5.2.6.4 竞赛气步枪的扳机引力应符合《国际射联章程和规则》(2005 年版)7.4.3.7 的规定、竞赛气手枪的扳机引力应符合《国际射联章程和规则》(2005 年版)8.16.0 的规定。

5.2.7 弹簧活塞式气枪的挂机保险

不论是自动扳机保险还是手动扳机保险,将保险处于击发位置进行压气至挂机,在未闭合枪膛且不操作击发保险的条件下,扳机应不能被扣动或扣动扳机应不能击发。

5.2.8 具有活动气缸的弹簧活塞式气枪的气缸保险

具有活动气缸结构的弹簧活塞式普通气枪,在开膛后应有气缸保险机构扣住气缸,即使在扳机系统不能有效工作的情况下,也应能阻止气缸复位;只有在操作者操纵气缸保险机构解脱该保险才可以将气缸复位。

5.3 滑膛气枪的技术要求

5.3.1 口径

滑膛气枪的口径及其公差应为 $\phi 6^{+0.18}_{+0.03}$ mm、$\phi 8^{+0.18}_{+0.03}$ mm、$\phi 11^{+0.21}_{+0.03}$ mm、$\phi 17.5^{+0.18}_{0}$ mm 四种。

5.3.2 枪口动能与枪口比动能

滑膛气枪的枪口动能与枪口比动能应符合表 5 的规定。

表 5 枪口动能与枪口比动能

口径 mm	枪口动能 J	枪口比动能 J/cm^2
6	≤2	≥1.8
8	≤2	≥1.8
11	≤4.2	≤4.6
17.5	≤14.6	≤6.2
注:以二氧化碳为动力的枪支其枪口动能、枪口比动能与环境温度有关,表中给出的数值是在 21 ℃环境温度时的数值。		

5.3.3 扳机引力

5.3.3.1 最小扳机引力应大于 8.9 N。
5.3.3.2 最大扳机引力应小于 31.1 N。
5.3.3.3 可调节扳机引力的扳机系统,出厂时应调节在 5.3.3.1、5.3.3.2 规定的范围内。

5.3.4 耐冲击性能

滑膛气枪挂机后扳机保险处于击发位置时,枪身受到适度的冲击也不应击发。

6 试验方法

6.1 试验条件

6.1.1 环境与场地

6.1.1.1 以二氧化碳为动力源的试验枪应在 16 ℃~27 ℃的环境温度内试验,其余在常温下试验。

6.1.1.2 实弹射击试验应在专用靶场内进行，其余在室内进行。

6.1.1.3 表面与装饰检查应在自然光或光照度 300 lx～600 lx 范围内的近似自然光(如 60 W 日光灯)下进行，视距为 300 mm～500 mm。

6.1.2 试验用弹

6.1.2.1 线膛气枪选用符合 GB/T 28800—2012 规定的竞赛平头气枪弹若干发作为试验用弹，并以 100 发为一组，用感量为 0.01 g(或更高精度)的工业天平称量，称量后折算成每发弹的质量。

6.1.2.2 滑膛气枪使用由生产方提供的弹丸若干发作为试验用弹。6 mm、8 mm 口径枪支使用的弹丸以 100 发为一组，11 mm、17.5 mm 口径枪支使用的弹丸以 10 发为一组，用感量为 0.01 g(或更高精度)的工业天平称量，称量后折算成每发弹的质量。

6.1.3 试验枪动力的工作压力

以二氧化碳为动力源的试验枪，其气瓶压力应不小于 5 MPa。气瓶的容量不限。

6.2 通用技术要求的试验方法

6.2.1 表面与装饰

空膛状态下进行试验。由三人共同感官检测，以多数相同结论为评定值。

6.2.2 射击方式

实弹射击试验，并按下列方法试验与评定：

a) 无射击方式控制装置或有射击方式控制装置但射击方式设定为"单发"的试验枪，扣动一次扳机只发射一发弹丸，无连发射击或不击发的情况出现，该项目试验为通过；

b) 有射击方式控制装置且设定为"连发"的试验枪，扣动扳机应保持连发射击，无单发射击或不击发的情况出现，该项目试验为通过。

6.2.3 一般射击功能

实弹射击试验，并按下列方法试验与评定：

a) 射击试验弹数量应为 100 发。其中，有射击方式装置的试验枪，40 发宜为单发试验，60 发宜为连发试验；

b) 试验枪在挂机或压气、装弹过程中未发生意外击发且在射击时每次都能将弹射出，该项目为通过；

c) 使用内含液体或粉状物的胶质壳体球形弹丸的滑膛气枪，试验时允许发生卡弹和弹丸出枪口之前碎裂现象，两项共计不应超过三次。

注：6.2.2 与 6.2.3 规定的试验可以合并进行，但试验结果分别记录。

6.2.4 扳机保险和保险可靠性

6.2.4.1 空膛状态下进行试验。检查试验枪是否装有扳机保险，且在保险相应位置处是否有保险位置和击发位置标识。

6.2.4.2 按下列方法试验保险可靠性：

a) 试验枪挂机后，将扳机保险置于保险位置(电控击发试验枪将其控制开关置于"关"位置)；

b) 用一个 13.6 kg±0.02 kg 的重锤，无冲击地悬挂于扳机弧形面的中间部位。试验枪处于垂直状态，枪口向上，慢慢地抬起并保持 3 s，不应击发；

c) 卸去重锤，将扳机保险置于击发位置（电控击发试验枪将其控制开关置于“开”位置），此时也不应击发；
d) 检查扳机、扳机保险功能三次均应无异常。

6.2.5 零部件互换性

6.2.5.1 生产方应提供试验枪互换零部件一览表，表中规定的互换零件不应少于八件，由试验人员确定其中的五件为互换零部件。

6.2.5.2 空膛状态下进行试验并按下列方法进行零部件互换：
a) 在不少于100支的生产方常规质量检验合格的产品中选出五支为一组，将有互换要求的零部件分解后按附录A所示进行分组按序交换，然后重新装配与调整；
b) 互换后的线膛气枪应重新试验并符合5.1.2、5.1.3、5.1.4、5.2.6、5.2.7的规定；
c) 互换后的滑膛气枪应重新试验并符合5.1.2、5.1.3、5.1.4、5.3.3、5.3.4的规定；
d) 检查试验枪是否符合5.1.3的规定时，线膛气枪的射击数量可减至规定数量的20%；滑膛气枪的射击数量可减至规定数量的40%。

6.2.6 使用寿命试验

6.2.6.1 按下列方法进行寿命试验：
a) 在生产方常规质量检验合格的产品中选择试验用枪；
b) 检测试验枪的初态：
   - 按6.2.4的规定试验扳机保险应符合5.1.4的规定；
   - 按6.3.7的规定试验弹簧活塞式气枪的挂机保险应符合5.2.7的规定；
   - 按6.4.4的规定试验滑膛气枪的耐冲击性能应符合5.3.4的规定；
   - 分别按6.3.3、6.4.2的规定试验试验枪的初速、按6.3.4的规定试验线膛气枪的密集度；
c) 实弹射击，如有射击方式装置的试验枪，其射数的40%宜单发试验，60%宜连发试验。以500发为一个试验周期，每一周期结束前30发开始再次试验初速、密集度；
d) 按5.1.6.2的规定判定试验枪是否寿终，若未寿终可以进入下一个试验周期直至试验的射击发数结束；
e) 实弹射击达到5.1.6.1规定发数后，检测试验枪的终态，检测项目与要求同6.2.6.1 b)规定。检测后按5.1.6.2的规定判定试验枪是否寿终。

6.2.6.2 线膛气枪宜在72 h内完成；滑膛气枪宜在24 h内完成。

6.2.6.3 在试验过程中出现不符合5.1.3规定的状况时，该试验枪应判定为寿终。

6.2.6.4 试验过程中，试验枪如果在产品说明书中有易损件（如可换枪管气枪的节套密封圈、储气式气枪的枪栓密封圈、气瓶式气枪的气瓶密封圈等）的使用次数提示，并且在产品出厂时该零件作为产品的附属物一同出厂，则在试验过程中可按照使用说明书提示的使用次数更换该零件。

6.2.7 外形

感官检查；由枪支管理部门认定。

6.3 线膛气枪技术要求的试验方法

6.3.1 长度与质量

6.3.1.1 空膛状态下进行试验。试验时选用1 500 mm钢直尺（或钢卷尺）和5 kg磅秤检测。

6.3.1.2 检查长度和质量时，应卸去会影响长度和质量测量的附件。

6.3.2 口径

空膛状态下进行试验。使用专用塞规检测口径。

6.3.3 枪口动能和枪口比动能

试验枪枪口距初速测速仪第一区截装置 0.25 m±0.1 m 处，以水平射角射击，10 发为一组，记录并求出其平均初速，然后分别计算枪口动能和枪口比动能。在计算枪口比动能时，以弹丸规格尺寸作为弹丸的最大直径，并计算其截面积。

6.3.4 射击密集度

6.3.4.1 竞赛气枪和普通气步枪射距 10 m，普通气手枪射距 6 m，射弹 10 发为一组，共试验三组，试验前允许试靶一组。

6.3.4.2 试验枪固定于射击台进行试验。不宜使用射击台的试验枪应由专业射手在有依托的靶架上射击(允许使用光学瞄准具)。

6.3.4.3 一组实弹射击后，普通气枪测量 9 发，竞赛气枪测量 10 发弹着点包络圆直径 D_0(见图 1)，然后减去试验用弹的直径(试验枪为 4.5 mm 口径时减去 4.8 mm；试验枪为 5.5 mm 口径时减去 5.8 mm)为该组的单靶密集度值。统计三组的密集度平均值 $\overline{D}$ 应符合 5.2.4 规定。其中普通气枪的单靶最大值 D_{max} 不应比 5.2.4 规定的要求大 4 mm；竞赛气枪的单靶最大值 D_{max} 不应比 5.2.4 规定的要求大 2 mm。

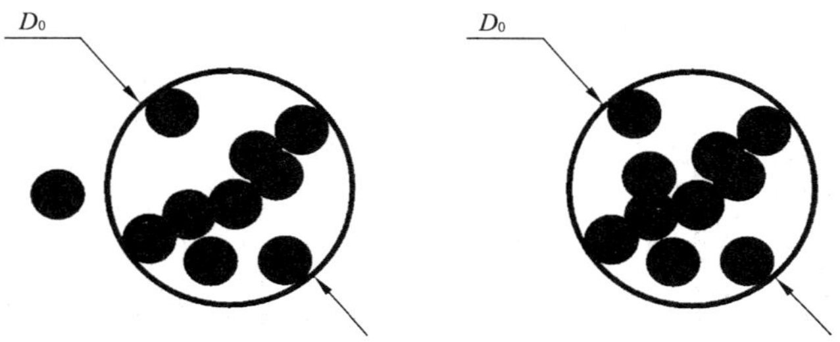

图 1 弹着点包络圆示意图

6.3.5 初速与初速极差

按 6.3.3 的规定检测初速。检测一组，射弹 10 发；计算一组的最大初速与最小初速间的极差。

如果第一组试验失败，可加倍复试二组，并应全部符合 5.2.5 的规定。

注：6.3.3 与 6.3.5 规定的试验可以合并进行，但试验结果分别记录。

6.3.6 扳机引力

6.3.6.1 空膛状态下进行试验。

6.3.6.2 按下列方法试验扳机引力：

a) 试验枪挂机后，将扳机保险置于击发位置；

b) 用一个 1.36 kg±0.02 kg 的轻锤无冲击地悬挂于扳机弧形面的中间部位，试验枪处于垂直状态，枪口向上，慢慢地抬起并保持 3 s，试验枪不应击发；

c) 用一个 4.54 kg±0.07 kg 的重锤无冲击地悬挂于扳机弧形面的中间部位，试验枪处于垂直状态，枪口向上，慢慢地抬起，试验枪应击发。

6.3.6.3 可调扳机引力的试验枪，试验时不应调整扳机引力。

6.3.7 弹簧活塞式气枪挂机保险

6.3.7.1 空膛状态下进行试验,由专业技术人员操作。

6.3.7.2 在扳机保险置于击发位置时使试验枪挂机,在未闭合枪膛且不操作扳机保险的条件下,扳机应不能被扣动或扣动扳机应不能击发。

6.3.7.3 试验共做三次,均应符合5.2.7的要求规定。

6.3.8 具有活动气缸的弹簧活塞式气枪气缸保险

6.3.8.1 空膛状态下进行试验,由专业技术人员操作。

6.3.8.2 检查具有活动气缸的弹簧活塞式气枪是否具有独立的气缸保险机构在开膛后能扣住气缸。

6.3.8.3 去除气缸保险装置外的与阻止击发有关的装置,将试验枪可靠地固定在试验台上,小心地挂机后扣动扳机,气缸保险装置应能有效地阻止气缸复位。

6.4 滑膛气枪技术要求的试验方法

6.4.1 口径

与6.3.2规定的方法相同。

6.4.2 枪口动能与枪口比动能

与6.3.3规定的方法相同。

6.4.3 扳机引力

6.4.3.1 空膛状态下进行试验。

6.4.3.2 按下列方法试验扳机引力:

a) 试验枪挂机后,将扳机保险置于击发位置,或者将击发控制开关置于“开”位置;
b) 用一个0.91 kg±0.02 kg的轻锤无冲击地悬挂于扳机弧形面的中间部位,试验枪处于垂直状态,枪口向上,慢慢地抬起并保持3 s,试验枪不应击发;
c) 用一个3.18 kg±0.07 kg的重锤无冲击地悬挂于扳机弧形面的中间部位,试验枪处于垂直状态,枪口向上,慢慢地抬起,试验枪应击发。

6.4.3.3 如果是双指形扳机,上述扳机引力试验时应在低位的扳机弧形面中间位置施力。可调扳机引力的试验枪,试验时不应调整扳机引力。

6.4.4 滑膛气枪耐冲击性能

耐冲击性能试验按附录B规定进行,应符合5.3.4的规定。

7 检验规则

7.1 检验分类

产品检验分为交收检验、型式检验。

7.2 交收检验

7.2.1 产品应经生产方质检部门检验合格后方可提交进行交收检验。

7.2.2 交收检验批由当批交收数量中同一型号的产品组成。

7.2.3 交收检验按 GB/T 2828.1—2003 的正常检验一次抽样方案的规定进行。产品不合格品分类、检验项目、要求、试验方法、检查水平和接受质量限(AQL)线膛气枪应符合表 6 的规定；滑膛气枪应符合表 7 的规定。

表 6 线膛气枪交收检验项目表

不合格分类	序号	检验项目	要求	试验方法	检查水平	AQL 值
A	1	扳机保险与扳机可靠性	5.1.4	6.2.4	S-4	1.0
	2	弹簧活塞式气枪挂机保险	5.2.7	6.3.7		
B	3	射击方式	5.1.2	6.2.2	S-4	2.5
	4	一般射击功能	5.1.3	6.2.3		
	5	枪口动能与枪口比动能	5.2.3	6.3.3		
	6	射击密集度	5.2.4	6.3.4	S-4	2.5
	7	扳机引力	5.2.6.1	6.3.6	S-4	2.5
			5.2.6.2		S-4	4
C	8	表面	5.1.1.1 5.1.1.2	6.2.1	S-4	6.5

表 7 滑膛气枪交收检验项目表

不合格分类	序号	检验项目	要求	试验方法	检查水平	AQL 值
A	1	扳机保险与扳机可靠性	5.1.4	6.2.4	S-4	1.0
B	2	射击方式	5.1.2	6.2.2	S-4	2.5
	3	一般射击功能	5.1.3	6.2.3		
	4	枪口动能与枪口比动能	5.3.2	6.4.2		
	5	扳机引力	5.3.3.1	6.4.3	S-4	2.5
			5.3.3.2		S-4	4
C	6	表面	5.1.1.1 5.1.1.2	6.2.1	S-4	6.5

7.2.4 交收检验不合格的批，应退回生产方进行返修和复验，复验合格后可再次提交验收；对再次提交批应采用相应的加严检查抽样方案。若再次提交批仍不合格，则该批产品不合格。

7.3 型式检验

7.3.1 型式检验的样本应在交收检验合格批中随机抽取，然后按交收检验规定的项目全数进行检查。

7.3.2 产品正常生产 12 个月时应进行型式检验。有下列情况之一时也应进行型式检验：

——产品停产一年以上恢复生产或老产品转厂初次生产时；

——产品的结构、主要材料及重要工艺的改变，可能影响产品性能时；

——交收检验结果不合格时；

——新产品定型时；

——国家质量监督机构提出进行型式检验要求时。

7.3.3 型式检验采用GB/T 2829—2002中的一次抽样方案；批质量以每百单位产品不合格品数表示。线膛气枪、滑膛气枪的检验项目、不合格质量水平（RQL）、判别水平（DL）及判定数组 n（Ac，Re）应分别符合表8、表9的规定。

表8 线膛气枪型式检验项目表

检验项目	要求	试验方法	不合格质量水平（RQL）	判别水平（DL）	判定数组 n（Ac，Re）
长度和质量	5.2.1	6.3.1	20	Ⅰ	10(1,2)
口径	5.2.2	6.3.2			
初速与初速极差	5.2.5	6.3.5			
具有活动气缸的弹簧活塞式气枪的气缸保险	5.2.8	6.3.8	20	Ⅰ	5(0,1)
零部件互换性	5.1.5	6.2.5	40	Ⅰ	5(1,2)
使用寿命	5.1.6	6.2.6	30	Ⅰ	3(0,1)
外形	5.1.7	6.2.7	50	Ⅰ	1(0,1)
注：外形仅在新产品定型时实施检查。					

表9 滑膛气枪型式检验项目表

检验项目	要求	试验方法	不合格质量水平（RQL）	判别水平（DL）	判定数组 n（Ac，Re）
口径	5.3.1	6.4.1	20	Ⅰ	10(1,2)
滑膛气枪耐冲击性能	5.3.4	6.4.4	30	Ⅰ	3(0,1)
零部件互换性	5.1.5	6.2.5	40	Ⅰ	5(1,2)
使用寿命	5.1.6	6.2.6	30	Ⅰ	3(0,1)
外形	5.1.7	6.2.7	50	Ⅰ	1(0,1)
注：外形仅在新产品定型时实施检查。					

8 标志、包装、运输、贮存

8.1 标志

8.1.1 产品标志

8.1.1.1 产品主要部件（如枪体）上应采用冲压、蚀刻、雕刻、浇铸等方法，清晰地标注产品型号、口径、商标及枪号。枪号的编制按国家有关部门规定。

8.1.1.2 在普通气枪的显著位置标注下列的警告语：

“警告！不是玩具。错误地使用可能会发生安全事故甚至致人死亡。请小心使用。”

8.1.2 **销售包装标志**

产品销售包装上应标有下列内容：

——产品名称、型号及商标；

——执行标准编号；

——枪号；

——厂名、厂址。

8.1.3 **运输包装标志**

产品的运输包装上应标有下列内容：

——产品名称、型号及商标；

——执行标准编号；

——厂名、厂址；

——包装箱外形尺寸及重量；

——"小心轻放"、"怕湿"等标示，并应符合 GB/T 191 规定。

8.1.4 **安全警示标志**

8.1.4.1 在产品说明书的主要位置印刷下列安全警示内容：

"警告！不是玩具。错误地使用可能会发生安全事故甚至致人死亡。请小心使用。使用前请务必阅读使用说明书。"

8.1.4.2 按产品的特点，还应在 8.1.4.1 规定的印刷内容旁印刷至少包含下列内容之一：

——"枪口动能 ×× J"；

——"枪口比动能 ×× J/cm^2"；

——"本枪支初速××m/s"。

8.1.4.3 按产品的特点，还应在 8.1.4.2 规定印刷内容旁印刷该产品的用途、与用途相关联的安全提示；滑膛气枪还需给出使用弹丸规格和质量。这些内容应与 8.1.4.2 给出的印刷文字合为一个段落。

示例 1：本枪支供一般精确射击运动使用，枪口动能为 7.5J。无论何时、何地、何因枪口均不准对人。

示例 2：本枪支最高初速为 91.44 m/s，使用规格为 17.3 mm、质量为 3.5 g 的胶质球形弹丸，在规定场所内有组织地使用。射手和射程内的其他人员均必须穿戴上为射击运动专门设计的各类防护用具。非运动状态时枪口不准对人。

示例 3：本枪支使用规格为 6 mm、质量为 0.2 g 的塑料球形弹丸，枪口动能小于 2 J。如使用于"对抗性游戏"运动时，需在规定场所内有组织地使用；射手和射程内的其他人员均必须穿戴上为射击运动专门设计的各类防护用具。非运动状态时枪口不准对人。

8.2 **包装**

8.2.1 气枪为单支包装，经清洁、涂油后放入销售包装盒，然后按规定的件数装入运输包装箱。运输包装箱用封箱带封闭，并应符合运输要求。

8.2.2 气枪与附属物及其产品随行文件装入销售包装盒内，随行文件应包括：

——产品出厂合格证；

——产品使用说明书。

8.3 运输

8.3.1 气枪应在空膛状态下运输。弹簧活塞式气枪应在非挂机状态、储气式气枪应在储气装置内未充装任何气体的状态下运输。

8.3.2 气枪经包装后，应使用符合安全的交通工具运输。

8.3.3 气枪在运输过程中应避免雨雪淋溅和剧烈的机械碰撞。

8.4 贮存

气枪应贮存在干燥通风的库房内，周围空气中不应有酸碱及腐蚀性的气体。

附 录 A
（规范性附录）
互换性试验的分组排序方法

A.1 范围

附录 A 适用于在执行 6.2.5 时对零部件互换的分组排序。

A.2 互换性试验的分组排序方法

A.2.1 编号

五个样本分别为Ⅰ、Ⅱ、Ⅲ、Ⅳ、Ⅴ；五个要素分别为 A、B、C、D、E。

A.2.2 分解前分组排序

分解前的分组排序按表 A.1 规定进行。

表 A.1 分解前的分组排序

Ⅰ	Ⅱ	Ⅲ	Ⅳ	Ⅴ
A1	A2	A3	A4	A5
B1	B2	B3	B4	B5
C1	C2	C3	C4	C5
D1	D2	D3	D4	D5
E1	E2	E3	E4	E5

A.2.3 分解后互换组合

分解后的互换组合按表 A.2 规定进行。

表 A.2 分解后的互换组合

Ⅰ	Ⅱ	Ⅲ	Ⅳ	Ⅴ
A1	B1	C1	D1	E1
E2	A2	B2	C2	D2
D3	E3	A3	B3	C3
C4	D4	E4	A4	B4
B5	C5	D5	E5	A5

附　录　B
（规范性附录）
滑膛气枪耐冲击性能试验方法

B.1　范围

附录B适用于在执行6.4.4时对滑膛气枪耐冲击性能的检查。

B.2　试验方法

B.2.1　试验装置的组成

试验装置由悬挂装置和冲击器的装置组合而成。悬挂装置的形式不限，冲击器的参考结构见图B.1。

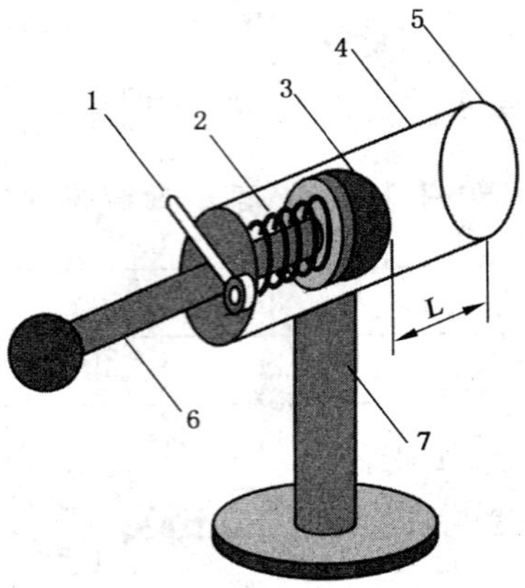

说明：
1——控制手柄；
2——弹簧，弹簧的弹性系数为1.145 kg/cm；
3——冲击头，由网球与底座组成；网球应有正常的毡绒表面。冲击头与滑竿的总质量为1.13 kg；
4——塑料护套，内孔直径约76.2 mm；
5——接触面；
6——滑杆，压缩行程L为152.1 mm；
7——底座。

图B.1　冲击器结构示意图

B.2.2　试验方法

空膛状态下进行试验。试验枪挂机后，将扳机保险处于击发位置；电控击发试验枪将其控制开关置于“开”位置。将试验枪用绳水平地悬挂于悬挂装置上；调节冲击器使得冲击头与试验枪接触，然后压缩弹簧使L=152.1 mm后释放。试验枪以枪口、枪尾、左侧扳机上方、右侧扳机上方四个方向接受冲击，每个方向共撞击二次。整个试验中试验枪均不应由于撞击而击发。

参 考 文 献

[1] ASTM F589-06 Standard Consumer Safety Specification for Non-Powder Guns
[2] ASTM F2272-10 Standard Specification for Paintball Markers

ICS 97.195
Y 88

中华人民共和国国家标准

GB/T 28802—2012

玉器雕琢通用技术要求

General technical requirements for jade carving

2012-11-05 发布 2013-03-01 实施

中华人民共和国国家质量监督检验检疫总局
中国国家标准化管理委员会 发布

前　　言

本标准按照GB/T 1.1—2009给出的规则起草。

请注意本文件的某些内容可能涉及专利。本文件的发布机构不承担识别这些专利的责任。

本标准由中国轻工业联合会提出并归口。

本标准负责起草单位:扬州玉器厂。

本标准参加起草单位:扬州市工艺美术行业协会、北京玉器厂、上海老凤祥玉石象牙雕刻有限公司、南阳市拓宝玉器有限公司、广州南方玉雕厂。

本标准主要起草人:陈咸益、李琴、谢一明、华萍、张继光、陈建和、吴元全、高兆华。

玉器雕琢通用技术要求

1 范围

本标准规定了玉器的分类、工艺要求、技术要求、检验方法和检验规则、标志、包装、运输。

本标准适用于以天然宝玉石为原料，经雕琢、抛光等工艺制作而成的玉器。

2 规范性引用文件

下列文件对于本文件的应用是必不可少的。凡是注日期的引用文件，仅注日期的版本适用于本文件。凡是不注日期的引用文件，其最新版本(包括所有的修改单)适用于本文件。

GB/T 16553 珠宝玉石 鉴定

3 术语和定义

下列术语和定义适用于本文件。

3.1

圆雕 round-carving

具有完全独立实体，占有空间体积，不附着在任何背景上，可含有部分虚空间适合多角度欣赏的雕琢形式。

3.2

浮雕 relief

在形体表面上雕出形象突出的一种雕琢形式。

3.3

镂空雕 hollow-out

在圆雕或浮雕中形成多层有透空空间的雕琢形式。又称“透空花”。

3.4

线刻 line-carving

以阴线或阳线作为造型手段的雕琢形式，亦可称为线雕。线条凹下去的称为“阴线”，线条凸出来的称为“阳线”。

3.5

面、地 shovel

铲平形象线以外的空余面积，大为面，小为地。

3.6

勾撤 outlining

用专用工具勾线、撤地的一种雕琢技法。

3.7

顶撞 striking

用专用工具的顶面垂直研磨，使边线利落，影像突出的工艺技法。

3.8

抛光 rough polishing

经磨细、去糙、罩亮、清洗、过蜡和擦拭等步骤,使产品反映出玉石质色美感的工序。

3.9

绺 flaw

玉料中的裂纹称为绺。对裂纹可采用"去绺"、"躲绺"、"遮绺" 的处理方法。

3.10

脏 blemish

玉料中的杂色、杂质、浆斑等称为脏。对脏可采用"挖脏"、"掩脏"、"遮脏"的处理方法。

3.11

佩饰 pendant

佩饰是指佩戴在人体各部位的饰物,从不同的佩戴位置可分发饰(或头饰)、耳饰、项饰、腰饰、臂饰(手饰)、足饰等。

4 分类

4.1 按功能分为:摆件类、佩饰类。

4.2 摆件类包括:人物类、花卉类、器皿类、鸟类、动物类、山子雕类、插牌类。

4.3 佩饰类包括:饰品类、把玩类。

5 工艺要求

5.1 玉石要求

5.1.1 天然宝玉石原料应符合 GB/T 16553 中的有关规定。

5.1.2 玉器的设计,应按宝玉石的特性、形体、颜色,"量料取材,因材施艺"。

5.1.3 掌握好原料的形体和结构,避免逆着横竖性和颠倒阴阳面。

5.1.4 对原料进行挖"脏"去"绺"时,应做到玉器琢成后不带"断绺""恶绺"和明显的"脏斑",避不开时,在设计中应考虑玉器明显部位和单细易折部位,做到掩"脏"遮"绺",或者把"脏、绺"巧妙加以利用。

5.1.5 原料自然形体"破形"时,应注意保大、保重。玉料中不同的天然颜色应巧妙运用。

5.2 造型

玉器的造型形态应优美、自然、生动、真实、夸张得体、比例适当。构图布局合理、主题突出、层次分明、疏密恰当,体现玉雕的本质特征、构成要素和审美内涵。

5.3 制作工艺

制作工艺要求细致精湛,做到大面平顺,小地利落,叠压勾撤,刀工劲挺,顶撞要合乎一定的深度要求,尤其是高档玉石的做工,更应精益求精。

6 技术要求

6.1 雕琢要求

6.1.1 人物类

6.1.1.1 人物造型应具有时代特征,人体形态美观,结构比例合理,动态形体自然生动,张弛有度,体现风骨。组合人物应布局合理、主体突出、呼应传神，富有生活情趣，意境感人。

6.1.1.2 头脸应表现出男、女、老、中、青、少、幼等特征，应按不同人物身份、动态、情节进行创作，表情刻划生动细腻。

6.1.1.3 手型结构应勾划出人物特征，手持物配置恰当。

6.1.1.4 服饰衣纹要随身合体，体现厚薄软硬质感，线条流畅表达清楚，翻转折叠自如。仕女脸型、手型、饰物和飘带等应秀美、纤细、逼真和飘洒自然。

6.1.1.5 陪衬物要和人物紧凑协调，使主题内容更加充实而突出，避免喧宾夺主。

6.1.1.6 人物雕琢体量空间应富有变化，线、面体现力度，大小部位镂空利落，琢制干净细腻。

6.1.2 花卉类

6.1.2.1 整体构图丰满、美观、生动、真实、新颖，主次搭配，重点突出，应反映出自然情境的艺术效果。

6.1.2.2 花头丰满，花瓣归心，枝叶茂盛，布局得当，花瓣花叶翻转折叠自然，草木藤本、老嫩枝区分清楚，符合生长规律。

6.1.2.3 花卉瓶瓶体应美观、别致、大方、规矩，子口严密，身盖颜色一致，其造型与花卉的内容相统一。

6.1.2.4 陪衬物真实自然，虫草、小鸟、动物等动态栩栩如生，呼应传神。

6.1.2.5 花卉各部位雕琢层次清楚，不懈不乱，富有力度。

6.1.3 器皿类

6.1.3.1 用料干净，无明显脏绺，盖、身、足色调衔接顺畅，摆放平稳。

6.1.3.2 各部位比例协调，外形稳重、规矩，均衡周正，膛足均匀，上下匀称，左右对称。顶钮、耳钮与器皿主体内容协调一致。

6.1.3.3 梁、链、环大小应适当、匀称、规矩。

6.1.3.4 子口严密，盒子类器皿外线条挺括。

6.1.3.5 浮雕、镂雕纹饰得体清晰，转折顺畅，叠挖细致，纹底平顺，边齐底净。

6.1.3.6 镂空眼地干净利落，棱角清晰。

6.1.4 鸟类

6.1.4.1 造型准确，特征明显，形态动作生动活泼、呼应传神，体现出动态、神态、势态。

6.1.4.2 整体布局合理，主次分明，陪衬物安排得体。

6.1.4.3 “对鸟”高低大小和颜色基本相同，对称呼应。

6.1.4.4 各部位比例准确，应达到张嘴、悬舌、透爪。羽毛勾撤均匀，大面平顺，小地利落。腿爪有力，真实美观。树干花草石景，穿插错落，富有层次，工艺细腻。

6.1.5 动物类

6.1.5.1 结构准确，造型生动传神，动态变化逼真，肌肉、骨骼比例合乎解剖结构。五官形象和立、卧、行、奔、跃、抓、挠、蹬等各种姿态应符合运动特点和生活习性。

6.1.5.2 “对兽”应规矩，对称，左右呼应，颜色基本一致；成套动物造型，应按构思立意配套琢制。

6.1.5.3 变形动物造型，应按料形进行夸张，变形适度，强调形似、神似，又应注意动态的合理性。仿古动物造型和纹饰体现年代特征。

6.1.5.4 特征刻划准确，比例恰当。四肢肌肉应饱满有力；角、发须弯曲应自然富有力度，与整体协调统一。细部装饰、鬃毛勾撤应深浅一致，不断不乱、根根到底、顺畅有序、自然细腻、体现毛发质感。

6.1.6 山子雕类

6.1.6.1 运用玉石天然外形，按质、色、皮进行整体构思，因料定材，因材施艺。做到形象安排布局合理，繁简得当，开合有序，主体突出，章法得宜。

6.1.6.2 内部虚实与外型协调统一，内景有层次，有意境，有生气。

6.1.6.3 人物与景物等各类造型的比例准确合理，形态自然，富有神韵与张力。

6.1.6.4 充分运用散点、焦点透视规律及远收近放的手法（即集中远景、扩大近景的手法），形成丰富空间层次，使作品达到小中见大。

6.1.6.5 作品应具有浑朴、圆润的艺术风格及丰富的人文内涵，赋予故事情节，正反面内容要求统一。

6.1.6.6 可综合运用圆雕、深浅浮雕、镂空雕、线刻等多种工艺技法，按照整体造型的主次和视觉强度，确定造型的虚实和做工的繁简，以体现作品的韵味和意境。

6.1.7 插牌类

6.1.7.1 选题、寓意、境界高雅，内涵丰富。

6.1.7.2 构图应体现诗情画意，有故事情节，场面开阔，诗、书、画、印结合，纹饰设计以妙取胜。

6.1.7.3 造型规整，层次透视关系准确，点缀适度，繁简相宜。牌头牌面方中寓圆，富有古雅之气。

6.1.7.4 刀法张弛有度，用线精到，曲线圆润，直线劲挺，地子平滑，浅刻刀笔顺畅，一丝不苟。

6.1.8 饰品类

6.1.8.1 不同品类的造型与玉料形、质、色完美结合，选料用料亮色，素面饰品更应注重保色、保重，充分显现原料的质感。

6.1.8.2 构思立意讲究自然完美，符合人们意愿和美感要求。

6.1.8.3 饰件整体外型饱满美观，形体要端正、内敛，无伤害肌肤的尖角和锐边。

6.1.8.4 正反面雕琢风格统一，繁简得宜，结构严谨，曲线圆转流畅，直线均匀规整，雕工精细。

6.1.9 把玩类

6.1.9.1 随形把玩应强调因材施艺，以形定意，随形雕琢。

6.1.9.2 题材、造型体现圆润浑厚的艺术特点，无伤害肌肤的尖角和锐边。

6.1.9.3 可运用圆雕、浮雕、线刻等手法，体现线条的力度和形体的张力。

6.1.9.4 雕琢精致细腻严谨，讲究点、线、面自然完美结合，线面处理交代清楚，层次清晰，立体感强，线条不乱，刀法劲挺。

6.2 抛光要求

6.2.1 抛光可分为高光和亚光，充分体现原料的质地美。

6.2.2 要求亮度适宜，大地方纯熟板扎，小地方顶撞接气，整体自然，造型不走样。

6.2.3 按不同产品造型及材质的需求，确定高光和亚光，也可按艺术效果要求，适当保留原石或磨砂的工艺手法。

6.3 底座要求

6.3.1 底座的造型应与玉器协调一致，达到互相呼应、相得益彰、烘托主体的工艺效果，不应喧宾夺主。

6.3.2 座架的图案，纹样应清新，雅致，层次分明，应按玉器的造型进行设计，制作。

6.3.3 落嵌要严密，要求玉器入座，稳妥大方。

6.3.4 光泽度、色度应均匀适中。

7 检验方法

7.1 玉器产品检验方法应采用目测法或手感法进行。

7.2 检验项目应符合第6章的规定。

8 检验规则

8.1 玉器产品应逐件进行验收，验收合格后附“验收合格”标识方可出厂。

8.2 检验项目应符合第6章要求。

9 标志、包装、运输

9.1 标志

玉器产品应在明显位置进行标识，标识内容如下：

a) 厂名；

b) 厂址；

c) 产品名称；

d) 产品标准号；

e) 商标；

f) 生产日期；

g) 检验人标识。

9.2 包装

玉器产品可采用木盒、锦缎盒，盒内衬柔软体包装，确保产品包装美观。

9.3 运输

运输确保安全，高档玉器应随身携带或专人押运。

ICS 03.120.99
A 00

中华人民共和国国家标准

GB/T 28803—2012

消费品安全风险管理导则

Directives for risk management of consumer products safety

2012-11-05 发布　　2013-03-01 实施

中华人民共和国国家质量监督检验检疫总局
中国国家标准化管理委员会　发布

前　言

本标准按照 GB/T 1.1—2009 给出的规则起草。

本标准由全国消费品安全标准化技术委员会(SAC/TC 508)提出并归口。

本标准起草单位:中国标准化研究院、中国检验检疫科学研究院、中国地质大学(北京)、中国电器工业协会、机械研究总院、北京理工大学、湖北省标准化研究院、中国家用电器研究院。

本标准主要起草人:刘霞、白桦、樊运晓、曾雁鸿、富锐、刘铁忠、梁薇、陈琼、朱焰、杨跃翔、宋荷靓、裴飞、胡靖。

引　言

基于消费品生命周期的角度，在消费品的设计、生产、包装、储运、使用(包括维修)、回收等各个阶段均运用风险管理手段，保障和提升消费品安全水平，可以“防范于未然”，将消费品对消费者的伤害减小到最低。

本标准是消费品安全风险管理领域的通用标准，可为制定具体产品相关标准提供指导。

本标准制定中参考了国际标准、欧盟法规、国家标准和行业标准，以及相关文献资料。

消费品安全风险管理导则

1 范围

本标准规定了消费品安全风险管理的一般原则、程序和方法。

本标准适用于消费品安全各相关方在消费品生命周期的各阶段开展消费品安全风险管理。

2 规范性引用文件

下列文件对于本文件的应用是必不可少的。凡是注日期的引用文件,仅注日期的版本适用于本文件,凡是不注日期的引用文件,其最新版本(包括所有的修改单)适用于本文件。

GB/T 22760—2008 消费品安全风险评估通则

GB/T 23694—2009 风险管理 术语

3 术语和定义

GB/T 22760—2008、GB/T 23694—2009 界定的以及下列术语和定义适用于本文件。

3.1

消费品 consumer product

为满足社会成员生活需要而销售的产品。

[GB/T 22760—2008,定义 2.1]

3.2

危害(源) hazard

可能导致伤害的潜在根源。

[GB/T 22760—2008,定义 2.3]

3.3

伤害 injury

对人身健康、财产或环境的损害。

注:改写 GB/T 22760—2008,定义 2.2。

3.4

消费品安全 consumer product safety

消费品免除了不可接受风险的状态。

3.5

消费品生命周期 consumer product life cycle

消费品从设计、生产、包装、储运、使用(包括维修)、回收的全过程。

3.6

预期使用 intended use

按照供方提供的信息,对产品、过程或服务的使用。

[GB/T 20000.4—2003,定义 3.13]

3.7

危害识别　hazard identification

发现、列举和描述风险要素的过程。

注1：改写 GB/T 23694—2009，定义 3.3.3。

注2：要素可以包括来源或危险(源)、事件、后果和概率。

注3：危害识别也可以反映出利益相关者关注的问题。

3.8

风险降低　risk reduction

减少风险的消极后果，降低其发生概率或二者兼有的行为。

[GB/T 23694—2009，定义 3.4.4]

3.9

风险控制　risk control

实施风险管理决策的行为。

注：风险控制可能包括监测、再评价和执行决策。

[GB/T 23694—2009，定义 3.4.2]

3.10

风险管理　risk management

指导和控制某一组织与风险相关问题的协调活动。

注1：风险管理通常包括风险评估、风险控制和风险沟通。

注2：改写 GB/T 23694—2009，定义 3.1.7。

3.11

风险沟通　risk communication

决策者和其他利益相关者之间交换或分享关于风险的信息。

注：这些信息可能是风险的存在情况、自然特性、形态、概率、严重程度、可接受程度、处理措施及风险的其他方面。

[GB/T 23694—2009，定义 3.2.4]

3.12

合理的可预见使用　reasonably foreseeable use

未按供方的规定对产品、过程或服务的使用，但这种结果是由很容易预见的人为活动所引起的。

注：改写 GB/T 20000.4—2003，定义 3.14。

3.13

风险估计　risk estimation

对伤害发生的可能性和其后果严重程度赋值的过程。

[GB/T 22760—2008，定义 2.8]

3.14

风险评价　risk evaluation

根据风险分析的结果确定实现可容许风险的过程。

[GB/T 20000.4—2003，定义 3.11]

3.15

可容许风险　tolerable risk

按当今的社会价值取向在一定范围内可以接受的风险。

[GB/T 20000.4—2003，定义 3.7]

4 消费品安全风险管理原则

4.1 关注消费者安全

风险管理应着眼消费者在使用消费品的过程中人身和财产安全，尤其应针对各种特殊人群(如老年人、儿童和病残人员)加以特殊防范和保护。

4.2 贯穿消费品生命周期

应基于消费品生命周期，开展风险管理，有助于防范于未然，将消费品在使用中产生的消费品伤害控制在可容许范围内。

注：伤害类型参见附录 A。

4.3 注重信息获取

风险管理过程应以有效信息为基础。这些信息可通过现行标准、法规、实验、专家判断等多种渠道获取，但使用时应考虑信息的局限性。

4.4 优选方法

应采用风险管理的系统化、结构化方法，以提高风险管理效率，产生一致、可比、可靠的结果。

4.5 持续改进

风险管理包括信息准备、危害识别、风险估计、风险评价、风险控制和风险沟通，是一个不断降低风险的过程，是适应环境变化的动态过程，持续改进是风险管理的永恒目标。应利用行政、法律、标准、规章及其他改进措施，持续地对消费品安全风险进行渐进式的改进。

4.6 广泛参与

应强化风险管理利益相关者之间的沟通，尤其是决策者在风险管理中应适当、及时地参与，以保证风险管理的针对性和有效性。

5 消费品安全风险管理流程

5.1 消费品安全风险管理应涵盖消费品生命周期的全过程，各个阶段的风险应在可容许范围内，并保证风险沟通贯穿于风险管理活动的始终，减少消费品可能对消费者造成的伤害。

5.2 消费品安全风险管理的流程应考虑消费品的固有特性、多样性与复杂性，各个活动中所采用的技术和方法可能涉及多学科以及定性或定量方法的综合使用。流程一般包括如下步骤，见图 1 所示：

a) 信息准备(详见第 6 章)；

b) 危害识别(详见第 7 章)；

c) 风险估计(详见第 8 章)；

d) 风险评价(详见第 9 章)；

e) 风险控制(详见第 10 章)。

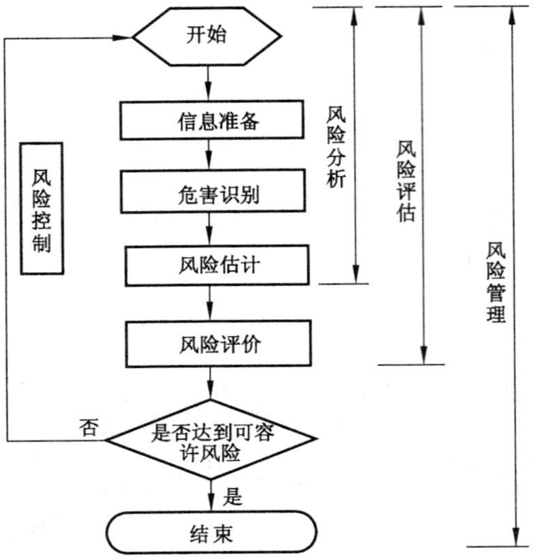

图1 消费品安全风险管理流程图

6 信息准备

6.1 概述

通过信息准备,可明确开展消费品安全风险管理的目标和相应的管理及技术准备工作。具体内容可包括:风险管理计划、确定可容许风险、消费品内外部信息准备等。

6.2 制定风险管理计划

风险管理计划应是风险管理文件的一部分,应针对某特定消费品的特点,制定风险管理计划并形成文件。

风险管理计划至少应包括:

a) 风险管理的目标;

b) 界定消费品风险管理范围;

c) 确定风险管理的人员,以及职责和权限;

d) 风险管理采用的方法;

e) 风险管理计划验证。

6.3 确定可容许风险

确定可容许风险的依据包括(但不限于)如下各项:

a) 符合消费品相关法律、法规和标准的要求;

b) 公开发布的关于消费品安全潜在危害的风险评估研究资料;

注:危害类型参见附录B。

c) 其他科学研究成果中关于消费品风险水平的资料。

6.4 内部信息准备

a) 消费品的使用信息

消费品的使用信息包括:

——使用人群。应明确目标消费品使用人群(包括预期使用人群、非预期使用人群)的特征,如性别、年龄、知识水平、身体状况等,对于特殊使用人群(如:老年人、儿童、病残人员等)需加以特别关注;

——预期用途。应界定在不改变消费品性状的条件下,消费品的预期用途,以便使风险管理工作能基于消费品的预期用途展开;

——使用行为。应明确在消费品规定的用途中,消费者的正常使用和合理的可预见使用行为;

——使用寿命。应界定在消费者正常使用和合理的可预见使用行为中,消费品的可能使用寿命;

——使用环境。需考虑消费品在使用过程中的环境温度、户内户外、空气湿度等。消费品使用环境包括正常使用环境和合理的可预见非正常使用环境。

b) 消费品生命周期各阶段的描述

对目标消费品生命周期各阶段的工艺特点进行描述,并用文件形式加以记录。

c) 目标消费品风险评估的资料准备

目标消费品风险评估的资料准备包括:

——相关法律法规、标准等文件;

——消费品安全事件的相关数据和资料;

——与目标消费品安全相关的科研成果等。

6.5 外部信息准备

外部环境信息包括但不限于:

a) 国内外的文化、经济社会、科技等状况;

b) 风险管理各利益相关方(消费者、政府、企业等)的诉求;

c) 影响风险管理活动开展的外部关键因素及其历史和变化趋势等。

7 危害识别

7.1 消费品危害识别的途径

消费品危害识别的途径一般包括但不限于以下方面:

a) 消费者投诉;

b) 消费品伤害事件媒体报道;

c) 相关数据库信息,如召回通报等;

d) 相关法律法规、标准;

e) 消费品安全性能检测;

f) 行业专家、科研人员的研究报告;

g) 其他途径。

7.2 危害识别的方法

消费品危害的识别应具体考虑消费品的类别、特征及其功能等因素,确定消费品生命周期的阶段。应在消费品生命周期的各个阶段,对消费品在使用过程中,合理的可预见使用中可能对消费者造成伤害的危害,参照本标准中的附录B进行识别。

危害识别的方法可分为以下两类,参见图2:

a) 结果-原因法:若能判断出潜在伤害,则可以潜在伤害为起点,确定引起伤害的危害。即由伤害推知危害处境,再推知危害,该方法可用于消费品生命周期的各个阶段。具体方法参见附录C;

b) 原因-结果法:若已知危害,并能构建出该危害可能造成伤害的危害处境,以及这种处境如何导致伤害的过程,则可由危害直接推知伤害。具体方法参见附录 C。

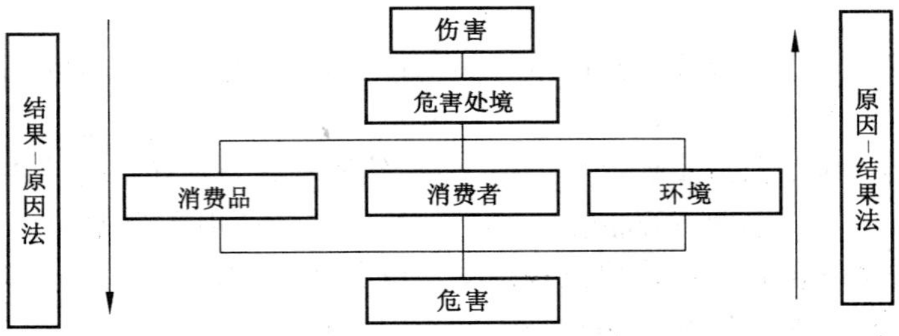

图 2 危害识别的方法分类

8 风险估计

8.1 概述

风险估计可使用各种方法。本标准不要求使用某一特定方法,但在可获得适当数据时,应优先考虑定量的风险估计,在没有合适的数据时,也可考虑定性的风险估计方法。识别危害后,应针对风险要素,考虑危害处境,对危害进行估计。

8.2 风险要素

一般而言,风险要素的组合包括以下内容:

a) 伤害的严重程度;

b) 伤害发生的可能性。

对于伤害的严重程度和伤害发生的可能性可参考 GB/T 22760—2008 中的 4.4 给出的风险估计判定规范。

8.3 伤害场景

应考虑可能造成伤害的合理可预见的消费品安全事件序列或组合,并对危害处境予以记录,一般情况下,伤害场景主要包括以下内容:

a) 导致伤害发生的操作模式;

b) 危害处境中所涉及的人员类型和数量;

c) 消费者在伤害发生区域花费的时间;

d) 消费者操作消费品的频度;

e) 每个伤害场景可能导致的伤害类型;

f) 已采取的防护措施;

g) 消费品的使用寿命;

h) 消费者暴露在危害处境中的积聚效应等。

8.4 风险估计方法

消费品生命周期各阶段的风险估计方法参见附录 C。

9 风险评价

9.1 概述

在消费品生命周期中，根据所掌握的伤害信息完整程度、消费品的特征、消费品危害的性质等，可采用不同的风险评价方法。

9.2 风险评价方法

消费品生命周期的风险评价方法参见附录C。

10 风险控制

在消费品生命周期的各个阶段都应按照风险评估的结果，制定风险控制目标，规范各个阶段操作人员和管理人员的职责，有针对性地开展风险控制，降低风险，从而使风险达到可容许风险。消费品生命周期各个阶段的风险控制方法参见附录D。

在对不可容许的风险进行控制后，应当验证风险控制的有效性。

11 风险沟通

11.1 风险沟通的目的在于将风险各方面信息在消费品生命周期各个阶段的利益相关者之间进行传播，以使得各个利益相关者能够对现存风险有正确的认识，从而采取有效的预防控制手段，以降低风险，将风险维持在可容许的范围内。

11.2 风险沟通的主体包括风险评估者、风险管理者、消费者、企业、学术团体及其他利益相关体，内容包括风险降低结果的说明以及风险管理决策等。

11.3 风险管理的执行方应在消费品的整个生命周期内，建立和保持风险评估的系列文件，并通过对风险管理各利益相关方的风险沟通，保证消费品安全。

11.4 风险沟通通常包括以下几种方式：

a) 调研访谈；

b) 信函沟通；

c) 电子沟通，如电话、网络、电视或广播等。

各类消费品可根据其各自的特点和需求，增加风险沟通的内容，选择恰当的沟通方式。

附 录 A
（资料性附录）
消费品伤害类型示例

消费品伤害类型示例参见表A.1。

表A.1 消费品伤害类型示例

大 类	中 类	小 类
1.物理性质伤害	1.1钝器(力)伤害	1.1.1擦伤 1.1.2挫伤 1.1.3扭伤 1.1.4挤压伤 1.1.5骨折 1.1.6内脏损伤或破裂 1.1.7肢体离断 1.1.8其他
	1.2锐器(力)伤害	1.2.1砍伤 1.2.2切割伤 1.2.3穿刺伤 1.2.4剪伤 1.2.5其他
	1.3外力窒息或体内异物伤害	1.3.1窒息 1.3.2体内异物 1.3.3其他
	1.4高温/低温物质伤害	1.4.1烧伤 1.4.2烫伤 1.4.3冻伤 1.4.4其他
	1.5电击伤害	1.5.1电击伤 1.5.2电热灼伤 1.5.3电损伤并发症 1.5.4其他
	1.6辐射伤害	1.6.1视力损伤 1.6.2心血管系统损伤 1.6.3生殖系统损伤 1.6.4其他
	1.7噪音/振动伤害	1.7.1听力损伤 1.7.2心脏血管伤害 1.7.3内部器官损伤 1.7.4其他
	1.8爆炸物伤害	1.8.1爆炸损伤
	1.9其他	

表 A.1（续）

大　类	中　类	小　类
2.化学性质伤害	2.1 化学性刺激 2.2 过敏反应 2.3 昏迷和麻醉 2.4 全身中毒 2.5 致癌 2.6 致畸 2.7 遗传基因突变 2.8 其他	
3.生物性质伤害	3.1 生物性感染 3.2 生物性中毒 3.3 其他	

附　录　B
（资料性附录）
消费品危害类型示例

消费品危害类型示例参见表B.1。

表B.1　消费品危害类型示例

大　　类	中　　类	小　　类	组
1.物理危害	1.1机械危害	1.1.1形状和表面性能危害	1.1.1.1不透气 1.1.1.2易脱落小部件 1.1.1.3尖角 1.1.1.4锋利边缘 1.1.1.5光滑表面 1.1.1.6粗糙表面 1.1.1.7部件空隙或开口 1.1.1.8其他
		1.1.2潜在能量危害	1.1.2.1低机械稳定性 1.1.2.2低机械强度 1.1.2.3弹性组件失控 1.1.2.4压力空间失控 1.1.2.5其他
		1.1.3动能危害	1.1.3.1移动状态撞击 1.1.3.2旋转部件牵扯 1.1.3.3飞行物体撞击 1.1.3.4移动部件挤压 1.1.3.5其他
	1.2爆炸危害	1.2.1气相爆炸危害	1.2.1.1爆炸性气体 1.2.1.2爆炸性粉尘 1.2.1.3爆炸性喷雾 1.2.1.4其他
		1.2.2液相爆炸危害	1.2.2.1聚合爆炸 1.2.2.2蒸发爆炸 1.2.2.3液体混合爆炸 1.2.2.4其他
		1.2.3固相爆炸危害	1.2.3.1爆炸性化合物 1.2.3.2固体爆炸性物质 1.2.3.3其他
	1.3噪声危害	1.3.1稳定性噪音危害	
		1.3.2变动性噪音危害	
		1.3.3脉冲性噪音危害	

表 B.1（续）

大　类	中　类	小　类	组
1.物理危害	1.4 电气危害	1.4.1 触电危害	1.4.1 高/低压 1.4.2 过热 1.4.3 漏电 1.4.4 短路 1.4.5 其他
		1.4.2 电气爆炸	1.4.5.1 过热 1.4.5.2 短路 1.4.5.3 接触不良 1.4.5.4 铁芯发热 1.4.5.5 散热不良 1.4.5.6 其他
	1.5 高/低温物质危害	1.5.1 高温物质危害	1.5.1.1 明火 1.5.1.2 高温表面 1.5.1.3 高温液体 1.5.1.4 高温气体 1.5.1.5 其他
		1.5.2 低温物质危害	1.5.2.1 低温表面 1.5.2.2 低温液体 1.5.2.3 低温气体 1.5.2.4 其他
	1.6 辐射危害	1.6.1 热辐射危害	
		1.6.2 射线辐射危害	1.6.2.1 激光辐射 1.6.2.2 紫外线辐射 1.6.2.3 X 光线辐射 1.6.2.4 其他
		1.6.3 电磁辐射危害	1.6.3.1 高频电磁辐射 1.6.3.2 低频电磁辐射 1.6.3.3 其他
	1.7 其他		
2.化学危害	2.1 无机毒物危害	2.1.1 有毒气体危害	2.1.1.1 一氧化碳 2.1.1.2 一氧化氮 2.1.1.3 氯气 2.1.1.4 臭氧 2.1.1.5 氯化氢 2.1.1.6 硫化氢 2.1.1.7 其他

表 B.1（续）

大　类	中　类	小　类	组
2.化学危害	2.1 无机毒物危害	2.1.2 有毒重金属及其化合物危害	2.1.2.1 砷及其化合物 2.1.2.2 镉及其化合物 2.1.2.3 铬及其化合物 2.1.2.4 铜及其化合物 2.1.2.5 汞及其化合物 2.1.2.6 镍及其化合物 2.1.2.7 铅及其化合物 2.1.2.8 其他
		2.1.3 有毒酸碱类危害	2.1.3.1 硫酸 2.1.3.2 盐酸 2.1.3.3 氢氧化钠 2.1.3.4 其他
		2.1.4 无机氰化物危害	2.1.4.1 氢氰酸 2.1.4.2 氰化钾 2.1.4.3 氯化氰 2.1.4.4 其他
	2.2 有机毒物	2.2.1 有毒醛类化合物	2.2.1.1 甲醛 2.2.1.2 乙醛 2.2.1.3 丙烯醛 2.2.1.4 其他
		2.2.2 有毒芳香稠环类化合物	2.2.2.1 蒽类化合物 2.2.2.2 菲类化合物 2.2.2.3 芘类化合物 2.2.2.4 其他
		2.2.3 有毒杂环类化合物	2.2.3.1 N-杂环化合物 2.2.3.2 S-杂环化合物 2.2.3.3 O-杂环化合物 2.2.3.4 其他
		2.2.4 有毒有机氯化物	2.2.4.1 有机氟化物 2.2.4.2 有机氯化物 2.2.4.3 有机溴化物 2.2.4.4 其他
	2.3 其他		

表 B.1（续）

大　类	中　类	小　类	组
3.生物危害	3.1 致病微生物危害	3.1.1 原核细胞微生物危害	3.1.1.1 大肠杆菌 3.1.1.2 沙门氏菌 3.1.1.3 副溶血性弧菌 3.1.1.4 金黄色葡萄球菌 3.1.1.5 腊样芽孢杆菌 3.1.1.6 其他
		3.1.2 真核细胞微生物危害	3.1.2.1 皮肤癣真菌 3.1.2.2 着色真菌 3.1.2.3 孢子丝菌 3.1.2.4 新生隐球菌 3.1.2.5 假丝酵母菌 3.1.2.6 曲霉 3.1.2.7 毛霉 3.1.2.8 卡氏肺孢菌 3.1.2.9 其他
		3.1.3 原生微生物危害	3.1.3.1 甲肝病毒 3.1.3.2 甲型流感病毒 3.1.3.3 轮状病毒 3.1.3.4 禽流感病毒 3.1.3.5 其他
	3.2 致病生物危害	3.2.1 寄生虫危害	3.2.1.1 尘螨 3.2.1.2 蛔虫卵 3.2.1.3 绦虫卵 3.2.1.4 其他
	3.3 其他		

附 录 C
（资料性附录）
常用消费品安全风险评估的一般方法示例

常用消费品安全风险评估的一般方法示例参见表 C.1。

表 C.1 消费品一般方法列表示例

风险评估方法	说明	设计阶段			生产阶段			包装阶段			储运阶段			使用阶段			回收阶段		
		危害识别	风险估计	风险评价	危害识别	风险估计	风险评价	危害识别	风险估计	风险评价	危害识别	风险估计	风险评价	危害识别	风险估计	风险评价	危害识别	风险估计	风险评价
头脑风暴法及结构化访谈	一种收集各种观点及评价并将其在团队内进行评级的方法。头脑风暴法可由提示、一对一以及一对多的访谈技术所激发。	√			√			√			√						√		
德尔菲法	一种综合各类专家观点并促其一致的方法，这些观点有利于支持风险源及影响的识别、可能性与后果分析以及风险评价。需要独立分析和专家投票。	√			√			√			√						√		
层次分析法（AHP）	定性与定量分析相结合，适合于多目标、多层次、多因素的复杂系统的决策。			√			√			√			√	√					√
情景分析	在想象和推测的基础上，对可能发生的未来情景加以描述。可以通过正式或非正式的、定性或定量的手段进行情景分析。	√	√		√	√		√	√		√	√		√	√		√	√	
检查表	一种简单的风险识别技术，提供了一系列典型的需要考虑的不确定性因素。使用者可参照以前的风险清单、规定或标准。	√			√			√			√						√		

表 C.1（续）

风险评估方法	说　明	设计阶段			生产阶段			包装阶段			储运阶段			使用阶段			回收阶段		
		危害识别	风险估计	风险评价	危害识别	风险估计	风险评价	危害识别	风险估计	风险评价	危害识别	风险估计	风险评价	危害识别	风险估计	风险评价	危害识别	风险估计	风险评价
预先危险分析(PHA)	PHA 是一种简单的归纳分析方法，其目标是识别风险以及可能危害特定活动、设备或系统的危险性情况及事项。	√		√															
失效模式和效应分析(FMEA)	FMEA 是一种识别失效模式、机制及其影响的技术。 有几类 FMEA：设计（或产品）FMEA，用于部件及产品；系统 FMEA；过程 FMEA，用于加工及组装过程；还有服务 FMEA 及软件 FMEA。				√	√		√	√		√	√		√					
危险与可操作性分析(HAZOP)	HAZOP 是一种综合性的风险识别过程，用于明确可能偏离预期绩效的偏差，并可评估偏离的危害度。它使用一种基于引导词的系统。				√	√		√	√		√	√							
危害分析与关键控制点(HACCP)	HACCP 是一种系统的、前瞻性及预防性的技术，通过测量并监控那些应处于规定限值内的具体特征来确保产品质量、可靠性以及过程的安全性。	√																	
保护层分析法	保护层分析，也被称作障碍分析，它可以对控制及其效果进行评价。				√			√			√								
结构化假设分析(SWIFT)	一种激发团队识别风险的技术，通常在引导式研讨班上使用，并可用于风险分析及评价。				√	√		√	√		√	√							
风险矩阵	风险矩阵(Risk Matrix)是一种将后果分级与风险可能性相结合的方式。		√	√		√	√		√	√		√	√		√	√		√	√
人因可靠性分析	人因可靠性分析(HRA)主要关注系统绩效中人为因素的作用，可用于评价人为错误对系统的影响。						√			√			√						

表 C.1（续）

风险评估方法	说　明	设计阶段			生产阶段			包装阶段			储运阶段			使用阶段			回收阶段		
		危害识别	风险估计	风险评价	危害识别	风险估计	风险评价	危害识别	风险估计	风险评价	危害识别	风险估计	风险评价	危害识别	风险估计	风险评价	危害识别	风险估计	风险评价
以可靠性为中心的维修	以可靠性为中心的维修(RCM)是一种基于可靠性分析方法实现维修策略优化的技术，其目标是在满足安全性、环境技术要求和使用工作要求的同时，获得产品的最小维修资源消耗。通过这项工作，用户可以找出系统组成中对系统性能影响最大的零部件及其维修工作方式。	√	√											√		√			
根原因分析	对发生的单项损失进行分析，以理解造成损失的原因以及如何改进系统或过程以避免未来出现类似的损失。分析应考虑发生损失时可使用的风险控制方法以及怎样改进风险控制方法。					√			√			√		√		√			
潜在通路分析	潜在分析(SA)是一种用于识别设计错误的技术。潜在通路是指能够导致出现非期望的功能或抑制期望功能的状态，这些不良状态的特点具有随意性，在最严格的标准化系统检查中也不一定检测到。	√																	
风险指数	风险指数可以提供一种有效的划分风险等级的工具。						√			√			√			√			√
故障树分析	始于不良事项(顶事件)的分析并确定该事件可能发生的所有方式，并以逻辑树形图的形式进行展示。在建立起故障树后，就应考虑如何减轻或消除潜在的风险源。				√			√			√			√			√		
事件树分析	运用归纳推理方法将各类初始事件的可能性转化成可能发生的结果。				√	√		√	√		√	√		√	√		√	√	
因果分析	综合运用故障树分析和事件树分析，并允许时间延误。初始事件的原因和后果都要予以考虑。				√	√		√	√		√	√		√	√		√	√	

表 C.1（续）

风险评估方法	说　　明	设计阶段			生产阶段			包装阶段			储运阶段			使用阶段			回收阶段		
		危害识别	风险估计	风险评价	危害识别	风险估计	风险评价	危害识别	风险估计	风险评价	危害识别	风险估计	风险评价	危害识别	风险估计	风险评价	危害识别	风险估计	风险评价
决策树分析	对于决策问题的细节提供了一种清楚的图解说明。		√			√			√			√			√			√	
Bow-tie 法	一种简单的图形描述方式，分析了风险从危险发展到后果的各类路径，并可审核风险控制措施。可将其视为分析事项起因(由蝶形图的结代表)的故障树和分析后果的事件树这两种方法的结合体。		√			√			√			√			√			√	
FN 曲线	FN 曲线通过区域块来表示风险，并可进行风险比较，可用于系统或过程设计以及现有系统的管理。					√			√			√							
马尔可夫分析法	马尔可夫分析通常用于对那些存在多种状态(包括各种降级使用状态)的可维修复杂系统进行分析。					√			√			√							
蒙特卡罗模拟法	蒙特卡罗模拟用于确定系统内的综合变化，该变化产生于多个输入数据的变化，其中每个输入数据都有确定的分布，而且输入数据与输出结果有着明确的关系。该方法能用于那些可将不同输入数据之间相互作用计算确定的具体模型。根据输入数据所代表的不确定性的特征，输入数据可以基于各种分布类型。风险评估中常用的是三角或贝塔分布。					√			√			√							
贝叶斯分析	贝叶斯分析是一种统计程序，利用先验分布数据来评估结果的可能性，其推断的准确程度依赖于先验分布的准确性。贝叶斯信念网通过捕捉那些能产生一定结果的各种输入数据之间的概率关系来对原因及效果进行模拟。					√			√			√							

附 录 D
（资料性附录）
消费品安全生命周期风险控制方法

消费品安全风险控制方法可根据消费品生命周期各阶段特征，采用以下方法：

D.1 设计阶段

a) 选用安全可靠的原材料，如可通过选择其他安全的原材料、动力来源等来替代易引发消费品伤害事件的原材料；
b) 设备选型和布局合理；
c) 产品包装材料和包装方式应保证产品安全，同时要考虑环境影响最小、废弃物最少以及包装材料的回收设计；
d) 产品的储存、销售、运输方式除保证产品安全外，还应考虑环境安全；
e) 废弃产品的回收途径和处理方法得当；
f) 采取安全防护措施；
g) 其他。

D.2 生产阶段

a) 使产品的生产与设计保持一致性，即对产品进行抽样测试，以便及时找出产品生产过程中出现的与设计中的安全标准不一致的地方，随后采取整改措施；
b) 生产过程中人工操作工艺应符合相关规定；
c) 生产中添加的化学物质合理；
d) 其他。

D.3 包装阶段

a) 包装材料应安全环保，不应产生危害消费者健康的有害物质，同时便于回收再利用；
b) 包装材料应保证在高温、潮湿等非常规条件下不对消费者产生伤害；
c) 包装上可以标注有关消费品的搬运、贮藏、开启、使用、维护保养等的安全注意事项。对于可能存在的潜在危害以及合理的可预见使用要有醒目的安全警示，如有必要，应加注使用说明等相关信息；
d) 包装的尺寸、大小以及形状等应安全可靠，既可保证消费品的质量，又可保障消费者的安全；
e) 包装的开启方法应方便安全，并且应特别考虑弱势消费者群体，如儿童、老人、残疾人士等的特殊安全要求；
f) 其他。

D.4 储运阶段

a) 根据消费品的规格、质量、包装形式及装卸方式等选用合适的储运工具；
b) 消费品的储运工具应保持清洁安全，保证消费品在储运过程中不受到有害物质的污染；

c) 储运过程的温度、湿度等环境因素应能保证消费品的质量，同时不产生对消费者有害的物质；
d) 其他。

D.5 使用阶段

a) 建立良好的消费品伤害事件信息反馈和预警通报系统；
b) 完善消费品使用说明书和相应的产品警示标志；
c) 进行消费者教育和培训；
d) 其他。

D.6 回收阶段

a) 消费品及其包装材料应便于回收利用；
b) 有条件地（如以折旧价等）回收报废消费品，以鼓励消费者能够积极配合回收活动；
c) 回收的消费品经过处理，并满足质量以及安全的要求后，方能够重复利用；
d) 其他。

参 考 文 献

[1] GB/T 15706.1—2007 机械安全 基本概念与设计通则 第1部分:基本术语和方法

[2] GB/T 15706.2—2007 机械安全 基本概念与设计通则 第2部分:技术原则

[3] GB/T 16856.1—2008 机械安全 风险评价 第1部分:原则

[4] GB/T 16856.2—2008 机械安全 风险评价 第2部分:实施指南和方法举例

[5] GB/T 19001—2008 质量管理体系 要求

[6] GB/T 20000.4—2003 标准化工作指南 第4部分:标准中涉及安全的内容

[7] GB/T 22696.1—2008 电气设备的安全 风险评估和风险降低 第1部分:总则

[8] GB/T 22696.2—2008 电气设备的安全 风险评估和风险降低 第2部分:风险分析和风险评价

[9] GB/T 22696.3—2008 电气设备的安全 风险评估和风险降低 第3部分:危险、危险处境和危险事件的示例

[10] GB/T 24353—2009 风险管理 原则与实施指南

[11] GB/T 25321—2010 消费品安全制造管理指南

[12] YY/T 0316—2008/ISO 14971:2007 医疗器械 风险管理对医疗器械的应用

[13] ISO/CD 10377 Consumer Product Safety: Practical Guidance for Suppliers, Committee Draft (V2)

[14] Risk Assessment Guidelines for Non-food Consumer Products, http:// www.euchinawto.org

ICS 97.180
Y 89

中华人民共和国国家标准

GB/T 28804—2012

无铜镀银玻璃镜

Copper-free silver mirror on flat glass

（ISO 25537:2008,Glass in building—Silvered,flat-glass mirror,NEQ）

2012-11-05 发布 2013-03-01 实施

中华人民共和国国家质量监督检验检疫总局
中国国家标准化管理委员会 发布

前　　言

本标准按照 GB/T 1.1—2009 给出的规则起草。

本标准使用重新起草法参考 ISO 25537:2008《建筑室内用浮法玻璃镀银镜》编制，与 ISO 25537:2008 的一致性程度为非等效。

本标准由中国轻工业联合会提出。

本标准由全国民用装饰镜标准化技术委员会(SAC/TC 316)归口。

本标准主要起草单位：和合科技集团有限公司。

本标准参加起草单位：上海市质量监督检验技术研究院、佛山市顺德区质量技术监督标准与编码所、福莱特光伏玻璃集团股份有限公司、江阴市京澄玻璃有限公司、天津市新丽华色材有限责任公司、江苏柏鹤涂料有限公司、东莞市爱尔净水设备有限公司。

本标准主要起草人：夏卫文、王德标、张红、欧阳丹、姜瑾华、陈俊律、张崇明、包柏青、彭钢。

无铜镀银玻璃镜

1 范围

本标准规定了无铜镀银玻璃镜的术语和定义、分类、要求、试验方法、检验规则、标志、包装、运输和贮存等。

本标准适用于以平板玻璃为基板，镀覆不含铜的反射层和保护层，且在室内使用的无铜镀银玻璃镜。

本标准不适用于非平板玻璃和平板玻璃加工制品为基板制成的无铜镀银玻璃镜，如：压花玻璃、钢化玻璃、半钢化玻璃、夹层玻璃、热弯玻璃等制成的镜子。

2 规范性引用文件

下列文件对于本文件的应用是必不可少的。凡是注日期的引用文件，仅注日期的版本适用于本文件。凡是不注日期的引用文件，其最新版本(包括所有的修改单)适用于本文件。

GB/T 601 化学试剂 标准滴定溶液的制备

GB/T 2680 建筑玻璃 可见光透射比、太阳光直接透射比、太阳能总透射比、紫外线透射比及有关窗玻璃参数的测定

GB/T 2828.1—2003 计数抽样检验程序 第1部分：按接收质量限(AQL)检索的逐批检验抽样计划(ISO 2859-1:1999,IDT)

GB/T 2829—2002 周期检验计数抽样程序及表(适用于对过程稳定性的检验)

GB/T 5213 冷轧低碳钢板及钢带

GB/T 6739—2006 色漆和清漆 铅笔法测定漆膜硬度(ISO 15184:1998,IDT)

GB/T 8170 数值修约规则与极限数值的表示和判定

GB/T 9286—1998 色漆和清漆 漆膜的划格试验(eqv ISO 2409:1992)

GB 11614—2009 平板玻璃

GB/T 13452.1—1992 色漆和清漆 总铅含量的测定 火焰原子吸收光谱法(idt ISO 6503:1984)

GB/T 16545—1996 金属和合金的腐蚀 腐蚀试样上腐蚀产物的清除(idt ISO 8407:1991)

EN 1036-1:2007 建筑物玻璃 由镀银浮法玻璃制成的室内用镜子 第1部分：定义、要求和测试方法(Glass in building—Mirrors from silver-coated float glass for internal use Part 1: Definitions, requirements and test methods)

3 术语和定义

下列术语和定义适用于本文件。

3.1

点缺陷 spot faults

气态或固态的杂质、附着物、碎痕等，点缺陷连同其周边区域一起引起光畸变，点缺陷的尺寸以其核心部位为准。

3.2

线缺陷 linear defects

划伤、伸长的点缺陷等。

3.3

刷痕　brush marks

在清洗过程中造成的很细微且难以发现的小划痕。

3.4

划伤　scratches

玻璃表面由于划、刮、磨等原因造成的划痕。

3.5

斑点　color spots

反射层中产生的带有颜色的小点。

3.6

腐蚀　corrosion

产品边部或中间部位出现的局部化学侵蚀现象。

3.7

集中　cluster

直径 100 mm 圆的范围内，出现三个及三个以上的点缺陷。

3.8

边部缺陷　edge faults

最终产品边部的缺陷，包括凸起、凹口、爆边、凸角或缺角。

3.9

光学缺陷　optical faults

造成反射影像失真的缺陷。

3.10

光畸变　halo

点缺陷四周形成的，对反射光线形成有扭曲的现象。

3.11

爆边　chip

没有贯穿玻璃厚度的边部缺损，爆边缺陷长度（L）、宽度（W）、深度（H）的表示方法见图 1。

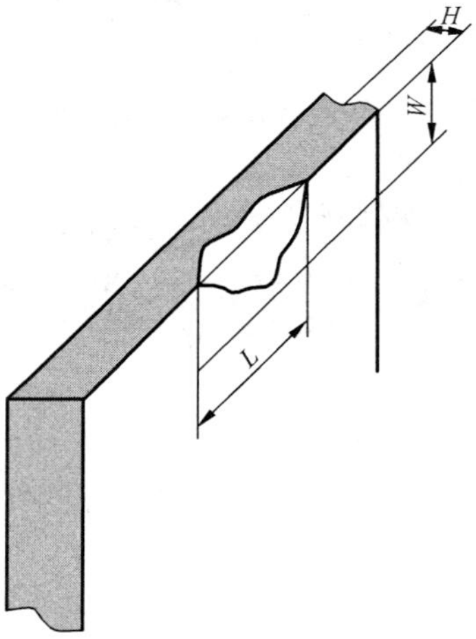

说明：

L——缺陷长度；

H——缺陷深度；

W——缺陷宽度。

图 1　爆边缺陷示意图

3.12

凸角、缺角　corners on/off

无铜镀银玻璃镜角部的板面有超出或不足边线的现象，凸角、缺角缺陷长度（L_1）、凸角高度或缺角深度（H_1）的表示方法见图 2 。

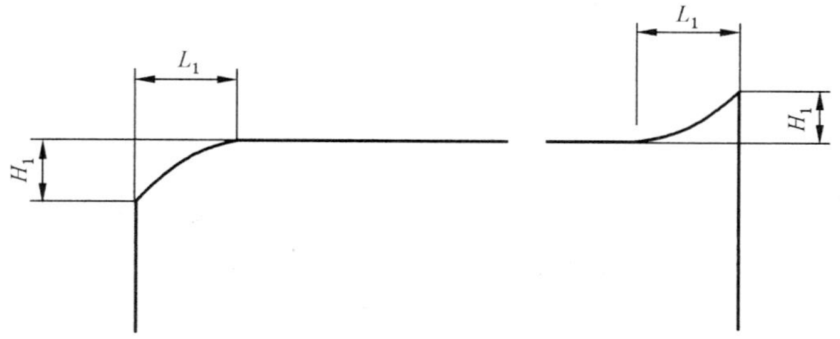

说明：

L_1——凸角、缺角长度；

H_1——凸角高度或缺角深度。

图 2　凸角、缺角缺陷示意图

3.13

凸起、凹口　preiection/concave

无铜镀银玻璃镜边部的板面有超出或不足边线的现象，凸起、凹口缺陷，其凸起高度或凹口深度（H_2）的表示方法见图 3 。

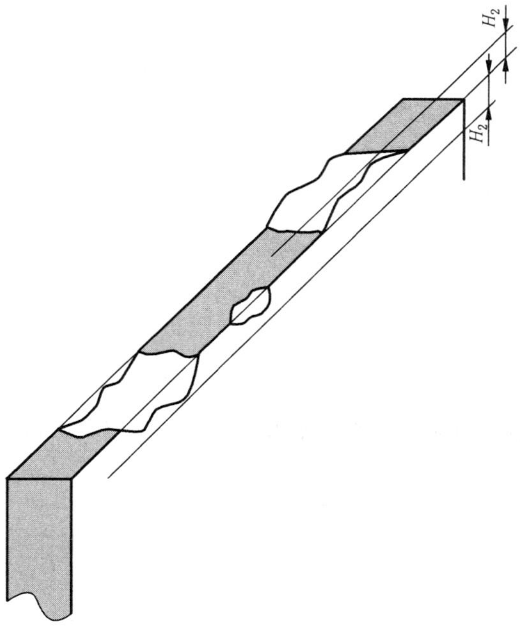

说明：

H_2——凸起高度或凹口深度。

图 3　凸起、凹口缺陷示意图

4 分类

4.1 按颜色分：无色无铜镀银玻璃镜、有色无铜镀银玻璃镜。

4.2 按厚度分：2 mm、3 mm、4 mm、5 mm、6 mm、8 mm、10 mm。

5 材料

5.1 玻璃基板采用 GB 11614 中规定的一等品及以上等级的平板玻璃原片。

5.2 化学制剂采用适合生产线生产要求的化学制剂，其质量应符合相应产品标准的要求。

5.3 保护层采用的银镜背漆，其质量应符合相应产品标准的要求，其中铅限制量按 6.2 给出的要求。

6 要求

6.1 反射层银含量

反射层（银层）中的银含量应不小于 800 mg/m^2。

6.2 保护层铅限制量

保护层（银镜背漆）的铅限制量应小于 1 000 mg/kg。

6.3 保护层铅笔硬度

保护层铅笔硬度应不低于 H。

6.4 保护层附着力

用漆膜划格法测定，应不低于 2 级。

6.5 耐湿热试验性能

经过 480 h 恒定条件下的冷凝水试验后，试样保护层允许变色，但表面不应出现气泡；反射层不应变色或浑浊，直径不大于 0.3 mm 的斑点允许 1 个；边部腐蚀应不大于 0.2 mm。

6.6 耐铜加速乙酸盐雾试验性能（铜加速乙酸盐雾试验下文简称 CASS 试验）

经过 120 h CASS 试验后，保护层允许变色，但表面不应出现气泡；反射层不允许变色或浑浊，直径不大于 0.2 mm 的斑点不计，0.2 mm $<$ 直径 $\leqslant$ 3 mm 的斑点允许 2 个；边部腐蚀应不大于 1.5 mm。

6.7 可见光反射率

无色无铜镀银玻璃镜的可见光反射率应满足表 1 的规定。有色无铜镀银玻璃镜的可见光反射率，可由供需双方商定。

表 1　无色无铜镀银玻璃镜可见光反射率要求

公称厚度 mm	可见光反射率 %
2,3,4,5,6	不低于 85
8,10	不低于 83

6.8　光学变形

不应见影像变形。如不能确定，则测量变形量，a、b 值应符合表 2 的要求。

表 2　光学变形量 a、b 值要求

单位为毫米

变形量	试样		
	不包含基板玻璃的原始边	包含基板玻璃的原始边	
		公称厚度 < 4	公称厚度 ≥ 4
a	≤ 10	≤ 30	≤ 20
b	≤ 15	≤ 40	≤ 30

6.9　厚度偏差

厚度偏差应符合表 3 的要求。

表 3　产品厚度允许偏差、允许厚薄差

单位为毫米

公称厚度	允许偏差	同一片镜子允许厚薄差
2,3,4	±0.25	0.25
5,6	±0.30	0.35
8,10	±0.40	

6.10　厚薄差

同一片镜子厚薄差应符合表 3 的要求。

6.11　尺寸偏差

6.11.1　原板无铜镀银玻璃镜的尺寸偏差应符合表 4 的要求。

表 4　原板无铜镀银玻璃镜的尺寸允许偏差

单位为毫米

公称厚度	允许偏差	
	边长≤1 500	边长>1 500
2,3,4,5,6	±3	±4
8,10	±4	±5

6.11.2 加工后的矩形无铜镀银玻璃镜的尺寸偏差应符合表5的要求。

6.11.3 非矩形产品尺寸偏差可由供需双方商定。

表5 加工后的矩形无铜镀银玻璃镜尺寸允许偏差

单位为毫米

公称厚度	允许偏差	
	边长≤1 500	边长>1 500
2,3,4,5,6	±1.5	±2.0
8,10	±2.0	±3.0

6.12 对角线偏差

矩形无铜镀银玻璃镜的对角线差应不大于对角线平均长度的0.2%；对于非矩形无铜镀银玻璃镜可由供需双方商定。

6.13 外观质量

6.13.1 对于公称厚度为2 mm、3 mm、4 mm、5 mm的无色无铜镀银玻璃镜的外观质量要求，原板产品应符合表6、表7的要求；加工后的产品应符合表6、表8的要求。

6.13.2 对于公称厚度为6 mm、8 mm、10 mm无色无铜镀银玻璃镜的外观质量要求，原板产品可参照表6、表7的要求，加工后的产品可参照表6、表8的要求；也可由供需双方商定。

6.13.3 有色无铜镀银玻璃镜的外观质量应符合表6的要求，其余外观质量可由供需双方商定。

表6 无铜镀银玻璃镜外观质量要求

缺陷种类	要求	
	原板产品	加工后的产品
爆边	L、W、H 都不允许大于镜子厚度	L、W 不允许大于3 mm， H 不允许超过镜子厚度1/3
凸起、凹口	H_2 不允许大于镜子厚度的1/2	不允许
凸角、缺角	L_1 不允许超过缺陷所在镜子边长的5‰，H_1 不允许大于镜子厚度	不允许
发霉斑迹	按7.13规定检测，不允许肉眼可见的缺陷	
保护层划伤	不允许有可见底漆的划伤； 对于未见底漆的划伤，长度小于等于50 mm的不允许超过10条/m^2； 对于未见底漆的划伤，长度大于50 mm的不允许超过2条/m^2	

表 7 原板无色无铜镀银玻璃镜外观质量要求

分类		版面大于 19.3 m^2（允许缺陷个数）	版面不大于 19.3 m^2（允许缺陷个数）
点缺陷/mm	直径[a] 不大于 0.2	不计[b]	不计[b]
	直径不大于 0.5，但大于 0.2	26	1.35×S
	直径大于 0.5	3	0.16×S
线缺陷/mm	刷痕（长度不大于 50）	8	0.375×S
	镜面划伤（长度不大于 50）	3	0.139×S

注：S 是以平方米为单位的玻璃板面积数值，按 GB/T 8170 修约，保留小数点后两位。不大于 19.3 m^2 的原板尺寸无铜镀银玻璃镜，外观质量缺陷数为各系数与 S 相乘所得的数值，按 GB/T 8170 修约至整数。

[a] 点缺陷尺寸是指在不考虑光畸变影响时的缺陷最大尺寸，直径是指能够完全包含该缺陷在内的半径最小的圆的直径。

[b] “不计”指在缺陷没有集中的前提下可接受。

表 8 加工后的无色无铜镀银玻璃镜外观质量要求

加工后的产品面积 S m^2	点缺陷[b,c]（直径 D）				线缺陷（长度 L）	
	中间区域允许缺陷数/个		边界区域[a] 允许缺陷数/个		刷痕/个	镜面划伤/个
	0.2 mm<D≤0.3 mm	0.3 mm<D≤0.5 mm	0.2 mm<D≤0.5 mm	0.5 mm<D≤1.0 mm	L≤50 mm	
S≤0.3	2	1	2	0	2	0
0.3<S≤1.0	2	1	2	0	2	0
1.0<S≤1.5	3	2	3	1	3	0
S>1.5	4	2	4	2	4	0

[a] 边界区域指镜子本体靠近镜子边部的某区域，且该区域内任意一点距镜子边的最小距离，不大于沿此方向镜子的实际尺寸（长度、宽度、直径等）的 15%。其余为中间区域。

[b] 点缺陷直径 D 在边界区域不允许大于 1.0 mm 或中间区域不允许大于 0.5 mm。

[c] 小于 0.2 mm 的点缺陷在不集中时可以接受。

7 试验方法

7.1 反射层银含量

7.1.1 取二片试样进行试验，试样尺寸为 100 mm×100 mm（长宽尺寸公差：±1 mm）。

7.1.2 所用试剂包括：浓硝酸、硫酸铁铵溶液、0.01 mol/L 的 KCNS 标准溶液、所用试剂均为分析纯试剂。其中 0.01 mol/L 的 KCNS 标准溶液按照 GB/T 601 的规定配制成 0.1 mol/L，然后再按比例稀释成 0.01 mol/L。

7.1.3 步骤：将试样放入 500 mL 陶瓷皿中，用浓硝酸将银膜溶解，然后用去离子水将镜片的银全部冲洗下来。将含银的溶液收集到烧杯中，然后滴入 10 滴浓度为 80 g/L 硫酸铁铵溶液并搅拌均匀。用 0.01 mol/L 的 KCNS 标准溶液滴定至溶液呈粉红色，并可保持 1 min ～ 2 min。记录试样所用的滴定溶液的体积分别为 V。

7.1.4 银层中的银含量按式(1)计算。

$$m = V \times 108 \tag{1}$$

式中：

m ——银层中的银含量，单位为毫克每平方米(mg/m^2)；

V ——滴定时所消耗的 KCNS 标准溶液的体积，单位为毫升(mL)；

108 ——计算常数。

7.2 保护层铅限制量

取两片试样进行试验，按照 GB/T 13452.1—1992 测定保护层铅限制量。

7.3 保护层铅笔硬度

取一片试样进行试验，按照 GB/T 6739—2006 进行测定。

7.4 保护层附着力

取一片试样进行试验，按照 GB/T 9286—1998 进行测定。采用带有六个切割刀的多刃切割刀具，刀刃间距 1 mm。

7.5 耐湿热试验性能

取三片 100 mm × 100 mm 试样，进行恒定气候条件下的冷凝水试验，具体规定见附录 A。

试验后缺陷的观察在具有黑色背景的正常光照条件下进行。使用分度值为 0.01 mm 的读数显微镜测量边部最大腐蚀和点缺陷。

7.6 耐 CASS 试验性能

取三片 100 mm × 100 mm 试样，进行耐 CASS 试验，具体规定见附录 B。

试验后缺陷的观察在具有黑色背景的正常光照条件下进行。使用分度值为 0.01 mm 的读数显微镜测量边部最大腐蚀和点缺陷。

7.7 可见光反射率

取两片试样进行试验。按照 GB/T 2680 要求，以 8°以内入射角进行测试，光源为标准 D65 光源，以 2°视场角观测，计算反射率。

7.8 光学变形

7.8.1 试样数量和规格

取两片试样。试样规格应不小于 500 mm×500 mm。

7.8.2 观察条件

在室内较好的自然光或散射光照条件下，试样垂直放置，视线垂直试样，在距试样前 2 m 处用肉眼进行观察，观察试样区域为 500 mm×500 mm。

7.8.3 变形量测定

镜子垂直放置，投影仪放在距镜子 5 m 处，投影仪入射光线与镜子呈 45°角，成像屏幕放置在反射光方向距镜子 5 m 处，见图 4。

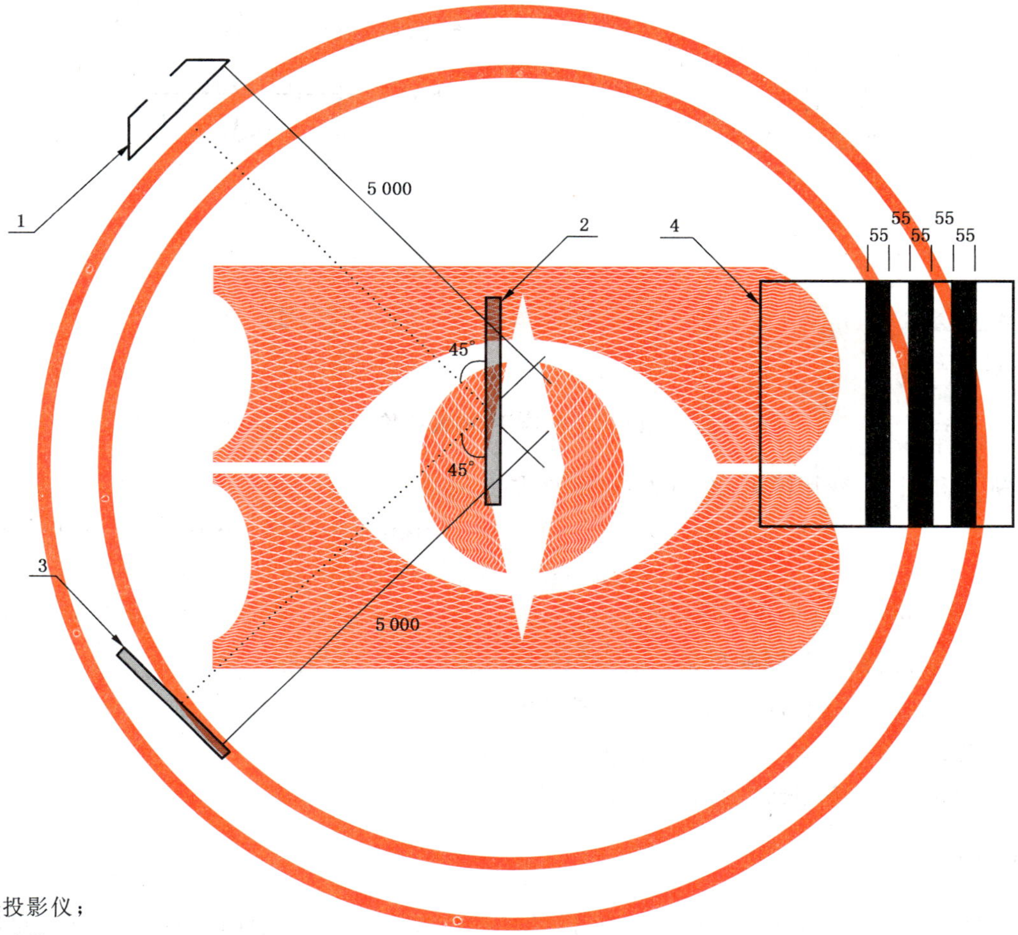

说明：

1——投影仪；

2——试样；

3——屏幕；

4——屏蔽成像。

注：此图中长度单位：mm。

图 4 变形量测定示意图

将条纹幻灯片放入投影仪，此时屏幕上应呈现出宽度为 55 mm 黑白相间的条纹。将一块前表面无变形的镜子放在试样架上，调节条纹的宽度。按图 5 所示，使用分度值为 1 mm 的金属直尺，分别测量出 *A*、*B*、*C*、*D* 值，其值应取整数，单位为 mm。

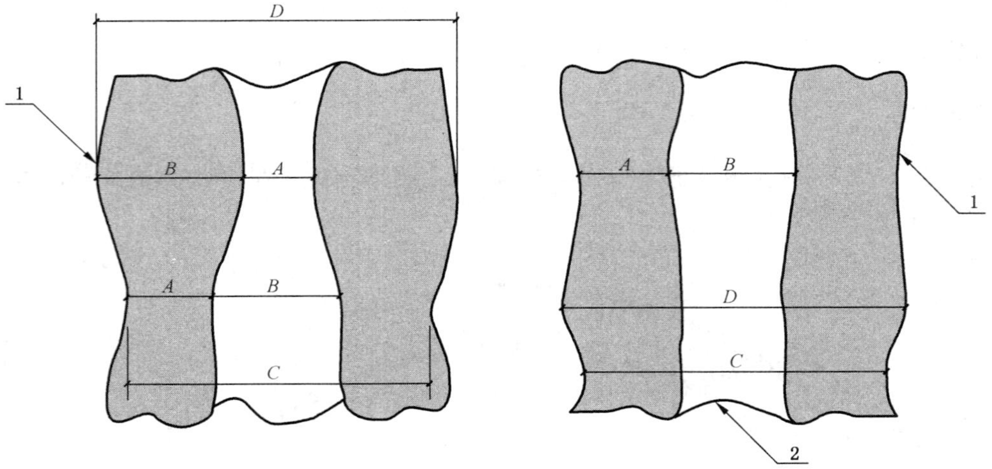

说明：
1——黑色条纹；
2——白色条纹。

图5 光学变形量评价

根据图 4 和图 5，变形量 a、b 可由式(2)和式(3)计算：

$$a = |55\ \text{mm} - A| \text{或} |55\ \text{mm} - B| \qquad (2)$$

$$b = |165\ \text{mm} - C| \text{或} |165\ \text{mm} - D| \qquad (3)$$

式中：

A ——表示任意两个相同颜色条纹之间的最小距离；

B ——表示任意两个相同颜色条纹之间的最大距离；

C ——表示三个相邻条纹(包括白、黑色)的最小总宽度；

D ——表示三个相邻条纹(包括白、黑色)的最大总宽度。

7.9 厚度偏差

使用外径千分尺或此同等精度的器具，在距玻璃板边部 15 mm 内的四边中点测量。测量结果的算术平均值即厚度值，并以毫米(mm)为单位修约到小数点后 2 位。

7.10 厚薄差

用 7.9 同样方法，测出一片玻璃板四边中点厚度，计算其最大值与最小值之差。

7.11 尺寸偏差

按照 GB 11614—2009 中 6.1 规定的方法进行测定。

7.12 对角线偏差

按照 GB 11614—2009 中 6.2 规定的方法进行测定。

7.13 外观质量

在室内自然光线或散射光照条件下，检测者距离镜面1米处用肉眼直视观察。发现缺陷时可结合适当的测量工具以确定缺陷的尺寸。在检验时，不得采用另外的光源(聚光光源等)。

使用分度值为0.01 mm的读数显微镜测量点缺陷及线缺陷的宽度，使用分度值为1 mm的金属尺测量线缺陷的长度。

点缺陷的测定，以最清晰的轮廓为测量大小，轮廓不规则时测量大小以最长部分计算，但不包括缺陷四周造成的光畸变区域。

8 检验规则

8.1 检验分类

检验分为出厂检验和型式检验。

8.2 出厂检验

出厂检验项目包括：厚度偏差、厚薄差、尺寸偏差、对角线偏差、外观质量。当进行出厂检验时，按照表9规定进行抽样、判定，表9依据GB/T 2828.1—2003一般检验水平Ⅰ正常检查一次抽样方案，接收质量限AQL=6.5。当该批产品批量大于1 000块时，以每1 000块为一批分批抽取试样。

表9 抽样表

批量范围	样本大小	合格判定数	不合格判定数
1～8	2	0	1
9～15	3	0	1
16～25	5	1	2
26～50	8	1	2
51～90	13	2	3
91～150	20	3	4
151～280	32	5	6
281～500	50	7	8
501～1 000	80	10	11

8.3 型式检验

8.3.1 型式检验项目

型式检验的检验项目为第6章的全部要求项目。其检验项目、要求、试验方法、不合格分类、RQL值、样本数、合格判定数组见表10，一项不合格即判定型式检验不合格。表10依据GB/T 2829—2002判别水平Ⅱ的一次抽样方案。

表 10 型式检验

序号	检验项目	要求	试验方法	不合格分类	RQL	样本数	判定数	
							合格	不合格
1	反射层银含量	6.1	7.1	B	120	2	1	2
2	保护层铅限制量	6.2	7.2	B	120	2	1	2
3	保护层铅笔硬度	6.3	7.3	A	65	2	0	1
4	保护层附着力	6.4	7.4	A	65	2	0	1
5	耐湿热试验性能	6.5	7.5	A	50	3	0	1
6	耐铜加速乙酸盐雾试验性能	6.6	7.6	A	50	3	0	1
7	可见光反射率	6.7	7.7	A	65	2	0	1
8	光学变形	6.8	7.8	B	120	2	1	2
9	厚度偏差	6.9	7.9	B	100	3	1	2
10	厚薄差	6.10	7.10	B	100	3	1	2
11	尺寸偏差	6.11	7.11	B	100	3	1	2
12	对角线偏差	6.12	7.12	B	100	3	1	2
13	外观质量	6.13	7.13	B	100	3	1	2

8.3.2 有下列情况之一时，应进行型式检验：

a) 首次生产或转厂生产时，产品的试制定型鉴定。

b) 停产半年以上，恢复生产时。

c) 原材料和工艺方法有较大变化，可能影响产品性能时。

d) 质量监督部门提出型式检验的要求时。

e) 产品正常生产满一年时。

f) 出厂检验结果与上次型式检验有较大差异时。

8.4 判定规则

8.4.1 出厂检验

8.4.1.1 一项性能检验时，若不合格数不大于表 9 中的合格判定数时，则认为该批产品的该项性能合格，否则判定为不合格。

8.4.1.2 所有出厂检验项目全部合格，则认为该批产品合格；一个或一个以上项目不合格，则认为该批产品出厂检验不合格。

8.4.2 型式检验

8.4.2.1 一项性能检验时，若不合格数不大于表 10 中的合格判定数时，则认为该项目合格，否则判定为不合格。

8.4.2.2 所有型式检验项目全部合格，则认为该产品型式检验合格；一个或一个以上项目不合格，则认为该产品的型式检验不合格。

9 标志、包装、运输和贮存

9.1 标志

产品包装上应有如下内容：

a） 产品名称；

b） 生产厂厂名、厂址；

c） 产品质量检验合格证；

d） 产品执行的标准编号；

e） 商标；

f） 产品型号；

g） 规格尺寸、数量。

9.2 包装

包装应牢固，无破损，防挤压、防潮、防震。

9.3 运输

无铜镀银玻璃镜产品在装卸时应轻搬轻吊轻放，按规定在吊装点吊装。

运输时应顺着车辆的运动方向放置，用绳索固定箱架，防止滑动或倾倒，且有防晒和防雨措施。

9.4 贮存

无铜镀银玻璃镜不得露天存放，应存放于干燥通风的房间或厂房内，严禁落地平放。

不应与氢氟酸、纯碱等对镜面有腐蚀作用的产品贮存一库，不应与氢氟酸、纯碱等物品接触。

附　录　A
（规范性附录）
耐湿热试验性能的测定

A.1　试验设备的要求

A.1.1　耐湿热试验箱

耐湿热试验箱的内壁应由耐腐蚀的材料构成，并且不应对试样产生影响。该试验箱应有一个料槽用于接收“A.2.2.1”中注入的水。通过对料槽内的水进行加热来调整试验箱内的温湿度条件。

测试时水温不应超过 60 ℃。如果由水加热提供的热量，不足以使试验箱的内的温湿度达到要求，可以额外采用单独的加热装置对试验箱内的空气进行加热。

试验箱的尺寸以及温度测量点和温度控制装置的布局，只要符合“A.2.1”的要求，可以根据实际需要予以变动（如图 A.1）。

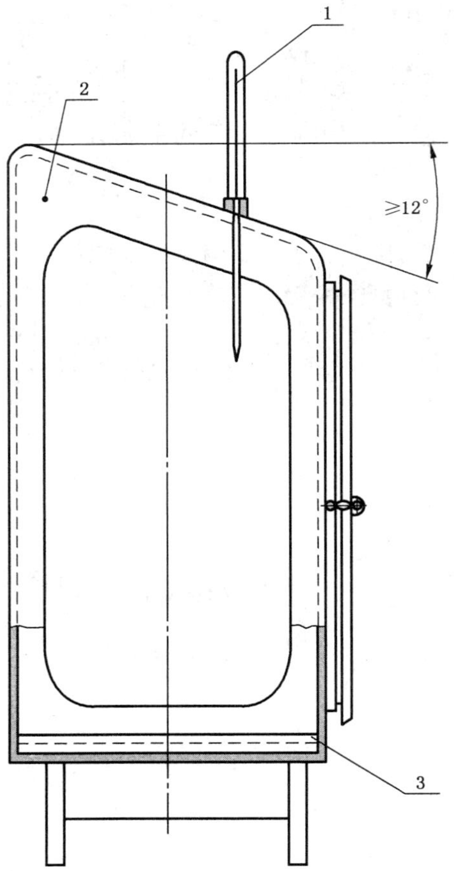

说明：

1——测温装置；

2——过压阀门；

3——水槽。

图 A.1　一种耐湿热试验箱的示意图

A.1.2 试样支架

试样支架应由耐腐蚀的材料构成，并且不应影响到试样的腐蚀特性，它应按照“A.2.1”中对试样的要求进行选材、设计尺寸。

A.2 试验要求

A.2.1 试样的放置

试样的放置应有足够的空间，并与水平面呈一定的角度，保证试样之间不会相互影响并且热量可以充分辐射。因此，试样在试验箱内的工作空间内放置应满足以下条件：

——距离试验箱内壁：至少 100 mm；

——试样的下边缘到水面距离：至少 200 mm；

——试样之间的距离：至少 20 mm；

——试样与水平面的角度：应在 60°～75°之间；

——在试验箱的工作空间设计时，要避免试验箱内壁和顶盖的冷凝水滴落在试样的表面。

A.2.2 试验步骤

A.2.2.1 在水槽中注入蒸馏水或去离子水，在试验过程中使水位始终保持至少 10 mm 的深度。

A.2.2.2 放入试样，关闭试验箱，然后打开水槽内的加热装置，使试验箱内环境温度达到 40 ℃±3 ℃。该过程应在 90 min 内完成，且试样表面应有冷凝水形成。

A.2.2.3 在整个试验过程中试验箱内的温度应控制在 40℃±3 ℃ 范围内。

A.2.2.4 试验在持续 480 h 后结束。

A.2.3 试验的中断

试验过程中，当需再次放入或取出样品时，造成试验暂停（5 min 之内，应进行简要记录）是允许的；试验中长时间的停止应在测试报告中准确描述。

A.2.4 清洗试样

所有试样试验结束后，应用柔软的物品和去离子水进行清洗，同样也要用柔软的物品将试样表面残留水迹擦去。必要时，可以重复进行。

附 录 B
（规范性附录）
铜加速乙酸盐雾试验（CASS 试验）

B.1 试剂的配制

本试验所用试剂应采用纯度为化学纯或化学纯以上级别的试剂。

B.1.1 配制氯化钠溶液

在温度为 25 ℃ ± 2 ℃的环境中，将氯化钠溶于电导率不超过 20 μs/cm 的蒸馏水或去离子水中，得到浓度为 50 g/L ± 5 g/L 的氯化钠溶液，该溶液密度在 1.029 g/cm^3～1.036 g/cm^3 范围内。

注：氯化钠中铜和镍的含量应小于 0.001%（质量分数），碘化钠的含量应低于 0.1%，总杂质含量应低于 0.5%。在环境温度 25 ℃±2 ℃时，若收集液的 pH 值超出 6.0～7.0 的范围，检查氯化钠和（或）水中是否有其他杂质。

B.1.2 加乙酸

在按 B.1.1 所得氯化钠溶液中加入适量的乙酸，以调整盐雾箱内收集液的 pH 值为 3.1～3.3 之间。如初配制的溶液 pH 值为 3.0～3.1，则收集液的 pH 值一般在 3.1～3.3 范围内。在温度为 25 ℃±2 ℃的环境中，使用酸度计测定 pH 值，日常检测时也可用测量精度为 0.1 的精密 pH 试纸。溶液的 pH 值可用乙酸或氢氧化钠进行调整。

B.1.3 加氯化铜

在按 B.1.2 制备的盐溶液中，加入氯化铜（$CuCl_2 \cdot 2H_2O$），其浓度为 0.26 g/L±0.02 g/L（即 0.205 g/L±0.015 g/L 无水氯化铜）。溶液的 pH 值调整方法与 B.1.2 相同。

B.1.4 过滤

为避免堵塞喷嘴，溶液在使用之前应经过过滤。

B.2 试验设备的要求

B.2.1 用于制作试验设备的材料应抗盐雾腐蚀，且不影响试验结果。应进行定期校准，以确保其满足试验要求。

B.2.2 盐雾箱的容积应不小于 0.4 m^3。箱顶部要避免试验时聚积的溶液滴落到试样上。箱子的形状和尺寸应能使箱内溶液的收集速度符合 B.5 要求。出于环保考虑，建议设备采用适当方式处置废液。

盐雾箱的设计简图见图 B.1。

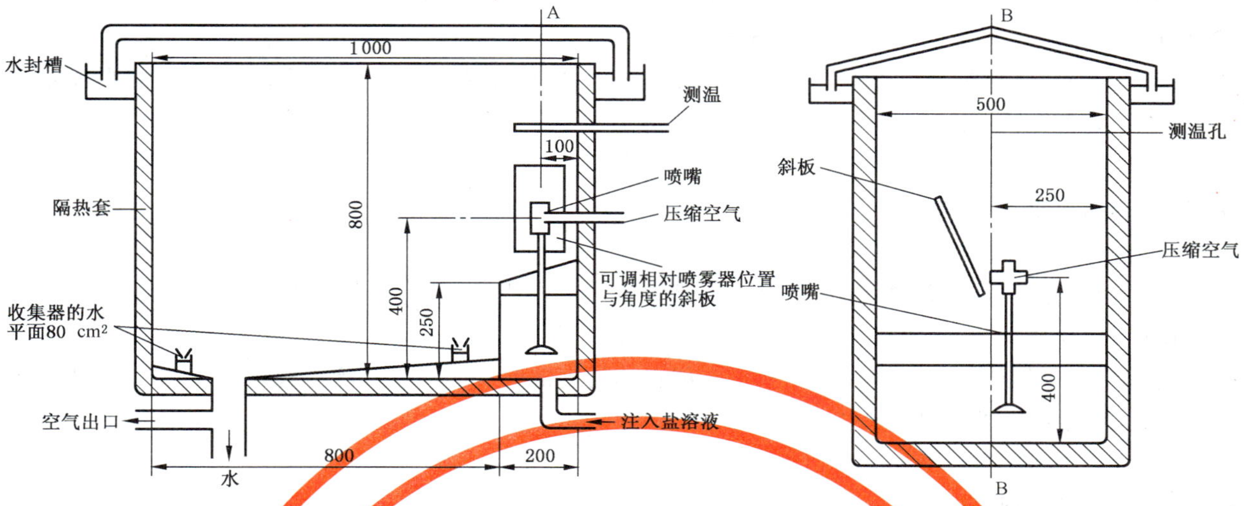

图 B.1 盐雾箱的设计简图

B.2.3 加热系统应保持盐雾箱内温度达到规定值 50 ℃±2 ℃。温度测量区距箱内壁不小于100 mm，并能从箱外读数。

B.2.4 喷雾装置包括下列部分：

a) 喷雾气源：压缩空气应通过过滤器，以除油净化；然后进入装有蒸馏水的饱和塔湿化，其温度应高于盐雾箱内试验温度 10 ℃。最后通过调压阀进入喷雾器，压力应控制在 70 kPa～170 kPa 范围内。

正确的温度取决于使用的压力和喷雾器的类型，应适当调整盐雾箱温度使喷雾的收集速率和收集液的浓度符合要求。表 B.1 中给出了不同压力下饱和塔内热水的温度值。饱和塔内水位应能自动控制，确保足够的湿度。

注：喷雾器应有“临界压力”位，达到该压力后，盐雾的腐蚀能力会显著增加。如果喷雾器的“临界压力”不是很确定，则应安装压力调节阀，将压力的波动控制在±0.7 kPa，将喷雾器在“临界压力”工作的可能性降至最小。

表 B.1 饱和塔内热水的温度

喷雾压力/kPa	盐雾试验时，饱和塔内热水的温度/℃
70	61
84	63
98	64
112	66
126	67
140	69

b) 喷雾系统：由喷雾器、盐水槽和挡板组成。喷雾器可有一个或多个。可调式挡板能防止盐雾直接喷射到试样上。喷雾器和挡板放置的位置对盐雾均匀分布有影响。

c) 盐水槽：为保证均匀喷雾，应有维持一定液位的装置。调节喷雾压力、饱和塔水的温度和挡板位置使箱内盐雾沉降量的收集速度符合 B.5 要求。

B.2.4.1 盐雾收集器：箱内至少放两个收集器，一个靠近喷嘴，一个远离喷嘴。收集器用玻璃等惰性材料制成漏斗形状，直径为 10 cm，收集面积约 80 cm^2，漏斗管插入带有刻度的容器中，要求收集的是盐雾，而不是从试样或其他部位滴下的液体。

B.2.4.2 试验之前，应彻底清洗盐雾箱。在放入试样之前，设备至少应空运行 24 h，应测量收集液的 pH 值在规定范围内。

B.3 试样的要求

B.3.1 试验前试样应清洗干净，清洗方法取决于试样材料性质，试样表面及其污物清洗不应采用可能侵蚀试样表面的磨料或溶剂。

B.3.2 如果试样是从工件上切割下来的，不能损坏切割区附近的涂层。除另有规定外，应用适当的涂层如油漆、石蜡或胶带等对切割边进行保护。

B.4 试样放置的要求

B.4.1 试样放在盐雾箱内且被试面朝上，让盐雾自由沉降在被试表面上，被试表面不能受到盐雾的直接喷射。

B.4.2 在盐雾箱中被试表面与垂直方向成 15°～25°，并尽可能成 20°，对于不规则的试样（如整个工件）也应尽可能接近本条款上述规定。

B.4.3 试样可以放置在箱内不同水平面上，但不得接触箱体，也不能相互接触。试样之间的距离应不影响盐雾自由降落在被试表面上，试样或支架上的液滴不得落在其他试样上。然而，对于新的试验或时间超过 96 h 的试验，允许试样位置发生改变（试样位置变化的次数应记录在测试报告中）。

B.4.4 试样支架用玻璃、塑料等惰性材料制造，试样需要悬挂时，其悬挂材料不能用金属，而应用人造纤维、棉纤维或其他惰性绝缘材料。

B.5 试验条件

B.5.1 在试验前，首先应在试验箱空置或装满模拟样品时，检查盐雾收集速率及其他试验条件。当确认盐雾收集速度及其他试验条件在规定范围时，方可将试样置于试验箱内并开始试验。

B.5.2 每个盐雾收集器中氯化钠浓度和 pH 值的范围应符合表 B.2 要求。盐雾的平均收集速率应以最少 24 h 内收集的盐雾量计算。

表 B.2 试验条件

项 目	要 求
温度	50 ℃ ± 2 ℃
80 cm^2 水平收集区域内平均收集速率	1.5 mL/h ± 0.5 mL/h
氯化钠浓度（收集液）	50 g/L ± 5 g/L
pH 值（收集液）	3.1 ～ 3.3

B.5.3 用过的喷雾溶液不得再用。

B.6 注意点

B.6.1 试验周期：120 h。

B.6.2 在规定的试验周期内喷雾不得中断，只有当需要短暂观察试样或补充盐溶液（当试验箱结构无法从外部对盐溶液进行补充时）才能打开盐雾箱。

B.6.3 如果以试样出现腐蚀情况作为试验结束的判断依据，试样需进行频繁的观察。该种试验不能与预设试验周期的样品一同测试。

B.6.4 试验过程中对试验进行定期的检查，不能对试样表面造成影响。开启盐雾箱观察试样的时间应尽可能短，并记录所观察到的变化。

B.7 试验后试样的处理

试验结束后取出试样，为减少腐蚀产物的脱落，试样在清洗前放在室内自然干燥 0.5 h ～ 1 h，然后用温度不高于 40 ℃的清洁流动水轻轻清洗以除去试样表面残留的盐雾溶液，并立即用吹风机吹干。

B.8 耐 CASS 试验箱腐蚀性能的校准

B.8.1 校准周期

校准周期为每 3 个月一次。

B.8.2 校准方法

B.8.2.1 标准试样

使用四块或六块钢板作为标准试样。其表面质量应符合 GB/T 5213 中 A 级精度的Ⅰ组的要求，厚度为 1.0 mm± 0.2 mm，大小为 150 mm×70 mm，参照样需一面为光面（无气孔、标记、划痕、染色），一面为粗糙面（Ra＝0.8 μm±0.3 μm），试样需从冷轧钢板或冷轧钢筋中切取。

试验开始前，试样可用软毛刷、超声波清洗机和适当的有机溶剂（如沸点在 60 ℃～120 ℃的碳氢化合物/烃）彻底清洗干净，漂洗后进行干燥处理。试样称重精确到 1 mg，试样背面应用可揭离式塑料贴膜保护。

B.8.2.2 标准试样放置

四块试样分别放置在箱内四角（如果是六块试样，放置在包括四角在内的六个平均分布的区域），未保护一面朝上并与垂直方向成 20°±5°的角度。试样下边缘与盐雾收集器上部处于同一水平。

用隋性材料（例如塑料）制成或涂覆盖参比试样架。标准试样的下边应与盐雾收集器的上部处于同一水平。测试时间为 24 h。

B.8.2.3 测定质量损失（单位面积的质量）

试验结束后，立刻取出参比试样，除去保护层，采用 GB/T 16545—1996 中的方法，物理或化学的方式去除腐蚀物，使用质量分数为 20％的磷酸氢二铵（分析纯）溶液在 23 ℃清洗 10min。建议去除腐蚀产物的每个步骤都使用新配制的溶液。

在室温下用水彻底清洗，然后用乙醇清洗，再干燥。称重精确到 1 mg，分离出参比试样暴露表面的质量损失，确定标准试样每平方米的质量损失。

注：按照 GB/T 16545—1996 采用化学清洗方法去除腐蚀产物，使用体积分数 50％的盐酸（$\rho_{20}=1.185$ g/mL，分析纯），其中带有 3.5 g/L 六次甲基四胺，会抑制腐蚀。

B.8.3 校准基准

每块标准试样质量损失在 55 g/m^2±15 g/m^2 范围内，说明试验设备运行正常。

ICS 29.020
K 04

中华人民共和国国家标准化指导性技术文件

GB/Z 28805—2012/IEC/PAS 62559:2008

能源系统需求开发的智能电网方法

Intelligrid methodology for developing requirements for energy systems

(IEC/PAS 62559:2008,IDT)

2012-11-05 发布　　2013-05-01 实施

中华人民共和国国家质量监督检验检疫总局
中国国家标准化管理委员会　发布

前　言

本指导性技术文件按照GB/T 1.1—2009给出的规则起草。

本指导性技术文件使用翻译法等同采用IEC/PAS 62559:2008《能源系统需求开发的智能电网方法》。

本指导性技术文件做了下列编辑性修改：

将原文中的"this Publicly Available Specification"或"PAS"均改为"本指导性技术文件"；

第3章"缩略语"中增加了本指导性技术文件中出现的一些英文缩写的解释，以方便本指导性技术文件使用者理解；

第4章"术语和定义"中增加了本指导性技术文件中出现的一些术语，以指导使用。

请注意本文件的某些内容可能涉及专利。本文件的发布机构不承担识别这些专利的责任。

本指导性技术文件由全国电压电流等级和频率标准化技术委员会(SAC/TC 1)提出并归口。

本指导性技术文件主要起草单位：中国电力科学研究院、中机生产力促进中心、河北省电力研究院、武汉国测科技股份有限公司、山西省电力公司电力科学研究院、西安博宇电气有限公司、荣信电力电子股份有限公司、国电南京自动化股份有限公司、国网电力科学研究院、安徽大学教育部电能质量工程研究中心。

本指导性技术文件参加起草单位：国际铜业协会、中铁第四勘察设计集团有限公司、深圳市领步科技有限公司。

本指导性技术文件主要起草人：白晓民、张苹、段晓波、何江、卜正良、刘军成、张凡勇、王友龙、王金浩、李澍森、李令冬、高峻。

本指导性技术文件参加起草人：吕宏水、黄炜、黄足平、李新雄。

能源系统需求开发的智能电网方法

1 概述

1.1 范围

本指导性技术文件规定了用户需求描述和确定的一套智能电网系统工程方法。

本指导性技术文件适用于项目或系统开发中确定用户功能和性能需求的过程。

本指导性技术文件(PAS)是基于公用事业公司的业务需要,为电力系统领域专家在自动化系统中确定和描述用户需求制定的一套方法。这种方法是美国电力研究院(EPRI)最初作为智能电网体系架构中的一部分进行研究开发的,是实现未来自动、自愈和高效电力系统的途径。

本章描述了本指导性技术文件的范围、目的和目标以及它所依赖的基础体系。

1.2 方法概述

1.2.1 系统工程的概念

智能电网方法学是系统工程学的分支。系统工程方法学从“技术规范”中分离出“用户需求”的概念:用户需求只确定需要的是“什么”而不涉及任何特定的设计或技术,而技术规范则确定“如何”实现自动控制系统以满足用户需求。

1.2.2 智能电网方法学

智能电网方法学总体框架如图1所示,主要由以下人员和项目步骤组成:

企业负责人 根据项目的必要性和需求审查并批准立项。

领域专家和项目工程师组成项目小组 作为项目组的第一项任务,应确定可能影响项目或受到项目影响的所有电力系统专家和其他利益相关方(用户),这些人员或其代表应(全职、兼职或尽可能)参加项目组。

领域专家审查已有的智能电网用例的概念和适用性,这些用例可通过以下网址查询:

http://intelligrid.info/intelligrid Architecture/ues_cases/IECSA_use_cases_overview.htm

领域专家开发出一个用例清单(功能描述) 不仅考虑特定业务的需求,还要考虑其他用户的需求,以及项目将来影响或受到影响的可能性。

领域专家在了解用例过程的项目工程师的协助下**起草关键用例**,包括所有必要的用户需求。

领域专家复审并更新这些用例 以确保用户的需求能够得到正确的理解,避免可能出现的误解、重复、遗漏和矛盾。

项目工程师对这些用例进行评估和调整 从中形成一个全面和详细的只包含用户需求的文档。

根据用户需求文件,由信息专家决定采用哪些适当的标准和技术,在确定关键标准和技术时,应具备智能电网体系的战略视野。

设计工程师制定技术规范 将用户需求、信息专家确定的战略标准和技术以及智能电网体系开发技术手段结合起来。

最终在用户需求文档中详细描述的内容包含:

功能:指从用户的角度来看的功能,包括流程的功能描述、用户选项、输入数据的类型、结果的类型以及可能的界面外观;

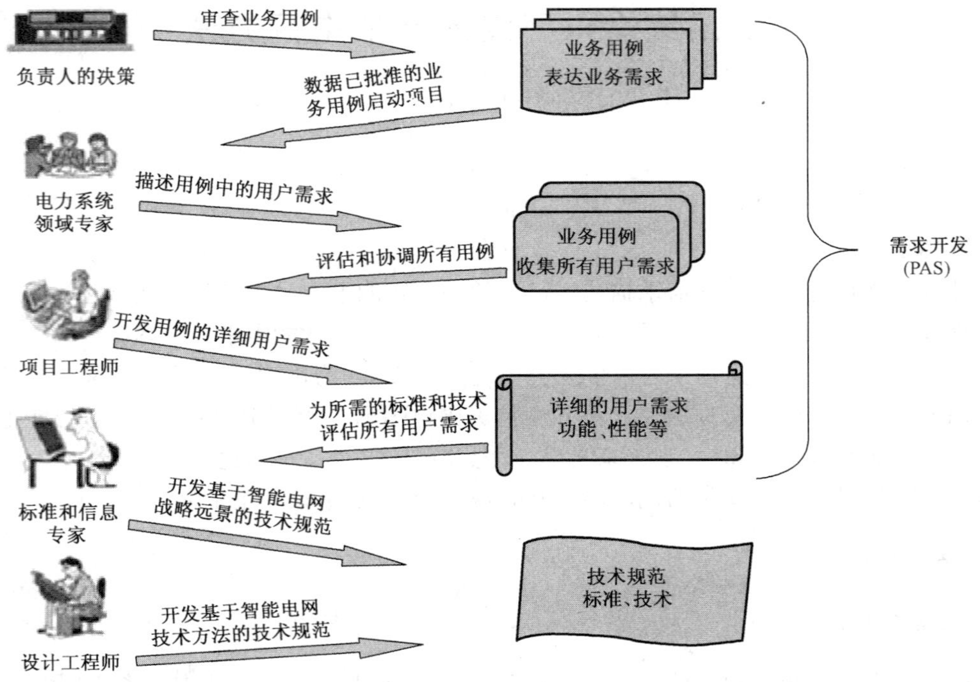

图 1　项目定义的智能电网方法

配置构成：例如现场数据的访问，变电站电气噪声环境，控制中心的局域网，或跨组织的交互；

性能要求：如有效性，响应时间，延迟时间，精度，结果更新频率以及其他用户参数；

安全要求：如保密性，访问权限，故障和/或入侵监测，故障管理，以及其他的安全性、可靠性和故障问题；

数据管理要求：如设备的数量与规格、数据量、预期数据随时间增长量、数据访问方法、数据维护，以及其他数据管理方面的问题；

约束：如合同、法律、法规、安全规则或其他可能影响需求的问题。

一个完整的系统工程方法包括确定用户需求和形成技术规范，本指导性技术文件仅涉及确定和记录用户需求的方法。

1.2.3　阶段化方法概述

虽然智能电网方法包含整个系统开发的全过程，但本指导性技术文件仅侧重于如何形成用户需求，因此主要集中在前 3 个阶段，其他阶段仅在涉及用户需求时有所描述。

智能电网体系架构描述了开展项目的完整方法，该方法由下列几个阶段组成，如图 1 所示。

阶段 1：负责人使用业务用例的方法审批项目，满足业务需求。虽然在这一阶段中负责人基于成本因素和其他非技术因素做决策，但是从智能电网体系的角度看，负责人作出决策时，一些战略层面的问题必须在业务用例中给予充分的考虑。特别是，在业务用例中应明确声明该项目是否涵盖战略规划事项及其原因，包括用例建模、抽象数据模型使用、安全问题、网络和系统管理、数据管理，以及集成/互操作。

阶段 2：利益相关的领域专家 使用正式的用例过程描述用户需求。这种方法使专家能够通过标准化的方式表达其需求，并在下一阶段进行调整，进一步细化为更加详细的功能和性能需求。

阶段 3:项目工程师 在领域专家确定的用例的基础上,制定出更详细的功能和性能需求。

阶段 4:项目工程师和 IT 专家评估在适当的智能电网环境下确定的标准、技术和最佳实践对该项目的适用性。

阶段 5:设计工程师根据战略目标、战术方法和相关标准确定技术规范。

1.2.4 阶段 1:负责人的智能电网方法学

1.2.4.1 步骤 1:对负责人的建议

如在有关智能电网体系的报告和网站中所述,以下为向企业负责人提出的原则建议:

采用智能电网体系作为电力企业信息基础设施的战略目标;

确保不同用户都能理解如何利用智能电网体系的相关成果,包括电力系统功能描述和智能电网体系战略目标;

根据电力企业具体的业务要求、以及适应这些需求的时间进度和财务限制,**制定实施智能电网体系的方法和标准化的技术方案;**

向电力研究院(ERPI)和标准组织反馈意见,推动智能电网体系不断发展,满足未来需求,推荐新标准。

确保所有业务用例都明确声明该项目是否涵盖战略规划事项,包括用例功能建模、抽象数据模型、安全问题、网络和系统管理、数据管理,以及集成/互操作性。

1.2.4.2 步骤 2:负责人与业务需求

当具体的业务需求确定后,负责人把一些经过长期使用的业务用例作为方法,用于评估和决定哪些业务需求是可以和应该得到满足的。业务用例描述了典型的业务需求,对能够满足需求的可能方法进行资金和组织方面的评估,并提出具体的解决方案及其理由。

正如对 1.2.3 描述的那样,负责人(或公用事业公司其他决策者)会审查业务用例,批准那些满足要求的用例(通常是财务回报的要求)。

1.2.4.3 步骤 3:建立项目组

一旦负责人批准了项目,第一步就是建立一个项目组。项目组成员应包括来自所有主要利益相关方的代表,以保证得到更多有用的功能需求,保证这些功能被最终用户"全部认可"。不是所有的利益相关方的代表都要成为全职的项目组成员,但他们都应该参加讨论与其有关的专业领域内的相关问题。

1.2.5 阶段 2:领域专家的智能电网方法学:采用用例进行用户需求建模

1.2.5.1 步骤 1:确定所有潜在利益相关方

项目组的首要任务之一是确定所有潜在的利益相关方,即使有些利益相关方最终没有直接参与该项目。虽然通常这些利益相关方的需求在项目中不是主要的,但如果在开始阶段就通盘考虑,这些需求也能够容易满足。

一旦确定了利益相关方,就应该将项目情况介绍给他们,并征询他们的用户需求是否对项目有影响或被该项目影响。应鼓励他们用"头脑风暴"法对未来的各种可能的应用场景进行讨论,对各种新的功能进行展望,而不仅仅是重复现有的功能。敞开思路,分析利益相关方有哪些真正的需求会对业务运营和项目实施产生深远影响,找出最理想的设计方案。由于对不同的条件和技术下所能做到的理解与预测完全不同于对当前做法的描述,该过程可能会比较困难。

有些新用户需求可能仅是项目附带的,不会带来重大的技术和财务影响,而其他一些用户需求则会对现有的总体用户需求产生影响。还有些需求需要作出一些调整,以便于在将来对系统进行扩展时能处理这些新的、可能还未经论证的需求。通过“头脑风暴”式的讨论可能会使其他利益相关方以新的方式重新考虑他们自己的要求。

虽然不是所有新的用户需求都会立即得到实施，但这种“头脑风暴”式的讨论还是能够带来一些新的思路，新的项目最终会满足这些需求。

1.2.5.2 步骤2：审议智能电网体系用例

智能电网体系项目确定了400多项功能，可以作为一个清单来使用，或以此为基础开展新型功能的讨论，而不必每次都从头重做。采用智能电网体系用例模板（智能电网PAS用例模板就是从中提炼而得，详见附录B）对某些功能进行了更加详细的描述。这些也可以作为例证，说明怎样清楚而有效地开发用例以进行功能描述。

1.2.5.3 步骤3：与利益相关方一起用“头脑风暴”法提炼功能（用例）清单

利益相关方要提炼出**功能清单**，这些功能能够满足与项目领域相关的所有用户需求，即便有些要求不是项目的主要功能。这些功能最终要通过一套互相关联的用例来表述。

然而，在创建用例的过程中集思广益，不仅为了抛弃束缚创造性思维的旧观念，而且还能学习如何最有效地使用用例。在需求收集过程中，宜使用迭代和逐步精炼的方法。这种方法通过提升利益相关者的兴趣、共同开拓新的思路，以及促成相关方采纳，有助于促进需求收集进程。

在某些情况下，功能清单可能需要进行精简、合并或排序，以便明确主要的功能。

1.2.5.4 步骤4：起草用例

功能清单中列出的功能应包含在草拟的用例集合中，这些用例由领域专家完成，但有些时候这些专家在用例方面缺乏经验。因此，在用例方面有着丰富经验的项目工程师应帮助领域专家提出他们的需求。

草拟用例也是迭代的过程，有些用例会扩大，有些会拆分成多个，而有些会合并成一个。

用智能电网PAS用例模板开发用例的过程见附录A。

1.2.5.5 步骤5：审议和更新用例

应该让所有的领域专家都有机会对用例提出修改意见和建议。一些利益相关方可能会更加积极主动，但对不太积极主动的利益相关方也应当给予足够的重视，以保证其要求不被忽略。

有些用例可能最终会被拆分为多个用例，有些用例在此过程中可能会互相合并。如果需要，用例可以多次更新，但决定何时停止修改或“调整”用例，则更多地是一种艺术而不是（一门）科学。

1.2.6 阶段3：项目工程师的智能电网方法学：开发详细的用户需求

1.2.6.1 步骤1：调整与合并用例

项目工程师调整领域专家创建的用例，尽可能把公共部分合并成“子过程”用例，而仍保留独特的部分。再由领域专家对调整的结果进行审查防止他们的要求被意外丢失。

特别是，项目工程师应审查公共组成部分的特点（例如，数据类型、配置、服务质量、安全和数据管理），并开发涉及所有用例的全面的和/或需协调的需求。例如，应找出“最强约束”的要求，如所需最高安全级别或最快响应速度，以保证所有要素或者满足约束条件，或者将受约束的要素与其他部分独立开来。

1.2.6.2 步骤2：通过用例开发用户需求

用例对于理解单个用户需求是至关重要的，但在结合多个用户需求的场合就很难使用。因此，一旦领域专家和项目工程师最终完成了某个用例,就应马上完成一个(或几个)功能需求文档,其中包含所有(已协调)的**用户需求**。就用例本身而言,这些功能需求只涉及需要"什么",而不讲"如何实现"。

这些功能需求形成了技术规范的基础,在技术规范中还可以增加具体的技术要求。

1.3 本指导性技术文件的目标

正如IEC所定义的那样,IEC/TC8的工作范围是"通过加强与其他技术委员会/分技术委员会合作,准备和协调国际标准和其他技术文件的制定,重点关注电力供应系统全局性问题和电力用户可接受的成本与质量之间的平衡。电力供应系统包含了输配电网及用户设备(发电机和负荷)与电网的接口"。

因此IEC/TC8制定本指导性技术文件的目标如下:

- 用一致的、全面的方式开发一个标准方法,确定和定义用户需求。标准往往只处理技术问题,这些技术问题通常包含在技术规范当中。但制定一个方法标准,帮助用户清楚全面地定义其需求,也同样重要。
- 说明"用户需求"(电力系统专家的要求是"什么")和"技术规范"(系统、应用和信息流的技术描述,"如何实现"电力系统专家的要求)的区别。目前,这种区别是一条"看不见的分界线",以至于常常将"做什么"和"如何做"混在一起——技术型的项目工程师常常不与电力系统专家讨论"做什么",而直接跳到"如何做"。
- 强调在做出任何关于"如何做"的承诺之前,一定要首先确定所有用户的需求,这一点是至关重要的。由于自动化和控制系统非常复杂,并且变得越来越复杂,因此,如果不把所有的需求都先期明确下来,那么,一旦系统设计初步完成,有些先期没有考虑到的需求就很难或无法实现了。
- 无论厂家最终提供的标准和技术是什么,本指导性技术文件将提供一种测试方法,确保系统一旦实施就能够真正满足用户需求。

1.4 本指导性技术文件的适用对象

本指导性技术文件的适用对象包括:

- 负责人:审查项目申请以及需要了解项目总体实施方案;
- 电力系统专家:熟悉电力系统,但不擅长用项目工程师惯用的方法来表达他们对自动化系统的需求;
- 项目工程师:熟悉一般项目管理程序,希望利用最先进的方法搜集所有相关的用户需求,尽可能减少为满足没有预计到的用户需求而进行的计划外的系统和设备的修改和替换。

2 参考资料

参考资料详见 http://IntelliGrid.info

3 缩略语

下列缩略语适用于本文件。

ADA 高级配电系统自动化(Advanced Distribution Automation)

Ad Hoc Ad Hoc网络是一个没有有线基础设施支持的移动网络。网络拓扑结构的动态性是Ad hoc网络的重要特点。由于网络中的节点没有当前网络拓扑结构的先验知识,通常在需要通信时才开始发现路由。常见的Ad Hoc网络的路由方式有主动构建路由表、按需构建路由,面向流的路由和适应性路由等。典型的按需构建路由协议有无线自组网按需平面距离矢量路由协议。

AM/FM/GIS 自动制图/设备管理/地理信息系统(Automated Mapping/Facilities Management/

Geography Information System)

AMI 高级计量体系(Advanced Metering Infrastructure)

AMR 自动抄表 (Automatic Meter Reading)

AMS 应用管理系统(Application Management System)

BAS 楼宇自动化系统(Building Automation System)

BU 业务单元(Business Unit)

CA 预想事故分析(Contingency Analysis)

CIS 用户信息系统(Customer Information System)

CSV file 用逗号分隔每一个项目(列)的值的文件(Comma Separated Value file)

DER 分布式能源(Distributed Energy Resources)

DG 分布式发电(Distributed Generation)

DISCO 配电公司(Distrbution Company)

DSM 配电系统管理(Distributed System Management)

EPS 电力系统 (Electric Power System)

ERP/BPI 企业资源规划/业务流程改进(Enterprise Resource Planning/Business Process Improvement)

DLC 直接负荷控制(Direct Load Control)

DOMA 配电运行的建模和分析(Distribution Operation Modelong and Analysis)

EMS 能量管理系统(Energy Management System)

ESP 能源服务提供商(Energy Service Provider)

EPRI 美国电力研究院(Electric Power Research Insitute)

FLIR 故障定位、隔离和供电恢复(Fault Location,Isolation and Service Restoration)

FR 故障恢复(Failure Recover)

IECSA 综合能源及通信体系结构(Integrated Energy and Communication System Architecture)

IEEE 美国电气电子工程师学会(Institue of Electrical and Electronic Engineers)

LTCs 有载调压开关(Load tap Changer)

MFR 多级馈线重构(Multi-level Feeder Reconfiguration)

MDMS 量测数据管理系统(Measuring Data Management System)

MOS 管理操作系统(Management Operating System)

NERC 全国电力可靠性委员会(美国)National Electric Reliability Council

OMS 停电管理系统(Outage Management System)

PAS 可公开获得的技术规范(Publicly Available Specification)

PMU 相量测量单元(Phasor Measurements Unit)

QoS 服务品质(Quality of Service)

RAS 补救行动预案 (pre-arming of Remedial Action Schemes)

RPR 继电保护再协调 (Relay Prtection RE-coordination)

RTO 区域输电调度(the Regional Transmission Operator)

ISO 独立系统调度(Independent System Operator)

RTP 实时电价(Real-Time Pricing)

SCADA 数据采集与监视控制系统(Supervisory Control And Data Acquisition)

SLS 特殊减载方案(Special Load Shedding Schemes)

TCM 技术性能测试(Technology Capability Measurement)

TransCOs 输电公司(Transmission Company)

UFLS　低频减载方案(Under-Frequency Load Shedding Schemes)

UVLS　低压减载方案(Under-Voltage Load Shedding Schemes)

VVC　电压及无功控制(Voltage and Var Control)

WMS　广域测量系统(Wide area Measurement System)

4　术语和定义

IEC TC/SC:ACEA IEC Guide 114 ed.1.10(2005-05) Ref 3.13、IEEE std 1471:2001 以及 IEEE std 1471:2001 界定的以及下列术语和定义适用于本文件。

4.1

应用软件　application(software)

设计用来满足用户特定需求的软件。例如,导航、工资管理、或过程控制软件。(IEEE std 100-1992)

4.2

体系结构　architecture

体系是一个系统的基本组织方式,即系统的各个组成部分之间、组成部分与环境之间的相互关系,以及指导系统设计和发展的原则。(IEEE std 1471)

4.3

业务需求　business need

为完成一项业务的任务、目标和/或结果而提出的要求,这种要求能够在用例中明确描述。[常用词]

4.4

域　domain

用一套能被专业人员理解的概念和术语表征的知识或行为的范围,这里所指的专业为电力系统专业。

4.5

方法论(软件工程)　methodology (software engineering)

用于指导软件开发的一套系统化的方法和规则。[常用词]

4.6

项目工程师　project engineer

承担某个项目的工程师或工程师团队。[常用词]

4.7

项目管理　project management

项目管理是定义和完成限定目标的原则和方法。项目管理面临的挑战是对那些为实现预先定义的目标而设置的输入项进行优化集成和分配。因此,项目是一个经过慎重挑选的行为的集合,这些行为可使用各种资源(时间、资金、人力、材料、能源、空间、供应、通信、质量、风险,等)来完成预先设定的目标。[常用词]

4.8

设计规范　design specification

描述一个项目的组织方式和功能的文件或成套文件,并可作为项目实施和集成的基础(IEC 62138, ed.1.0)(2004-01)。

4.9

用例　use case

系统(或其他实体)可执行的、与其他系统角色交互、包括各种情况的一系列活动的集合的说明

(IEC 62390,ed. 1.0)(2005-01)。

4.10

统一建模语言 UML　unified modeling language;UML

一套用于描述、图示、构建及文档化的强调系统过程的语言和方法(IEC 61970-501,ed. 1.0)(2006-03)。

4.11

用户需求　user requirements

基于业务需求而提出的功能要求,但并不明确指定任何特定的技术或产品。同样的文档也可包括“非功能性”要求,如约束条件、性能、安全性以及与其他应用或系统的数据交互。[常用词]

5　智能电网体系架构介绍

本指导性技术文件描述的系统工程方法是基于智能电网体系架构的方法,本章概要阐述了此体系的目标和能力。

5.1　背景与源由

美国电力研究院(EPRI)在2002年开始了开发智能电网体系架构的项目研究,智能电网体系架构的基本前提是电力系统基础设施和信息化基础设施必须共同交互设计,以实现未来电网的高可靠性、高效率以及自愈等功能。

自从公众开始使用电力以来,电力企业一直悉心设计、建设、运营并维护电力系统的基础设施。考虑到对电力系统信息化和自动化日益增长的需求,目前信息基础设施也必须加强与电力系统的协调,进行仔细的设计、建造、运行以及维护。

电力工程师一直基于多年来建立起来的标准和技术来建造电力系统基础设施。信息工程师也必须遵守那些支持电力系统需求的有关信息基础设施方面的标准和技术。

为有助于确定使用何种标准和技术,需要有一种方法便于电力工程师和信息工程师之间的沟通。这个方法必须允许电力工程师表达他们对信息化的用户需求,而不必立即成为“信息专家”。

“用例”在许多行业中已被证明是最好的系统工程方法,智能电网体系也是基于“用例”的概念。一个用例就是一个如何使用系统的“场景”,由实际使用它的人开发。用例给“用户”提供了一个方式来非常清晰和全面地描述他们的信息需求,信息专家和设计工程师使用这种方式来开发满足用户需求的自动化系统。

5.2　基本概念

智能电网方法是公用事业公司为输配电系统和/或电力用户设计通信和信息系统时使用的方法。智能电网体系应用的范围如图2。

智能电网体系架构正在积极推广几个高级概念和原则:

- 系统集成,特别是电力系统及其控制通信系统之间的集成;
- 采用基于标准的可互操作的开放系统;
- 应用和需求的用户定义;
- 可映射到需求的技术解决方案。

智能电网体系已经开发出一些工具,用来设计电力通信和信息系统:

- 收集和定义需求的模板;
- 标准和技术的使用建议;
- 系统的安全建设策略;

- 移植到开放的、基于标准的系统以及集成现有系统到新的开放的、基于标准的系统的策略；
- 开发“分层”解决方案的相关策略，以最大程度减少未来技术变化带来的不利影响。

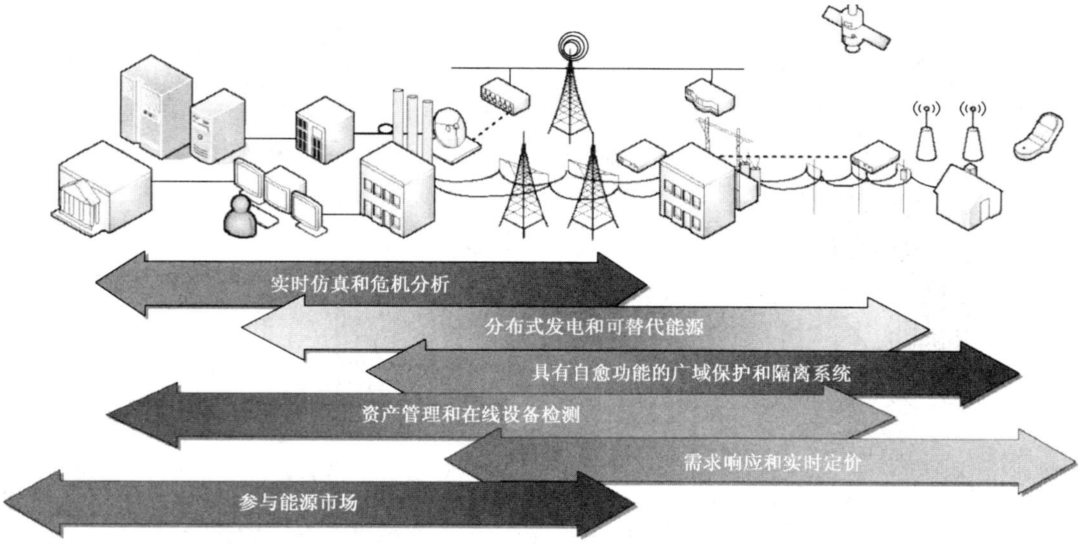

图 2 智能电网应用系统

一个智能电网体系的应用，是指使用以上任何一个或全部工具及相关高级概念的过程。

智能电网体系架构的描述和应用有许多方法。本章讨论了其中三种方法，这些方法有助于需求的收集，然后说明哪些部分适用于本文件：

- 概念金字塔；
- 5 个步骤；
- 三方面并行开发/三重并发流。

5.3 金字塔结构

前几章所讨论的智能电网体系架构的相关概念和工具可以视为是由以下部分组成的金字塔。图 3 描述了智能电网体系架构金字塔结构，以及各组成部分是如何配合的：

- 业务需求，通常在业务用例(Business Cases)中确定并由负责人批准，业务需求推动项目的执行。这些项目需要整合众多利益相关者的需求。智能电网方法使这些利益相关方的“领域专家”用容易理解的“用例”集来描述他们的需求。然后项目工程师用这些“用例”开发一个统一的用户需求文档，以反映所有利益相关者的要求。
- 战略目标集中于抽象建模、安全、网络、系统管理、数据管理、集成、互操作性和技术自主性。这些战略要素需要贯彻到系统设计阶段，从用户需求转为具体的技术规范。
- 战术方法使用基于信息模型、公共服务和相关接口等与工艺无关的技术。这种战术方法确定了技术概念和方法，从而使系统设计能够贯彻战略要求。
- 标准、技术和最佳实践，可应用于不同项目。一个标准不能适用所有：能源行业的信息需求包括许多特殊类型，一些仅是其本身独有的业务需要，一些则是所有行业的共同需要。因此，智能电网体系将这些独特的需要归类为智能电网体系环境，根据其共同的需求定义每个环境，并确定可能的最适用的标准和技术。
- 应用智能电网体系架构的方法，专注于不同群体如何最好地使用智能电网组件。这些群体包括负责人、自动化系统设计人员、电力系统规划人员/工程师、项目工程师、信息专家、监管部门和标准化组织。

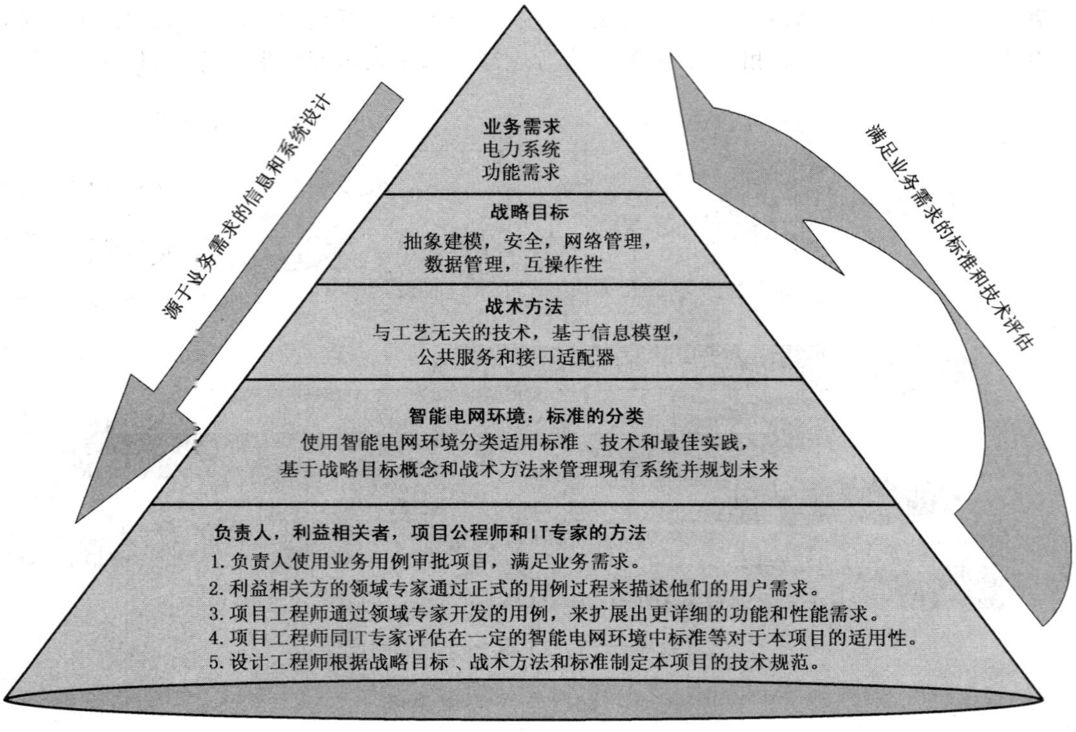

图 3　智能电网体系金字塔

5.4　业务需求和功能需求

智能电网体系金字塔的最顶端由电力系统业务需求构成。它们是智能电网体系架构金字塔中所有后续组成部分的推动者。满足这些业务需求的项目通常是通过业务用例确定，其中包括：项目理由、预期的商业利益、需要考虑的各种可能情况选项（包括反对或推进支持该选项的原因）、预期项目成本、差异分析和预期风险。一旦项目被高层批准，下一步就是确定功能需求。

过去，从项目批准到实施阶段往往只是要求少数电力系统工程师制定和编写技术规范，然后发给供应商（或在内部使用）以购买电力系统设备和/或一些基于计算机的控制系统和软件系统。这些工程师往往只是描述他们所想要的，一般不会关心其他群体的需求。

现在，除了对一些最简单的采购，这种过程不再是一个最优的方法。大多数电力系统设备、计算机系统以及软件系统需要集成到一个更大的整体中。更多的用户希望利用电力系统设备以及相关计算机系统所带来的信息优势，通常这些信息远远超出了核心用户的兴趣范围。例如，调度员使用 SCADA 系统来监视关键的电力系统状态，但不会有兴趣关心例行检修工作或配电变压器负载或用户的电能质量测量。不过，如果这些调度员使用的系统能够提供更多类型的信息，那么其他使用者也会从中获益。

孤岛式的自动化系统已经不再具有成本效益。然而，确定和整合所有新用户的全部新需求的过程，似乎是一个非常艰巨的任务。

自上而下的系统工程方法提供了一种解决方案。在项目启动时，组建跨功能小组，通过调研来评估什么样的业务和功能需求是信息系统的目标。这些小组使用称为“用例”的方法。用例尤为注重信息系统在部署后如何被实际使用，而不受现有产品设计的约束。公用事业公司旨在清晰界定所需要求，供应商则尽可能自由地提出创新的解决方案。

5.5　开发阶段

另一种审视智能电网体系架构的方法是从其开发阶段入手。实施智能电网项目的总的步骤包含以下阶段,如图 4。

- 第一阶段:负责人使用业务用例审批项目,满足业务需求。虽然在这一阶段中负责人基于成本因素和其他非技术因素做决策,但是从智能电网体系的角度看,负责人作出决策时,一些战略层面的问题必须在业务用例中给予充分的考虑。特别是,在业务用例中应明确声明该项目中是否包括战略事项及其原因,包括用例建模、抽象数据模型使用、安全问题、网络和系统管理、数据管理和集成/互操作。
- 第二阶段:利益相关方的领域专家通过正式的用例过程来描述他们的用户需求。用例使这些专家可以用一种标准的方式来表达他们的需求,这些需求经过进一步调整和具体化后,将在下一阶段形成更详细的功能和性能需求。
- 第三阶段:项目工程师通过领域专家开发的用例,来扩展出更详细的功能和性能需求。
- 第四阶段:项目工程师同 IT 专家评估在一定的智能电网环境中确定的标准、技术和最佳实践对于本项目的适用性。
- 第五阶段:设计工程师根据战略目标、战术方法和标准制定本项目的技术规范。

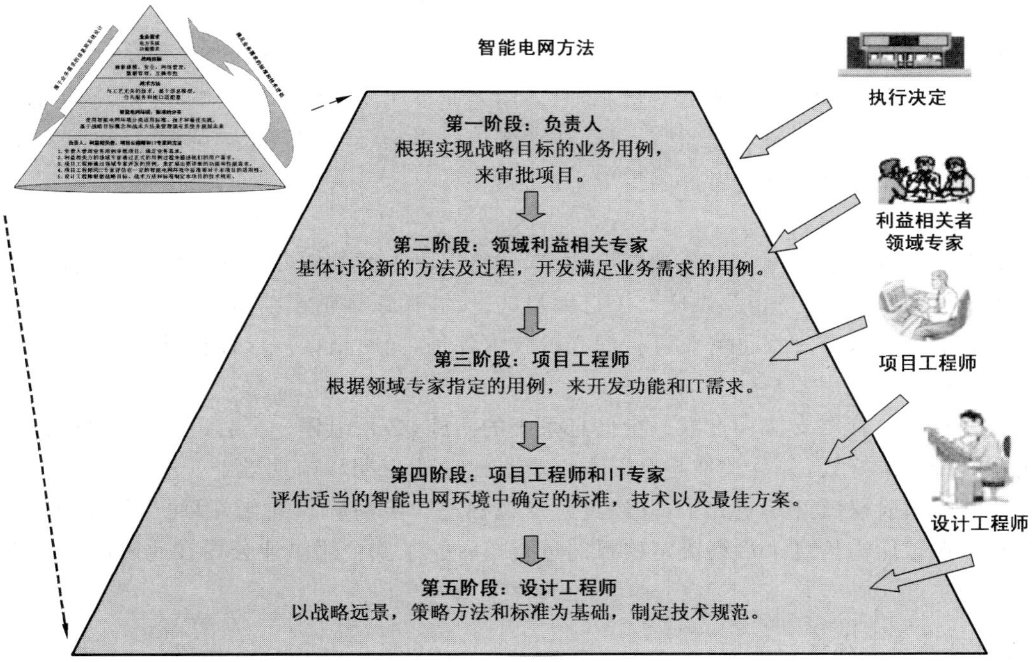

图 4　智能电网的开发阶段

5.6　并行开发流

图 5 所示的 3 个独立的流程是另一种观察智能电网系统工程开发过程的方法。

3 个流程是:

业务和功能评估

业务和功能评估流程是必须的,它能够有效地将下列问题联系起来:“为什么要在这个项目中投资?”、“系统有什么功能和能力?”、“谁和信息系统相关和谁将是信息的使用者?”、“哪里是所需功能的数据源?”、“所有的机构和技术组件是如何整合到逻辑体系中?”、“为了满足电力企业的要求,需要哪些系统、子系统和组件?”等问题与“为了达到项目目标,公用事业公司要使用什么标准、技术和供应商解决方案?”联系起来。带着这些问题,公用事业公司就可以开始业务和功能需求的搜集、确定过程、创建概念和参考体系架构,并进行折中分析和成本/效益分析。

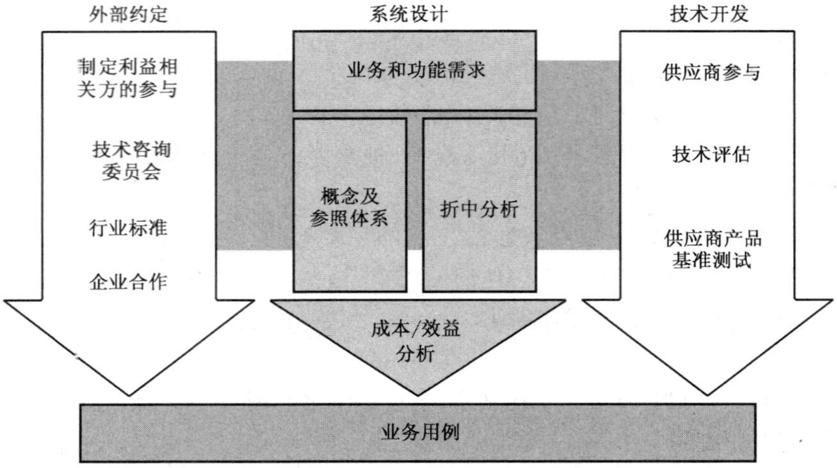

图 5　智能电网开发流程

外部利益相关方的约定

有多个实体与公用事业公司相关，他们会对公用事业公司的运营产生影响，并对企业规章制度的制定提出要求。这些利益相关方包括监管人员、技术咨询委员会、行业标准、产业联盟和用户团体。这些外部相关方也是在系统开发中要考虑的需求来源。

系统技术开发

电网的智能化发展要求制定规范和开发技术，使得来自不同供应商的设备能够互操作。现在，对于部署多个系统的项目，需要与相关供应商签订大量的合约，用以评估当前市场的容量和满足最低程度的互操作水平的能力。这个过程也需要进行深入的技术评估，同时根据需求进行供应商产品基准测试。

最终业务用例和应用调整

为了让管理和监管层支持和批准一个信息系统的实施，必须组建一个有力的业务用例，说明建立一个新系统能够带来的好处，并且评估与全部系统成本比较的初期和中期效益。高层的业务用例早在业务需求和功能需求阶段就开始研究了，并经过开发过程进一步明确和细化，因此当开始部署系统时，负责人就已经掌握了所需信息来最终决定项目的进行与否。某些公用事业公司在此阶段可能还需要监管机构的批准。

5.7　本指导性技术文件适用范围

智能电网体系开发过程既可以描述为 5 个阶段，也可以用贯穿整个过程的 3 个独立的流程来描述。5 个阶段可进一步简化为：

a)　通过开发一个能反映所有利益相关方的用户需求的方法，提出业务需求。这个方法包括要求所有利益相关方用标准的用例法描述他们的需求，保证功能需求反映了所有要求。这些用例也确定了在项目开始实施之前所有新应用和系统的约束条件、性能、安全和数据要求。

b)　基于战略目标、战术方法和“智能电网环境”对标准的评估，制定满足功能需求的战略层面和战术层面的指南。这些指南用来帮助工程师根据对实际情况、不同电力系统“环境”的性能和安全问题、以及不同标准和技术的能力的分析，来评估不同标准满足功能需求的适用性。

本指导性技术文件着重于这两个要素中的第一个：智能电网方法虽然是通过描述用户需求来获得业务需求。然而，战略层面和战术层面的指南也简要说明了项目工程师和信息专家是如何把功能需求开发成完整的技术文件。

类似的，虽然智能电网开发过程包括所有的 3 个开发流程：业务与功能评估、外部参与和技术开发，本指导性技术文件将主要侧重于业务和功能评估的需求部分。

本指导性技术文件的剩余部分是根据上述5个阶段，逐步地讨论每个阶段的执行步骤。

6 第一阶段：负责人确定业务需求和制订项目计划

本章介绍了项目的初期规划，该规划由上级管理部门制定。

6.1 确定业务和主导规则

由组织的业务需求带动所有随后步骤的实施是重要的。在启动一项电力自动化工程项目之前，明确财务问题和需要遵守的政策法规也是非常重要的。例如：

- 与其他组织机构的信息共享需求；
- 提高能源效率和可靠性的要求；
- 潜在的新的服务或收益来源；
- 采用自动化技术改进原来的手动操作以降低成本。

6.2 选择项目

在指定的关注领域，选择特定的项目来实施。例如，实施一个需求响应程序或高级计量系统，就应该划归用户参与的项目范畴。

6.3 确定候选技术

明确哪些国际标准、国家标准、行业规范、最佳实践和事实标准适用于所选择的具体项目环境。可以把智能电网体系网站上所列的相关适用技术作为起点来拓展和确定候选技术。

6.4 定义高层次业务用例

依据组织的业务和政策法规驱动原则，确定项目实施后可预计的高水平收益和合理成本，这是项目可行性的第一个决策点。

6.5 根据机构设置调整流程

检查项目流程的剩余步骤，确定哪些步骤适用于组织和项目。正如图5所展示的，该项目将同时受3个方面因素的影响：外部参与、项目的业务和功能评估、技术的开发。

6.6 明确利益相关方

明确项目将会对组织中的哪些部分以及哪些其他组织产生影响。特别关注组织内的传统“竖井”型应用系统，甚至要保证将那些传统上不参与信息技术项目的团体考虑进来。图6中，以高级计量为例说明了一些团体应该给予考虑。

注：竖井：是用形象的方法比喻以前那些相互孤立的应用系统，应用之间缺乏信息联系和共享，这正是智能电网方法所要解决的问题。

一旦确定了利益相关方，就应该将项目情况介绍给他们，并征询他们的用户需求是否对项目有影响或被该项目影响。应鼓励他们用“头脑风暴”法对未来的各种可能的应用场景进行讨论，对各种新的功能进行展望，而不仅仅是重复现有的功能。敞开思路，分析利益相关方有哪些真正的需求会对业务运营和项目实施产生深远影响，找出最理想的设计方案。由于对不同的条件和技术下所能做到的理解与预测完全不同于对当前做法的描述，该过程可能会比较困难。

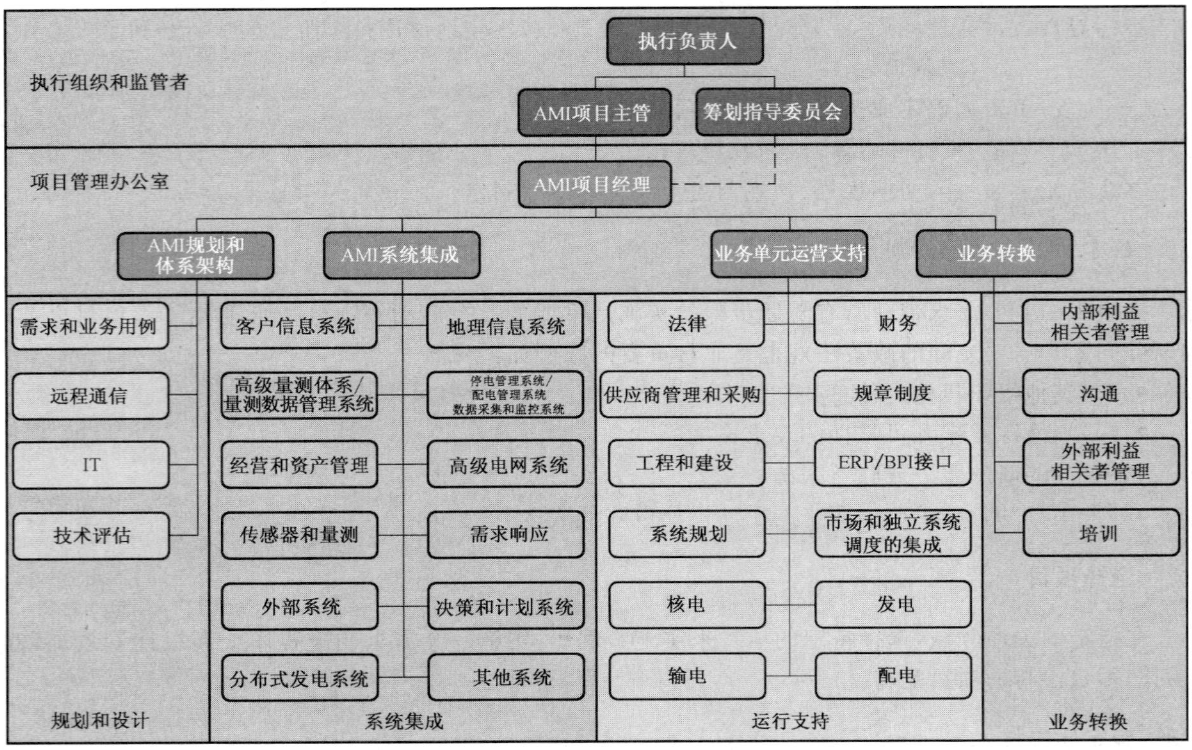

图 6 潜在利益相关方和需求的团队结构

6.7 成立项目组

一旦负责人批准了项目，第一步就是建立一个项目组。项目组成员应包括来自所有主要利益相关方的代表，以保证得到更多有用的功能需求，保证这些功能被最终用户“全部认可”。不是所有的利益相关方的代表都要成为全职的项目组成员，但他们都应该参加讨论与其有关的专业领域内的相关问题。

6.8 选择项目组人员

正如图 6 所建议，在需求定义期间，应建立跨功能小组。这个小组应由核心技术人员以及管理人员组成，这些管理人员负责决定某个具体的建议是否是一个真正的需求，或仅仅是“可能不错”的想法。

项目组人员选择的关键因素是具有“系统构架”或“规划和设计”能力，项目组的职责是领导、指导项目进程，在需求小组建立的信息基础上，开发和编制相关的业务用例和系统构架。

7 第二阶段：利益相关方根据用例确定用户需求

本章描述了需求的收集过程，这个过程由在第一阶段确定的利益相关方组成的跨功能小组来执行。

7.1 用例方法学

如图 7 所示，公用事业公司应组织有跨功能小组参与的一系列研讨会来开发基于用例的需求。用例特别强调了系统在部署后如何使用，而不会受现有产品设计的束缚。公司必须明确定义自己的需求，尽可能让供应商自由发挥，提出创新性的解决方案。

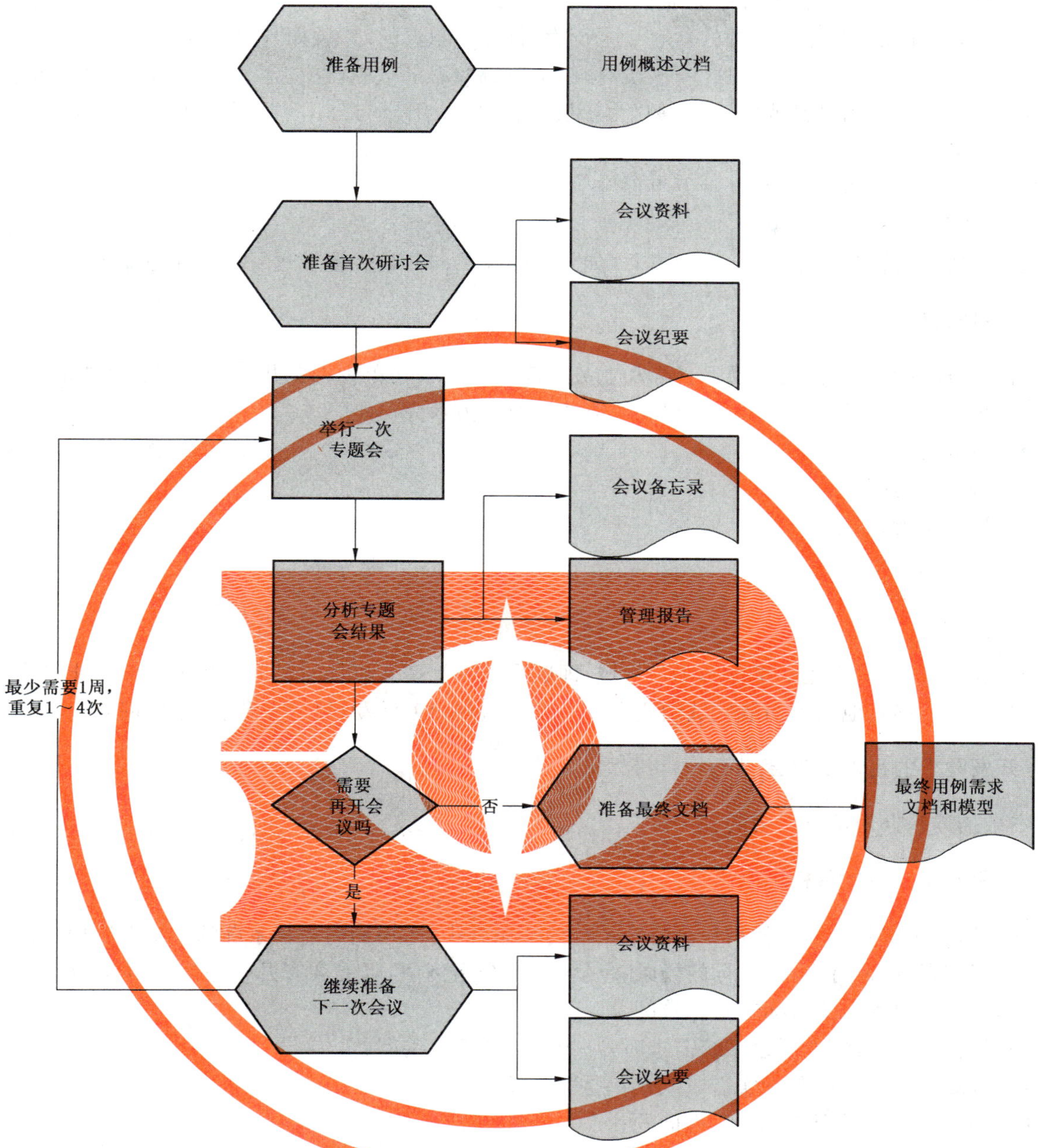

图 7 开发需求的用例研讨会程序

7.1.1 用例介绍

简单地说，用例就是一个“场景”，包括各种“角色”以及“角色”为了实现某一功能而经历的“路径”。在考虑角色实现功能的行为中，一个完整的用例就会建立包括很多场景的文档，每个场景都包括追踪端对端轨迹的一系列步骤。这一系列步骤描述了系统和过程必须提供的功能，可直接得到描述需求的用例。

一个用例可以由许多部分组成，但以下是最重要的部分：

- “用例的目标”。通常就是用例的名字。例如：“公用事业公司与用户远程连接或断开连接”。
- “简介”。关于场景的简短的介绍。

● “角色”。角色是指系统中能通信的任何对象。它可能是一个人，一个装置，一套软件，一个组织，或其他人和你能想到的具有自主行为、目标和职责的对象，如“用户”或“测量装置”。
● 用例所基于的“假设”。这些“假设”构成了项目的需求来源，也包含了对“假设”本身的要求。
● 角色之间的“合同”或“前提”，如“为了换取低电价，用户与公用事业公司同意在指定日期内对负荷需求进行限制。”
● 导致一系列情况发生的“触发事件”。
● “步骤”。即一系列编号的事件，详细描述场景。每个步骤都能明确一个角色，该角色的行为，要传递的信息及信息传递的目标。如：“7.操作员向测量装置发送了一个简短命令。”

7.1.2 用例选择

用例的选择取决于高层的项目目标和业务驱动因素。公司范围内的用例选择已经由“智能电网体系架构”所确定。体系架构工作组将现有的能源工业分为六大功能领域：

● 市场运营；
● 输变电运行；
● 配电运行；
● 集中式发电；
● 分布式能源；
● 用户服务。

智能电网体系架构还定义了第7个领域，即联合系统管理。该领域由许多技术性的功能组成，如网络管理、贯穿上述其他六大功能领域的安全控制等。这些业务活动可作为用例考虑的基础。

7.2 开发需求的用例研讨会

本条描述举办用例研讨会的程序。

7.2.1 用例研讨会的目标

一个用例其实就是描述使用一个特定系统的一系列事件，用例描述了系统的一个特定用户(或一组用户)如何实现(或没有实现)目标的场景。尽管在每个用例中，可能会有几个不同的场景，每个场景之间只略有差别，但其总体目标却是一致的。

每当用“头脑风暴”法讨论系统需求时，都会面临如下一些问题：

● 很难辨别列出的是真实需求或仅仅是“期望”；
● 很难弄清楚是否考虑了所有问题；
● 即使列出了需求清单，也不一定易于组织或跟踪这些需求。

定义用例的过程应促使人们尽可能多地发现真实的需求，这是因为：

● 是从用户的角度来分析问题，所以就很容易知道“什么是真正必要的”。
● 遵循了一个完整的过程，所以能够更有把握没有遗漏每个环节。
● 需求是建立在用户的目标之上，因此，对其进行组织的方式也非常自然。

当跨功能小组进行系统场景开发时，小组成员将挖掘需求并列出清单。

公用事业公司组织用例研讨会成员开展用例研究。有很多工具可以用来进行用例的开发。行业上已经有一套叫统一建模语言(UML)的标准化软件，有助于推进这一进程。

7.2.2 用例研讨会的成员

用例小组的成员应包括内部的利益相关者或用例中的角色。小组应包括相关专家和决策者。专家为用例的实现提供专业技术；决策者是高层管理者，能够选择新的策略。吸收一位对用例和需求收集过程有丰富经验的人员参与研讨会主办是非常有益的。每个用例小组都有一个领导，指导该小组工作，代表小组参加系统架构会议。

7.2.3 用例研讨会的计划

研讨会开始之前，小组领导和主办方应该先确定一个描述用例高端目标的提案。主办方可以草拟研讨会的内容，包括：

- 角色和利益相关者；
- 场景步骤；
- 讨论明确范围内或范围外的议题。

在会议召开时，这些筹备材料应以幻灯片或资料的形式提供给小组成员。在以后每次的工作组研讨会上，都应对这些材料进行复审和更新，以反映用例小组的决策。

7.2.4 用例研讨会的议程

从智能电网用例开发过程的早期应用中获得的经验是，在整个需求采集过程中应对利益相关方进行正式的培训。项目规模也将决定小组成员如何更好地参与到用例开发过程中。

可以采用面向所有项目参与者的集中培训课程，这种培训也可以在用例研讨会的初期举办。

用例研讨会应该鼓励所有的小组成员参与，小组成员具有不同的背景和技能。研讨会议程举例如下：

- 审查和确认用例描述；
- 确认用例的关键角色和作用；
- 讨论用例场景；
- 讨论研讨会的目标，包括要实现的方案；
- 会议的基本原则；
- 研究专题会提出的步骤和项目需求。

第二次和以后各次专题会议……可对以前专题会的成果进行复查，更新相应的议题，执行项目及以前已归档的储备项目。

用例小组领导需为研讨会提出总体的战略方向。研讨会议主办方负责拟制研讨会议程并协调会议进程。研讨会讨论并产生场景步骤。会议根据一个总的原则提出用例场景的步骤，并讨论直至完善。为了确保场景的完整性，研讨会可遵循下述指南：

- 做什么，而不是如何做。关注需要做什么，而不是实现它的技术或网络。不宜在项目进程中过早对设计进行限制。
- 角色的观点。是否从主要角色(通常是用户)的观点或系统设计者的观点来审视该系统？错误的观点会导致可用性问题。
- 角色的价值。所讨论的步骤是否有助于主要角色实现其目标？是否会受到影响？
- 完整的场景。回顾场景的起始点，是否已经取得足够的进展，确信已经达到预期目标？

7.2.5 需求开发和商业价值

小组应对场景步骤进行评估，以确定每一步骤产生的功能和非功能需求。这些需求明确了由用例方案产生的可量化或不可量化的潜在商业利益，应采用文档记载。

定性确定每个需求的商业价值至关重要。例如，“通过减少以下人工步骤是否会降低成本……”这种定性的商业价值评估将会应用于后续需求定义中的商业分析。

用例研讨会的结论应及时发送给小组成员，并审核其正确性。研讨会期间所提出的所有问题应该由架构小组来处理，处理结果应写入后续的研讨会纪要之中。研讨会过程可以重复进行直至用例完成。

7.2.6 编制“好需求”

一项需求可以表述为要完成或实现的需要。请注意，这个定义涵盖了所有可能的项目要求。在现实世界中，一个“需求”也许可能只是某人的希望。

下列项目有助于界定“什么是好需求？”

约束性

- 明确可选项和不可选项；
- 与审阅人达成“协议”。

职责明确性

- 确定哪些部分必须付诸实施；
- 执行该任务是谁的工作。

层次一致性

- 统一目标：用户、战略、功能、设计、测试等；
- 不应该“跳跃”到下一层次。

可测量性

- 用于进程后期，确定需求是否得到满足。

可验证性

- 以便于他人可以验证需求是否得到满足。

7.2.6.1 “好”需求的组成

好需求的最佳表述方式就像一段完整的句子，其形式：主语—谓语—宾语—限定词。通常，尽量不用“和”的语句形式将两种需求连在一起表述，因为这两种需求也许并没有什么联系。判定规则如下：

主语与宾语

- 应该是熟悉的系统组件；
- 不宜使用“系统”——太含糊；
- 提前定义术语；
- 如果涉及到人，尽可能让他们成为明确的角色；
- 好的：“运营者”、“管理者”、“维护者”；
- 不太好：“用户”或“客户”。

谓语

- 紧接着是约束性文字：可以用“必须”，最好用“应该”；
- 使用“也许”来表示可选择性；
- 使用“将”只提供额外的信息：“这将确保……”；
- 使用一个行为动词；
- 避免使用被动语态！该语态是为了避免表明所有权关系！
- 应尽量准确；
- 好的：“发送”、“显示”、“激活”、“打印”、“通知”、“连接”；
- 不好：“是”、“打算”、“已经”、“包含”、“过程”、“处理”、“支持”；
- “准许”是一个好的用户界面操作词，该词表明了提供该接口的系统的责任。

限定词

- 指定约束或性能；
- 必须是可测量的；
- 包括常用的限定词。

7.2.6.2 需求分类

开放系统的两类需求：功能性需求和非功能性需求。

功能性需求描述系统所必须做到的。它们是响应事件的动作，或自动完成的动作行为。它们表示系统所提供的运作机制和功能特性。

非功能性需求从执行和性能角度描述了系统必须包含的特性。这些特性称作“约束”、“行为”、“准则”、“性能目标”等。这些特性将决定系统功能实现的优劣程度。非功能性需求：可靠性、安全性、可用性、可升级性、可扩展性、规模可伸缩性、兼容性、(设备和人身)安全、性能和一致性。

7.3 用例分析

用例分析的目的是整理出一套一致的可用于后续架构开发的用例集。用例分析过程应该从研讨会举办的时候开始。体系架构团队应审查研讨会的研究成果，对初始需求进行评估，并提出反馈意见。体系架构团队解决用例研究团队提出的问题，找出并解决不同用例工作团队之间的方案的空白或重叠的问题。

7.3.1 全局角色的清单

研讨会将形成一份角色及其任务清单。应对审查角色的名称和定义加以审查，以确定角色名称和作用的标准清单。研讨过程的不断迭代和各用例工作团队的不同观点可能会产生重复、冗余和冲突的角色。标准化程序可解决这些矛盾。

7.3.2 活动图表

活动图表是一种使用图形化方式来显示发生在用例场景的方法。使用统一建模语言(UML)工具有很多好处。使用图形化方式显示用例的场景可以让用户更好地了解正在发生的事件顺序，确定角色各自的任务。用图表方式可以发现用文字列表方式的不足之处，以便描述场景中应该考虑的可能的结果。图表有助于显示角色之间的接口，在 UML 序列图中也可以看到(见图 8)。

7.3.3 接口图

接口图的目的是提供一张单一的概念图，用来表述系统内数据的流动和顺序。该接口图可以从活动图表中所指出的角色之间的相互作用关系信息中导出。初级接口图可以在用例研讨会期间由体系架构团队生成，以便提供一个高层次的概念视图。初级接口图应该使用已经确定的设计模式，并响应用例研讨会提出的需求变化。没有现成的 UML 接口图可以借鉴，但是在以前的项目中 Yourdon 数据流图得到成功应用(见图 9)。

7.3.4 消息序列图

消息序列图是一个标准的 UML 序列图，描述了场景中角色之间每一步的相互作用。信息交互说明了角色之间的接口位置、数据交换的类型和频率。消息序列图可以从用例场景或活动图中导出。检查用例场景、活动图和消息序列图的一致性，以确保消息序列图正确地得到用例数据。应该将这些消息存入电子表格或数据库中，以便于录入交换数据的附加信息，并帮助体系架构团队进行系统分析(见图 10)。

7.3.5 用例交互图

用例交互图只列出用例所涉及的角色和接口。这些图有助于阐明特定用例的核心部分及用例之间的对比。

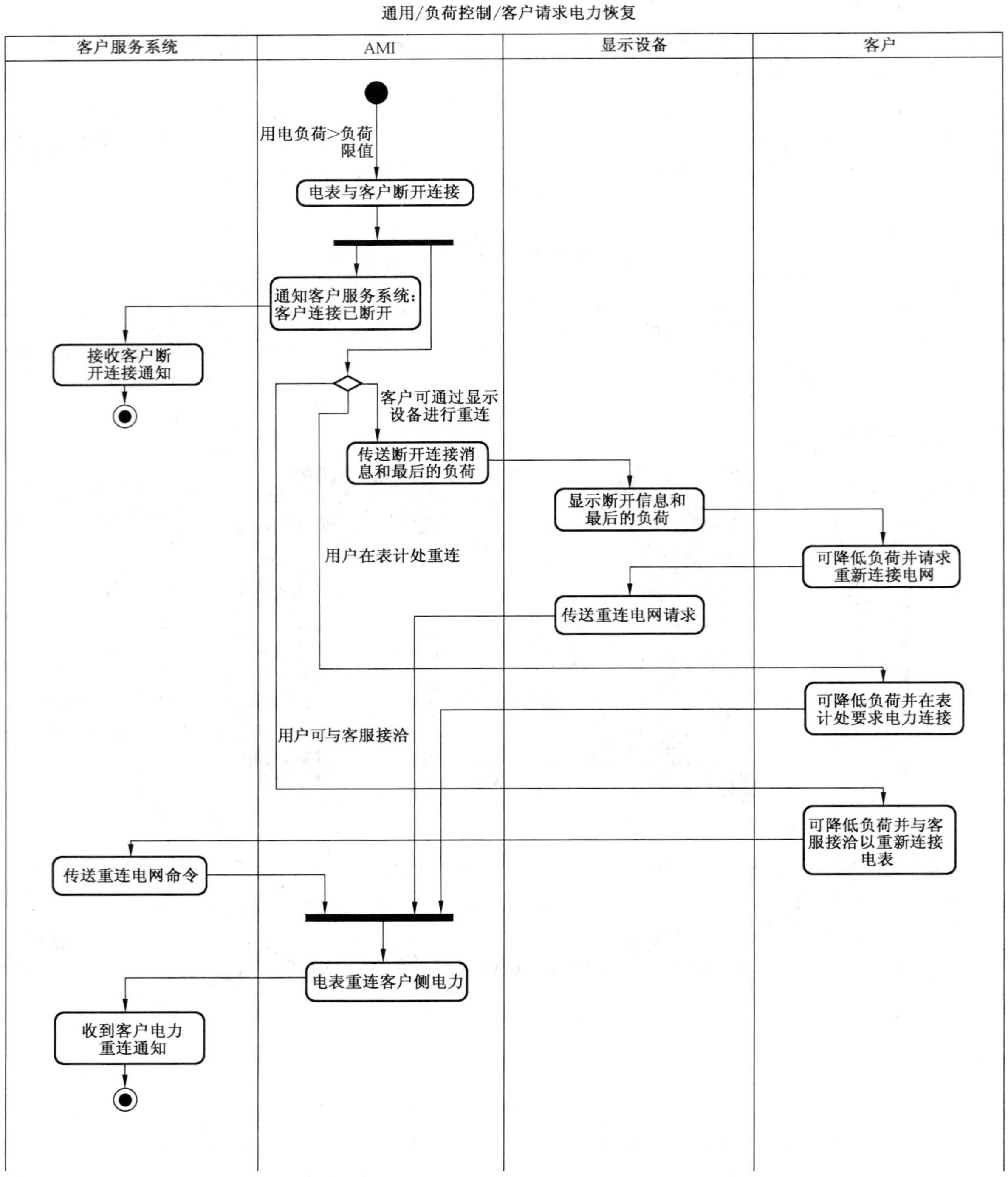
通用/负荷控制/客户请求电力恢复
客户服务系统
AMI
显示设备
客户
用电负荷>负荷限值
电表与客户断开连接
通知客户服务系统:客户连接已断开
接收客户断开连接通知
客户可通过显示设备进行重连
传送断开连接消息和最后的负荷
显示断开信息和最后的负荷
用户在表计处重连
可降低负荷并请求重新连接电网
传送重连电网请求
可降低负荷并在表计处要求电力连接
用户可与客服接洽
可降低负荷并与客服接洽以重新连接电表
传送重连电网命令
电表重连客户侧电力
收到客户电力重连通知

图 8　活动图示例

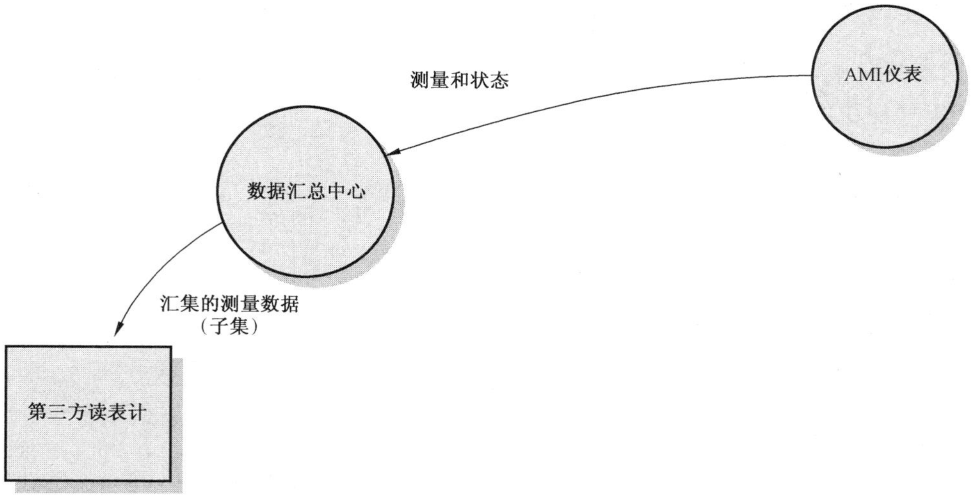

图 9　接口图示例

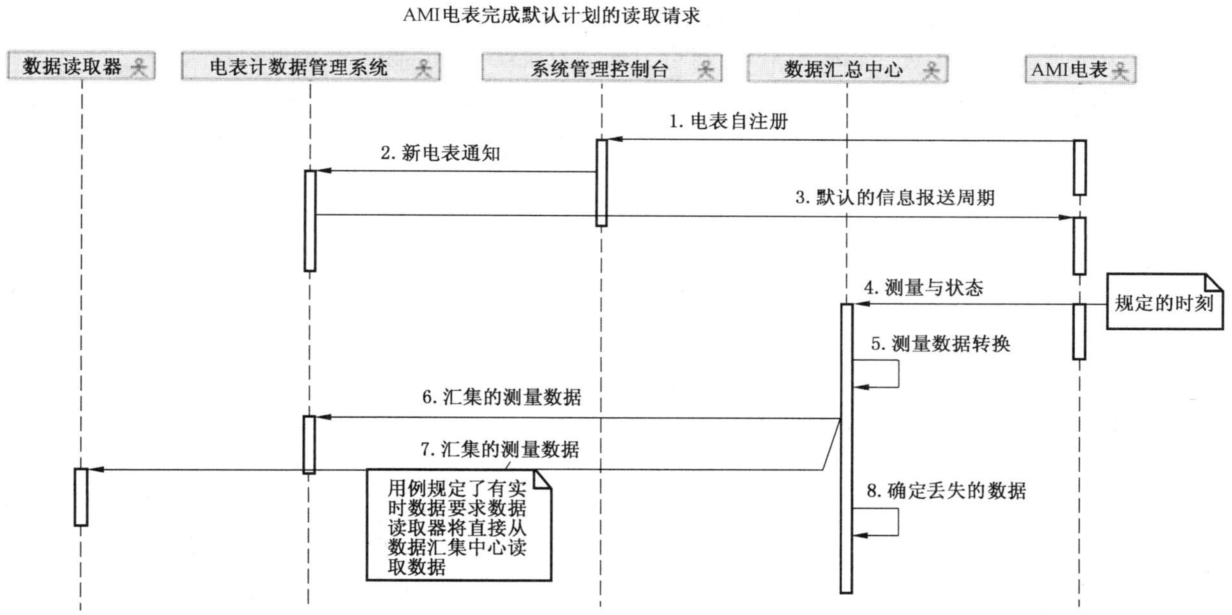

图 10　消息序列图示例

7.3.6　精炼需求

需精炼求是对需求进行审阅、分类和整合的过程。体系架构团队应该在用例研讨会期间启动该审查进程。体系架构团队应及时向用例工作组提供反馈意见，以确定他们正在开发的需求能够满足项目工程的要求。在用例研讨会结束后，应将研讨会上所提出的最终的全部需求进行分组，以便对相似的需求进行一致性比较，或删除冗余的需求。可以按系统组件或接口进行需求分类。不同用例所提出的非功能需求也可能对不同层次的性能指标用了相同的度量单位。对相关成本和价值的评估将决定哪个层次的性能可被确定为一个需求。在这个阶段，要求用例小组创建需求的假设文档，这样这些假设可以被记录在案，并在对照其他系统需求时得到确认。

7.3.7 确定安全风险

整个研讨会过程中，记录每个用例任何潜在的安全风险。一般而言，安全分析包括以下步骤：

- 明确需要保护的资产；
- 明确需要被保护资产所面临的风险；
- 明确现有系统的薄弱点；
- 明确保护资产的各种安全措施；
- 决定最适宜的资产保护措施。

这一阶段的安全性分析是在收集需求的同时通过确定并记录资产及其面临的风险和薄弱点的过程而展开的。

7.3.8 提炼需求

研讨会过程中要辨别成百上千个需求。因此有必要删除重复需求，统一措辞，并且论证其商业价值。

7.3.9 对照业务案例评估需求

对于研讨会已确定的每一个需求及其定性的商业价值，业务用例团队将开始量化收益和全生命周期成本。这项工作有助于进一步提炼需求，有必要的话也可能考虑删除某些用例和场景。

即便在此阶段组织不采用某些需求或场景，但是仍然建议系统体系构架团队继续考虑它们。这些需求或场景也许会在某些后续项目中实施，因此体系构架应具有足够的弹性以满足这种要求。

7.3.10 需求发布

为了行业和其他公用事业公司以及可能参与该项目的供应商的利益，应该在这个阶段发布提炼后的需求清单。可以让那些当前并没有参与该项目的行业代表尤其是公用事业公司代表组成的“咨询委员会”对需求清单进行审查，也许会有帮助。

8 第三至五阶段：技术选择与部署

本章介绍如何完成第一阶段的项目计划和如何将第二阶段汇集的需求应用于体系架构的开发、技术选择和部署。图 11 描述了初始的需求定义和系统体系架构开发的进程，而图 12 描述了业务用例分析、技术选择和部署的后续步骤。本文档作为一个综述，旨在理解过程的一般概念，并依据检查单来监督项目的进展。

8.1 体系架构设计

本条介绍如何通过基于用例过程收集的需求来确定系统体系架构。本条中描述的可交付成果在图 11中被定义为“体系架构文件”。

8.1.1 角色整合

在用例中记录的角色清单通常包含同一角色的多个副本和多个不同的名字。系统体系架构小组检查该清单，通过删除一些角色来消除重复形成统一通用名称，并确定正在开发的架构体系的范围。得到的全局角色清单将作为通用语言用于其余体系架构的开发。理想情况下，这些术语可溯源为行业的功能和组件标准定义。

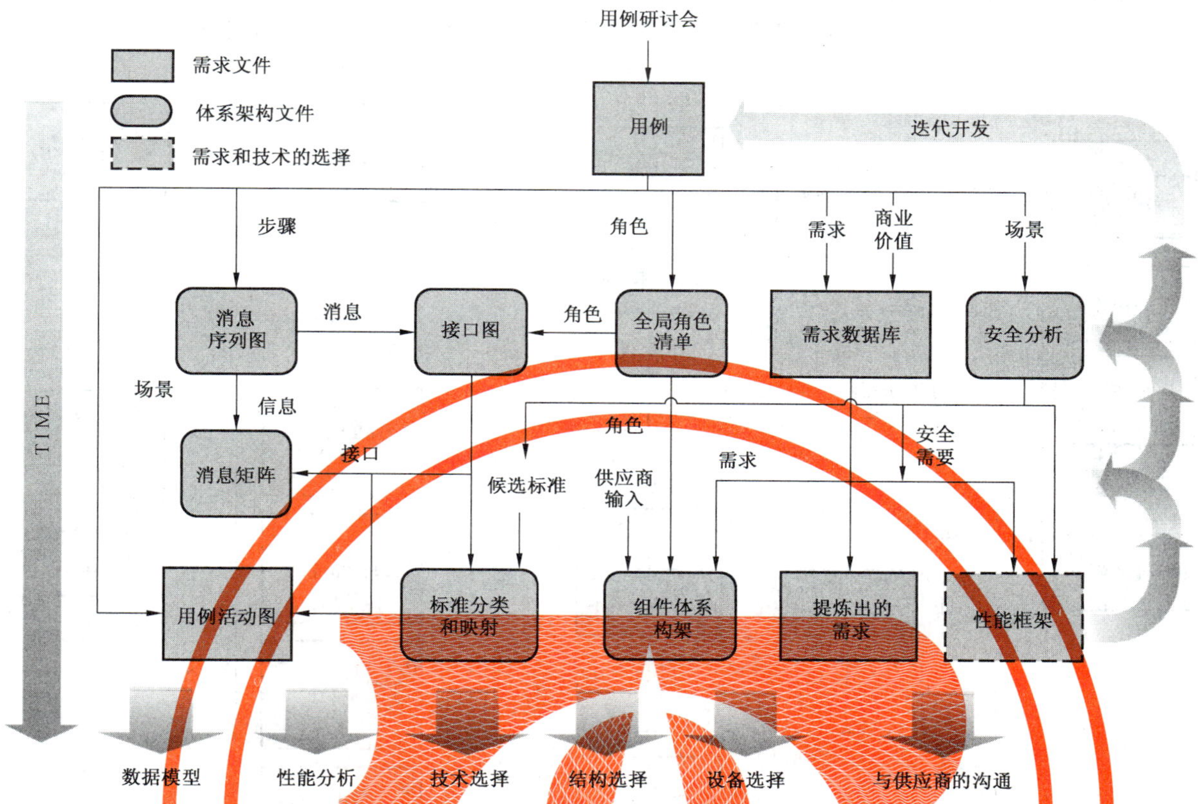

图 11　需求和体系架构流程图

8.1.2　确定消息交互

对于用例中的每一步，系统体系架构小组要确定完成这一步骤必须交换的数据，并估计如何将这些数据分组为消息。在技术选择之前，所交换消息的实际类型和数量是未知的，但是此时确定消息将有助于技术选择。

如图 11 所示，这一阶段的两个有用的工具是统一建模语言(UML)消息序列图和消息矩阵，消息矩阵由一个用来确定用例、场景、步骤、消息和消息发送者、消息接收者之间关系的电子表格或数据库组成。它也能标示出目前作为业务用例的一部分所考虑的场景和/或步骤。

消息序列图是活动图的简化形式，简单地展现给定场景中角色之间的消息传递。

8.1.3　定义接口

基于全局角色清单中确定的角色和来自消息序列图的消息，系统体系架构小组可以将消息按接口分组，明确角色之间的接口。

有一些有用的工具用于确定接口。可以使用 UML 协作图或活动图，数据流图，或简单地在消息矩阵中增加一列，如图 11 所示。

角色和接口的集合有时被称为系统概念架构。这是一个系统应该如何工作的构想，无需考虑实际的实现方法。

8.1.4　定义安全域

一旦确定了角色之间的接口，就可将这些接口和角色分组到面临相同潜在威胁和具有相同技术方案的安全域。安全威胁和解决方案一般属于这四类之一:可用性、完整性、保密性和不可否认性。

也许需要一个专业的安全小组来定义安全域。这些域可根据组织的、地理的或技术的边界来确定。

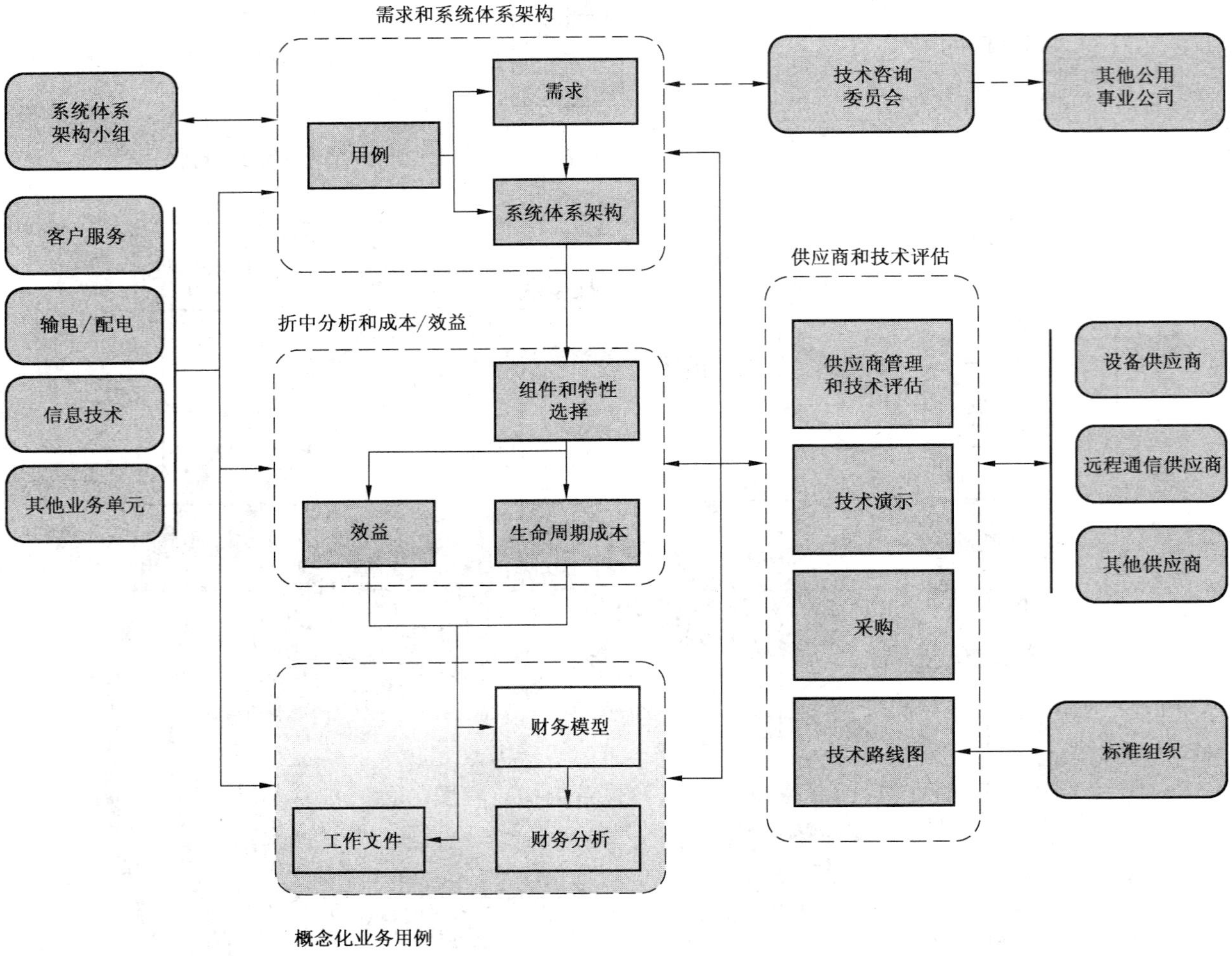

图 12　技术选择、业务用例和部署过程

8.1.5　确定安全性和网络管理策略

组织必须决定一系列安全和网络管理策略。这些策略必须定义安全措施的总体目标、组织中的角色和个人、以及管理资产和资格的流程。这些策略还必须明确如何在每个域内修改流程,同时保持总体的安全目标。

如图 11 所示,应在供应商咨询和后续体系架构开发中考虑安全分析中确定的域和策略。

8.1.6　角色配置到组件

在全局角色中定义的并在确定系统接口中使用的角色并不是系统的实际物理组件。一些角色的功能可能分配给多种设备,或者单一物理设备或计算机系统可能实现数个不同的概念角色。

在体系架构开发的这一阶段,与供应商先前发布的需求进行协商,以确定不同的供应商如何实现概念架构。该过程可以确定某些缺失的角色或接口,这会使体系架构发生改变。

8.1.7　评估候选技术

审查在计划阶段确定的候选技术和任何在供应商协商期间确定的新技术。技术评估至少包括以下因素：

- 标准化的程度——谁认可它成为标准？
- 开放的程度——获得和使用它是否容易/昂贵？
- 采用的程度——目前使用是否广泛？将来呢？
- 用户群支持——是否有人推广/改进/测试它？
- 安全性——是否安全？本质上是否安全的？
- 可管理性——是否能远程控制、监视和(或)升级？
- 规模可伸缩性——当部署在大量地点时是否能工作？
- 对象建模——数据是否能分组和结构化？
- 自我描述——是否能自动配置和初始化？
- 电力工业的适用性——是否适用于这里？
- 特定问题域的适用性。

制定一个如图 11 所示的可作此类分析的标准流程。

当然，成本也是评估候选技术的一个因素，在用例开发中应考虑。

8.1.8 候选技术到接口的映射

考虑在各安全域中，在各接口上应该采用哪一种候选技术。将这个信息加在标准目录里，或者建立一个单独的标准映射文件。

在这一阶段不需要为每个接口选择一个单一的技术，选择多个技术对特定供应商的架构是有利的。这一阶段中架构应代表一个行业中最佳实践的超集，它能满足组织的需求。

8.1.9 定义集成接口

这一阶段中的一个关键因素是组织中现有的信息技术体系架构。制定计划将现有的接口集成到新项目的接口中。可能有类似正在进行的项目必须与现有的项目集成。

理想情况下，组织中其他部分的代表已纳入需求小组，并已为架构的开发作出贡献。用这种方式确保这一阶段的基础工作已经完成。

8.1.10 参照用例测试体系架构

与供应商协商和技术评估的结果应获得一个不受平台限制的体系架构，该体系架构能代表大部分供应商的产品和服务。参照原型用例来测试这一不受平台限制的体系架构，并且使用这些组件和接口来验证用例中包含的所有场景。

8.2 选择技术

本条描述如何选择特定技术来实现已经开发的不受平台限制的体系架构，以及如何评估供应商提交的技术建议书。如图 13 所示，技术选择过程实际上在更早的阶段已经随同需求开发和初始技术评估一起开始了。

8.2.1 确定技术能力等级

从提炼的需求和安全需求(如图 11 所示)中创建一个技术性能测试(TCM)标尺框架。TCM 尺度是评估任何给定技术的工具。或许，它们也能够并应当用来评估需求集。

TCM 标尺框架本质上是多个类别中一组从 0 到 5 的评定等级，这些类别由系统体系架构小组从用例和提炼的需求中取得。对于通信技术，建议的类别可以是：互操作性、可靠性、规模化应用、安全性、吞吐量和/或时延。对设备技术，一些类别可以包括可配置性、可编程性、可维护性、电源要求、安全性、存储量或显示。TCM 标尺不考虑成本，成本在折中处理和用例开发过程中单独处理。

等级 0 代表不可接受的解决方案；等级 1 是最差方案；等级 5 是可能的最好方案。

一个评分样例见图 14。该图说明了需要哪些特征来取得特定成熟度的评分。

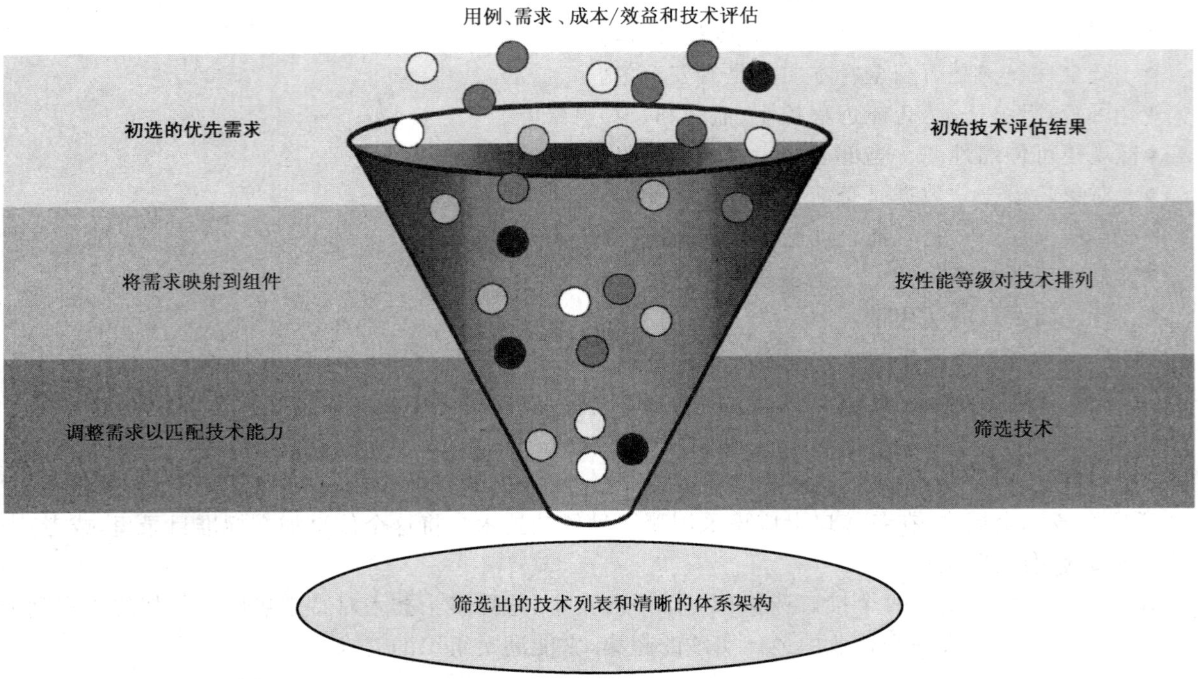

图 13　技术选择过程概览

8.2.2　征集建议

在这一阶段，已有完整的需求集、已定义了组件和接口的最小集、一个首选技术标准目录、最佳实践和一组评价尺度。供应商根据这些信息要求提出建议书。如图 12 所示，供应商应全程参与设计的所有部分，按现有技术回答能做什么。征求意见时，应发布 TCM 标尺使供应商了解如何评价。

8.2.3　评估需求和建议

TCM 标尺不仅应用于评估供应商的建议，而且还可用于评估提炼后的需求清单。TCM 标尺上端代表可预见的最佳系统，但组织的实际要求在短期内可能处于一个相当低的水平。

8.2.4　差异分析

TCM 标尺可用来判断组织需求与供应商所提供的技术之间的差异。由于供应商技术被当成开发中的标准目录的一部分进行评估，理论上说应该不会在这点上发现任何新的或未知的技术。

这个阶段消息矩阵在评估通信技术上变得非常有用。如果该技术包含的信息和结构能携带信息矩阵中识别的所有数据和业务，那么对这个项目而言就是合适的。

8.2.5　需求的折中分析

在差异分析基础上，选择最接近能满足要求的供应商和技术。在已知使用的设备和服务的基础上，重新精确估算成本和收益。

根据修订后的成本和效益信息，给每一个组件的成本确定一个合适的阈值，并且对成本和功能进行平衡，重新检查需求集并确定哪些项不符合该项目阶段的要求，最终形成特定平台体系架构。

自保持继电器									
成熟度	复位选项	商业可用&在用(>10 000单位)	电流定制校定	电流过载能力	开/关 切断	电压传感	额定电流200 A	联动装置	纲领性解决方案
5	×	×	×	×	×	×	×	×	
4		×	×	×	×	×	×	×	
3			×	×	×	×	×	×	
2				×	×	×	×	×	
1					×	×	×	×	
0									×

图 14　技术性能评估尺度示例

8.2.6　缺失标准和技术的确定

即使不考虑费用，现有的方案也很有可能无法满足某些要求，记录每一个缺失的标准、技术或性能，并在技术路线图中考虑。

8.2.7　创建技术路线图

当技术或能力缺失时，组织通常有以下选择：

- 与供应商合作开发技术；
- 在内部建立解决方案；
- 尝试内部开发技术；
- 放宽或重新提炼现有需求，一旦技术变得可用，定义后续扩展的接口。

每个组件和接口的选择将取决于收益、成本、进度和项目背后的商业动机。

此外，可能有一些外部因素会影响技术可用性。例如：

- 建立法律或法规来鼓励技术的发展；
- 建立行业组织或论坛；
- 完成公认的国家或国际标准；
- 采纳行业中骨干企业的技术；
- 由其他组织完成试点项目。

把握技术路线图中所有事件和选择，说明组织未来的计划，应明确指出所依赖的外部因素、组织能采取的影响技术发展的行动及对目前项目的影响。

8.2.8　向标准机构和行业组织提交建议

技术线路图的一部分应是一系列向标准机构或行业组织提交的建议，用以促进今后该项目或者类似项目的完成。可能的话，提交这些建议并且参与所需标准的制修订工作。

8.2.9　完成最终的业务用例

选定供应商和技术后，初始的收益和成本分析能延伸到一个完整的业务用例，包括完整的财务分析，如图 12 所示。具体方法随不同的组织和应用而变化。

附 录 A
（资料性附录）
如何开发用例

A.1 什么是用例？

每个用例描述单一的场景、业务目标或任务，通常一个系统要适用于多个场景，因此也需要多个用例。所有受系统影响和可能影响系统的领域的专家需要通过一个或多个用例来描述他们自己的需求。

用例把系统的技术层面当作“黑箱”，领域专家需要描述的是“黑箱”系统与外部系统之间的相互作用。通过这样深思熟虑的策略，简化了需求描述，避免了对该功能的实现方式作出假设。换言之，用例在于捕捉用户的需求“是什么”，而刻意地规避了技术上“怎么实现”的问题。

用例的开发既是一门科学，也是一门艺术。领域专家需要遵循用例开发的基本原则，但特定用例开发的形式和细节的程度可能会各不相同，这主要取决于该用例是否反映相关标准的要求或非常新的要求，以及这些要求是非常严格的还是比较宽松的，该特定用例在整套用例中的相对重要性以及其他一些因素。关键是用例中包含的内容足以保证用户的实际需求都包含在内，又不至于太多而造成结果的混淆。

A.2 智能电网技术文件用例模板的目的

用例模板可以帮助领域专家按照用例的方式来描述用户需求。

本指导性技术文件包括一个从原始智能电网体系架构用例模板稍加简化的用例模板。原始模板包含了附加的信息，用于帮助开发智能电网体系架构，同时假定那些经验丰富的智能电网项目人员能够在电力系统专家填写模板时提供有效的帮助。

在智能电网项目最初阶段，一个非常简化的用例模板用于展示智能电网的400种功能，尽管该模板处理用例时不够精确，但也足以展示大量的电力系统功能。

描述众多类型的用户需求，并不需要使用大型模板中的所有详细信息；而另一方面，简化的模板有可能在特征参数与功能步骤关系方面引起混淆。因此，介于两者之间的模板更具有实用性。本指导性技术文件的用例模板详见附件B。

本指导性技术文件用例模板由下列几部分构成。

A.3 本指导性技术文件的用例模板：构建平台

A.3.1 负责用例的领域专家

确定负责完成用例的主要领域专家，确定辅助的领域专家或“用例”专家。

A.3.2 功能名称

功能名称在用例集中应该是惟一的，易于识别。

A.3.3 功能的目标和范围

功能的范围和目标在于解决该用例如何适合特定项目或系统的整个用例集的问题，本条也确定用例满足了哪些业务需求。

A.3.4 功能的描述

功能的描述是指领域专家通过文字对功能加以描述使得非专家读者能够理解。描述可以是几句话也可以是几页纸，取决于被描述功能的复杂程度和/或新颖性。本条内容主要帮助领域专家在进入下一步详细分析前对功能的用户需求进行仔细考虑。

A.3.5 角色：人、系统、应用、数据库、电力系统及其他利益相关方

角色是指与系统交互（例如数据接收、数据发送、数据存贮或数据操作）的外部实体，这些角色可以包括人、软件应用、系统、数据库甚至电力系统本身。

A.3.6 法律问题：合同、法规、安全准则和其他约束

诸如合同约束、法规要求和安全准则等法律问题，也会对功能产生影响。因此，应该考虑法律问题，以确保当最终系统运行时遵守这些外部约束。

A.3.7 前提和假设

在某些功能中，必须要搞清楚其前提条件或假设是什么，例如各个角色的初始状态及其行为特征，或当前状态的假设，诸如什么系统已经存在、存在什么契约关系、在系统的什么位置进行了什么配置。又如，当功能模块需要电力系统数据时，对该特定行为的前提可能是“正在对正常的电力系统行为进行常态监控”。

A.4 本指导性技术文件的用例模板：一图胜千言

在开发用例的工作中，“一图胜千言”是绝对正确的，功能图表能帮助阐明系统的角色和组件之间的相互作用关系。需要注意的是这些图表不应描述技术解决方案，而概要地表现出它们之间的相互作用关系。

统一建模语言（UML）详细说明了如何创建正式的用例图表，是一种建立图表的好方法。任何描述角色、系统组件（如黑箱）以及它们之间信息流的图表都可以提供即使不是全部也是大部分必需的信息。图 A.1 描述一个用例中功能实现的步骤和信息流。

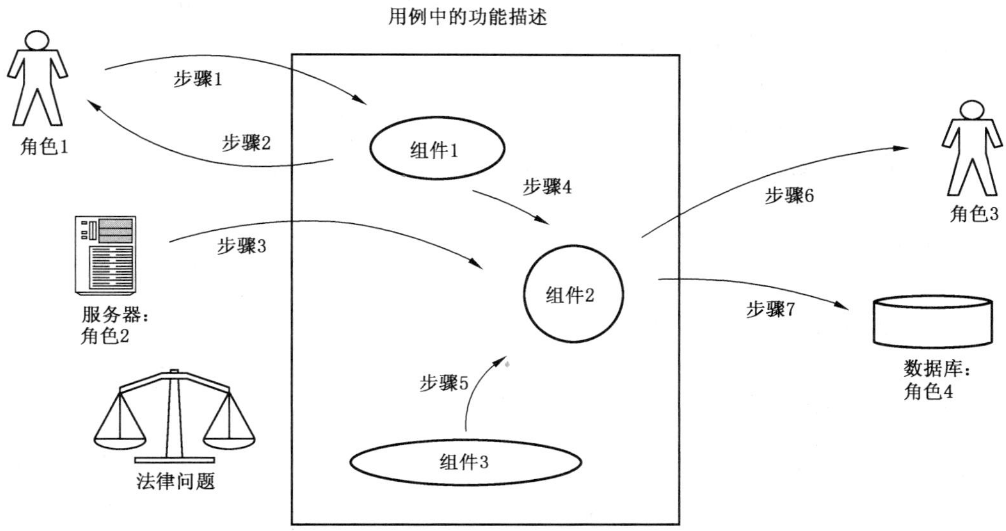

图 A.1 用例中一个功能实现的图例

A.5 用例模板：功能内部信息的逐步交互

A.5.1 通过步骤对相互作用的场景进行描述

用例模板的步骤按顺序分步描述了功能内部发生了什么。具体地说，就是每一个步骤都获取了某个角色和一个“黑匣子”组件间的信息交换，并且还可定义系统组件之间的交互（如传感器向控制器发送数据、SCADA 系统在数据库保存数据、结算系统向计费系统发送数据、电力系统建模应用程序向外部系统发送新模型）。理论上，信息交互还包括人与人之间的相互作用（通过电话、邮件、信件等），但着重强调的是用例中角色和组件之间信息的自动交互。

再次说明，虽然能够考虑法律上和技术上的约束，但是这些步骤应规避功能是“如何”实现的，而严格限制在实现“什么”。

A.5.2 步骤的内容

本文件用例步骤的内容如下：

- 序号：步骤的序号。简单的可以为“1，2，3”；如果需要，可以表示并列步骤如“1a，1b，2，3a，3b，3c”。
- 事件：事件起始于步骤的开始，或前一步骤的结束、人员的功能要求、周期汇报的数据或电力系统事件。
- 过程或行为描述：描述该步骤发生的行为，重点在“实体”（例如人员、系统、应用、数据库等）间的相互作用和信息流，而非应用算法。
- 信息产生者：定义信息源或信息的产生者，宜为上述确定的角色之一。
- 信息接收者：定义信息的接收者，也宜为上述确定的角色之一。
- 信息的交互：简要描述所交互的信息，包括来自用例中未说明的其他外部源信息、功能内部所交换的信息（可能为功能内不同应用和系统之间的交互）、功能输出的可能有用例中未提及的其他实体使用的信息。
- 配置：位置、距离、通信布局、媒介、网络带宽、现有协议、设备数量、系统、数据容量、预期增长等。
- 服务质量要求：可用性、不同组成部分可接受的停电时间、恢复率、备用、数据交互频率、应对未来变化的灵活性、响应时间、数据检测与显示或动作之间的时延。
- 安全要求：用户验证、保密性、完整性、防止拒绝服务、不可否认或可追查责任，纠错管理。
- 数据管理：数据源类型、数据的正确性或有效性、数据的时效性或数据标签、数据量、系统间交叉数据的同步性或连贯性、数据访问的实时性、跨组织边界数据的确认、事务管理、不同系统间交叉数据的命名、识别和格式，数据和数据库维护。
- 约束或其他问题：所有任何附加或涉及问题的汇总。

A.6 用例模板：步骤特征

A.6.1 步骤特征应满足用户需求的限制条件和细节

上述讨论的最后 5 项条款称为步骤的特征，特征描述了与每个步骤有关的用户需求的限制条件或细节，例如配置（串行通信，LAN，无线），服务质量（性能，响应时间等），安全性（访问控制、验证、加密、备份、审核等），数据问题（数据量、数据交互频率等），所有附加限制（法律、法规、安全等）。再次强调，这些特征是每一步骤内发生的事务的用户需求，并不关系到特定的技术。

A.6.2 配置

配置反映了与用例步骤相关的典型的、可能的或预想的通信配置。这些配置包括设备和(或)系统的数量,系统随时间的预期的发展、位置、距离、通信类型、网络带宽,已有的通信规约等,但这些只反映用户的观点。在某些情况下,众多的选择中可能只有一个是合理的,而在其他场合,可能有多个选择是合理的。对任一特定的用例步骤,多数选择可能是不相关的,或是先前步骤中隐含的。

表 A.1 提供了智能电网配置清单,领域专家可用来保证其能解决所有相关的问题。

表 A.1 智能电网配置清单

智能电网配置
a) 终端实体或数据源数量
——一个
——两个至数个
——数个至 100
——数百至数千
——数千至数百万
——随不同的实现方式显著变化
——频繁改变
——其他________
b) 中间实体或数据用户数量
——一个
——数个
——数百
——数千
——数百万
——随不同的实现方式变化
——频繁改变
——其他________
c) 实体间距离
——数米
——数千米
——数十千米
——数百千米
——变化的和/或不相关的
d) 信息产生者(数据源)位置
——调度中心
——企业办公大楼
——楼宇

表 A.1（续）

智能电网配置
——变电站
——变电站外部场地
——用户站点
——其他企业
——或可移动的
——频繁改变
——其他__________
e） 信息接收者(数据用户)位置
——调度中心
——企业办公大楼
——楼宇
——变电站
——变电站外部场地
——用户站点
——其他企业
——移动通信设备
——频繁改变
——其他__________
f） 通信配置
——广域网
——局域网
——点对点
——点对多
——多对多
——多点通信
——无线点对点(Ad hoc)
——其他__________
g） 通信介质
——任意
——首选通信电缆
——可能使用无线
——要求使用无线
——其他__________
h） 通信所有权

表 A.1(续)

智能电网配置
——任意
——自有
——联合拥有
——商业提供
——国际互联网
——其他____________
i) 通信带宽
——<2 400 bps
——2.4 kbps～56 kbps
——10 Mbps～100 Mbps
——100 Mbps～1 Gbps
——>1 Gbps
——其他____________
j) 数据交换方式
——任意
——主/从
——对等
——客户端/服务器
——发布/订阅
——通过数据库
——无线点对点(Ad hoc)
——其他____________
k) 通信访问服务要求
——任意或全部
——请求/响应
——定期报告
——异常报告
——控制命令
——选择/操作
——参数设置
——按数据名查询
——订阅
——广播
——多点传送

表 A.1（续）

智能电网配置
——数据探索
——使用数据集
——数据查询定位
——有效数据的查询和确定(探索)
——应用程序执行
——合作的建立和结束
——登录
——日志
——远方重启
——远方重新配置
——远方诊断
——其他____________
l) 数据交互模式
——数据流<10%可用带宽
——10%可用带宽<数据流<50%可用带宽
——基本平稳的数据流模式
——包含突发性大容量增长的数据流
——其他____________
m) 增长
——未来5年设备数量增加2倍
——未来5年设备数量增加10倍
——未来5年设备数量增加100倍
n) 通用的数据交换技术
——以公用互联网为通信媒体
——基于互联网的通信协议(如HTML,XML)
——计算机行业技术标准(如CORBA,EJB,.Net,Web Services)
——事务技术(如Corba,EJB,.NET,Web Services)
——数据库访问服务(SQL,OQL,object browsing)
——过程管理方法(如EDI,ebXML)
——NAESB协议(OASIS,E-tagging,RTO (TBD))
——IEC 61970公用信息模型(CIM)标准
——IEC 61970通用接口定义(GID)标准
——IEC 61968接口交互模型(IEM)信息定义标准
——IEC 61850(UCA)标准

表 A.1(续)

智能电网配置
——IEC 60870－6TASE.2(ICCP)
——IEC 60870 和/或 DNP
——其他传承的 SCADA 协议
——楼宇自动化协议 SSPC135
——其他楼宇自动化协议
——ANSI C12 SC 17 (IEC 2056-53/61/62)测量标准
——图形化数据交互标准
——使用私有数据库接口的数据库
——平面文件或 CSV 文件
——其他标准技术__________
——其他标准技术__________
——卖方专利技术
——其他非标准技术
——无,因为尚未完成接口
——以上都不是/不相关/不知道
o) 当前实现的相对成熟度
——非常成熟与广泛应用
——比较成熟
——相当新
——未来,没有系统,没有交互作用
p) 遗留系统现状
——大量遗留系统
——一些遗留系统
——少数遗留系统
——系统全部功能化需要大量的变化
——需要适度变化
——需要少量变化
——无需变化

A.6.3 智能电网服务质量(QoS)

服务质量(QoS)解决了系统的可用性,例如可接受的故障时间、恢复、备份、回滚等,还解决了数据的正确性和精确度、数据交互频率和适应未来变化所必需的灵活性。

表 A.2 提供了智能电网服务质量清单,以便领域专家用于解决所有相关问题。

表 A.2 智能电网服务质量清单

智能电网服务质量
a) 数据交互的响应请求时间
——(1～4)ms
——(4～10)ms
——小于 1 s
——(1～2)s
——10 s
——大于 10 s
——无特殊要求
——其他____________
b) 数据交互的约定时间
——1 s 内
——1 min 内
——5 min 内
——更长时间以内
——无特殊要求
——其他____________
c) 信息流可用性
——99.999 9%的有效性～0.5 s/年
——99.999%的有效性～5 min/年
——99.99%的有效性～1 h/年
——99.9%的有效性～9 h/年
——99%的有效性～3.5 d/年
——90%的有效性～1 月/年
——小于 90%
——制定停电计划时不要求如此长的连续信息有效性
——不要求信息的连续有效性,但在特殊时段或特殊条件下必须有效
——无特殊要求
——其他____________
d) 数据精度要求(一般只与转换有关,如模数转换)
——100%正确
——偏差>0.5%
——偏差>1%
——偏差>5%
——不相关

表 A.2（续）

智能电网服务质量
——其他
e) 数据正确性要求
——至少有正常和非正常的质量标识
——数据时间可知
——数据时间的偏差必须知道
——可假定准确度
——数据的准确性不存在问题
——其他____________
f) 数据交互频率
——连续
——每次几毫秒
——每次几秒
——周期大于数秒
——基于事件
——基于请求
——随机
——偶尔
——其他____________
g) 满足数据交互服务质量要求的公用技术
——故障监测
——自动重启
——自动切换到第二个数据或功能源
——自动切换到第二个通信通道
——数据备份
——事务回滚
——服务质量监控
——服务质量不合格报警
——无
——无需求或不相关
——其他____________

A.6.4 智能电网安全

安全措施仍是一门发展中的科学和艺术，从用户的观点来看更是如此。对任一项目的安全需求进行评估是非常困难的。对不同项目采取不同的安全措施，评估其是否会产生潜在相互作用、是否存在安全漏洞、是否会使得用户接口非常复杂甚至无法工作是尤其困难的。

安全措施不仅要防止极少发生但相当有害的恶意攻击，而且要防止更有可能发生的由于疏忽造成的错误、故障和过失。

同时，必须确定执行安全措施的需求和重点。最终，一个特定信息资产的安全需求是基于下列几个方面的判断：

——威胁安全的潜在风险(由信息的价值和获取信息的难易程度共同决定)；

——一次有效的安全攻击后的金融和非金融的后果(受攻击期间，从攻击中恢复，以及攻击后金融、法律以及社会的后果)；

——最小化安全威胁的成本，包括金融成本、数据交互性能影响、攻击监测方法的实现、安全措施的人为反应等。

在此体系架构层面上，只能做出一般性的判断。因此，"至关重要"一词只是意味着防止威胁是非常重要的，却不意味着能采取什么样的措施来判断威胁所在。

对领域专家来说，评估安全需求的最有效途径之一是询问下列安全问题哪些是重要的：

——用户验证；

——机密性；

——完整性；

——防止拒绝服务；

——不可否认与可追查责任。

表 A.3 提供了智能电网安全问题清单，以便领域专家用来保证解决所有相关问题。

表 A.3 智能电网安全问题清单

安全问题
a) 窃听：保证机密性、避免数据的非法使用以及防止数据的非授权读取是：
——至关重要
——非常重要
——不十分重要
——试图破坏安全的监测是至关重要的
——其他
b) 破坏信息的完整性：保证数据不变化或损坏是：
——至关重要
——非常重要
——不十分重要
——试图破坏安全的监测是至关重要的
——其他＿＿＿＿＿＿
c) 鉴别：伪装和/或欺骗：保证数据来自规定源或流向验证过的接收器是：
——至关重要
——非常重要
——不十分重要
——试图破坏安全的监测是至关重要的
——其他＿＿＿＿＿＿

表 A.3（续）

安全问题
d） 拒绝：保证数据源不能拒绝数据发送或接收器不能拒绝数据接收是：
——至关重要
——非常重要
——不十分重要
——试图破坏安全的监测是至关重要的
——其他__________
e） 重发：保证数据不被未授权的数据源重发是：
——至关重要
——非常重要
——不十分重要
——试图破坏安全的监测是至关重要的
f） 信息窃取：保证数据不被未授权实体所窃取或删除是：
——至关重要
——非常重要
——不十分重要
——试图破坏安全的监测是至关重要的
——其他__________
g） 拒绝服务：保证无障碍获取数据是：
——至关重要
——非常重要
——不十分重要
——试图破坏安全的监测是至关重要的
——其他
h） 数据交互应具有下列要求，以证明它们与约定相一致和/或得到约定认可：
——要求记录本次交互作用期间的所有交换信息
——要求只记录关键信息
——要求记录数据源、目的地、请求申请和请求交互信息的用户等信息，而不是数据本身
——不要求记录
——其他记录__________
i） 数据交互的公用安全措施：
——密码控制
——数据库安全机制控制
——虚拟专用网(VPNs)
——私钥加密技术

表 A.3(续)

安全问题
——公钥加密技术(如 SSL/TLS)
——访问控制列表和(或)代理服务器防火墙
——回拨调制解调器
——双向数据控制表
——时标、保存和数据记录
——认可、技术
——Kerberos 网络认证协议
——网络管理(如 SNMP 或 CMIP)
——物理隔离
——备份
——过程安全策略
——对信任的角色无需考虑计算机安全
——无,但需要
——无,且不需要
——其他__________

A.6.5 智能电网数据管理

数据管理在自动化领域越来越重要,本文中的数据管理覆盖两个方面,一是每个用例步骤里的数据交互管理,二是数据交互影响数据管理时的两端数据管理。第一种类型的数据管理的例子是在一个地理信息系统和使用其数据的众多不同的应用程序之间,初步建立和维护需要交互的数据。第二种类型的数据管理的例子是无论数据何时交互,需要进行数据备份或确保数据的一致性,例如新的保护设置被发布到多个现场设备中,这些设置需要在应急分析功能中体现。

再次说明,这些数据管理问题将反映出领域专家的观点。因此数据管理的用户需求不应处理数据库设计,但应该关注对数据库和其他数据处理应用程序的接口用户需求。

一些典型的数据管理问题包括数据源的类型,数据的正确性或有效性,数据的时效性或时标,数据量,跨系统数据的同步性或连贯性,数据访问的实时性,跨组织边界数据的有效性,事务管理,数据命名、识别、不同系统间的数据格式以及数据和数据库的维护。

表 A.4 提供了智能电网数据管理问题清单,以便领域专家用来保证解决所有相关问题。

表 A.4 智能电网数据管理问题清单

数据管理问题
a) 源数据类型:
——直接测量的源数据
——先自动保存于数据库的源数据
——先手动输入到数据库的源数据

表 A.4(续)

数据管理问题
——由应用程序计算或输出的源数据
——其他____________不可用的____________
b) 源数据的正确性
——总是正确的源数据(如定义数据)
——通常正确的源数据
——经常不正确的源数据(错误输入、过时的、无效的)
——很少正确的源数据
——与正确性不相关的源数据
——其他____________
c) 最近的数据管理
——接收的数据必须是源数据变化数秒钟内的最新数据
——接收的数据必须是源数据变化数分钟内的最新数据
——接收的数据必须是源数据变化数小时内的最新数据
——源数据变化时,接收的数据无须是最新的
——其他____________
d) 大容量交互数据的管理
——步骤主要用于处理大容量数据
——步骤部分用于处理大容量数据
——步骤不处理大容量数据
——其他________________________
e) 系统间数据一致性和同步性管理
——秒同步:所交互数据必须与其他系统数秒钟内保持一致和同步
——分同步:所交互数据必须与其他系统数分钟内保持一致和同步
——天同步:所交互数据必须与其他系统数小时或数天内保持一致和同步
——不同步:所交互数据无须与其他系统保持一致和同步
——其他________________________
f) 多用户及时访问数据的管理
——多用户访问的约定/要求时间窗小于 1 s
——多用户访问的约定/要求时间窗不超过数秒
——多用户访问的约定/要求时间窗不超过数 10 s
——多用户访问的约定/要求时间窗不超过数分钟
——多用户的及时性不相关
——其他________________________
g) 数据交互的确认

表 A.4（续）

数据管理问题
——每次交互中所有数据需要确认
——数据必须包括表示其有效性的质量标识
——来自不同源的数据必须彼此验证
——对来自不同源的数据，需要进行数据项目名称映射
——数据可以假设为有效(或数据的有效性在其他场合处理)
——数据通常是不验证
——数据无法验证
——数据有效性不相关
——其他____________
h) 不同类型交互数据的访问管理
——每次交互的数据类型不同(如查询数据库)
——每数分钟所交互数据的数量或类型发生变化或更新
——每数小时所交互数据的数量或类型发生变化或更新
——每数天或数周所交互数据的数量或类型发生变化或更新
——所交互数据的数量或类型很少发生变化或更新
——不相关
——其他____________
i) 跨组织边界的数据管理
——跨公司边界的数据交互
——跨部门边界的数据交互
——跨不同厂商系统边界的数据交互
——同一厂商系统内的数据交互
——不相关
——其他____________
j) 数据交互完整性要求(备份、回滚能力)
——数据交互要求有数据回复到先前状态的能力
——数据交互要求切换到下一数据源时立刻备份全部数据
——数据交互要求冻结切换时备份重要数据
——数据交互不要求回滚或备份
——其他____________
k) 数据格式要求
——标准计算机格式(如二进制、整型和浮点、文件)
——标准串行传输格式(如 DNP、Modbus、LonTalk、BACnet)
——图形格式

表 A.4（续）

数据管理问题
——EDI
——基于 HTML
——基于 XML
——CSV
——标准的数据对象
——支持非结构或特殊格式数据交互(如文本、文档、示波器数据)
——可接受任意格式
——其他____________
l) 交互中的数据格式管理
——相同的数据在不同的应用程序间格式不同,需要“转换”
——应用程序间交互的相同数据具有相同的格式
——每个应用程序自动实现数据格式转换
——其他____________
m) 数据项命名
——不同应用程序间的数据项命名不同,相互间必须建立“映射”关系
——不同应用程序间的数据项含义不同,必须“转换”
——其他____________不相关____________
n) 不同应用的管理
——不同应用中所交互数据的类型有显著变化
——不同应用中所交互数据的类型有轻微变化
——不相关
——其他____________
o) 交互数据的人为转变或更新中的维护
——每数小时需对交互数据进行维护
——每数天需对交互数据进行维护
——每数周或数月需对交互数据进行维护
——交互数据很少需要维护
——不相关
——其他____________
p) 人为改变或更新数据库内容时数据库的维护
——每数小时需对数据库进行维护
——每数天需对数据库进行维护
——每数周或数月需对数据库进行维护
——数据库很少需要维护

表 A.4（续）

数据管理问题
——不相关
——其他____________
q） 数据维护：人工维护和自动维护
——数据维护需要大量的人力时间和手动数据录入
——数据维护部分自动实现但需要少量人力时间和手动数据录入
——数据维护大部分自动实现但需要偶尔人为干涉
——数据维护全部自动实现或经授权认定能够实现（如病毒定义或微软更新的在线升级）
——不相关
——其他____________
r） 公用数据格式和数据管理技术
——标准计算机格式（如整型和浮点，文件）
——标准串行传输格式（如用于 DNP，Modbus，LonTalk 的模拟点、状态点、控制点）
——图像格式
——EDI 格式
——基于 HTML 格式
——基于 XML 格式
——文件中通过逗号分隔的变量（CSV）
——私有的数据格式
——数据库改写通过数据库管理员或维护人员手动实现
——数据自动验证
——数据对象有通用的命名（如 CIM 和 IEC 61850）
——事务和数据交互“探索”自动处理（如 ebXML）
——建立机制，确保数据的一致性
——不相关
——其他____________

A.6.6 智能电网的约束和其他问题

在上述特征中没有包含的约束和问题可能是政治、法律、金融或特定步骤中非常特殊的一些问题，例如，某个步骤可能牵涉到从另一企业接受到的数据需要进行格式转换或人工干预等特殊处理。这部分是这类特殊问题的汇总。

附　录　B
（资料性附录）
智能电网用例模板

B.1　功能的用户需求说明

B.1.1　概述

智能电网研究方法把“用户需求”的概念从“技术规范”中分离出来。用户需求定义用户需要“什么”，并不涉及任何具体的设计或者技术；而技术规范定义了如何实现系统的功能和相关应用，以满足用户要求。

B.1.2　领域专家

本指导性技术文件所指的用户需求模板仅侧重于功能要求，由特定领域的专家和该功能的最终用户共同描述。在填写该模板时，这些专家可能会得到其他领域专家的帮助，但必须牢记侧重点为用户需求。

领域专家	姓名	职务	研究领域
首席专家			
专家			
专家			

B.1.3　功能名称

功能名称

功 能 名 称

B.1.4　功能范围及目标

简要描述该功能的范围、目标和基本原理。其目的是从应用环境的角度考虑此功能，特别是与其他相关功能的关系，例如搭建在此功能上的其他功能（反之亦然）。这里未必需要理由或效益成本评估，但应能切中该功能的关键点。

功能范围与目标

B.1.5　功能描述

领域专家从用户的角度，完整地描述何时、何原因、在什么条件和期望下发生了什么。该描述应以文字表述，以便非领域内的专家也能够理解。

功能描述

B.1.6 角色:用户、系统、应用、数据库、电力系统及其他利益相关方

描述与该功能相关或受其影响的所有人员(他们的职能或工作)、系统、数据库、组织和设备(例如,调度员、系统管理人员、技术人员、终端用户、服务人员、负责人、数据采集与监控系统、实时数据库、实时优化系统(Real-Time Optimal)、远程终端设备、智能电子设备(IED),甚至是电力系统)。同一个参与者在不同功能中可以起不同的作用,但在每个功能中只起一个作用。如果某个参与者(例如:某人)在一个功能中起多重作用,则在下表各行分别列出这些不同的作用。

角色名字	角色类型(人员、设备、数据库、系统等)	角色描述

B.1.7 法律问题:合同、法规、政策和约束

确认所有可能会影响功能设计与需求的各类法律问题,包括合同、法规、政策、金融事项、工程约束、环境污染限制以及其他环境质量问题。

法律问题	对功能的影响

B.1.8 前提和假设

描述功能启动的前提条件,例如角色和事件的先前状态;确认所有假设,例如现有系统、现有合同关系、系统可能合适的配置;确认下一步所有信息交换的初始状态,例如,假设 SCADA 正在监测电力系统的数据,前提是监控系统正在进行常态监测。

角色/系统/信息/合同	前提或假设

B.2 功能图示

为了清晰的描述功能需求,绘图表示(通过手绘、Power Point 或 UML 图示绘制)各部分之间的相互关系,清楚表征每一个可能的步骤。

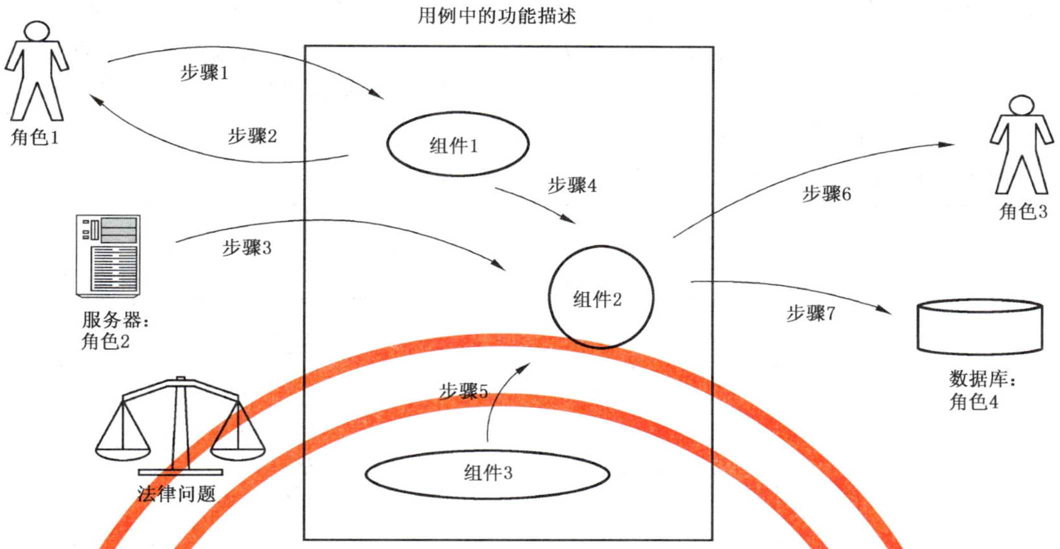

功能图示

B.3 功能的按顺序分步分析

描述执行功能的具体步骤。如果相关步骤不止一组，复制以下分组（正常步骤序列、可选步骤序列或异常步骤序列）。如果已有的步骤序列表不能涵盖所需步骤，应增加一个完整的步骤序列（而不是只增加一行）。

B.3.1 正常序列步骤

描述事件正常的序列，步骤重点为定义新的信息类型、新的信息交互或新的接口。若有其他功能与该序列的进一步细节有关，则该序列要进行进一步的详细步骤分解，可考虑产生新的子功能，与此相关的功能则指向该功能的子流程。须注意，描述的重点在“实体”（如人员、系统、应用、数据库等）间的相互作用和信息流，而非应用算法。这些步骤与上述功能描述之间应该有清晰的相互关系。步骤的条目为：

- 序号：简单的可以为“1，2，3”；如果需要，可以表示并列步骤如“1a，1b，2，3a，3b，3c”。
- 事件：事件起始于步骤的开始，或前一步骤的结束、人员的功能要求、周期汇报的数据或电力系统事件。
- 过程或行为描述：描述该步骤发生的行为，重点在“实体”（例如人员、系统、应用、数据库等）间的相互作用和信息流，而非应用算法。
- 信息产生者：定义信息源或信息的产生者，宜为上述确定的角色之一。
- 信息接收者：定义信息的接收者，也宜为上述确定的角色之一。
- 信息的交互：简要描述所交互的信息，包括来自用例中未说明的其他外部源信息、功能内部所交换的信息（可能为功能内不同应用和系统之间的交互）、功能输出的可能有用例中未提及的其他实体使用的信息。
- 配置：位置、距离、通信布局、媒介、网络带宽、现有协议、设备数量、系统、数据容量、预期增长等。
- 服务质量要求：可用性、不同组成部分可接受的停电时间、恢复率、备用、数据交互频率、应对未来变化的灵活性、响应时间、数据检测与显示或动作之间的时延。

- 安全要求:用户验证、保密性、完整性、防止拒绝服务、不可否认或可追查责任,纠错管理。
- 数据管理:数据源类型、数据的正确性或有效性、数据的时效性或数据标签、数据量、系统间交叉数据的同步性或连贯性、数据访问的实时性、跨组织边界数据的确认、事务管理、不同系统间交叉数据的命名、识别和格式,数据和数据库维护。
- 约束或其他问题:所有任何附加或涉及问题的汇总。

功能名称							
#	事件	过程/行为描述	信息产生者	信息接收者	信息交互		信息交互特征
1						配置	
						服务质量要求	
						安全要求	
						数据管理	
						约束条件	
2						配置	
						服务质量要求	
						安全要求	
						数据管理	
						约束条件	
3						配置	
						服务质量要求	
						安全要求	
						数据管理	
						约束条件	

B.3.2 备选、纠错管理和/或维护/备用序列步骤

使用步骤表的副本,描述备选,纠错管理,和/或维护/备用序列的选择步骤。

功能名称							
#	事件	过程/行为描述	信息产生者	信息接收者	信息交互		信息交互特征
1						配置	
						服务质量要求	
						安全要求	
						数据管理	
						约束条件	
2						配置	
						服务质量要求	
						安全要求	
						数据管理	
						约束条件	
3						配置	
						服务质量要求	
						安全要求	
						数据管理	
						约束条件	

附 录 C
（资料性附录）
输电系统同步相量用例

C.1 用户需求功能描述

C.1.1 概述

智能电网方法学将“用户需求”概念和“技术规范”概念相分离：用户需求定义为需要的是“什么”而不涉及任何特定的专业设计或技术，而技术规范定义为“如何”实现这个系统和应用程序以满足用户需求。

C.1.2 领域专家

本指导性技术文件所指的用户需求模板仅侧重于功能要求，由特定领域的专家和该功能的最终用户共同描述。在填写该模板时，这些专家可能会得到其他领域专家的帮助，但必须牢记侧重点为用户需求。

领域专家	姓名	职称	专业领域
首席	Mark A.	保护工程师	输电系统同步相量系统
其他			
其他			

C.1.3 功能名称

功 能 名 称
同步相量

C.1.4 功能范围和目标

简要描述该功能的范围、目标和基本原理。其目的是从应用环境的角度考虑此功能，特别是与其他相关功能的关系，例如搭建在此功能上的其他功能（反之亦然）。这里未必需要理由或效益成本评估，但应能切中该功能的关键点。

功能的范围和目标
系统为保护、控制和监视功能提供同步和带时标的电压和电流相量测量，要求这些量测量来自不同的地点，其相角基于系统范围的公共参考点。这是基于本地参考点的简单相量测量的扩展。目前，若不进行本地和远端的相角测量，那么许多保护、控制或监视功能的扩展就会受到影响。通过获取系统范围的相角信息可以改进和扩展上述功能。这一系统里最重要的概念是广域系统范围内相对于同一时间参考点的量测采样时钟的同步。 除了提供同步测量之外，同步相量系统还发布量测值。在遍及电力网的众多节点上测量电压和电流。通过订阅连续数据流或者根据需要请求快照数据方式获取多个节点的测量值以实现保护、控制或监视功能。原则上任何功能可以从任何节点上请求测量数据，而实际上大多数功能只需要少量几个节点的数据

C.1.5 功能描述

来自领域的专家从用户的角度，完整地描述了何时、何原因、在什么条件和期望下发生了什么。该描述应以文字表述，以便非领域的专家也能够理解。

功能描述
下面是一个如何应用同步相量实现双端输电线路数字式电流差动保护的案例。两端各有一个智能电子装置用于采样三相电流。物理上线路两端可能相距几 km 甚至上千 km。希望通过电流相量值确定差动电流，为输电线路提供故障保护。为了实现这个目的，线路两端的智能电子装置需要依据相同的时间参考点来测量相量值并互相交换数据。这个功能可以通过同步相量来实现。 在该案例中每个智能装置既是同步相量的客户端又是服务器。作为服务器，它向对端提供同步相量。作为客户端，它向对端请求同步相量。这是一种完全对称的情况。大部分时候可以选择其中某一端 A 来检验这个案例。 A 端向 B 端请求持续获取三相电流相量。在这情况下，确定每半个周波计算一次相量并传送。为了简化，本例中不进行系统频率跟踪，而采用基于绝对时间的采样频率。在系统稳态情况下，两端的同步时间不超过 10 μs，尽管某些应用需要更高的时钟同步精度，例如不超过 1 μs。短时内可以允许更大的同步误差，但是如果同步时间超过 10 μs 的话，则要求对两端估计同步误差的最小上限值。 为了进行暂态跟踪，采样窗口必须对齐，也就是说，在任一端的每个相量窗口的采样时间设置必须一致，不允许相互重叠。可以理解，在信息交互过程中可能存在延迟，但是不应超过一定数值，例如 24 ms。也应认可有些数据可能会丢失或损坏，一定数量的数据丢失是可接受的，该量值的确定多少有些武断，根据经验，2.5%的数据丢失率是可以接受的。由于应用程序将很快收到更多的最新数据，所以对端没有必要重新发送丢失的数据，然而，有必要通知保护程序，这样它能够跳到下一个时间间隔。也应该意识到，有些时候通信可能会完全中断。 在这种情况下，出现数据损坏的可能性是无法避免的。即使是不考虑异常事件(例如故障引起的电子干扰)，许多误码率很低但是没有低到零的通信方式也被认为是正常的。除非采取措施，不然有可能因为误码而损坏交换的数据。对于该应用程序，必须检测到损坏的数据并且将其忽略，因为不正确的数据可能引起输电线路的保护误动，进一步可能会导致大停电。错误的数据比没有数据更加糟糕。为此，保护工程师要么用 32 位的循环冗余校验码(CRC)防止数据损坏，要么用其他方法确保在最坏的情况下，由数据造成的损坏每 300 年不超过一次。 在安装差动保护时，两端相互确认，设定各种参数，其中包括影响同步相量信息交互的参数。变电站 GPS 接收器可以用于采样同步，因此，将智能装置配置成与 GPS 时钟同步(并不总是这样)。在这种情况下，GPS 接收器不一定总是可靠，所以需要采取备份策略使智能装置可以在网络上使用网络时间协议与其他时钟同步。同样，系统工程师并不完全相信数字通信，所以他们强调要在两端之间建立物理上相互独立的两个通信通道。这样的话，假如仅有一个通信通道损坏，那么另一个通道还可以继续提供保护。 在投入运行期间，两个智能装置与它们的 GPS 时钟相连接并校检。在大量的离线测试成功之后，装置将在在线模式下重新初始化。 在 A 端重新初始化期间，同步相量服务器使本地采样时钟与 GPS 时钟同步，并且启动同步相量计算，然后 A 端尝试与 B 端建立连接，此时 B 端还没有初始化，所以 A 端等待。最后，当两端都就绪后开始交换同步相量数据，并且开始为输电线路提供数字式电流差动保护。 由于存在通信延迟，同步相量也提供了一个校准服务。也就是说，它将本地相量与发生在同一时间窗的远端相量相匹配。由于在正常运行情况下，也存在数据丢失或者数据失序的可能性，所以这是一项重要的工作。 在正常运行时，交换服务器尝试冗余地交换数据。即两个数据拷贝在物理上相互独立的路径上传送。这样的话，如果一个路径损坏了，数据还可以在另一路径上传送。 偶尔，通信网络可能在两个终端之间切换物理路径，从而改变时延。在切换到较短的路径时，可能接收到次序混乱的数据。在这种情况下，允许舍弃一些数据，理论上很快将会有更多的数据到达。 在极少数情况下，在一个或两个终端上的 GPS 时钟可能不可用。此时，可自动切换到采用通信网络的方式来维持采样时钟的同步，同时通知保护功能 GPS 同步信号丢失并估计同步误差。在完全丢失同步时钟的情况下，同样需要将其通知给保护功能。 同步失败以后，紧接着就应恢复时钟同步，有两种选择：采样时钟的重置或者逐步逼近，就保护功能而言，这两种方法都是可以接受的，但是应该关断保护，直到同步重新恢复

C.1.6 角色:用户、系统、应用程序、数据库、电力系统和其他利益相关方

描述与该功能相关或受其影响的所有人员(他们的职能或工作)、系统、数据库、组织和设备(例如,调度员、系统管理人员、技术人员、终端用户、服务人员、负责人、数据采集与监控系统、实时数据库、实时优化系统(Real-Time Optimal)、远程终端设备、智能电子设备(IED),甚至是电力系统)。同一个参与者在不同功能中可以起不同的作用,但在每个功能中只起一个作用。如果某个参与者(例如某人)在一个功能中起多重作用,则在表各行分别列出这些不同的作用。

角色	角色类型(人员,设备,数据库,系统等)	角色描述
通用相量客户端	功能	任一可能请求在同一时间基准下的相量量测值的监测、控制或者保护功能
同步相量订阅者	功能	订阅带时标的同步相量量测连续数据流的任一客户端
同步相量请求者	功能	请求某个瞬间的带时标同步相量测量的任一客户端
主机	装置	数据采集功能一般要求一个主机设备提供基本的硬件功能以支持测量,例如传感器、滤波器、A/D转换器等
时间同步装置	功能	全球同步时钟,用于控制数据采样的定时和相量的时间标记。通常由主机提供
采样装置	装置	将模拟信号转换为数字信号的装置,诸如可变频率振荡器(VC0)、差动积分A/D转换器或简单的A/D转换器。通常由主机提供
通信接口	装置	广域通信网络接口。通常由主机提供
时钟监视	功能	监视采样时钟的功能,以确保采样同步
相量测量单元(PMU)	装置	相量测量单元

C.1.7 法律问题:合同,法规,政策和约束

确定所有可能会影响功能设计与需求的法律问题,包括合同、法规、政策、财务事项、工程约束、环境污染约束和其他环境质量问题。

法律问题	对功能的影响
IEEE 1344:1995	变电站集成了测量系统,指定了数据的输出格式,确保测量过程能得到具有可比性的结果
Draft C37.118	同步相量标准为变电站计算机系统产生的相量测量定义了同步输入和数据输出,也讨论了来自样本数据的相量计算过程。希望此标准对基于数字计算机的变电站系统的开发者和使用者有一定的价值

C.2 功能图示

为了清晰地描述功能需求,用绘图来表示(通过手绘、PowerPoint或UML图示绘制)各部分之间的相互关系,清晰地表征每一个可能的步骤。

功能的绘图或图表
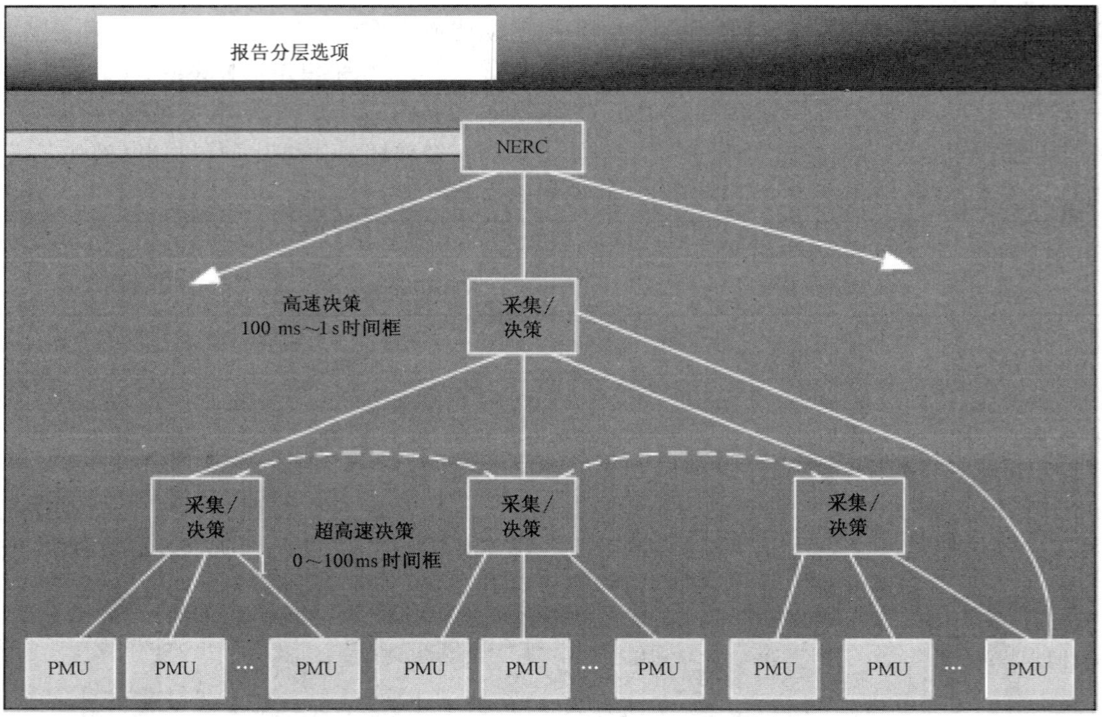

功能分步分析

描述实现功能的具体步骤。如果相关的步骤不止一组，复制如下分组(前提和假设，正常步骤序列，可选步骤序列或异常步骤序列)。如果已有步骤序列表不能涵盖所需步骤，应增加一个完整的步骤序列(而不是只增加一行)描述功能的实现步骤。

C.2.1 前提和假设

描述功能启动的前提条件，如角色和事件的先前状态。确认所有假设，例如现有系统、现有合同关系、系统可能适合的配置；确认下一步所有信息交互的初始状态，例如：假设 SCADA 系统正在监视电力系统的数据，则该活动的前提可能是“正常电力系统的监视活动正在进行”。

角色/系统/信息/合同	前提或假设
时间同步装置	在同步相量测量发布之前，相关的采样时钟必须与系统其他时钟同步
通信接口	在同步相量测量发布之前，通信接口必须初始化
激活相量发布	在采样时钟同步和通信接口准备好之后，激活相量发布

C.2.2 正常序列步骤

描述事件的正常序列，应着重于那些定义新的信息类型、新的信息交互或新接口的步骤。倘若该序列需要其他功能也能使用的详细步骤，则应该考虑创建一个新的子功能，然后参考该功能的子流程。须注意，重点是“实体”(如用户、系统、应用、数据库等)间的相互作用和信息流，而非应用算法。这些步骤与上述功能描述之间应该有清晰的对应关系。步骤的条目有：

- 序号：简单的可以为“1,2,3”；如果需要，可以表示并列步骤如“1a,1b,2,3a,3b,3c”。
- 事件：事件起始于步骤的开始，或前一步骤的结束、用户的功能要求、定期汇报的数据或电力系统事件。

- 过程或行为描述：描述该步骤发生的行为，重点在“实体”（例如：用户、系统、应用、数据库等）间的相互作用和信息流，而非应用算法。
- 信息产生者：定义信息源或信息的发出者，必须为上述确定的角色之一。
- 信息接收者：定义信息的接收者，这也必须为上述确定的角色之一。
- 信息的交换：简要描述所交换的信息：向该功能输入信息，信息来自用例中未说明的其他外部源；功能内部的信息交换（尽管可能为功能内不同应用和系统之间）、功能输出可能被用例中未提及的其他实体使用。
- 配置：位置、距离、通信布局、媒介、网络带宽、现有协议、设备数量、系统、数据容量、预期增长等。
- 服务质量要求：可用性、不同组成部分可接受的停电时间、恢复率、备用、数据交换频率、应对未来变化的弹性、响应时间、数据检测与显示或动作之间的延时。
- 安全要求：用户验证、保密性、完整性、服务拒绝的预防、认可和义务、纠错管理。
- 数据管理：数据源类型、数据的正确性或有效性、数据的及时性或时戳、数据量、跨系统数据的一致性与同步性、获取数据的及时性、跨机构的数据认证、传输管理、数据命名、辨识、不同系统间访问的格式、数据及数据库的维护。
- 约束或其他问题：所有其他附加问题和关注点。

功能名称		同步相量测量					
#	事件	过程/行为描述	信息产生者	信息接收者	信息交互		信息交互的特征
1	相量数据的采集	正常不间断地采集连续的带时标的同步相量数据	相量测量单元	主机	相量测量值	配置	在公用事业公司的变电站布置 PUM，数量＜100；在变电站控制室布置一台主机
						服务质量要求	延迟时间＜24 ms 同步时间＜10 μs， 数据丢失率＜2.5％
						安全要求	用相当于32位的不加密、可能无认证的循环冗余校验码（CRC）检查坏数据
						数据管理	每8 ms发送一次快速数据和小型数据包
						约束条件	
2	相量计算	计算并提供基于工频基波分量的三相带时标的同步电压/电流量。计算的理论基础是在给定的时间窗口内使用固定的采样频率，提供一个与最小均方差拟合的正弦波样本。应对非标称频率引起的误差进行修正	主机	主机	无信息交互的计算	配置	
						服务质量要求	转换准确性方差＜0.5％ 时标＜10 μs
						安全要求	完整性
						数据管理	非常快速的转换
						约束条件	

表（续）

功能名称		同步相量测量					
#	事件	过程/行为描述	信息产生者	信息接收者	信息交互		信息交互的特征
3	订阅相量测量的请求	要求本地相量测量被连续传送到远端客户端	普通的相量客户端	主机	连续的相量数据	配置	在变电站的主机和调度中心的一些相量客户端之间使用WAN和/或LAN
						服务质量要求	延迟时间＜24 ms 同步时间＜10 μ s， 数据丢失率＜2.5%
						安全要求	用相当于32位的没有加密、要求客户端认证的循环冗余校验码(CRC)检查不合格的数据
						数据管理	每8 ms发送一次快速数据和小型数据包
						约束条件	
4	取消订阅	取消先前订阅要求	同步相量订阅者	主机	一个取消消息	配置	在变电站的主机和调度中心的一些相量客户端之间使用WAN和/或LAN
						服务质量要求	确认收到取消信息
						安全要求	客户端要求的认证
						数据管理	
						约束条件	
5	请求单个相量量测值	单个本地相量测量应被传送给本地客户端	同步相量请求者	通信接口		配置	在变电站的主机和调度中心的一些相量客户端之间使用WAN和/或LAN
						服务质量要求	延迟时间＜24 ms 同步化时间＜10 μs， 数据丢失率＜2.5%
						安全要求	用相当于32位的不加密、要求客户认证的循环冗余校验码(CRC)检查坏数据
						数据管理	只有少量的数据
						约束条件	

C.2.3 备选、纠错管理和/或维护/备用序列的步骤

使用步骤表的副本，描述备选、纠错管理和/或维护/备用序列。

功能名称		同步相量测量					
#	事件	过程/行为描述	信息产生者	信息接收者	信息交互	信息交互的特征	
1	失去同步时钟	失去同步会触发：检查相量数据，或提示相量没有同步，或估计同步误差	时钟监控	主机	同步消息的丢失	配置	在公用事业公司的变电站布置 PUM，数量＜100；在变电站控制室布置一台主机
						服务质量要求	
						安全要求	需要认证
						数据管理	纠错管理
						约束条件	
2	时钟恢复	建立同步并恢复正常操作	时钟监控	主机	同步消息	配置	在公用事业公司的变电站布置 PUM，数量＜100；在变电站控制室布置一台主机
						服务质量要求	同步测试延迟时间＜24 ms 同步化时间＜10 μs， 数据丢失率＜2.5%
						安全要求	需要认证
						数据管理	
						约束条件	

配电自动化用例

本指导性技术文件所指的用户需求用例模板(第一版)

C.3 用户需求功能描述

C.3.1 概述

智能电网方法学将“用户需求”概念和“技术规范”概念相分离：用户需求定义为“什么”是需要的而不涉及任何特定的专业设计或技术，而技术规范定义为“如何”实现这个系统和应用程序以满足用户需求。

C.3.2 领域专家

本指导性技术文件所指的用户需求模板仅侧重于功能要求，由特定领域的专家和该功能的最终用

户共同描述。在填写该模板时，这些专家可能会得到其他领域专家的帮助，但必须牢记侧重点为用户需求。

领域专家	名称	职务	专业
首席	Fred	首席顾问	配电自动化
其他			
其他			

C.3.3 功能名称

功能名称
高级配电系统自动化(ADA)功能

C.3.4 功能范围和目标

简要描述该功能的范围、目标和基本原理。其目的是从应用环境的角度考虑此功能，特别是与其他相关功能的关系，例如搭建在此功能上的其他功能(反之亦然)。这里未必需要理由或效益成本评估，但应能切中该功能的关键点。

范围和目标功能
目标：高级配电系统自动化(ADA)功能的目标是通过以下 3 个过程(即准实时的数据准备、优化决策、配电系统与输发电系统的协调控制)的自动化，提高电力系统运行的可靠性、电能质量以及效率。 **适用范围：高级配电系统自动化(ADA)**。 **功能**：a)数据采集，以及数据一致性检验和修正；b) 电力系统配网模型的完整性校验；c)周期性和事件驱动系统的建模和分析；d)当前和预测报警；e)预想事故分析；f)协调电压/无功优化；g)故障定位、隔离和供电恢复；h)多级馈线重新配置；i)补救措施预案和应急措施间的协调；j)恢复方案预案和恢复措施间的协调；k)记录和报告。上述过程可通过不同的数据库和系统(EMS，OMS，CIS，MOS，SCADA，AM/FM/GIS，AMS 和 WMS) 的直接接口、对运行状态的全面准实时仿真、准实时预测优化和对实际配电运行的实时控制来实现。 **原理**：该功能实现了准实时的目标，这在通过自动化技术促进电力系统运行水平提高方面做出了重大的贡献，而这是不能通过现有的运行方法达到的。 **状态**：当前电力系统状态的方法学和功能规范已经得到了发展，它的原型(示范项目)和系统级项目在综合能源及通信系统体系框架(IECSA)项目之前，已经由国际电力咨询公司及电力客户共同在北美几家电力企业中加以应用实施了

C.3.5 功能描述

来自领域的专家从用户的角度，完整地描述了何时、何原因、在什么条件和期望下发生了什么。该描述应以文字表述，以便非领域的专家也能够理解。

功 能 描 述
A. 配电运行的建模和分析(DOMA) 该应用程序基于实时不平衡的配电潮流，动态地改变配电运行状态。应用程序分析了潮流仿真的结果并提供给操作员分析概要。此外，它为从变电站内部直到二次侧负荷中心的每个配电公司单元提供支持伪量测的其他应用程序。通过实时更新拓补结构、设备参数、负荷和输电系统相关部分保持最新的状态。 配电运行的建模和分析支持三种运行模式： 1. 实时模式，该模式反映电力系统的当前状态。 2. 超前模式，该模式反映预期不久(从 1h 到一星期)将要发生的状态。

表（续）

功能描述
3. 学习模式，该模式提供能够执行“假设分析”的学习能力。 由应用程序所执行的关键子功能如下： **1. 毗邻配电线路的输电/子输电系统的建模** 该子功能提供了变电站变压器和系统的输电/子输电部分的拓扑结构和电气特性，输电/子输电系统中的负荷和电压等级极大地取决于配电公司中这个特殊部分的运行状态。 模型也包括应用所关注的含负荷和电压限值的变电站变压器和输电/子输电线路。 **2. 配电线路网络建模** 该子功能提供了一个配电线路的拓扑结构模型，它从变电站变压器的配电侧开始，结束于每个配电变压器二次侧的等效负荷中心。拓扑结构的一致性检验在每次连接发生变化时执行。模型输入来自于以下几个方面：SCADA/能量管理系统、配电 SCADA 系统、现场人员、配电公司调度员、AM/FM/GIS、工作管理系统、停电管理系统数据库和工程师。 ● AM/FM/GIS 和高级配电自动化系统（ADA）的配电连接数据库之间的数据管理问题：不同的 AM/FM/GIS 数据库、数据转换器和 ADA 数据库之间的标准接口尚未开发出来并在实际中应用。AM/FM/GIS 数据库不是为实时运行而设计的。它们缺少 ADA 所需的许多对象和属性。数据库总体不支持交互一致性检验。现有的数据提取和向 ADA 数据库转换不能判定所有数据错误。所以，在建议和控制之前，ADA 应用程序必须进行额外的数据一致性校验和数据修正。典型地，电力企业并没有安排运行和维护人员定期更新 AM/FM/GIS 数据库，因此现场已经发生的许多变化尚未告知数据库。ADA 数据库与现场状态的同步对现代供电公司来说是一种挑战。 ● 在 CIS 和 AM/FM/GIS 之间以及 ADA 配电连接数据库的数据管理问题：对于 ADA 的应用，AM/FM/GIS 数据必须与 CIS 数据库中用户的信息数据相一致。这些数据包括账单数据和用户细节描述，如税率表、用户代码、表计编号、地址等。关键信息是账单数据，这个数据的更新是基于测量周期（通常是一个月）进行更新的，所以同步性较差。为了同步账单数据，应该使用自动抄表系统。为了更频繁地更新 ADA 数据库，将会增加 ADA 功能对单个配电变压器乃至用户的分辨力，应该引进一个高容量的通信系统，以便能在同一时间内从成千上万的仪表中收集数据。由自动抄表装置触发的一些步骤与 ADA 模型的需求有所冲突，合并账单就是一个例子，CIS 外部是无法获取位于汇总公司不同位置的配电变压器的单个负荷信息的。 **3. 配电节点负荷建模** 该子功能提供与配电变压器二次侧有关的有功或无功负荷特性，或如果表计用户是接在一次侧上，则提供一次侧的有功和无功特性。这些特性足以估计配电节点在任何给定时间的有功和无功，包括负荷曲线和不同种类的负荷对电压的敏感性（有功和无功功率）。在实时模式中，节点负荷与从相应的一次回路获得的实时量测值相一致。在实时测量中应用了有效性检验。负荷模型输入来自配电 SCADA 系统和由自动抄表设备支持的 CIS，并与 AM/FM/GIS 和气象预报系统相联系。 **4. 配电线路设施建模** 该子功能对以下配电线路设备进行建模： ● 架空线和地下线部分； ● 开关装置； ● 变电站变压器和配电变压器，包括降压变压器； ● 变电站电容器和馈线电容器，以及它们的控制器； ● 馈线串联电抗器； ● 电压调节器（单相和三相）和它们的控制器； ● LTC’s 和它们的控制器； ● 发电机和同步电机； ● 高频模式下的负荷等效。 所有的设备模型需足够详细，以满足配电运行建模和分析应用程序所需的准确度。

表（续）

功 能 描 述
5. **配网潮流** ● 该子功能为电力潮流建模，包括来自于自动控制装置（例如：LTCs、电容控制器、电压调节器）的影响，能计算辐射状网络和网状网络，包括那些有多个供电母线的辐射状网络和网状网络[例如，与电力系统互连的分布式能源(DER)]。 6. **输电能力评估** 该子功能为每个指定的联络线开关评估双向输电能力。输电能力指联络线开关的负荷并不导致互联馈线上任何电压或电流越限。 7. **电能质量分析** 该子功能通过以下方式执行电能质量分析： ● 将电压的（实际）测量值和计算值与限值比较； ● 确定电压或不平衡度超过限值部分的时间； ● 确定在各种电压偏移和不平衡期间的电能消耗总量； ● 记录电压越限发生的时刻； ● 基于谐波失真源的信息，建立更高次的谐波传播和共振条件模型； ● 基于电压畸变源的信息，建立快速的电压变化模型。 该子功能在计划的结线和无功补偿变化期间，提供估计预期的电压质量参数的能力。 8. **损耗分析** 该子功能建立在为配电公司的不同组件（例如，每条馈线或变压器负载）计算的技术损耗（例如，导线功率损耗、变压器的负载和空载损耗、介质电损耗）基础上。对于指定区域，这些损耗在给定的时间间隔（月、季度、年等）内累计。这些损耗进一步同相同的时间间隔内特定区域的输入电能值（基于测量）和相应的总电量消耗账单（从数据库获得）之间的差值进行比较，比较的结果得到商业损耗（**注**：我国叫管理线损）（例如，测量误差和窃电）的估计值。 9. **故障分析** 该子功能针对与馈电电路断路器和现场重合闸相联系的每个保护区域计算三相、两相接地和单相接地故障电流。最小故障电流与保护整定值相比较，而最大故障电流与断路器和重合闸的额定分断电流相比较，如果不满足需求，则生成一条信息发给调度员。 10. **运行状态评估** 该子功能给出了现有的变电站母线电压和变电站母线电压限值之间的差异。 该子功能还可以通过电压/无功控制估计可获得的、可分配的有功和无功负荷。调度员或者其他应用程序可以根据该信息进行有选择性的负荷削减。该子功能还为输电母线提供用于输电系统运行模型的汇总运行参数。 **B. 故障定位、隔离和供电恢复(FLIR)** 该应用程序检测故障，确定故障区域和可能的故障位置，并推荐配电馈线故障部分的优化隔离方案和故障恢复步骤。应用程序实现关键子功能如下： 1. **故障定位** 该子功能由 SCADA 输入启动，比如停电、故障指示/定位，也可以由停电管理系统输入启动，将来，输入也可来自故障预测设备。它决定了特定的保护设备，这些设备已经清除了持续故障，识别断电部分，并估计实际或预期的故障可能存在的地方。它将由可控保护装置切除的故障与那些熔断器切除的故障区别开来，并识别暂时断电和涌流/冷负荷启动电流。 2. **故障隔离和供电恢复** 该子功能支持三种运行模式： **闭环模式**，在此模式中，该子功能由故障定位子功能启动。它为远程控制开关装置产生一个开关顺序（即序列），以隔离故障部分和恢复无故障部分的供电。开关顺序通过 SCADA 自动执行。 **咨询模式**，在此模式中，该子功能由故障定位子功能启动。它对远程和手动控制开关装置产生一个开关顺序，以隔离故障部分和恢复无故障部分的供电。开关顺序呈交给调度员批准并执行。

表（续）

功能描述
研究模式，在此模式中，该子功能由用户启动。分析由用户修改并保存的事件，并产生一个用户指定运行条件下的开关顺序。 如果执行期间接线发生改变，子功能基于新的条件，中断执行并重新优化解决方法。如果在供电恢复期间有另一个故障出现，则子功能考虑一个新的故障场景而重新运行。当工作完成时为了恢复正常的配置，子功能要产生一个开关顺序。开关顺序是基于以下考虑：可用的远程控制开关装置、并联馈线、由分布式能源所支持的孤岛的建立、以及冷负荷启动电流。 **C. 预想事故分析（CA）** 该应用程序在配电网的相关部分实现 N-m 预想事故分析。该功能以下面几种运行方式： ● 周期性地； ● 由事件（拓扑结构变化、负荷变化，控制变化的有效性）驱动； ● 研究模式，在该模式中，用户设定条件，并由用户启动应用程序。 该应用程序将配电公司的实时运行可靠性状况通知给调度员。 **D. 多级馈线重构（MFR）** 该应用程序为不同的目标推荐最佳馈线连接的选择。它支持三种操作模式： **闭环模式**：在该模式中，该应用程序由故障定位、隔离和供电恢复来启动。不能通过简单的（一级）负荷转移恢复供电，而是采用多级负荷转移，为远程控制设备确定开关顺序，以恢复无故障区域的供电。 **咨询模式**：在此模式中，应用程序由 SCADA 报警启动，该报警由变电站变压器和配电线路过负荷时触发，或者由 DOMA 检测到过负荷时触发，或者由调度员指定目标和重构区域触发。在这种模式下，应用程序推荐给调度员一个开关顺序。 **研究模式**：在该模式中，该应用程序由用户启动，条件由用户定义。 该应用程序进行了多级馈线重构以满足下列目标之一： ● 运用多个可替代电源为用户最优地恢复供电。该应用程序通过故障定位、隔离和供电恢复等操作来达到该目标； ● 对过载部分的最佳卸载。追求的目标是：如果有来自 SCADA、或配电公司运行建模和分析、或预想事故分析的过负荷报警，则触发应用程序。报警由变电站变压器、配电线路段的过负荷产生，或根据调度员的要求产生； ● 损耗最小化； ● 故障最小化； ● 均衡电压。 最后 3 个目标由工程师/规划人员选定。 **E. 继电保护再协调（RPR）** 该应用程序基于预设的规则调整继电保护整定使其满足实时条件。这是通过分析继电保护整定和开关装置的运行模式实现的（即不论开关装置是在投切或者自动开关模式下），同时也考虑了实际接线、标签和天气状况。在馈线重构完成后，或一旦条件发生改变和要求熔丝保护，调用执行该应用程序。 **F. 电压和无功控制（VVC）** 该应用程序计算 LTCs、电压调节器、分布式能源（DERs）、电力电子装置和电容器状况的最优设置，通过在不同时间采用不同目标，或在目标冲突的情况下以权重的方式实现运行的最优化。 它支持三种运行模式： **闭环模式**，在该模式中，应用程序基于实时信息，周期地运行（例如每 15 min），或者由一个事件触发（如拓扑结构或目标变化）。该应用程序输出的策略由 SCADA 控制命令自动执行。 **研究模式**，在该模式中，应用程序在“假设”条件下运行，并向调度员提供操作的建议。 **超前模式**，在该模式中，调度员可以研究未来短期内（从 1 h 到一个星期）将要发生的状况。 该应用程序支持以下目标，如果需要的话，这些目标可以在 1 d 的不同时间预设，或者由调度员改写： ● 当电压超过给定电能质量的限值时，尽可能减小用电量（如确保用户终端为标准电压）；

表（续）

功能描述
● 尽可能降低馈线过负荷； ● （正常和紧急情况下）减少负荷以满足电压偏差； ● 通过降低电压节约电能； ● 减少或消除输电线路的过负荷； ● 减少或消除输电线路的电压越限； ● 为输电母线/配电母线提供无功支持； ● 提供旋转备用支持； ● 最小化能源成本； ● 协调以上目标。 在优化和执行解决方案期间，如果电路状态发生改变，则应用程序中止，并重新优化解决方案。在应用程序运行期间，如果部分操作失败，则重新优化解决方案，但不包括功能丧失的设备。如果部分受控设备对远程控制失效，则解决方案不包含这些设备，但考虑其对运行状况变化时的反应。 **G. 补救措施预案（RAS）预备** 应用程序从上级控制那里接收预启动信号，并改变配电侧补救措施预案（RAS）的设置（调整参数），如甩负荷方案（自愈电网的一个部分）或者有意地解列分布式电源（DER）。 **H. 紧急动作的协调** 该应用程序基于运行条件的变化或部分 RAS 对运行变化的反应，识别紧急状况，并协调目标、运行方式和其他 ADA 应用程序的约束。例如，低频减载方案触发电压/无功控制的紧急负荷削减模式，或者分布式能源（DER）低频保护触发分布式电源解列。 **I. 协调恢复动作** 该应用程序在紧急状况消除后，协调供电恢复。例如，ADA 基于当前用户的优先级，改变馈线重合顺序，或者直至断开馈线 ADA 才恢复正常电压水平。 **J. 智能报警处理** 该应用程序分析 SCADA 和 DOMA 产生的报警及输配电公司其他快速变化的运行参数，并且把多种报警总结到一条消息，该消息定义了报警的原因。例如，分布式电源（DER）励磁消失会引起多个配电线路电压迅速越限和馈线段过负荷，或者成功地闭合了一段馈线，但损失了较大的负荷，可能是由自动重合闸的设置和保护负荷支路的特定熔断器不协调引起的。

C.3.6 角色：用户、系统、应用程序、数据库、电力系统和其他利益相关方

描述与该功能相关或受其影响的所有人员（的职能或工作）、系统、数据库、机构和设备（例如：运行商、系统管理人员、技术人员、终端用户、服务人员、负责人、SCADA 系统、实时数据库、区域输电商、远程终端设备、智能电子设备（IED）、甚至是电力系统）。同一个角色在不同功能中可能起不同的作用，但在每个功能中只起一个作用。如果某个角色（例如：某人）在一个功能中起多重作用，则在各行分别列出角色不同的作用。

角色	角色类型（用户、设备、数据库、系统等）	角色描述
配电调度员		当值期间负责配电运行的人员
配电 SCADA 系统		配电系统监控和数据采集
转换验证功能		转换验证功能在 AM/FM/GIS 数据库和转换器之间使用标准接口，以验证现场渐进变化的信息

表（续）

角色	角色类型(用户、设备、数据库、系统等)	角色描述
ADA 数据检查装置		ADA 数据检查装置监视进入 SCADA 数据库的数据，同时监视其变化。当检测到预先定义的变化时，数据检查装置触发 ADA 调度系统
ADA 调度系统		基于预先定义的周期性和 ADA 数据检查装置检测到的事件，ADA 调度系统启动相应的功能
ADA 拓扑更新系统		ADA 拓扑更新系统基于数据检查装置检测到的状态变化更新 ADA 拓扑模型
ADA 配电运行模型和分析(DOMA)		潮流/状态估计结果的计算和分析
ADA VVC 控制器(VVC)		ADA 电压和无功控制器： 为满足不同系统范围目标的配电系统电压和无功协调最优控制
ADA:故障定位功能		配电系统故障检测和定位
ADA:故障隔离和供电恢复(FLIR)		隔离配电馈线的故障段，同时恢复正常部分的供电
ADA:馈线重构(FR)		为不同目标选择最优的馈线连接
ADA:继电保护协调		调整继电保护整定值和开关运行模式，在实时配置下提供协调的继电保护
ADA:补救措施预案(RAS)预备		预测到可能的紧急情况时改变 RAS 设置
ADA 紧急协调系统		在系统紧急状况下改变动作优先级
ADA 恢复协调系统		在系统的恢复状态中控制动作优先级
ADA:智能报警处理		将多个警报信息概括成一条描述性消息
负荷管理设备		循环控制各种周期性电器(直接负荷控制 DLC)，可中断和可削减负荷
UFLS:低频减载方案		基于频率条件切负荷
UVLS:低压减载方案		基于电压条件切负荷
SLS:特殊减载方案		基于特殊运行条件切负荷
停电管理系统		处理故障呼叫，派遣调试人员
工作管理系统		配电公司维护管理
现场人员		手动操作现场设备，进行维修和施工工作
现场设备		配网自动装置监控的本地智能化，与 SCADA 通信
分布式智能配电方案		分布式智能方案(DIS)—基于本地信息和与系统中的其他成员之间的信息交换，在局部的分布区域内执行操作，可以与 SCADA 通信
分布式智能配电方案中的智能电子设备(IEDs)		智能配电方案中的智能电子设备(IEDs)组

表（续）

角色	角色类型（用户、设备、数据库、系统等）	角色描述
分布式电源（DER）所有者		分布式电源（DER）的维护和运行
输电公司（TransCOs）		电能从发电到配电的输送，受配电公司所定义的约束/合同约束
能源管理系统		输电和发电管理系统提供给 ADA 相关的输电/发电目标、约束和输入数据
区域输电调度（RTO）/独立系统调度（ISO）		广域电力系统控制中心为配电公司提供更高层次的负荷管理和其他信号
电力市场运营系统		为配电公司提供高层次的市场信号的广域电力市场管理系统
主要用户		根据监管和合同规定，配网公司（DisCos）服务的主要用户
用户服务代表		配电公司和用户群之间的第三方实体
AM/FM/GIS 数据库		配电公司的资产、相互关系（关联性）、所有权和各项活动的数据库
用户信息系统		与配电公司服务相关的用户信息的数据库
自动抄表设备		自动抄表设备与 CIS 以及 AM/FM/GIS 数据库互连
资产管理系统		资产管理系统与 AM/FM/GIS 互连
补救措施方案		补救措施方案基于本地信息、预先设置和外部信号执行本地的应急操作，能够适应本地运行条件的变化
ADA 数据库		ADA 数据库包含以下信息：当前接线方式、运行参数、电气、经济和配电公司的其他相关特征
ADA 历史数据库		
ADA 测试数据库		
日环境参数采集器		
IT 人员		
负荷预测人员		
DMS SCADA 数据库		
系统调度员		
RAS 预警方案功能		
故障隔离和供电恢复子功能		
ADA 负荷管理功能		包括 ADA VVC 控制器

C.3.7 合同、法规、政策和约束

确定所有可能会影响功能设计与需求的法律问题，包括合同、法规、政策、财务事项、工程约束、环境污染约束和其他环境问题。

法律问题	对功能的影响
配电公司与输电公司间的合同	**运行边界**:如果边界在断路器层面,那么 ADA 在变电站内部没有直接访问变电站电容器和电压调节器的权利。为了协调电压/无功控制、馈线重构、供电恢复,ADA 需要变电站的接线、变压器负荷、电压调节器和电容器的状态,以及他们的控制器的信息。此外,在闭环模式下,ADA 应该具有控制这些装置的能力。如果边界是在变电站变压器的高压侧,则 ADA 能够访问变电站设备及相应的信息。 **电压/无功协议**。在输电侧定义电压限值并在配电侧定义无功功率需求。如果没有遵从合同参数,电压/无功应用程序可能不满足相关目标,并可能引起客户端电压越限
配电公司和分布式能源(DER)所有者的合同	**计划**。在不同时间和公共连接点(关口)(PCC)潮流约束下定义分布式能源(DER)所产生的总功率。当偏离计划时,必须及时检测并由配电公司中其他的备用容量进行补偿。 **电压/无功控制协议**。为电压/无功控制定义分布式能源(DER)的运行和设置模式。为运行和设置(本地/远程,DER/EPS)模式的改变制定规则。当出现偏离协议时,必须及时检测并由配电公司中其他的备用容量进行补偿。 IEEE 标准 1547。定义分布式能源(DER)和配电公司(EPS)的互连规则。偏离规则时可能会导致电能质量越限,延长供电恢复的时间,损坏分布式能源(DER)设备。当出现偏离标准时,必须及时检测并启动应急预案
配电公司和用户之间的合同	**IEEE 标准 519**。在客户端定义了电能质量的需求。为满足这些需求专门设计了 ADA 功能。因此,ADA 必须能够监测或准确的估计出用户终端的电能质量参数,报告并消除(或明显的减轻)这些偏差。 **基于性能的分级**。定义对象的服务可靠性水平。配电公司和 ADA 功能设计应满足这个目标。 **可靠性保证**。ADA 功能应该能够区分需要可靠性保证的用户和不需要可靠性保证的用户;供电恢复方案的重点是满足需要可靠性保证的用户,而对于其他的用户,则把提供可靠的服务作为一个目标。 **负荷管理协议**。定义直接负荷控制、负荷削减、中断和切负荷的条件、数量和频率

C.3.8 前提和假设

描述功能启动的前提条件,如角色和事件的先前状态。确认所有假设,例如现有系统、现有合同关系、系统可能适合的配置;确认下一步中所有信息交互的初始状态,例如假设 SCADA 系统监视电力系统的数据,则该活动的前提是"正常电力系统的监视活动正在进行"。

角色/系统/信息/合同	前提或假设
AM/FM/GIS 数据库	AM/FM 数据库包含配网接线的地理信息,以及电力系统设备的参数描述。从理论上来说,AM/FM/GIS 数据库能够包含输电结线、设备数据以及与用户有关的配电运行数据
CIS 系统(或 CIS 数据代理)	用户信息系统(CIS)包含每一个馈线节点上估计的用户负荷数据,这些负荷数据是基于账单数据和不同负荷种类的日负荷曲线、周负荷曲线进行估计的
能源管理系统 SCADA	能源管理系统包含输电网模型,并能够为位于配电网附近且使用其他能源管理系统应用程序输出的设备提供输电接线信息
DMS SCADA 数据库	配电 SCADA 系统数据库通过远程监视和调度员输入进行更新。需要提供实时测量的范围、速度和精度,并支持监视和闭环控制功能
转换验证功能	C&V 功能从 AM/FM/GIS 或 CIS 提取增量变化,并把它转换成 ADA 数据库格式

表(续)

角色/系统/信息/合同	前提或假设
日环境参数据采集器	收集环境数据
系统调度员	电力系统运行决策人
负荷预测	负荷预测系统
ADA 数据检查器	ADA 数据检查器频繁查核 SCADA 数据库的变化
ADA 调度系统	ADA 调度系统用于协调预定义方式下的 ADA 功能
ADA 拓扑更新检查系统	检查配电公司的拓扑结构
IT 人员	现场 IT 支持
ADA 拓扑更新系统	ADA 拓扑更新系统在数秒内"重新配置"接线模式
ADA 测试数据库	数据库包含测试数据值
ADA 配电运行的建模和分析(DOMA)	**前提**:配电 SCADA 系统具有分布在配电馈线上的智能电子设备,报告远程控制开关的状态和模拟量,包括电流、有功、无功和电压。在没有远程指导的情况下,系统调度员更新含有开关状态的 SCADA 数据库的能力。含有模拟量和状态量的变电站 SCADA 来自 CBs。 能量管理系统与 ADA 连接。ADA 数据库根据最新的 AM/FM 和 CIS 数据以及操作者输入进行更新。DOMA 性能的选项被选定

C.4 功能图示

为了清晰的描述功能需求,绘图表示(通过手绘、Power Point 或 UML 图示绘制)各部分之间的相互关系,清楚表征每一个可能的步骤。

功能的图示和图表

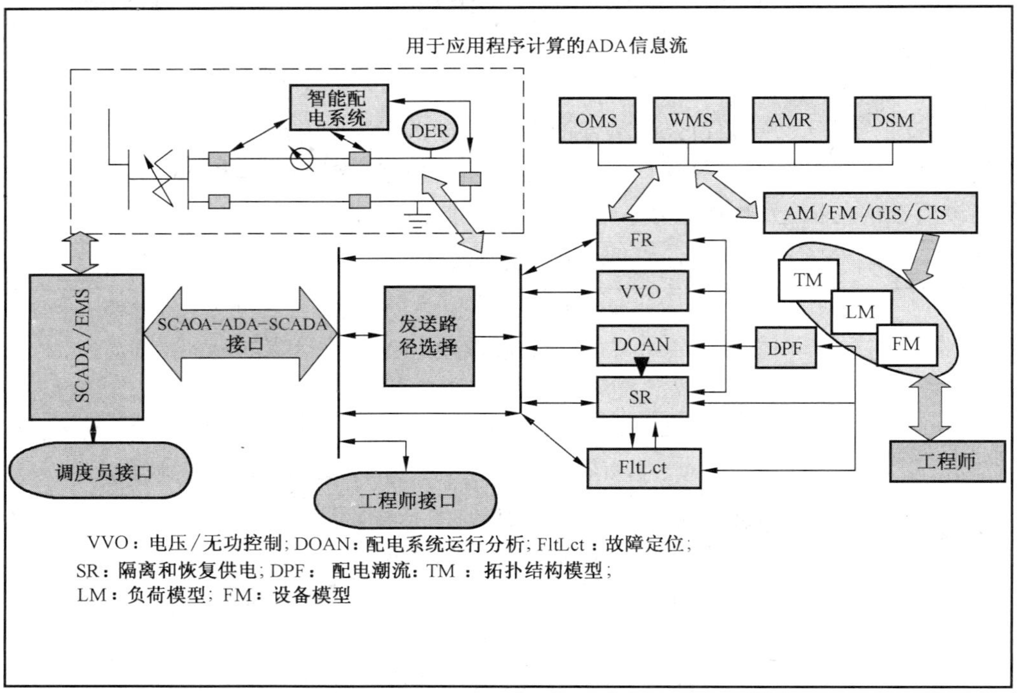

C.5 功能分步分析

描述实现功能的具体步骤。如果相关的步骤不止一组，复制如下分组（正常步骤序列，可选步骤序列或异常步骤序列）。如果已有步骤序列表不能涵盖所需步骤，应增加一个完整的步骤序列（而不是只增加一行）描述功能的实现步骤。

C.5.1 正常序列的步骤

描述事件的正常序列，应着重于那些定义新的信息类型、新的信息交互或新接口的步骤。倘若该序列需要其他功能也能使用的详细步骤，则应该考虑创建一个新的子功能，然后参考该功能的子流程。须注意，重点是“实体”（如用户、系统、应用、数据库等）间的相互作用和信息流，而非应用算法。这些步骤与上述功能描述之间应该有清晰的对应关系。步骤的条目有：

- 序号：简单的可以为“1,2,3”；如果需要，可以表示并列步骤如“1a,1b,2,3a,3b,3c”。
- 事件：事件起始于步骤的开始，或前一步骤的结束、人员的功能要求、定期汇报的数据或电力系统事件。
- 过程或行为描述：描述该步骤发生的行为，重点在“实体”（例如人员、系统、应用、数据库等）间的相互作用和信息流，而非应用算法。
- 信息产生者：定义信息源或信息的发出者，必须为上述确定的角色之一。
- 信息接收者：定义信息的接收者，这也必须为上述确定的角色之一。
- 信息的交互：简要描述所交互的信息：向该功能输入信息，信息来自用例中未说明的其他外部源；功能内部的信息交换（尽管可能为功能内不同应用和系统之间）、功能输出可能被用例中未提及的其他实体使用。
- 配置：位置、距离、通信布局、媒介、网络带宽、现有协议、设备数量、系统、数据容量、预期增长等。
- 服务质量要求：可用性、不同组成部分可接受的停电时间、恢复率、备用、数据交换频率、应对未来变化的弹性、响应时间、数据检测与显示或动作之间的延时。
- 安全要求：用户验证、保密性、完整性、服务拒绝的预防、认可或义务、纠错管理。
- 数据管理：数据源类型、数据的正确性或有效性、数据的及时性或时戳、数据量、跨系统数据的一致性与同步性、获取数据的及时性、跨机构的数据认证、传输管理、数据命名、鉴定、不同系统间访问的格式、数据及数据库的维护。
- 约束或其他问题：所有其他附加问题和关注点。

<table>
<tr><td colspan="2">功能名称</td><td colspan="6">配电运行与模式分析</td></tr>
<tr><td>序号</td><td>事件</td><td>过程/行为描述</td><td>信息产生者</td><td>信息接收者</td><td>信息交互</td><td></td><td>信息交互特征</td></tr>
<tr><td rowspan="5">1</td><td rowspan="5">数据转换和验证</td><td rowspan="5">ADA 数据库管理员授权转换和验证功能以提取、转换并验证接线和配电变压器负荷数据。这是第 1 阶段验证</td><td rowspan="5">ADA 数据库管理员</td><td rowspan="5">转换验证功能</td><td rowspan="5">授权去启动第一阶段的验证</td><td>配置</td><td></td></tr>
<tr><td>服务质量要求</td><td></td></tr>
<tr><td>安全要求</td><td></td></tr>
<tr><td>数据管理</td><td></td></tr>
<tr><td>约束条件</td><td></td></tr>
<tr><td rowspan="5">2</td><td rowspan="5"></td><td rowspan="5">DOMA 功能校验最新下载的 DMS SCADA 数据，以获取拓扑变化并用来获得最新的相关模拟数据</td><td rowspan="5">DMS SCADA 数据库</td><td rowspan="5">DOMA 功能</td><td rowspan="5">DMS 实时模拟量、状态量和 TLQ 数据</td><td>配置</td><td></td></tr>
<tr><td>服务质量要求</td><td></td></tr>
<tr><td>安全要求</td><td></td></tr>
<tr><td>数据管理</td><td></td></tr>
<tr><td>约束条件</td><td></td></tr>
</table>

表（续）

功能名称		配电运行与模式分析					
序号	事件	过程/行为描述	信息产生者	信息接收者	信息交互		信息交互特征
3		ADA 拓扑更新系统基于最新的 DMS SCADA 数据准备改变结线，以更新 ADA 数据库	DOMA 功能	ADA 拓扑更新系统	连接的变化	配置	
						服务质量要求	
						安全要求	
						数据管理	
						约束条件	
4		ADA 拓扑更新系统更新 ADA 数据库	ADA 拓扑更新系统	ADA 数据库	ADA 数据库更新	配置	
						服务质量要求	
						安全要求	
						数据管理	
						约束条件	
5		转换和验证功能接收初始（没有任何修正）的接线方式、账单和设备参数数据	AM/FM/GIS 数据库	转换验证功能	初始的接线方式、账单和设备参数数据	配置	
						服务质量要求	
						安全要求	
						数据管理	
						约束条件	
6		在完成第 1 阶段分析后，转换和验证功能产生一个关于电路连接和变压器负荷错误信息的报告	转换验证功能	ADA 数据库管理员	关于电路连接和变压器负荷错误信息的报告	配置	
						服务质量要求	
						安全要求	
						数据管理	
						约束条件	
7		在审查了第一阶段的报告后，ADA 数据库管理员发出一个授权书，授权执行第 1 阶段的修正	ADA 数据库管理员	IT 人员	执行第一阶段修正的授权书	配置	
						服务质量要求	
						安全要求	
						数据管理	
						约束条件	
8		ADA 数据库管理员基于第一阶段的报告，授权应用程序修正 AM/FM/GIS 数据库	IT 人员	AM/FM/GIS 数据库	第 1 阶段修正	配置	
						服务质量要求	
						安全要求	
						数据管理	
						约束条件	
9		完成第 1 阶段的修正后，转换和验证功能接收结线方式、账单和设备参数数据	AM/FM/GIS 数据库	转换验证功能	第 1 阶段后的结线方式、账单和设备参数数据	配置	
						服务质量要求	
						安全要求	
						数据管理	
						约束条件	

表（续）

功能名称		配电运行与模式分析					
序号	事件	过程/行为描述	信息产生者	信息接收者	信息交互		信息交互特征
10		转换和验证功能完成第1阶段的分析后，形成一份相关结线方式、账单和设备参数数据的报告，该报告不需要进一步修正	转换验证功能	ADA数据库管理员	显示电路结线方式和变压器负荷不需要修正的报告	配置	
						服务质量要求	
						安全要求	
						数据管理	
						约束条件	
11		在第1阶段产生的报告显示没有连接和变压器负荷问题后，转换和验证功能更新ADA测试数据库，进入第2阶段的验证	转换验证功能	ADA测试数据库	ADA测试数据库的更新	配置	
						服务质量要求	
						安全要求	
						数据管理	
						约束条件	
12		ADA数据库管理员通过负荷潮流分布和负荷转移分析，授权转换和验证功能验证设备参数，这是第2阶段验证	ADA数据库管理员	转换验证功能	授权启动第2阶段的验证	配置	
						服务质量要求	
						安全要求	
						数据管理	
						约束条件	
13		转换和验证功能接收来自ADA测试数据库的数据（它们随着第1阶段的修正被更新）的摘要，去执行第2阶段的分析	ADA测试数据库	转换验证功能	完成第1阶段修正后，来自ADA测试数据库的摘要	配置	
						服务质量要求	
						安全要求	
						数据管理	
						约束条件	
14		转换和验证功能接收来自ADA数据库（同时被DMS SCADA数据库更新）最新的状态量和测量值去执行第2阶段分析	ADA数据库	转换验证功能	来自ADA数据库最新的状态量和测量值	配置	
						服务质量要求	
						安全要求	
						数据管理	
						约束条件	
15		在执行完第2阶段的分析后，转换和验证功能为ADA数据库管理员发布一个报告	转换验证功能	ADA数据库管理员	关于不合理的负荷和电压越限、相应的设备参数、比较分析的结果以及不一致性修正的报告	配置	
						服务质量要求	
						安全要求	
						数据管理	
						约束条件	
16		在审查完第2阶段的报告后，ADA数据库管理员发布一个授权书，授权执行第2阶段的修正	ADA数据库管理员	IT人员	授权书授权执行第2阶段的修正	配置	
						服务质量要求	
						安全要求	
						数据管理	
						约束条件	

表（续）

功能名称		配电运行与模式分析					
序号	事件	过程/行为描述	信息产生者	信息接收者	信息交互	信息交互特征	
17		基于 ADA 数据库管理员授权程序得到的第 2 阶段的报告，修正 AM/FM/GIS 数据库	IT 人员	AM/FM/GIS 数据库	第 2 阶段的修正	配置	
						服务质量要求	
						安全要求	
						数据管理	
						约束条件	
18		在完成第 2 阶段的修正后，转换和验证功能接收结线方式、账单和设备参数	AM/FM/GIS 数据库	转换验证功能	第 2 阶段完成后的结线方式、账单和设备参数	配置	
						服务质量要求	
						安全要求	
						数据管理	
						约束条件	
19		转换和验证功能更新 ADA 测试数据库	转换验证功能	ADA 测试数据库	更新 ADA 测试数据库	配置	
						服务质量要求	
						安全要求	
						数据管理	
						约束条件	
20		转换和验证功能接收来自 ADA 测试数据库（它们随着第 2 阶段的修正被更新）的摘要，去执行第 2 阶段的下一轮分析	ADA 测试数据库	转换验证功能	在第 2 阶段修正完成后，来自 ADA 测试数据库的摘要	配置	
						服务质量	
						安全要求	
						数据管理	
						约束条件	
21		转换和验证功能接收来自 ADA 数据库（同时被 DMS SCADA 数据库更新）最新的状态量和测量值，去执行第 2 阶段下一轮的分析	ADA 数据库	转换验证功能	来自 ADA 数据库最新的状态量和测量值	配置	
						服务质量要求	
						安全要求	
						数据管理	
						约束条件	
22		完成第 2 阶段的分析后，转换和验证功能发布一个报告，显示相关的不合理负荷和电压越限或者相应的设备参数，该报告不需要进一步更正	转换验证功能	ADA 数据库管理员	报告显示相关的不合理负荷和电压越限或者相应的设备参数，该报告不需要进一步的修正	配置	
						服务质量要求	
						安全要求	
						数据管理	
						约束条件	
23		在审查完第 2 阶段的报告后，若确定无需作进一步的修正，则 ADA 数据库管理员授权去更新 ADA 数据库	ADA 数据库管理员	IT 人员	授权去更新 ADA 数据库	配置	
						服务质量要求	
						安全要求	
						数据管理	
						约束条件	

表（续）

功能名称		配电运行与模式分析					
序号	事件	过程/行为描述	信息产生者	信息接收者	信息交互		信息交互特征
24		给出允许更新 ADA 数据库的权限后，IT 人员接收所需要的来自 ADA 测试数据库更新	ADA 测试数据库	IT 人员	ADA 数据库更新	配置	
						服务质量要求	
						安全要求	
						数据管理	
						约束条件	
25		IT 人员更新 ADA 数据库	IT 人员	ADA 数据库	ADA 数据库更新	配置	
						服务质量要求	
						安全要求	
						数据管理	
						约束条件	

C.5.2 备选、纠错和/或维护/备用序列步骤

使用步骤表的副本，描述备选、错误管理、和/或维护/备用序列的选择步骤。

功能名称		配电运行与模式分析					
序号	事件	过程/行为描述	信息产生者	信息接收者	信息交互		信息交互特征
1						配置	
						服务质量要求	
						安全要求	
						数据管理	
						约束条件	
2						配置	
						服务质量要求	
						安全要求	
						数据管理	
						约束条件	

附　录　D
（资料性附录）
用户用例的示例

D.1　用户功能的需求说明

D.1.1　概述

智能电网的研究方法从“技术规范”中分离出“用户需求”的概念。用户需求定义用户需要“什么”，并不涉及任何具体的设计或者技术；而技术规范定义“如何”实现系统和应用，以满足用户需求。

D.1.2　领域专家

本智能电网技术文件用户需求模板仅侧重于功能要求，由特定领域的专家和该功能的最终用户共同描述。在填写该模板时，这些专家可能会得到其他领域专家的帮助，但必须牢记侧重点为用户需求。

领域专家	姓名	职务	研究领域
首席专家			实时电价
专家			
专家			

D.1.3　功能名称

功能名称

功能名称
实时电价

D.1.4　功能范围及目标

简要描述该功能的范围、目标和基本原理。其目的是从应用环境的角度考虑此功能，特别是与其他相关功能的关系，例如搭建在此功能上的其他功能（反之亦然）。这里未必需要理由或效益成本评估，但应能切中该功能的关键点。

功能范围和目标
“实时电价企业活动”的目的是实施和管理一种全面的分布式计算系统。该系统整合关键系统运营者，允许用户依据“实时”（运作时间范围可提前数秒至数天）的电价信号，计划和调整其用电负荷和发电量。电价信号由市场中介——电力服务供应商（供电商 ESP）提供。用户以用电计划和辅助出价的方式向电力市场提供其预计负荷和发电量（可能由供电商汇总）。在一个可选择的监控方案下，通过与用户共享成本驱动，实时电价为配电运行商就总负荷的潜在突变提供了一种预防机制

D.1.5　功能描述

领域专家从用户的角度，完整地描述何时、何原因、什么条件和期望下发生了什么。这种描述应用文字表述，以便非领域的专家也能够理解。

功能描述
一个典型的一天的生活场景如下(注意讨论的部分用数字标记,在之后的分析中将被用于从场景中提取需求): 在传统的供电系统中,基于时间的用户能耗成本分析几乎是无法实现的。然而,能源供应的实际成本是随时间和负载变化的。受监管企业将变动成本考虑成平均成本。今天,现代电子和通信技术使得更精确的成本分配和电能使用符合成本效益。实时电价是一种基于真实成本的市场机制,它为用户提供动态反馈控制和电能定价。 (1) 区域输电调度/独立系统调度(RTO/ISO)/市场运行体系(或其他市场实体,取决于市场设计)根据已经提交的用电计划和出价、可用的辅助服务、天气情况、工作日、输配电业务的计划停电信息和实时信息等,按周期预测某一特定的期间(例如未来24 h)电力系统的状态。 (2) 根据上述预测,实时电价计算功能为各结算周期(例如:每小时)和各电力系统节点计算负荷电价比对表。这些表就是实时电价的基础数据。该计算是为了准确地预报周期内的供电成本。 (3) 这些实时电价(RTP)基础数据表提供给所有该信息的订阅者(根据市场规则),通常被上传至市场接口服务器中。 (4) 供电商从市场接口服务器中下载这些实时电价基础数据表,根据与各类用户签订的合同,计算用户专用的实时电价费率表。例如:峰值时减荷能力强的大工业用户与调荷能力弱的小商业用户的费率将有所不同。 (5) 供电商通过传真、电子邮件或直接数据通道(如拨号电话或AMR系统)等方式将这些用户专用的实时电价费率表发给每一位用户。 (6) 根据收到的用户专用费率表、负荷限制和要求、分布式电源的限制、要求和容量,楼宇自动化系统优化其负荷和分布式电源。楼宇自动化系统(BAS)以经济、舒适性为目标,考虑特定用户设备的动态特性,把握负荷转移的性质和机会。 (7) 楼宇自动化系统发出(或更新现有的)负荷计划和分布式发电计划和其他控制机制。这些控制动作能够自动完成,或由用户检查和修改。 (8) 用户的楼宇自动化系统可以向分布式电源管理系统发送发电计划,供其在每个结算周期内实施。 (9) 楼宇自动化系统使用站点优化算法预测负荷和分布式发电。它也决定其所能提供的辅助服务,如增加分布式发电量或紧急切负荷,并计算提供这些辅助服务的报价。 (10) 然后,楼宇自动化系统向供电商(或计划协调员,取决于市场结构)提交这些用电计划和辅助服务的报价,作为区域输电调度/独立系统调度市场操作的依据。 (11) 供电商汇总(或作为个体信息)用电计划和辅助服务报价,并递交给电力市场运作。这些数据将影响下一次迭代的实时电价计算。 (12a) 在结算周期末或在周期内的优化时刻,楼宇自动化系统向终端设备发布负荷控制命令(设置负荷水平、运行周期、启/停等)。分布式电源管理系统依据计划控制分布式发电设备。 (12b) 配电调度系统监视较大的分布式发电设备,确保满足电能质量要求,并协助管理紧急情况(详见高级配电系统自动化用例)。 (12c) 负荷和发电偏差、以及市场运营要求的辅助服务的启动,按照正常电力市场运营流程处理(详见电力市场运营用例)。 (13) 在结算周期后(见抄表用例),表记数据管理代理(MADA)读取用户负荷和发电量,并发送给电力市场运营结算系统(见市场运营用例)。有效而精细的负荷分布信息(例如,在计费期内,以15 min为用电周期进行测量)能支持商定费率的精确应用。 (14) 外部监管机构和审查人员检查实时电价基础数据和用户专用费率表,以保证其符合市场规范。 系统和电网管理员管理通信网络,(公共环境下的)联网设备,及该领域模板定义的安全域内的所有分布式应用。管理员还要管理该领域内所有设备的寿命周期和分布式计算应用。智能设备中的高级系统管理功能将帮助管理员进行相关的管理。

D.1.6 角色:用户、系统、应用、数据库、电力系统及其他利益相关方

描述与该功能相关或受其影响的所有人员(他们的职能或工作)、系统、数据库、组织和设备(例如,调度员、系统管理人员、技术人员、终端用户、服务人员、负责人、数据采集与监控系统、实时数据库、实时

优化系统(Real-Time Optimal)、远程终端设备、智能电子设备(IED),甚至是电力系统)。同一个参与者在不同功能中可以起不同的作用,但在每个功能中只起一个作用。如果某个参与者(例如:某人)在一个功能中起多重作用,则在下表各行分别列出这些不同的作用。

角色名称	角色类型(人员、设备、数据库、系统等)	角色描述
区域输电调度/独立系统调度	组织	负责维持输电系统可靠性,保证电网向所有市场参与者开放。其责任包括:输电规划、实时系统运行和市场监管
市场定时器	定时器	在某月、某星期、某天等特定时间触发执行应用程序
市场接口	服务器	存储、管理和保护电力企业的市场运营和市场参与者间的信息流
电力服务供应商	系统	接收实时电价基础数据表,计算用户专用实时电价费率表
用户楼宇自动化	系统	接收用户专用实时电价费率表,优化用电负荷和分布式发电。上传用电计划、辅助服务报价、执行实时负荷控制
用户用电负荷	电力设备	按照用电计划控制设备
预测定时器	定时器	启动上传用户负荷预测和辅助服务报价
分布式电源	电力设备	按照分布式发电计划管理设备
分布式电源管理者	系统	系统按照来自用户 EMS 或其他来源的计划执行
输电运营	系统	向电力市场提供电力系统配置和实时数据
输电系统	电力设备	输电系统设备
输电 SCADA	系统	向市场运营系统提供预测和实时输电信息
配电运行	系统	向电力市场提供实时数据,监视(较大的)分布式发电设备
配电系统	电力设备	配电系统设备
配电 SCADA	系统	监视分布式电源,同时向市场运营系统提供预测和实时配电信息
表计	设备	采集每个时间周期的电能和需量数据
用户门户网站	设备	启用和管理接入网与建筑内网络/设备间的通信
智能终端设备	设备	接收用户楼宇自动化系统或用户门户网站的控制和/或电价信号
表计数据管理代理	人员	读取用户用电负荷和发电量
监管和审计人员	人员	检查实时电价基础数据表和用户专用实时电价费率表,确保符合相关市场规范
系统管理员	系统	管理整个实时电价系统,包括网络和系统(应用和设备)管理、安全政策管理和执法、寿命周期管理

D.1.7 法律问题:合同、法规、政策和约束

确认所有可能会影响设计与功能需求的各类法律问题,包括合同、法规、政策、金融事项、工程约束、污染限制及其他环境问题。

法 律 问 题	法律问题对功能的影响
企业运营	能源监管机构监管企业运营
市场电价(表)管理	因市场环境以及与供电商签订的实时电价合同的不同而异
与供电商签订的用户实时电价合同	推动技术和安全要求
网络和系统管理政策	管理网络和通信资源,包括服务协议的服务质量和管理的重点
安全策略管理	在所有相关设备和应用中,加强和启用特定安全功能和要求

D.1.8 前提和假设

描述功能启动的必备前提条件,如参与者和事件的先前状态。确认所有假设,如现有系统、现有合同关系、系统可能合适的配置;确认下一阶段中信息交换的初始状态,例如,若 SCADA 系统正在监测电力系统的数据,前提可能是监控系统正在进行正常监测。

参与者/系统/信息/合同	前提或假设
市场运营	开发和执行市场电价(表),支持实时电价
输电/配电调度	正常电力系统运行中,一些用户已经签约接收和响应实时电价信号
用户楼宇自动化	用户拥有楼宇自动化系统,该系统能够依据用户设置的参数和实时电价值计算最佳负荷模式和分布式发电模式

D.2 功能的分布分析

描述执行功能的具体步骤。如果相关步骤不止一组,复制以下分组(正常步骤序列、可选步骤序列或异常步骤序列)。如果已有步骤序列表不能涵盖所需步骤,应增加一个完整的步骤序列(而不是只增加一行)。

D.2.1 正常序列步骤

描述事件的正常序列,应着重于那些定义新的信息类型、新的信息交互或新接口的步骤。倘若该序列需要其他功能也能使用的详细步骤,则应该考虑创建一个新的子功能,然后参考该功能的子流程。须注意,重点是"实体"(如用户、系统、应用、数据库等)间的相互作用和信息流,而非应用算法。这些步骤与上述功能描述之间应该有清晰的对应关系。步骤的条目有:

- 序号:简单的可以为"1,2,3"。如果需要,可以表示并列步骤,如"1a,1b,2,3a,3b,3c"。
- 事件:事件起始于步骤的开始,或前一步骤的结束、人员的功能要求,定期汇报的数据或电力系统事件。
- 过程或行为描述:描述步骤中发生的行为。重点在"实体"(如人员、系统、应用、数据库等)间的相互作用和信息流,而非应用算法。
- 信息发出者:定义信息源或信息的发出者。必须为上述定义的参与者之一。
- 信息接收者:定义信息接收者。必须为上述定义的参与者之一。
- 信息的交换:简要地描述交换的信息:向该功能输入信息,信息来自用例中未说明的其他外部源;功能内部(尽管可能为功能内不同应用和系统之间)信息交换;功能输出可能被本用例未提及的其他实体使用。
- 配置:位置、距离、通信布局、媒介、网络带宽、现有协议、设备数量、系统、数据容量、预期增长等。

- 服务质量要求：可用性、不同组成部分可接受的停机时间、恢复率、备用、数据交换频率、应对未来变化的弹性、响应时间、数据检测与其显示或动作间的延时。
- 安全要求：用户验证、保密性、完整性、服务拒绝的预防、不可抵赖性或问责性、差错管理。
- 数据管理：数据源类型、数据的有效性或正确性、数据的及时性或时戳、数据量、跨系统数据的同步性或一致性、获取数据的及时性、跨机构的数据认证、传输管理、数据命名、鉴定、不同系统间访问的格式、数据和数据库的维护。
- 限制或其他问题：所有其他附加问题和关注点。

功能名称			实时电价				
#	事件	过程/行为描述	信息产生者	信息接收者	信息交互		信息交互特征
1	市场定时器启动电力系统运行状况的预测	预测电力系统下一个“结算”周期的情况	● 电能计划数据库； ● 辅助服务报价的数据库； ● 输电 SCADA 系统； ● 配电 SCADA 系统； ● 气象服务； ● 历史用电负荷预测数据库	电力系统负荷预测应用	● 电能计划； ● 辅助服务报价； ● 输电系统停电和约束数据； ● 配电公司停电和约束数据； ● 气象预报； ● 历史预测数据及参数	配置	1 000 s 系统、运行中心、MDMA
						服务质量要求	分钟
						安全要求	真实性、完整性
						数据管理	数据同步、跨组织边界数据
						约束条件	
2	市场定时器启动实时电价基本表的计算	在各“结算”周期为不同系统节点处的不同负荷计算实时电价数值表	电力系统用电负荷预测应用	基础的实时电价计算器	预测各节点的用电负荷及发电量	配置	1 000 s 系统、运行中心、MDMA
						服务质量要求	分钟
						安全要求	真实性、完整性
						数据管理	数据同步、跨组织边界数据
						约束条件	
3	市场定时器为供电商启动实时电价基本数据的发送	基础的实时电价计算器在市场接口服务器上发布实时电价基本表，可供供电商获取/下载	基础实时电价计算器	市场接口服务器	实时电价基本数据表，为由以下数据组成的矩阵： ● 节点； ● 结算周期； ● 负荷； ● 基础价格	配置	1 000 s 系统、运行中心、MDMA
						服务质量要求	分钟
						安全要求	真实性、完整性
						数据管理	数据同步、跨组织边界数据
						约束条件	

表（续）

功能名称			实时电价				
#	事件	过程/行为描述	信息产生者	信息接收者	信息交互		信息交互特征
4	市场接口服务器上能够进行基本实时电价表升级	实时电价计算应用程序接收基本实时价格信息并为不同类别的用户计算特定实时电价表	市场接口服务器	供电商实时电价计算器	实时电价基本数据表，为由以下数据组成的矩阵： ● 节点； ● 结算周期； ● 负荷； ● 基础价格	配置	1 000 s 系统、调度中心、MDMA
						服务质量要求	分钟
						安全要求	真实性、完整性
						数据管理	数据同步、跨组织边界数据、备份
						约束条件	
5	供电商计算用户特定实时电价表	供电商向对应的签约用户发布用户特定实时电价	实时电价计算器	用户楼宇自动化系统优化应用	用户特定实时电价表，为由以下数据组成的矩阵： ● 节点； ● 结算周期； ● 负荷； ● 用户费率	配置	数以百万计的用户站点，低带宽
						服务质量要求	分钟
						安全要求	真实性、保密性、完整性
						数据管理	数据同步、备份
						约束条件	
6	楼宇自动化系统执行安全对话，接收实时电价表并确认	根据需求、约束和实时电价，楼宇自动化系统优化应用程序优化负荷和分布式发电	用户楼宇自动化系统优化应用	● 负荷计划数据库； ● 分布式发电计划数据库	● 负荷计划； ● 分布式发电计划	配置	数以百万计的用户站点，低带宽
						服务质量要求	分钟
						安全要求	真实性、保密性、完整性
						数据管理	数据同步、跨组织边界数据、备份
						约束条件	
7	用户检查计划	发布计划，供检查	用户楼宇自动化系统优化应用	用户	● 负荷计划数据库； ● 分布式发电计划数据库	配置	数以百万计的用户站点，低带宽
						服务质量要求	分钟
						安全要求	真实性、保密性、完整性
						数据管理	备份
						约束条件	

表（续）

功能名称			实时电价				
#	事件	过程/行为描述	信息产生者	信息接收者	信息交互		信息交互特征
8	楼宇自动化系统发布计划表	根据用户输入的信息，楼宇自动化系统更新计划表	用户楼宇自动化系统优化应用	● 负荷计划数据库； ● 分布式发电计划数据库	● 负荷计划数据库； ● 分布式发电计划数据库	配置	数以百万计的用户站点，低带宽
						服务质量要求	分钟
						安全要求	真实性、保密性、完整性
						数据管理	备份
						约束条件	
9	用户负荷预测和辅助服务报价	计算和更新用户负荷预测和发电报价	预测定时器	用户负荷预报和发电竞价/报价	● 用户负荷预报； ● 辅助服务/竞价/报价应用	配置	数以百万计的用户站点，低带宽
						服务质量要求	分钟
						安全要求	真实性、保密性、完整性
						数据管理	数据同步、跨组织边界数据，备份
						约束条件	
10	提交负荷预测和辅助服务竞价/报价	向供电商提交用户负荷预报和辅助服务报价，汇总发布给电力市场	用户负荷预测和发电竞价/报价	供电商汇总器应用	● 用户用电负荷预测； ● 辅助服务竞价/报价应用	配置	数以百万计的用户站点，低带宽
						服务质量要求	分钟
						安全要求	真实性、保密性、完整性
						数据管理	数据同步、跨组织边界数据、备份
						约束条件	
11	汇总：负荷和辅助服务	以电能计划的形式提交汇总的负荷；提交辅助服务竞价/报价	供电商汇总器应用	电能计划和辅助服务应用	● 汇总电能计划； ● 汇总辅助服务竞价/报价应用	配置	数以百万计的用户站点，低带宽
						服务质量要求	分钟
						安全要求	真实性、保密性、完整性
						数据管理	
						约束条件	

表（续）

功能名称			实时电价				
#	事件	过程/行为描述	信息产生者	信息接收者	信息交互		信息交互特征
12a	实时监控	楼宇自动化系统监视当前状态、设置和延缓用电要求。根据当前及预期电价、当前负荷情况、考虑用户的需求和优先度，楼宇自动化系统向简单负荷发出控制命令或向先进的终端设备发布远期定价	● 用户负荷； ● 楼宇自动化系统	● 楼宇自动化系统； ● 用户负荷	● 实施监控数据； ● 状态； ● 设置； ● 延缓用电要求； ● 自动开/关命令； ● 自动设置； ● 定价信息（实时电价）	配置	数以百万计的用户站点，低带宽
						服务质量要求	分钟
						安全要求	真实性、保密性、完整性
						数据管理	数据同步、跨组织边界数据、备份
						约束条件	
12b	分布式电源监视	基于电力系统可靠性要求，监视分布式电源设备	分布式电源系统	配电监视系统	分布式电源数据	配置	数以百万计的用户站点，低带宽
						服务质量要求	分钟
						安全要求	真实性、保密性、完整性
						数据管理	数据同步、跨组织边界数据、备份
						约束条件	
12c	电力系统实时运行	采集结算数据	输电监视系统和配电监视系统	结算系统	● 电力系统实时运行数据； ● 负荷； ● 发电量； ● 辅助服务	配置	数以百万计的用户站点，低带宽
						服务质量要求	分钟
						安全要求	真实性、保密性、完整性
						数据管理	数据同步、跨组织边界数据、备份
						约束条件	

表（续）

功能名称			实时电价				
#	事件	过程/行为描述	信息产生者	信息接收者	信息交互		信息交互特征
13	负荷测量	每个时间周期内可能按负荷或整栋楼宇计量的负荷。	表计	表记数据管理代理	• 表计数据； • 负荷特性； • 每个时间周期内的电能和需量	配置	数以百万计的用户站点，低带宽
						服务质量要求	分钟
						安全要求	真实性、保密性、完整性
						数据管理	数据同步、跨组织边界数据、备份
						约束条件	
14	审核	符合市场规范	• 实时电价基本数据库； • 用户专用实时电价数据库	• 监管人员 • 审计人员	• 实时电价基础数据库； • 用户特定实时电价数据库	配置	数以百万计的用户站点，低带宽
						服务质量要求	分钟
						安全要求	真实性、保密性、完整性
						数据管理	数据同步、跨组织边界数据、备份
						约束条件	

D.2.2 备选、纠错管理和/或维护/备用序列步骤

使用步骤表的副本，描述备选、错误管理，和/或维护/备用序列。

功能名称							
#	事件	过程/事件描述	信息产生者	信息接收者	交互信息		信息交互特点
1						配置	
						服务质量要求	
						安全要求	
						数据管理	
						约束条件	
2						配置	
						服务质量要求	
						安全要求	
						数据管理	
						约束条件	

ICS 45.060
S 40

中华人民共和国国家标准

GB/T 28806—2012/IEC 61133:2006

轨道交通 机车车辆 机车车辆制成后投入使用前的试验

Railway applications—Rolling stock—Testing of rolling stock on completion of construction and before entry into service

(IEC 61133:2006,IDT)

2012-11-05 发布 2013-02-01 实施

中华人民共和国国家质量监督检验检疫总局
中国国家标准化管理委员会 发布

前　言

本标准按照 GB/T 1.1—2009 给出的规则起草。

本标准使用翻译法等同采用 IEC 61133:2006《铁路应用　机车车辆　机车车辆制成后投入使用前的试验方法》。

与本标准中规范性引用的国际文件有一致性对应关系的我国文件如下：

——GB/T 1402—2010　轨道交通　牵引供电系统电压(IEC 60850:2007,MOD)；

——GB/T 21413(所有部分)　铁路应用　机车车辆电气设备(IEC 60077,IDT)；

——GB/T 24338.4—2009　轨道交通　电磁兼容　第 3-2 部分:机车车辆　设备(IEC 62236-3-2:2003,MOD)；

——GB/T 25117.2—2010　轨道交通　机车车辆　组合试验　第 2 部分:斩波器供电的直流牵引电动机及其控制系统的组合试验(IEC 61377-2:2002,MOD)；

——GB/T 25117.3—2010　轨道交通　机车车辆　组合试验　第 3 部分:间接变流器供电的交流电动机及其控制系统的组合试验(IEC 61377-3:2002,MOD)；

——GB/T 25119—2010　轨道交通　机车车辆电子装置(IEC 60571:2006,MOD)；

——GB/T 25120—2010　轨道交通　机车车辆牵引变压器和电抗器(IEC 60310:2004,MOD)；

——GB/T 25122.1—2010　轨道交通　机车车辆用电力变流器　第 1 部分:特性和试验方法(IEC 61287-1:2005,MOD)；

——GB/T 25123.1—2010　电力牵引　轨道机车车辆和公路车辆用旋转电机　第 1 部分:除电子变流器供电的交流电动机之外的电机(IEC 60349-1:2002,MOD)；

——GB/T 25123.2—2010　电力牵引　轨道机车车辆和公路车辆用旋转电机　第 2 部分:电子变流器供电的交流电动机(IEC 60349-2:2002,MOD)；

——GB/T 28809—2012　轨道交通　通信、信号和处理系统　信号用安全相关电子系统(IEC 62425:2007,IDT)。

本标准做了下列编辑性修改：

——增加引言提示本标准与其他 6 项国家标准的相关性；

——修订了正文中多处引用规范性文件遗漏第 2 章所声明的文件的版本号的问题,增加版本号；

——依据国情,9.13 中原文可参照的 UIC 505-1 用 GB 146.1—1983 代替；

——删除了 9.4.1.4 中的“考虑到不同国家的条件不相同,合同所规定的测量制动距离的方法可以变化,但所用方法应保证满足了试验目的”,因为作为我国国家标准不需要考虑不同国家的条件；

——资料性附录 A 中参照标准中已转为国标的用国标代替；

——删除了描述相关欧盟指令的资料性附录 B 及附录 B 中的参考性文件。

本标准由中华人民共和国铁道部提出。

本标准由全国牵引电气设备与系统标准化技术委员会(SAC/TC 278)归口。

本标准主要起草单位:铁道部质检中心牵引电气设备检验站、中国铁道科学研究院机车车辆研究所。

本标准参加起草单位:株洲南车时代电气股份有限公司、南车青岛四方机车车辆股份有限公司、南车株洲电力机车有限公司、中国北车集团大同电力机车有限责任公司、南车戚墅堰机车有限公司、中国北车集团大连机车车辆有限公司、南车长江车辆有限公司、长春轨道客车股份有限公司、青岛四方车辆研究所有限公司。

本标准主要起草人:陈高华、陆阳、王益民、刘护林。

本标准参加起草人:马文俊、余定华、张安、彭新平、崔岚、吴宏军、雷青平、刘金柱、代兴军、王凤洲。

引　言

本标准使用翻译法等同采用 IEC 61133:2006，是我国机车车辆的基础标准。

本标准是包括机车、货车、客车、动车组、城轨车辆等在内的机车车辆制成后投入使用前的试验方法与总体大纲，与下述5项国家标准相关：

——GB/T 3315　内燃机车制成后投入使用前的试验方法；

——GB/T 3318　电力机车制成后投入使用前的试验方法；

——GB/T 5601　铁道货车检查与试验规则；

——GB/T 12818　铁道客车组装后的检查与试验规则；

——GB/T 14894　城市轨道交通车辆组装后的检查与试验规则。

轨道交通 机车车辆
机车车辆制成后投入使用前的试验

1 范围

本标准规定了通过试验证明轨道交通新造整车符合标准或其他规范性文件的通用准则。

本标准部分或全部适用于所有轨道交通机车车辆,但不包括专用机车车辆,例如铺轨机、道碴清筛机和职工通勤车。对于专用机车车辆,本标准的适用范围可在合同中详细说明。

注1:根据机车车辆类型(例如客车、货车、动车组/城轨车辆和拖车等)确定本标准的适用部分。

注2:本标准的适用范围不包括用于建造和维修铁路基础设施的有轨车辆、公路车辆和铁路机车车辆。

注3:本标准不涉及机车车辆组装前的部件或设备所进行的试验。

如果可行,本标准可用于下列方面:

——安装在机车车辆上作辅助用途的发电机组;

——无轨电车或类似机车车辆用电传动系统;

——带有非电力牵引系统的机车车辆的控制和辅助设备;

——由不使用轮轨粘着的系统引导、悬浮或电驱动的机车车辆。

2 规范性引用文件

下列文件对于本文件的应用是必不可少的。凡是注日期的引用文件,仅注日期的版本适用于本文件。凡是不注日期的引用文件,其最新版本(包括所有的修改单)适用于本文件。

GB 4208—2008 外壳防护等级(IP代码)(IEC 60529:2001,IDT)

GB/T 21414—2008 铁路应用 机车车辆 电气隐患防护的规定(IEC 61991:2000,IDT)

GB/T 21561.1—2008 轨道交通 机车车辆 受电弓特性和试验 第1部分:干线机车车辆受电弓(IEC 60494-1:2002,IDT)

GB/T 21561.2—2008 轨道交通 机车车辆 受电弓特性和试验 第2部分:地铁与轻轨车辆受电弓(IEC 60494-2:2002,IDT)

GB/T 21562—2008 轨道交通 可靠性、可用性、可维修性和安全性规范及示例(IEC 62278:2002,IDT)

GB/T 24338.3—2009 轨道交通 电磁兼容 第3-1部分:机车车辆 列车和整车(IEC 62236-3-1:2003,IDT)

GB/T 25117.1—2010 轨道交通 机车车辆 组合试验 第1部分:逆变器供电的交流电动机及其控制系统的组合试验(IEC 61377-1:2006,IDT)

GB/T 25118—2010 轨道交通 机车车辆电气设备 开启式功率电阻器规则(IEC 60322:2001,IDT)

GB/T 27025—2008 检测和校准实验室能力的通用要求(ISO/IEC 17025:2005,IDT)

IEC 60077(所有部分) 铁路应用 机车车辆电气设备(Railway applications—Electric equipment for rolling stock)

IEC 60310:2004 轨道交通 机车车辆牵引变压器和电抗器(Railway applications—Traction transformers and inductors on board rolling stock)

IEC 60349-1:2002　电力牵引　铁路与道路车辆用旋转电机　第1部分:除电子变流器供电的交流电动机之外的电机((Electric traction—Rotating electrical machines for rail and road vehicles—Part 1:Machines other than electronic convertor-fed alternating current motors)

IEC 60349-2:2002　电力牵引　铁路与道路车辆用旋转电机　第2部分:电子变流器供电的交流电动机(Electric traction—Rotating electrical machines for rail and road vehicles—Part 2:Electronic convertor-fed alternating current motors)

IEC 60571:1998　铁路机车用电子设备(Electronic equipment used on rail vehicles)

IEC 60850:2000　铁路应用　牵引系统的供电电压(Railway applications—Supply voltages of traction systems)

IEC 61287-1:2005　铁路设施　安装在铁路机车上的电力变流器　第1部分:特性和试验方法(Railway applications—Power convertors installed on board rolling stock—Part 1:Charateristics and test methods)

IEC 61377-2:2002　铁路设施　铁路车辆　联合试验　第2部分:斩波器供电的直流牵引电机及其控制系统的联合试验(Railway applications—rolling stock—Part 2:Chopper-fed direct current traction motors and their control)

IEC 61377-3:2002　铁路设施　铁路车辆　联合试验　第3部分:间接变流器供电的交流电动机及其控制系统的联合试验(Railway applications—rolling stock—Part 3:Combined testing of alternating current motors, fed by an indirect convertor,and their control system)

IEC 62236-3-2:2003　铁路设施　电磁兼容性　第3-2部分:铁道车辆、装置(Railway applications—Part 3-2:rolling stock—Apparatus)

IEC 62425　铁路设施　通信、信号传输和处理系统　信号传输用与安全性相关的电子系统(Railway applications—Communication,signalling and processing systems—Safety related electronic systems for signalling)

ISO 3095:2005　声学　有轨机车车辆噪声辐射的测量(Acoustics—Measurment of noise emitted by railbound vechicles)

ISO 3381:2005　声学　铁路机车车辆内部噪声的测量(Acoustics—Measurment of noise inside rail vechicles)

UIC 623-1:2005(第三版)　动车内燃机的验收程序(Approval procedures for diesel engines of motive power units)

UIC 623-2:2005(第三版)　动车内燃机的验收试验(Approval tests for diesel engines of motive power units)

UIC 623-3:2003(第三版)　动车内燃机的串联试验与验收条件(Series test and acceptance conditions for diesel engines of motive power units)

3　术语和定义

下列术语和定义适用于本文件。

3.1

制造商　manufacturer

对供应的机车车辆系统负有技术责任的机构。当机车车辆合同分成两个或两个以上部分时,制造商可能不止一个。

3.2

制造商工厂　manufacturer's work

完成机车车辆组装和进行静置试验的场地。

3.3

买方　purchaser

订购和将拥有机车车辆的机构。买方有和制造商谈判的责任,除非该责任由作为主要合同者或咨询者的用户代替。

3.4

供应商　supplier

向制造商负责供应单个设备或成套设备的机构。

3.5

供应商工厂　supplier's work

单个设备或成套设备的生产场地。

3.6

合同　contract

制造商与买方双方商定的全套技术文件,包括卖方的技术条件,制造商的技术责任、会议纪要及其他正式的合同文件。

3.7

用户　user

使用机车车辆的机构。用户可以是运营者,也可以是买方,还可以是通过租借方式使用机车车辆且代表买方利益的其他团体。

3.8

基础设施管理部门　infrastructure controller

管理铁路基础设施如轨道、信号设备、通信设备和建筑物的机构。

3.9

型式试验　type test

验证一个或多个装置、系统或整车的设计是否满足规定的技术条件与有关标准的检验。

3.10

例行试验　routine test

确定每台机车车辆在制造期间或之后是否符合规定准则的试验。

3.11

安全相关　safety-related

对安全负有责任。

3.12

可选试验　voluntary test

经制造商与买方双方同意,增加至试验大纲的附加试验(型式试验或例行试验)。

3.13

审定文档　validation documentation

产品、过程或服务符合规定要求或其他规范性文件的文档。

3.14

试验大纲　test plan

制造商在质量计划内提出的试验需求,包括所有支持试验执行的资料。本标准中的试验大纲包括所有附属的试验规范。

3.15

质量计划　quality plan

对特定的项目、产品、过程或合同，规定由谁及何时应用程序和相关资源的文件。

3.16

批准机关　Approval Authority

除买方外的有权要求对属于本标准范围内的机车车辆进行试验，且需向其证实一致性的团体。这些团体，它们可包括国家铁路管理部门、城轨地铁主管部门、国家安全主管部门、基础设施管理部门。

4　要求

4.1　总则

制造商应对影响产品质量的所有活动进行控制，以保证满足本标准或其他声明的规范性文件的要求。

为此，制造商应采取所有的方式来实现各个阶段的控制(例如原料、备品、产品、成品或包装)。应有关于制造商所执行的质量体系和相应试验结果的可用信息。

制造商应建立并维持运行某一质量体系。该质量体系应包括涵盖最终检查和试验操作的可执行程序，例如工艺标准、试验规范、试验记录、测试仪器设备的校准、文件控制、不合格产品的控制与人员培训。

注：推荐制造商采用与 GB/T 19001 相符的质量体系。

产品设计、生产、检查与试验所用的质量计划应包括试验计划，此计划规定了制造商证明符合规定要求。

合同应规定整车投入使用前需进行的试验，以向买方确保：

——此机车车辆符合合同的技术要求(型式试验，见 3.9)；

——型式试验证明每台机车车辆符合设计标准(例行试验，见 3.10)。

在本标准中的试验开始前，应按照有关标准与技术条件圆满完成所有部件的型式与例行试验，6.1 允许的除外。本标准涵盖的试验用于证实与机车车辆的功能接口是否正确。

本标准不包括下述类型的试验：

——耐久性与可靠性试验；

——研制试验；

——研究性试验(除非只用于指导)；

——系统试验，例如组件或系统的综合试验。

4.2　第三方实验室

如果使用第三方实验室，应在签订合同时协商并注明第三方的详细情况，其试验设备和资质应包含在试验大纲中(见 4.3)。

采用：

——机车车辆的试验，应由不属于制造商与买方的第三方试验中心负责；

——在另一个不属于制造商与用户的线路上进行线路试验。

第三方实验室应通过 GB/T 27025—2008 的认可。

注：买方或有关的国家批准机关可要求在与制造商无关的认可实验室里进行试验。

4.3　试验大纲

制造商应进行其在作为试验大纲的质量计划中提出的试验，试验大纲应详细说明下列内容：

a) 试验程序；

b) 对每台机车车辆进行试验前，已完成部件与设备的型式试验；

c) 所选择的试验室，包括相应的认可与资格详述以及他们与制造商的独立程度；

d) 试验方法；

e) 每项试验的机车车辆负载条件；

f) 各项试验的环境条件；

g) 试验测量方法的限值与允差；

h) 各项试验的合格准则；

i) 纠正措施过程；

j) 审定文档。

当合同要求买方对某项试验或文件进行确认时，应在试验大纲中确定。

当合同要求通过一系列源自符合 GB/T 21562—2008 所进行的安全性或风险评估试验来验证安全性，或者按规定由一个外部批准机关来验证安全性时，那么这些试验应包括在试验程序中，且应在试验大纲中规定。本标准使用术语"安全相关"(见 3.11，来自 IEC 62425)以确定属于此类的试验。

对试验大纲的审核应保证审定文档试验一览表的完整性。

主要组成部件的配置(型号、序列号、修改状态)，包括软件的修订版应作为"质量"档案记录下来。

对于各项合格试验，制造商应配备审定文档。

5 试验种类

5.1 总则

试验大纲应按下列分类列出要进行的试验：

a) 预调试验(见 5.2)；

b) 验收试验，包括型式试验(见 5.3.1)和例行试验(见 5.3.2)；

c) 研究性试验(见 5.4)。

在下列情况下，经买方与制造商双方议定，这些试验可以简化或省略：

a) 机车车辆与以前制造过的机车车辆相同，其生产经验可以采用；机车车辆装有买方规定的电动机或其他重要部件；

b) 能够以试验报告证明在有代表性的条件下已完成了等效试验。

5.2 预调试验

机车车辆在进行验收之前，制造商可以要求进行不能在制造商工厂内进行的预调试验，包括在用户的线路上进行负载或空载试验。在这种场合，至少要进行安全运行(见 6.2)中要求的最少试验项目，以满足用户和基础设施管理部门的要求。

最大试运行里程可以根据机车车辆的类型(尤其是它的最高速度和所采用的新装置)来进行调整，并在合同中达成一致。当合同中缺乏规定时，对要进行型式试验的机车车辆的最大试运行里程应不超过 5 000 km。

试运行只能在用户指派的具有资质的代理机构的监督和参与下进行。用户也可指定此机车车辆的司机。

5.3 验收试验

5.3.1 型式试验

试验应在规定的时间内进行，以验证机车车辆的设计符合合同中规定的性能要求。试验在附录 A

的表 A.1 和表 A.2 中列出,并在第 8 章、第 9 章中进行了描述(见第 6 章)。

试验应在第一台按设计制造的机车车辆上进行,除非在签订合同的时候另有规定并包括在试验大纲中。

如果这些型式试验在原型车或预生产的机车车辆上进行,那么制造商应就第一台新造机车车辆所进行的附加试验与买方达成一致,并在试验大纲中进行规定。

试验应在第 6 章所述的合适的试验条件下进行。

只有当试验大纲中规定时才进行可选试验。

5.3.2 例行试验

例行试验应在交付的每台机车车辆上进行。试验在附录 A 的表 A.1 和表 A.2 中列出,并在第 8 章、第 9 章中进行了描述(见第 6 章)。

型式试验中使用的特定参数可选择作为每台机车车辆的一致性试验准则。例行试验应包括足够的测量和检查,以确认符合所选的试验准则。

试验应在第 6 章描述的合适条件下进行。

例行试验的结果不应比型式试验的结果差,并在允许的误差范围之内。

对型式试验的观察表明,有些例行试验项目不需要重复时,例行试验的限定或选取、试验清单(参见附录 A)规定试验的简化形式或一致性声明,可在合同中约定。

附加例行试验应在合同中商定并包括在试验大纲中。

5.3.3 批准机关要求的试验

批准机关要求的试验和验证安全性的试验(见 4.3)应在试验大纲中清楚地标出。此类试验在表 A.1 和表 A.2 中示出。

5.4 研究性试验

研究性试验是为了获得补充性信息而进行的具有选择性质的特殊试验,仅当合同有规定时方可进行。

研究性试验由买方和制造商商定。当进行特殊的试验时,买方与制造商应对试验方法和试验程序进行磋商。

研究性试验的结果不应作为拒绝接收机车车辆的理由。

6 试验条件

6.1 概述

除非另有规定,试验应在正常环境条件下进行。

试验大纲应考虑试验的种类和地点,并可包括:

a) 型式试验和例行试验程序,尤其是标准中允许用户自行选择的试验;

b) 静置试验(见 6.2);

c) 线路试验(见 6.3);

d) 环境条件的试验方法,例如季节性的气候条件:雨、雪、尘、温度;

e) 如果供应商工厂缺少合适的条件,部件的工厂试验可在整车的静置试验或线路试验时进行。

6.2 静置试验

这些试验可在制造商的工厂进行,见第 8 章所述。

该试验应检查机车车辆是否足够安全以进行线路试验。

试验设备应足以确保试验始终如一地进行;否则,制造商应将这些相关试验设备的局限性告知买方。

当试验在第三方实验室进行且机车车辆需运输时,制造商应进行足够的试验以确保机车车辆运输安全。

6.3 线路试验

线路试验一般在机车车辆即将投入运行的线路上进行。如果不可行,可以在具有类似特性的线路上进行(见第9章所述)。

买方应在合同中规定的条件下安排机车车辆进入相应的线路和配备必要的员工进行线路试验。

试验列车的运行应符合基础设施管理部门的规章制度。

在合同规定的条件下,进行线路试验(包括试运行)之前,买方应配备相应的设备。

当需要在另一基础设施管理部门的轨道进行线路试验时,被选线路、线路特性和运行条件应在签订合同时确定。

经过协商,某些或全部线路试验可在特定的设施上进行。

注1:在进行线路试验时各方的职责需要进行明确的定义。

注2:在进行线路试验前,要求完成了所有的必备预备措施,例如可靠性、可用性和可维修性证明文件和安全性的证明文件。

7 审定文档

审定文档应有足够信息以识别机车车辆及其所有的关键部件,使其可通过试验记录进行追踪。至少应提供下列信息:

a) 生成此文档的机构名称和地址;
b) 制造商名称和地址;
c) 机车车辆及其关键部件的标志(名称、类型和型号)和其他补充信息(批号、序列号);
d) 合同或试验大纲引用的标准或文件;
e) 所有补充信息,例如:机车车辆部件的等级和类别;
f) 文档日期;
g) 授权签字人的签字或等效的标识。

8 静置试验

8.1 概述

制造商应执行试验大纲规定的静置试验。表A.1给出了典型的静置试验的清单。该清单不是详尽的,但可作为制造商编写试验大纲的指南。

合同中没有特殊规定时,下述试验应包含在合同相关的机车车辆的试验大纲中。

除非另有规定,下述要求是针对型式试验和例行试验的。当这些试验规定的要求不同时,型式试验和例行试验应有各自的条款详细说明。

8.2 尺寸检查

8.2.1 目的

当组装完成时和在正常运转状态时,验证机车车辆的外形尺寸、间距和柔性连接符合合同规定的限值。

8.2.2 型式试验

8.2.2.1 外形尺寸(安全相关试验)

对于各型机车车辆,其外形尺寸应按合同规定的限值进行检查和测量,并可包括下列条件:

a) 所有合适部件的调整范围(例如空气弹簧);

b) 磨损和裂缝的公差范围(例如轮缘磨损);

c) 载荷范围;

d) 失效或损坏情况下的运动范围(例如悬挂部件);

e) a)至 d)最差情况的组合。

如果合同有要求,应对可能侵入限界尺寸的部件的间距加以考虑,例如向车体外侧打开的门的间距,并在工作条件下加以考虑及检查。

当用计算法确定外形尺寸时,试验大纲中应包含被查相关尺寸的确认。

当合同没有规定机车车辆的静态载荷测量时,制造商应声明符合合同许可的运动或摆动界限。试验大纲应包括证明运动或偏移包络线的试验。上述的情形 a)~e),以及可能侵入到限界内的物体应在定义包络线中进行考虑。

8.2.2.2 间距测量(安全相关试验)

在合同规定的负载条件下的相关运动中,进行试验确认下列间距是否满足规定。

a) 车体与转向架之间的间距;

b) 相邻车体间的间距。

注: 8.2.2.2 和 8.2.2.3 试验确定的间距和长度可以计算得到,或用试验验证,可以在静态时使用转向架旋转台和转动盘进行,或在动态试验时进行。

8.2.2.3 风管和电缆长度试验

应进行试验以确定转向架和车厢间风管和电缆的合适长度。

见 8.2.2.2 注释

8.2.2.4 受流器静态试验(安全相关试验)

在合同规定的运动范围和静态接触力限值下,应确认受流器的运行合格。

应根据 GB/T 21561.1—2008、GB/T 21561.2—2008 的规定执行受电弓静态试验,包括外形尺寸限值和横向位移的限值。

8.2.3 例行试验

外形尺寸检查(8.2.2.1)和间距测量(8.2.2.2)只应在一种载荷条件下进行(见 8.5.2),并在型式试验测定的尺寸范围之内。

对那些根据车轮磨耗程度需要作调整的部件(如排障器、扫雪器、撒砂管)进行适当的调整。

8.3 限界检查

8.3.1 目的

验证机车车辆的限界符合设计,满足合同或标准规定。

8.3.2 总则(型式试验和安全相关试验)

合同应用多种方法规定机车车辆的尺寸,并用不同的试验进行确认,例如:

——制造限界：如果规定了机车车辆的尺寸，应按静态限界的算法对车辆进行尺寸检查；

——运动限界：如果规定了运动限界，应对机车车辆的运动进行分析，分析时用柔性系数（摆动）试验来验证；

——摆动限界：如果机车车辆在小于基础设施管理部门规定的正常间距的线路上运行，应根据曲线上的中心摆度和末端摆度来确定摆动限界，并用挠性系数（摆动）试验（见 8.3.3）来验证摆动曲线的计算。

8.3.3 挠性系数测量（型式试验和安全相关试验，可选）

如果要求验证动态限界或摆动限界的计算，则对于各型机车车辆的型式试验均是强制性的。

若合同要求，制造商应提供在最小或极限载荷下挠性系数的计算值（见 8.5.2）。

挠性系数应由直接测量来确定（摆动试验）。

注：在 UIC 505-5（定义了挠性系数）中给出，该定义可以归纳为下列内容：

——当空载或加有载荷的机车车辆静置在倾斜的轨道 D 上时，其运行平面与水平面形成一个夹角 δ。车体斜压在它的弹簧上，并与轨面的垂线形成夹角 η；

——在消除了不对称的影响以及弹簧和减振器的摩擦影响后，计算或测得的比值 δ/η 便称这为机车车辆的挠性系数，以字母 s 表示。

8.3.4 例行试验或等效试验（安全相关试验）

所有机车车辆均应采用合适的方法，例如使用标准或受控生产过程的例行试验，来验证其外形尺寸。

8.4 起吊能力检查（型式试验和安全相关试验）

8.4.1 目的

检查机车车辆在合同规定条件下的起吊能力。

8.4.2 型式试验

该试验包括使用桥式吊车或起重器在设计好的起吊点提吊机车车辆。试验应检查机车车辆的机械接口、附件和偏转等在合同规定的允差之内。至少该试验可以证明机车车辆在提吊后不会发生永久变形。

8.5 称重试验

8.5.1 目的

验证机车车辆质量和配重符合合同中规定的限值。

对于各种类型的机车车辆，均包括对下列参数的检查：

a） 机车车辆的质量；

b） 所测得的每个轴的轴重；

c） 每个车轮的测量质量（如果规定）。

8.5.2 载荷状态

载荷状态应在合同中规定，推荐的载荷状态在表 1 中给出。

表 1 载荷状态

	最小载荷	额定载荷	极限载荷
旅客/货运载荷	0	参照下文	
工具	全套		
乘务人员	0	全满	
沙	0	2/3	满
列车采暖用水、生活用水等	0	2/3	满
燃料	0	2/3	满
内燃机冷却与润滑剂	额定的	额定的	额定的
其他流体与润滑剂	额定的	额定的	额定的

对用于客运和货运的机车车辆，当买方未提供其他资料时，合同应确认下列载荷：

——最小载荷：在合同中规定的能用机车车辆本身动力移动的或被牵引移动的载荷状态；

——额定载荷：在合同中规定的作为性能试验，例如牵引和制动试验载荷；

——极限载荷：在合同规定的条件下可以安全运行及用于规定的性能试验如紧急制动时的极限载荷。

对非用于客运和货运的机车车辆，例如机车，其额定和极限客/货载荷均假设为0，即与最小载荷相同。

为了将附加载荷的装载工作量减到最低程度，限界检查和称重操作可在下列状态进行：

——在同样的载荷状态下；

——也可在不是合同规定的载荷状态，但要对所记录的数值进行适当的修正。

8.5.3 型式试验(安全相关试验)

应测量机车车辆的质量和每个轮子的作用于轨道的垂向载荷，并应附带说明测量设备的精度。称重试验可在制造商的工厂内进行，也可在用户的设施上进行。如果测量设备在户外(建筑物的外面)使用，应记录并考虑主要的环境条件(例如风和雨)的影响。

除非合同中另有规定，在称重作业时的载荷状态应是最小载荷和极限载荷。额定载荷试验作为研究或可选试验。

称重试验前可以预先调整悬挂装置，调整时原则上不需测量载荷，只检查尺寸。

在试验之前，机车车辆在运行通过一段带有不同坡度的线路，以使一系和二系悬挂系统起作用后，减少过多的锁定力和防止机车车辆偏离中心线的可能性。

机车车辆应减速缓行到称重地点，松开摩擦阻尼器和转向架间的连接装置(如有)。悬挂装置激活后，在称重期间，不许改变或调整机车车辆的状态，也不许人为地采用击打、摇动或其他方法改变车体和悬挂装置的状态，这种状态是机车车辆通过该线路时，由于悬挂装置各部件之间的摩擦所形成的。

应连续4次进行完整的称重操作，试验中机车车辆应在两个方向移动各测量两次，以便尽可能地消除由于均衡不良和摩擦所产生的称重误差。

取称重记录值的算术平均值作为测量值。

可以采用另一种替代的称重方法，例如将机车车辆吊至称重场地，然后垂直下落至称重机上。此时，称重作业的条件和次数应在合同中规定。

机车车辆的质量，以及机车车辆的轴重应符合合同的规定，同时考虑下列条件：

——机车车辆最大与最小质量，以及机车车辆总质量的容差；

——机车车辆极限载荷以及机车车辆每轴载荷的容差；
——机车车辆一侧与另一侧称重的差值。

应检验在合同中规定的下列容差：

——运行状态下在合同中规定的超重量；
——动力车的静置粘着重量；
——动力车的每根动轴上的轴重与预定要发挥相同牵引力的各动轴上的轴重的平均值的比较；
——每根轴的轴重与机车车辆将要运行的线路允许值的比较；其值应在合同中规定；
——在机车车辆任一侧各车轮上测得的轮重与在两侧测得的轮重及所给轴重的平均值进行比较；每个轮重与该轴轮重的平均值进行比较。

8.5.4 例行试验（安全相关试验）

除进行8.5.3中所规定的称重测试外，简要说明如下：

机车车辆的载荷状态为最小载荷。

应执行两次连续的称重试验。

对于货车和无动力客车，若在合同中商定，可以采用一致性声明。

8.6 密封性试验

8.6.1 目的

验证安装在机车车辆上的设备及分离器、过滤器或类似设备的密封性（例如IP代码符合GB 4208—2008）符合合同规定的性能。

8.6.2 型式试验

试验大纲应包括机车车辆车体、设备箱体和柜体的试验，以验证符合合同的规定。机车车辆应是完整的，包括所有内部配件、设备和盖板。此试验应考虑下列条款中因素（如有）：

a) 当合同涵盖空调或强迫通风设备时，机车车辆的部件或设备中的部件应按8.15.5进行试验；
b) 车体与装在车体外部的电气设备箱体的水密性试验，应检查所有开孔、门、孔盖、盖板或缝隙等可能有水或雨雪浸入之处。

   水密性的确认应在机车车辆工作在典型的气候条件下进行，典型测试应在合同中规定并应在试验大纲中体现。

   开孔（进风口等）的水密性和孔盖（门、窗、顶盖等）的水密性两者应区别对待，前者主要取决于设计，后者主要取决于装配和接口状态。

   各开孔和孔盖的密封性以及用于从某些隔室中排水的装置的效能，都能达到如此要求，即所观测到的水的浸入不会对电缆配置和电气设备，或对维持机车车辆正常工作所必需的任何其他设备带来有害的影响；
c) 应检验净化吸入车体空气的所有设备和防护板、百叶窗、过滤器、尘埃分离器等装置的有效性以确保电缆、开关设备和机车车辆正常工作所需其他设备的安全性；
d) 应检查百叶窗、过滤器、尘埃分离器是否正确安装；
e) 防止雨、雪等其他污染物的进入的布置应通过测试来确保设备正常运行（如有）。

外壳密封性试验的具体指南在GB 4208—2008中给出。

8.6.3 例行试验（可选试验）

简化的水密性试验和其他规定的试验按试验大纲的规定进行。

8.7 电气绝缘试验(例行试验)

8.7.1 概述

目的是用以检验机车车辆电气回路的绝缘完整性。

这些试验是在完整的机车车辆上进行的例行试验。在生产厂中,机车车辆电缆敷设完成,电气设备已单独做完绝缘强度试验,安装完毕且在连接之前,也可在不完整的机车车辆上进行;后一种情况,一旦机车车辆组装完成后,应检查每个电路的绝缘阻抗。

对于通过按已达成协议的标准进行的绝缘试验的设备(例如旋转电机),在整车的绝缘试验时也可将其切除。

对于合同要求车体的电气设备为二次绝缘时,例如无轨电车系统,则应检查这种二次绝缘,并验证绝缘系统的每部分均能承受本条款绝缘试验的要求。

8.7.2 耐受电压试验

设备通常由几个绝缘等级不同的电路组成;应分别对每个电路进行对地耐压试验,而其他所有电路原则上应接地。

必要时,接触器和开关装置应闭合或短路,以确保电路的所有部件均连接在内。应当采取一切预防措施,以免由于电容或电感的影响而可能在某些点上出现异常的电压。

试验时可能承受电压的设备(例如电子器件)应当切除或短路。该设备先前应按商定标准通过了绝缘试验。

在每个电缆电路与地之间施加试验电压,耐压试验应施加 1 min。试验电压值等于现行的标准(如 IEC 60077、IEC 60310:2004、GB/T 25118—2010、IEC 60349-1:2002、IEC 60349-2:2002、IEC 61287-1:2005)中规定的单个设备电路元器件最低试验电压的 85%。

8.7.3 绝缘阻抗测试

在合同中未有规定值时,该试验电压最小应为 500 V,所测最低绝缘阻抗值不应小于下列给定:

——对额定电压大于等于直流 300 V,或大于等于交流 100 V 的各电路:5 MΩ;

——对额定电压小于直流 300 V,或小于交流 100 V 的各电路:1 MΩ。

考虑到已知情况:如高湿度、屏蔽电缆的使用等,合同中可以规定绝缘电阻值小于 1 MΩ。

经买方同意,可由制造商提供所采用的绝缘阻抗值。

应记录这样的情形和环境条件(温度和相对湿度)。

如果在耐压试验前后都进行绝缘阻抗测试,那么两次试验的试验情况是相同的。耐受电压试验之后测得的阻抗值不应低于初始试验所测值的 90%。

8.8 保护接地和回流电路的检查(例行及安全相关试验)

目的是检查机车车辆上保护接地和回流电路满足合同要求。

机车车辆采用一定的电气连接,实现下列功能:

a) 固定各电路与车上机械部分的电位,并防止电击;

b) 保护轴承不受杂散电流的损害;

c) 确保某些电路(例如牵引电路、列车采暖电路)的回流通路。

应进行试验确保保护接地和回流电路符合 GB/T 21414—2008 的规定。

应检查所提供的软连接线具有合适的长度,以适应连接点的最大相对位移。

应检查接地端子和回流端子是否便于观察和检查。

8.9 风源系统试验

8.9.1 概述

目的是验证机车车辆上安装的与空气制动系统相连的气动部件按合同的规定工作，并测定气动部件的气密性符合合同规定的限值。

若制动系统不采用空气进行制动，则应根据实际情况进行本章中规定的试验。试验准则的变动应在合同中商定并写入试验大纲中。

8.9.2 主风缸和其他贮存设备的气密性(例行试验和安全相关试验)

机车车辆在正常工作状态下，主风缸应充到最大工作压力，然后与压缩机隔离。

8.9.2.1 主风缸和附属装置

应在各种压缩空气设备(制动管路、门、悬挂装置、电空装置等)关闭气路并不带压力的情况下，检查主风缸在合同规定时间内，压力的降低不大于合同的规定值。

合同未规定压力下降值时，在 5 min 后，主风缸压力(在最大与最小整定值之间的压力)下降值不应超过 20 kPa。

8.9.2.2 主风缸和附属装置与其他气压设备的组合

应在各种压缩空气设备处于压力下(除设计为固有排气外)且不工作，检查主风缸压力在合同规定的时间内不应降到小于合同的规定值。

在合同中没有规定时，在 20 min 内，主风缸压力(在最大与最小整定值之间的压力)下降不影响所有设备具有正常功能。

当动力车或机车与不装有主风缸但组成固定列车组或多单元列车的拖车连挂时，8.9.2.1 和 8.9.2.2 的试验应在固定列车组重新进行。此时时间的限制与容许泄漏量与所连挂的拖车数有关。

主制动管气密性的试验程序应根据所采用的制动类型在合同中商定并包括在试验大纲中。

8.9.3 制动缸和辅助风缸的气密性(例行试验和安全相关试验)

利用司机制动手柄或利用其他方法，使制动风缸或有关的辅助风缸达到最大工作压力。然后将气源隔离。

合同中未给规定值时，制动缸中的压力经过 3 min 后，降低值不应超过 10 kPa。

8.9.4 压缩空气设备动作检查(例行试验和安全相关试验，如有)

对全部压缩空气设备的正常动作均应检查。

例如：

——安全保护装置；

——压力调节装置；

——隔离塞门；

——排水阀；

——压力传感器与开关；

——压缩机工作周期(静态模拟试验也可见 9.18)；

——警示喇叭；

——空气干燥器。

当合同涉及到固定列车编组或重联列车，要检查整个列车或重联列车的运行。

8.10 液压制动系统试验（型式、例行和安全相关试验，如有）

目的是测定液压设备的油密性是否符合合同的规定，验证与液压系统相连的液压部件是否按合同的规定工作。

作为型式试验，应检查所有液压设备能够正常运行，例如：

——液压泵；

——液压电动机（例如：冷却机组，散热风机等）；

——安全保护装置；

——压力限制器；

——止回流阀；

——关闭阀；

——排水阀。

作为例行试验，机车车辆在正常工作状态，液压系统应充到最大工作压力，然后与泵隔离。应检查在合同规定的时间内，系统中的压力减少值不大于合同中的规定值，且没有液体泄漏。

8.11 摩擦制动系统试验

8.11.1 概述

目的是验证制动系统符合设计要求，提供足够证据来证明线路试验和生产的机车车辆符合同一个标准。

应在静置状态下检查下述系统的功能：

a) 紧急制动；

b) 常用制动；

c) 摩擦制动与电制动之间的相互配合（如有，且用线路试验模拟完成，见 9.4）；

d) 与其他系统的相互作用，例如防滑控制、载荷计重系统、牵引控制等（如有）；

e) 制动装置的灵活性。

8.11.2 空气制动系统

8.11.2.1 型式试验（安全相关试验）

该试验的目的在于，连同线路试验一起，确定制动系统的操作和施加在闸瓦或闸片上的作用力是否与合同一致。

这些试验在 8.9 规定的空气系统试验之后进行。要检查制动装置已经正确调整。为了检查完整的空气制动系统符合合同中规定的性能，特别是制动施加与缓解时间和在不同工作状态下制动缸的最大压力，要进行静置时的常规制动试验。

对于紧急制动和常规制动的多个中间位置，应重复测量制动缸压力和制动时间。

可行时，检查车轮滑行安全阀或其他防滑装置的作业，例如排放时间、作用时间、缓解时间。

应检查与车轮滑行信号一致的安全阀的工作。

当机车车辆装有载荷计重系统时，应在最小载荷、正常（或额定）载荷和异常（或结构）载荷状态下检查所施加的制动力。利用模拟载荷进行试验，在机车车辆各种载荷试验时可使用载荷检测装置。

8.11.2.2 例行试验（安全相关试验）

为了避免试验中拆装机车车辆，应执行简化形式的试验。此试验应证明所有的制动系统与型式试验结果等效。

8.11.3 其他系统(型式、例行和安全相关试验,如有)

当机车车辆装有减速或使列车停止的其他制动系统时,例如弹簧或液压装置施加的制动,电气或机械施加的制动、机械或磁轨制动或其他制动系统,根据8.11.2中规定的相同原则,应执行型式试验和例行试验以获得8.11.1定义的相同目的。

8.11.4 撒砂系统(型式、例行和安全相关试验)

当采用撒砂辅助制动时,该试验应证明符合所要求的制动性能,且不受其他基础设施(例如道岔、平交路口)和列车检测或列车系统(例如制动系统、电气系统和风源系统)的干扰。试验准则应在试验大纲中列出。如果合同要求进行线路试验,则应与制动试验(9.4)一起进行。

对于型式试验,根据合同应进行下述检查:

——制动模式(或牵引模式,如有)下,撒砂动作是否能够正确进行;

——与防滑检测系统的相互作用是否正确;

——撒砂功能的切除及其有关显示;

——手动操作(如有);

——撒砂器工作对辅助系统(包括电气系统和气动系统)的影响;

——砂的容量、撒砂速度和使用监控(如有);

——砂的规格;

——砂的沉积与扩散。

对于例行试验,应进行证明输送速度的简化功能试验。如有手动功能试验,则应作为例行试验进行。

8.12 停放制动型式试验(安全相关试验)

目的是验证停放制动系统符合合同的规定。

试验大纲中应规定验证停放制动系统有效性(工作条件与制动力测量)的试验准则。

如果列车在限定的时间内由停放制动装置施加(如液压或空气制动)维持停放,制动应施加最大制动力,确保在合同规定的时间所施加的制动力没有明显的下降。

注:工作条件决定了停放制动试验的持续时间。

8.13 辅助供电系统试验

8.13.1 目的

验证安装在机车车辆上带有合适负载包括蓄电池充电的辅助供电系统按照合同的规定工作。

8.13.2 型式试验(安全相关试验,可行时)

该试验应检查辅助供电系统在技术条件规定的负载范围内的性能。

应检查辅助供电系统的输入和输出是否保持在持续定额或其他定额范围内。根据合同的规定,这些定额应符合相关标准。

如果因为缺少合适的试验设备,辅助供电系统部件未能在供应商工厂内充分进行试验,则制造商与买方应商定在试验大纲中增加附加试验。

试验大纲应包括下列试验项目:

——上电;

——负载起动，包括必要的延时；
——蓄电池充电；
——冷却方式；
——卸载；
——交叉供电配置(当一台或多台机车车辆由备用电源或其他机车车辆供电)，包括转换开关。

适当时(例如当旋转电机或外部冷却组成系统的一部分时)，8.15.2 规定的试验也应在辅助供电系统上进行。

当电源提供列车安全的基本功能时，例如磁轨制动，则在试验大纲中应作为与安全有关的型式试验标识出来。

8.13.3 例行试验

应在标称电压下进行功能试验和工作试验。在标称电压下辅助供电系统的特性应进行检查并与合同要求和型式试验结果相比较。

8.14 蓄电池充电试验

8.14.1 目的

验证蓄电池及其充电系统符合合同的规定。

8.14.2 型式试验

应在机车车辆蓄电池和蓄电池充电机上进行下述验证试验：

a) 根据合同的规定，蓄电池充电机能够为蓄电池充分充电但不过度充电。
b) 在机车车辆合同规定的所有负载条件(例如最大和最小供电电压、内燃机运行速度、环境温度限值等)下，电源能为蓄电池进行充电。
c) 除备用充电机之外，在机车车辆工作包括卸载影响时，充电机应能为蓄电池及其他合适的负载同时供电。
d) 在 24 h 内的一个正常工作周期内，在一段时间内蓄电池充满电所要求的充电机的容量。
e) 蓄电池箱的通风足以确保充电期间没有有害气体的郁积。
f) 蓄电池回路参数应符合合同要求。如有下列参数应进行检查：
    1) 最大充电电流；
    2) 规定温度范围内对应的最大电压或充电电压；
    3) 浮充电电压；
    4) 浮充电电流；
    5) 放电电流；
    6) 放电时间。
g) 断开蓄电池，充电机工作时，电压纹波水平应在合同规定的最大水平之内。
h) 在合同规定的时间内和合同规定的条件下，充满电的蓄电池应能维持机车车辆工作，尤其需考虑基本供电，如照明(见 8.15)。

注：例如可通过减少照明或断开不必要系统(卸载)进行工作限制试验。

试验大纲中应规定试验准则。

在辅助供电系统型式试验时，可以进行这些试验。

8.14.3 例行试验

蓄电池及其充电机的例行试验足以检查：

a) 最大充电电流及其限值；

b) 最大电压；

c) 稳态浮充电电压；

d) 稳态浮充电电流。

8.15 辅机及其控制系统试验

8.15.1 目的

验证安装在机车车辆上且与辅助电源和其他负载相连的辅机及其控制系统能够按合同规定工作。

8.15.2 一般试验

8.15.2.1 型式试验

8.15.3～8.15.8 定义的各个系统，在静态顺序试验中，在各种电路中，所有设备(例如气动开关设备)能单独及连续工作，且工作正常，最终安装没有损伤。

系统中存在的任何相互作用应在试验中进行记录。

检查组装完设备的电气间隙，特别是其连接处的电气间隙。

应检查可调保护装置和继电器的整定值等是否正确。

应检查气动开关设备的动作不受其供气管路截面过小或储气缸容量不够的影响。

辅助电气设备和辅助电源采用强迫冷却时，如果相关设备没有在试验台上与相同的冷却机组和与机车车辆上大小相同的冷却风道一起进行试验时，则应在机车车辆上检查冷却风量是否符合设计或规定。可以通过测量辅助设备上的静态压力差来进行检查，并绘制一个表格来表示静态压力差与风量之间的关系。应检查风道的气密性。

应检查辅机的旋转方向和交流电源的相序。

辅机起动试验，应考虑设备的工作周期和范围以及合同规定的起动条件。

8.15.2.2 例行试验

在标称电压下，应对 8.15.3～8.15.8 定义的所有系统进行功能性试验和工作试验。这些试验至少应包括辅机的一次起动。

为避免每台机车车辆进行规定的连接试验，从型式试验中摘取一部分作为简化的功能性试验，适当时采用设定值或仿真以检验每台机车车辆符合试验准则，并假定受试机车车辆上所有设备都进行了试验。具体方法见 8.15.3～8.15.8。

8.15.3 列车控制(安全相关试验，如可行)

8.15.3.1 单元控制

为了保证在静置(见 8.17)时可能发生事件的正确顺序，在司机室里面的控制器、开关设备和按钮开关及在机车车辆上的其他适当位置的所有控制功能都应进行试验。

应在合同中规定的所有正常、紧急和默认操作方式下进行试验。

如果适合，这些试验应结合单个系统试验进行(见 8.15.4～8.15.8)。

8.15.3.2 系统接口

在合同规定的所有工作方式下，应试验系统间的所有接口的操作及程序是否正确。如果适合，这些试验可以结合单个系统试验进行(见 8.15.4～8.15.8)。

8.15.3.3 重联操作

如果机车车辆与其他同型机车车辆重联运行，且由一个司机室操纵时，则在重联组合的列车上做下列试验，以验证重联运行所要求的功能，例如：

——牵引和制动电路；
——故障显示与信号；
——压缩机联锁；
——辅助电源或蓄电池的并联或转换；
——门操纵；
——制动控制装置或门的安全回路；
——照明、采暖及其他辅助装置的控制；
——旅客紧急系统；
——旅客信息。

列车线交叉时，为确保运行方向或一侧门开启正确一致，在实际重联车正常使用中进行这些功能检查。

所有操作或驾驶位置的功能亦应检测。

在例行试验时，可用其他机车车辆的模拟来检查重联操作。

8.15.4 门控系统(安全相关试验)

应检查外部和内部电源所操作的门，操作步骤及遥控门锁系统的功能符合合同的规定。

检查所有操作条件下的正常和紧急入口或出口所有门指示器、安全回路和操作系统符合合同要求。

8.15.5 加热、通风和空调系统试验(安全相关试验，如有)

型式试验应检查旅客和列车乘务员区(包括车门的密封性和窗户防风的能力)的舒适度和环境控制系统是否工作正常。

应检查特别是采暖设备和空调设备或强迫通风装置是否能够维持温度、气流等符合合同规定的条件。

如果合同要求，应检查用来保护机车车辆不受压力和振动的设备的能力(见9.14)。

在机车车辆上的通风管道的气密性，冷却用的或旅客/工作人员空调用的设备，均应做例行试验检查，比如可用烟雾发生器来检查。

可以要求在列车乘务员区进行特定的试验以满足相关安全部门的要求。

8.15.6 照明系统

8.15.6.1 型式试验(紧急照明试验是安全相关试验)

用仪表测量在座位及门厅和过道地板上的照度等级，检查在全亮和紧急照明的情况下达到要求的等级。

8.15.6.2 例行试验(安全相关试验，如有)

该试验应保证所有的灯工作和所有灯的开关位置(例如正常和紧急、隔离电路等)正确并符合合同的规定，包括默认的情况。

8.15.7 其他系统(型式、例行及安全相关试验，如有)

在所有规定的试验条件下，应检查所有装备的其他系统在工作环境下按照合同要求正确执行其功能。

如果适合，下述系统应进行试验。根据系统的用途，这些系统试验可以分为安全相关试验或验收机构要求的试验：

——旅客信息；
——广播；
——通信；
——无线电；
——火灾监测和灭火。

如果合适，系统应包括，例如：

——列车管理；
——诊断系统；
——数据传送；
——视频；
——电视；
——卫生间；
——水系统；
——餐饮设备。

对于餐饮设备，试验应确保其正确工作，并与合同相符，尤其是工作及表面温度和使用安全性等方面。

应检查所有内部设备、外部设备、面板、车门和通道盖板的关闭和锁定系统是否可以正确工作。

8.15.8 软件控制系统（安全相关试验，如有）

应证明机车车辆系统所使用的软件通过试验且有效，并且符合 IEC 60571:1998 的要求。

应检查在每个机车车辆上所安装的软件是相同的有效的版本。

8.16 内燃机和有关的发电机组检查

8.16.1 概述

目的：确认安装在机车车辆上且接有合适负载及保护设备的内燃机及发电机组工作符合合同规定。

在安装于机车车辆上之前，若内燃机与发电机不一起进行试验（见 UIC 623-1:2005、UIC 623-2:2005、UIC 623-3:2003），则机车车辆上完整的内燃机与发电机试验程序将在合同中进行规定。

对于内燃机与发电机在安装到机车车辆之前不能在一起做试验的情况，则车上装好的内燃机与发电机的试验程序应由买方与制造商商定。

在执行下述试验之前，制造商应保证牵引内燃机和发电机之间的联轴器已经通过检测以确保达到设计要求。

适当时，下列各条对于用内燃发电机组作为列车辅助供电是可行的。

8.16.2 内燃机的工作转速（型式试验）

测量内燃机惰行状态、最大转速和所有的中间转速控制级位（如有）的空载转速（r/min），以检查转速控制系统的正常工作。

应测量内燃机按正常工况点规定的所有负载级位上的负载转速（r/min）。买方与制造商没有任何其他协议时，则就在静止负载区进行测试。

转速允差应符合合同的规定。

8.16.3 内燃机的保护装置(型式试验)

应检查内燃机的各种保护装置,如温度自动调节器、压力表、超速、火灾报警器、紧急停车装置等。

假设传感器已由供应商校准,其工作(除超速之外)可以用外部方式进行模拟。

8.16.4 内燃机的液体、空气和排气回路(例行试验,安全相关试验,如有)

应检查所有热机(燃料、油、冷却液体、排气、压缩空气)的储油箱、管路和风道的密封性。

应检查燃料供应、预热、预润滑和冷起动装置的工作。

8.16.5 内燃机驱动的辅助装置

8.16.5.1 型式试验

在型式试验中,内燃机驱动的辅助系统应在下列条件下验证其正常工作:

——设计性能;

——工作温度和海拔范围;

——内燃机转速范围。

8.16.5.2 例行试验

应作下列检查:

——内燃机驱动的各种辅助装置的转速与转向;

——驱动皮带的拉紧状态是否适当。

对于压缩机的辅助装置,则应检查:

——主风缸中压力的增加过程;

——减压阀与安全阀的整定值。

8.16.6 内燃机的起动(型式试验)

定性检查应在环境温度下,内燃机(内燃机冷态或必要时预热)的起动性能,应注意那些为机组在合同规定的最低温度下,工作所必需注意的细节。这些细节和由蓄电池或其他方法(如压缩空气)进行连续起动操作的次数,应在合同中商定。

8.16.7 内燃机的运行

8.16.7.1 型式试验

内燃机应与静止负载区联接。

保持试验条件适当时间,以允许内燃机温度达到最终值。

应作下列检查:

a) 减振装置性能在内燃机转速与负载的所有工况下均正常有效,如果给出了合同值,应测量内燃机与发电机组合振动水平;

b) 当扭力临界速度计算表明谐振可能由内燃机激励时,扭力减振器应是有效的;

c) 在整个工作环境条件范围内,冷却系统应有散热装置,具备足够的散热能力,并应能在所有工作环境下维持设计的冷却液温度范围;

d) 冷却器组内部空气与内燃机空气净化室的处理,符合规定;

e) 热力设备的所有管道和发动机进气道的气密性;

f) 热敏感设备及其部件,例如电子器件、电缆、橡胶导管和敷设管道、橡胶元件等,不应承受过高的温度；

g) 调节设备的运转；

h) 冷却系统和润滑系统所用液体的温度和压力值符合合同条款；

i) 进气口压力和排气口压力及其温度符合合同条款；

j) 如果合同要求，应进行试验以验证制造商规定的涡轮增压器的喘振裕度；

k) 如果合同要求，应检测内燃机的排放；

l) 在不同的内燃机速度和负载条件下，燃料消耗量应符合商定的特性。

8.16.7.2 例行试验

内燃机应与静止负载区联接。

在正常的工作温度和励磁条件下，将内燃机与发电机按合同的规定进行设定，用制造商声明的发动机损耗曲线检查在满功率和商定的中功率设置条件下电气设备的总电量。还应在通过的型式试验确认的标称值下进行 8.16.7.1e)～k)的检查。

8.17 牵引系统试验(型式试验、例行试验、必要时可为安全相关试验)

目的是验证牵引系统是否对控制信号作出正确响应，从而证实是否适合进行线路试验。

在机车车辆运行前，所有的按前后次序排列的和固定的试验项目均应完成。

尤其是在有效及无效控制输入下，应检查向前或向后选择、牵引和电制动初始化、牵引功率切除是否能够正确操作。

当牵引系统采用强迫冷却时，应检查控制系统的操作，包括空气流量和风速、冷却风机的正确启动顺序、停止冷却风机之前的延时(如有)。其他冷却系统的试验应与 8.15.2 相符。

当采用撒砂以辅助牵引时，此试验应验证所要求的性能满足不干扰基础设施系统，例如道岔、交叉口和列车检测(见 8.11.4)。试验准则应包含在试验大纲中。

8.18 可操作性和可维修性(型式试验)

8.18.1 总则

目的是验证机车车辆符合合同中的安全以及便于操作和维修的规定。

在工作人员正常作业(例如：操作、维修和检查)时，应检查工作进入的所有区域是否符合合同和相关安全主管部门的操作和安全性要求。

此检查应包括下列考虑：

a) 机械部件的可接近性，包括：

——防止可能接触的运动部件，例如通风机、耦合器、带、尖锐边缘等；

——防止接近通风口。

b) 电气部件的可接近性，包括：

——固定式或可移件的安全电气间隙。

——考虑到下列差异，防止意外接触带电部件：

1) 装有能承受(相连车辆、车站或机务段)外部电源高压设备的隔离室，在进入时应先将高压设备线路断开和/或将电路的某点接地；

2) 装有机车车辆牵引电路设备的隔离室，只需要一个安全电气器件(例如主接触器的分闸)即可。

——防止断路器件(例如高速断路器或接触器)产生电弧。

——电气设备和机车车辆可能意外带电部件的保护接地(见 8.8)。

c) 车门、台阶或梯子的拆卸。

d) 易于进入和清洁。

e) 与标准一致。

f) 互换性(如有规定)。

g) 试验时的通道。

h) 电力电容器的放电时间,包括警示标牌。

i) 防火(灭火器的类型和可接近性,保护系统的操作,也见8.20)。

j) 防止部件承受有害温度(例如排气系统)。

k) 提供合同要求的必要警示标记(尤其是发热表面、高压区或运动部件)。

如果合同要求,可维修性应用试验进行验证。

8.18.2 车厢和列车乘务员区(安全相关试验)

应尽可能在静置试验时对列车乘务员区的工作条件进行检查,并应在线路试验期间完成。对于司机室的检查,应参照相应的标准进行。

试验准则应包括在试验大纲中,并考虑下列内容:

——尺寸和布局,包括伤害保护、出口和逃生口,且备有紧急设备可使用;

——司机视野和挡风玻璃的反射影响,包括挡风玻璃刮雨器、清洗器、除雾器和除霜器(如有)的性能;

——控制装置、仪表(特别是照亮时)和指示灯在白天和黑夜的可见性,直射光和反射光的有害影响不应产生错觉;

——控制装置和座椅的人性化设计,使操作中的错误或身体疲劳最小化,并防止产生误操作。

8.18.3 乘客区(安全相关试验,如可行)

逃生工具,包括走道、紧急出口门、窗户及其附属工具应按合同进行检查。

应按合同检查残疾人专用设施,例如进入区域(包括卫生间、进入的机械辅助装置、移动、视觉和听觉辅助装置)。

8.18.4 救援(安全相关试验)

应按合同检查机车车辆救援工具,包括专用车钩或转换车钩的使用。

8.19 噪声和振动试验(型式试验、安全相关试验,如可行)

目的是验证机车车辆静置时所发出的噪声和振动符合合同的规定。

为验证旅客和乘务员区、机车车辆外部的噪声等级符合合同规定的值,应在一个完整的机车或车辆或所有机车车辆上进行该试验。

对于静置机车车辆的型式试验,噪声等级试验应按ISO 3095:2005和ISO 3381:2005进行,试验程序按合同的规定进行。

试验应在一个完整的机车或车辆或者所有机车车辆上进行以验证机车车辆设备或电机(压缩机组、通风机组、电磁设备、断路器、内燃机等)运行产生的振动不应给列车乘务员或乘客带来不适。

8.20 安全相关系统试验(例行试验)

目的是验证第8章特定要求没有规定的安全相关系统在安装于机车车辆上之后符合合同的规定。

如可行,进行下列试验:

——紧急自动制动器;

——自动警惕设备；
——司机安全装置或设备；
——列车自动保护设备或等效的速度调整与车载信号设备；
——机车车辆速度表；
——事故或数据记录设备；
——火灾监测和灭火装置；
——乘客紧急设备；
——其他子系统(例如制动器、车门)的安全相关电路；
——铃、汽笛和喇叭等。

以上所列并不详尽，应根据合同作相应修改。

9 线路试验

9.1 总则

制造商应按照试验大纲中规定的线路试验项目进行试验。表 A.2 给出了线路试验典型项目清单。该清单并不详尽但可作为制造商制定试验大纲过程中的指南。

买方采购规范没有特定要求时，对于合同中所规定车辆，下述试验应包含在试验大纲中。用于固定编组列车的车辆，试验应在能够代表其正常工作的列车构成下进行。

除非另有规定，下列要求均为型式试验和例行试验。当型式试验和例行试验的规定不同时，用单独的章节对型式试验和例行试验予以详细说明。

9.2 牵引性能(牵引力/速度特性)

9.2.1 型式试验

目的是验证牵引性能达到规定指标。该试验仅限于检查从零至最高速度的起动和加速性能。

在所有规定载荷条件(至少包括最小载荷和极限载荷)下，车辆、牵引单元或列车应能在合同规定时间内完成起动和加速操作并达到规定速度。试验应在良好粘着条件下进行；如有规定时，则不利的粘着条件下也应进行。

试验应证明牵引力/速度特性与合同规定相符。该值可由已知条件下的起动和加速试验中测得的速度和时间推导得出。

制造商或买方可提出验证车辆牵引性能的替代方法，并将其写入合同。

应检查加速度的平稳性，要求在整个控制过程中不出现超出合同规定的加速度冲击。

9.2.2 例行试验

每个车辆(单元)均应在试验大纲规定的载荷条件下进行起动加速操作。

应确定加速度值符合规定要求，其值可由试验大纲规定的试验测得的车辆速度和时间推导得出。应定性检查工况转换时无异常冲击。

9.3 牵引性能(行程时间检查)(可选型式试验)

目的是检查车辆满足规定运行图和能耗要求的能力。

试验检查区间运行时分或全程运行时分是否符合合同要求，能耗是否在合同允许的范围内。

如果买方有意进行“典型运行图”检查，则它应在合同订立之前向制造商提供下面相同条件下的有关“典型运行”和将采用的“典型列车”的所有细节。

对于试运行：

——运行全程或其不同区间所需要的最长时间。

对于试验线路：

a) 线路长度、坡度与弯道的详细资料；

b) 停车或驻车时间；

c) 各区段的最高允许速度；

d) 试验线路网压估计值；

e) 供电电网在再生制动(如采用)时的适配性；

f) 载荷情况。

试验应采用已完成规定试运期的车辆进行，并在下列方面遵守合同约定：

——载荷条件；

——干燥轨面；

——无风气候条件；

——温度范围。

另外，如需确定能耗，则还应在下列方面遵守合同规定：

a) 车辆的载荷或牵引载荷；

b) 轴数或列车长度；

c) 考虑到旋转质量(包括所有非被试的车辆)而采用的旋转惯性因数；

d) 车辆(包括所有非被试的车辆)在不同速度下的运行阻力曲线；

e) 车辆(包括所有非被试的车辆)在不同速度下的制动力曲线；

f) 允许的最大加速度和最大的加速度变化量；

g) 允许的最大制动减速度；

h) 驾驶方式——人工的或自动的。

装有内燃机的车辆，其燃油与润滑油特性应符合内燃机制造商的规定，并为用户所认可。

另外，对装有内燃机的车辆，可在静态按照合同商定的负载周期进行能耗测试。

本试验应在无风及合同规定的温度条件下，在已运行一定时期的车辆上进行。

电能消耗(有功或无功)应用仪器测得的网压、网流计算得出。这些仪器可安装在被试车辆或与其连挂的另一辆车(如动力试验车)上。此外网压可用记录式电压表来检查。可对再生制动时电网的吸收能力进行监控。

应测量内燃机连续运行时的平均油耗。

耗电量或耗油量测试会受某些可能引入的不可控因素的影响，例如运用条件、速度误差，特别是采用再生制动时电网的吸收能力。试验后，制造商可以根据试验条件不同重新核算能耗的预测值。

9.4 制动试验

9.4.1 型式试验(安全相关试验)

目的是验证车辆制动系统满足合同规定的要求。

9.4.1.1 总则

车辆制动系统线路试验应在包含最高速度的商定速度范围内测量减速距离与速度的关系(例如停止距离)，或测量包括了最大规定速度的各种速度范围内的减速情况。该试验应检查制动的平稳性且应没有冲击，尤其是制动系统从一种制动方式切换到另一种制动方式时。

试验将验证车辆的所有制动系统的性能(如紧急和正常制动、纯空气制动或空电联合制动或液压减速器)。

其他制动系统(例如：磁轨制动器)的试验应按合同的规定进行。

制动试验应考虑所有相关标准的要求。

9.4.1.2 车辆条件

对于需载人或载货的车辆，这些型式试验应在合同规定的载荷条件下进行。如果合同没有具体要求，则应在最小载荷、极限载荷条件下进行。可要求进行更多的试验以验证制动距离在整个载荷范围内符合规定的要求，并与摩擦材料的非线性特性相符，还要验证称重系统对施加的制动力的影响。

对于动力牵引单元，应在额定载荷下进行试验。

试验应在所有系统处于正常运转状态时进行，如果合同有规定时应隔离一些制动装置或转向架。

对于摩擦制动系统，制动闸瓦、制动闸片和制动盘应安装固定。

对于装有间隙调整器的车辆，型式试验应在新的制动闸瓦、制动闸片或制动盘上进行；对未装间隙调整器的车辆，型式试验应在制动闸瓦、制动闸片或制动盘处于磨耗极限的状态下进行。

9.4.1.3 线路条件

试验应在轨道磨合良好的线路上进行。

除非另有规定，试验应在干燥轨道上进行。如果试验在通常大气条件下(即轨道潮湿或干燥)进行，这些试验条件应进行记录并在试验报告中说明。

经买方、用户和制造商商定后，为了模拟实际运营条件(另见 9.4.1.6)，试验可在人为降低了粘着条件的轨道上进行。

9.4.1.4 制动距离的测量

本条款描述了测量制动距离的一种方法，但其他方法也可以使用，例如可使用车载的速度和距离测量设备以及图形表示法。

测量应在平直的轨道上进行。车辆可以是自带动力单独运行，也可为多单元列车，或依合同要求拖带一定数量的拖车。

每种设置或每种制动类型(紧急制动、常用制动或联合制动)至少应进行 3 次试验。实际试验次数将取决于每次试验结果的变化，并应按下列 a)至 d)项进行：

a) 在通过施加制动标志点之前应断开牵引电机电源，机车速度接近规定速度，当到达标志点时即施行所要求的制动方式。

b) 应精确测量下述内容：

——测量并记录每次试验的制动距离 L(单位 m)；

——经过制动标志点时的速度 v(单位 km/h)(该速度应与基准速度 v_0 一致，误差不超过 ±3 km/h)。

c) 记录制动期间内速度随时间变化曲线和必要的补充参数(压力、电流等)，以图解确定所需减速率。减速率应符合合同中对常用减速率或紧急制动减速率的要求。

d) 每次试验之间制动管压力是否恢复正常。

如果制动距离测试不能在绝对平直的线路上进行，则所选的直线轨道的坡度不应超过±4‰。如果平直线路或 v 值有任何不符，测得的制动距离 L 可应用下式校正：

$$L_1 = L \times \frac{3.92 \times (1 + R_0) \times v_0^2}{[3.92 \times (1 + R_0) \times v^2] \pm i \times L}$$

式中：

L_1 ——修正后的制动距离，单位为米(m)；

L ——测得的制动距离，单位为米(m)；

v_0 ——目标初速度，单位为千米每小时(km/h)；

v ——实际初速度，单位为千米每小时(km/h)；

i ——坡度，单位‰；

R_0——旋转惯性系数。

合同中对 R_0 未规定时，取 $R_0=0.08$。

公式中 i 前“+”号用于下坡，“−”号用于上坡。

校正后制动距离 L_1 不应大于合同中针对每种设置或制动类型的规定值。

9.4.1.5 制动试验次数

应反复多次进行制动频率试验，检查在最恶劣情况下，车辆储能满足规定制动次数的能耗需求。

9.4.1.6 轮对滑行保护

制动系统中带有轮对滑行保护系统时，制动试验应检查轮对滑行保护系统是否按规定运行。另见8.15.8。推荐参考 UIC 541-05。采用撒砂以辅助制动时，线路试验应验证车辆和撒砂设备符合8.11.4规定的准则。

9.4.1.7 紧急制动

紧急制动试验应检查制动控制器或在紧急状态下用于驾驶的自动装置的制动性能。对其他制动方式(例如磁轨制动、涡流制动系统)性能应进行额外试验检查其性能试验满足合同规定的要求，这些试验可作为9.4.1.4规定试验的一部分进行。这些试验可由批准机关要求作为车辆验收准则的一部分。

9.4.1.8 电制动试验

对装有电制动的车辆，应对常用制动中的全部级位，以手动或自动施加的方式检查下列项目：

a) 下坡采用恒速电制动时，实际的制动状况应完全符合合同规定的制动性能；
b) 每台电动机和调节设备的端子上出现的电压，不得超过设计值或合同规定值；
c) 牵引电机的电流不得超过设计值或合同规定值；
d) 制动或无火回送时，牵引电机无异常自励现象；
e) 再生制动时，网侧功率因数应在合同规定指标内；
f) 对于再生制动，当出现供电网断电、电源外部短路、受电弓离线、线路不连续或有分相装置(中性段)时，应能按合同要求平滑转换到其他制动系统；
g) 对于装有混合制动系统(如联合制动或替换制动)的情况，应能在不同制动系统(例如空气制动，电阻制动与再生制动)间平滑转换，无明显的冲击、欠制动或过制动；
h) 电制动施加与缓解应平稳且无明显冲击。除非合同另有规定，该冲击率一般不得超过 1 m/s^3(紧急制动情况除外)。

9.4.2 例行试验(安全相关试验)

除非合同另有规定，每个新造车辆(单元)均应在单一载荷状态(例如最小载荷或额定载荷)和干燥轨道上进行线路制动试验(含9.4.1.7的要求)。这些条件的任何变化均应在报告中注明。

制动试验应从合同规定的最大速度开始进行，制动距离按9.4.1或合同的规定进行测量。这些试验可与其他调试试验一起进行。这些试验中的某些试验可由批准机关规定为车辆验收准则的一部分。

应对每节机车或车辆上的轮对滑行保护系统(如有)的工作进行简要检查。此检查可在其他例行试验进行时用合适的测试设备进行，或由其他例行试验推导出来。

应对每节机车或车辆上的动态制动器(如有)的工作进行简要检查，以证实转换、联合制动和施加/释放功能[通常为9.4.1.8中f)、g)、h)所描述的功能]。该检查可在其他例行线路试验时进行，或由其他例行线路试验推导出来。

如果合同有约定，货车或客车的例行试验可在提供足够的证据证明车辆与经过型式试验的车辆一致的情况下由静态试验(见8.11)代替，或者由一致性声明代替。

9.5 牵引、制动热容量试验(型式试验，可行时为安全相关试验)

目的是验证牵引、制动设备在规定的温度限值内，按规定负载周期工作的能力。

注：该试验可与9.3提到的试验合并进行，有些项目可由装车前牵引设备的组合试验代替。这些试验中的某些试验(特别是制动试验)可由批准机关规定为车辆验收标准的一部分。

按规定负载周期工作时，对于特定设备，应检查其温升是否在设计限值内。

应测量下列设备是否在规定的温度范围内工作：

——电机；

——冷却液(如主变压器、逆变器用)；

——电阻器(起动时和制动时)；

——电抗器；

——功率半导体；

——电缆绝缘层；

——电缆槽和导管；

——辅助设备；

——控制开关设备；

——电容器；

——设备箱和设备罩；

——冷却空气；

——牵引电机与车轮之间的传动环节；

——机械制动元件；

——轴箱；

——轮对；

——摩擦制动部件。

注：上述列表并非详尽，具体列表应在合同中商定。

应检查内燃机的运行情况，特别应检查操作用到的各种液体的温度和压力，以及发动机室温度。应检查内燃机排放系统的完整性和有效性，确保在全部门、窗关闭情况下，无有害气体进入发动机室、司机室或乘客车厢。

应在合同规定条件下，车辆工作时隔离部分设备(例如牵引电机)，反复进行上述检查。

如果要求本车紧急救援其他车辆时，应按合同要求的紧急工况，重复进行上述检查。

9.6 运行阻力(可选型式试验)

目的是验证车辆的运行阻力，可应用转动惯量来验证车辆的运行阻力。

试验应在干燥轨面和无风气候条件下进行。

试验时车辆按合同规定最高速度在坡度已知并尽可能没有弯道的线路上运行，在不用制动的情况下任其减速。用适当方法将速度、运行的时间和距离同时记录下来，由这些参数，同时考虑到线路坡度和旋转质量的影响，便可推导出运行阻力曲线。

可采用动力试验车或测量减速度的仪器做运行阻力试验。

对于电传动车辆，运行阻力可在考虑到牵引电机的效率和牵引系统的功率损耗后，根据牵引系统消耗的电功率推导得出。

对于非固定编组的列车,有必要对各种编组进行上述试验。

运行阻力的计算方法应在合同中商定。

9.7 调速系统试验(型式试验、例行试验,可选安全相关试验)

目的是验证调速系统的工作情况。

如可行,装有调速系统的车辆应进行型式试验以验证:

——车速控制平稳,制动、惰行和加速间切换时无明显冲击或振荡;

——牵引和制动设备不能承受过多的操作次数或工作频率(与手动控制的车辆相比而言,使部件磨耗最小化);

——随改变指令而改变的制动率和加速度均在合同规定范围内;

——调速系统给出的车辆速度应在合同规定范围内,且与给定速度之间的偏差不超过允许值;

——在车站站台和其他停车地点(例如停车信号)的停车位置准确率符合合同要求。

对于例行试验,应进行调速系统功能简化试验。

这些试验中的某些试验可由批准机关规定为车辆验收准则的一部分。

9.8 列车自动保护系统(型式试验、例行试验和安全相关试验)

应根据合同和试验大纲商定的程序检查装有列车自动保护系统的车辆的功能是否正确。

尤其要检查下列各项:

a) 保护系统在合同规定的速度下响应外部(轨旁)信号或内部(车载设备,例如司机室推荐速度的显示)信号施加紧急制动或对司机发出必须降低车辆速度的警告;

b) 对于施加紧急制动的情况,牵引电机电源应自动切断并采用合同规定的制动速率。此时车辆应按合同要求停在制动距离之内;

c) 保护系统除非确实发生超速,不得无故动作。速度保护系统应在满负荷工作条件下进行试验,以检查其动作是否正确。

列车自动保护系统应在整个工作条件下进行试验以检查工作是否正确。

对于例行试验,应进行列车自动保护系统功能简化试验。

这些试验中的某些试验可由批准机关规定为车辆验收准则的一部分。

9.9 车辆/轨道相互作用

9.9.1 运行安全性

9.9.1.1 目的

检查下列几方面的行车安全性:

a) 脱轨的安全性;

b) 轨道横移的安全性;

c) 轨道及其固定装置以及车轮、车轴和转向架某些部件承受过度机械压力的安全性;

d) 悬挂装置(如空气悬挂垫)故障时的安全性;

e) 防止车轮抱死的安全系统。

9.9.1.2 型式试验(安全相关试验)

试验应尽可能在能按列车时刻表规定的速度以及合同规定的最高速度运行的线路(包括隧道)上进行。

亦可在买方和制造商协商同意的其他线路上进行试验。

9.9.1.3 例行试验(安全相关试验)

用于评估车辆性能的参数应与按照9.9.1.2的型式试验的参数一致。用于检查车辆性能的参数及其限值应在合同中商定并且写入试验大纲。

9.9.2 悬挂装置间隙、车辆间间隙(可选型式试验和安全相关试验)

目的是验证车辆在所有载荷条件和各种限制条件(例如曲线半径、倾斜度等)下的操作间隙是否合理。

车辆通过曲线或道岔后,不造成轮轨粘合和轨道永久变形。

车辆以合同中规定的特定速度通过特定的最小半径曲线时,其运行和摘挂应不受限制,跨接电缆、连接风管、电机连线、回流连线应足够长,电机通风管路和轴驱动设备(例如速度传感器)应设计合理以避免损坏。

车辆应能与其他类似车辆或合同中要求的其他类型车辆连挂,并能与前一种车辆在实际运行中连挂。车辆应在反向曲线段运行并应检查车辆的状态,例如车钩或走廊连接处既没有束缚也没有重叠现象。该试验应在车钩处于完全拉伸的状态下进行。

当车辆要求提供自动连挂功能时,应在合同中规定的可能的曲线半径上进行验证。

通过曲线和道岔时,车辆行走自如,不应使钢轨产生永久变形。

上述曲线线路上进行的试验同时也应在合同中规定的最大坡度变化的直线上试验。

当合同要求车辆在坡度和超高同时变化的曲线上运行时,间隙也应检查(例如轮渡服务,有轨电车)。

在车轮磨耗以及悬挂装置处于非正常运行工况时(空气弹簧无气或已破损)车体与转向架或车轮处于一点或多点接触,这种工况下的各种间隙也需检查。

这些试验既可以在基础可调整的相关线路进行,也可在线路维护良好的车辆段或制造商工厂的线路上进行。

车辆在弯道上移动时的间隙检查也可通过使用移车台使车体相对转向架转动的静态试验方法进行。(见8.2.2.2和8.2.2.3)。

9.10 乘坐舒适度(可选试验)

9.10.1 目的

验证乘坐舒适度是否满足合同规定的要求。

9.10.2 型式试验

试验应在买方同意的拟投入运行的典型线路上进行。轨道质量、允许的运营速度、曲线布置、超高以及欠超高设置均应符合合同规定。评估方法和试验条件应在试验大纲中规定。

9.10.3 例行试验(可选试验)

应根据(9.10.2)型式试验数据,用其参数验证每个新造车辆(单元)性能,选定的参数与限定值均需制造商与买方同意并包括在试验大纲中。

9.11 动态限界

9.11.1 型式试验(安全相关试验)

目的是验证车辆符合合同要求的动态限界要求。

一般情况下，该试验可与 9.10.2 乘坐舒适度试验同时进行，通过悬挂位移计算数据检测车体的偏移量。同时这些数据也可用于检查受电弓(如有)的摆动是否符合受电弓限界要求。

如果合同商定，也可通过静置试验来计算动态限界或偏移曲线(见 8.3)。

9.11.2 例行试验(可选试验)

应根据 9.11.1 要求的型式试验的数据，用其参数验证每个新造车辆(单元)性能，选定的参数与限定值应在合同中商定。

该试验可与运行舒适度试验一起进行，见 9.10.3。

9.12 轮缘润滑器操作(仅为安全相关例行试验)

目的是验证轮缘润滑器按合同规定要求提供润滑，车轮踏面或轨头无污染物。

装车润滑器均应按照供应商的说明书要求进行试验。

9.13 受流器试验(仅为安全相关型式试验)

目的是验证受流器按合同要求工作。

试验前，应完成静置型式试验和例行试验(见 8.7 和 8.8)。

车辆在其将要运行的线路上以合同规定的最高速度运行。如果车辆在运行时要求升起的受电弓或集电靴(机车或多单元列车)，则应按照合同规定的工作条件(例如速度、受流器之间的距离)下对受流器进行检查。对每一个运行方向均应检查。

试验线路供电系统的供电质量应在合同中商定并写入试验大纲中。

应通过检查以确保受流性能合格，无损坏、无异常磨损或受流器振动或供电波动，并与 GB/T 21561.1—2008 和 GB/T 21561.2—2008 相符。

应记录试验时的天气情况。

应检查受流器的电气操作和机械操作、无电区内的电气回路、第三轨间隙。

如有受电弓，应在合同规定的最高速度范围内，在两个运行方向和受电弓工作高度内，除了静态力外，空气动力效应不超过合同规定的上下限值。对合同中规定的多单元列车的车辆(例如车辆装有 2 个受电弓且距离较短时)应反复进行检查。

在车辆快速运行时，作用于受电弓的空气动力不会使受电弓非正常升起，也不妨碍受电弓在运行过程中正常的升降运行。

通过测量检测受电弓的偏摆量，考虑车辆最恶劣的动态位移(也见 9.10.2 和 9.11.1)，其偏摆量不超过计算的最大值。可参照 GB 146.1—1983、GB/T 21561.1—2008 和 GB/T 21561.2—2008。该试验可在静置时进行(见 8.2.2.4)。

9.14 空气动力效应(仅型式试验，可行时为安全相关试验)

目的是验证车辆的空气动力性能符合合同规定要求。

按合同要求应进行下列空气动力效应的特殊试验：

——检查车辆机械部件对空气动力冲击波的阻力。该试验可包括由于列车交会和通过隧道时的空气动力影响；

——检查车辆的气密性；

——检查对系统空气入口(例如空调、冷却等)无负面影响；

——检查气流效应和侧风效应。

9.15 电磁兼容性(仅型式试验)

9.15.1 车辆的内部干扰(如可行时,为安全相关试验)

目的是验证所有装车后的设备功能正常,无干扰作用。

按照 IEC 62236-3-2:2003 对设备进行试验,确认车内电磁发射和设备抗扰度之间是否有足够安全裕量,不要求作进一步的试验。

车辆试验如下:

应顺序依次操作车上的所有接触器、继电器及其他可能产生噪声的电路,以确保不因电磁辐射或传导信号对车辆电路无有害的电气干扰。

检查控制设备电磁辐射抗扰度的具体方法参考 IEC 62236-3-2:2003。

9.15.2 车辆产生的外部干扰(安全相关)

目的是验证在所有载荷情况下车辆产生的干扰频谱(幅值、频率、噪声电流等)符合 GB/T 24338.3—2009 或合同规定值。

GB/T 24338.3—2009 第 6 章描述了整车试验时应考虑的各种运营环境参数。

应按 GB/T 24338.3—2009 进行试验,除非合同中商定车辆在经常所处的一切正常运行的线路状况下不会产生有害的影响,例如:

——与变电所之间距离不同;

——牵引和制动时不同速度和加速度。

有可能,还应检查用于监控临界频率和操作的检测装置和监视系统是否按合同规定操作。

应按车辆运营线路的基础设施管理部门的要求生成并提交试验报告。

9.15.3 射频干扰(安全相关)

目的是验证车辆在无线电频率范围内不产生过大的电磁干扰。

除非合同中另有商定,试验应在规定的最大电平和临界频率下按照 GB/T 24338.3—2009 进行。

9.15.4 外部对车辆的干扰(安全相关)

目的是验证车辆在承受合同规定的外部辐射干扰时运行是否正常。

GB/T 24338.3—2009 第 5 章说明整车不要求进行试验。抗扰度试验应证明符合 IEC 62236-3-2:2003 和 EMC 试验大纲的要求。

买方有责任在订合同时对任何并非一般铁路系统所有的而有可能对车辆发生干扰的潜在干扰源与制造商进行沟通。

9.15.5 静电放电(可选试验)

目的是验证在经受规定等级的静电放电时,车辆能良好运行。

如合同规定,制造商应按 IEC 62236-3-2:2003 进行静电放电试验。

9.16 供电中断、电压突变和短路试验(仅为可选型式试验)

9.16.1 总则

目的是验证外部电压的变化不会对车辆性能产生不良影响。

这些试验只有当 GB/T 25117.1—2010、IEC 61377-2:2002、IEC 61377-3:2002 规定的型式试验未在买方和制造商商定的试验台上进行时,才在整车上进行。

应在运行时会遇到的不同电网条件(如电压、线路电感)下进行试验,例如在变电所附近或距变电所较远的区域进行试验。

对于有交流或直流换向器电动机组成的装有末级驱动装置的设备通过无源装置(变压器、调压开关、电阻器、二极管等)直接连接到电源时,应在下列3种不同的条件下进行试验:

——牵引电机最小磁场(如适用);

——最高车辆速度;

——牵引电机电流为小时制定额。

如果装有变流器的设备在没有合同规定的数据时,该试验应在下列3种不同条件下进行:

——主电路最大电流;

——变流器最大输出电压;

——车辆最高速度。

9.16.2 电压突变试验

供电电压应从标称网压突升,应根据IEC 60850:2000要求升高电压。

可用各种方法进行试验,特别是下列可能的情况:

——利用变电所的控制来操作;

——将装在被试车辆上的或装在连挂的另一台车上的电阻器突然短路;

——突然卸载、切掉与被试车辆并联的重负载;

——投入一个先前退出运行的变电所。

如果车辆提供再生制动,应在最高速度以及该速度下可获得的最大再生制动电流(亦可在合同规定的最大再生制动电流时可能达到的最高速度)下进行电压突降试验(减少10%)。试验可通过突然接通与试验车辆并联的重负载来进行。

该试验对设备不应有不良影响。即使在最恶劣的工作条件下(重新接通之后,如果电压突变时保护设备没连接牵引设备),设备也应无永久性损伤且能继续提供相同的性能。

9.16.3 供电中断试验

对于牵引与再生制动,外部供电电压应在合同商定的从10 ms~10 s中断总时间范围内断开后重新接通。全部保护装置包括零电压保护装置均应在试验时投入工作。

为确保两次断路之间的间隔覆盖规定的中断时间范围,应进行多次试验。可用断路器断开和重新接通的电路进行该试验。

该试验对设备不应有不良影响。即使在最恶劣的工作条件下(重新接通之后,如果电压突变时保护设备没连接牵引设备),设备也应无永久性损伤且能继续提供相同的性能。

9.16.4 电压变化试验

检查车辆上的所有设备,特别是辅助设备,是否能在合同规定的网压变化范围内正常工作。

应进行多次试验以确保覆盖了电压变化范围(例如最高网压、最低网压和标称网压)。

9.16.5 短路试验

牵引和再生制动的外部供电电压应在无时间限制下进行短路试验,所有保护装置均应在试验时投入工作。

该试验不应对设备产生不良影响,电网电流不应超出合同的规定值。重新接通之后,在规定的操作条件下,设备应无永久性损伤且能继续提供相同的性能。

9.17 噪声试验

9.17.1 型式试验

目的是验证车辆内部噪声和车辆辐射噪声是否符合技术规范。

辐射噪声试验应按 ISO 3095:2005 进行，内部噪声试验应按 ISO 3381:2005 进行。每种试验在进行试验时的测量方法和试验条件在前述标准中规定。试验步骤应在合同中进行规定。

9.17.2 例行试验(可选试验)

如果合同要求，应采用在型式试验样车上验证过且测试结果与型式试验结果一致的、符合 ISO 3095:2005 和 ISO 3381:2005 规定的监视试验的测量方法进行试验。

9.18 空气系统-压缩机工作周期(型式试验，可行时为安全相关试验)

目的是验证装车的一台压缩机/多台压缩机能输出规定的空气量以满足所有系统的需要。

试验应选择在规定工作环境下，最具有周期性工作的空气系统的设备上进行，包括所有气动门系统、警报器等。

机车应在合同规定的极限载荷下进行试验。

重联列车应在极限载荷下进行试验。

试验将包括下列测量：

——主风缸压力；

——列车主风管压力；

——空气悬挂装置压力(如有)；

——系统全充气需要时间(见静置试验 8.9)；

——压缩机持续工作时间；

——空气干燥器的下行口空气露点。

试验应验证下列性能：

——全排空系统的充气时间在合同规定范围内(正常情况下不超过 15 min)，不包括机车牵引货车的情况；

——全部气动设备在正常条件下工作时，系统维持工作压力；

——如果合同规定，车辆能操作自身的空气系统和失效单元/车辆的空气系统。

注：该试验可在进行其他线路试验(例如牵引特性试验，见 9.3)时进行。或者，如果此试验能证明耗气量是规定工作周期的典型情况，则可用规定的漏损率测量代替。

9.19 刮雨器(型式试验)

目的是在各种运行速度和各种气候条件下，验证刮雨器、除雾器和清洗器是否洗刷干净规定的区域。

此试验应涵盖合同规定的所有工作速度一直到最高速度的范围。此试验应优先在不利气候条件下进行。

刮雨器应清洁干净规定区域，对空气动力没有不良影响。

清洗器应按合同的规定工作。

9.20 列车控制系统(型式试验，适用时为安全相关试验)

目的是在动态环境下，检查所有列车控制系统功能是否正常。

某些试验可与其他线路试验一起进行，如牵引控制试验可在牵引特性试验(9.2)时进行。

线路试验期间，应检查所有列车控制系统和电路，确保按合同规定要求正常运行。特别是下列操作应进行检查：

——控制指令时序；

——延时操作；

——联锁装置的操作；

——有效编码信号的操作；

——不同系统间的接口。

在合适情况下，按照8.15进行过静置试验的车辆辅助系统应进行检查，以确保其在动态情况下正常工作，且没有来自牵引和制动系统工作时的不良影响或车辆运动所产生的其他影响。

特别应检查下列内容：

——广播系统的可听性；

——在将使用的基础设施上的无线电操作；

——轨道与车辆之间数据传输器，包括闭路电视；

——动态情况下的数据传送；

——将运行车辆的实时数据作为输入的列车管理系统(包括诊断系统)；

——车内视频系统或闭路电视。

附 录 A
（资料性附录）
试 验 清 单

在表中各栏中的字母含义如下：

——O 必选；

——V 可选；

——D/C 一致性声明；

——T 型式试验；

——R 例行试验；

——C 计算；

——S 安全相关；

——A 可由批准机关要求；

——NA 不适用。

当字母在括号中出现时，例如(O)、(V)和(R)，表示装有此设备时可适用或者表示此试验适用于特定的条件，具体参见相关章节。

如果满足5.1的要求，可以不进行某些试验。

表 A.1 静置试验一览表

章条	试验项目	试验类型	机车	货车	客车	重联货车	动车组/城轨车辆	参照标准
8.2	尺寸检查	—	—	—	—	—	—	—
8.2.2	型式试验	—	—	—	—	—	—	—
8.2.2.1	外形尺寸	C、T、S	O	O	O	O	O	—
8.2.2.2a)	车体与转向架之间的间距测量	C、T、S	O	O	O	O	O	—
8.2.2.2b)	相邻车体间的间距测量	C、T、S	O	O	O	O	O	—
8.2.2.3	风管和电缆长度试验	C、T、S	O	O	O	O	O	—
8.2.2.4	受流器	T、S	(O)	NA	NA	(O)	(O)	GB/T 21561.1—2008、GB/T 21561.2—2008
8.2.3	例行试验	R	O或D/C	O或D/C	O或D/C	O或D/C	O或D/C	—
8.3	限界检查	—	—	—	—	—	—	—
8.3.2	总则	T、S	O	O	O	O	O	—
8.3.3	挠性系数	T、S	(O或V)	(O或V)	(O或V)	(O或V)	(O或V)	UIC 505-5:1977
8.3.4	例行试验	R、S	O	O	O	O	O	—
8.4	起吊能力检查	T、S	O	O	O	O	O	—
8.5	称重试验	—	—	—	—	—	—	—

表 A.1（续）

章条	试验项目	试验类型	机车	货车	客车	重联货车	动车组/城轨车辆	参照标准
8.5.3	型式试验	T、S	O	O	O	O	O	—
8.5.4	例行试验	R、S	O	O 或 D/C	O 或 D/C	O	O	—
8.6	密封性试验	—	—	—	—	—	—	—
8.6.2	型式试验	T	O	O	O	O	O	GB 4208—2008
8.6.3	例行试验	R	V	V	V	V	V	—
8.7	电气绝缘试验	—	—	—	—	—	—	—
8.7.2	耐受电压试验	R	O	O	O	O	O	—
8.7.3	绝缘阻抗试验	R	O	O	O	O	O	—
8.8	保护接地和回流电路试验	R、S	O	O	O	O	O	GB/T 21414—2008
8.9	风源系统试验	—	—	—	—	—	—	—
8.9.2 8.9.3	空气气密性试验	R、S	O	O	O	O	O	—
8.9.4	性能试验	T、(S)	O	O	O	O	O	—
8.10	液压制动系统试验（气密性）	R、(S)	(O)	(O)	(O)	(O)	(O)	—
8.10	液压制动系统试验（功能性）	T、(S)	(O)	(O)	(O)	(O)	(O)	—
8.11	摩擦制动系统试验	—	—	—	—	—	—	—
8.11.2	空气制动系统	—	—	—	—	—	—	—
8.11.2.1	型式试验	T、S	O	O	O	O	O	—
8.11.2.2	例行试验	R、S	O	O	O	O	O	—
8.11.3	其他系统	T、R、S	(O)	(O)	(O)	(O)	(O)	—
8.11.4	撒砂系统	T、R、S	(O)	(O)	(O)	(O)	(O)	—
8.12	停车制动型式试验	T、S	O	O	O	O	O	—
8.13	辅助供电系统试验	—	—	—	—	—	—	—
8.13.2	型式试验	T、(S)	O	O	O	O	O	—
8.13.3	例行试验	R	O	O	O	O	O	—
8.14	蓄电池充电试验	—	—	—	—	—	—	—
8.14.2	型式试验	T	O	O	O	O	O	—
8.14.3	例行试验	R	O	O	O	O	O	—
8.15	辅机控制系统试验	—	—	—	—	—	—	—
8.15.2	一般试验	—	—	—	—	—	—	—

表 A.1（续）

章条	试验项目	试验类型	机车	货车	客车	重联货车	动车组/城轨车辆	参照标准
8.15.2.1	型式试验	T	O	O	O	O	O	—
8.15.2.2	例行试验	R	O	O	O	O	O	—
8.15.3	列车控制静态功能	—	—	—	—	—	—	—
8.15.3.1	单元控制	T、R、(S)	O	(O)	O	O	O	—
8.15.3.2	系统接口	T、R、(S)	O	(O)	O	O	O	—
8.15.3.3	重联操作	T、R、(S)	(O)	(O)	(O)	O	O	—
8.15.4	门控系统	T、R、S	O	(O)	O	(O)	O	—
8.15.5	加热、通风和空调系统试验	—	—	—	—	—	—	—
	列车乘务员区	T、R、S	O	NA	O	O	O	—
	旅客区	T、R	NA	NA	V	NA	V	—
	货运车厢	T、R	NA	(O)	NA	(O)	NA	—
8.15.6	照明系统试验	—	—	—	—	—	—	—
8.15.6.1	型式试验	T、(S)	O	V	O	V	O	—
8.15.6.2	例行试验	R、(S)	O	V	O	V	O	—
8.15.7	其他系统	—	—	—	—	—	—	—
	安全相关	T、R、S、(A)	(O)	NA	(O)	(O)	(O)	—
	非安全相关	T、R	(V)	NA	(V)	(V)	(V)	—
8.15.8	软件控制系统	—	—	—	—	—	—	—
	安全相关	T、(S)	O	(O)	O	(O)	O	IEC 60571:1998
	非安全相关	T	V	NA	V	(V)	V	—
	软件版本	R、S	O 或 D/C	(O 或 D/C)	O 或 D/C	(O 或 D/C)	O 或 D/C	—
8.16	内燃机和有关的发电机组的试验	—	—	—	—	—	—	—
8.16.2	内燃机的工作转速	T	V 或 D/C	(V 或 D/C)	(V 或 D/C)	V 或 D/C	V 或 D/C	—
8.16.3	内燃机的保护装置	T	O 或 D/C	(O 或 D/C)	(O 或 D/C)	O 或 D/C	O 或 D/C	—
8.16.4	内燃机的液体、空气和排气回路	R、(S)	O	(O)	(O)	O	O	—
8.16.5	发动机驱动的辅助装置	—	—	—	—	—	—	—
8.16.5.1	型式试验	T	V 或 D/C	(V 或 D/C)	(V 或 D/C)	V 或 D/C	V 或 D/C	—

表 A.1(续)

章条	试验项目	试验类型	机车	货车	客车	重联货车	动车组/城轨车辆	参照标准
8.16.5.2	例行试验	R	V 或 D/C	(V 或 D/C)	(V 或 D/C)	V 或 D/C	V 或 D/C	—
8.16.6	内燃机的起动	T	V 或 D/C	(V 或 D/C)	(V 或 D/C)	V 或 D/C	V 或 D/C	—
8.16.7	内燃机的运行	—	—	—	—	—	—	—
8.16.7.1	型式试验	T	V 或 D/C	(V 或 D/C)	(V 或 D/C)	V 或 D/C	V 或 D/C	—
8.16.7.2	例行试验	R	O 或 D/C	(O 或 D/C)	(O 或 D/C)	O 或 D/C	O 或 D/C	—
8.17	牵引系统试验	T、R、(S)	O	NA	NA	O	O	—
8.18	可操作性和可维修性	—	—	—	—	—	—	—
8.18.1	总则	T	V	V	V	V	V	—
8.18.2	车厢和列车乘务员区	T、S	O	NA	O	O	O	UIC 651:2002
8.18.3	乘客区	T、(S)	NA	NA	V、(O)	NA	V、(O)	—
8.18.4	救援	T、(S)	V、(O)	V、(O)	V、(O)	V、(O)	V、(O)	—
8.19	噪声和振动试验	T、(S)	V、(O)	V、(O)	V、(O)	V、(O)	V、(O)	ISO 3095:2005、ISO 3381:2005
8.20	安全相关系统试验	R、S	O	(O)	(O)	O	O	—

表 A.2 线路试验一览表

章条	试验项目	试验类型	机车	货车	客车	货运动车	动车组/城轨车辆	参照标准
9.2	牵引性能(牵引力/速度特性曲线)	—	—	—	—	—	—	—
9.2.1	型式试验	T	V	NA	NA	V	V	—
9.2.2	例行试验	R	V 或 D/C	NA	NA	V 或 D/C	V 或 D/C	—
9.3	行程时间检查	T	V	NA	NA	V	V	—
9.4	制动试验	—	—	—	—	—	—	—
9.4.1	型式试验(所有)(紧急制动)	T、S、(A)	O	O	O	O	O	UIC 540:2002
9.4.2	例行试验	R、S、(A)	O	O 或 D/C	O 或 D/C	O	O	—

表 A.2（续）

章条	试验项目	试验类型	机车	货车	客车	货运动车	动车组/城轨车辆	参照标准
9.5	牵引、制动热容量试验	—	—	—	—	—	—	—
	牵引热容量试验	T	V或D/C	NA	NA	V或D/C	V或D/C	—
	制动热容量试验	T、S、(A)	O	O	O	O	O	—
9.6	运行阻力	T	V	V	V	V	V	—
9.7	调速系统试验	T、R、(S)、(A)	V、(O)	NA	NA	V、(O)	V、(O)	—
9.8	列车自动保护系统试验	T、R、S、(A)	O	NA	NA	O	O	—
9.9	车辆/轨道相互作用	—	—	—	—	—	—	—
9.9.1	运行安全性	T、R、S	O	O或D/C	O	O	O	UIC 518:2005
9.9.2	悬挂装置间隙、车辆间间隙	T、(S)	V	V	V	V	V	—
9.10	乘坐舒适度	—	—	—	—	—	—	—
9.10.2	型式试验	T	V	V	V	V	V	—
9.10.3	例行试验	R	V	V	V	V	V	—
9.11	动态限界	—	—	—	—	—	—	—
9.11.1	型式试验	T、S	O或C	O或C	O或C	O或C	O或C	—
9.11.2	例行试验	R	V	V	V	V	V	—
9.12	轮缘润滑器操作	R、S	(O)	(O)	(O)	(O)	(O)	—
9.13	受流器试验	T、S	O	NA	NA	O	O	GB/T 21561.1—2008、GB/T 21561.2—2008、GB 146.1—1983
9.14	空气动力效应	T、(S)	O	O	O	O	O	—
9.15	电磁兼容性	—	—	—	—	—	—	—
9.15.1	车辆的内部干扰	T、(S)	V、(O)	(V)	V、(O)	V、(O)	V、(O)	GB/T 24338 系列
9.15.2	车辆产生的外部干扰	T、S	O	(O)	O	O	O	GB/T 24338 系列
9.15.3	射频干扰	T、S	O	(O)	O	O	O	GB/T 24338 系列
9.15.4	外部对车辆的干扰	T、S	O	(O)	O	O	O	GB/T 24338 系列
9.15.5	静电放电	T	V	(V)	V	NA	NA	—
9.16	供电中断、电压突变和短路试验	T	V	NA	NA	V	V	IEC 60850:2000
9.17	噪声试验	—	—	—	—	—	—	—

表 A.2（续）

章条	试验项目	试验类型	机车	货车	客车	货运动车	动车组/城轨车辆	参照标准
9.17.1	型式试验	T	O	O	O	O	O	ISO 3095:2005、ISO 3381:2005
9.17.2	例行试验	R	V	V	V	V	V	ISO 3095:2005、ISO 3381:2005
9.18	空气系统-压缩机工作周期	T、(S)	V 或(O)	NA	NA	V 或(O)	V 或(O)	—
9.19	刮雨器	T	O	O	NA	NA	O	—
9.20	列车控制系统	T、(S)	V、(O)	(V)	V、(O)	V、(O)	V、(O)	—

参 考 文 献

[1] GB 146.1—1983 标准轨距铁路机车车辆界限

[2] GB/T 19000—2008 质量管理体系 基础和术语

[3] GB/T 19001—2008 质量管理体系 要求

[4] UIC 505-5:1977(第 2 版)和 4 个修改件(Basic conditions common to leaflets 505-1 to 505-4—Notes on the preparation and procisions of these leaflets)

[5] UIC 518:2005(第 3 版)(Testing and approval of railway vehicles from the point of view of their dynamic behaviour—Safety—Track fatigue—Ride quality)

[6] UIC 540:2002(第 4 版)(Brakes—Air Brakes for freight trains and passenger trains)

[7] UIC 541-03:1984(第 1 版)(Brakes—Regulations concerning manufacture of the different brake parts—Driver's brake value)

[8] UIC 541-05:2005(第 2 版)[Brakes—Regulations concerning the construnciton of various brake components—Wheel slip prevention device(WSP)]

[9] UIC 541-3:2004 年(第 5 版)(Brakes—Disc brakes and disc brake pads—General conditions governing bench tests)

[10] UIC 541-4:1990(第 2 版)和 3 个修改件(Brakes—Brakes with composition brake blocks)

[11] UIC 541-5:2005(第 2 版)[Brakes—Electropneumatic brake(eq brake)—Electropneumatic emergency brake override(EBO)]

[12] UIC 543:2003(第 12 版)(Brakes—Regulations govering the equipment of trailing stock)

[13] UIC 544-1:2004(第 4 版)(Brakes—Brake power)

[14] UIC 544-2:1983(第 2 版)(Conditions to be observed by the dynamic brake of locomotives and motor coaches so that the extra braking effort produced can be taken into account for the calcaulation of the braked-weight)

[15] UIC 546:1967(第 5 版)和 5 个修改件(Brakes—High power brakes for passenger trains)

[16] UIC 547:1989(第 4 版)(Brakes—Air brake—Standard programme of tests)

[17] UIC 651:2002(第 4 版)(Layout of driver's cab in locomotives,railcars,multiple-unit trains and driving trailers)

[18] UIC 660:2002(第 2 版)(Measures to ensure the technical compatibility of high speed trains)

ICS 45.060
S 04

中华人民共和国国家标准

GB/T 28807—2012/IEC 62427:2007

轨道交通 机车车辆和列车检测系统的兼容性

**Railway applications—
Compatibility between rolling stock and train detection systems**

(IEC 62427:2007,IDT)

2012-11-05 发布　　2013-02-01 实施

中华人民共和国国家质量监督检验检疫总局
中国国家标准化管理委员会　发布

前　言

本标准按照 GB/T 1.1—2009 给出的规则起草。

本标准采用翻译法等同采用 IEC 62427:2007《轨道交通　机车车辆和列车检测系统的兼容性》。

与本标准中规范性引用文件有一致性对应关系的我国文件如下：

——GB/T 1402—2010　轨道交通　牵引供电系统电压(IEC 60850:2007,MOD)；

——GB/T 27025—2008　检测和校准实验室能力的通用要求(ISO/IEC 17025:2005,IDT)。

本标准做了下列编辑性修改：

——删除 IEC 62427:2007 引言第 2 段对欧洲铁路机车车辆和列车检测系统电磁兼容性的说明；

——图 3 脚注列表改为表 1；

——将引用文件中 IEC 62278 调整为 IEC 62278:2002,因 4.9 中引用了具体条款。

——原文 7.2 下一级编号只有 7.2.1,不符合编号规则,故对 7.2 的悬置段增加编号“7.2.1 概述”,原有 7.2.1 改为 7.2.2,其他子级编号类似变动,对 7.3 的编辑性修改处理方式同 7.2；

——附录 B 只有一级章节编号,故取消编号 B.1；

——附录 C 只有一级章节编号,故取消编号 C.1；

——增加了参考文献。

本标准由中华人民共和国铁道部提出。

本标准由全国牵引电气设备与系统标准化技术委员会(SAC/TC 278)归口。

本标准主要起草单位:株洲南车时代电气股份有限公司、北京全路通信信号研究设计院。

本标准参与起草单位:南车青岛四方机车车辆股份有限公司、中国北车集团大同电力机车有限责任公司。

本标准主要起草人:王益民、申大川。

本标准参与起草人:严云升、胡学永、谢曲波、戴笑丰。

引　言

本标准给出了在特定线路上运行的机车车辆不干扰列车检测系统工作的流程。

兼容性由物理及电磁两方面确定。电磁兼容性 EMC，不仅需要最大允许干扰等级的通用值，而且需建立简便的方法，确定在规定线路上工作所能允许的干扰等级。

产生干扰的主要因素如下：

——轨道电流；

——电磁场；

——车轴间电压差。

如图 1 所示：

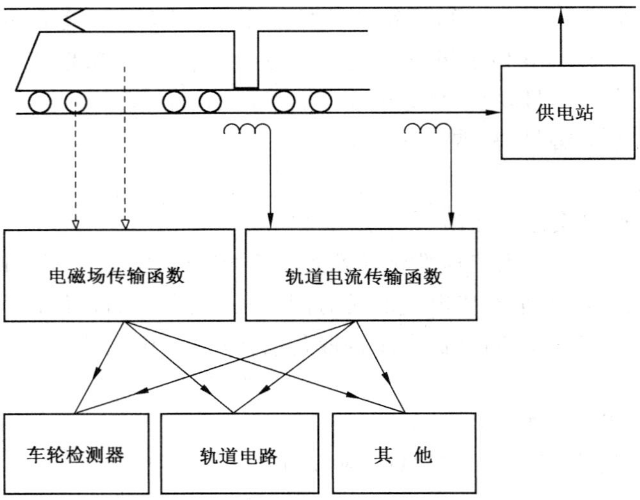

图 1　电磁干扰源

实际系统的电磁敏感度由下列因素决定：

——系统单个器件的电磁敏感度；

——器件的使用，即系统配置。

轨道电路和计轴器或车轮检测系统的有关事项另行研究。

为确定列车检测系统的电磁敏感度，提出了实验室/模拟试验方法及以“真实线路”的试验方法，模拟最不利条件。根据经验，可使用特定试验场所提供试验所需证据。根据铁路的经验，本标准建立确定列车检测系统电磁敏感度的通用方法可行。

在测量机车车辆干扰之前，相关人员应具备丰富的动力设备电路知识，即车上静止变流器的转换频率、功率变流器的调节类型、各个滤波器的谐振频率、电源过/欠压工作限值、降级工作模式等。

轨道交通
机车车辆和列车检测系统的兼容性

1 范围

本标准描述了机车车辆在特定线路运行所需相互认可的程序，描述了干扰电流、列车检测系统电磁敏感度、牵引供电特性的测量方法以及程序。认可程序的结果成为“兼容性案例”的具有规范格式、满足兼容性条件的证明文件。

认可程序也适用于影响兼容性的机车车辆、牵引供电或列车检测系统的改进。

兼容性案例的范围限于证明机车车辆与列车检测系统特性(即限值)的兼容性。本标准中列车检测系统仅涉及轨道电路或车轮检测器。

2 规范性引用文件

下列文件对于本文件的应用是必不可少的。凡是注日期的引用文件，仅注日期的版本适用于本文件。凡是不注日期的引用文件，其最新版本(包括所有的修改单)适用于本文件。

GB/T 21562—2008 轨道交通 可靠性、可用性、可维修性和安全性规范及示例(IEC 62278:2002,IDT)

ISO/IEC 17025 检测和校准实验室能力的通用要求(General requirements for the competence of testing and calibration laboratories)

IEC 60850 铁路应用 牵引系统的供电电压(Railway applications—Supply voltages of traction systems)

3 术语和定义

下列术语和定义适用于本文件。

3.1

认可部门 accepting body

兼容性案例评估及认可证书发放的责任部门，是由国家法规指定的主管单位。

3.2

兼容性案例 compatibility of case

记录证明规定的铁路线路或规定铁路网上的机车车辆、牵引供电和列车检测系统之间兼容性程度的文件。

3.3

认可证书 certificate of acceptance

认可部门签署的接受兼容性案例、允许新的或改进系统投入使用的证书。其与法律的关系由国家确定。

3.4

降级模式 degraded modes

设计预先设定机车车辆故障时的工作模式。降级模式通常允许机车车辆完成其旅程。

3.5

限值　gabarit

干扰信号的最大允许值，与注入列车检测系统干扰信号的频率和持续时间有关。

3.6

轨道基础设施管理部门　railway infrastructure authority

负责轨道和信号系统安全的部门。

3.7

非安全侧失效　right side failure

导致交通运输(以比信号设备正常时)更高限制的条件运行的信号系统故障(不影响安全)。

3.8

机车车辆管理部门　rolling stock operator

负责机车车辆运行和维修的部门。

3.9

车轮检测器　wheel detector

检测车轮通过的传感器，可采用计轴器或轨道接触器。

3.10

安全侧失效　wrong side failure

导致交通运输(以比信号设备正常时)更小限制的条件运行的信号系统故障(影响安全)。

3.11

安全系数　factor of safety

列车(向周边产生干扰信号的)发射值水平与轨道电路电磁敏感度之间的(限值的)差值，该值涵盖了非安全侧失效或安全侧失效机理下的安全性或可用性。

3.12

信号系统　signaling system

子系统和相连器件共同形成规定的信号功能的集合(列车检测系统属特定子系统，"系统"参考本标准)。

3.13

机车车辆　rolling stock

涵盖所有具有动力或不具有动力的车辆。本标准中，机车车辆等效于(对列车检测系统)产生影响的单元。

注：改写 GB/T 2900.36—2003 的 811.02.01。

3.14　牵引供电系统

3.14.1

(牵引)变电所　(traction)substation

其主要职能是向接触网系统供电。在牵引变电所，电压和频率被变换至接触网的电压和频率。

[IEC 62128-1]

3.14.2

(牵引)转换站　(traction)switching station

将电能分配至不同的馈电区段或将不同馈电区段关断或相互连接的装置。

3.14.3

馈电区段　feeding section

利用转换装置，将牵引供电系统区段与其他区段或系统馈电线隔离。

[IEC 62128-1]

3.14.4

馈线 feeder

接触网与变电所或转换站之间的电气连接。

[IEC 62128-1]

3.14.5

馈给点 feeding point

馈线与接触网的连接点。

[IEC 62128-1]

3.14.6

接触网 contact line

通过集流设备向车辆供电的导体系统。

[GB/T 2900.36—2003,811-33-01]

3.15

计轴器 axle counter

具有车轮检测和检测轨道区段空闲/占用的系统。计轴器比较驶入和驶离该区段的列车轴数,二者数量相等,生成轨道区段“空闲”指示。

3.16

(电磁)敏感度 susceptibility

在电磁干扰下,器件、设备或系统性能不降级的能力。

注:改写 IEV 161.01.21。

3.17

列车检测 train detection

在规定的轨道区域或给定点,识别有无列车存在的安全技术。

[IEC 62290-1]

3.18

轨道电路 track circuit

利用轨道区段构成的电路,通常在一端连接电流源,另一端检测该轨道区段空闲或列车占用的设备。

注:在连续信号系统中,轨道电路可用于地面与列车间交换信息。

[IEV 821-03-01]

4 认可流程

4.1 概要

与认可流程相关的部门如图 2 所示:

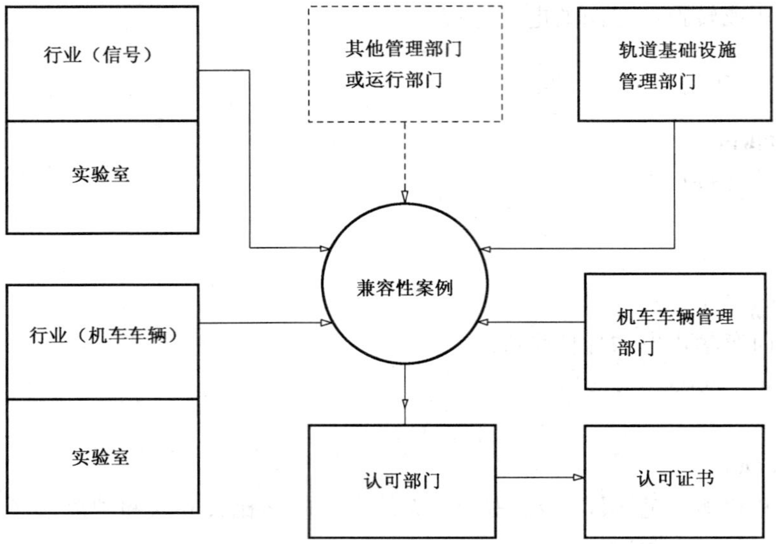

图 2　与认可流程相关的部门

4.2　职责

其职责是证明机车车辆、列车检测及牵引供电系统间的兼容性以及设备全生命周期的维修性，由特定铁路基础设施及特定机车车辆主管部门来划分各部门之间的职责。根据所给兼容性案例规定的职责，包括担任领导作用的部门，根据国家惯例委派。应提交兼容性案例文件到认可部门，并复核任何更改。

4.2.1　轨道基础设施管理部门

对于规定的线路，轨道基础设施管理部门应说明列车检测系统及牵引供电系统的特性。

4.2.2　机车车辆管理部门

机车车辆管理部门应说明机车车辆产生和传播的干扰特性。

4.2.3　认可部门

认可部门应复核提交的文件，并根据结果颁布认可证书。作为流程的一部分，认可部门应确保兼容性案例由有资质的专家结合国家的实际情况进行评估。

4.3　认可流程

认可流程概要见图 3。

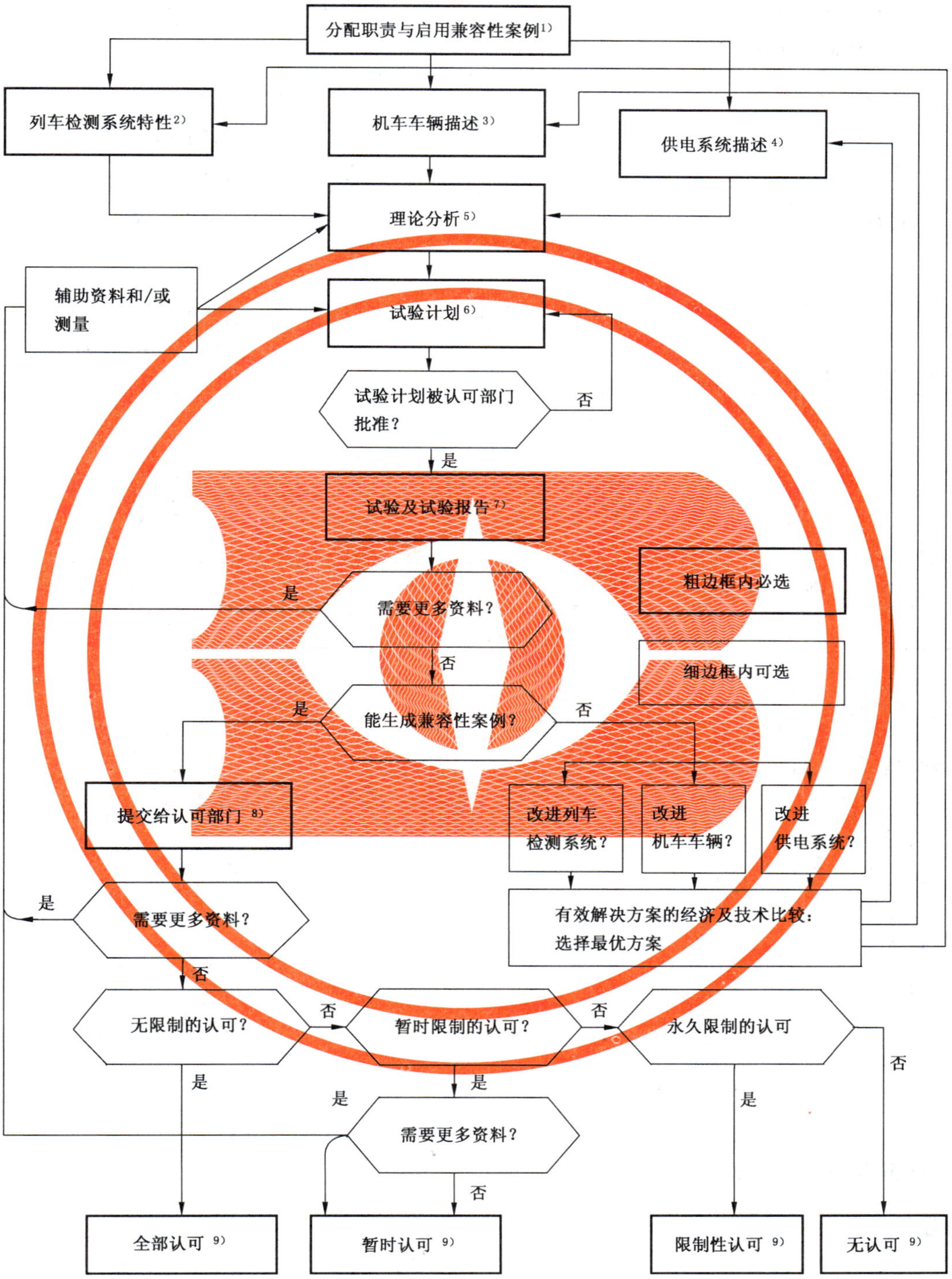
分配职责与启用兼容性案例1)
列车检测系统特性2)
机车车辆描述3)
供电系统描述4)
理论分析5)
辅助资料和/或测量
试验计划6)
试验计划被认可部门批准?
否
是
试验及试验报告7)
粗边框内必选
细边框内可选
需要更多资料?
是
否
能生成兼容性案例?
是
否
提交给认可部门8)
改进列车检测系统?
改进机车车辆?
改进供电系统?
有效解决方案的经济及技术比较:选择最优方案
需要更多资料?
是
否
无限制的认可?
否
暂时限制的认可?
否
永久限制的认可
否
是
是
是
需要更多资料?
是
否
全部认可9)
暂时认可9)
限制性认可9)
无认可9)

图 3　认可流程

表 1 图 3 脚注

序号	条目	参考	责任
1)	分配职责及启用兼容性案例	4.4 4.6	4.1
2)	列车检测系统特性	4.7 第 5 章	轨道基础设施管理部门
3)	机车车辆描述	4.7 第 6 章	机车车辆管理部门
4)	供电系统描述	4.7 第 7 章	轨道基础设施管理部门
5)	理论分析	4.9	4.1
6)	试验计划	4.8、7.2.2 6.4、7.3.2	4.1
7)	试验及试验报告	4.8 6.5	4.1
8)	提交认可部门		4.1
9)	认可/无证书	4.10	认可部门

4.4 兼容性案例

准备兼容性案例，包括但不限于如下内容：

——兼容性案例的范围；

——线路确认；

——列车检测系统特性；

——牵引供电系统特性；

——机车车辆特性；

——分析；

——试验报告；

——质量管理证据；

——相关兼容性案例；

——兼容性评估。

兼容性案例提交认可部门批准。

4.5 质量管理

质量管理系统应有其相应的作用。应注重结构管理。

有关基础设施及机车车辆(包括维修流程及进度表)配置状态应在兼容性案例中记录并供参考，配置的后续变化将导致兼容性案例持续有效的考查。

指导试验机构应证明其在牵引环境的测量行为得到国家认可。宜按 ISO/IEC 17025 的规定实现接收，并应有文件证明质量体系与认可标准一致。

为保证维修的客观性(即由设备供应商指导试验时)，指导试验的机构应接受认可部门的监督。

4.6 线路确认

为确保规定机车车辆在特定线路或铁路网络中运行，应验证列车检测系统、运行线路和可能受邻近线路牵引供电系统影响的各种类型和应用。应研究在交通阻塞时，配置应急线路和备选线路。

4.7 特性

需确认系统的特性，可由如下条款获得：

——列车检测系统见第 5 章；

——机车车辆见第 6 章；

——供电系统见第 7 章。

4.8 试验

应准备试验计划，按图 4 所示呈交兼容性案例，并经认可部门批准。

试验应按计划实施，并生成支持兼容性案例的试验报告。

4.9 兼容性分析

在规定的工作条件，通常应证明包括降级模式下，机车车辆产生和传播的干扰特性满足列车检测系统限值要求。其关系如图 4 所示。信息流取决于具体系统。

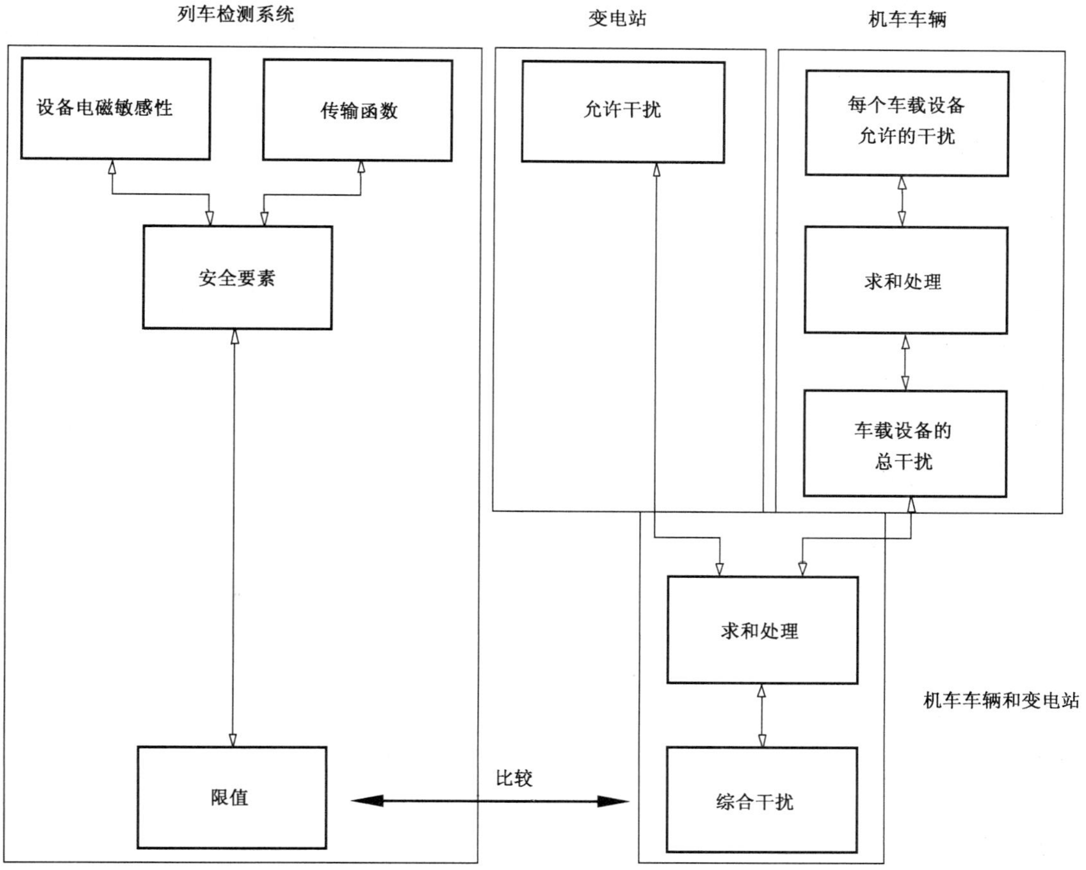

图 4　限值与允许干扰之间的相互关系

此外，应证明机车车辆的物理特性与列车检测系统具有兼容性。

应分析兼容性，并应解释确保兼容性的技术原理，包括(或给出参考)支撑的证据(计算、试验计划及结果等)。故障模式的分析方法应得到4.2所列部门的同意。对复杂系统，可参考GB/T 21562—2008的4.6和6.3。

4.10 认可证书

认可部门应复核兼容性案例，并向变更的申请方颁发认可证书。

确定由机车车辆产生并传播的干扰特性是极其耗时的过程，需要在工作期间进行大量的试验，投入巨额费用以便确定干扰特性。对有关方面如果证明风险为可接受，则暂时认可优先于完全认可。允许在准备兼容性案例的过程中，对忽略的影响因素进行确认。

暂时认可应设定限期，规定统一的目标，增加测量以确认干扰，并采取措施减轻干扰的危害。如果评估确认与现有限值不一致或比现有限值差(即更高的电磁敏感性)，则机车车辆不能满足现有线路认可要求；有关轨道基础设施管理部门和机车车辆管理部门应共同推进对基础设施和机车车辆的改进并重新认可。如不可能或没有进行改进，应采用永久限制。除非国家另有规定，通常此类限制活动由轨道基础设施管理部门负责。

5 列车检测系统的特性

5.1 目的

为保证列车检测系统正常工作，应检查确认其物理特性及电磁特性和机车车辆及牵引供电系统的物理特性及电磁特性不发生冲突。

5.2 物理兼容性

5.2.1 轨道电路

物理兼容性，包括但不限于如下内容：

——最小的轨道电路长度；

——最小的列车长度；

——单节车辆的第一根轴与最后一根轴间的最大和最小距离；

——无绝缘轨道电路边界定义特性；

——列车最高速度；

——轨道电路的响应时间；

——轨道电路分路值；

——列车分路阻抗及所有运行条件下的分路可靠性，包括制动靴对分路阻抗的影响；

——车轴负荷；

——轴距；

——车体超出转向架的长度；

——轨道特性；

——变电所接地设置。

5.2.2 车轮检测器

物理兼容性，包括但不限于如下内容：

——车轮几何尺寸；

——列车速度；

——车轮材质；

——轨道制动或安装于靠近钢轨头部的金属组件等可能对车轮产生负面作用的设备。

5.2.2.1 车轮尺寸及材质

计轴器及轨道接触器用于可靠检测干线车辆的车轮的存在。其他类型车辆车轮检测可要求使用专门设置的车轮检测器。

5.2.2.2 干扰设备

安装位置贴近轨道的设备，可能因机械上的不恰当或电磁特性而干扰车辆检测的可靠性(参见附录A)。该方面的兼容性应由试验评估。

5.3 电磁兼容性

本条款描述了列车检测系统限值的测量，并定义了通常采用的方法。由于每个装置必然存在差异，因此不能精确描述全过程。兼容性案例覆盖所有可信的配置及参数，配置及模型示例参见附录A，测量要求如下。

5.3.1 列车检测系统设备的灵敏度

有关轨道电路部分见5.3.3.1，有关车轮检测器部分见5.3.4.1。

5.3.2 干扰信号的传输函数

传输函数表述了列车检测系统与机车车辆间干扰信号的关系(有关轨道电路见5.3.3.2；有关车轮检测器见5.3.4.2)。

F 表示传输函数。

I_{TDS}表示列车检测系统设备的干扰信号。

I_{RS}表示机车车辆产生的干扰信号。

则干扰信号如下：

$$I_{TDS}=F\times I_{RS} \qquad (1)$$

$$从而\ I_{RS}=I_{TDS}/F \qquad (2)$$

列车检测系统设备最大允许干扰信号 I_{TDSmax} 由列车检测系统设备的电磁敏感度确定；机车车辆产生的总允许干扰用 I_{RStot} 表示，则

$$I_{RStot}=I_{TDSmax}/F \qquad (3)$$

多干扰源产生的综合干扰信号，应重视每个干扰源允许的干扰信号(见5.8)。

注：两类允许干扰信号值按下述判据确定：

——导致列车检测系统显示线路空闲而实际被列车占用(安全侧失效即安全事故)的干扰信号；

——导致列车检测系统显示被占用而实际为空闲(非安全侧失效即可靠性事故)的干扰信号，但应分析联锁逻辑的影响。

5.3.3 轨道电路

5.3.3.1 单套设备的灵敏度和电磁敏感度

轨道电路设备的灵敏度是其自身的特性。通常接收机的电磁敏感度的重要性远高于发送器的电磁敏感度。故接收机的电磁敏感度是允许干扰等级的决定因素；但也应检查发送器的电磁敏感度。

如果轨道电路的电磁敏感度可调，则应对所有有关的设定，特别是对最不利情况的设定进行测量。

电磁敏感度应按下列要求进行确定：

5.3.3.1.1 电压、电流或电磁场（幅度、频率及持续时间）等可能导致接收机被激励，造成虽无发送器信号，接收机也可能给出“轨道电路空闲”指示。

注：设备工作时，信号幅度可调制的轨道电路接收机，可由非调制频率的组合信号激励；信号频率可调制的轨道电路接收机也可由一个或多个幅度调制的信号激励。

5.3.3.1.2 附加电压、电流或电磁场（幅度、频率及持续时间）等可能激励接收机或可能影响发送器的信号输出，使发送器给出如“轨道电路占用”的指示。

以上信息应从轨道电路设备供应商处获得。如无法获取（例如：老产品可能缺乏相关信息支持），以上信息应经实验室测量获得。

5.3.3.2 轨道电路的传输函数

轨道电路传输函数所涉及的干扰电流定义如下：

5.3.3.2.1 确定轨道电路及可能影响轨道电路的牵引供电系统的电气等效电路，应分析相关的导体，包括接触网或导电轨、交叉连接的运行轨、回流导体、阻抗连接器、升压变压器、接地结构与接地等。通常“最不利条件”下的传输函数对应于最大长度的轨道电路。

5.3.3.2.2 在实际试验场所构建等效电路或采用硬件、软件建模仿真等效电路；如使用模型，应采用与场所试验比较的方法验证模拟结果。

5.3.3.2.3 在轨道电路设备端测量由机车车辆产生的电流所引起的干扰电压或电流。则传输函数为轨道电路设备端的电压与干扰电流之比。

注1：传输函数值与列车与轨道电路的相对位置有关。应确定最不利条件下的数值。

注2：如列车有两个或更多车载源或电动车组或为辅助电源采用轨道作为回流路径（见 UIC 550），则会存在多个电流源。

5.3.3.2.4 在故障条件下重复上述试验，如钢轨断裂，交叉连接断裂和回流导体断裂，示例参见附录A，“最不利条件”的传输函数是在故障条件下，在轨道电路设备端观察到的最大干扰电压与干扰电流之比。

5.3.3.2.5 与电磁场相关的轨道电路传输函数，应参照测量干扰电流的类似方法确定。实际场所试验可取得比计算机模拟更准确的结果，示例参见附录 A。

5.3.4 车轮检测器

采用计轴器的车轮检测器电路通常受到钢轨中的电流的干扰。

计轴器可能受经车轮检测器耦合的电磁干扰影响，计轴器的灵敏度主要由车轮检测器电磁干扰的敏感度决定。设备配置可能导致计轴器受到设于联锁机房内的信号处理电子单元与轨旁设备间传输路径上干扰的影响。钢轨中的回流（直流或交流）可干扰永磁或具有电感性质的车轮检测器：

——直接影响传感器；

——影响钢轨的导磁率从而影响传感器。

预计在感性传感器工作频率附近直接耦合干扰最为严重，应分析轨道电流的谐波影响。

机车车辆车载设备的电磁干扰也可影响车轮检测器，主要干扰源包括：

——变压器及变流器，特别是安装于车辆底部接近轨道时，应分析干扰的谐波成分；

——磁轨制动及涡流轨道制动装置，安装于轨道上方的车体下部，其干扰与列车速度及制动工况的位置有关；

——车载发送天线（特别是安装于轨道附近时）；

——接触网转换操作及接触线断裂或腐蚀导致钢轨中的瞬态电流可能影响车轮检测器或发送路径。

车轮检测器除用于计轴器外，也可用于开关功能，如平交道口防护系统的通断。不同应用环境，瞬态干扰对计轴器的影响不同，应分别研究。但车轮检测器自身的特性不变。

5.3.4.1 单设备的灵敏度

车轮检测器设备的灵敏度(车轮检测器包括信号电子处理装置)应由以下条件决定。

5.3.4.1.1 在有车轮经过条件下却导致车轮检测器没有检测到“车轮存在”时的电磁场参数(包括灵敏度区域、幅值、频率及持续时间)及轨道电流。

5.3.4.1.2 在没有车轮经过时却导致车轮检测器显示“车轮存在”时的电磁场参数(包括灵敏度区域、幅值、频率及持续时间)及轨道电流。

5.3.4.2 所安装的车轮检测器的电磁敏感度

由轨道电流或其他干扰源产生的瞬态和连续干扰信号的允许值与车轮检测器的电子处理装置超过转换点内部信号值有关。

车轮检测器的传输函数受干扰电流和干扰电磁场影响的程度，取决于车轮检测器和信号处理装置的物理原理及几何分布。决定传输函数的因素很多(干扰电流的频率及幅值；干扰电磁场的频率、幅值及方向)。传输函数的固有复杂性及非线性，致使本标准对其具有不适用性。

鉴于设计车轮检测器完善的电气等效电路存在的固有困难，应采用现场试验或等效的实验室试验，即将干扰电流注入轨道及施加外部电磁场，以测量车轮检测器的电磁敏感度。

5.4 安全系数

鉴于测量及模拟准确度的不确定性，以上规定的列车检测系统的电磁敏感度应增加安全系数。进行不确定性评估及允许选择更高的安全系数(参见 A.10)。

检测过程中，需分析直流变电所电压纹波对安全系数的干扰。

5.5 轨道电路的电磁敏感度

5.5.1 非安全侧失效时的允许干扰信号

在轨道电路的非安全侧失效，牵引回流系统无故障，确定干扰信号的允许值。并不要求牵引回流系统故障时轨道电路可靠工作。

F_{norm}表示非安全侧失效情况下的传输函数；

I_{TDSocc}表示导致空闲轨道，显示轨道占用的干扰信号。

综合分析干扰信号幅值、频率及持续时间，以 $I_{RStot,occ}$表示总的允许干扰值：

$$I_{RStot,occ}=I_{TDSocc}/F_{norm} \qquad \cdots\cdots(4)$$

5.5.2 安全侧失效时允许的干扰信号

应确定安全侧失效时的最大传输函数 F_{max}，即确定牵引回路系统在最不利故障发生时的干扰信号。

以 $I_{TDSclear}$表示导致占用轨道显示空闲的干扰信号。

综合分析干扰信号幅值、频率及持续时间，以 $I_{RStot,clear}$表示总的允许干扰值：

$$I_{RStot,clear}=I_{TDSclear}/F_{max} \qquad \cdots\cdots(5)$$

5.6 车轮检测器的电磁敏感度

由于车轮经过车轮检测器为离散检测方式，产生的瞬态及连续干扰均视为等效。

在实验室条件下，车轮检测器的电磁敏感度按如下条件确定：

a) 按现场最差几何条件布置车轮检测器(例如：磨损的车轮、小的车轮直径、磨损的轨道断面)，如上述条件不易实现，可以采用其他电气等效方法；

b) 在装有车轮检测器的轨道注入已定义的干扰电流或对具有代表性的机车车辆(牵引电流及谐波)施加规定的干扰电磁场，并测量可导致车轮检测器实现可靠转换作用的内部信号(电流、电压或频率)的变化。

谐波频率包括车轮检测器的工作频率。

无论有无车轮经过车轮检测器，均应测量导致车轮检测器非期望反应的外部干扰信号值。

计轴器应能在预期的干扰下维持可靠计数，可不区分由于干扰导致的计数失效是非安全侧失效或是安全侧失效。

5.7 列车检测系统的限值

列车检测系统的限值是上述规定的干扰信号的最大允许值，该值随安全系数的增加而减小(参见A.10)。

5.8 机车车辆及变电所产生的干扰信号

机车车辆及变电所产生的干扰信号的函数与下述因素有关：

——每个源所产生的干扰信号；

——源的数量；

——不同源的各类干扰信号的求和规则。

5.8.1 对轨道电路产生干扰信号的干扰源

轨道电路受如下干扰电流源的影响：

——机车车辆浪涌电流：

- 机车车辆的无源阻抗；
- 干扰电压叠加于牵引供电电源上。

  限定机车车辆的最小阻抗，限制变电所的干扰等级，可限制干扰电流的产生。在某些条件下，机车车辆的阻抗与牵引供电的阻抗相互作用，可产生影响双方的干扰；最小阻抗值按实际使用值测量，与测量值有关的所有分析应在兼容性案例中详细阐明。

——直流或无畸变的交流正弦波电压供电时，机车车辆所产生的电流，包括：

- 由牵引设备产生的干扰电流；
- 由车上辅助变流器产生的干扰电流(该回流经列车至钢轨流动)。

——其他轨道电路发送器的非期望耦合产生的干扰电流。

5.8.2 对车轮检测器产生干扰信号的干扰源

主要源定义于5.3.4。多干扰源的影响应根据特定情况分析。

5.9 特性报告

试验及其内容应在报告中明确，并按下列要求完成。

注：报告在满足GB/T 24338系列的环境要求基础上还应涵盖兼容性试验。

5.9.1 概述

被测试系统的概括性说明。

5.9.2 试验机构

应注明试验单位及联系地址。

5.9.3 配置

说明文件中应包括列车检测系统设计状况，包括影响列车检测系统特性因素的软、硬件状况的说明。

5.9.4 参考文件

应包括试验计划，列车检测系统的描述及列出影响系统特性因素的文件。

5.9.5 试验计划的申请

应根据下述要求修改或折衷试验计划，包括：

——试验条件：试验场所的技术特性；

——仪器：所用仪器的框图、测量仪器的位置及仪器仪表间的连接、精度、响应特性、电磁敏感度、信号刻度等；

——试验步骤：校准，噪声环境的验证，被测系统的试验工作条件。

5.9.6 试验结果

这些包括：

——单个列车检测系统的电磁敏感度；

——列车检测系统的传输函数；

——列车检测系统及牵引供电系统的电气等效电路；

——模型描述(使用时)；

——模型验证(使用时)；

——试验结果："正常"和"最大"传输函数；

——故障条件列表；

——列车检测系统的限值；

——求和规则(机车车辆管理部门使用)。

5.9.7 注释

评估结果的有效性(如：试验场所的选择依据)及其与期望结果的比较。

5.9.8 试验结果归档

测量可产生大量的数据，其数据及其在试验报告中处理不一定可行。但在试验报告中，应体现数据记录的归档信息及申请授权获取有关数据的方法。

6 机车车辆特性

6.1 目的

为确认产生的干扰和以下原因，应在机车车辆上进行试验：

——获取与列车供电系统有关的附加信息；

——比较实测干扰与预测干扰，确认列车供电系统的状况。

尽管试验是在机车车辆运行的规定线路上进行，但试验应被定义、执行，应明确记录试验结果，避免在新线路进行不必要的重复性试验。

如新线路特性与既有线路类似时（例如：既有线路的延伸线，具有类似列车检测和牵引供电系统），在新线路，对已认可的机车车辆可不进行试验而获得认可。

6.2 机车车辆及影响其特性因素的描述

机车车辆与信号兼容性的有关因素应由制造商或运行部门定义成文，文件应包括所有有关机车车辆的改进。与安全相关的关键器件应标识醒目。

影响机车车辆与信号兼容性的因素参见附录C。

6.3 配置（设计状态）

测量应在具有代表性的样品或已获认可的机车车辆样品上进行。设备应有完整的研发和改进工作状态；应了解并全部记录影响机车车辆/信号兼容性的软、硬件状态。

6.4 试验计划

试验计划是作为机车车辆特性的测量方法经认可部门批准的一种文件，参考如下准则。

6.4.1 试验场所

测量应在预期线路、最具代表性的机车车辆运行的区段内进行。根据6.4.3所示试验工况，应对不具备代表性的试验场所进行评估。

机车车辆工作在不同类型的牵引供电线路上进行试验。

为避免对测试结果产生意见分歧，应注意被测机车车辆实际产生的干扰和牵引供电特性导致的对所测干扰大小的作用。

6.4.2 仪器

应规定、认可测量和试验设备（特别是传感器、频谱分析仪、可选档伏特计）。

仪器的选择和设置应从参考限值说明测量的合理性，并应重点分析：

——测量传感器的位置；

——精度；

——带宽；

——动态范围；

——系统误差的量化，如噪声、交互调制的影响等；

——在频域和时域内对评估信号的系统响应；

——在频率或准则规定的其他限值间调制测量；

——记录速度、位置、牵引供电参数及可能影响所产生干扰电流大小的其他因素；

——按规定程序校准检查。

以上用过的具体方法参见附录B。

6.4.3 试验工况

试验应覆盖机车车辆正常工作可能出现的各种工况，通过大量的试验确定机车车辆的实际特性。应进行最不利条件试验考核。试验条件如下：

——待机状态；

——制动（包括再生制动）和牵引工况下的加速特性；

——持续加速至最大速度(由速度控制功能或司机操控);
——主控制器给出的简化操作模式;
——牵引、惰行及制动的动作顺序;
——正常及降级模式;
——供电电压典型变化或扰动(如系统中其他车组、变电所切除、线路避雷器、受流器接触不良等);
——可能影响机车车辆设备运行(如空转、滑行)的环境条件;
——已知有规律的瞬态现象(如电路断路器的开与关,特别是机车车辆设备的启动与停车)。

6.5 试验报告

应在试验报告中说明试验及其内容,并按下列要求编写(试验报告):

注:报告在满足 GB/T 24338 的环境要求的基础上还应涵盖兼容性试验。

6.5.1 概述

试验系统(机车车辆、供电及列车检测系统)的总体描述。

6.5.2 试验机构

包括参加试验的单位及联系地址。

6.5.3 配置

机车车辆设计状况的定义,文件包括影响机车车辆特性因素的软、硬件状况。

6.5.4 参考文件

文件包括试验计划,机车车辆描述及影响机车车辆特性的因素。

6.5.5 实施试验计划

有必要根据规定,参考、调整或修改试验计划,包括:
——试验条件:试验场所的技术特性;
——使用仪器:所用设备的框图、测量传感器的位置、仪器间的连接、准确度、响应特性、灵敏度及信号刻度等;
——试验程序:校准、环境噪声的验证、试验运行的数量、试验系统的工作条件。

6.5.6 试验结果

根据记录的典型例子,分析和总结试验。

6.5.7 注释

评估结果的有效性及期望结果。

6.6 试验结果归档

测量可产生大量数据。在试验报告中整理、利用全部测试数据不具备可行性,但在试验报告中应包括数据记录的归档信息及明确申请授权获取有关数据的方法。

7 牵引供电系统的特性

7.1 目的

目的是确定牵引供电系统的影响，与机车车辆特性有关。

相关因素包括但不限于：

——电压差值；

——频率容差；

——谐波成分；

——瞬态现象；

——最大标称值(MVA)；

——变电所阻抗；

——接触网或导电轨阻抗；

——回路系统阻抗；

——正常及降级工作模式。

供电特性见 IEC 60850。

变电所和/或机车车辆均可产生干扰频率，试验应测试干扰频率源产生的地点。同时也应分析谐振及频偏的影响。

7.2 直流牵引供电

7.2.1 概述

直流牵引供电的整流器极可能产生影响轨道电路工作的干扰电流。机车车辆与直流牵引供电间干扰电流的相互影响参见附录 D。

7.2.2 试验程序

7.2.2.1 仅装有整流器的变电所

电压纹波的产生主要由于整流桥输出电压和高压电源相电压不平衡所造成。为此首先应断开牵引供电系统，在变电所附近，在符合标准的机车车辆上测量电压纹波。其次，在较多的场合下，应由轨道基础设施管理部门及试验机构协商一致后，在标准的电源阻性负荷上测量电压纹波。

7.2.2.2 装有可调变流器的变电所

变流器控制系统不平衡产生的电压纹波特性，可用空载及电源阻性负荷表征。

7.3 交流牵引供电

7.3.1 概述

交流牵引供电通过变压器或旋转变换器直接从供电网取电，其供电输送一般不会产生很大的干扰电流。当电源功率变流器采用变换器或感性功率调整器时，可能产生影响轨道电路的干扰电流。附录 E简要描述了机车车辆与交流牵引供电间干扰电流的相互作用。

在交流牵引供电时，由于变电所、接触网、列车及轨道阻抗的耦合，在主要频率上可能发生谐振。因此，变电所和/或机车车辆产生的谐波即使很小，在线路的相应位置也会对轨道电路产生干扰。如有必要，可采取抑制谐振的措施。如：在牵引供电中安装附加滤波器可使谐振失谐。

7.3.2 试验程序

谐波电流主要由功率变流器产生，应由空载及牵引馈电区段中的牵引工况检测特性，当功率变流器安装于变电所时，该特性更为明显。如有确定的特性需要，可在变电所测量谐波电流。

当牵引供电系统采用抑制谐振的措施时，应检验抑制谐振的效果。

附 录 A
（资料性附录）
列车检测系统电磁敏感度确定导则

A.1 系统配置示例

列车检测系统配置示例参见图 A.1～图 A.11，示例均采用简化方式。如：图中未标出牵引回流轨道的连接构件。示例仅为典型示例，但不是唯一的配置。

A.2 "正常"配置

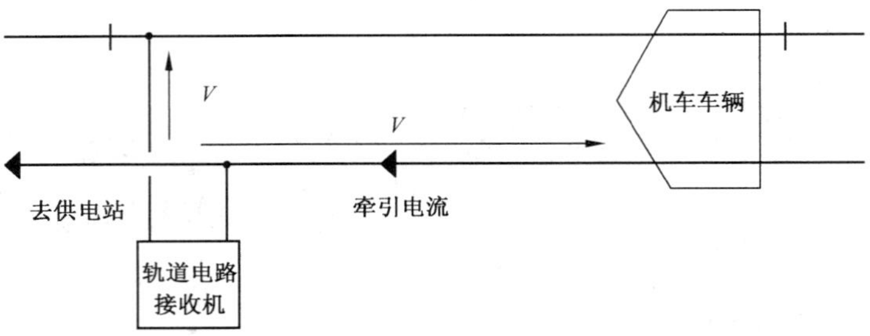

图 A.1 无损伤轨道的干扰机理

列车占用轨道电路时，在轨道电路内沿牵引回流轨分布的电压降可在轨道电路接收机上反映。

A.3 信号轨断裂的干扰机理

信号轨断裂时，将显示轨道电路占用（"自检"故障），其电路状态示意如下：

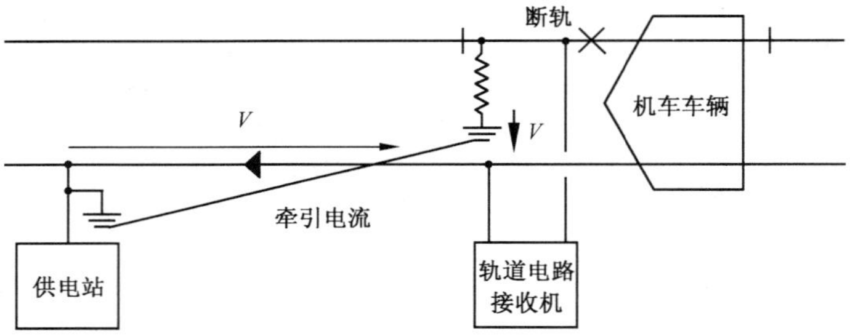

图 A.2 带自检断轨的干扰机理

尽管断轨时的道碴电阻与轨道电路接收机的输入阻抗串联，但接收机上的电压，主要由机车车辆和供电站间的电压降确定。断轨导致轨道电路占用的情况很少发生。

A.4 回流轨断裂的干扰机理

牵引回流轨未断裂时，其等效电路如图 A.3 所示：

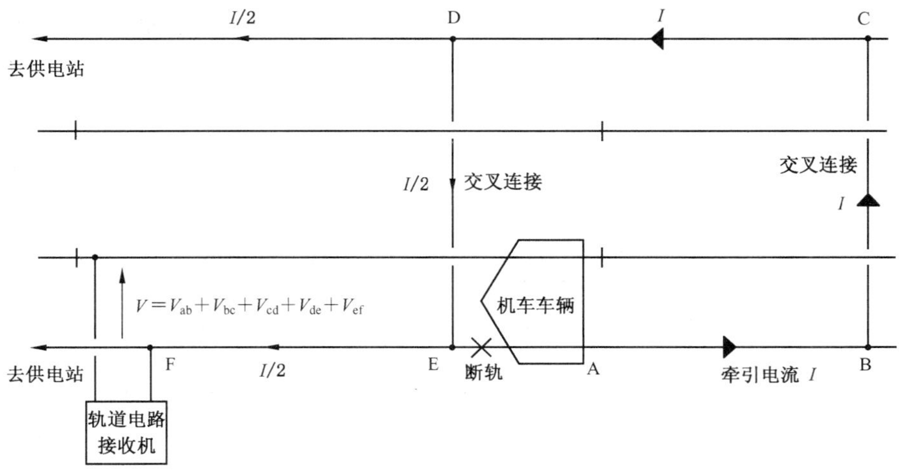

图 A.3　无自检断轨的干扰机理

由于牵引电流返回变电所须通过较长的回流路径(部分电流经大地流动),接收机上的干扰电压也会增加。回流路径的长度取决于回流线交叉连接的间距和轨道电路的长度。

A.5　双轨条轨道电路

双轨条轨道电路典型配置如图 A.4 所示。

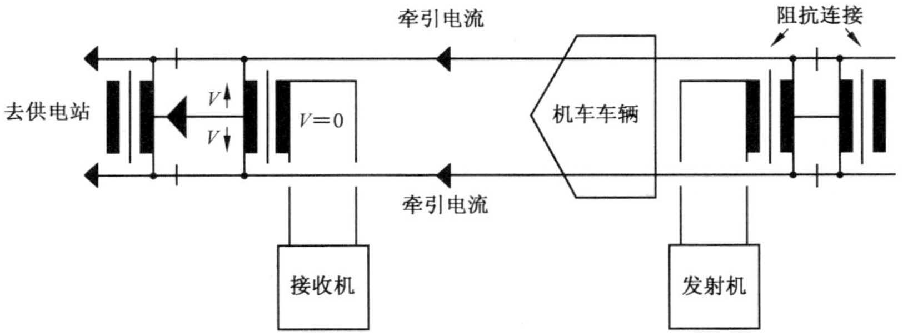

图 A.4　双轨条轨道电路

系统正常工作时,每一根轨道中的牵引回流大致相等,轨道电路设备端显示的电压较小。在断轨或有阻抗连接的情况下,回流将严重不平衡,而导致生成横向电压,参见图 A.5。

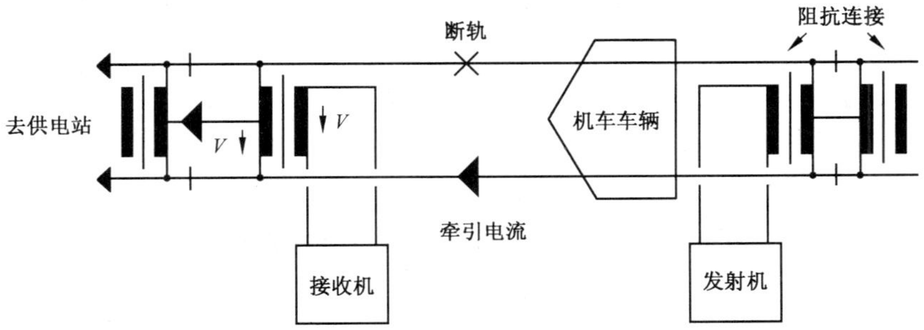

图 A.5　断轨时的双轨条轨道电路

断轨可导致轨道电路占用(自检),但某些类型的轨道电路,列车未驶入轨道电路时,接收机可能被干扰误激励而允许列车继续运行。该类故障发生后,列车实际占用轨道电路时,可能导致轨道电路处于空闲状态。

A.6 机车车辆轴间电压

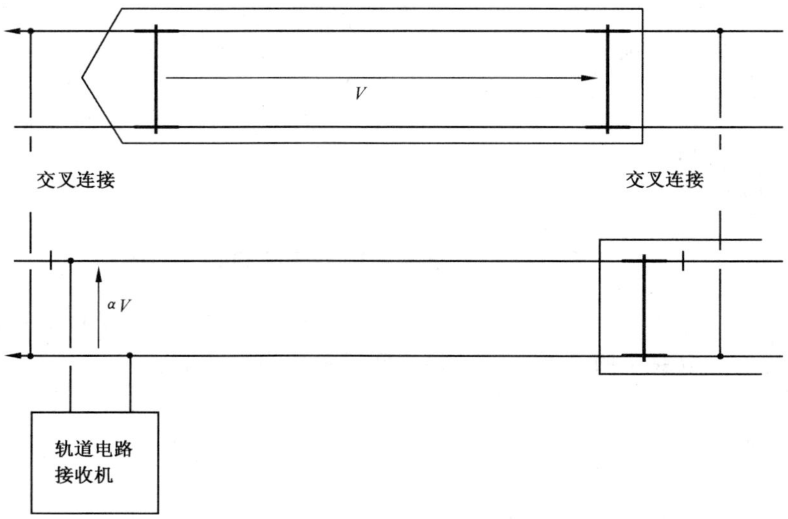

图 A.6 车轴间电压的干扰机理:案例 1

如列车轴间产生电压,该电压的比值 α 可能在轨道电路接收机上有所反应。如列车长度与轨道电路的长度及交叉处距离相近,α 值近似等于 1。

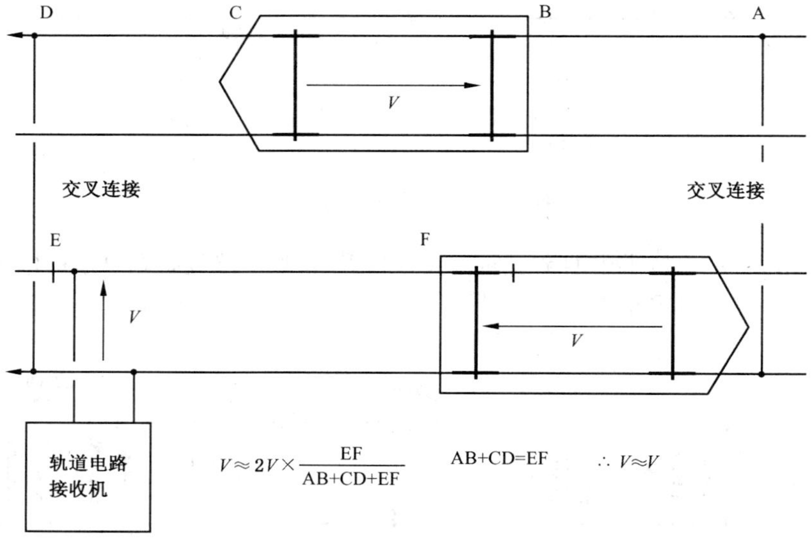

图 A.7 车轴间电压的干扰机理:案例 2

如两列列车均产生干扰,对任一列车的综合干扰影响可视为等效。

A.7 车辆连挂电阻的影响

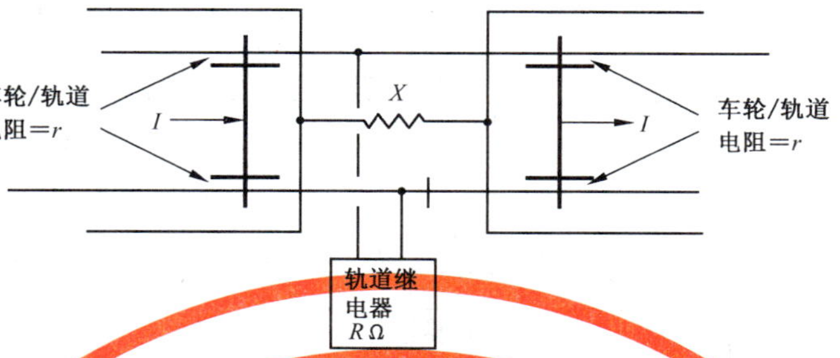

说明：

r ——车轮/轨道电阻；

I ——车辆间的回流；

X ——车辆间电阻；

R ——轨道继电器电阻。

图 A.8 车辆间电流的影响

相关的等效电路(忽略轨道电阻)参见图 A.9。

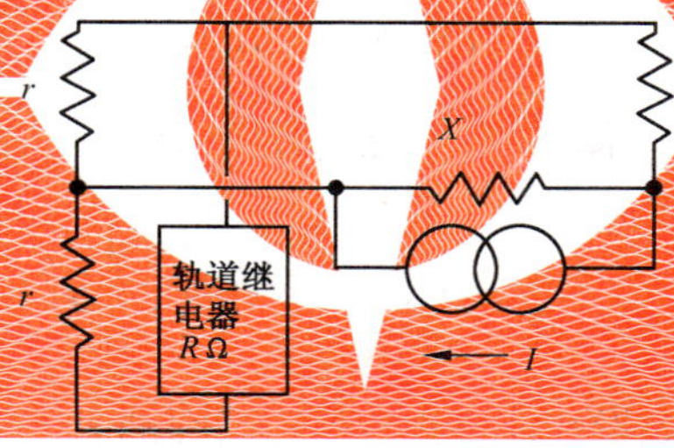

图 A.9 图 A.8 的等效电路

如所有的 r 均相等及 $R \gg r$，并且：$X \to \infty$(或者断开、或者没有接)，则：$V_R = I \times r$。

如 $X \approx r$，则 $V_R = (I \times r)/3$。

如最大允许的 $V_R = 200$ mV 而 $I = 120$ A，则：

——如 $X \to \infty$，则 $r_{max} = 1.7$ mΩ；或

——如 $X \approx r$，则 $r_{max} = 5$ mΩ。

可知 r_{max} 值很小。

A.8 辐射干扰

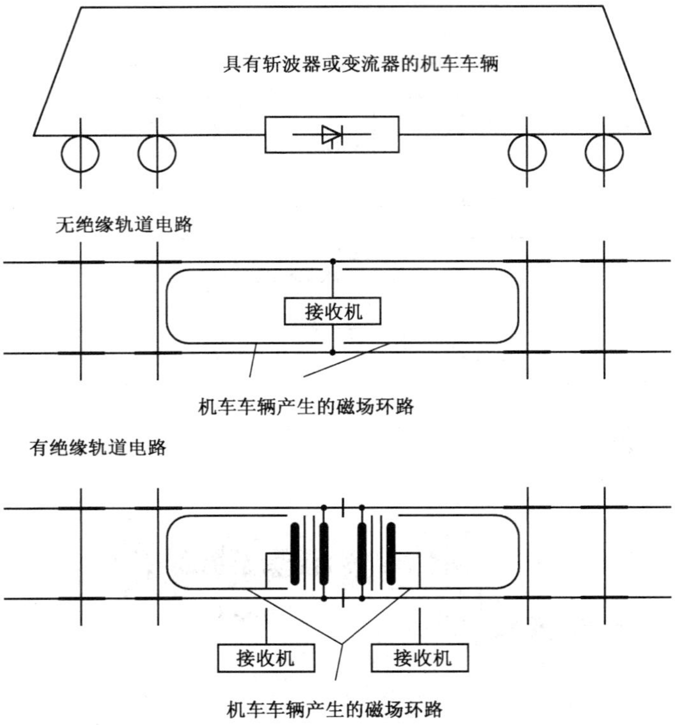

图 A.10 辐射干扰示例

A.9 车轮检测器敏感区示例

车轮检测器用于检测车轮或轮缘的存在。侵入车轮范围的其他金属部件，通过其横截面可能影响车轮检测器。因此，车辆的其他设备和金属部件应避开图 A.11 所示的敏感区域。

在敏感区域不可避免的安装设备(如磁轨制动)时，应检查、记录车轮检测器金属部件的尺寸及位置可能造成对兼容性的影响。对于电气设备，尚应分析金属影响与源于设备的 EMI 的综合影响。

单位为毫米

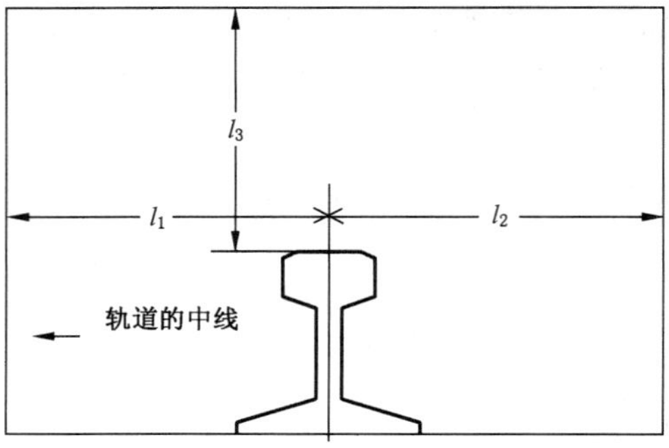

l_1	l_2	l_3	注
300	200	100	欧洲产品
250	300	200	日本产品

图 A.11 车轮检测器的敏感区

A.10 安全系数

列车检测系统的非安全性失效的后果与联锁系统表示列车占用的方式(轨道被占用或空闲)有关，例如:在联锁中，轨道区段占用采用连续检验方式，可大幅降低假空闲的影响。

根据下列因素选择安全系数：

——信息的准确度(如轨道布置、列车数量)；

——环境干扰级别；

——测量精度；

——预测精度(如计算机模型)；

——列车检测系统的“安全”或“非安全”失效；

——联锁处理列车检测系统线路信息的方式；

——国家成规。

安全系数不能预先确定。但作为兼容性案例的一部分，对申请的案例，应确定合理的安全系数(见第4章)。除兼容性案例表明要求更高的安全系数外，安全系数应采用国家承认的数值。

安全系数的推荐方案见 UIC 737-3。

A.11 多干扰源

在可预见的工作条件下，应确定同时影响给定列车检测系统干扰源的最大数量。(干扰的)求和规则应分析设备间的相互关系。

ORE B108/1 建立了源于牵引设备和辅助变流器等的干扰电流的分配原则。干扰电流的分布与列车在轨道电路的位置有关。通用规则可被本标准所规定的传输函数替代。

附　录　B
（资料性附录）
机车车辆特性测试导则

干扰电流测量系统原理框图示例参见图 B.1。

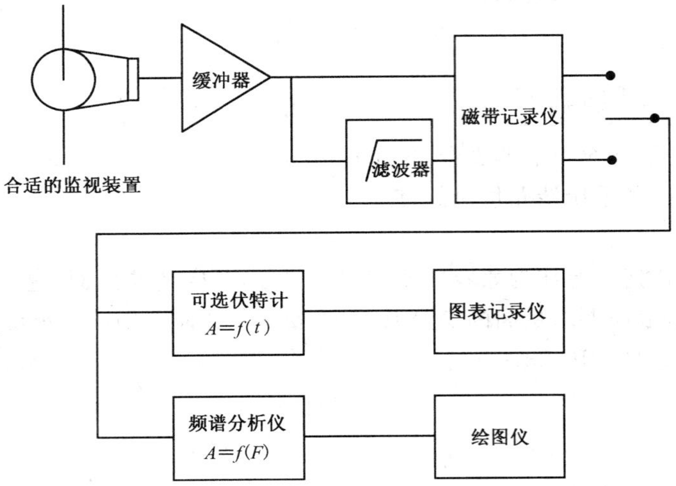

图 B.1　干扰电流测量系统示例

干扰电流测量点的选择与机车车辆的类型有关：

——测量电力机车及电动车组的干扰电流，应在靠近受电弓或第三轨受电靴的位置。如能通过理论或实践证明在电流路径的其他位置测量的结果和在受流设备处测量值相近，则也可在其他位置测量；

——内燃机车，在高压辅助线路处测量；

——拖车设备（例如：静止变流器或蓄电池充电机），如有多个功能单元并联，则可在高压辅助线路处测量；如只有单功能单元，则可在拖车设备输入端测量。

测量用传感器应与电源类型相匹配（单相交流或直流），并在所期望测量的频率范围内具备足够的精度。测量传感器的响应特性，可在校准试验记录中确认。

仪器系统处理传感器的输出信号，模拟影响轨道电路的典型响应特性。特别是：

——利用大规模存储介质，如磁带记录所有相关信号；

——在记录信号动态范围的基础上，调节系统的增益和前置滤波，研究频率及电压的最佳动态范围；

——利用一台或多台适合模拟轨道电路特性的仪器采集干扰电流信号，并将结果输出到图形记录仪或绘图仪。信号处理可包括模拟处理、数字处理或两种技术的组合，并分析，如：研究频率间的调制；

——用频率函数分析处理干扰电流信号并用一台或多台频谱分析仪记录信号波形；

——宜随试验进度即时完成信号分析，如处理的信号过于复杂，可采取先记录信号再分析的方式；

——通过测量传感器输出侧电流，测量背景噪声；

——将相关频率及幅值的信号直接注入测量传感器或靠近仪器系统的输入端测试；

——同时记录周边环境信号及电动车组工作状态信号与干扰电流信号。各种信号通常包括供电参数、速度、位置、电动车组处于牵引、制动或惰行状态等。

附 录 C
（资料性附录）
影响机车车辆特性的因素

根据经验，影响兼容性的相关因素如下：

——车辆及列车的长度；

——车辆相邻轮对之间的距离及最远轮与车辆末端之间的距离；

——轮对结构及列车制动方式；

——车轮与车体之间的电气连接及车辆之间的电气连接；

——牵引及辅助回路（包括列车线路回流）、滤波器数值、回流路径以及动力回路器件之间的相互影响；

——牵引及辅助控制单元、斩波频率、硬件和软件控制技术、反馈传感器及故障检测；

——受流器，线路接触点间的距离；

——监视干扰电流的单元及监视干扰信号其他相关参数的设备；

——机车车辆产生的磁场；

——最低维修要求；

——不同工作条件及其他因素改变时的降级工作模式。

附　录　D
（资料性附录）
直流牵引供电

D.1　总则

经变压器及变流器（通常为整流器）将公共配电系统交流电源变换为直流变电所，通常加装滤波器。图 D.1 为机车车辆及变电所系统。流经轨道的牵引电流包括机车车辆及供电系统产生的干扰电流，描述如下：

D.2　机车车辆产生的干扰电流

图 D.2 给出了通过接触网及回路、从机车车辆流向变电所的干扰电流的等效电路，图中机车车辆可视为电流源，变电所可视为接收机。干扰电流的最大值与下述因素有关：

——机车车辆产生的电流纹波；

——机车车辆输入滤波器的特性；

——变电所滤波器阻抗（如果没有滤波器该值取 0）；

——其他机车车辆的阻抗；

——第三轨或接触网阻抗；

——牵引回路系统阻抗。

D.3　牵引供电系统产生的干扰电流

图 D.3 为等效电路，干扰电流从变电所流出，作为发送器；至机车车辆，作为接收机。干扰电流的最大值与下述因素有关：

——变电所滤波器的特性；

——变电所变流器产生的电压纹波，如果无滤波器，变电所的输出应包括全部电压纹波；

——机车车辆的输入阻抗；

——第三轨或接触网阻抗；

——牵引回路系统阻抗。

变电所变流器产生的电压纹波主要因素如下：

——公共配电系统（电压不平衡、电压损失、其他用户产生的谐波等），其干扰限值，应在相关标准或规则给出，如 EN 50160；

——变压器；

——变流器。

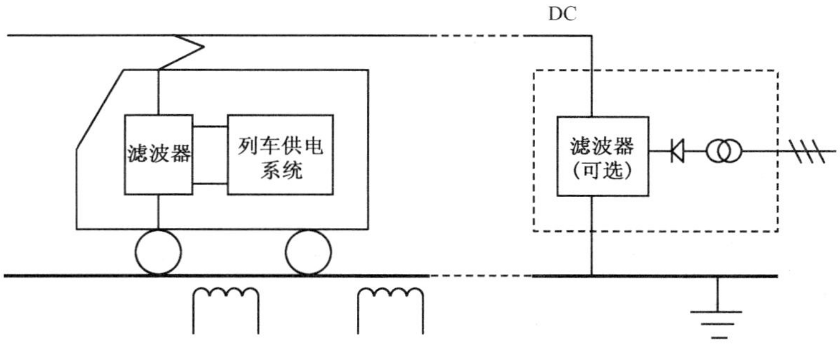

图 D.1 采用 **DC** 电源的机车车辆

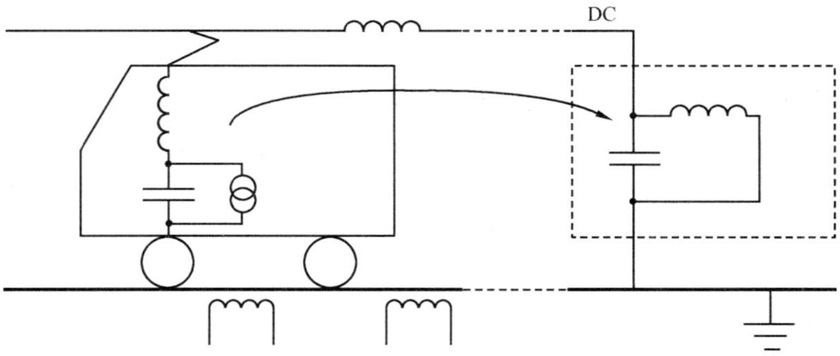

图 D.2 机车车辆产生干扰电流的流向

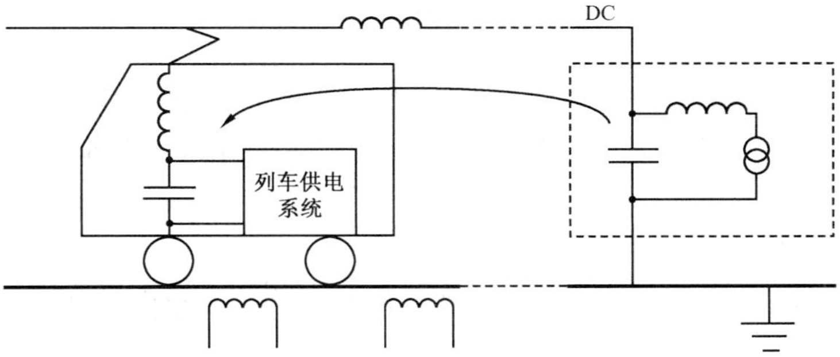

图 D.3 变电所产生干扰电流的流向

附 录 E
（资料性附录）
交流牵引供电

E.1 总则

AC变电所直接从公共配电系统取电或通过设有或不具有功率变流器的变压器从公共配电系统取电。该功率变流器取决于变频或无功功率补偿。根据需要可加装滤波器。

图E.1为不具备功率变流器的机车车辆及变电所系统；图E.2为具有功率变流器的情况。流进轨道的牵引电流包括机车车辆及供电系统产生的干扰电流，描述如下：

E.2 机车车辆产生的干扰电流

图E.3为通过接触网及回流电路、从机车车辆流向变电所的干扰电流的等效电路。图中机车车辆可视为电流源，变电所可视为接收机。干扰电流的最大值与下述因素有关：

——机车车辆产生的谐波电流；
——机车车辆输入滤波器的特性；
——变电所滤波器阻抗（如无滤波器该值取0）；
——其他机车车辆的阻抗；
——第三轨或接触网阻抗；
——牵引回路系统阻抗。

E.3 牵引供电系统产生的干扰电流

由牵引供电系统产生的干扰电流仅分析具有功率变流器的情况；图E.4为通过接触网及回路，从变电所流向机车车辆的干扰电流的等效电路。图中，机车车辆可视为接收机，变电所可视为发送器。

干扰电流的最大值与下述因素有关：

——变电所滤波器的特性；
——变电所变流器产生的谐波电压，如不具备滤波器，变电所的输出包括全部谐波电压；
——机车车辆的输入阻抗；
——第三轨或接触网的阻抗；
——牵引回路系统的阻抗。

变电所变流器产生的谐波电压主要因素如下：

——公共配电系统（电压不平衡、电压损失、其他用户产生的谐波等），其干扰限值由有关标准或规则给出，如EN 50160。
——变压器；
——变流器。

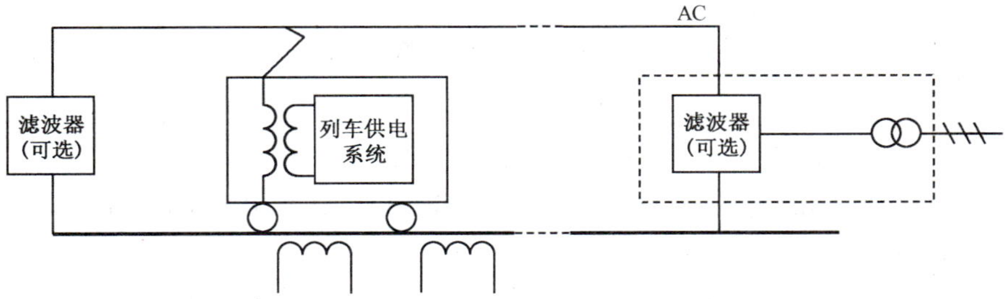

图 E.1 机车车辆及没有功率变流器的 AC 供电

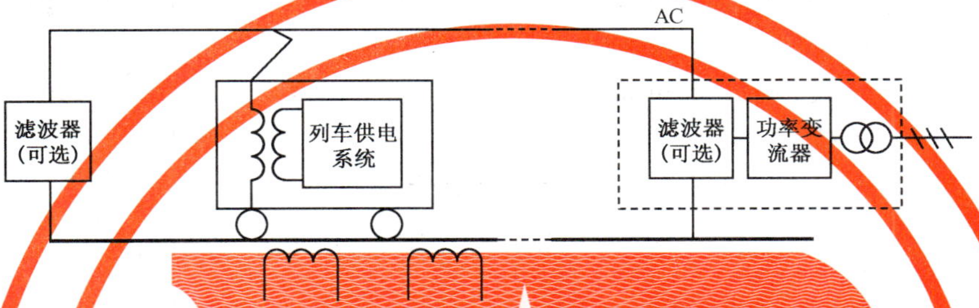

图 E.2 机车车辆及配有功率变流器的 AC 供电

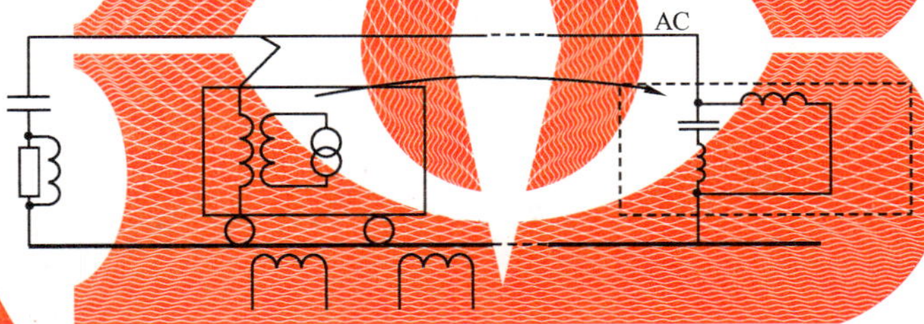

图 E.3 机车车辆产生干扰电流的流向

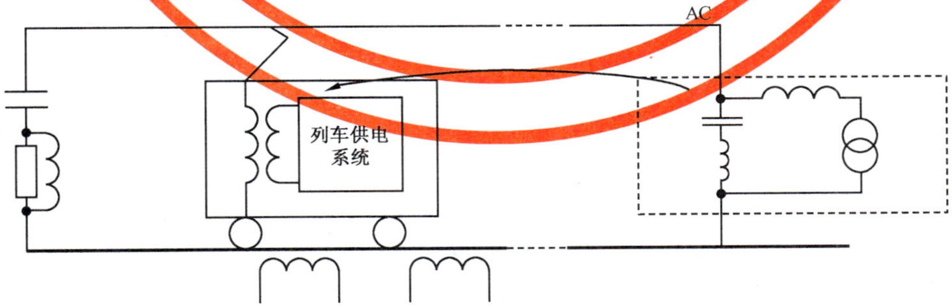

图 E.4 变电所产生干扰电流的流向

参 考 文 献

[1] GB/T 2900.36—2003 电工术语 电力牵引

[2] GB/T 24338(所有部分)轨道交通 电磁兼容

[3] IEC 62128-1 Railway applications-Fixed installations—Part 1: Protective provisions relating to electrical safety and earthing

[4] IEC 62290-1 Railway applications—Urban guided transport management and command/control systems—Part 1:System principles and fundamental concepts

[5] EN 50160 Voltage characteristics of electricity supplied by public distribution networks

[6] UIC 737-3 The application of thyristors in railway technology: Measures for the prevention of functional disturbances in signalling installations

[7] ORE B108/1 Unification of air-conditioning and electrical equipment in coaches

ICS 45.060
S 04

中华人民共和国国家标准

GB/T 28808—2012/IEC 62279:2002

轨道交通　通信、信号和处理系统 控制和防护系统软件

Railway applications—Communication, signaling and processing systems—Software for railway control and protection systems

(IEC 62279:2002,IDT)

2012-11-05 发布　　2013-02-01 实施

中华人民共和国国家质量监督检验检疫总局
中国国家标准化管理委员会　发布

前　言

本标准按照GB/T 1.1—2009给出的规则起草。

本标准采用翻译法等同采用IEC 62279:2002《轨道交通　通信、信号和处理系统　控制和防护系统软件》。

与本标准中规范性引用文件有一致性对应关系的我国文件见附录NA。

本标准做了下列编辑性修改:

——将第3章中引用的IEC 60050-191、ISO/IEC 2382、ISO/IEC 9126、IEEE 610.12文件补充到第2章规范性引用文件中;

——修改了IEC 62279:2002中第2章的脚注1,因为IEC 62278已发布;脚注1改为对ISO 9000、ISO 9000-3、ISO 9001提醒存在新版文件;

——采用等同采用IEC 62425:2007的GB/T 28809—2012代替ENV 50129;

——修订正文中引用的ISO 9000、ISO 9000-3、ISO 9001的版本号,与第2章声明的版本号一致;

——IEC 62279:2002的一级子列项编号采用的是i)、ii)、…或1)、2)、…,本标准中统一修改为字母编号形式:a)、b)、…;

——附录B中,对每章内的单列一行的黑体字符"目标"、"描述"和"参考文献"进行编号,以符合中文习惯。

本标准由中华人民共和国铁道部提出。

本标准由全国牵引电气设备与系统标准化技术委员会(SAC/TC 278)归口。

本标准主要起草单位:同济大学、铁道部标准计量研究所。

本标准参加起草单位:株洲南车时代电气股份有限公司、北京全路通信信号研究设计院。

本标准主要起草人:徐中伟、赵天时、王奇。

本标准参加起草人:范祚成、孙超、严云升、陈邦兴、黄银霞、呼爱蝉、牛道恒。

引　言

本标准与 GB/T 21562(IEC 62278)和 GB/T 28809—2012(IEC 62425:2007,IDT)配套使用。GB/T 21562 (IEC 62278)适用于大范围的系统问题,而 GB/T 28809—2012(IEC 62425:2007,IDT)适用于整个轨道交通控制和防护系统中某单个系统的批准过程。为提供满足安全完整性要求的软件,本标准关注于通过更全面考虑后提出软件安全完整性要求所要采用的方法。

本标准从 IEC/TC 65 第九工作组(WG9)早期工作中得到很多指导。

同时,对铁路信号工程师协会(IRSE)的工作也加以了考虑,特别是关注相同主题的 1 号技术报告。

本标准的关键思想是其对软件安全完整性等级的考虑。软件失效的后果越严重,软件安全完整性等级也就越高。

本标准确定了从最低 0 级到最高 4 级的 5 个软件安全完整性等级的技术和措施。其中 1 级~4 级指的是安全相关软件,0 级指的是非安全相关软件。将 0 级包括进本标准是为了让非安全相关系统软件开发向安全相关系统软件开发实现顺利过渡。附表给出了各个软件安全完整性等级和非安全相关等级要求的技术和措施。在本版本中,1 级和 2 级的技术要求相同,3 级和 4 级的要求相同。本标准没有给出某一风险应适用于哪个软件安全完整性等级的具体指导意见。这一结论需要考虑诸多因素,包括应用的特性、其他系统承担的安全功能范围以及社会和经济因素。

软件安全功能的分配由 GB/T 21562(IEC 62278)和 GB/T 28809—2012(IEC 62425:2007,IDT)规定。

本标准规定了满足这些需求的必要措施。该过程见图 1。

GB/T 21562(IEC 62278)和 GB/T 28809—2012(IEC 62425:2007,IDT)需采用系统性的方法,以:

a) 确定危害、风险和风险准则;
b) 为满足风险准则,确定必要的风险降低(措施);
c) 为实现所需的风险降低,为必要的安全防护措施定义一个全面的系统安全需求规范;
d) 选择一个合适的系统结构;
e) 规划、监督和控制那些把系统安全需求规范变成安全性能(或安全完整性)已确认的安全相关系统。

在将该规范分解到由安全相关系统和组件组成的设计当中时,对安全完整性等级的进一步分配就完成了,并最终形成所需的软件安全完整性等级。

目前,无论是质量保证法(即避错措施)还是软件容错法的应用,都无法保证系统的绝对安全。尚未发现可证明一个较复杂的安全相关软件中不存在错误的方法,特别是规范和设计的错误。

在开发高度完整性软件时采取但不仅限于以下原则:

a) 自顶向下的设计方法;
b) 模块化;
c) 开发生命周期每个阶段的验证;
d) 经验证的模块和模块库;
e) 清晰的文档;
f) 可审核的文档;
g) 确认测试。

这些原则以及相关的其他原则应正确应用。本标准规定了在每个软件安全完整性等级下证明其(保证能处于该安全完整性等级)所需的保证等级。

在得到或形成了系统安全需求规范后，分配给软件的安全功能和系统安全完整性等级就确定了，图2给出了应用本标准的功能步骤，并如下所示：

a) 定义软件需求规范，同时考虑软件结构。软件结构是为软件和软件安全完整性等级开发基本安全策略的架构（第5章、第8章和第9章）。

b) 根据软件质量保证计划、软件安全完整性等级和软件生命周期来设计、开发和测试软件（第10章）。

c) 在目标硬件上集成软件（第12章）。

d) 确认软件（第13章）。

e) 如果在运行过程中需要软件维护，那么可再适当运用本标准进行处理（第16章）。

许多活动都是在软件开发过程中交叉进行的，这其中包括验证(第11章)、评估(第14章)和质量保证(第15章)。

给出了由应用数据所配置的系统的需求(第17章)。

给出了从事软件开发人员能力的需求（第6章）。

本标准没有强制要求使用特定的软件开发生命周期，但是给出了推荐的生命周期和文档集（第7章，图3和图4）。

针对5个软件安全完整性等级明确制定了各种技术和措施表格。表格见附录A。对表格交叉引用的是对每个技术或措施做了简要描述的、同时附带更多信息源做参考的文献目录。附录B列出了文献目录。

轨道交通　通信、信号和处理系统
控制和防护系统软件

1　范围

1.1　本标准规定了轨道交通控制和防护设备应用中可编程电子系统开发所需的规程和技术要求，适用于任何有隐含安全性的领域。这些应用系统的范围涵盖了从安全苛求系统（如安全信号系统）到非安全苛求系统（如管理信息系统）。这些系统可能通过采用专用微处理器，可编程逻辑控制器，分布式多处理器系统，大规模集中处理器系统或者其他结构来实现。

1.2　本标准只适用于软件以及软件和系统之间的交互作用。

1.3　0 级以上的软件安全完整性等级用于失效可导致人员死亡后果的系统。然而，从经济或环境因素方面考虑也能采用高级别的安全完整性等级。

1.4　本标准适用于轨道交通控制和防护系统开发和实现中的所有软件，包括：

——应用程序设计；

——操作系统；

——支持工具；

——固件。

应用程序设计包括高级程序设计，低级程序设计和专用程序设计（如可编程逻辑控制器梯形逻辑）。

1.5　本标准还涉及了标准、商用软件和工具的使用。

1.6　本标准还对由应用数据配置的系统提出了要求。

1.7　本标准并不涉及商务问题，这些问题宜作为合同的基本部分提出。但本标准中的所有条款在任何商务活动中都需被仔细考虑。

1.8　本标准不是追溯性的，主要应用于新的开发；对于既有系统，仅当进行大的修改时才进行全面应用，对于小的修改，仅第 16 章适用。

2　规范性引用文件

下列文件对于本文件的应用是必不可少的。凡是注日期的引用文件，仅注日期的版本适用于本文件。凡是不注日期的引用文件，其最新版本（包括所有的修改单）适用于本文件。

GB/T 28809—2012　轨道交通　通信、信号和处理系统　信号用安全相关电子系统（IEC 62425：2007，IDT）

IEC 60050-191　国际电工词汇　第 191 章：可靠性和服务质量[International electrotechnical vocabulary (IEV)—Chapter 191：Dependability and quality of service]

IEC 62278　轨道交通　可靠性、可用性、可维修性和安全性（RAMS）规范及示例[Railway applications—Specification and demonstration of reliability，availability，maintainability and safety (RAMS)]

IEC 62280-1　铁路设施　通信、信号和处理系统　第 1 部分：在封闭的传输系统中有关通信安全（Railway applications—Communication，signalling and processing systems—Part 1：Safety-related communication in closed transmission systems）

IEC 62280-2　铁路设施　通信、信号和处理系统　第 2 部分：在开放的传输系统中有关通信安全（Railway applications—Communication，signalling and processing systems—Part 2：Safety-related communication in open transmission systems)

ISO/IEC 2382(所有部分) 信息技术 词汇(Information technology—Vocabulary)

ISO/IEC 9126(所有部分) 软件工程 产品质量(Software engineering—Product quality)

ISO 9000:2000[1] 质量管理体系 基础和术语(Quality management systems—Fundamentals and vocabulary)

ISO 9000-3:1997[1] 质量管理和质量保证标准 第3部分:ISO 9001:1994应用于计算机软件开发、供应、安装和维护的指南(Quality management and quality assurance standards—Part 3: Guidelines for the application of ISO 9001:1994 to the development, supply, installation and maintenance of computer software)

ISO 9001:1994[1] 质量系统 设计、开发、生产、安装和维修中的质量保证模型(Quality systems—Model for quality assurance in design, development, production, installation and servicing)

IEEE 610.12 软件工程术语集(IEEE standard glossary of software engineering terminology)

3 术语和定义

ISO 9000:2000、IEC 60050-191、ISO/IEC 2382、ISO/IEC 9126、IEEE 610.12界定的以及下列术语和定义适用于本文件。

3.1

评估 assessment

用于确定设计机构和确认员所完成的产品是否符合规定的要求和判定产品是否达到预期目的的分析过程。

3.2

评估员 assessor

受委托执行评估的人员或者机构。

3.3

可用性 availability

在要求的外部资源得到保证的前提下,产品在规定的条件下和规定的时刻或时间区间内处于可执行规定功能状态的能力。

3.4

商业通用软件 commercial off-the-shelf (COTS) software

市场需求所定义、市场已存在且其目标满足性已得到广大商业用户证实的软件。

3.5

设计机构 design authority

负责提出实现特定需求的设计方案,并监控后期的开发和系统在特定环境下工作的实体。

3.6

设计者 designer

一个或多个由设计机构指派的人员,他们承担需求分析并将特定需求转化成可接受且有相应安全完整性的设计方案。

3.7

元素 element

被确认为基本单元或基本组件的某产品的一部分。一个元素可是简单的,也可是复杂的。

---

1) ISO 9000、ISO 9000-3、ISO 9001已有新版文件,其中ISO 9000-3文件由ISO/IEC 90003代替,相关文件对应的国家标准信息见参考文献。

3.8

错误　error

可能导致非预期的系统行为或失效的与期望设计之间的偏差。

3.9

失效　failure

与规定的系统行为产生偏差。失效是系统错误或故障的结果。

3.10

故障　fault

一种能导致系统错误或失效的不正常状态，故障可是系统性的或随机性的。

3.11

避错　fault avoidance

在系统设计和构造的过程中为避免引入故障而采用的设计技术。

3.12

容错　fault tolerance

在出现有限数量的软硬件故障的情况下，系统能继续提供正确的规定服务的内嵌能力。

3.13

固件　firmware

以功能独立于主存储器方式存储的指令和相关数据的有序集合(通常在 ROM 中)。

3.14

通用软件　generic software

只要提供应用相关的数据就可应用于多种系统装置的软件。

3.15

实现者　implementer

由设计机构委派、具体实现特定设计的一个或多个人员。

3.16

产品　product

为满足特定需求，收集元素并进行互连以形成一个系统，子系统或者设备。产品可被视为完全由软件或者文档元素构成。

3.17

可编程逻辑控制器　programmable logic controller;PLC

具备用户可编程存储器、能实现规定功能的固态控制系统。

3.18

可靠性　reliability

产品在规定的条件下和规定的时间区间(t_1,t_2)内完成规定功能的能力。

3.19

需求可追溯性目标　requirement traceability

确保所有的需求能被证明已得到满足。

3.20

风险　risk

某特定危害事件的频度或概率和后果的组合。

3.21

安全性　safety

免除不可接受等级的风险。

3.22

安全主管部门 safety authority

负责证实安全相关系统适于工作并符合法令、规章规定的安全需求的实体。

3.23

安全相关软件 safety-related software

负有安全责任的软件。

3.24

软件 software

由程序、流程、规则和系统运行相关的文档组成的智力产物。

注：软件独立于传输介质。

3.25

软件生命周期 software life cycle

从软件构思开始到软件停用为止的时期内发生的活动。典型的软件生命周期包括需求阶段、开发阶段、测试阶段、集成阶段、安装阶段和维护阶段。

3.26

软件可维护性 software maintainability

系统能被修改以纠正故障、改进性能或其他特性，或适应不同环境的能力。

3.27

软件维护 software maintenance

在软件被最终用户接收后所进行的活动或活动集合，它的目的在于改善，增加或纠正软件的功能。

3.28

软件安全完整性等级 software safety integrity level

一组分级数字，它确定了为将残余软件故障降低到一个适当水平所应采用的技术和措施。

3.29

系统安全完整性等级 system safety integrity level

表示系统能满足规定安全特性的置信度的数字。

3.30

可追溯性 traceability

能在开发过程中确定两个或者多个产品之间关系的程度，尤其是那些与其他产品构成前/后代或主次隶属关系的。

3.31

确认 validation

通过测试和分析，表明产品在各个方面符合规定需求的证明行为。

3.32

确认员 validator

被委派来做确认工作的人或者代理。

3.33

验证 verification

通过测试和分析，表明系统生命周期各阶段的输出符合前一阶段需求的一种判定行为。

3.34

验证员 verifier

被委派来做验证工作的人或代理。

4 目标和一致性

4.1 在以下每项条款中，将详细地描述其目标和要求。

4.2 为与本标准一致，应证明软件满足安全完整性等级规定的每项要求，从而表明实现了条款目标。

4.3 如果一个需求含有“达到软件安全完整性等级的要求”的语句，则表示可用一系列的技术和措施来满足该需求。

4.4 在4.3的前提下，宜使用本标准给出的详细表格来帮助选择合适的技术和措施，达到软件安全完整性等级要求。

4.5 如果在表格中列为极力推荐(HR)的某一技术或措施不被采用，那么软件质量保证计划或软件质量保证计划参考的其他文件宜详细说明不使用该技术的理由并有相应记录。如果使用了表格认可的技术组合，可不说明或记录理由。

4.6 如果一项表格未提及的技术或措施被建议使用，那么应论证相应技术或措施是否能有效地实现特定要求和整体目标，并在软件质量保证计划中或其引用的其他文件中作相应的记录。

4.7 应通过检查本标准所要求的文档、其他客观证据、审核和见证测试来评估是否符合特殊条款的要求和表格中详细列出的技术和措施要求。

4.8 本标准需要使用一组技术并正确应用它们。这些技术是表格中所要求的，并在参考材料中详细列出。

5 软件安全完整性等级

5.1 目标

定义软件的安全完整性等级的设置。

5.2 要求

5.2.1 依据IEC 62278和GB/T 28809—2012，应形成：

——系统需求规范；

——系统安全需求规范；

——系统结构描述；

——系统安全计划。

其中包括：

——安全功能；

——系统配置或体系结构；

——硬件可靠性需求；

——安全完整性需求。

软件安全完整性等级应达到IEC 62278规定的安全完整性等级的一般流程确定。

5.2.2 应在系统中软件应用的风险等级和系统安全完整性等级的基础上，决定需要的软件安全完整性等级。

5.2.3 如没有进一步防范措施，软件安全完整性等级不应低于系统安全完整性等级。然而，如果有在软件模块失效时能避免系统进入不安全状态的防护机制，则可降低模块的软件安全完整性等级。

5.2.4 应考虑可能导致以下危害后果的风险：

——人员死亡；

——人员的受伤或致病；

——环境的污染；

——财产损失或损坏。

5.2.5 风险可被定量化，但无法以同样方式规定软件安全完整性。因此，软件安全完整性等级应选用以下五个等级之一：

——软件安全完整性等级 4，对应等级描述为“非常高”；

——软件安全完整性等级 3，对应等级描述为“高”；

——软件安全完整性等级 2，对应等级描述为“中等”；

——软件安全完整性等级 1，对应等级描述为“低”；

——软件安全完整性等级 0，对应等级描述为“非安全相关”。

5.2.6 在软件需求规范中应规定软件安全完整性等级（见第 8 章）。如果不同的软件组件有不同的软件安全完整性等级，应在软件结构规范中加以规定（见第 9 章）。

6 人员和职责

6.1 目标

确保所有对软件负有责任的人员都有能力履行其职责。

6.2 要求

6.2.1 作为最低要求，供应商和/或开发商以及客户执行 ISO 9000-3:1997 中有关 ISO 9001:1994 实施的指南要求。

6.2.2 除软件安全完整性等级 0 以外，安全过程应在一个适当的安全组织的控制下完成。该组织遵从 GB/T 28809—2012“安全管理证据”条款中“安全组织”子条款要求。

6.2.3 软件生命周期各阶段（包括管理活动）涉及的所有人员应经过适当的培训，具有适当的经验和资质。

6.2.4 除软件安全完整性等级 0 以外，对于特定的应用，极力推荐对软件生命周期各阶段（包括管理活动）涉及的所有人员的培训、经验和资质进行证实。

6.2.5 应在软件质量保证计划中记录上述子条款（6.2.4）所指的证实，适当包括能胜任以下领域能力的证据：

a) 适合应用领域的工程；

b) 软件工程；

c) 计算机系统工程；

d) 安全工程；

e) 法规框架。

6.2.6 应为软件指定独立评估员。同时执行 6.2.10 和 14.4.1。

6.2.7 应赋予评估人员足够的权威来实现对软件的评估。

6.2.8 贯穿整个软件生命周期，根据软件安全完整性等级所要求的程度，所涉及的各方应是独立的，与图 5 所示一致，解释如下：

——在各个软件安全完整性等级，评估员应由安全主管部门认可，除 6.2.10 规定的情况外，都应独立于供应商。

——设计人员/实现者、验证员和确认员可同属一个公司，但至少要满足以下独立性规定：

- 软件安全完整性等级 0：没有限制，设计人员/实现者、验证员和确认员可是同一人。
- 软件安全完整性等级 1 和 2：验证员和确认员可是同一人，但他们不应又是设计者/实现者。设计人员/实现者、验证员和确认员都能向项目经理报告。

- 软件安全完整性等级 3 和 4:有两种允许的安排。
  - ◆ 验证员和确认员是同一人,但他们不应又是设计人员/实现者。而且他们不应像设计者/实现者一样向项目经理报告,他们有权力阻止产品的发布。
  - ◆ 设计者/实现者、验证员和确认员是各不相同的人。设计者/实现者和验证员可向项目经理报告,而确认员则不向项目经理报告。确认员有权力阻止产品的发布。

6.2.9 各类工作的负责人员如下:

——软件需求规范(见第 8 章)负责者应为设计者;

——软件需求测试规范(见第 8 章)负责者应为确认员;

——软件结构(见第 9 章)负责者应为设计者;

——软件设计和开发(见第 10 章)负责者应为设计者;

——软件验证和测试(见第 11 章)负责者应为验证员;

——软件/硬件集成(见第 12 章)负责者应为设计者;

——软件确认(见第 13 章)负责者应为确认员;

——软件评估(见第 14 章)负责者应为评估员。

6.2.10 根据安全主管部门的意见,评估员可是供应商组织或客户组织的一员,在这种情况下,评估员应:

——由安全主管部门授权;

——完全独立于项目团队;

——直接向安全主管部门报告。

7 生命周期和文档

7.1 目标

7.1.1 规划软件开发的阶段和活动。

7.1.2 记录贯穿整个软件生命周期的所有与软件相关的信息。

7.2 要求

7.2.1 应为软件开发选择生命周期模型,根据第 15 章,将在软件质量保证计划中对该模型加以详细说明。图 3 和图 4 给出了两种生命周期模型的例子。

7.2.2 质量保证规程应与生命周期活动一起运行,并且使用相同的术语。

7.2.3 各阶段所有要进行的活动应在该阶段开始之前先行定义。软件生命周期的每阶段都应划分成良好定义的有输入、输出及其活动的基本任务。

7.2.4 软件质量保证计划应当描述需要哪些验证步骤和报告。

7.2.5 所有文档应结构化,以便能随着设计过程不断扩展。

7.2.6 各个文档应有唯一的索引编号,与其他文档应有确定的、记录在案的文档关系,以便进行文档追溯。每个文档对术语、缩略语和简写词应有相同的解释。如果由于历史的原因,做不到这一点,就应给出不同的释义和参考资料。

此外,除商业通用软件或早期开发的软件的文档外,各文档应按以下规则书写:

a) 应包括或执行所有与之具有层次关系的之前的文档的适用条件和要求;

b) 不应与前期文档有抵触;

c) 在各个文档中,每个术语、首字母缩略词或缩写应具有相同的意义;

d) 在各个文档中,每个条目或概念应用相同的名称或描述来指称。

追溯流程的输出应成为正式的配置管理的一个科目。

7.2.7　所有文档内容应以适合于操作、处理和存储的形式来记录。

7.2.8　根据软件安全完整性等级的要求，应完成文档交叉索引表(见表1)中所列文档。

7.2.9　根据开发软件的规模、复杂性和生命周期，需要完成的各类文件数目有所不同。对于规模较小的项目，一些文件可合并在一起(在这过程中不应丢失需要的细节)，而对于大规模项目，必要时宜将所列文档(以层次方式)再分成一些更便于管理的子文档。由独立团队或实体完成的文档不应合并成单一文档。

7.2.10　第7章确定的各种参考文档之间的关系可用文档交叉索引表来定义。对于表1中“文档”栏所列的每个文档，从标有符号“■”的单元格对应的行和列中可找到与创建文档有关的阶段和条款。从标有符号“◆”的单元格对应的列中可找到应用文档的阶段。文档的条款或对其定义的其他引用可在“定义出处”栏中找到。在给出条款的地方，宜核对后续条款，因为后续条款可能包含进一步信息。值得注意的是，软件配置管理计划需要的参考文献列在括号内，这是因为该条款仅参考了ISO 9000:2000。

表1　文档交叉索引表

章条编号	8	9	10	11	12	13	14	15	16	文　档	对应要求
阶段[a]											
系统输入	◆			◆	◆					系统需求规范	GB/T 28809—2012 中B.2.3
	◆	◆		◆	◆	◆	◆			系统安全需求规范	GB/T 28809—2012 中B.2.4
	◆				◆					系统结构描述	GB/T 28809—2012 中B.2.1
										系统安全计划	GB/T 28809—2012、IEC 62278
软件计划[a]	◆	◆	◆	◆		◆	◆	■		软件质量保证计划	15.4.3
						◆	◆	■		软件配置管理计划	(15.4.2)
				■		◆	◆			软件验证计划	11.4.1
				■		◆	◆			软件集成测试计划	11.4.5
					■	◆	◆			软件/硬件集成测试计划	12.4.1
						■	◆			软件确认计划	13.4.3
							◆		■	软件维护计划	16.4.3
										数据准备计划	17.4.2.1
										数据测试计划	17.4.2.4
软件需求	■	◆	◆	◆	◆	◆	◆			软件需求规范	8.4.1
										应用需求规范	17.4.1.1
	■			◆	◆	◆	◆			软件需求测试规范	8.4.13
				■						软件需求验证报告	11.4.11

表 1（续）

章条编号	8	9	10	11	12	13	14	15	16	文　　档	对应要求
阶段[a]											
软件设计		■	◆	◆	◆	◆	◆			软件结构规范	9.4.1
			■	◆	◆	◆	◆			软件设计规范	10.4.3
				■						软件结构和设计验证报告	11.4.12
软件模块设计			■	◆	◆	◆	◆			软件模块设计规范	10.4.3
			■	◆	◆	◆	◆			软件模块测试规范	10.4.14
				■						软件模块验证报告	11.4.13
编码			■	◆	◆	◆	◆			软件源代码	
				■		◆	◆			软件源代码验证报告	11.4.14
模块测试			■	◆						软件模块测试报告	10.4.14
软件集成				■						软件集成测试报告	11.4.15
										数据测试报告	17.4.2.4
软件/硬件集成					■					软件/硬件集成测试报告	12.4.8
确认(*)						■				软件确认报告	13.4.10
评估(*)							■			软件评估报告	14.4.9
维护									■	软件修改记录	16.4.9
									■	软件维护记录	16.4.8

[a] 和其他阶段平行。

8　软件需求规范

8.1　目标

8.1.1　描述一个文档。为满足所有系统需求，该文档根据软件安全完整性等级规定了一整套的软件需求。它是对每个软件工程师均适用的综合性文档，因此软件工程师不必再从其他文档中了解需求。

8.1.2　用于描述软件需求测试规范。

8.2　输入文档

输入文档有：

a)　系统需求规范；

b)　系统安全需求规范；

c)　系统结构描述；

d)　软件质量保证计划。

8.3　输出文档

输出文档有：

a) 软件需求规范；

b) 软件需求测试规范。

8.4 要求

8.4.1 软件需求规范应描述待开发软件的需求特性，而不是开发软件的规程。这些特性(除安全性外均在 ISO/IEC 9126 中定义)应包括：

——功能(包括能力和响应时间性能)；

——可靠性和可维护性；

——安全性(包括安全功能及其相关的软件安全完整性等级)；

——效率；

——易用性；

——可移植性。

软件安全完整性等级源自于第 5 章，并记录在软件需求规范中。

8.4.2 根据软件安全完整性等级的要求，软件需求规范应按以下原则来描述和构造：

a) 完整、清楚准确、无歧义性、可验证、可测试、可维护和可实现；

b) 可追溯到 8.2 涉及的所有文档。

8.4.3 软件需求规范应使用让系统整个生命周期所涉及、负有责任的人员都能理解的表达形式和描述方法。

8.4.4 无论是已存在的还是计划的直接互联接口，软件需求规范都应明确并用文档写明受控设备内部或外部的与任何其他系统的所有接口，包括和操作员的接口。

8.4.5 软件需求规范应详细描述所有相关的操作方式。

8.4.6 软件需求规范中应详述可编程电子设备所有相关的行为方式，尤其是失效行为。

8.4.7 软件需求规范中应明确并用文档写明软硬件之间的任何约束。

8.4.8 软件需求规范应指出软件自检的程度以及软件检测硬件的规定程度。软件自检包括软件自身失效和错误的检测和报告。

8.4.9 软件需求规范应根据系统安全需求规范的要求含有功能周期性检测的需求。

8.4.10 软件需求规范应根据系统安全需求规范的要求含有使所有安全功能在整个系统运行期内可测试的需求。

8.4.11 当要求软件来完成一些功能，特别是完成那些与实现选定系统安全完整性等级有关的功能时，软件需求规范应对其加以清楚的说明。

8.4.12 当要求软件完成非安全功能时，软件需求规范应对其加以清楚的说明。

8.4.13 软件需求测试规范应根据软件需求规范导出，软件需求测试规范用来验证软件需求规范中所述的功能要求，同时也作为对已完成软件进行测试的描述。

8.4.14 软件需求测试规范应为每个所需功能确定测试案例，测试案例包括：

a) 所需的输入信号的序列和值；

b) 预期的输出信号的序列和值；

c) 验收准则，包括性能和质量两方面。

8.4.15 在安全相关系统的确认过程中，对需求可追溯性应作为一个重要内容加以考虑。应提供方法以允许在生命周期所有阶段均能证实其可追溯性。

8.4.16 对于任何不可追溯材料，应表明其对系统的安全性或完整性是没有影响的。

9 软件结构

9.1 目标

9.1.1 导出软件结构。按照选定软件安全完整性等级的要求实现软件需求规范的需求。

9.1.2 评审系统结构对软件的需求。

9.1.3 确定和评价硬件/软件交互作用对安全性的重要性。

9.1.4 如果之前没有定义设计方法,那么选择一种设计方法。

9.2 输入文档

输入文档有:

a) 软件需求规范;

b) 系统安全需求规范;

c) 系统结构描述;

d) 软件质量保证计划。

9.3 输出文档

软件结构规范。

9.4 要求

9.4.1 应由软件供应商和/或开发商来建立建议性的软件结构,并在软件结构规范中详细说明。

9.4.2 软件结构规范应考虑依据软件安全完整性等级的要求实现软件需求规范的可行性。

9.4.3 软件结构规范应明确、评价和详述所有硬件/软件交互的重要性。正如 IEC 62278 和 GB/T 28809—2012 所要求的,应在系统安全需求规范中记录硬件和软件交互作用的初步研究。

9.4.4 软件结构规范应明确所有软件组件,并为它们明确:

a) 这些组件是否是新的,现有的或专有的;

b) 这些组件以前是否已被确认。如果是,它们的确认条件是什么;

c) 各组件的软件安全完整性等级。

9.4.5 使用商业通用软件应满足以下限制条件:

a) 对于软件安全完整性等级 0,不需进一步防范措施即可使用商业通用软件;

b) 如果商业通用软件使用于软件安全完整性等级 1 或 2,则它应被包含在软件确认过程中;

c) 如果商业通用软件使用于软件安全完整性等级 3 或 4,则应采取以下防范措施:

1) 商业通用软件应进行确认测试;

2) 应进行可能失效的分析;

3) 应确定一个策略来检测商业通用软件的失效并防护系统免受这些失效影响;

4) 防护策略应是确认测试的主题;

5) 应有错误日志并对其进行评价;

6) 就实用性而言,应仅使用商业通用软件的最简单功能。

9.4.6 如果要将以前开发的软件作为设计的一部分使用,那么应清楚标识并形成文档。软件结构规范应论证软件是否满足软件需求规范和软件安全完整性等级。应仔细考虑软件的任何修改对系统其余部分的影响,以决定是否需要再检查和再评估。与其他不需进行再验证、再确认和再评估的模块的接口规范应有遵循的证据。

9.4.7 在设计过程中尽可能使用已有的、验证过的,按本标准开发的软件模块。

9.4.8 软件结构应使应用中安全相关部分最小化。

9.4.9 如果软件由不同软件安全完整性等级的组件构成，那么该软件的所有组件都应按最高软件安全完整性等级的要求处理，除非存在较高软件安全完整性等级组件和较低软件安全完整性等级组件之间相互独立的证据。该证据应记录在软件结构规范中。

9.4.10 软件结构规范应根据软件安全完整性等级要求确定软件开发的策略。软件结构规范应按以下原则来表达和构造：

a） 完整、清楚、准确、无歧义、可验证、可测试、可维护以及可实现；

b） 可追溯到软件需求规范。

9.4.11 软件结构规范应证实在避错和容错策略的选择中所采取的平衡措施是合理的。

9.4.12 软件结构规范应证实所选的技术和措施形成的组合满足所需软件安全完整性等级要求的软件需求规范。

10 软件设计和实现

10.1 目标

10.1.1 设计和实现在软件需求规范和软件结构规范中既定软件安全完整性的软件。

10.1.2 获得可分析、可测试、可验证和可维护的软件。此阶段还包括模块测试。由于验证和测试在确认过程中起关键作用，所以在设计和开发的整个过程中应特殊考虑验证和测试要求，以确保从一开始就使目标系统及其软件易于测试。

10.1.3 在促进确认、验证、评估和维护的整个软件生命周期内，选择一套适合所要求的软件安全完整性等级的工具，包括语言和编译器。

10.1.4 实施软件集成。

10.2 输入文档

输入文档有：

a） 软件需求规范；

b） 软件结构规范；

c） 软件质量保证计划。

10.3 输出文档

输出文档有：

a） 软件设计规范；

b） 软件模块设计规范；

c） 软件模块测试规范；

d） 软件源代码和支持文档；

e） 软件模块测试报告。

10.4 要求

10.4.1 软件需求规范和软件结构规范应在设计过程开始之前即已存在，无论是否为最终文本。

10.4.2 应使待开发软件的规模和复杂性最小。

10.4.3 软件设计规范基于软件分解为模块的方式描述软件设计，分解的每个模块都有对应的软件模块设计规范和软件模块测试规范。

10.4.4 软件设计规范应说明：

a) 追溯到软件结构的软件组件及其安全完整性等级；

b) 软件组件和环境的接口；

c) 软件组件间的接口；

d) 数据结构；

e) 划分组件需求；

f) 主要算法和排序；

g) 图表。

10.4.5 软件模块设计规范应说明(每个模块有一个软件模块设计规范)：

a) 确定追溯到上一层次的最底层的所有组件(现有标准称“组件”为“模块”)；

b) 与环境和其他模块间附有详细输入和输出的细化接口；

c) 模块的安全完整性等级；

d) 细化的算法和数据结构。

每个软件模块设计规范宜是自充分的，并且允许进行相应模块的编码。

10.4.6 每个软件模块都应是可读的、可理解的和可测试的。

10.4.7 根据整个软件生命周期内所要求的软件安全完整性等级，选择一套包括设计方法、语言和编译器的合适工具。

10.4.8 只要适用，就应使用自动测试工具和集成开发工具。工具应考虑验证员和确认员的需求。

10.4.9 根据选定的软件安全完整性等级的要求，所选程序设计语言应具有翻译器/编译器，该翻译器/编译器应具备下述条件之一：

a) 公认的国家/国际标准的认可证书；

b) 详述其适合用途的评估报告；

c) 基于冗余签名控制的进行翻译错误检测的过程。

10.4.10 所选语言应满足以下要求：

a) 所选语言应具有便于识别编程错误的特性；

b) 所选语言应支持与设计方法相匹配的特性。

10.4.11 如果不能满足 10.4.10，那么在软件结构规范或软件质量保证计划中应记录对更替语言的论证并详述其用途的适用性。

10.4.12 制定编码标准，并将其应用于所有软件的开发。编码标准应在软件质量保证计划中给出参考(见 15.4.5)。

10.4.13 编码标准应明确良好的编程习惯、排除非安全语言特性并描述编写源代码文档的规程。每个程序模块至少应在源代码中包括但不限于以下指定的信息：

——作者；

——配置历史；

——简要描述。

推荐使用这些信息的标准形式。该标准形式对所有模块来说宜是相同的。

10.4.14 软件模块测试：每个模块应有作为模块测试依据的软件模块测试规范。这些测试应表明每个模块实现了预定的功能，软件模块测试规范应定义需要的测试覆盖率。

应形成软件模块测试报告，其中应包括以下特性：

a) 描述测试结果以及每个模块是否满足它的软件模块设计规范的需求；

b) 描述每个模块的测试覆盖率，以表明所有源代码指令至少执行一次；

c) 应以可审核的形式；

d) 测试案例和它们的结果应以机器可读的形式记录下来，以利于后续分析。测试应是可重复的，如果可行的话，宜以自动方式进行。

检查模块已正确地满足了其测试规范是一个验证活动,见第11章。

10.4.15 为符合所需软件安全完整性等级的要求,选定的设计方法应具有以下便利特性:

a) 摘要、模块化和其他复杂控制的特性;
b) 清楚且准确地表达:
——功能;
——组件间的信息流;
——顺序和时间相关信息;
——并发;
——数据结构和特性;
c) 易理解;
d) 验证和确认。

10.4.16 选定的设计方法应具有方便软件维护的特性。这类特性应包括模块化、信息隐藏和封装。

10.4.17 软件模块集成应是逐渐将个体的且以前测试过的软件模块组合成一个合成整体(或一些合成子系统)的过程。其目的是在系统集成和测试之前能充分地证明模块接口和集成软件的适合性。

10.4.18 为与规定的软件安全完整性等级相适应,应特别强调可追溯性:

a) 需求到设计或其他实现需求的对象的可追溯性;
b) 设计对象到实现对象的可追溯性。

11 软件验证和测试

11.1 目标

按照选定的软件安全完整性等级的要求,按本阶段提出的输入,测试并评价某一给定阶段的产品,以确保产品正确并与标准一致。

11.2 输入文档

输入文档包括:

a) 系统需求规范;
b) 系统安全需求规范;
c) 软件需求规范;
d) 软件需求测试规范;
e) 软件结构规范;
f) 软件设计规范;
g) 软件模块设计规范;
h) 软件模块测试规范;
i) 软件源代码和支持文档;
j) 软件质量保证计划;
k) 软件模块测试报告。

11.3 输出文档

输出文档包括:

a) 软件验证计划;
b) 软件需求验证报告;
c) 软件结构和设计验证报告;

d) 软件模块验证报告；
e) 软件源代码验证报告；
f) 软件集成测试计划；
g) 软件集成测试报告。

11.4 要求

11.4.1 为了对验证活动作正确的指导并提供适当的特殊设计和其他验证需要，应建立软件验证计划。在开发阶段（根据系统的规模），计划可被分成一系列子文件，而且随着细化的验证需求变得更清晰，可作自然增加。

11.4.2 软件验证计划应用文件说明所有将在阶段验证过程中使用的准则、技术和工具。

11.4.3 软件验证计划应描述为确保作为阶段输入的产品和标准的正确性和一致性所要进行的活动。

11.4.4 软件验证计划应注重：

a) 选择验证策略和技术。为避免对验证和测试活动的评估过分复杂化，宜优先考虑选择自身可分析的测试案例和方法等。
b) 软件测试设备的选择和使用。
c) 验证活动的选择和文档。
d) 对获得的验证结果的评估。
e) 可靠性需求的评估。
f) 测试过程所涉及人员的作用和职责。
g) 要求达到的测试覆盖率。

11.4.5 软件集成测试计划应用文件说明：

a) 测试案例和测试数据。
b) 实施的测试类型；
c) 测试环境、工具、配置和程序；
d) 测试完整性判定的测试准则。

11.4.6 每个开发阶段都应表明功能、可靠性、性能和安全需求均得以满足。

11.4.7 验证应根据选定软件安全完整性等级的要求由独立方来执行，如图5所示。

11.4.8 验证之前由设计者进行的、未在文件中予以说明的验证活动不应作为验证的一部分。

11.4.9 每次验证结果应以软件验证计划中规定的或建议的形式来保存，以便审核。

11.4.10 在每次验证活动之后应产生一份说明软件已通过验证或失败原因的验证报告。验证报告应指出：

a) 不符合软件需求规范、软件设计规范或软件模块设计规范的项目；
b) 不符合软件质量保证计划的项目；
c) 不适合问题解决的模块、数据、结构和算法；
d) 检测到的错误或缺陷；
e) 已验证部分的标识和配置。

11.4.11 软件需求验证。一旦形成了软件需求规范，验证应包括：

a) 软件需求规范在满足系统需求规范、系统安全需求规范和软件质量保证计划中所规定需求方面的充分性；
b) 软件需求测试规范作为对软件需求规范的测试的充分性；
c) 软件需求规范内在一致性。

结果记录在软件需求验证报告中。

11.4.12 软件结构和设计验证。在形成软件结构规范和软件设计规范之后，验证应包括：

a） 软件结构规范和软件设计规范满足软件需求规范的充分性；
b） 软件设计规范与软件需求规范的一致性和完整性的充分性；
c） 作为测试案例集，软件集成测试计划对软件结构规范和软件设计规范的充分性；
d） 软件结构和设计规范的内在一致性。

结果应记录在软件结构和设计验证报告中。

11.4.13 软件模块验证。在形成各软件模块设计规范后，验证应包括：

a） 软件模块设计规范满足软件设计规范的充分性；
b） 作为测试案例集，软件模块测试规范对软件模块设计规范的充分性；
c） 将软件设计规范分解到软件模块和软件模块设计规范，其中涉及：

——需求性能的可行性；
——进一步验证的可测试性；
——对于开发和验证团队的可读性；
——允许进一步改进的可维护性。

d） 作为依据软件模块测试规范已完成测试记录的软件模块测试报告的充分性。

结果记录在软件模块验证报告中。

11.4.14 软件源代码验证。按照选定软件安全完整性等级的要求应验证软件源代码以确保满足软件模块设计规范和软件质量保证计划。应检查编码标准是否正确应用。

结果记录在软件源代码验证报告中。

11.4.15 应按照以下各项形成软件集成测试报告：

a） 软件集成测试报告应表明测试结果以及软件集成测试计划的目标和准则是否被满足，如果有失效，则应记录失效的原因；
b） 软件集成测试报告的形式应易于审核；
c） 应记录测试案例及其结果，为便于后续分析，其形式最好是机器可读的；
d） 测试宜是可重复的，如果可行以自动方式进行；
e） 已验证部分的标识和配置。

11.4.16 对于软件/硬件集成，见12.4.8。

12 软件/硬件集成

12.1 目标

12.1.1 证明软件和硬件间正确地交互作用，完成它们预定功能。

12.1.2 组合软件与硬件并确保它们的相容性，以满足系统安全需求规范和设定的软件安全完整性等级的需求。

12.2 输入文档

输入文档包括：

a） 系统需求规范；
b） 系统安全需求规范；
c） 系统结构描述；
d） 软件需求规范；
e） 软件需求测试规范；
f） 软件结构规范；
g） 软件设计规范；

h) 软件模块设计规范；

i) 软件模块测试规范；

j) 软件源代码和支持文档；

k) 硬件文档。

12.3 输出文档

输出文档包括：

a) 软件/硬件集成测试计划；

b) 软件/硬件集成测试报告。

12.4 要求

12.4.1 对于安全完整性等级大于0的软件，应在开发生命周期早期形成软件/硬件集成测试计划，以使集成活动能受到适当的指导，并适当提供特殊的设计或其他集成需求。在开发阶段（依赖于系统规模），计划可划分成许多子文档，而且随着硬件和软件设计的不断改进以及细化的集成需求逐步清晰，计划内容也随之增加。

12.4.2 软件/硬件集成测试计划应对如下内容作文字说明：

a) 测试案例和测试数据；

b) 实施的测试类型；

c) 测试环境，包括工具、支持软件和配置描述；

d) 测试准则，依此来判定测试的完整性。

12.4.3 软件/硬件集成测试计划应区分可在开发者自己场地进行的活动和需要在用户场地进行的活动。

12.4.4 软件/硬件集成测试计划应区分以下活动：

a) 将软件融入目标硬件；

b) 系统集成。

12.4.5 宜在计划可行的第一时间内取得软件/硬件集成测试计划确定的工具和设备。

12.4.6 在软件/硬件集成过程中，对已集成系统的任何修改或变更均应研究影响范围，该研究应确定所有受影响的模块和必要的再验证活动。

12.4.7 记录测试案例及其结果，为了后续分析，最好用机器可读形式记录。

12.4.8 软件/硬件集成测试报告应按以下要求形成：

a) 软件/硬件集成测试报告应表明测试结果以及是否满足软件/硬件集成测试计划的目标和准则。如果存在失效，则应记录失效原因。

b) 软件/硬件集成测试报告应以能审核的形式编写。

c) 记录测试案例及其结果，为了后续分析，最好用机器可读形式记录。

d) 软件/硬件集成测试报告应有验证员对该报告充分性满意的证据，该报告是依据软件/硬件集成测试计划而完成的测试记录。

e) 软件/硬件集成测试报告应用文件来表明所有涉及部分的标识和配置。

13 软件确认

13.1 目标

分析和测试已集成系统，以确保其符合软件需求规范，并注重安全完整性等级对功能和安全性的特定要求。

13.2 输入文档

输入文档包括：

a） 软件需求规范；

b） 所有硬件和软件文档；

c） 系统安全需求规范。

13.3 输出文档

输出文档包括：

a） 软件确认计划；

b） 软件确认报告。

13.4 要求

13.4.1 分析和测试是主要的确认活动。

13.4.2 可用仿真和建模来补充确认过程。

13.4.3 在适当的文件中形成并详述软件确认计划。

13.4.4 根据软件安全完整性等级的要求，软件确认计划应由独立部门来制定、执行和进行结果评价。

13.4.5 如果软件安全完整性等级有要求，软件确认计划的范围和内容可与评估人员协商一致。其中包括哪些测试过程评估人员应在场的声明。

13.4.6 软件确认计划应概要说明所选确认策略的合理性。根据选定软件安全完整性等级的要求，其中应考虑以下方面：

a） 手工或/和自动化技术；

b） 静态或/和动态技术；

c） 解析或/和统计技术。

13.4.7 软件确认计划应确定必要的步骤论证以下规范的充分性：

——软件需求规范；

——软件结构规范；

——软件设计规范；

——软件模块设计规范；

——确认员应检查验证过程的完整性。

13.4.8 用于确认的计量设备应被适时地校准，用于确认的任何工具、硬件或软件都应表明适合于确认。

13.4.9 应通过模拟正常运行时出现的输入信号、预期事件和需要系统动作的意外条件来运行软件。

13.4.10 用便于审核的形式，将确认结果记录在软件确认报告中。

13.4.11 硬件/软件集成完成后，应按以下要求形成软件确认报告：

a） 应陈述软件确认计划的目标和准则是否得以满足。如果存在失效，应予以记录；

b） 应陈述测试结果以及在目标机器上的整个软件是否实现了软件需求规范规定的需求；

c） 应对软件需求规范所列需求的测试覆盖率作出评价；

d） 软件确认报告的形式应便于审核；

e） 为便于后续分析，应以机器可读的形式记录测试案例及其结果；

f） 测试宜可重复，如果可行以自动方式进行。

13.4.12 软件确认报告应用文件说明以下各部分的标识和配置：

a） 使用的硬件和软件；

b） 使用的设备；

c） 设备的校准；

d） 使用的仿真模型；

e） 发现的差异；

f） 执行的纠正操作。

13.4.13 应在软件确认报告的某单独一节中清楚地标识已发现的任何差异，包括检测出的错误，在伴随软件一同交付的注释中注明。

13.4.14 应按软件需求测试规范测试软件，这些测试应表明软件需求规范中的所有需求都被正确地执行。

其结果记录在软件确认报告中。

14 软件评估

14.1 目标

评价生命周期过程和形成的产品，以判定软件是否达到设定的软件安全完整性等级，及能否在预期应用中适用。

14.2 输入文档

输入文档包括：

a） 系统安全需求规范；

b） 所有的软件和硬件文档。

14.3 输出文档

软件评估报告。

14.4 要求

14.4.1 软件安全完整性等级 0：

a） 评估员只需要证实此软件安全完整性等级是合适的；

b） 供应商和用户可能在投标时对此软件安全完整性等级达成一致。

14.4.2 不必对已有出自另一评估员的软件评估报告的软件作新的评估。但第二位评估员应检查该软件是否具有要求的软件安全完整性等级并能在预期的目标机器上适合预期的应用。

14.4.3 评估员应有权力接触设计和开发过程以及所有与项目有关的文档。

14.4.4 软件评估应由独立于设计团队的评估员来完成。

14.4.5 评估员应评估系统软件符合预期的目的，并对系统安全需求规范的安全性要求作出正确的响应。

14.4.6 按照选定的软件安全完整性等级的要求，评估员应判定是否选择了合适的方法并将其运用于软件生命周期的各个阶段。

14.4.7 如果软件安全完整性等级有要求，评估员应同意软件确认计划的范围和内容。但协议中应声明哪些测试过程评估员应在场。

14.4.8 评估员可要求进行附加的验证和确认工作。

14.4.9 评估员将为每个评审形成一份报告，该报告应详述他的评估结果。

14.4.10 如果按评估员的观点，软件能适合预期的应用，则最终的软件评估报告应声明软件达到的软件安全完整性等级。

14.4.11 若软件不适合预期或未达到要求的软件安全完整性等级，那么评估员应在软件评估报告中仅报告不符合项，不应给出技术解决方案。

15 软件质量保证

15.1 目标

15.1.1 确定、监控所有保证软件达到要求的质量需采取的技术和管理活动。为有效开展验证和确认活动，需提供针对系统性故障所需的定性防护并形成审核记录。
15.1.2 提供证据来证明以上活动已被完成。

15.2 输入文档

生命周期的每个阶段使用的所有文档。

15.3 输出文档

输出文档包括：

a) 软件质量保证计划；

b) 软件配置管理计划。

所有上述计划均在项目开始时制定，并在生命周期过程中修改。

15.4 要求

15.4.1 供应商和/或开发商至少应拥有和使用一个符合 ISO 9000 系列的质量保证体系，以支持本标准的要求。推荐 ISO 9001 认证。
15.4.2 按照 ISO 9000-3:1997 的指南，供应商和/或开发商以及客户对于软件开发至少应执行 ISO 9001:1994 的相关部分。
15.4.3 供应商和/或开发商应逐个项目策划软件质量保证计划并形成文档以完成 15.4.1 和 15.4.2 要求，并尽可能以可度量形式表达出来。
15.4.4 软件质量保证计划应有文字来规定在整个项目过程中其自身更新的细节：频度、责任、方法。
15.4.5 ISO 9000-3:1997 和本标准的所有章节(包括附录 A)中要求的活动、操作和文件等均应在软件质量保证计划中规定或参考，并适应特定的开发。为了确保覆盖软件中和选定软件安全完整性等级有关的所有安全方面，除软件安全完整性等级 0 外，在软件质量保证计划中至少应包括以下条款：

a) 生命周期模型定义；

每个阶段定义包括：

——活动和基本任务；

——进入和退出准则；

——各阶段的输入和输出；

——各阶段的主要质量活动；

——对每个活动和基本任务负责的组织部门。

b) 需求可追溯性；

c) 文档结构可追溯性；

d) 与软件开发、验证、确认、运行和维护有关的文档；

e) 系统集成规程；

f) 使用的编码标准；

g) 对确认测试的评估；

h) 对产品和过程进行度量(定量测量)的定义。为了实现软件产品度量,应参照 ISO/IEC 9126 定义的质量特征和评估指南。

15.4.6 按照 ISO 9000-3:1997,至少应实行配置管理。

每个软件在发布首个认可版本之前,其文档应受配置管理的控制。在已用文档记录的模块开始测试之前,软件源代码应受配置管理的控制。

配置管理控制不允许对任何部分进行任何未经认可的修改。在储存、转移、传输或复制过程中,应采取预防措施以防止或检测机器可读的代码中出现的错误。

配置管理不应局限于严格的产品开发和维护,它还应覆盖整个生命周期中使用的环境。这一对开发的再现性和维护活动所必需的扩充应包括计算机配置文件、汇编、编译、调试器以及所有其他用到的工具。

15.4.7 应考察软件验证计划的充分性和结果。

15.4.8 供应商和/或开发者应建立、用文件描述和维护对外部供应商控制的规程,其中包括:

——确保外部供应商提供的软件满足已有需求的方法。应保证前期开发的软件符合软件安全完整性等级和可信性。新软件应按供应商的软件质量保证计划或与其协调一致的外部供应商的特定软件质量保证计划来进行开发和维护。

——确保提供给软件外部供应商的需求是充分的、完备的。

15.4.9 供应商和/或开发者应建立、用文件描述并维护问题报告和纠正行为的规程。这些规程作为质量保证系统的一部分,应实施 ISO 9000:2000 的相关部分,特别至少应覆盖以下几个方面:

——为了给责任管理部门反馈意见,应规定问题报告和/或纠正行为所需的文档;

——规定在问题报告中收集到的信息的分析方法,以判断其原因;

——规定在开发阶段和软件维护过程中报告、追踪和问题解决应遵循的措施;

——规定与所要求的软件安全完整性等级相对应的等级处理问题的预防行为;

——规定有关开发和软件维护的特定组织的职责;

——规定如何实施控制,以确保纠正行为已被采取并有效;

——规定使用的表格;

——规定再测试、再验证、再确认和再评估的需求。

在软件集成之后、正式的软件确认开始之前的软件生命周期中,至少应实施问题报告和纠正活动的管理,而且要覆盖软件维护整个阶段。

16 软件维护

16.1 目标

确保软件按要求执行,并在对软件自身作纠正、功能增强和修改时保持软件安全完整性等级和可信性。

16.2 输入文档

所有文档。

16.3 输出文档

输出文档包括:

a) 软件维护计划;

b) 软件修改记录;

c) 软件维护记录。

16.4 要求

16.4.1 维护至少应根据 ISO 9000-3:1997 的指南进行。此外,还应满足以下软件维护的需求。

16.4.2 软件系统设计应考虑可维护性,特别是应遵循第 10 章。宜采用 ISO/IEC 9126 要求和验证最低水平的可维护性。

16.4.3 应建立软件维护规程,并记录在软件维护计划中。这些规程应包括:

a) 对错误报告、错误日志、维护日志、更改授权和软件/系统配置的控制;

b) 验证、确认和评估;

c) 规定审批软件更改的主管部门。

16.4.4 维护活动应以软件质量保证计划中规定的周期,根据软件维护计划进行审核。

16.4.5 维护阶段的技术水平、工具、文档、计划和管理应和系统的初始开发阶段相同。配置管理、更改控制、文档控制和相关组织的独立性也同样如此。

16.4.6 本标准主要应用于新的开发,仅当已有系统要进行主要修改时,本标准才能完全应用于已有系统。对于软件安全完整性等级 3 或 4,合同发包方应在开始任何修改工作前,判断维护工作是主要的还是次要以及系统维护方法是否充分。而对于软件安全完整性等级 0、1 或 2,同样的判断应由供应商来作出。

16.4.7 应用"软件质量保证"条款中相关段落规定的类似准则来管理外部供应商控制、问题报告和纠正工作。

16.4.8 每个软件在首次发布前,应建立软件维护记录,并对其进行维护。除了 ISO 9000-3:1997 对于"维护记录和报告"的需求之外,该记录还应包括:

a) 对该软件所有软件修改记录的索引;

b) 修改结果信息;

c) 组件的测试案例,包括再确认和回归测试数据;

d) 软件配置历史。

16.4.9 每个维护活动应建立软件修改记录。这个记录应包括:

a) 变更或修改请求;

b) 维护活动对整个系统影响的分析,包括软件、硬件、人机交互与环境和它们可能的相互作用;

c) 修改或变更的详细规范;

d) 按选定的软件安全完整性等级要求对修改或变更的再确认、回归测试和再评估。再确认的职责可根据软件安全完整性等级,随项目的不同而不同。修改或变更对再确认过程的影响也可限制在不同的系统等级(仅仅是已变更的模块、所有标识出受影响的模块、整个系统)。因此,软件确认计划应根据软件安全完整性等级说明这两个方面的问题。再确认的独立性程度应与确认时的独立性程度一样。

17 基于应用数据配置的系统

17.1 目标

17.1.1 轨道交通控制和防护系统的一个显著特征是需要为满足各特定应用的需求设计装置。由应用数据配置的系统允许使用"型式审批"过的通用软件,每个装置的特定需求应被定义成数据(专用数据)。这数据一般采取列表信息形式或采用由通用软件解释的专用语言。

17.1.2 对于安全苛求系统,开发软件以使系统能实现所要求的系统安全完整性等级需要大量资源,而应用数据配置的系统允许通用软件的复用,因此更适合采用。然而由于系统的安全运行可能依赖于数据的正确性,数据开发的规程也应达到适当的系统安全完整性等级。

17.1.3 以下部分描述了关于应用数据配置的系统中通用软件的初始开发和各套具体装置数据的后续开发的要求。

17.2 输入文档

输入文档包括：

a) 软件需求规范；

b) 软件结构规范。

17.3 输出文档

输出文档包括：

a) 应用需求规范；

b) 数据准备计划；

c) 数据测试计划；

d) 数据测试报告。

17.4 要求

17.4.1 数据准备生命周期

图6描述了使用硬件、通用软件和具体应用数据的应用生命周期。生命周期的各阶段如下所述。

17.4.1.1 应用需求规范

对应用的需求加以定义。需求应包括具体装置的特定需求（如站场图、信号机位置、速度限制）和应用应遵守的标准（如信号原则、系统安全完整性等级）。

17.4.1.2 整体安装设计

应对系统结构加以定义，计划使用的通用组件的数量和类型也要加以说明。包括软件组件的开发应符合本标准。需求中指定的功能应分配到各组件，并对各组件的物理位置加以规定。

17.4.1.3 数据准备

数据准备过程应包括形成特定信息（如控制表）、形成数据源代码及其编译、检查、其他验证活动以及应用数据的测试。

17.4.1.4 集成和验收

对有些系统，在现场安装之前应用数据将同通用硬件、软件集成在一起在厂内进行测试。若通过其他方法可获得足够的可信度，可不进行该项测试。随后应进行设备的现场安装，并对新设备进行集成测试。最后系统作为整体运行系统交付使用，并对整个装置进行最后的验收。

17.4.1.5 确认和评估

确认和评估活动应对生命周期各阶段的执行情况进行审核。

17.4.2 数据准备规程和工具

对于应用数据配置的各种新型系统，应开发特定的数据准备规程和工具，使新系统的装置实现17.4.1要求的数据准备生命周期。这些规程和工具的开发应和系统的通用软件和硬件一同符合本标准。验证、确认和评估活动应确保数据准备工具和通用软件相兼容。

17.4.2.1 在应用数据配置的系统的软件设计阶段，应形成一个数据准备计划，以便为数据准备过程定义一个文档结构。这些文档应与17.4.1中描述的数据准备生命周期模型有关。计划中应规定为满足要求的系统安全完整性等级而使用的数据准备规程和工具。计划中还应规定进行验证、确认和设计任务的人员之间的独立性的要求。

17.4.2.2 数据准备计划应给数据准备生命周期中使用的硬件或软件工具分配安全完整性等级。该安全完整性等级应来源于要求的系统安全完整性等级和其他人工或自动化的规程检查每个工具输出的程度。

17.4.2.3 数据准备计划应尽可能用应用工程师们熟悉的符号来规定需求和设计，如标准信号平面布置图和控制表。在引入新符号的地方，应提供必要的用户文档并进行适当的培训。

17.4.2.4 证明数据准备已按计划实施所需的验证、测试、确认和评估报告可标准化成检查表的形式，以便减少为各装置产生文档的工作量。这些信息应包含在数据测试计划中，结果应被记录在数据测试报告中。

17.4.2.5 所有数据和有关文档应符合第15章的配置管理需求。配置管理记录要列出能运行设计数据的通用软件的版本和数据准备过程中使用的工具的版本。

17.4.3 软件开发

应用数据配置的系统中使用的通用软件的开发应遵循第1章～16章的要求，同时还应遵守以下附加的要求。

17.4.3.1 在软件需求规范阶段，应确定每个系统和子系统中哪些功能将使用应用数据。分配给每个子系统的系统安全完整性等级将决定系统所有装置的数据后续开发的应用标准。

17.4.3.2 在软件设计阶段，应确定通用软件和应用数据之间的详细接口，除非这已在生命周期的早期阶段中得以规定，例如：要求使用现存的面向特定应用的语言的结果。

17.4.3.3 在软件模块设计阶段，程序源代码和数据之间应实行严格的分离，即除非对软件和数据之间的已规定接口作了变动，否则可在不修改另一部分（数据或软件）时就对通用软件或数据进行重新编译和修改。类似地，特定应用数据宜和其他数据分开。

17.4.3.4 在软件维护阶段，修改控制规程应确保只有在确定被修改的通用软件与原数据相兼容或对数据已作必要的修订后，才能安装修改后的通用软件。

17.4.3.5 在软件验证过程和软件确认阶段，要予以特别关注，以确保考虑了数据所有的相关组合。

17.4.3.6 如果可行，通用软件应设计成能检测出已损坏的配置数据。

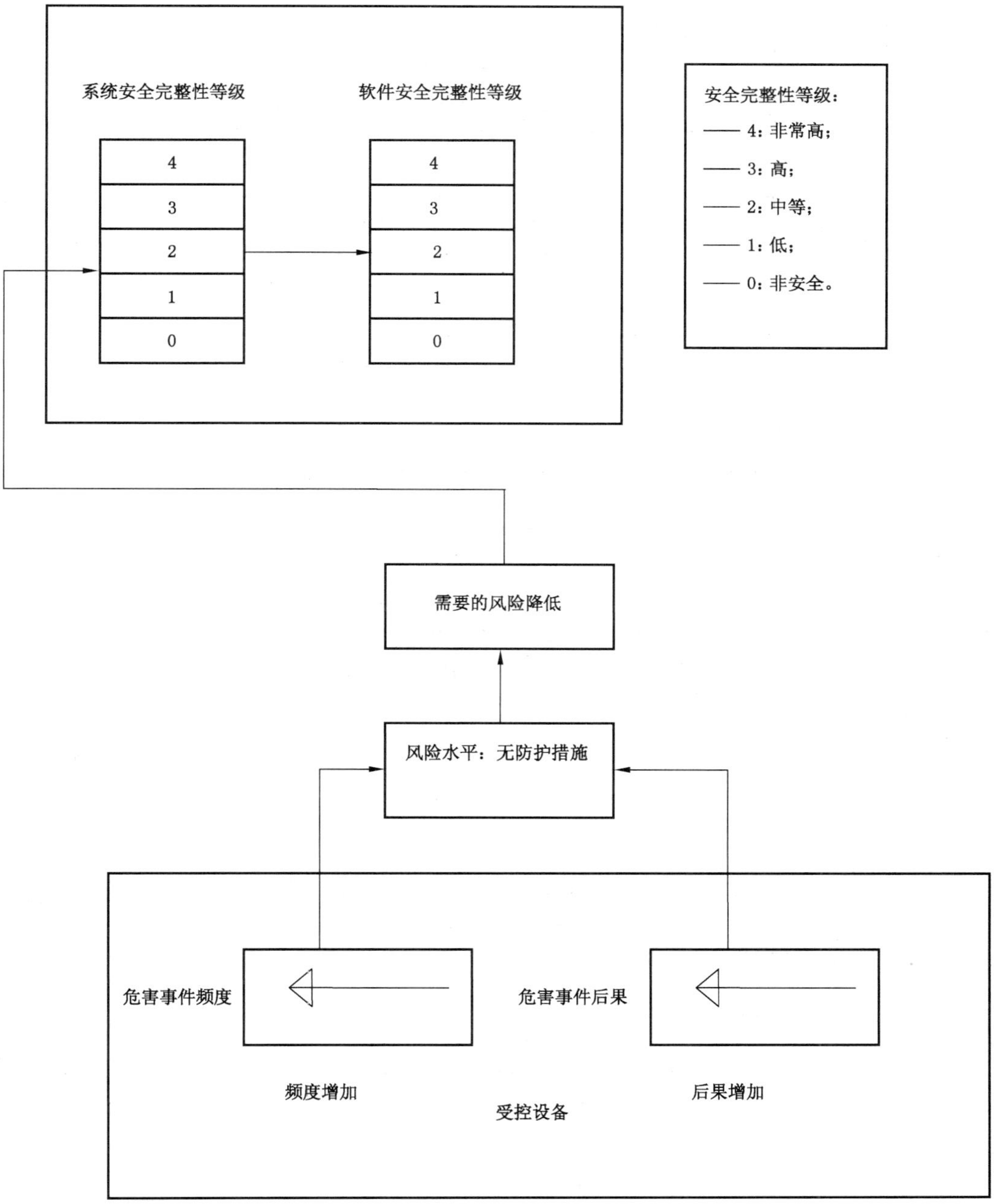

图 1 安全相关系统的完整性等级

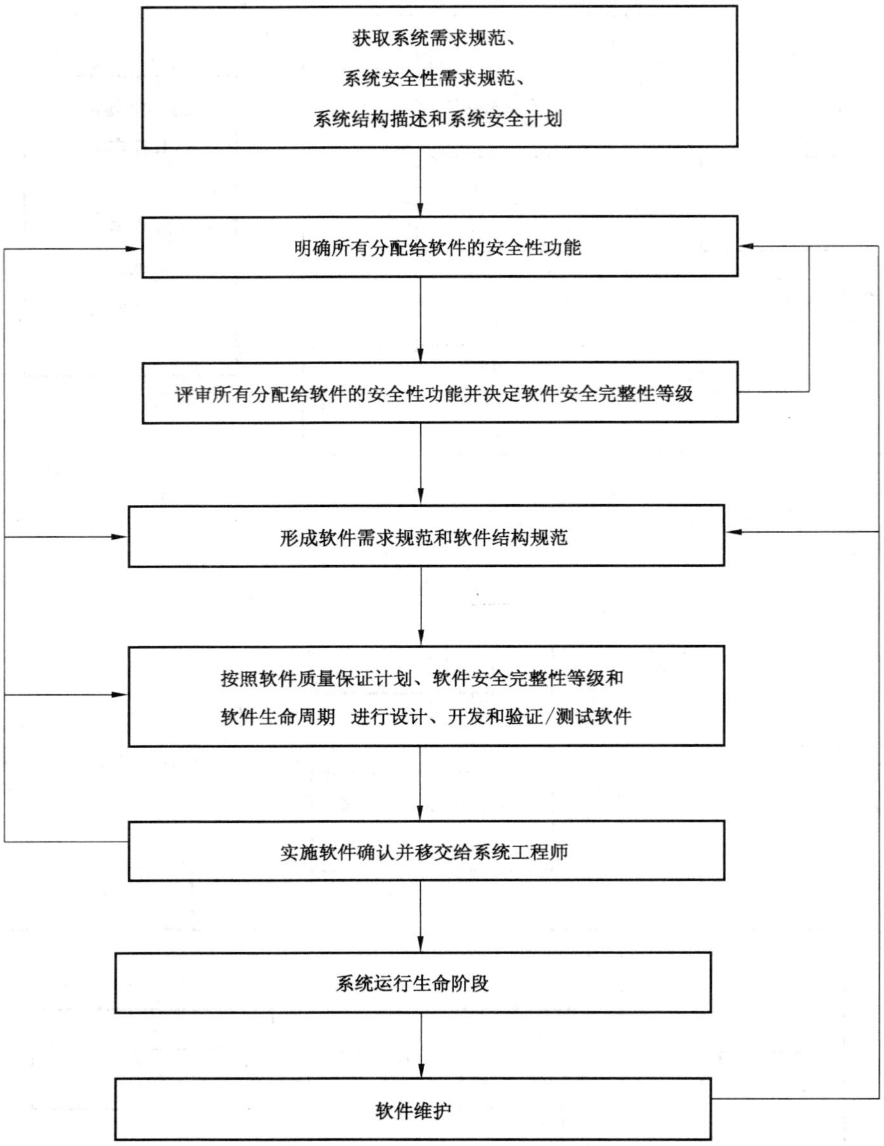
获取系统需求规范、
系统安全性需求规范、
系统结构描述和系统安全计划
明确所有分配给软件的安全性功能
评审所有分配给软件的安全性功能并决定软件安全完整性等级
形成软件需求规范和软件结构规范
按照软件质量保证计划、软件安全完整性等级和
软件生命周期 进行设计、开发和验证/测试软件
实施软件确认并移交给系统工程师
系统运行生命阶段
软件维护

图 2 软件安全路线图

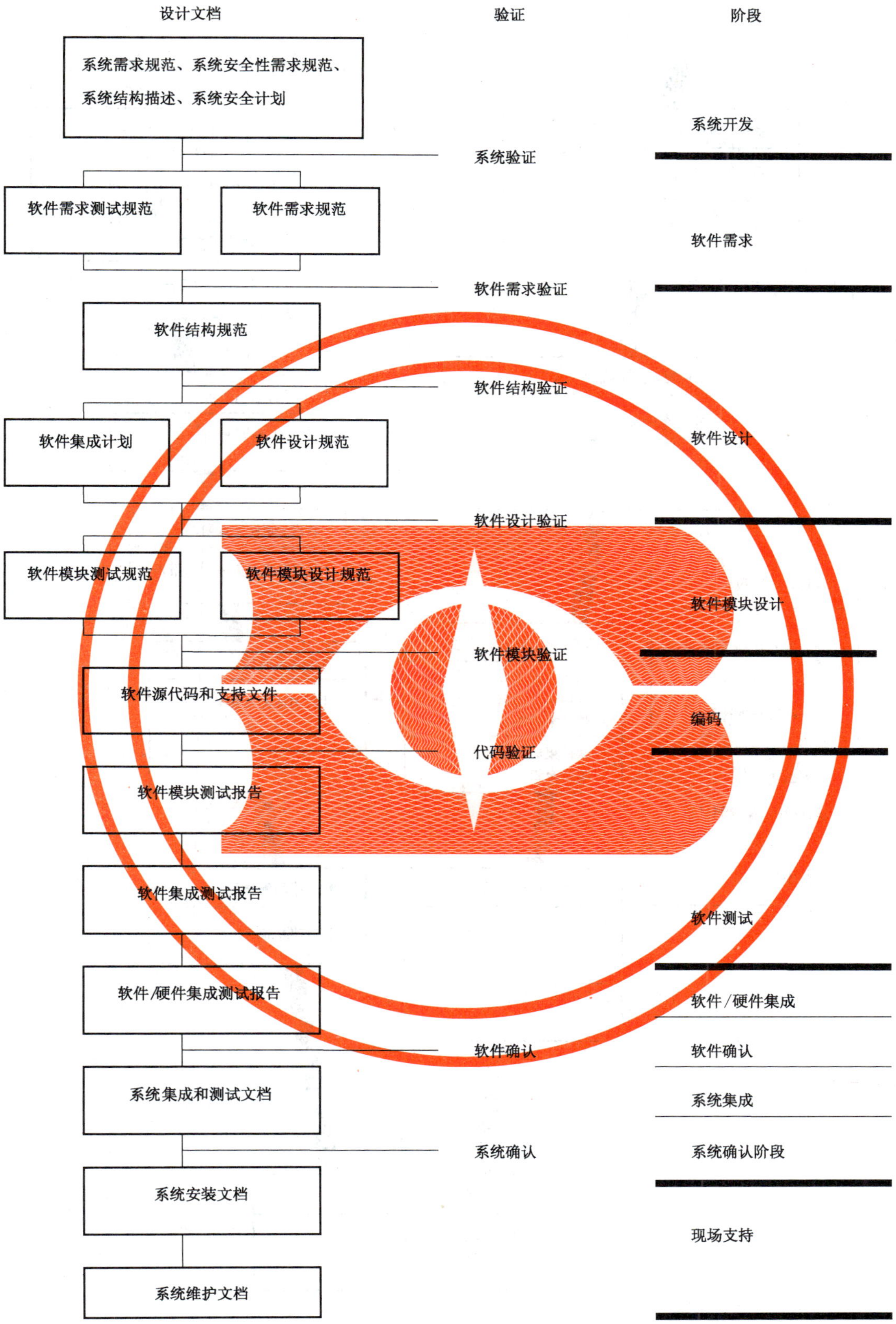
设计文档
验证
阶段
系统需求规范、系统安全性需求规范、
系统结构描述、系统安全计划
系统开发
系统验证
软件需求测试规范
软件需求规范
软件需求
软件需求验证
软件结构规范
软件结构验证
软件集成计划
软件设计规范
软件设计
软件设计验证
软件模块测试规范
软件模块设计规范
软件模块设计
软件模块验证
软件源代码和支持文件
编码
代码验证
软件模块测试报告
软件集成测试报告
软件测试
软件/硬件集成测试报告
软件/硬件集成
软件确认
软件确认
系统集成和测试文档
系统集成
系统确认
系统确认阶段
系统安装文档
现场支持
系统维护文档

图 3　开发生命周期 1

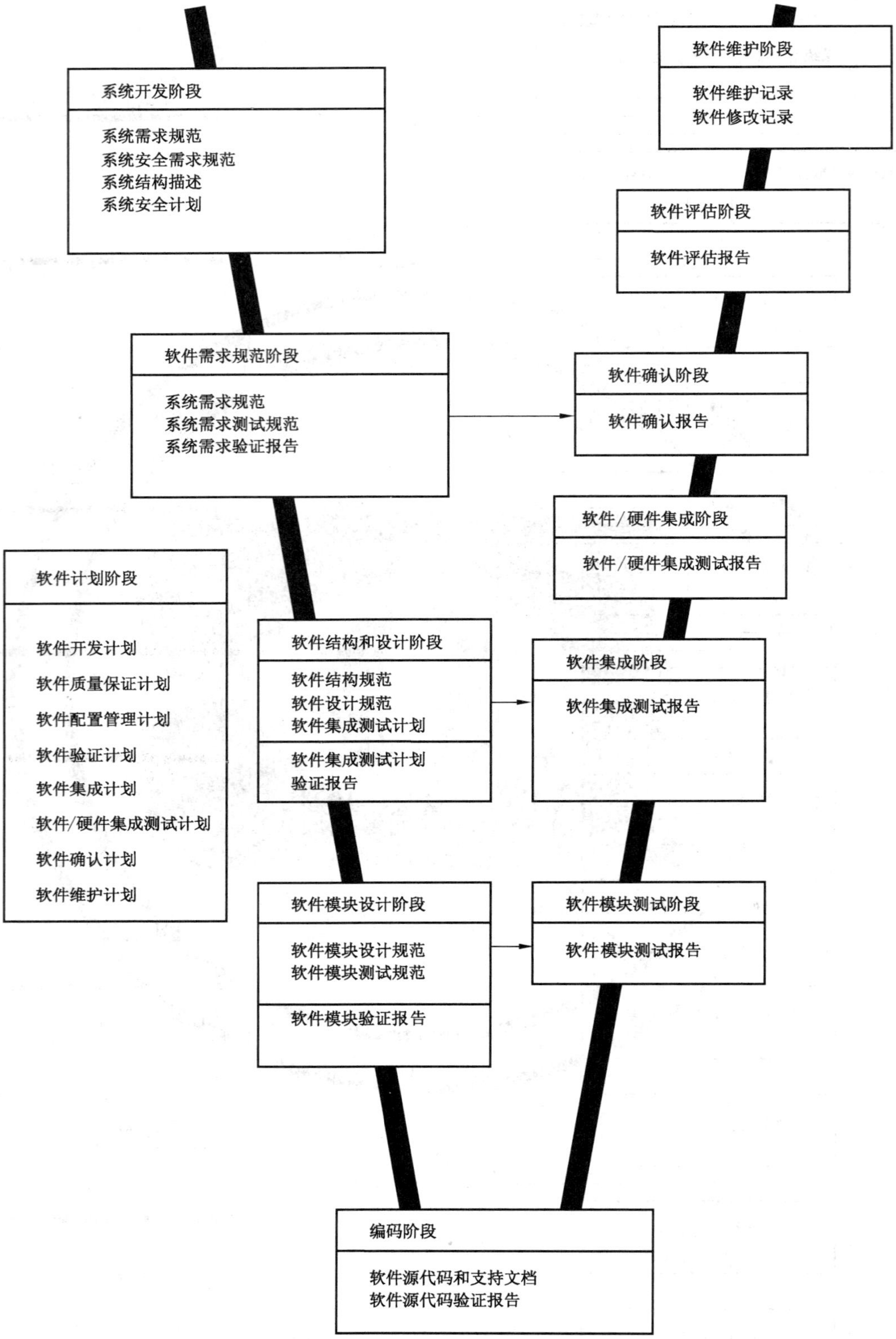
系统开发阶段
系统需求规范
系统安全需求规范
系统结构描述
系统安全计划
软件维护阶段
软件维护记录
软件修改记录
软件评估阶段
软件评估报告
软件需求规范阶段
系统需求规范
系统需求测试规范
系统需求验证报告
软件确认阶段
软件确认报告
软件/硬件集成阶段
软件/硬件集成测试报告
软件计划阶段
软件开发计划
软件质量保证计划
软件配置管理计划
软件验证计划
软件集成计划
软件/硬件集成测试计划
软件确认计划
软件维护计划
软件结构和设计阶段
软件结构规范
软件设计规范
软件集成测试计划
软件集成测试计划
验证报告
软件集成阶段
软件集成测试报告
软件模块设计阶段
软件模块设计规范
软件模块测试规范
软件模块验证报告
软件模块测试阶段
软件模块测试报告
编码阶段
软件源代码和支持文档
软件源代码验证报告

图 4　开发生命周期 2

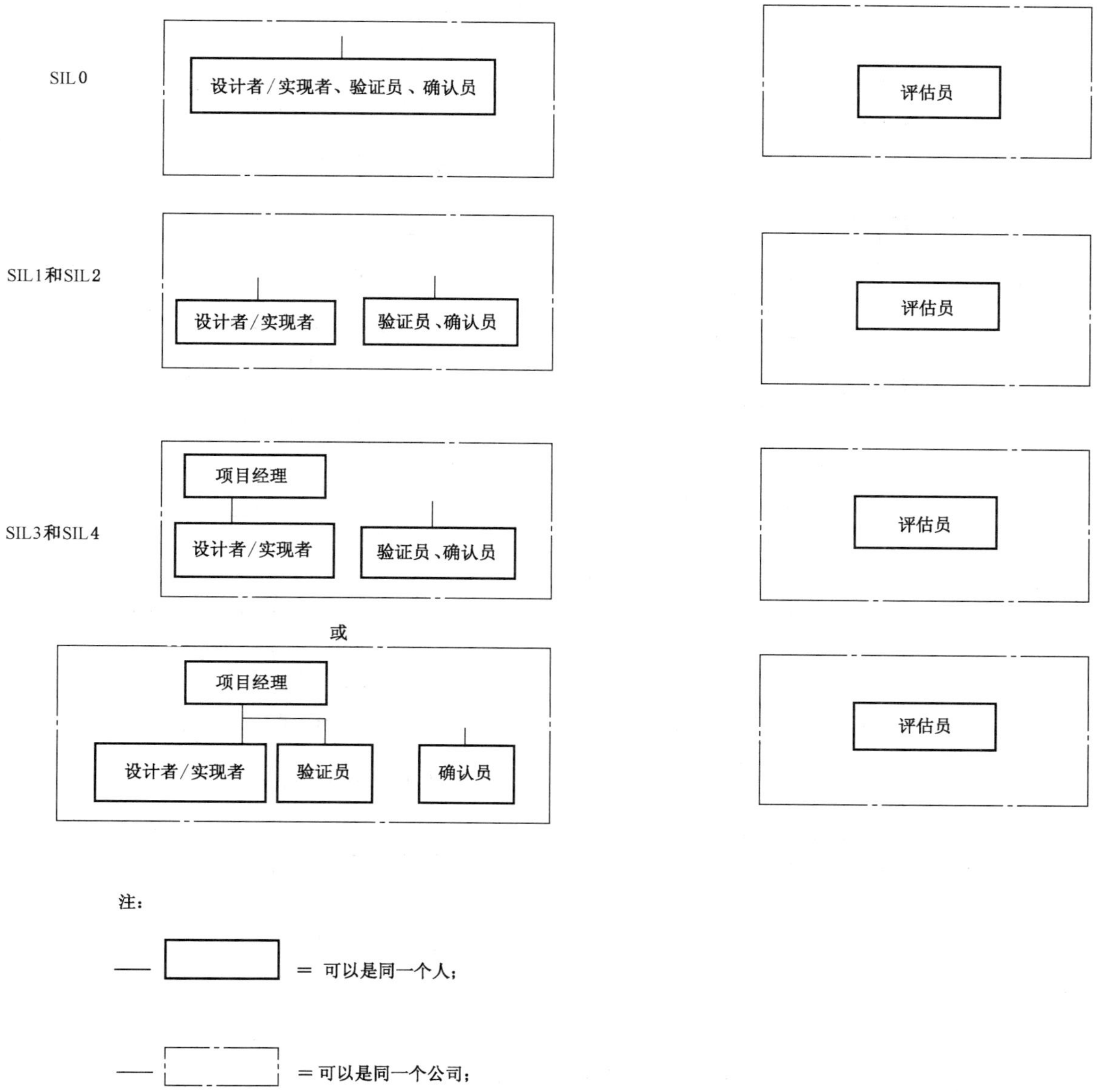

图 5 软件安全完整性等级和独立性的关系

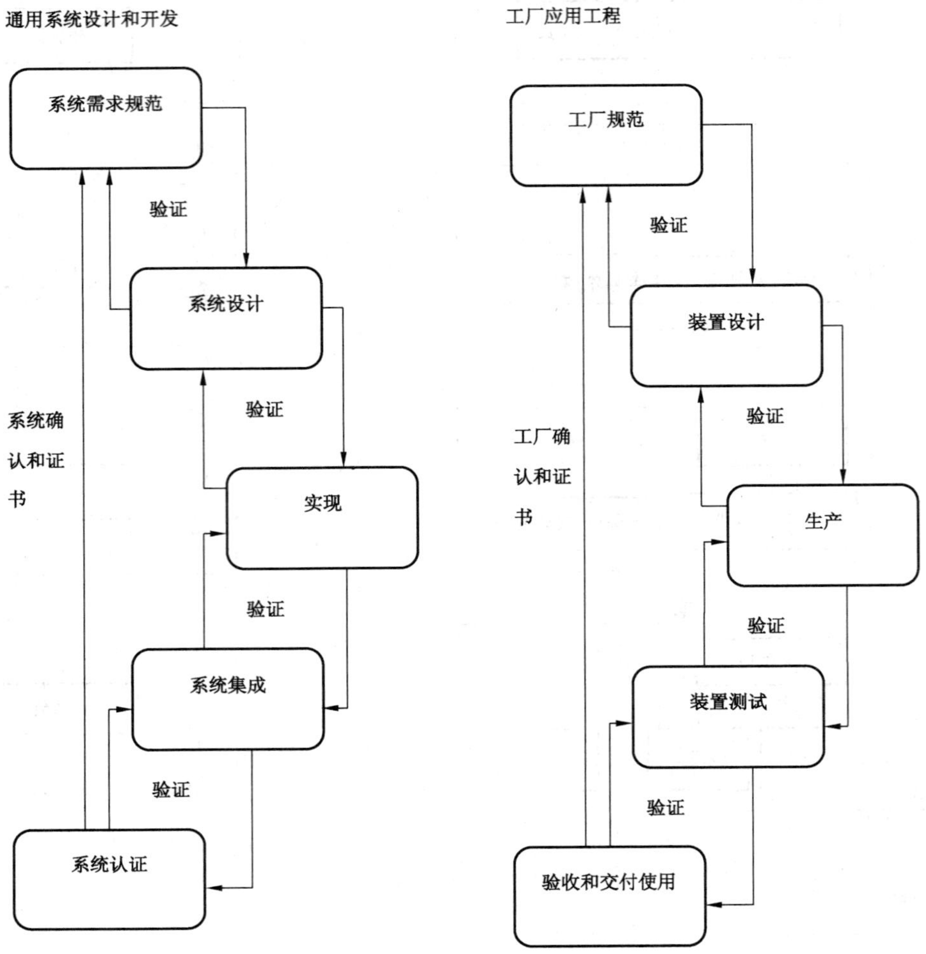

图 6　通用系统开发和应用开发之间的关系

附 录 A
(规范性附录)
技术和措施的选择准则

从第7章～第16章的每个条款都有一个相关的条款表格来说明实现符合的方法。其中有低等级表格，即细化表格(DT)[2]，它们是对条款表格的某些条目的扩展。例如：第8章需要的表A.2中的半形式化方法在细化表DT.7(表A.18)中得到扩充。本附录的条款表格还参考了附录B。

每个软件安全完整性等级(SWSIL)(1级～4级和非安全相关的0级)都对表格中每项技术或措施有要求。在本版本中，软件安全完整性等级1和2对于每项技术的要求都是一样的。类似的，安全完整性等级3和4对于每项技术的要求也是一样的。这些要求是：

——“M”，表示某个技术须强制使用。

——“HR”，表示该技术或措施在该安全完整性等级下是极力推荐的。如果该技术或措施没有使用，那么没有使用的理由宜在“软件质量保证计划”或其引用的另外文档中给出。

——“R”，表示该技术或措施在该安全完整性等级下是推荐使用。它低于“HR”的推荐度，并且这些技术可组合使用。

——“—”，表示该技术或措施既不推荐使用，也不反对使用。

——“NR”，表示该技术或措施在当前安全完整性等级下是肯定不推荐的。如果该技术或方法被使用，那么使用的理由宜在“软件质量保证计划”或其参考的其他文档中给出。

除非表格的附注有其他要求，一个或多个选定的技术或措施及其组合需在“软件质量保证计划”或其参考的其他文档中加以说明。这些附注包括参考的经核准的技术或技术组合。如果这些技术或技术组合被使用，那么评估员需认为它们是有效的并仅需要关心它们是否得到正确应用。如果不同的技术得到使用并被证明合理，则评估员可认为这是可接受的。

---

2) “DT”即细化表格。

第一个细化表格是表A.12；正是因此，表A.12还有“DT.1”这个索引。

条款表格见表 A.1～表 A.11。

表 A.1 生命周期和文档(第 7 章)

文　档	软件安全完整性等级 0	软件安全完整性等级 1	软件安全完整性等级 2	软件安全完整性等级 3	软件安全完整性等级 4
1.软件计划文档	R	HR	HR	HR	HR
2.软件需求文档	R	HR	HR	HR	HR
3.软件设计文档	—	HR	HR	HR	HR
4.软件模块文档	—	HR	HR	HR	HR
5.源代码和文档	R	HR	HR	HR	HR
6.软件测试报告	—	HR	HR	HR	HR
7.软件和硬件集成测试报告	—	HR	HR	HR	HR
8.软件确认报告	R	HR	HR	HR	HR
9.软件评估报告	—	HR	HR	HR	HR
10.软件维护记录	R	HR	HR	HR	HR
要求:符合 ISO 9000-3:1997 蕴涵了对于各种软件安全完整性等级都要形成充足的文档。对于软件安全完整性等级 0,设计者应选择适当的文档类型。					

表 A.2 软件需求规范(第 8 章)

技术/措施	参考条目	软件安全完整性等级 0	软件安全完整性等级 1	软件安全完整性等级 2	软件安全完整性等级 3	软件安全完整性等级 4
1. 形式化方法,包括 CCS、CSP、HOL、LOTOS、OBJ,时序逻辑 VDM、Z 和 B	B.30	—	R	R	HR	HR
2.半形式化方法	DT.7	R	R	R	HR	HR
3. 结构化方法,包括 JDS、MASCOT、SADT、SDL、SSADM 和 Yourdon	B.60	R	HR	HR	HR	HR
要求: 1) 软件需求规范要求用自然语言和能表示应用的必要的数学符号来描述问题; 2) 本表描述了清楚而准确地定义规范的附加需求。应选择表中一些技术来满足使用的软件安全完整性等级。						

表 A.3 软件结构(第9章)

技术/措施	参考条目	软件安全完整性等级0	软件安全完整性等级1	软件安全完整性等级2	软件安全完整性等级3	软件安全完整性等级4
1. 防御性编程	B.15	—	R	R	HR	HR
2. 故障检测和诊断	B.27	—	R	R	HR	HR
3. 纠错码	B.20	—	—	—	—	—
4. 检错码	B.20	—	R	R	HR	HR
5. 失效断言编程	B.25	—	R	R	HR	HR
6. 安全袋技术	B.54	—	R	R	R	R
7. 软件多样化	B.17	—	R	R	HR	HR
8. 恢复程序块	B.50	—	R	R	R	R
9. 反向恢复	B.5	—	NR	NR	NR	NR
10. 正向恢复	B.32	—	NR	NR	NR	NR
11. 重试故障恢复机制	B.53	—	R	R	R	R
12. 存储执行实例	B.39	—	R	R	HR	HR
13. 人工智能故障纠正	B.1	—	NR	NR	NR	NR
14. 软件动态再配置	B.18	—	NR	NR	NR	NR
15. 软件错误影响分析	B.26	—	R	R	HR	HR
16. 故障树分析	B.28	R	R	R	HR	HR
要求： 1) 对于软件安全完整性等级3和4,认可的技术组合如下所示： a) 1、7和4、5或12中之一； b) 1、4和5； c) 1、4和12； d) 1、2和4； e) 1和4和15和16之一。 2) 除了3、9、10、13和14外,应选择表中一些技术以满足软件安全完整性等级1和2的需求； 3) 其中一些要点可在系统层进行定义； 4) 纠错码的使用应符合IEC 62280-1和IEC 62280-2的需求。						

表 A.4 软件设计和实施(第 10 章)

技术/措施	参考条目	软件安全完整性等级 0	软件安全完整性等级 1	软件安全完整性等级 2	软件安全完整性等级 3	软件安全完整性等级 4
1.形式化方法,包括 CCS、CSP、HOL、LOTOS、OBJ、时序逻辑、VDM、Z 和 B	B.30	—	R	R	HR	HR
2.半形式化方法	DT.7	R	HR	HR	HR	HR
3.结构化方法,包括 JSD、MASCOT、SADT、SDL、SSADM 和 Yourdon	B.60	R	HR	HR	HR	HR
4.模块化方法	DT.9	HR	M	M	M	M
5.设计和编码标准	DT.1	HR	HR	HR	M	M
6.可分析的程序	B.2	HR	HR	HR	HR	HR
7.强类型编程语言	B.57	R	HR	HR	HR	HR
8.结构化编程	B.61	R	HR	HR	HR	HR
9.编程语言	DT.4	R	HR	HR	HR	HR
10.语言子集	B.38	—	—	—	HR	HR
11.经认证的翻译器	B.7	R	HR	HR	HR	HR
12.经使用证明的翻译器	B.65	HR	HR	HR	HR	HR
13.可信的/经验证的软件模块和组件库	B.40	R	R	R	R	R
14.功能和黑箱测试	DT.3	HR	HR	HR	M	M
15.性能测试	DT.6	—	HR	HR	HR	HR
16.接口测试	B.37	HR	HR	HR	HR	HR
17.数据记录和分析	B.13	HR	HR	HR	HR	HR
18.模糊逻辑	B.67	—	—	—	—	—
19.面向对象编程	B.68	—	R	R	R	R

要求:

1) 应根据软件安全完整性等级选择合适的技术集合;

2) 在软件安全完整性等级 3 或 4,认可的技术集应包括 1、2 或 3 中之一,以及 11 或 12 之一。其他技术根据推荐意见处理。

表 A.5 验证和测试(第 11 章)

技术/措施	参考条目	软件安全完整性等级 0	软件安全完整性等级 1	软件安全完整性等级 2	软件安全完整性等级 3	软件安全完整性等级 4
1. 形式证明	B.31	—	R	R	HR	HR
2. 概率测试	B.47	—	R	R	HR	HR
3. 静态分析	DT.8	—	HR	HR	HR	HR
4. 动态分析和测试	DT.2	—	HR	HR	HR	HR
5. 度量	B.42	—	R	R	R	R
6. 可追溯性矩阵	B.69	—	R	R	HR	HR
7. 软件错误影响分析	B.26	—	R	R	HR	HR
要求: 1) 对于软件安全完整性等级 3 或 4,认可的技术组合应是: a) 1 和 4; b) 3 和 4; c) 4、6 和 7。 2) 对于软件安全完整性等级 1 或 2,认可的技术应 1 或 4。						

表 A.6 软件/硬件集成(第 12 章)

技术/措施	参考条目	软件安全完整性等级 0	软件安全完整性等级 1	软件安全完整性等级 2	软件安全完整性等级 3	软件安全完整性等级 4
1. 功能和黑箱测试	DT.3	HR	HR	HR	HR	HR
2. 性能测试	DT.6	—	R	R	HR	HR
要求: 1) 对于软件安全完整性等级 0,技术 1 应是认可的技术; 2) 对于软件安全完整性等级 1、2、3 或 4,认可的技术组合应是 1 和 2。						

表 A.7 软件确认(第 13 章)

技术/措施	参考条目	软件安全完整性等级 0	软件安全完整性等级 1	软件安全完整性等级 2	软件安全完整性等级 3	软件安全完整性等级 4
1. 概率测试	B.47	—	R	R	HR	HR
2. 性能测试	DT.6	—	HR	HR	M	M
3. 功能和黑箱测试	DT.3	HR	HR	HR	M	M
4. 建模	DT.5	—	R	R	R	R
要求:对于软件安全完整性等级 1、2、3 或 4,认可的技术组合应是 2 和 3。						

表 A.8 需评估的条款

需评估的条款	条款	软件安全完整性等级 0	软件安全完整性等级 1	软件安全完整性等级 2	软件安全完整性等级 3	软件安全完整性等级 4
1.软件安全完整性等级	5	HR	HR	HR	HR	HR
2.人员和职责	6	—	R	R	HR	HR
3.生命周期和文档	7	—	HR	HR	HR	HR
4.软件需求规范	8	R	HR	HR	HR	HR
5.软件结构	9	—	R	R	HR	HR
6.设计和开发	10	—	R	R	HR	HR
7.验证	11	—	HR	HR	HR	HR
8.软件/硬件集成	12	—	R	R	HR	HR
9.软件确认	13	—	HR	HR	HR	HR
10.质量保证	15	—	HR	HR	HR	HR
11.维护	16	—	HR	HR	HR	HR

表 A.9 软件评估(第 14 章)的评估技术

评估技术	参考条目	软件安全完整性等级 0	软件安全完整性等级 1	软件安全完整性等级 2	软件安全完整性等级 3	软件安全完整性等级 4
1.检查表	B.8	HR	HR	HR	HR	HR
2.静态软件分析	B.14 B.42 DT.8	R	HR	HR	HR	HR
3.动态软件分析	DT.2 DT.3	—	R	R	HR	HR
4.因果图	B.6	R	R	R	R	R
5.事件树分析	B.23	—	R	R	R	R
6.故障树分析	B.28	R	R	R	HR	HR
7.软件错误影响分析	B.26	—	R	R	HR	HR
8.共因失效分析	B.10	—	R	R	HR	HR
9.马尔可夫模型	B.41	—	R	R	R	R
10.可靠性方框图	B.51	—	R	R	R	R
11.交付前现场试验	—	R	HR	HR	HR	HR
要求:应选择表中一些技术来满足选用的软件安全完整性等级。						

表 A.10　软件质量保证(第 15 章)

技术/措施	条款或参考条目	软件安全完整性等级 0	软件安全完整性等级 1	软件安全完整性等级 2	软件安全完整性等级 3	软件安全完整性等级 4
1. ISO 9000 认证	15	R	HR	HR	HR	HR
2. 符合 ISO 9000-3:1997	15	M	M	M	M	M
3. 公司质量体系	15	M	M	M	M	M
4. 软件配置管理	B.56	M	M	M	M	M

表 A.11　软件维护(第 16 章)

技术/措施	条款或参考条目	软件安全完整性等级 0	软件安全完整性等级 1	软件安全完整性等级 2	软件安全完整性等级 3	软件安全完整性等级 4
1. 影响分析	B.35	R	HR	HR	M	M
2. 数据记录和分析	B.13	HR	HR	HR	M	M

细化表格(DT)见表 A.12～表 A.20。

表 A.12　第 10 章参考的设计和编码标准(DT.1)

技术/措施	参考条目	软件安全完整性等级 0	软件安全完整性等级 1	软件安全完整性等级 2	软件安全完整性等级 3	软件安全完整性等级 4
1. 存在编码标准	B.16	HR	HR	HR	HR	HR
2. 编码风格指南	B.16	HR	HR	HR	HR	HR
3. 无动态对象	B.16	—	R	R	HR	HR
4. 无动态变量	B.16	—	R	R	HR	HR
5. 限制使用指针	B.16	—	R	R	R	R
6. 限制使用递归	B.16	—	R	R	HR	HR
7. 没有无条件跳转	B.16	—	HR	HR	HR	HR
要求： 1) 技术 3、4 和 5 作为已确认编译器或翻译器的一部分是可接受的； 2) 根据软件安全完整性等级应选择适当的技术集合。						

表 A.13 第 11 章和第 14 章参考的动态分析和测试(DT.2)

技术/措施	参考条目	软件安全完整性等级 0	软件安全完整性等级 1	软件安全完整性等级 2	软件安全完整性等级 3	软件安全完整性等级 4
1.通过边界值分析来执行测试案例	B.4	—	HR	HR	HR	HR
2.通过错误推测来执行测试案例	B.21	R	R	R	R	R
3.通过错误播种来执行测试案例	B.22	—	R	R	R	R
4.性能建模	B.45	—	R	R	HR	HR
5.等价类和输入分区测试	B.19	—	R	R	HR	HR
6.基于结构的测试	B.58	—	R	R	HR	HR
要求： 1）测试案例分析是在子系统层并基于规范和/或规范和代码进行的； 2）应根据软件安全完整性等级来选择适当的技术集合。						

表 A.14 第 10 章、第 12 章、第 13 章和第 14 章参考的功能/黑箱测试(DT.3)

技术/措施	参考条目	软件安全完整性等级 0	软件安全完整性等级 1	软件安全完整性等级 2	软件安全完整性等级 3	软件安全完整性等级 4
1.通过因果图来执行测试案例	B.6	—	—	—	R	R
2.原型设计/动画	B.49	—	—	—	R	R
3.边界值分析	B.4	R	HR	HR	HR	HR
4.等价类和输入分区测试	B.19	R	HR	HR	HR	HR
5.过程模拟	B.48	R	R	R	R	R
要求： 1） 模拟的完备性依赖于软件安全完整性等级、复杂度和应用； 2） 应根据软件安全完整性登记来选择适当的技术集合。						

表 A.15 第 10 章参考的程序语言(DT.4)

技术/措施	参考条目	软件安全完整性等级 0	软件安全完整性等级 1	软件安全完整性等级 2	软件安全完整性等级 3	软件安全完整性等级 4
1. ADA	B.62	R	HR	HR	R	R
2. MODULA-2	B.62	R	HR	HR	R	R
3. PASCAL	B.62	R	HR	HR	R	R
4. Fortran77	B.62	R	R	R	R	R
5. C 或 C++(非受限)	B.62	R	—	—	NR	NR
6. 带编码规范的 C 或 C++的子集	B.62 B.38	R	R	R	R	R
7. PL/M	B.62	R	R	R	NR	NR
8. BASIC	B.62	R	NR	NR	NR	NR
9. 汇编语言	B.62	R	R	R	—	—
10. 梯形图	B.62	R	R	R	R	R
11. 功能方框图	B.62	R	R	R	R	R
12. 语句列表	B.62	R	R	R	R	R

要求:

1) 当软件安全完整性等级为 3 和 4 时,如选用 1、2、3 和 4 语言子集,则“R”改为“HR”;

2) 对于某些应用,可能只能选用语言 7 和 9。当软件安全完整性等级为 3 和 4 时,因没有“HR”的选项,故强力建议为将选项升级为“R”,应有这些语言的子集和编码标准的精确集合;

3) 有关评估编程语言适用性的信息,见 B.62 中“适用的编程语言”;

4) 如果某特定的语言不在表中,并不意味着被自动排除在外。但是应遵守 B.62。

表 A.16 第 13 章参考的建模(DT.5)

技术/措施	参考条目	软件安全完整性等级 0	软件安全完整性等级 1	软件安全完整性等级 2	软件安全完整性等级 3	软件安全完整性等级 4
1. 数据流图	B.12	—	R	R	R	R
2. 有限状态机	B.29	—	HR	HR	HR	HR
3. 形式化方法	B.30	—	R	R	HR	HR
4. 性能建模	B.45	—	R	R	HR	HR
5. 时间 Petri 网	B.64	—	HR	HR	HR	HR
6. 原型设计/动画	B.49	—	R	R	R	R
7. 结构图	B.59	—	R	R	HR	HR

要求:应根据软件安全完整性等级选择一个适用的技术集合。

表 A.17 第 10 章、第 12 章和第 13 章参考的性能测试(DT.6)

技术/措施	参考条目	软件安全完整性等级 0	软件安全完整性等级 1	软件安全完整性等级 2	软件安全完整性等级 3	软件安全完整性等级 4
1. 雪崩/过载测试	B.3	—	R	R	HR	HR
2. 响应定时和存储约束	B.52	—	HR	HR	HR	HR
3. 性能需求	B.46	—	HR	HR	HR	HR
要求:应根据软件安全完整性等级选择一个适用的技术集合。						

表 A.18 第 8 章和第 10 章参考的半形式化方法(DT.7)

技术/措施	参考条目	软件安全完整性等级 0	软件安全完整性等级 1	软件安全完整性等级 2	软件安全完整性等级 3	软件安全完整性等级 4
1. 逻辑/功能方框图	—	R	R	R	HR	HR
2. 顺序图	—	R	R	R	HR	HR
3. 数据流图	B.12	R	R	R	R	R
4. 有限状态机/状态转换图	B.29	—	R	R	HR	HR
5. 时间 Petri 网	B.64	—	R	R	HR	HR
6. 判定表(真值表)	B.14	R	R	R	HR	HR
要求:应根据软件安全完整性等级选择一个适用的技术集合。						

表 A.19 第 11 章和第 14 章参考的半形式化方法(DT.8)

技术/措施	参考条目	软件安全完整性等级 0	软件安全完整性等级 1	软件安全完整性等级 2	软件安全完整性等级 3	软件安全完整性等级 4
1. 边界值分析	B.4	—	R	R	HR	HR
2. 检查表	B.8	—	R	R	R	R
3. 控制流分析	B.9	—	HR	HR	HR	HR
4. 数据流分析	B.11	—	HR	HR	HR	HR
5. 错误推测	B.21	—	R	R	R	R
6. Fagan 检查法	B.24	—	R	R	HR	HR
7. 寄生回路分析	B.55	—	—	—	R	R
8. 符号执行	B.63	—	R	R	HR	HR
9. 走查、设计复审	B.66	HR	HR	HR	HR	HR
要求:应根据软件安全完整性等级选择一个适用的技术集合。						

表 A.20 第10章参考的模块化方法(DT.8)

技术/措施	参考条目	软件安全完整性等级 0	软件安全完整性等级 1	软件安全完整性等级 2	软件安全完整性等级 3	软件安全完整性等级 4
1.模块规模限制	B.43	R	HR	HR	HR	HR
2.信息隐藏/封装	B.36	R	HR	HR	HR	HR
3.参数个数限制	B.43	R	R	R	R	R
4.子程序和函数的单入/单出	B.43	R	HR	HR	HR	HR
5.完全定义的接口	B.43	HR	HR	HR	M	M
要求:应根据软件安全完整性等级选择一个适用的技术集合。						

附 录 B
（资料性附录）
技术参考资料

B.1 人工智能故障纠正（供第9章参考）

B.1.1 目标

借助引入方法和过程模型的组合以及某种在线安全性和可靠性分析，以便能用一种很灵活的方式应答可能的危害。

B.1.2 描述

基于人工智能（AI）的系统将以一种非常有效的方式，在一个系统的不同通道中支持故障预测、故障纠正、维护和监控动作，因为规则可从规范中直接导出并可对照这些规范来检验规则。通过隐式引入已经记忆的一些设计和实现规则，这个方法可有效地避免被导入到规范的某些共因故障，尤其是在使用功能或者描述形式上，应用模型和方法的组合方面，本方法特别适合。

为了满足要求的安全性和可靠性，方法选择的原则是：故障可得到纠正，失效的影响将减少到最小。

B.2 可分析的程序（供第10章参考）

B.2.1 目标

以一种便于程序分析的方法来设计程序。程序行为在基于分析基础上一定是完全可测试的。

B.2.2 描述

目的是生成一个容易分析的由静态分析方法而得到的程序。为了达到这个要求就宜遵循程序的结构化程序设计的规则，例如：

——模块的控制流宜由结构化构造组成，即顺序、循环和分支；

——模块宜小型化；

——模块中宜具有较少的可能路径；

——程序各个模块之间设计宜尽可能的去耦；

——输入和输出参量之间的关系宜尽可能简单；

——不宜将复杂计算作为分支和循环的判决依据；

——分支和循环的判决宜与模块输入参量只有简单关系；

——不同类型映射之间的边界应简单。

B.2.3 参考文献

[1] Verification—The Practical Problems, B. J. T. Webb and D. J. Mannering, SARSS 87, Nov. 1987, Altrincham, England, Elsevier Applied Science, ISBN 1-85166-167-0, 1987.

[2] An Experience in Design and Validation of Software for a Reactor Protection System, S. Bologna, E. de Agostino et al., IFAC Workshop, SAFECOMP 1979, Stuttgart, 16-18 May 1979, Pergamon Press 1979.

B.3 雪崩/过载测试(供 DT.6 参考)

B.3.1 目标

为了给测试对象加上一个异常的高工作负载以便显示测试目标可正常地承受额定的工作负荷。

B.3.2 描述

雪崩/应力测试可在采用各种不同的测试条件。这些试验条件有以下几种:

——如果测试对象工作在轮询的模式下,测试对象在单位时间内会得到比正常情况下更多的输入;

——如果测试对象工作在请求模式下,则单位时间内测试对象的请求数比正常情况下多;

——如果数据库的规模在这当中充当一个重要角色,则会比正常情况下有所增加;

——有影响的装置各自调到他们的最大速度或最低的速度;

——在极端情况下,尽可能在同一时间,把所有的影响因素设置到边界条件。

在这些测试条件下可评估测试对象的时间行为。还可观察负载变化的影响,并能检查内部缓冲区或动态变量、堆栈等的正常规模。

B.4 边界值分析(供 DT.2、DT.3 和 DT.8 参考)

B.4.1 目标

为了检测发生在参数极限值或边界值处的软件错误。

B.4.2 描述

程序的输入域被划分成一定数量的输入类。测试宜包括每个类的界限和临界点。测试检查规范的输入域的边界值与程序的是否一致。在直接和间接翻译中使用值 0 经常容易出错,需特别留意:

——以 0 为除数;

——空的 ASCII 字符;

——堆或列表元素为空;

——空的矩阵;

——表输入为空。

通常情况下,输入的边界值都有相应的输出值的范围。设计的测试案例就宜使每个输出在该范围之内。同时还需考虑,是否需要设计一个测试案例使它的输出超出规格边界值的。

如果输出是数据序列(例如一张打印的表),宜特别留意表的第一个和最后元素和空的列表以及只有 1 个或者 2 个元素的列表单。

B.4.3 参考文献

[1] The Art of Software Testing, G. Myers, Wiley & Sons, New York, USA, 1979.

B.5 反向恢复(供第 9 章参考)

B.5.1 目标

在出现一个或更多故障时提供正确的功能操作。

B.5.2 描述

如果检测出了故障，系统就会重新回置到一个以前的内部状态，并且这个状态的一致性已得到证明。这个方法意味着在明确定义的检查点频繁保留内部状态。保留可以是完整方式（存储整个数据库状态）或增量方式（只在存储检验点之间的改变）。然后系统应补偿那些在平均时间中因使用日志（动作的审核跟踪）、补偿动作（消除这些改变的所有影响）或外部（手工）影响而产生的变化。

B.6 因果图（供第 14 章和 DT.3 参考）

B.6.1 目标

为了以一种图表形式建立一个系统中可能形成的事件序列的模型，此事件序列是基本事件组合的结果。

B.6.2 描述

此技术可被当作是故障树和事件树的组合分析。从一个关键事件开始，使结果图表可被前向和后向跟踪。在后向跟踪中，它与故障树是等效的，以关键事件作为指定的顶层事件。在前向事件中可能产生的结果能被识别。图表可包含符号顶点，这些符号描述了从顶点开始沿各分支传播的条件。也能包括延时。这些情况都可用故障树来描述。传播路径可能与逻辑符号相结合，从而使图变的更加简洁。为了使用因果图，定义了一套标准的符号集。因果图可能用来计算某些重要后果发生的可能性。

B.6.3 参考文献

［1］ The Cause Consequence Diagram Method as a Basis for Quantitative Accident Analysis, D. S. Nielsen, Riso-M-1374, 1971.

B.7 经认证的工具和经认证的翻译器（供第 10 章参考）

B.7.1 目标

在软件开发过程中的不同阶段，这些工具对开发者是有必要的。只要可能，就应认证这些工具，依据这些工具输出的正确性来预设某级置信度。

B.7.2 描述

一个被认证的工具是质量的一个决定性因素。工具认证一般是由独立机构（通常是国家级别）按照独立颁布的评价准则（典型的采用为国家标准或国际标准）进行。理想情况下，工具在所有发展阶段都会被使用（定义、设计，编制程序，测试和检验），同时在配置管理中也会用到，所以应经受认证。迄今，只有编译（翻译）器正式经受过检验规程，它们由国家的认证团体拟定。并且根据国际标准（比如 Ada 和 Pascal）行使编译（翻译）。

B.7.3 参考文献

［1］ Pascal Validation Suite, UK distributor: BSI Quality Assurance, PO Box 375, Milton Keynes, MK14 6LL.

［2］ Ada Validation Suite, UK distributor: National Computing Centre (NCC), Oxford Road, Manchester, England.

B.8 检查表（供第14章和DT.8参考）

B.8.1 目标

为系统各个方面的关键证性评价提供促进因素而不用制定具体的要求。

B.8.2 描述

由执行检查表的人来回答一系列问题。许多问题具有普遍性，评估员对这些问题应视为最适合于正在评估的特定系统那样来解释它们。

为了适应正在确认的系统繁多的类型，大多数检查表包含了能适用于许多系统类型的一些问题。对于一个特定的系统需要补充一个标准的检查表，这个表包含的问题是专门针对正在讨论的系统的。

在任何情况下，使用检查表的关键取决于工程师选择和应用检查表的专门知识和判断能力。工程师选择检查表所采取的决定和任何附加的或者多余的问题都应全部编入文档并证明是合理的。目的是要保证能对检查表的应用进行评审并保证使用相同的判据都能达到同样的结果。

在完成一份检查表时，对象要尽可能简洁。当需要扩充证明时，应通过引用附加文档来进行这种扩充。编写每个问题的结果，应使用"通过"、"失败"和"不确定"或者一些类似的受限的应答集合。这种简洁大大简化了获得有关检查表评估结果的全部结论的程序。

B.8.3 参考文献

［1］ Programmable Electronic System in Safety Related Applications, Health and Safety Executive, Her Majesty's Stationary Office, Loddon, 1987.

［2］ Guidelines for the Assessment of the Safety and Reliability of High Integrit Industrial Computer System, EWICS TC7, WP 489, 6th October, 1987.

［3］ The Art of Software Testing, G. Myers, Wiley & Sons, New York, USA, 1979.

［4］ IEC 60880:1986, Software for computers in the safety systems of nuclear power stations.

B.9 控制流分析（供DT.8参考）

B.9.1 目标

为了检测差的和潜在的有错误的程序结构。

B.9.2 描述

控制流分析检查代码中有嫌疑没有遵循好的编程实践的代码区域。按以下原则形成可分析的有向图：

——不可访问的代码，例如：由于无条件的跳转导致代码块不可达；

——尺度代码是具有良好结构的代码，它的控制图是可简化的，它可通过连续的图形减少规则到单个节点。而结构差的代码只能被简化到由几个点组成的结上。

B.9.3 参考文献

［1］ RXVP80—The Verification and Validation System for FORTRAN—Users Manual, General Research Corporation, Santa, California, USA.

［2］ Information Flow and Data Flow of While Programs, J. F. Bergeretti and B. A. Carre, ACM

Trans. On Prog. Lang. and Syst., 1985.

B.10 共因失效分析(供第14章参考)

B.10.1 目标

为了确定在冗余系统或子系统中由于同一失效导致的对系统冗余性破坏的潜在失效。

B.10.2 描述

计算机系统为了保证其硬件的安全性通常采取冗余或多数表决的方法,这可避免组件和子系统的随机硬件组合失效,保证了计算机对数据的正确处理。

但是,某些失效不止由一个因素引起。例如:计算机系统被安装在一个单独的房间里,房间没有空调就会降低冗余的好处;对计算机系统的其他外在作用同样如此,例如:火、水淹、电磁干扰、飞机失事和地震,计算机系统都会被这些事件影响。计算机系统也会被操作和维护相关的事件影响。因此,有必要制定完善的和编写良好的规程保证计算机系统的运行和维护。对操作和维护人员也有必要进行进一步培训。

内部的因素也是导致共因失效(CCF)的主要原因。它们可能产生于所有或单个的组件和接口的设计错误,也可能产生于组件老化。共因失效分析应能检查到系统中这些潜在的共因失效。常见的共因失效分析方法包括质量控制、设计审查、独立小组的验证和测试,根据相似的系统的经验得到信息的反馈。分析的范围超出硬件范围。即使在一个计算机系统中存在许多不同的软件,仍然可能由于软件方法的共性导致产生共因失效,例如在同一规范中的错误。

当共因失效不能恰巧同时发生,就要通过在冗余链上的比较方法做出相应的防备措施,并会在失效传递到所有的链之前产生一个失效检查。共因失效分析宜考虑这个技术。

B.10.3 参考文献

[1] Review of Common Cause Failures, I. A. Watson, UKAEA, Centre for Systems Reliability, Wigshaw Lane, WA3 4NE, England, NCSR R 27, July 1981.

[2] Common-Mode Failures in Redundancy Systems, I. A. Watson and G. T. Edwards, Nuclear Technology, Vol. 46, De. 1979.

[3] Programmable Electronic System in Safety Related Applications, Health and Safety Executive, Her Majesty's Stationary Office.

B.11 数据流分析(供DT.8参考)

B.11.1 目标

为了检测差的和潜在的有错误的程序结构。

B.11.2 描述

数据流分析结合了从控制流分析中获得的信息和代码的不同的部分中变量的读写信息。分析可检查:

——变量先读后写。这是非常容易犯的一个错误,是不良的编程习惯;

——变量值写了多次但没有被读取,这暗示了可能遗漏代码;

——变量被定义但未使用,这能导致冗余代码。

有一个数据流分析的扩展称作信息流分析，其中用数据流（程序内和程序外）与设计意图相比较。信息流分析中的实际数据与设计意图的比较一般通过计算机化的工具来实现。理想的数据流的定义可由该工具读出。

B.11.3 参考文献

［1］ RXVP80—The Verification and Validation System for FORTRAN—Users Manual, General Research Corporation, Santa, California, USA.

［2］ Information Flow and Data Flow of While Programs, J. F. Bergeretti and B. A. Carre, ACM Trans. On Prog. Lang. and Syst., 1985.

B.12 数据流图（供 DT.5 和 DT.7 参考）

B.12.1 目标

为了以图的形式描述输入到程序的数据流。

B.12.2 描述

数据流图描述了数据输入如何经过转变变成数据输出，图的每个阶段表示一个独立的转换。

数据流动图由三部分组成：

——带注释的箭头：代表转换中心的数据流进出，带有注释定义了这些数据是什么；

——带有注释的泡：代表转换中心，带有注释定义了这个转换；

——操作符（AND、XOR）：这些操作符用来连接带有注释的箭头。

数据流动图描述了数据输入转变为输出的过程。它不包含也不宜包含控制信息或顺序信息。每个泡可看成是一个单独的黑箱，只要它的输入正确，就把输入转变成相应的输出。

数据流图最大的优点是显示转换，而不需要做这个转变是如何完成的假定。

准备数据流图需考虑系统输入和相应的输出。每一个泡代表特定的转换——在某些方式下，输入应与输出不同。没有规定如何确定图的整体结构的规则，因而构建数据流图是系统设计中一个创造性的方面。与所有设计一样，也是提炼在每个阶段中早期的尝试从而最终生成数据流图的迭代过程。

B.12.3 参考文献

［1］ Software Engineering, I. Sommerville, Addison-Wesley, ISBN 0-201-13795-X, 1982.

B.13 数据记录和分析（供第 10 章和第 16 章参考）

B.13.1 目标

在软件项目中为了便于验证、确认、评估和维护较容易，软件项目中的所有记录数据、判断和基本原理都编成文档。

B.13.2 描述

在一个项目实施期间，保持详细的记录文档。例如，工程师会被要求保留以下所有记录：

——各个模块扩展的功能；

——各个模块测试的结果；

——决定和对应的理论基础；

——项目里程碑的成就；

——问题和相应解决方案。

在项目进行过程中和结束时，可分析记录文档以便建立各种各样的信息。特别是当开发项目期间做出某些判定的基本原理还不为维护工程师所知时，数据记录对计算机系统的维护是很重要的。

B.14 判定表(真值表)(供第14章和DT.7参考)

B.14.1 目标

为了提供复杂逻辑组合和关系的一个清楚的和有条理的规范和分析。

B.14.2 描述

本方法使用二维表来简洁地描述程序中布尔变量之间的逻辑关系。

本方法的精简明性和表格特性使它适于作为一种分析用代码描述的复杂逻辑组合的方法。

当把本方法用作一个规范时，它有可能是可执行的。

B.15 防御性编程（供第9章参考）

B.15.1 目标

为了编写能检查异常控制流、数据流或数据值，并且以一种预定的和可接受的方式对异常做出反应的程序。

B.15.2 描述

为了检验控制或者数据异常，在程序设计过程中可使用许多种技术，为了减少错误的数据处理的似真性，在一个系统的整个程序设计过程中，系统地使用了这些技术。

有防御技术的两个重叠区域。设计的固有出错——安全软件可适应它本身设计上的缺陷，这些缺陷可能是因为设计或者编码中的错误，或者是因为需求不正确。一些防御技术如下所示：

——检查变量的取值范围；

——尽可能检查值的似真性；

——在程序入口处检查入口参数的类型、大小和取值范围。

这三条建议有助于保证程序操作的数据，从程序函数方面和变量的物理意义方面都是合理的。

只读和可读写参数宜分开，并且还需要对它们的访问进行检查。函数宜以只读方式访问所有参数。文字常数不宜是可写的。这样可帮助检测出意外重写和错误的使用变量。

容错软件是设计用来在自身环境中的期望失效条件，或使用外部名义上的或期望条件，以预定义的方式运行。它包含了以下技术：

——在需要的地方，检查带有物理意义的输入变量和中间变量的似真性；

——检查输出变量的作用效果，能直接观察相关系统状态的变化更好；

——应检查软件的配置，这包括现存的和可接触到的预期硬件，也包括软件自身的完整性。这对于维护程序之后的完整性维护尤为重要。

一些防御程序设计技术如控制流序列校验，也能处理一些外部失效。

B.15.3 参考文献

[1] Dependability of Critical Computer Systems—Pari i, E. F. Redmill (ed), Elsevier Applied

Science, 1988.

[2] Dependability of Critical Computer systems—Pari 2, E. F. Redmill (ed), Elsevier Applied Science, 1988.

[3] Software Engineering Aspects of ReaCtime Programming Concepts, E. Schoitsch, Computer Physics Communications 41, North Holland, Amsterdam, 1986.

B.16 设计和编码标准(供 DT.1 参考)

B.16.1 目标

为了确保设计文档和生成代码的统一规划,禁止使用个人风格浓重的编码方式,强制使用标准编码方式。

B.16.2 描述

坚持的各种原则在工程一开始的时候就在参与者之间达成共识。这些原则至少应包含:

——遵守研发方式和相关的编码准则,例如:JSP、MASCOT、Petri 网,等等;

——模块化细节,例如:接口形状、模块大小;

——在使用面向对象的语言情况下,使用的封装、继承性和多态等特征;

——有限制地使用或者避免某些特定的语言结构,例如:GOTO、EQUIVALENCE(等价)、动态对象、动态数据、递归、指针、退出,等等;

——注释的位置、方式、和内容。

这些规则都是为了研发、验证、评估和维护的方便而制定的。因此它们应声明可用的工具,特别是程序分析器和逆向工程工具。

B.17 软件多样化(供第 9 章参考)

B.17.1 目标

在软件执行期间,检测和掩盖残留软件设计错误,以避免系统安全苛求失效,使得操作达到高可靠性。

B.17.2 描述

在多样化编程中,给定的一个程序规范说明将以不同的方式实现 N 次。给 N 个版本以相同的输入变量,比较不同版本的 N 个输出结果。如果结果被认为有效,就被转换成计算机输出。

N 个版本可在不同的计算机上面并行运行,也可同时在一台机器上运行,输出的结果是由内部表决决定的。根据应用需求,N 个版本可使用不同的表决策略。

——如果系统有一个安全状态,那么要求全部同意(N 个一致)是可行的,否则就使用失效-安全输出值。对于单一路径系统,表决在安全导向是可能产生偏差。在这种情况下如果任一版本要求一个路径安全行为就会执行。这种方式通常取两个版本(即 $N=2$);

——对于没有安全状态的系统,可使用多数表决策略。对于不存在集体一致的情况,可使用或然逼近以最大化选中正确值的概率,例如:取中间值、暂时冻结输出值直到返回一致,等等。

这种技术不能消除残留软件设计缺陷,但是提供了一种在缺陷影响安全之前检测和掩盖的措施。

B.17.3 参考文献

[1] Dependable Computing: From Concepts to Design Diversity, A. Avizienis, J. C. Laprie,

Proc. IEEE, Vol. 74, 5, May 1986.

[2] A Theoretical Basis for the Analysis of Multi-version Software subject to Co-incident Failures, D. E. Eckhardt and L. D. Lee, IEEE Trans. SE-I 1, No. 12, 1985.

B.18 动态再配置(供第9章参考)

B.18.1 目标

为保持系统的功能性而忽视一个内部故障。

B.18.2 描述

系统的逻辑结构应能被映射到系统可用资源的子集上。体系结构应能检测物理资源的失效,然后重新将逻辑结构映射回剩下的还在起作用的受限资源上。尽管这种想法传统上仅限于失效硬件单元的恢复,但事实上只要有充足的"运行时间冗余"允许软件重试,或者有充足的数据使单独或隔离开的失效不重要,它也适用于有故障的软件单元。

尽管这项技术传统上适用于硬件,但正在拓展它并应用到软件上,因此,这项技术适用于整个系统。在系统设计的第一阶段应考虑使用这项技术。

B.18.3 参考文献

[1] Critical issues in the Design of a Reconfigureable Control Computer, H. Schmid, J. Lam, R. Naro and K. Weir, FTCS, 14 June 1984, IEEE, 1984.

[2] Assigning Processes to Processors: A Fault-tolerant Approach, June 1984, G. Kar and C. N. Nikolaou, Watson Research Centre, Yorktown.

B.19 等价类和输入分区测试(供 DT.2 和 DT.3 参考)

B.19.1 目标

为了使用最小量的测试数据充分测试软件。测试数据是通过选择输入域的分割来获得的,输入域是用于训练软件的。

B.19.2 描述

测试策略基于输入的等价关系,这种关系决定了输入域的一个分割。

选择测试案例要覆盖所有分割子集。每个等价类都至少选用一个测试案例。

输入分割有两种基本的可能性如下:

——等价类可在规范说明中定义。规范说明的解释可能面向输入,例如选择的值使用同种方式处理,也可能是面向输出的,例如一系列值导向相同的功能结果。

——在等价类结果决定于程序静态分析的情况下,等价类可在程序内部结构中定义。例如一系列值导向相同的执行路径。

B.19.3 参考文献

[1] The Art of Software Testing, G. Myers, Wiley & Sons, New York, USA, 1979.

B.20 差错检测码和纠正码(供第9章参考)

B.20.1 目标

为了检测和纠正敏感信息中的错误。

B.20.2 描述

对于一个 n 比特信息片段,生成一个 k 比特编码块使得错误能被检测、纠错。不同的编码类型包括:

——汉明码;
——循环码;
——多项式码。

B.20.3 参考文献

[1] The Technology of Error Correcting Codes, E. R. Berlekamp, Proc. of the IEEE, 68, 5, 1980.
[2] A Short Course on Error Correcting Codes, N. J. A. Sloane, Springer-Verlag, Wien, 1975.

B.21 错误推测(供DT.2和DT.8参考)

B.21.1 目标

消除常见编程错误。

B.21.2 描述

测试经验和直觉同被测系统的知识和奇特性结合可将一些未分类的测试案例附加到已设计的测试案例集中。特殊值或者值的组合可探测错误。一些有趣的测试案例可从检查清单中衍生出来。它也能被用来考虑系统是否有充分的鲁棒性。面板上的按钮是否可快速或频繁的按动?如果两个按钮一起按,结果会怎样?

B.22 错误播种(供DT.2参考)

B.22.1 目标

为了确定一套测试案例是否合适。

B.22.2 描述

将一些已知的错误类型插入程序中,而后在测试条件下以测试案例执行程序。如果只找到一部分播下的错误,那么测试案例集就不够充分。已发现的播种错误与播种错误的总数之比可用来估算发现的真实错误与错误总数之比。这样就有一定机率得到剩余错误的数目,进而得到剩余的测试工作量。

已发现播种错误/播种错误总数=已发现真实错误/真实错误总数。

播种错误的检测能指明测试集是否充分或者播种错误是否太容易找到。这种方式的局限性在于为得到任意可用结果,播种错误类型和播种位置应能反映真实错误的静态分布。

B.23 事件树分析（供第14章参考）

B.23.1 目标

建立模型，以图表形式描述事件序列在初始化事件后在系统中的发展，指明会有多严重的后果产生。

B.23.2 描述

图表顶部记录着紧随起始事件之后的相继事件有关的序列条件，初始化事件是分析的对象。从初始化事件开始，画一条线到序列中的第一个条件。在那里图表分开成“是”和“否”两个分支，描述将来的发展是怎样依赖于条件的。在每条分支，以相似的方式，一个条件延续到下一个条件。但是不是所有的条件都与所有的分支相关。一条分支延续到序列之尾，以这种方式构造的事件树的每条分支都代表一个可能的结果。基于序列中条件的概率和条件的数目，事件树可被用来计算各种结果的概率。

B.23.3 参考文献

[1] Event Trees and their Treatment on PC Computers, N. Limnious and J. P. Jeannette, Reliability Engineering, Vol. 18, No. 3, 1987.

B.24 Fagan（菲根）检查法（供DT.8参考）

B.24.1 目标

揭示程序开发的各个阶段中的错误和故障。

B.24.2 描述

正式的质量保证文档方面的审核，意在找到错误和疏漏。检查程序包括5个阶段：计划、准备、检查、重做、跟踪。每个阶段都有自身的单独的对象。应检查整个系统的发展(规范说明，设计，编码，测试)。

B.24.3 参考文献

[1] Design and Code Inspections to Reduce Errors in Program Development, M. E. Fagan, IBM Systems Journal, No. 3, 1976.

B.25 失效断言编程（供第9章参考）

B.25.1 目标

为了执行一个程序的过程中检测软件设计的剩余故障，从而防止系统安全苛求失效并持续高可靠地运行。

B.25.2 描述

程序设计声明方法遵循的理念是检验一个先决条件（在执行一个语句序列之前，为验证有效性需要检查初始条件）和一个后续条件(在执行一个语句序列之后的结果检查）的思想。无论是先决条件还是后续条件没有满足，程序会终止报错。

例如：

声明 <先决条件>；

行动 1；

.　　:

.　　:

行动　x；

声明 <后续条件>；

B.25.3　参考文献

［1］　A Discipline of Programming，E. W. Dijkstra，Prentice Hall，1976.

［2］　The Science of Programming，D. Gries，Springer-Verlag，1981.

［3］　Software Development—A Rigorous Approach，C. B. Jones，Prentice-Hall，1980.

B.26　SEEA——软件错误影响分析（供第9章、第11章和14章参考）

B.26.1　目标

识别软件模块、它们的关键程度；提出检测软件错误、增强软件鲁棒性的方法；评估多种软件组件所需的确认量。

B.26.2　描述

分析分三个阶段完成：

——重要软件模块确认；

对于每个软件模块，根据模块规范说明决定软件模块需要的分析深度（在单指令行、指令组、模块等水平上）；

——软件错误分析；

这个阶段的结果是一个表格，表格列出了以下信息：

- 模块名；
- 考虑到的错误；
- 在模块级上的错误后果；
- 系统级上的后果；
- 违反的安全准则；
- 错误危害程度；
- 建议的错误检测方法；
- 如果检测方法被执行将会违反的准则；
- 检测方法执行后的残余危害程度。

——综合。

给定每个模块的关键程度，综合识别残余的不安全场景和所需的确认工作。

作为一种由独立小组执行的深入分析方法，SEEA是一种强大的查错方法。

B.26.3　参考文献

［1］　Railway fixed equipment and rolling stock. Data processing. Software dependability—Adapted methods for software safety analysis，French standard，NF F 71-013，December 1990.

［2］　SAFETY SYSTEM VALIDATION with regard to cross acceptance of signalling systems by the railways, IRSE Intemational Technical Committee Report No. 1.

[3] Méthodologie d'Analyse des Effets des Erreurs Logiciel (AEEL) appliquée à l'étude d'un logiciel de haute sécurité, P. Thireau, 5th International Conference on Reliability and Maintainability, Biarritz, France, 1986.

[4] Software failures modes and er7ects analysis, Transaction on reliability, D. J. Reifer, IEE, Vol. R28, No. 3, pages 247/249, August 1979.

[5] The software error effects analysis, a qualitative design tool, IEEE Symposium Computer on Software Reliability, J. R. Fragola and J. F. Spamm, pages 90/93, 1973.

B.27 故障检测和诊断(供第9章参考)

B.27.1 目标

检测一个系统中的故障(因为故障可能会导致失效),因此故障检测就提供了对策的基础,对策意在最小化失效后果。

B.27.2 描述

故障检测是检查一个系统错误状态的程序[正如前文的解释,错误状态是被检查(子)系统中的一个故障引起的]。故障检测的基本目标是抑制错误结果的影响。一个交付正确结果或者根本不交付结果的系统,称为"自检"。

故障检测是基于冗余原理(主要用于检测硬件故障)和相异性(软件故障)。为决定结果的正确性需要某种表决机制。特定的适用方法就是声明式程序设计,例如:N-版本程序设计、安全包技术、在硬件级引入传感器、控制环、检错编码,等等。

通过在不同等级[特别是物理级(温度、电压等)、逻辑级(检错编码)、功能级(声明)或外部级(合理性检查)]上实现值域或时域检查确定可达到故障检测的目标。这些检查结果可被储存起来,并和影响的数据关联起来,供失效跟踪使用。

复杂系统是由子系统组成的。故障检测,诊断和补偿的效率取决于子系统之间交互作用的复杂度,因为复杂度影响了错误传播。

故障诊断隔离了可被识别的最小子系统。更小的子系统允许更细化的故障诊断(错误状态的识别)。

B.28 故障树分析(供第9章和第14章参考)

B.28.1 目标

对会导向危害或者严重后果的事件或复合事件的分析提供支持。

B.28.2 描述

从一个可能是危害或严重后果直接原因的事件开始(顶事件)沿着一个树路径实施分析。复合原因以逻辑运算符(与、或等)的形式描述。中间原因以相同方式分析,如此直到基本事件才终止分析。

方法是图形化的,采用一套标准化符号画出故障树。它主要是用于硬件系统分析,但是也有人尝试将这种方法应用于软件失效分析。

B.28.3 参考文献

[1] System Reliability Engineering Methodology: A Discussion of the State of the Art, J. B.

Fusseland, J. S. Arend, Nuclear Safety, 20(5), 1979.

[2] Fault Tree Handbook, W. E. Vesely et al., NUREG-0942, Division of System Safety Office of Nuclear Reactor Regulation, US. Nuclear Regulatory Commission, Washington, DC 20555, 1981.

[3] Reliability Technology, A. E. Greene and A. J. Bourne, Wiley-Interscience, 1972.

B.29 有限状态机/状态转换图(供 DT.5 和 DT.7 参考)

B.29.1 目标

定义或实现一个系统的控制结构。

B.29.2 描述

能够用它们的状态、输入和动作来描述许多系统。当处于状态 S1 时,在接收到输入 1 时,一个系统将会执行动作 A 并转换到状态 S2。通过描述一个系统处于每种状态中时,每个输入导致该系统产生的动作,我们就能彻底地描述一个系统。产生的系统模型称为有限状态机(FSM)。通常它被画成所谓的状态转换图的形式,描述系统是怎样从一个状态移动到另一个状态,或者画成矩阵的形式,在矩阵中,维数是状态和输入,矩阵元包含当系统处于给定状态中时,由接受输入导致的动作和新状态。

系统复杂或者系统具有一个自然结构的情况下,可被反映成分层有限状态机的形式。

可以检验表示成一个有限状态机的规范或者设计的完备性(系统在每种状态下对于每种输入都有一个动作和新状态)、一致性(每个状态/输入对只描述一个状态变化)和可达到性(是否通过任何输入序列从一个状态到达另一个状态)。它们是关键系统的重要属性,容易开发支持这些检查的工具。也存在用于验证一个有限状态机实现或制作一个有限状态机模型的动画算法,这种算法允许自动生成测试实例。

B.29.3 参考文献

[1] Introduction to the theory of Finite State Machines, A. Gill, McGraw-Hill, 1962.

B.30 形式化方法(供第 8 章、第 10 章和 DT.5 参考)

B.30.1 目标

以基于数学的方法研发软件。它包括形式化设计和形式化编码技术。

B.30.2 描述

形式化方法提供了一种用于在系统开发规范,设计和编码中的某些阶段描述系统的方法。为了检测各种类型的不一致性或者错误,编成的描述采用了一种数学形式并容易进行数学分析。此外,在某些情况下还能用机器分析该描述,机器分析精确地相似于使用一个编译器对一个源代码程序进行语法检查;或者为了显示所描述的系统各方面的行为,在某些情况下还能把该描述制作成动画。动画能为系统满足实际要求以及在形式上所规定的要求提供额外的置信度。

形式化方法通常会提供一种符号表示法(离散数学中常用的某种形式),用来在该表示法中推导描述的一种技术,以及用来检查各种属性正确性描述的各种分析形式。

在下面的参考中,给出了几个形式化方法的例子。所描述的形式化方法有 CCS、CSP、HOL、LOTOS、OBJ、时态逻辑、VDM 和 Z。

B.30.3 CCS——通信系统的计算

B.30.3.1 目标

CCS 是一种用于描述和推理并发系统、交互进程的行为的方法。

B.30.3.2 描述

与 CSP 相似，CCS 是一种与系统行为相关的数学演算。系统以一种依次执行的独立程序网络的形式。或者是并行形式建模。进程可通过端口交互(与 CSP 的通道相似)，交互只发生在当两个进程就绪的情况下。非决定论也可被建模。从对整个系统的高级抽象描述开始，可对系统进行逐步的求精，最终变成一个交互进程的组合，组合的整体行为符合对整个系统的行为要求。

同样地，也可采用流行的自下自上的模式，利用与组装规则相关的推理规则，组合进程并减少所产生系统的属性。

B.30.3.3 参考文献

[1] A Calculus of Communicating Systems, R. Milner, Report number ECS-LFCS-86-7, Laboratory for Foundations of Computer Science, Department of Computer Science, University of Edinburgh, UK.

[2] The Specification of Complex Systems, B. Cohen, W. T. Hawood, M. I. Jackson, Addison-Wesley, 1986.

B.30.4 CSP——通信顺序过程

B.30.4.1 目标

CSP 是一种用于描述并行软件系统(并行运行的通信进程系统)的规范的一种技术。

B.30.4.2 描述

CSP 为说明的进程系统规范提供一种语言并为验证进程执行满足其规范(描述为一条轨迹：一个可允许的事件序列)提供了证明。

系统建模为一个独立进程的网络。每个进程都以所有它可能的行为的形式来描述。一个系统通过顺序或者并行组合的进程形式建模。进程可通过通道通信(同步或者交换数据)，并且只有当两个进程都就绪的时候才能进行通信。事件的相关时序也能建模。

CSP 的理论直接应用于 INMOS 传送机体系结构中，CSP 指定系统允许直接在传送机网络上执行 OCCAM 语言。

B.30.4.3 参考文献

[1] Communicating Sequential Processes, C. A. R. Hoare, Prentice-Hall, 1985.

B.30.5 HOL——高阶逻辑

B.30.5.1 目标

这是一种作为硬件规范说明和验证基础的形式化语言。

B.30.5.2 描述

HOL 是指一种特殊的逻辑符号和它的机器支持系统，二者都是在剑桥大学计算机实验室研发的。

逻辑符号主要取自 Church 的类型简单理论,机器支持系统是基于 LCF(可算函数逻辑)系统。

B.30.5.3 参考文献

[1] HOL:A Machine Orientated Formulation of Higher Order Logic, M. Gordon, University of Cambridge Technical Report, Number - 68.

B.30.6 LOTOS

B.30.6.1 目标

LOTOS 是一种关于并发系统行为和进程行为的描述和推理方法。

B.30.6.2 描述

LOTOS(时序规范语言)基于 CCS 的,附加了一些源自相关的代数学如 CSP 和 CIRCAL(电路微积分)特征。它通过结合另外一个基于抽象数据类型语言 ACT ONE 的组件克服了 CCS 在数据结构处理和值表达方面的缺点。然而,LOTOS 的过程定义组件可与其他的形式一起用于描述抽象数据类型。

B.30.6.3 参考文献

[1] Information Processing Systems—Open Systems Inter-connection—LOTOS—A formal Description Technique based on the Temporal Ordering of Observational Behaviour, ISO/DIS 8807, July 20,1987.

B.30.7 OBJ

B.30.7.1 目标

在系统实现之前提供一种精确的带有用户反馈的系统规约和系统验证。

B.30.7.2 描述

OBJ 是一种代数规范语言。用户以代数表达式的形式指定需求。系统的行为,或构造,特征是根据抽象数据类型(ADT)进行操作的形式说明。一个 ADT 像 ADA 包一样,操作行为是可见的同时实现细节是隐藏的。

每份 OBJ 规范说明以及相应的逐步实现,与其他的形式化方法都服从相同的形式验证技术。此外,因为规范说明的构造方面是可机器可执行的,从规范说明本身就可直接完成系统确认。

执行本质上是通过等式替换(重写)实现的函数功能的评估,直到得到特定的值等式替换才会停止。这种可执行性使得可视系统的最终用户可获得在系统规范说明阶段就获得最终系统的一个视图,而无须熟悉底层的形式化规范说明技术。

当与其他的 ADT 技术一起使用时,OBJ 只适用于顺序系统,或者是并发系统的顺序方面。OBJ 广泛的应用于大小规模的工业应用中的规范说明。

B.30.7.3 参考文献

[1] An introduction to OBJ; A language for Writing and Testing specifications, J. A. Goguen and J. Tardo,specification of Reliable Software, IEEE Press 1979, reprinted in Software specification Techniques,N. Gehani, A. McGettrick (eds), Addison-Wesley, 1985.

[2] Algebraic specification for Practical Software Production, C. Rattray, Cogan Press, 1987

[3] An Algebraic Approach to the Standardization and Cetfification of Graphics Software, R.

Gnatz, Computer Graphics Forum 2(2/3), 1983.

[4] DTI STARTS Guide, 1987, NCC, Oxford Road, Manchester, UK.

B.30.8 时序逻辑

B.30.8.1 目标

安全性和运行要求及形式证明的直接表达式,这些属性都保存在其后的开发步骤中。

B.30.8.2 描述

标准一阶谓词逻辑没有时间的概念,通过增加模态算符(如"今后"和"最终")扩充了一阶谓词逻辑。这些算符可用来限定有关系统的一些断言。例如:安全属性可能需要包含"今后",而要求的系统可能需要借助某些起始状态达到"最终"的系统状态。将根据状态序列来解释时序公式。换句话说,根据选择的描述级来构成一个"状态"。它可以指整个系统、一个系统部件或者计算机程序。

定量时间间隔和约束在时序逻辑中并不直接处理。应通过建立附加时间状态把绝对定时成状态描述一部分。

B.30.8.3 参考文献

[1] Temporal Logic of Programs, F. Kroger EATCS Monographs on Computer Science, Vol. 8, Springer Verlag,1987.

[2] Design for Safety using Temporal Logic, J. Gorski, SAFECOMP 86, Sarlat France, Pergamon Press, October 1986.

[3] Logics for Computer Programming, D. Gabay, Ellis Horwood.

B.30.9 VDM——维也纳开发方法

B.30.9.1 目标

顺序程序的系统级规范和实现。

B.30.9.2 描述

VDM是一种基于数学的规范说明技术和一种允许证实它们关于规范说明的正确性的实现技术。

这种规范说明技术是基于模型的,在这个模型中将根据集合理论结构和运算建立系统状态模型,为了保留系统不变量,可验证这些运算。

借助目标语言的数据结构,通过具体化系统状态和借助目标语言程序,通过求精运算可完成规范的实现。具体化和精炼步骤引起确定它们正确性的证实义务。是否实施这些义务是取决于设计者的。

VDM主要是用在规范说明阶段但是也可用于设计和实现阶段生成源程序。它只能被用于顺序程序或者并发系统的顺序过程。

B.30.9.3 参考文献

[1] Software Development—A Rigorous Approach, C. B. Jones, Prentice-Hall, 1980.

[2] Formal Specification and Software Development, D. Bjorner and C. B. Jones, Prentice-Hall, 1982.

[3] Systematic Software Development using VOM, C. B. Jones, Prentice-Hall, 1986.

[4] The Specfication of Complex Systems, B Cohen, W. T. Harwood and M. I. Jackson, Addison-Wesley, 1986.

B.30.10 Z 和 B

B.30.10.1 目标

Z 是一种用于顺序系统的规范符号语言，在将一个 Z 规范转化成可执行算法的过程中，允许开发人员根据规范来证明它们正确性的一种技术。Z 主要应用于规范阶段但也是一种可实现从规范到设计、实现阶段的方法。它最适宜于面向数据的顺序系统。

B 是一种相关的方法。

B.30.10.2 描述

就像 VDM，这种规范技术建模于系统状态以集合理论结构建模，常量(谓词)定义在结构上，对于状态的操作的方式是以系统状态形式说明它们的前提和后置条件。可证实操作保留了系统常量因此证实了它们的一致性。规范的形式化部分被分成计划形式，计划允许通过精炼构架规范。

Z 的规格是一种典型的形式化 Z 和基于自然语言的非形式化解释文本的混合体。

与 VDM 不同，Z 是一种符号而不是一种完整的方法。但是一种相关的方法(称之 B)已经发展成可和 Z 联合使用。B 方法是基于逐步求精的原则。

B.30.10.3 参考文献

[1] The B Notation—A Reference Manual, J. M. Spivey, Prentice-Hall, 1988.

[2] Specification Case Studies, edited by I. Hayes, Prentice-Hall, 1987.

[3] Specification of the UNIX Filestore, C. Morgan and B. Sufrin, IEEE Transactions on Software Engineering, SE-10, 2 March 1984.

[4] The B Book—Assigning Programs to Meanings, J. R. Abrial, Cambridge United Press, 1996.

B.31 形式证明(供第 11 章参考)

B.31.1 目标

使用理论模型、数学模型及规则就有可能在程序不需运行的条件下证明程序的正确性。

B.31.2 描述

在程序中的各种位置都有许多断言，它们被用作程序各种路径的先决和后续条件。证据在于表示程序从前提条件转换到后续条件和表示程序的终止。在参考文献中描述了一些形式化方法，例如：CCS、CSP、HOL、LOTOS、OBJ、时序逻辑、VDM 和 Z。这些方法的描述能在下面的“形式化方法”部分中找到。

B.31.3 参考文献

[1] Can Program Proving be made Practical, J. Dahl, Research Report, ISBN 82-90230-26-5 No33, Oslo, May.

B.32 正向恢复 Forward recovery(供第 9 章参考)

B.32.1 目标

为了在存在一个或多个故障时保障正确的功能运行。

B.32.2 描述

如果检测到一个故障，操作系统当前状态以获得一个状态，一段时间之后状态就会一致。这种观念尤其适合于有一个小数据库且内部状态变化快的实时系统。假定，至少一部分系统状态能被加到环境上，且只有部分系统状态会受环境影响。

B.33 故障弱化

B.33.1 目标

通过去掉比较不重要的一些系统功能来保持更加关键的系统功能可用，从而忽视失效。

B.33.2 描述

这种技术给出将被系统执行的各种优先级，设计保证了在执行所有系统功能的资源不足的情况下，降优先执行高优先级的功能。例如：错误和事件日志功能可比系统控制功能优先级更低一些。如果错误日志相关联的硬件失效，系统控制仍将继续。此外，如果系统控制硬件失效，但是错误日志硬件正常，那么错误日志硬件将接管控制功能。这主要适用于硬件但也适用于整个系统。从最上层的设计阶段开始就应将其纳入考虑之内。

B.33.3 参考文献

[1] Space Shuttle Software, C. T. Sheridan, Datamation, Vol. 24, July 1978.

[2] The Evolution of Fault-Tolerant Computing, Vol. i of Dependable Computing and Fault Tolerant Systems, edited by A. Avizienis, H. Kopetz, and J. C. Laprie, Springer-Verlag, ISBN 3-21 1-81941-X, 1987.

[3] Fault Tolerance, Principle and Practices, Vol. 3 of [2] above, T. Anderson and P. A. Lee, Springer-Verlag, ISBN 3-21 1-82077-9, 1987.

B.34 危害和可操作性研究(HAZOP)

B.34.1 目标

通过对计算机系统组件部分和操作的一系列检查，建立失效模式，失效模式可能导致受控系统的潜在危害情况的出现。

受控系统的典型危害事件包括火、爆炸、释放有毒物质(化学或核物质)或者严重的经济损失。

假定受控系统的危害事件已经在一个单独的危害分析中识别出来，并且危害事件的后果已经按危害程度分类。

覆盖了项目整个生命周期的各个阶段(从规范说明到设计、维护和修改)的分析，用于识别各个阶段的可能导致潜在危害的事件/失效模式，因此可消除这些危害。

B.34.2 描述

分析由一组工程师来执行(包括计算机、工具、电气、过程、安全和操作规程等各领域的工程师)，并由一名在一系列预定会议中培训过的危害分析技术专家来领导。

在工程中指定会议的固定时间表是很重要的。考虑到维护附随文档的流程，每次预定的会议至少半天，考虑效率每周最多 4 次。

假定在研究之前,协商一致的系统检查清单已经完成,对于系统的每个部分再提出以下问题:如果发生了会怎么样? 怎样它才会发生? 什么时候发生? 有影响吗? 给出肯定的答案后继续提出如下的问题:关于它能做什么? 什么时候应做完? 有没有其他选项? 等等。

分析的第一部分时建议使整个计算机安装作为一个整体来检查。第二部分和接下来的部分涉及到计算机系统自身相关部分的详细检查。

在分析的每个部分或者阶段,对象是识别可能导致控制系统的潜在危害及危害程度的失效模式。计算机系统的主要组成部分都进行了进一步划分,并且在必要的地方都进行单独分析。

贯穿整个系统分析,在合适的点上,要安排指令回顾会议。

保存全部的会议记录也是很重要的,因为它们是组成系统危害/安全档案的重要部分。在许多的会议之后,建议举行一次回顾会议以保证指令得到贯彻,在研究会议中建议的修改具体表现到研究中等。

B.34.3 参考文献

[1] HAZOP and HAZAN, T. A. Kletz, 1986, 2nd Edition, Institution of Chemical Engineers, 165-171 RailwayTerrace, Rugby, CVI 3HQ, UK.

[2] Reliability and Hazard Criteria for Programmable Electronic Systems in the Chemical Industry, E. Johnson, Proc. of 'Safety and Reliability of PES', PES 3 Safety Symposium, B. K. Daniels (ed), 28-30 May 1986,

[3] Guernsey, Channel Islands, Elsevier Applied Science, 1986.

[4] Reliability Engineering and Risk Assessment, E. J. Henlty and H. Kumamoto, Prentice-Hall, 1981.

[5] Systems Reliability and Risk Analysis, E. G. Frenkel, Martinus Nijhogg, 1984.

B.35 影响分析(供第16章参考)

B.35.1 目标

为了确认一个软件系统的改变或者增强将会对该软件系统中的其他模块以及其他系统的影响。

B.35.2 描述

在增强和改变软件之前,要进行分析以确定增强和改变软件的影响,同时确定受到影响的软件系统和模块。

在分析完成之后,需要做出一个相关于软件系统再确认的决定。这取决于受影响模块的数目,影响模块的关键程度和变化的实质。可能做出的决定包括:

——只有受影响模块需要重验证;

——所有确认定的受影响模块都需要重验证;

——整个系统需要重新验证。

B.36 隐藏/封闭信息(供DT.9参考)

B.36.1 目标

增加软件的可靠性和可维护性。

B.36.2 描述

可被所有软件组件访问的全局数据可能被其中的任何元件意外的或错误的修改。对于此数据结构的任何改变都需要仔细地检验代码和扩充性修改。

信息隐藏是减少这些困难的通用方法。关键数据结构被“隐藏”，只能通过已定义的一套访问程序来操作它。这种办法允许修改内部结构或者增加另外的程序而不影响其他软件的功能行为。例如：一个文件夹名可能会有这些访问程序：插入、删除和查找。访问程序和内部数据结构都可重写(例如：使用不同的查找方法或者在硬盘上存储名字)，使用这种访问程序不会影响到现存软件系统的逻辑行为。

在很多编程语言中都直接支持抽象数据的思想，但是无论使用怎样的编程语言，基本的原则都是可应用的。

B.36.3 参考文献

[1] Software Engineering: Planning for Change, D. A. Lamb, Prentice-Hall, 1988.

[2] On the Design and Development of Program Families, D. L. Parnas, IEEE Trans SE-2, Mar. 1976.

B.37 接口测试(供第10章参考)

B.37.1 目标

为了证明子程序接口中不包含任何错误，或任何可能导致软件在特殊应用下失效的错误，或者能检测所有相关的错误。

B.37.2 描述

将测试的完备性和详细程度分成几级都是可行的。最重要的一些级别是对下列量测试：

——处于它们的极限值的所有接口变量；

——分别处于它们的极限值的所有接口变量及处于正常值的另一些接口变量；

——每个接口变量和处于正常值的其他接口变量取值范围中所有的值；

——组合(只有小接口组合才是可行的)中的所有变量的所有值；

——与每个子程序的每次调用有关的规定测试条件。

如果接口不包含检测错误参数值的断言，这些测试就尤其重要。在重新配置先前存在的已生成的子程序后，它们也很重要。

B.38 语言子集(供第10章和DT.4参考)

B.38.1 目标

减少引入程序故障的可能性，增加检测到任何剩余故障的可能性。

B.38.2 描述

检查语言用来调查确定哪些或是由于错误植入或是由于困难而难于分析的程序构造，例如：使用静态分析方法，定义一个排除这些构造的语言子集。

B.39 存储执行实例(供第9章参考)

B.39.1 目标

如果软件执行了一个未许可路径，强制软件故障-安全。

B.39.2 描述

在许可期间,每个程序执行的所有相关细节做成一个记录。在常规操作中每个程序执行都与许可操作集进行比较。如果不同,则采取安全动作。

执行记录可是单一分支到分支的路径序列,也可是单一数组、记录或容量访问的序列,也可二者都是。

可有存储执行路径的不同方法。Nash 编码方法可用于将执行路径映射成一个大数或者数字序列。在正常运行中,在任何输出操作发生前,应针对已存储案例进行执行路径检查。

由于在一个程序中,分支到分支路径的可能组合是非常多的,因此将程序作为一个整体对待是行不通的。假如这样,这种技术就能应用到模块级。

B.39.3 参考文献

[1] Fail-safe Software-Some Principles and a Case Study, W. Ehrenberger, Proc. SARSS 1987, Altringham, Manchester, UK, Elsevier Applied Science, 1987.

B.40 可信的/经验证的软件模块和部件库(供第 10 章参考)

B.40.1 目标

避免软件模块和硬件元件设计需要为每个新应用扩展重新验证或重新设计。对于没有经过正式的或者严格验证,但是有相当多的操作历史可查的优秀设计同样适用。

B.40.2 描述

设计、架构优秀的 PES(可编程电子系统)是由许多的硬件和软件元件、与以定义清晰的方式交互的独特模块构成的。

为不同的应用设计的 PES 将包含许多相同或相似的组件或元件。建立一个通用模块库使得大部分资源在确认不止一个应用共享的设计时是必要的。

而且这些模块的在多种应用的使用提供了成功操作应用的经验证据。这种经验证据能充分增强用户对于模块的信任度。

B.41 马尔可夫模型(供第 14 章参考)

B.41.1 目标

评估系统的可靠性、安全性和可用性。

B.41.2 描述

构造一个系统图。系统图代表了该系统与失效状态相关的系统状况(失效状态是以图节点的形式表示)。代表失效事件和修复事件节点间的连线是用相关的失效率或者修复率来加权计算的。

要注意到失效事件、状态和比率能用一种可获得系统精确描述的方式细化,例如:检测到的或未检测到的失效,显示更大的失效等等。

马尔可夫技术适用于冗余系统建模,冗余系统中冗余级随组件失效和修复的时间变化而变化。其他一些经典的方法,例如:FMEA 和 FTA,不容易适应系统生命周期中失效影响的建模,因为没有计算相关概率的组合公式存在。

在最简单的案例中，描述概率的公式很容易以文字形式描述或者可手工计算。在更复杂的案例中，也有一些简化的方法存在(吸收态)。在非常复杂的案例中结果可通过计算机仿真图计算得到。

B.41.3 参考文献

[1] The Theory of Stochastic Processes, R. E. Cox and H. D. Miller, Methuen and Co. Ltd, London, UK, 1968.

[2] Finite MARKOV Chains, J. G. Kemeny and J. L. Snell, D. Van Nostrand Company Inc., Princeton, 1959.

[3] Reliability Handbook, B. A. Koslov and L. A. Ushakov, Holt Rinehart and Winston Inc., New York, 1970.

[4] The Theory and Practice of Reliable System Design, D. P. Siewiorek and R. S. Swarz, Digital Press, 1982.

B.42 度量(供第11章和第14章参考)

B.42.1 目标

从软件自身的性质出发预测程序的属性，而非从研发或测试历史记录。

B.42.2 描述

这些模型评估一些软件的结构性质并将它们与一些期望属性如可靠性、复杂度等关联起来。大多数的量度评估都需要软件工具。一些可用的量度属性如下所示：

——图论复杂度：这个量度可在生命周期早期应用与评估取舍，并基于程序控制图的复杂度，以圈数表示；

——激活某个特定模块方法的数目(易用性)：某个模块的方法数目越多，越有可能进行调试；

——软件科学：这种量度通过清点操作符的数目和操作数的数目的方法计算程序长度。它提供了一种复杂度的量度，也可评估研发资源；

——每个模块出口和入口的数目：最小化出/入口数目是一种结构化设计和编程技术的关键特征。

B.42.3 参考文献

[1] A Comp lexity Measure, T. J. McCabe, IEEE Trans. on Software Engineering, Vol. SE-2, No. 4, Dec. 1976.

[2] Models and Measurements for Quality Assessments of Sofiware, S. N. Mohanty, ACM Computing Surveys, Vol. 11, No. 3, Sep. 1979.

[3] Elements of Software Science, M. H. Halstead, Elsevier, North Holland, New York, 1977.

B.43 模块法(供DT.9参考)

B.43.1 目标

为限制系统复杂度，把一个软件系统分解成一些小的易理解的部分。

B.43.2 描述

模块法或者模块化软件工程的设计、编码和维护阶段的几种规则。这些规则因设计方法的不同而不同。但大多数的方法遵守以下规则：

——每个模块应有需完成的，定义良好的的单项任务或者功能；

——应限制和严格定义模块之间的联系，模块内的一致性强；

——建立提供不同模块级的子程序集；

——子程序的规模应限制在特定的值，通常是2屏～4屏的篇幅；

——子程序应有唯一的出口和入口；

——模块之间通过接口通信，使用全局变量和普通变量的地方都需要对它们进行构造，应控制变量的访问，对每个实例中全局变量和普通变量的使用都应验证；

——所有的模块接口都应完全用文档写明；

——每个模块都应对它的环境有所保留；

——每个模块接口都只包含实现模块功能的最小参数数目；

B.44 蒙特卡洛仿真

B.44.1 目标

软件使用随机数来仿真现实世界的现象。

B.44.2 描述

蒙特卡洛仿真用于解决问题。问题分为两类：

——或然的，即使用随机数字生成现实世界中的随机现象；

——确定的，它被以数学形式转换成等价的或然问题。

蒙特卡洛仿真注入一个随机数流来模拟解析信号的仿真噪声或增加随机偏差或误差。蒙特卡洛仿真被用来产生一个大型样本，从样本中获得统计结果。

使用蒙特卡洛仿真时应注意确保偏差、误差或噪声等取合理值。

蒙特卡洛仿真的一般原则是重申和重新形式化问题，这样才能获得尽可能精确的结果而非像初始申明时那样处理问题。

B.45 性能建模（供DT.2和DT.5参考）

B.45.1 目标

确保系统工作容量足够满足规定的要求。

B.45.2 描述

需求说明包括吞吐量和特定功能的响应要求，可能还会结合整个系统资源使用的约束。推荐的系统设计与状态请求做以下对比：

——定义系统程序模型，以及程序之间的交互；

——确认每个程序使用的资源，例如：处理时间、通信带宽、存储设备，等等；

——确认在一般和最坏条件下系统上的需求分布；

——计算单一系统功能的平均和最差吞吐量和响应时间。

对于简单系统，解析解决是可的，而对于更复杂的系统，要求一些仿真形式以获得精确的结果。

在详细建模之前，使用一个简化的“资源预算”来求出所有程序要求的资源的总和。如果要求超过了设计系统容量，设计就是不可行的。即使设计通过检查，性能建模也可能显示延时过多或响应时间因资源不足而过长。为避免这种情况，工程师通常只使用全部资源的一部分（如 50%），这样就可减少资源匮乏的机率。

B.46 性能需求（供 DT.6 参考）

B.46.1 目标

满足软件系统的性能需求。

B.46.2 描述

分析系统和软件要求说明，弄清所有的普通和特殊，清晰和含糊的性能要求。

依次检查每个性能要求以确定：

——获得成功标准；

——成功标准的量度是否可得到；

——这些量度的潜在精确度；

——量度可被估计的工程阶段；

——量度可被制定的工程阶段。

然后分析每种性能需求的实用性以获得性能要求清单，成功标准和潜在量度。主要对象：

a) 关联至少一种量度的性能需求；

b) 在可能的地方，选择精确和高效的量度，在研发过程尽早使用。

c) 识别基本的和可选的性能需求；

d) 在可能的地方，多种性能需求采用单一量度。

B.47 概率测试（供第 11 和 13 章参考）

B.47.1 目标

获得被研究软件的可靠性属性的定量数值。该定量数值考虑了有关的的可信度级和显著性，并能给出：

a) 每个需求的失效概率；

b) 某段特定时间内的失效概率；

c) 错误遏制概率。

从这些图可衍生出如下参数：

——无失效执行的概率；

——残存概率；

——可用性；

——MTBF（平均失效时间）失效率；

——安全执行概率。

B.47.2 描述

概率考虑是基于概率测试或者基于操作经验。通常测试用例或者观察的操作用例数目都是很大的。

为方便测试，通常采用自动帮助。它们关系到测试数据规定的细节和测试输出监督。使用合适的外围处理仿真，大规模的测试在大型主机上运行。根据系统的观点和随机观点选择测试数据。首先需要关注总体测试控制，例如：保证测试数据剖面。随机选择取详细的个体测试案例。

个体测试带、测试执行和测试监督是由上面详细描述的测试目标决定的。鉴于预定测试目标，其他重要条件由数学前提给出，此数学前提是在测试评价满足预定测试目标时应满足的。

关于任何测试对象行为的概率图也可是源自操作经验。假定满足相同的条件，测试结果的评价可采用同样的数学方式。

B.48 过程模拟（供 DT.3 参考）

B.48.1 目标

为了测试一个软件系统的功能连同它与外界的接口而不允许它对真实世界作任何改变。

B.48.2 描述

产生一个仅仅是为满足测试目的的系统，它在被测系统的控制下模仿系统行为。

仿真可能只是软件也可能是软硬件的结合。仿真应：

——提供被测系统的所有当系统安装时存在的输入；

——以一种如实代表受控设备的方式响应系统输出；

——可操作输入，以提供任意测试中系统需要处理的混乱情况。

测试软件时，仿真可是带输入输出的目标硬件的仿真。

B.48.3 参考文献

[1] A Software Simulator-An Aid to Plant Commissioning，S. Nunns，EWICS TC7.

[2] Physical Fault Simulation，F. Morillon，EW ICs Document number WP460.

B.49 原型设计/动画（供 DT.3 和 DT.5 参考）

B.49.1 目标

为了根据给定的约束条件检查实现系统的可行性。为了把系统说明符译本传送给买方以便查出误解。

B.49.2 描述

选中的子集，包含系统功能、约束条件和性能要求。使用高级工具建立原型。在这个阶段，一些约束条件例如目标计算机、执行语言、程序大小、可维护性、可靠性和可用性都不需要考虑。原型按照客户标准评估，根据这个评估来修改系统的要求。

B.49.3 参考文献

[1] Proc. Working Conference on Prototyping，Namur，Oct. 1983，Budde et al.，Springer-verlag，1984.

[2] Using an executable specification language for an information system，S. Urban et al.，IEEE Trans Software Engineering，Vol. SE-1 1 No. 7，July 1985.

B.50 恢复程序块（供第 9 章参考）

B.50.1 目标

增加程序执行它预定功能的似真性。

B.50.2 描述

通常独立写出几个不同的程序段，规定每个程序段执行相同的所需功能。最终的程序是从这些程序段构造的。首先执行叫做主程序段的第一段，随后是它计算结果的验收测试。如果测试通过，结果就被认可然后继续到系统的后面的部分。如果没有通过测试，任何第一个段的副作用都被重设，并执行第二个段，称之第一替换选项。这个之后也有一个验收测试处理方式和第一个案例相同。如果需要可提供第二、第三或者甚至更多的选项。

B.50.3 参考文献

[1] System Structure for Software Fault Tolerance, B. Randall, IEEE Trans Software Engineering, Vol. SE-I, No. 2, 1975.

B.51 可靠性方框图(供第 14 章参考)

B.51.1 目标

为了用一种图表形式勾结必定发生的一组事件和未成功运行一个系统或任务应满足的一组条件的模型。

B.51.2 描述

分析目标表述为一个由块、线和逻辑交叉点组成的成功路径表示。一个成功路径从图表的一边开始经过块和交叉点一直到图表的另一边。一个块代表了一个条件或一个事件，如果条件为真或者事件已经发生路径就可通过它。当路径到了一个交叉点，如果交叉点的逻辑满足，路径就继续延续。如果路径到达顶点，它可沿着连接外部的连线继续。如果至少存在一条成功路径通过图表，那么对目标的分析就是在正确的进行。

B.51.3 参考文献

[1] System Reliability Engineering Methodology: A Division of the State of the Art, J. B. Fusseland, J. S. Arend, Nuclear Safety 20(5), 1979.

[2] Fault Tree Handbook, W. E. Vesely et al., NUREG-0942, Division of System Safety Office at Nuclear Reactor Regulation, U. S. Nuclear Regulatory Commission, Washington, DC 20555, 1981.

B.52 响应定时和存储约束(供 DT.6 参考)

B.52.1 目标

确保系统满足了它的时态和存储要求。

B.52.2 描述

系统和软件的需求规格，包含对特定的功能所需要的内存和响应的需求，也许还要结合使用整个系统资源的约束。需要执行分析以确定在一般和最坏情况下的发布要求。这个分析要求估计资源使用情况和执行每个系统功能的已执行时间。可用几种方式估计，例如：将一个现存系统或者原形设计同基准事件关键系统作比较。

B.53 重试故障恢复机制（供第9章参考）

B.53.1 目标

依靠重试机制尝试从已检测到的故障状况中恢复功能。

B.53.2 描述

在检测到故障或错误的条件下，尝试以重执行相同代码的方式来恢复。在软件超时或一个任务监督指令后，重试方式恢复可和重启、重新开始程序、小规模重计划、重开始任务等方式一样完善。重试技术广泛地应用在通信故障或错误的恢复中，重试条件可从通信协议错误（校验和等）或通信确认响应超时中获得。

B.53.3 参考文献

[1] The Theory and Practise of Reliable System Design, D. P. Siewiorek and R. S. Schwarz, Digital Press.

B.54 安全袋（供第9章参考）

B.54.1 目标

为防止安全性受到软件残留规范和实现故障的负面影响。

B.54.2 描述

安全袋是一个根据不同规范在一台独立计算机上执行的外部监视器。

安全袋单独关系到确保主机运行安全的、不必一定正确的指令。安全袋连续的监控主机。防止系统进入不安全状态。此外，如果它检查到主机进入一个潜在的危害状态，系统将被安全袋或主机引入一安全状态。

B.54.3 参考文献

[1] Using Al Techniques to Improve Software Safety, Proc. IFAC SAFECOMP 88, Sarlat, France, Oct. 1986, Pergamon Press, 1986.

B.55 寄生回路分析（供 DT.9 参考）

B.55.1 目标

监测系统内部意外的路程或逻辑流。它们在某些情况下可启动一个不希望有的功能或禁止一个需要的功能。

B.55.2 描述

一条寄生回路路径可包括硬件、软件、操作员动作以及这些要素的组合。寄生回路不是硬件失效的结果而是无意中设计入系统或软件编码时留下的潜伏条件，它可导致系统在一定条件下误操作。

寄生回路的类别：

——潜路径，它引起电流，能量或逻辑顺序沿意外的路径或不期望走的方向流动；

——潜定时，事件按意外的或冲突的顺序发生；

——潜暗示，它引起系统操作条件模棱两可或错误的显示，因而可导致系统操作员不合要求的动作；

——潜标记，它不正确或不精确的标记系统功能，如系统输入、控制、显示、总线，因而误导操作员，使其对系统进行不正确的刺激。

寄生回路分析依赖硬件和软件结构基本的拓扑模型的识别（例如：对软件而言有确定的六个基本模式）。借助于基本拓扑元素间的关系及使用问题的监测表进行分析。

B.55.3 参考文献

［1］ Sneak Analysis and Software Sneak Analysis, S. G. Godoy and G. J. Engels, J. Aircraft, Vol. 15, No. 8, 1978.

［2］ Sneak Circuit Analysis, J. P. Rankin, Nuclear Safety, Vol. 14, No. 5, 1973.

B.56 软件配置管理（供第 15 章参考）

B.56.1 目标

软件配置管理的目的是为了保障当那些可交付项有改变时，几种开发的可交付项的一致性。一般配置管理可用于硬件和软件开发两方面。

B.56.2 描述

软件配置管理是整个开发过程中都使用的一项技术。从本质上来讲，它需要记录每个重要的可交付项的每个版本和各个可交付项的不同版本之间的每种关系的结果。这种结果记录允许开发者确定一个交付项（特别是它的一个组件）对其他可交付项的改变的影响所带来的影响。特别是系统和子系统能在一致的组件版本中可靠地重建。

B.56.3 参考文献

［1］ Configuration Management Practices for Systems, Equipment, Munitions and Computer Programs, M IL-STD-483.

［2］ Software Configuration Management, J. K. Buckle, Macmillan Press, 1982.

［3］ Software Configuration Management, W. A. Babich, Addison-Wesley, 1986.

［4］ Configuration Management Requirements for Defence Equipment, UK Ministry of Defence Standard 05-57, Issue 1, 1980.

B.57 强类型编程语言（供第 10 章参考）

B.57.1 目标

通过使用一种语言减少出现故障的可能性，该语言通过编译器进行高层次的检测。

B.57.2 描述

这样的语言通常允许用户由基本的数据类型（例如 Integer、REAL）来定义所需的用户自定义类型，这些用户自定义类型能像基本类型一样使用，但是要进行严格检测以保证使用的是正确的类型。即使它是由另外的编译单元建立起来的，这些检测也要求强加到整个程序。这些检测同时也保证即使从各自的编译单元参照过程类型也匹配。

强类型语言也支持优质软件工程实践的其他方面，如易分析的控制结构（如 IF…THEN…ELSE、DO…WHILE，等等），它们产生的是结构良好的程序。

强类型语言的典型例子是 Pascal Ada 和 Modula。

B.57.3 参考文献

［1］ Reference Manual for the Ada Programming Language，ANSI/MIL-STD-815A，1983.

［2］ In search of Effective Diversity：a Six Language Study of Fault-Tolerant Flight Control Software，A. Avizienis，M. R. Lyu，W. Schutz，The Eighteenth International Symposium on Fault Tolerant Computing，Tokyo，Japan，27-30 June 1988，IEEE Computer Society Press，ISBN 0-8186-0867-6.

B.58 基于结构的测试（供 DT.2 参考）

B.58.1 目标

对程序结构的某些子集进行测试。

B.58.2 描述

在程序分析的基础上选择一组输入数据。这样可测试大部分所选程序代码。所测试的程序代码可根据严格等级要求而变化。

——语句：这是精确性最差的测试，因为不用执行一个条件语句的两个分支就能执行所有的代码语句；

——分支：应检查每个分支的两方面，但对某些类型的防御性代码是不实际的；

——组合条件：一个组合条件分支（即由与/或连接的条件）中的每个条件；

——LCSAJ：线形代码序列和跳转是包括条件语句和以跳转结束的任何一种线形码语句序列。由于早期代码执行对输入数据的约束，许多潜在的子路径都是不可测试的；

——数据流：在使用数据的基础上选择运行路径，例如：同一变量读和写的路径；

——调用图：程序由子程序组成，子程序也可被其他子程序调用。调用图即为程序中的子程序调用树。测试设计为覆盖树上的全部调用；

——完全路径：通过代码执行所有可能的路径，由于潜在的路径数目非常大，完备测试自然行不通。

B.58.3 参考文献

［1］ Reliability of the Path Analysis Testing Strategy，W. Howden，IEEE Trans Software Engineering，Vol. SE 3，1976.

B.59 结构图（供 DT.5 参考）

B.59.1 目标

为了用图形显示一个程序的结构。

B.59.2 描述

结构图是一种符号表示法，此法可实现数据流图。结构图描述了程序设计系统和各部分的一个分层结构，并以树形图的形式显示。它们描述了怎样按程序单元的一种层次结构来实现数据流图的元素。

结构图显示了程序单元之间的关系，但不包括有关这些单元启动命令的任何信息，画这些图时使用了以下3种符号：

——注释有模块名的一个矩形；

——连接矩形的箭头；

——带环的箭头，注释有通入和来自结构图中各元素的数据名（通常平行于连接图中各矩形的画带环的箭头）。

从任一非平凡数据流图有可能派生出许多不同的结构图。

结构图是从表示系统第一级结构的数据流图中派生出来，结构图中的每个矩形代表数据流图中的一个圆圈。一般更深级的系统结构可用同一技术描述。

B.59.3 参考文献

[1] Software Engineering, I. Sommerville, Addison-Wesley, ISBN 0-201 -1 3795-X, 1982.

[2] Structured Design, L. L. Constantine and E. Yourdon, Englewood Cliffs, New Jersey, Prentice Hall, 1979.

[3] Reliable Software Through Composite Design, G. J. Myers, New York, Van Nostrand, 1975.

B.60 结构化方法（供第8章和第10章参考）

B.60.1 目标

结构化方法论的主要目的是通过把注意力集中到生命周期的初期阶段来提高软件开发质量。本方法旨在是用准确直观的过程与表示方法（计算机辅助）来达到该目的，从而可用一条逻辑命令和一致结构化形式确定要求和实现特征并把它们编成文档。

B.60.2 描述

存在一些结构方法论。一些方法（SSADM 和 LBMS）被设计用于传统的数据处理和事务处理功能，而另一些方法（MASCOT、JSD、实时 Yourdon）更适于过程控制和实时应用（更趋向于安全苛求）。

结构化方法本质上是系统地发察和划分一个问题或一些“思维工具”，他们的主要特征是：

——把一个庞大的问题分成可管理的一些阶段的一条逻辑命令；

——总系统（包括环境和要求的系统）的分析和文档编制；

——在需求的系统中的数据和功能分解；

——检查表，即需要分析的项目的分类表；

——低智能开销：简单，直观，实用。

为识别问题和系统实体（例如：过程和数据流），支撑符号趋向精确，但这些实体执行的处理函数往往使用非形式的符号表达，但是有些方法部分使用（数学上的）形式化符号（如 JSD 使用规则表达：Yourdon、SOM 和 SDL 利用有限状态机）。精确性的提高不仅缩小了误解范围，同时也为自动处理提供了范围。

结构符号的另一个好处是其直观性，它能使用户仅凭直觉就能可检查规范和设计，而不是依靠他强大但未声明的知识。

这些参考文献描述了一些结构方法学方面更多细节，例如：控制需求表述、Jackson 系统开发、MASCOT、实时 Yourdon 和结构分析以及设计技术（SADT）。

B.60.3 参考文献

[1] Structured Development for real-time Systems (3 Volumes), P. T. Yourdon, Press, 1985.

[2] Essential Systems Analysis, St M McMenamin, F. Palmer, Yourdon Inc., NY, 1984.

[3] The Use of Structured Methods in the Development of Large Sohare-Based Avionic Systems, D. J. Hatley, Proceedings DASC, Baltimore, 1984.

B.60.4 CORE——受控的需求表达式

B.60.4.1 目标

为了保证能识别和表达所有的需求。

B.60.4.2 描述

该方法的目的在消费者/终端用户和分析者之间搭起桥梁。它在数学方面不是严格的但有助于通信过程。CORE是为需求表述而不是为规范设计的。该方法是结构化的方法,其表述通过不同层次的求精。CORE过程激发了问题更宽的视野,带来了系统应用环境和不同类型用户的不同观点的知识。CORE包括为识别“超大设计”的违反事项提供指南和策略。可纠正或明确识别和存档违反事项。那么,规范可能不完整,但是识别出未解决的问题和高风险区域,在后续的设计中着手解决。

B.60.5 JSD——杰克逊系统开发

B.60.5.1 目标

从需求一直到代码的软件系统(尤其强调在实时系统中)的一种开发方法。

B.60.5.2 描述

JSD是一种分阶段的开发过程,在这个过程中开发者将对真实世界的行为建模,系统功能则以这些行为为基础,并且确定所需的功能并将它们置入模型中,以及把产生的规范转变成目标环境中可实现的规范。因此,它包括规范和设计及开发的传统阶段,也有一些与传统方法不同但不是完全不同的观点。

此外,它的重点是放在识别真实世界实体的初始阶段,真实世界与正在建立的系统有关并关系到建造它们的模型及可能发生的情况。一旦完成“现实世界”的分析并创建了模型,就能分析系统所需的功能,从而确定如何把它们纳入该真实世界模型中。产生的系统模型随模型中所有过程的结构化描述而增大,并且整个模型转换成在目标软件和硬件环境中运行的一些程序。

B.60.5.3 参考文献

[1] An Overview of JSD, J. R. Cameron, IEEE Trans SE-12, No. 2, Feb. 1986.

[2] System Development, M. Jackson, Prentice-Hall, 1983.

B.60.6 MASCOT——解决软件构建、运行和测试的模块化方法

B.60.6.1 目标

实时系统的设计和实现。

B.60.6.2 描述

MASCOT是一种由一个编程系统支持的设计方法。它是一种表述实时系统结构的系统方法,其

表示方法与目标硬件或实现语言无关。它给设计强加一种规定的方法,该方法可产生一种高度模块化的结构,以确保在设计中的功能元素和在系统集成中的构造元素之间的密切对应。借助并行过程的一个网络设计一个系统,该网络可通过一些通道进行通信。这些通道既可以是固定的数据池也可以是队列(数据流水线)。信道的接入控制定义独立于过程。根据执行在过程中的时序安排规则的接入机制来定义通道的接入控制。MASCOT 的最新版本已设计有实现。

MASCOT 支持一种基于测试和确认单一软件模块和在功能上与软件模块有关的较大集合的接受策略。打算把一个 MASCOT 实现建立在一个 MASCOT 内核之上,该内核是支持实现和访问机制的一组调度图元。

B.60.6.3 参考文献

[1] MASCOT3 User Guide, MASCOT Users Forum, RSRE, Malvern, England, 1987.

B.60.7 实时 Yourdon

B.60.7.1 目标

该目标是一种完善的软件开发方法包括规范和面向实时系统开发的设计技术。

B.60.7.2 描述

基于该技术的开发方案假定了一个三阶段开发系统的演化过程。第一阶段包括建立一个"基本模型",它能描述系统行为需求。第二个阶段包括建立一个能描述执行时所必需行为的结构和机制的实现模型。第三个阶段包括在硬件和软件中实际系统的建立。该三个阶段大致和传统的定义、设计和实现阶段相对应,但是重点主要放在在每个阶段的开发者参与的建模活动的事实。

基本模型分为两个部分:环境模型包括定义系统和其环境之间的边界,并描述系统应响应的外部事件;包含定义转换系统的行为模型,其执行应响应事件和数据定义,该数据定义是系统为做出响应而应包含的。

实现模型也可分为两个子模型:包括将单个进程分配给处理器以及将进程分解为模块。

为获得这些模型,该技术结合了许多著名的技术:数据流图、结构化英语、状态变迁图和 Petri 图。

另外,方法需要包含一些需要的设计技术,该技术用来模拟一个或是从纸上或机械地从初始模型来构建的一个建议的系统。

B.60.7.3 参考文献

[1] Structured Development for Real-time Systems, 3 Volumes, P. T. Ward and S. J. Mellor, Yourdon Press, 1985.

B.60.8 SADT——结构化分析和设计技术

B.60.8.1 目标

以使用信息流的图表方式来建模和识别决策进程及同复杂系统相关的管理任务。

B.60.8.2 描述

在 SADT 中活动,活动因子图(A/F)的概念起一种核心作用。一个 A/F 图由分组成所谓"动作框"的一些活动组成。每个动作框都有一个唯一的名称,通过因子关系(画成箭头)同其他动作框连接起来,每个因子关系还有唯一的名称。可把每个动作框按层次化分解成一些子动作框和子关系。有四种类型的因子:输入、控制、机制和输出。

——输入:如箭头方向所示,从左手边进入动作框。输入可表示为具体的或非具体的信息,他们适合于由动作框中的一个或多个活动来操纵。

——控制:是典型的指令,过程,选择准则等。控制指导着活动的执行情况,它们由进入动作框顶部的箭头表示。

——机制:是一种资源如职员,组织单元或设备,都是对执行任务的活动所必需的。

——输出:可标志活动产生的任何结果,由右手边离开动作框的箭头表示。

当这些活动相互间通过许多因子关系强相关时,最好将这些活动考虑成包含在一个动作框内的一个不可分割的组。将活动分组成动作框的指导原则是只由很少的几个因子把产生的框成双地偶联。

A/F 图的模型等级一层一层分下去直到对动作框再分无意义时为止。当框内活动不能再分或当动作框的进一步细分超出系统分析的范围以外时就达到了这一步。

B.60.8.3 参考文献

[1] Structured Analysis for Requirements Definition, D. T. Ross, K. E. Schoman Jr, IEEE Trans. Software Eng, Vol. SE-3, 1977, 6-15.

[2] Structured Analysis (SA): A language for communicating ideas, D. T. Ross, IEEE Trans. Software Eng., Vol. SE-3, 1, 16-34.

[3] Applications and Extensions of SADT, D. T. Ross, Computer, April 1985, 25-34.

[4] Structured Analysis and Design Technique - Application on Safety Systems, W. Heins, Risk Assessment and Control Courseware, Module BI, Chapter 11, 1989.

[5] Delft University of Technology, Safety Science Group, PO Box 5050, 2600 GB Delft, Netherlands. O BSI 05-2001 COPYRIGHT European Committee for Electrotechnical Standardization Licensed.

B.61 结构化编程(供第 10 章参考)

B.61.1 目标

设计和实现程序,使对程序的分析变为实际。该分析能提示所有重要的程序行为。

B.61.2 描述

该程序宜包含最小结构复杂性,避免复杂的分支。循环约束和分支只与输入参数有关。将程序分成适当小的模块,这些模块之间的相互作用要明显。优先采用能促进上述方法的程序设计语言的特征,除非是考虑绝对优先外,其他声称比较有效的编程语言都少采用(如一些安全苛求系统)。

B.61.3 参考文献

[1] A Discipline of Programming, E. W. Dijkstra, Englewood Cliffs, N J, Prentice-Hall, 1976.

[2] Assessing a Class of Software Tools, M. A. Hennell et al., 7th International conference on Engineering, March 1984, Orlando.

[3] A Software Tool for Top-down Programming, D. C. Ince, Software - Practice and Experience, Vol. 13, No. 8, August 1983.

B.62 合适的编程语言(供 DT.4 参考)

B.62.1 目标

尽可能支持本标准的需求,尤其是防御性程序、强类型、结构化程序设计和可能断言。所采用的程序设计语言宜能用最小的代价产生易验证的代码和实施程序开发、验证和维护。

B.62.2 描述

程序语言宜有充分的且无歧义性的定义。语言是面向用户或问题，而不是面向机器。广泛使用的语言或其子集优先于特殊目的语言。

除了已经参考的特征外，语言还宜提供：

——程序块结构；

——翻译时间的检测；

——运行时间类型和数组上下界检测；

——参数检测。

语言宜有助于：

——使用小型可管理模块；

——在定义模块时限制对数据的存取；

——定义可变子域；

——任何其他限制构造的错误类型。

要求由一个合适的翻译器，合适的预先存在模块库，和一个调试器以及版本控制和开发工具来支持语言。

会导致验证困难的特征宜避免为以下内容：

——无条件转移，除了子例程调用；

——递归；

——指针、堆栈或任何类型的动态变量或目标；

——源代码级别的中断处理；

——循环、程序块或子程序的多重入口和出口；

——隐含变量的初始化或声明；

——不同的记录和等价；

——过程参数。

低级语言特别是汇编语言，易因为它们依赖机器而出现问题。

B.63 符号执行（供 DT.8 参考）

B.63.1 目标

为了显示源代码和规范之间的一致性。

B.63.2 描述

在所有的赋值中，程序把等号右边的值替换等号左边的值。条件分支和循环被转换为布尔表达式。对于每一个程序变量，最后结果是一个符号表达式。可对照预期的表达式来检验它。

B.63.3 参考文献

［1］ Formai Program Verification using Symbolic Execution, R. B. Dannenberg and G. W. Ernst, IEEE TransSoftware Engineering, Vol. SE-8, No. 1, 1982.

［2］ Symbolic Execution and Software Testing, J. C. King, Comm. ACM, Vol. 19, No. 7, 1976.

B.64 时间 Petri 网(供 DT.5 和 DT.7 参考)

B.64.1 目标

通过分析和再设计模型化系统行为的有关方面,评估及可能地提高安全性和操作的要求。

B.64.2 描述

Petri 属于一类图形理论模型,其适合表达系统中的并发和异步行为的信息和控制流。

一个 Petri 网时一个位置/变迁的网,位置可被“标记”或“不标记”。当输入该网的所有输入位置被标记时,就“启动”一个变迁。当“启动”变迁时,允许“点火”(但并不是强迫的)。如果变迁点火,将移出输入位置的标记到该变迁的所有输出位置。

在模型中,潜在的危害表达一种特殊的状态(标记)。可把 Petri 网模型扩展成可供系统的定时特征用。虽然经典的 Petri 网主要关注于控制流方面,已经提出了把数据流包括到模型中去的几种扩展方案。

B.64.3 参考文献

[1] Net Theory and Applications, W. Brauer (ed), Lecture Notes in Computer Science, Vol. 84, Springer, 1980.

[2] Petri Net Theory and Modelling of Systems, J. L. Peterson, Prentice-Hall, 1981.

[3] Safety Analysis using Petri Nets, N. Leveson and J. Stolzy, Proc. FTCS 15, Ann Arbor, Michigan, June 1985, IEEE 1985.

[4] A Tool for Requirements Specification and Analysis of Real Time Software Based on Timed Petri Nets, S. Bologna, F. Pisacane, C. Gheui, D. Mandrioli, Proc. SAFECOMP 88, 9-11, Nov. 1988, Fulda Fed. Rep. of Germany, 1988.

B.65 经使用证明的翻译器(供第 10 章参考)

B.65.1 目标

为避免任何由于翻译器失效而在软件包开发、验证和维护中引发的任何困难。

B.65.2 描述

要使用其性能正确性在许多项目中已得到证明的翻译器,而禁止使用无任何运用经历或存在已知严重错误的翻译器。

若发现翻译器存在不足,在安全相关项目中记录并注意避免使用相关语言的构造。

另一个处理方法是限制在仅使用程序设计语言的常用特性。

这个建议是基于许多项目的经验。不成熟的翻译器对于任何软件开发都会造成严重的缺陷。这些缺陷会使一个安全相关软件的开发无法实施。

目前,没有一种现存的方法能证明所有编译组件的正确性。

B.66 走查/设计复审(供 DT.8 参考)

B.66.1 目标

尽可能迅速而经济地检测出开发过程中一些阶段产品的错误。

B.66.2 描述

IEC/TC 56 已经出版了一本正式设计复审的指南，其中包括正式设计复审的通用描述、它们的目标、不同设计复审类型的细节、设计复审组的组成以及他们的相关职责。IEC 文件还提供了计划和执行正式设计复审的通用指南，和关于独立专家在设计复审组中的特殊作用。专家的作用有：可靠性、可维护性的支持和可用性。

IEC 建议为所有新产品/过程、新应用和所有会影响功能、性能、安全性、可靠性、检查可维护性的能力、可用性、成本控制能力和其他影响最终产品/过程、使用用户或其他用户的特性。代码走查包括一个走查组选择一小套测试案例，该案例为一些典型输入集及其相对应的程序期望输出，然后通过程序逻辑人工追踪测试数据。

B.66.3 参考文献

[1] The Art of Software Testing, G. Myers, Wiley & Sons, New York, 1979.

[2] Reliability and Maintainability Guide on Formai Design Review (Drafi), International Electrotechnical Commission, Technical Committee No. 56, January 1988.

B.67 模糊逻辑(供第 10 章参考)

B.67.1 目标

模糊逻辑是一门数学学科。它以允许真实度和谬误度的模糊集理论为基础。它是广义的二值逻辑，能提供近似推理模型。它能使人的智能合并入自动系统中。通过承认定义准确边界的困难，模糊逻辑减少了必要的精确度，因而导致产生容易控制的高层和简单的解决方案。

B.67.2 描述

模糊逻辑方法的本质部分是一套语言规则(IF-THEN 规则)，其前提和结果都同模糊集相关。

例如：IF“速度快而且到停止之间的距离是中等的”；

THEN“加速度接近零而且轻微制动”。

在这个例子中“速度”是一个语言变量，用模糊集“快”来表示其特征，可解释为“速度在约 70 英里以上”。如果不到 60 英里，那么“快”的隶属关系值为 0。如果速度超过 80 英里，那么“快”的隶属值是 1。如果速度在 60 英里和 80 英里之间，那么“快”的隶属值在 0 和 1 之间。

这一逻辑判定基于操作符的数学种类：三角形范式和三角形共轭范式。

以模糊逻辑规则为基础的系统在许多方面都不同于其他专家系统，如：(1)规则数少，(2)只使用前向链接，(3)没有演绎链接(所有规则在一次迭代中并行执行)，(4)经统计定义的规则，(5)方案简洁性导致的执行速度，(6)决定论。

在前些年，模糊逻辑已大量用于许多诸如财政和地震等工程领域，尤其是模糊控制已经应用到控制高阶非线性系统、不能用数学描述或由于太复杂而不能分析的系统、或现有可用的方法得不到高质量的系统。

模糊逻辑控制的著名应用包括飞机飞行控制、电力系统和核反应堆控制。最近，模糊控制又成功地用在列车自动驾驶系统。

B.67.3 参考文献

[1] Fuzzy Sets, Zadeh, Information and Control, 1965, Vol. 8, pp338-353.

[2] Fuzzy Logic in Control Systems: fuzzy Logic Controller, Part l & Il, Chuen Chien Lee,

IEEE Transactions on systems, man, and cybernetics, Vol. 20, No. 2, March/April 1990.

[3] Industrial Applications of fuzzy Control, M. Sugeno (ed.), Amsterdam, North Holland, 1985.

[4] Automatic Train Operation System by Predictive fuzzy Control, Yasunobu, Miyamoto, Industrial Applications of Fuzzy Control, M. Sugeno (ed.), Amsterdam, North Holland, 1985.

[5] An automatic operation method for control rods in BWR plants, Kinoshita, Fukusaki, Satoh, Miyake, Proc. Specialists Meeting on In-Core Instrumentation and Reactor Core Assessment, Cadarache, France, 1988.

[6] Use of rule-based system forprocess control, Bernard, IEEE Contr. Syst. Mag., Vol. 8, No. 5, pp. 3-13, 1988.

B.68 面向对象编程(供第10章参考)

B.68.1 目标

能快速原型开发,能比较容易的重用现存的软件组件,能完成信息隐藏,能减小整个寿命周期中的错误可能性,能减小维护阶段的努力,能将复杂问题分解成易于管理的小问题,能减少软件组件之间的依赖性,能产生更易于扩充的应用。

B.68.2 描述

面向对象程序设计是从一种新的基本方法来思考软件,它基于存在对现实世界的抽象而不是基于计算抽象。面向对象程序设计将软件组织成将数据结构和行为合并在一起的对象集合,这与数据结构和行为是松散连接的传统程序设计方法产生鲜明的对比。

对象:一个对象包括一个私有数据区和一套对象的操作——称为对象的方法。方法可是公有的或私有的。不允许其他软件组件直接读取或修改一个对象的私有数据。其他软件组件应使用该对象的公有方法读或写对象的私有数据区中的数据。

对象类:通过指定一对象类(通常用类型定义的方法),你可将大量对象的实例归为同一类,例如:所有实例都有该对象类中规定的私有数据区和方法。

一个对象类可继承一个(或多个)超类(在类层次结构中该对象类的上层对象类)的私有数据区和方法,并允许增加一些私有数据和一些方法或对该继承方法的实现进行修改。使用继承性可建立多样对象类树。

多态性:同样的操作在不同的对象类中有不同的行为,例如:对终端对象的写操作是将内容写到该终端上而一个文件对象的写操作却是将内容写到该文件中。

B.68.3 参考文献

[1] Object Oriented SoMare Construction, Bertrand Meyer, England, Prentice Hall International, 1988.

[2] Classification as a paradigm for computing, Peter Wegner, Technical Report CS-86-1 1, Brown University, May 1986.

[3] Learning language, Peter Wegner, Byte (McGraw-Hill publication), March 1989.

[4] All OOPSLA (Object-Oriented Programming Systems, Languages and Applications) and ECOOP (European Conference on Object-Oriented Programming) conference proceedings.

B.69 可追溯性(供第11章参考)

B.69.1 目标

可追溯性的目标是所有的需求都能显示出已被满足,并且没有引入不可追溯的因素。

B.69.2 描述

对需求来讲,可追溯性在系统确认阶段是一个需要考虑的重要因素,而且在整个软件生命周期的各阶段中,应提供相应的方法来证明对需求的可追溯性。

可追溯性既需要考虑应用到功能需求又需要考虑应用到非功能需求,尤其应指出:

a) 从需求到设计或其他实现设计的对象的可追溯性;

b) 从设计对象到实施对象的可追溯性;

c) 从需求和设计对象到为了保证系统正确和安全运行的运行维护对象的可追溯性;

d) 从需求、设计、实施、运行和维护对象到为确定可接收性的验证和测试计划、需求规范的可追溯性;

e) 从验证和测试计划以及需求规范到测试或其他记录这些应用结果的报告的可追溯性。

当把需求、设计或其他对象作为一系列分离的文件来示例时,将在文件结构内部以分层方式保持可追溯性。

可追溯性过程的输出应受正式配置管理的控制。

附　录　NA
（资料性附录）
与规范性引用国际文件有关的我国文件

与本标准中规范性引用文件有一致性对应关系的我国文件如下：

——GB/T 5271.1—2000　信息技术　词汇　第1部分：基本术语(eqv,ISO/IEC 2382-1:1993)；

——GB/T 5271.3—2008　信息技术　词汇　第3部分：设备技术(ISO/IEC 2382-3:1987,IDT)；

——GB/T 5271.4—2000　信息技术　词汇　第4部分：数据的组织(eqv,ISO/IEC 2382-4:1987)；

——GB/T 5271.5—2008　信息技术　词汇　第5部分：数据表示(ISO/IEC 2382-5:1999,IDT)；

——GB/T 5271.6—2000　信息技术　词汇　第6部分：数据的准备与处理(eqv,ISO/IEC 2382-6:1987)；

——GB/T 5271.7—2008　信息技术　词汇　第7部分：计算机编程(ISO/IEC 2382-7:2000,IDT)；

——GB/T 5271.8—2001　信息技术　词汇　第8部分：安全(ISO/IEC 2382-8:1998,IDT)；

——GB/T 5271.9—2001　信息技术　词汇　第9部分：数据通信(eqv,ISO/IEC 2382-9:1995)；

——GB/T 5271.11—2000　信息技术　词汇　第11部分：处理器(eqv,ISO/IEC 2382-11:1987)；

——GB/T 5271.12—2000　信息技术　词汇　第12部分：外围设备(eqv,ISO/IEC 2382-12:1988)；

——GB/T 5271.13—2008　信息技术　词汇　第13部分：计算机图形(ISO/IEC 2382-13:1996,IDT)；

——GB/T 5271.14—2008　信息技术　词汇　第14部分：可靠性、可维护性与可用性(ISO/IEC 2382-14:1997,IDT)；

——GB/T 5271.15—2008　信息技术　词汇　第15部分：编程语言(ISO/IEC 2382-15:1999,IDT)；

——GB/T 5271.16—2008　信息技术　词汇　第16部分：信息论(ISO/IEC 2382-16:1996,IDT)；

——GB/T 5271.18—2008　信息技术　词汇　第18部分：分布式数据处理(ISO/IEC 2382-19:1999,IDT)；

——GB/T 5271.19—2008　信息技术　词汇　第19部分：模拟计算(ISO/IEC 2382-19:1989,IDT)；

——GB/T 5271.20—1994　信息技术词汇　20部分　系统开发(eqv,ISO/IEC 2382-20:1990)；

——GB/T 5271.23—2000　信息技术　词汇　第23部分：文本处理(eqv,ISO/IEC 2382-23:1994)；

——GB/T 5271.24—2000　信息技术　词汇　第24部分：计算机集成制造(eqv,ISO/IEC 2382-24:1995)；

——GB/T 5271.25—2000　信息技术　词汇　第25部分：局域网(eqv,ISO/IEC 2382-25:1992)；

——GB/T 5271.27—2001　信息技术　词汇　第27部分：办公自动化(eqv,ISO/IEC 2382-27:1994)；

——GB/T 5271.28—2001　信息技术　词汇　第28部分：人工智能　基本概念与专家系统(eqv,ISO/IEC 2382-28:1995)；

——GB/T 5271.29—2006　信息技术　词汇　第29部分：人工智能　语音识别与合成(ISO/IEC

2382-29:1999,IDT);

——GB/T 5271.31—2006　信息技术　词汇　第31部分:人工智能　机器学习(ISO/IEC 2382-31:1997,IDT);

——GB/T 5271.32—2006　信息技术　词汇　第32部分:电子邮件(ISO/IEC 2382-32:1998,IDT);

——GB/T 5271.34—2006　信息技术　词汇　第34部分:人工智能　神经网络(ISO/IEC 2382-34:1999,IDT);

——GB/T 16260.1—2006　软件工程　产品质量　第1部分:质量模型(ISO/IEC 9126-1:2001,IDT);

——GB/T 16260.2—2006　软件工程　产品质量　第2部分:外部度量(ISO/IEC TR 9126-2:2003,IDT);

——GB/T 16260.3—2006　软件工程　产品质量　第3部分:内部度量(ISO/IEC TR 9126-3:2003,IDT);

——GB/T 16260.4—2006　软件工程　产品质量　第4部分:使用质量的度量(ISO/IEC TR 9126-4:2004,IDT);

——GB/T 19000—2008　质量管理体系　基础和术语(ISO 9000:2005,IDT);

——GB/T 19001—2008　质量管理体系　要求(ISO 9001:2008,IDT);

——GB/T 19003—2008　软件工程　GB/T 19001—2000 应用于计算机软件的指南(ISO/IEC 90003:2004,IDT);

——GB/T 21562—2008　轨道交通　可靠性、可用性、可维修性和安全性规范及示例(IEC 62278:2002,IDT);

——GB/T 24339.1—2009　轨道交通　通信、信号和处理系统　第1部分:封闭式传输系统中的安全相关通信(IEC 62280-1:2002,IDT);

——GB/T 24339.2—2009　轨道交通　通信、信号和处理系统　第2部分:开放式传输系统中的安全相关通信(IEC 62280-2:2002,IDT)。

ICS 45.060
S 04

中华人民共和国国家标准

GB/T 28809—2012/IEC 62425:2007

轨道交通 通信、信号和处理系统 信号用安全相关电子系统

Railway applications—Communication, signaling and processing systems—Safety related electronic systems for signaling

(IEC 62425:2007,IDT)

2012-11-05 发布 2013-02-01 实施

中华人民共和国国家质量监督检验检疫总局
中国国家标准化管理委员会 发布

前言

本标准按照GB/T 1.1—2009给出的规则起草。

本标准采用翻译法等同采用IEC 62425:2007《轨道交通 通信、信号和处理系统 信号传输用和安全性相关的电子系统》。

与本标准中规范性引用文件有一致性对应关系的我国文件如下：

——GB/T 16935.1—2008 低压系统内设备的绝缘配合 第1部分：原理、要求和试验(IEC 60664-1:2007,IDT)；

——GB/T 16935.3—2005 低压系统内设备的绝缘配合 第3部分：利用涂层、罐封和模压进行防污保护(IEC 60664-3:2003,IDT)；

——GB/T 16935.5—2008 低压系统内设备的绝缘配合 第5部分：不超过2 mm的电气间隙和爬电距离的确定方法(IEC 60664-5:2007,IDT)；

——GB/T 20438.1—2006 电气/电子/可编程电子安全相关系统的功能安全 第1部分：一般要求(IEC 61508-1:1998,IDT)；

——GB/T 21562—2008 轨道交通 可靠性、可用性、可维修性和安全性规范及示例(IEC 62278:2002,IDT)；

——GB/T 24338.1—2009 轨道交通 电磁兼容 第1部分：总则(IEC 62236-1:2003,IDT)；

——GB/T 24338.3—2009 轨道交通 电磁兼容 第3-1部分：机车车辆 列车和整车(IEC 62236-3-1:2003,IDT)；

——GB/T 24338.4—2009 轨道交通 电磁兼容 第3-2部分：机车车辆 设备(IEC 62236-3-2:2003,MOD)；

——GB/T 24338.5—2009 轨道交通 电磁兼容 第4部分：信号和通信设备的发射与抗扰度(IEC 62236-4:2003,IDT)；

——GB/T 24338.6—2009 轨道交通 电磁兼容 第5部分：地面供电装置和设备的发射与抗扰度(IEC 62236-5:2003,IDT)；

——GB/T 24339.1—2009 轨道交通 通信、信号和处理系统 第1部分：封闭式传输系统中的安全相关通信(IEC 62280-1:2002,IDT)；

——GB/T 24339.2—2009 轨道交通 通信、信号和处理系统 第2部分：开放式传输系统中的安全相关通信(IEC 62280-2:2002,IDT)；

——GB/T 25119—2010 轨道交通 机车车辆电子装置(IEC 60571:2006,MOD)；

——GB/T 28808—2012 轨道交通 通信、信号和处理系统 控制和防护系统软件(IEC 62279:2002,IDT)。

本标准做了下列编辑性修改：

——第2章规范性引用文件删除了IEC 62236-4,因为之前已有IEC 62236(所有部分)列项,包含了IEC 62236-4；

——第2章规范性引用文件中,EN 50124、EN 50125、EN 50155已按IEC TC9和CENELEC TC9X合作战略转化为IEC 60571，全文用IEC 60571替换EN 50155、IEC 62497-1代替EN 50124-1、IEC 62498-1代替EN 50125-1、IEC 62498-3代替EN 50125-3；

——5.1下增加下一级编号,以符合中文编排习惯；

——附录E中引用表E.1～表E.10语句删除了表编号后的表标题,简化阅读。

本标准由中华人民共和国铁道部提出。

本标准由全国牵引电气设备与系统标准化技术委员会(SAC/TC 278)归口。

本标准主要起草单位:同济大学、铁道部标准计量研究所。

本标准参加起草单位:株洲南车时代电气股份有限公司、北京全路通信信号研究设计院。

本标准主要起草人:徐中伟、孙超、王奇。

本标准参加起草人:范祚成、严云升、赵天时、陈邦兴、黄银霞、呼爱蝉、师进。

引　言

安全相关电子信号系统包括硬件和软件两方面。为安装完整的安全相关系统，在系统整个生命周期中，这两个方面都应加以考虑。在本标准中定义了安全相关硬件和整个系统的需求，其他需求在相关的 IEC 标准中定义。

相互认可是面向通用的而不是面向特定应用的审批。

由于本标准涉及安全相关系统验收的相关证据，这些证据包括：在验收阶段之前所应完成的生命周期活动；在验收阶段之后还需要执行的附加的有计划的活动。因此需要证明在整个生命周期中安全性是得到满足的。

本标准关注的是提交何种证据。除确认为适合之外，本标准不规定由谁来执行必要的工作，因为在不同的环境下情况不一样。

对于包含可编程电子设备的安全相关系统，软件的附加条件都定义在 IEC 62279 中。

对于安全相关数据通信的附加需求定义在 IEC 62280 中。

轨道交通　通信、信号和处理系统 信号用安全相关电子系统

1　范围

本标准适用于轨道交通信号应用中的安全相关电子系统(包括子系统和设备)。

本标准涉及的范围以及其他 IEC 国际标准的关系如图 1 所示。

本标准适用于所有安全相关轨道交通信号系统/子系统/设备。但在 IEC 62278 和本标准中定义的危害分析和风险评估过程对于所有的轨道交通信号系统/子系统/设备来说是必要的,以便确定安全需求。如果分析表明无安全需求存在(也就是非安全相关的情况),并且倘若此结论不受后续变化影响的话,那么可终止本安全标准的应用。

本标准既适用于整体信号系统的规范、设计、建造、安装、验收、运行、维护和修改/扩展阶段,也适用于整体信号系统中的单个子系统和设备。附录 C 包括与电子硬件元器件相关的规程。

本标准适用于通用的(包括与应用类型无关的和专门应用类别的)子系统和设备,也适用于特定应用中的系统/子系统/设备。

本标准不适用于既有系统/子系统/设备(即在本标准创建之前它们已被接受)。但只要合理并符合实际,对既有系统、子系统和设备的变更与扩展推荐采用本标准。

本标准主要适用于为轨道交通信号应用专门设计和制造的系统/子系统/设备。只要合理并符合实际,它也宜适用于那些作为安全相关信号系统部件的通用或工业设备(比如电源、调制解调器等)。至少,应提供证据证明:

——不依靠此设备来实现安全;

——可依靠此设备来实现安全相关功能。

本标准适用于轨道交通信号系统的功能安全,它不涉及职业健康和个人安全问题,这方面问题由其他标准讨论。

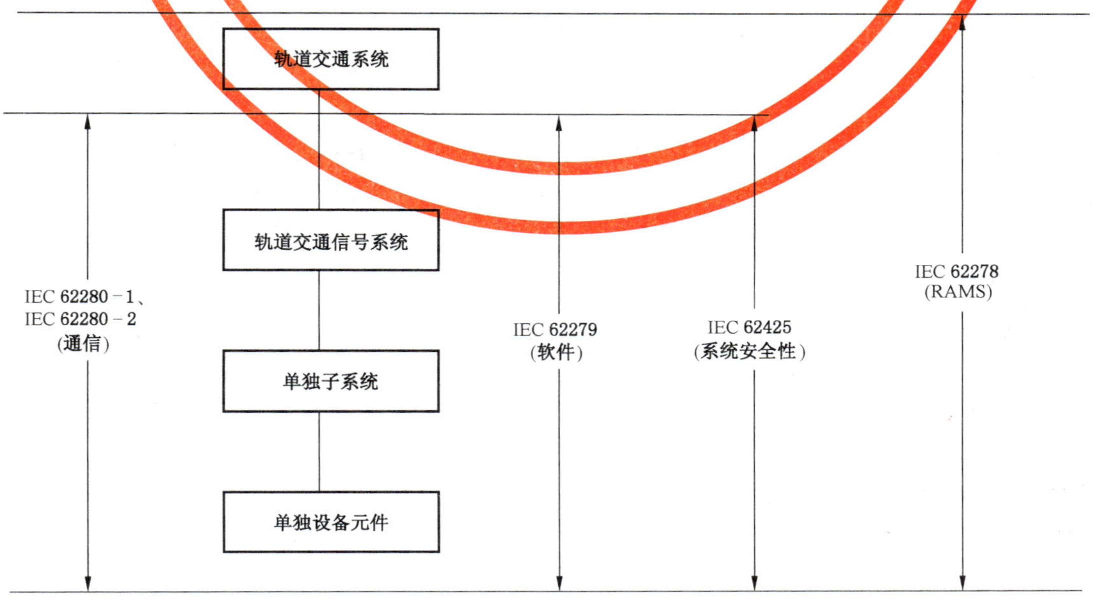

图 1　轨道交通主要标准的应用范围

2 规范性引用文件

下列文件对于本文件的应用是必不可少的。凡是注日期的引用文件，仅注日期的版本适用于本文件。凡是不注日期的引用文件，其最新版本(包括所有的修改单)适用于本文件。

注：其他资料性参考资料见参考文献。

IEC 60571 铁路机车用电子设备(Railway applications—Electronic equipment used on rolling stock)

IEC 60664(所有部分) 低压系统内设备的绝缘配合(Insulation coordination for equipment within low-voltage systems)

IEC 61508-1 电气、电子、程序可控的电子安全相关系统的功能性安全 第1部分：一般要求(Functional safety of electrical/electronic/programmable electronic safety-related systems—Part 1: General requirements)

IEC 62236(所有部分) 铁路应用 电磁兼容性(Railway applications—Electromagnetic compatibility)

IEC 62278 轨道交通 可靠性、可用性、可维修性和安全性(RAMS)规范及示例[Railway applications—Specification and demonstration of reliability, availability, maintainability and safety (RAMS)]

IEC 62279 铁路设施 通信、信号和处理系统 铁路控制和保护系统用软件(Railway applications—Communications, signalling and processing systems—Software for railway control and protection systems)

IEC 62280-1 铁路设施 通信、信号和处理系统 第1部分：在封闭的传输系统中有关通信安全(Railway applications—Communication, signalling and processing systems—Part 1: Safety-related communication in closed transmission systems)

IEC 62280-2 铁路设施 通信、信号和处理系统 第2部分：在开放的传输系统中有关通信安全(Railway applications—Communication, signalling and processing systems—Part 2: Safety-related communication in open transmission systems)

IEC 62497-1 铁路设施 绝缘配合 第1部分：基本要求 所有电气和电子设备的间隙及漏电距离(Railway applications—Insulation coordination—Part 1: Basic requirements—Clearances and creepage distances for all electrical and electronic equipment)

IEC 62498-1 轨道交通 设备环境条件 第1部分：机车车辆车载设备(Railway applications—Environmental conditions for equipment—Part 1: Equipment on board rolling stock)

IEC 62498-3 轨道交通 设备环境条件 第3部分：信号设备和通信设备(Railway applications—Environmental conditions for equipment—Part 3: Equipment for signalling and telecommunications)

3 术语和缩略语

3.1 术语

下列术语和定义适用于本文件。

3.1.1

事故 accident

导致死亡、伤害、系统或服务丧失或者环境破坏的一个或一系列非预期事件。

3.1.2

评估 assessment

确定设计机构和确认员所完成的产品是否符合规定的要求和判定产品是否达到预期目的的分析

过程。

3.1.3

许可　authorisation

正式允许在特定应用约束下使用某产品。

3.1.4

可用性　availability

在要求的外部资源得到保证的前提下,产品在规定的条件下和规定的时刻或时间区间内处于可执行规定功能状态的能力。

3.1.5

原因分析　causal analysis

分析特定危害出现的原因。

3.1.6

共因失效　common-cause failure

造成原本相互独立的对象同时失效的一种失效。

3.1.7

后果分析　consequence analysis

对危害发生后可能出现的事件的分析。

3.1.8

配置　configuration

针对具体应用,系统中硬件和软件的结构和互联。

3.1.9

相互认可　cross-acceptance

指产品所达到的一种状态,在此状态下该产品已被某机构按相关国际标准所接受,并可无需进一步评估就可被另一机构所接受。

3.1.10

设计　design

对指定需求进行分析并转化为具有规定的安全完整性的设计方案的活动。

3.1.11

设计机构　design authority

负责形成实现指定需求的设计方案,并监控后续开发和系统在指定环境投入运行情况的实体。

3.1.12

多样性　diversity

利用多种独立的和不同的方式实现全部或部分指定需求的方法。

3.1.13

设备　equipment

具备功能的物理对象。

3.1.14

错误　error

可能导致非预期的系统行为或失效的与期望设计之间的偏差。

3.1.15

故障-安全　fail-safe

结合在产品设计内的一种观念,即发生失效事件时产品导向或维持在安全状态。

3.1.16

失效 failure

与规定的系统行为产生偏差。失效是系统错误或故障的结果。

3.1.17

故障 fault

一种能导致系统错误或失效的不正常状态,故障可是系统性的或随机性的。

3.1.18

故障检测时间 fault detection time

从故障开始出现到检测出故障存在的时间间隔。

3.1.19

功能 function

产品实现其目的所采用的行动或活动的方式。

3.1.20

危害 hazard

可能导致事故的一种状况。

3.1.21

危害分析 hazard analysis

识别危害并分析原因,导出可将危害发生的可能性和后果减小到容许等级的过程。

3.1.22

危害日志 hazard log

对安全管理活动、危害识别、决策制定和采用方案进行记录或给出索引的文档。

3.1.23

人为错误 human error

引发非期望的系统行为/失效的人的动作(失误)。

3.1.24

实现 implementation

将规定需求转变为物理实现的活动。

3.1.25

独立性(功能) independence (functional)

不存在任何机制会由于系统失效或随机失效而影响多个功能正确运行。

3.1.26

独立性(人员) independence (human)

不属于同一技术、商业或管理实体。

3.1.27

独立性(物理) independence (physical)

不存在任何机制会由于随机失效而影响多个系统/子系统/设备正确运行。

3.1.28

个体风险 individual risk

只与单一个体相关的风险。

3.1.29

可维护性 maintainability

在规定的条件下,使用定义的规程和资源进行维护时,对于给定使用条件下的产品在规定的时间区间内,能完成指定的实际维护工作的能力。

3.1.30

维护 maintenance

为保持或恢复产品处于能执行规定功能的状态所进行的所有技术和管理工作，包括监督活动。

3.1.31

拒绝 negation

当检测到有危害的故障后强制到安全状态。

3.1.32

拒绝时间 negation time

从检测出故障存在到强制为安全状态的时间间隔。

3.1.33

产品 product

按照规定需求互连以构成系统/子系统/设备的元素的集合。

3.1.34

质量 quality

产品品质的用户理解。

3.1.35

轨道交通主管部门 railway authority

承担轨道交通系统安全运营并对安全主管部门负责的机构。

3.1.36

随机失效完整性 random failure integrity

系统避免有危害的随机故障的等级。

3.1.37

随机故障 random fault

无法预测其发生的故障。

3.1.38

冗余 redundancy

通过一个或多个额外的(通常是同等的)措施来容错。

3.1.39

可靠性 reliability

产品在规定的条件下和规定的时间区间(t_1,t_2)内完成规定功能的能力。

3.1.40

修复 repair

故障或失效之后对系统/子系统/设备重建所需状态的行为。

3.1.41

风险 risk

危害事件发生的频度或概率与其后果的组合。

3.1.42

安全状态 safe state

继续保持安全的状况。

3.1.43

安全性 safety

免除危害的不可接受等级的风险。

3.1.44

安全验收　safety acceptance

最终用户给出的产品的安全状态。

3.1.45

安全审批　safety approval

当产品满足一系列预期的需求后,由必要的主管部门指定的产品安全状态。

3.1.46

安全主管部门　safety authority

许可安全相关系统运行的机构。

3.1.47

安全论据　safety case

论述产品符合规定安全需求的证明文档。

3.1.48

安全完整性　safety integrity

在所有规定的条件和规定的运行环境下以及规定的时间内,安全相关系统完成指定的安全功能的能力。

3.1.49

安全完整性等级　safety integrity level

表示针对系统失效时某系统仍可满足指定安全功能所要求的置信度等级的数值。

3.1.50

安全生命周期　safety life-cycle

与安全相关系统的系统生命周期共同实施的一系列附加活动。

3.1.51

安全管理　safety management

保证安全过程正确实施的管理组织。

3.1.52

安全计划　safety plan

实施项目安全需求的细则。

3.1.53

安全过程　safety process

为能识别和满足产品全部安全需求所遵循的一系列规程。

3.1.54

安全相关　safety-related

对安全负有责任。

3.1.55

信号系统　signaling system

轨道交通中用于控制和防护列车运行的专用系统。

3.1.56

应力分布　stress profile

产品正常执行它所需的功能时抵抗外部影响的程度和数量。

3.1.57

子系统　sub-system

系统中完成特定功能的部分。

3.1.58

系统 system

按设计有交互作用的子系统集合。

3.1.59

系统失效完整性 systematic failure integrity

系统避免无法识别的危害错误及其原因影响的等级。

3.1.60

系统性故障 systematic fault

在系统/子系统/设备的规范、设计、制造、安装、运行或维护阶段中内在的故障。

3.1.61

系统生命周期 system life-cycle

从构思系统开始到系统停用即系统不再使用为止这段时间内进行的一系列活动。

3.1.62

技术安全报告 technical safety report

系统/子系统/设备设计中的安全性技术证据文档。

3.1.63

确认 validation

通过测试和分析，表明产品在各个方面符合规定需求的一种证明行为。

3.1.64

验证 verification

在生命周期的每个阶段，通过测试和分析，确定本阶段的需求是否符合前一阶段的输出以及本阶段的输出是否实现了本阶段的需求的活动。

3.2 缩略语

下列缩略语适用于本文件。

ATP：列车自动防护(Automatic Train Protection)

CENELEC：欧洲电工标准化委员会(European Committee for Electrotechnical Standardisation)

CCF：共因失效(common-cause failure)

DC：直流(direct current)

EMC：电磁兼容性(electromagnetic compatibility)

EMI：电磁干扰(electromegnetic interference)

EN：欧洲标准(European Standard)

ESD：静电放电(electrostatic discharge)

FMEA：失效模式和影响分析(Failure Modes and Effects Analysis)

FR：失效率(Failure rate)

FTA：故障树分析(Fault Tree Analysis)

H：危害(Hazard)

HW：硬件(Hardware)

IEC：国际电工委员会(International Electrotechnical Commission)

IRSE：铁路信号工程师学会(Institution of Railway Signal Engineers)

ISO：国际标准化组织(International Standards Organisation)

RAMS：可靠性、可用性、可维护性和安全性(reliability，availability，maintainability and safety)

SDR：安全宕机率(Safe down rate)

SDT:安全宕机时间(Safe down time)
SIL:安全完整性等级(Safety integrity Level)
SW:软件(software)
THR:容许危害率(tolerable hazard rate)
UIC:国际铁路联盟(International Union of Railways)

4 整体框架

第5章要求采用系统的、文档化的方法提供:
——质量管理证据;
——安全管理证据;
——功能和技术安全证据;
——安全验收和审批。
附录A(规范性附录)定义了安全完整性等级的解释和用法。
附录B(规范性附录)包括了安全相关系统/子系统/设备详细的技术需求。
附录C(规范性附录)包括了识别硬件可信失效模式的规程和信息。
附录D(资料性附录)包括了补充的技术信息。
附录E(资料性附录)包括了各种安全完整性等级中使用的技术和方法表格。
参考文献包括了本标准编制过程中参考的相关文档资料。
图2归纳了本标准结构。

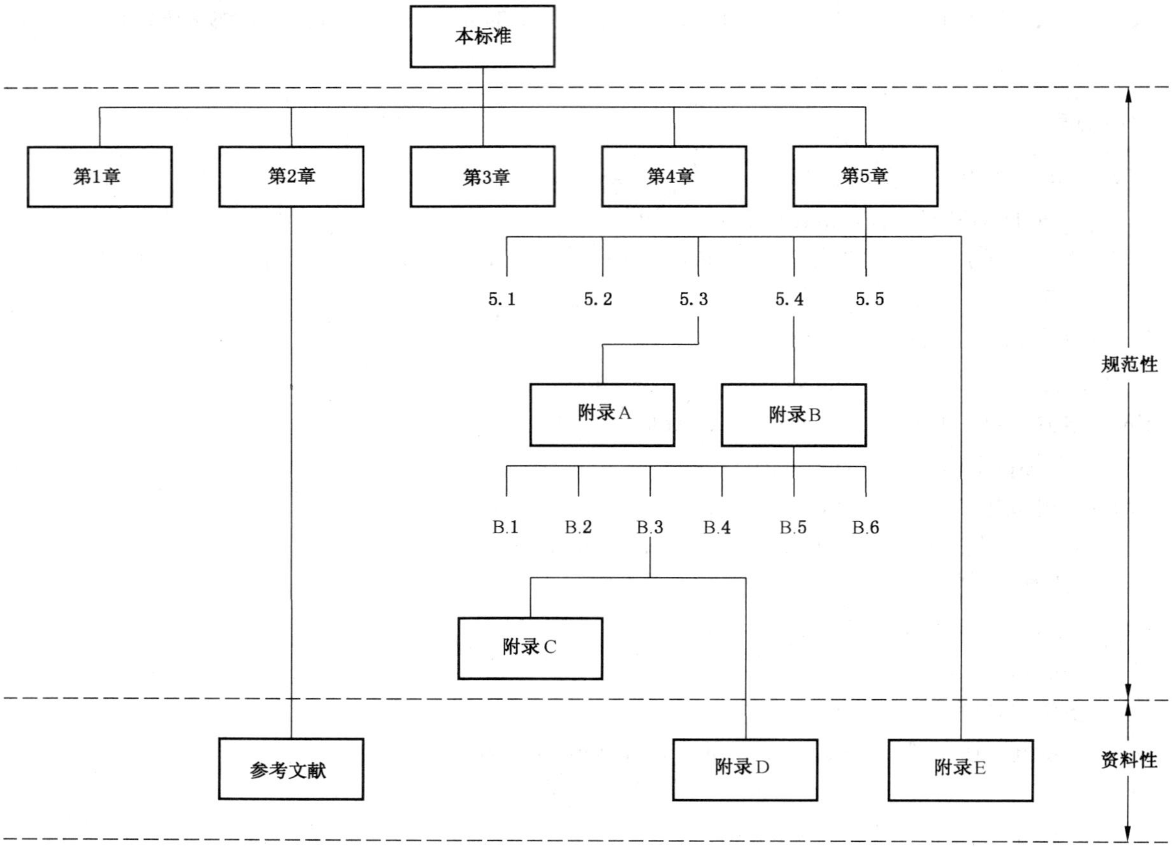

图2 结构

5 安全验收和审批条件

5.1 安全论据

本标准定义了验收轨道交通安全相关电子系统/子系统/设备针对指定应用具有充分安全所应满足的条件。

安全验收的条件在本标准中用以下三个标题提出：

——质量管理证据(见5.2)；

——安全管理证据(见5.3)；

——功能和技术安全的证据(见5.4)。

在验收安全相关系统具有充分安全之前，在设备、子系统和系统层面上，都应满足上述3个条件。

已满足上述条件的文档化证据应包含在一个结构化的安全证明文档中，称为安全论据。安全论据构成了为某通用产品、某类应用或特定应用获得安全审批而向相关安全主管部门提交的全部文档化证据的一部分。对安全审批的过程说明见5.5。

安全论据包含系统/子系统/设备文档化的安全证据，且应遵循以下结构：

5.1.1 第1部分 系统（或子系统/设备）的定义

本部分应对安全论据涉及的系统/子系统/设备进行准确定义或给出具体的参考文献，包括版本号码和所有需求、设计、应用文档的修改状态。

5.1.2 第2部分 质量管理报告

按5.2规定，本部分应包含质量管理证据。

5.1.3 第3部分 安全管理报告

按5.3规定，本部分应包含安全管理证据。

5.1.4 第4部分 技术安全报告

按5.4规定，本部分应包含功能安全和技术安全证据。

5.1.5 第5部分 相关安全论据

本部分应包含对主安全论据所依附的任何子系统或设备的安全论据的参考索引。同时也应论证在每个相关子系统/设备的安全论据中指定的安全相关应用条件：

——在主安全论据已实现；或者

——已结合到主安全论据的安全相关应用条件中。

5.1.6 第6部分 结论

本部分需要对安全论据前面部分提供的证据进行归纳总结，并阐述相关系统/子系统/设备针对指定的应用条件是充分安全的。

安全论据的结构如图3所示。

倘若已给出准确的参考索引并明确指出所使用的基本概念和方法，许多详细证据和支撑文档不必包含在主安全论据及其各部分之中。

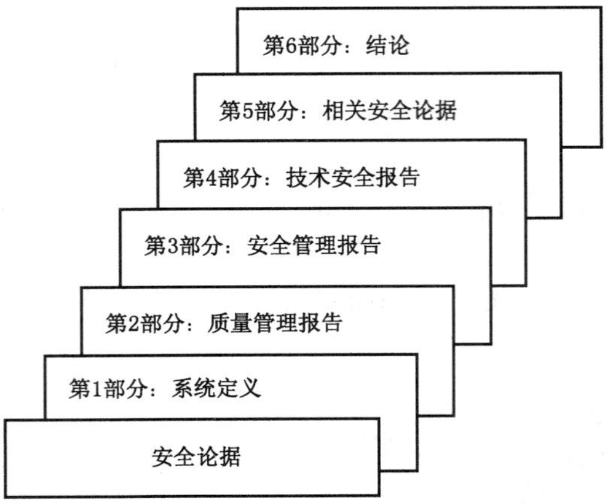

图 3　安全论据结构

5.2　质量管理证据

安全验收首先应满足的条件是在系统/子系统/设备的整个生命周期内，其质量一直并将继续受有效的质量管理体系控制。对此证明的文档性证据由质量管理报告提供，其构成了安全论据的第 2 部分。

质量管理体系的目的是在系统生命周期中的每个阶段减少人为错误的发生频率，进而降低系统/子系统/设备中的系统性故障风险。

质量管理体系应适用于 IEC 62278 中定义的系统/子系统/设备生命周期。图 4 为源于 IEC 62278 定义的系统生命周期一个示例。

注：受质量管理体系控制并由质量管理报告提供证据包括以下方面：

——组织结构；
——质量计划和规程；
——需求规范说明；
——设计控制；
——设计验证及评审；
——应用工程；
——采购和制造；
——产品标识与可跟踪性；
——提交与仓储；
——核查与测试；
——不一致性与纠正活动；
——包装与交付；
——安装与试运行；
——运行和维护；
——质量监督与反馈；
——文档和记录；
——配置管理/修改控制；
——人员资质与培训；
——质量审核及持续改进；
——停用及处置。

符合质量管理需求对安全完整性等级 1～等级 4 是强制性的（见附录 A 中安全完整性等级说明）。但所提供证据的深度和支撑文档的广度应仔细核实并与系统/子系统/设备的安全完整性等级相适应（参见表 E.1 和表 E.8 给出的每一安全完整性等级所需证据的指南）。安全完整性等级 0（非安全相关的)的需求不在本安全标准范围之内。

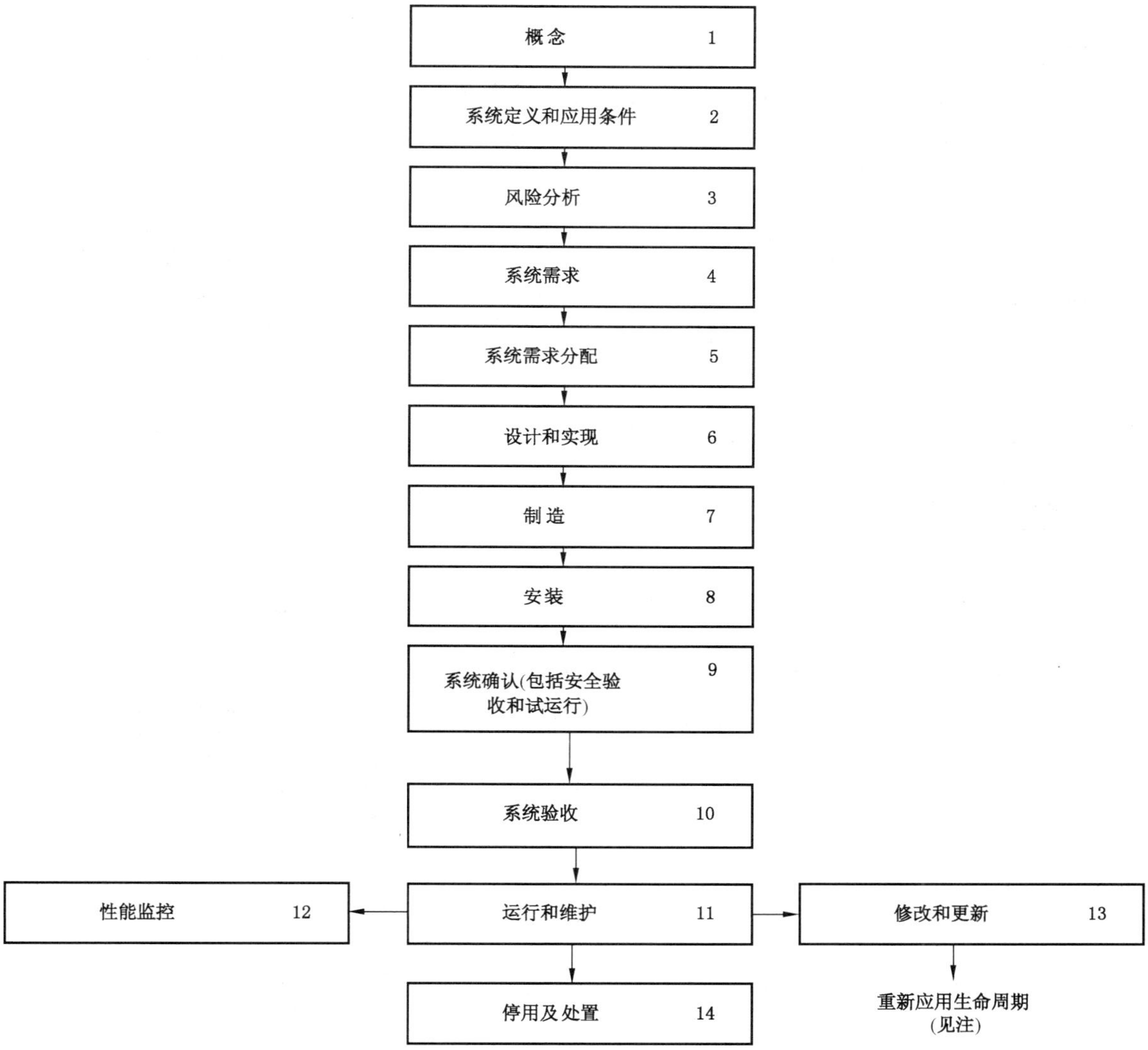

注：修改后进入哪个生命周期阶段与被修改的系统以及具体的改动有关。

图 4 系统生命周期举例(来自 IEC 62278)

5.3 安全管理证据

5.3.1 概要

安全验收应满足的第二个条件是系统/子系统/设备的安全一直并将继续由一个有效的且与 IEC 62278 中规定的 RAMS 管理流程相一致的安全管理流程进行管理。其目的在于进一步降低生命周期中安全相关的人为错误的发生率,从而降低安全相关的系统性故障的残留风险。下面的 5.3.2～5.3.13 简要介绍了安全管理流程的要素。

证明整个生命周期中与安全管理流程所有要素相一致的文档化证据应在安全管理报告中提供,这形成了安全论据的第三部分。倘若给出准确的参考索引,许多详细证据和支撑文档不必包含在本部分之中。

使用安全管理流程对安全完整性等级1～等级4是强制性的(见附录A中安全完整性等级说明)。但所提供证据的深度和支撑文档的广度应仔细核实并与系统/子系统/设备的安全完整性等级相适应。安全完整性等级0(非安全相关的)的需求不在本安全标准范围之内。

为识别每一种特定情况的安全完整性,IEC 62278中定义的危害分析和风险评估在所有情形下都是必需的。这也包括经分析和评估显示安全完整性等级为0级的情况。但是一旦得出这样的结论(即,所处状态是非安全相关的),且维持在等级0,本安全标准将不再适用。

5.3.2 安全生命周期

安全管理流程是由一些阶段和活动组成,将这些阶段和活动联系起来就形成安全生命周期。安全生命周期应与IEC 62278中定义的系统生命周期相一致,系统生命周期见图4。系统生命周期的设计和确认部分可看成为一个"自顶向下"阶段并伴随一个"自底向上"阶段(即"V"形图),示例见图5。

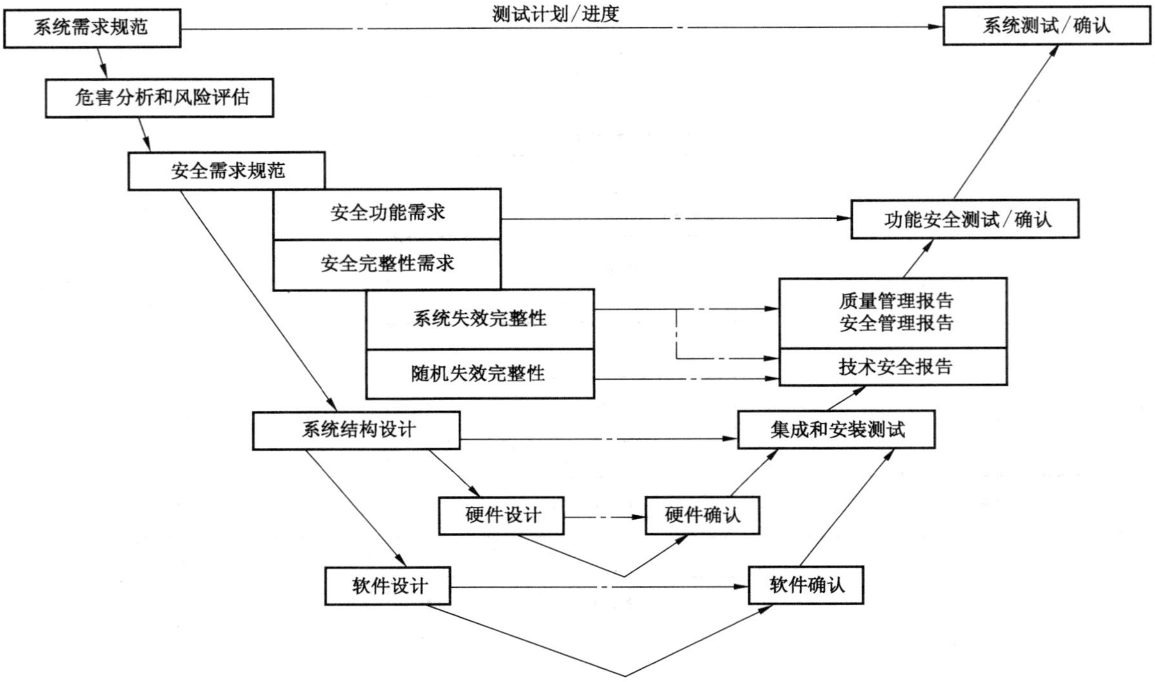

图5 系统生命周期设计和验证部分举例

5.3.3 安全组织

安全管理流程应在一个适合的安全组织的控制下执行,使用能胜任工作的人员并担任明确角色。对人员的能力要按公认的标准进行评估并形成文档,包括专业知识、资质、相关经验和适当的培训。不同角色之间应有适当的独立性,如图6所示。表E.3给出了对于每一安全完整性等级所需要的安全组织的指导。

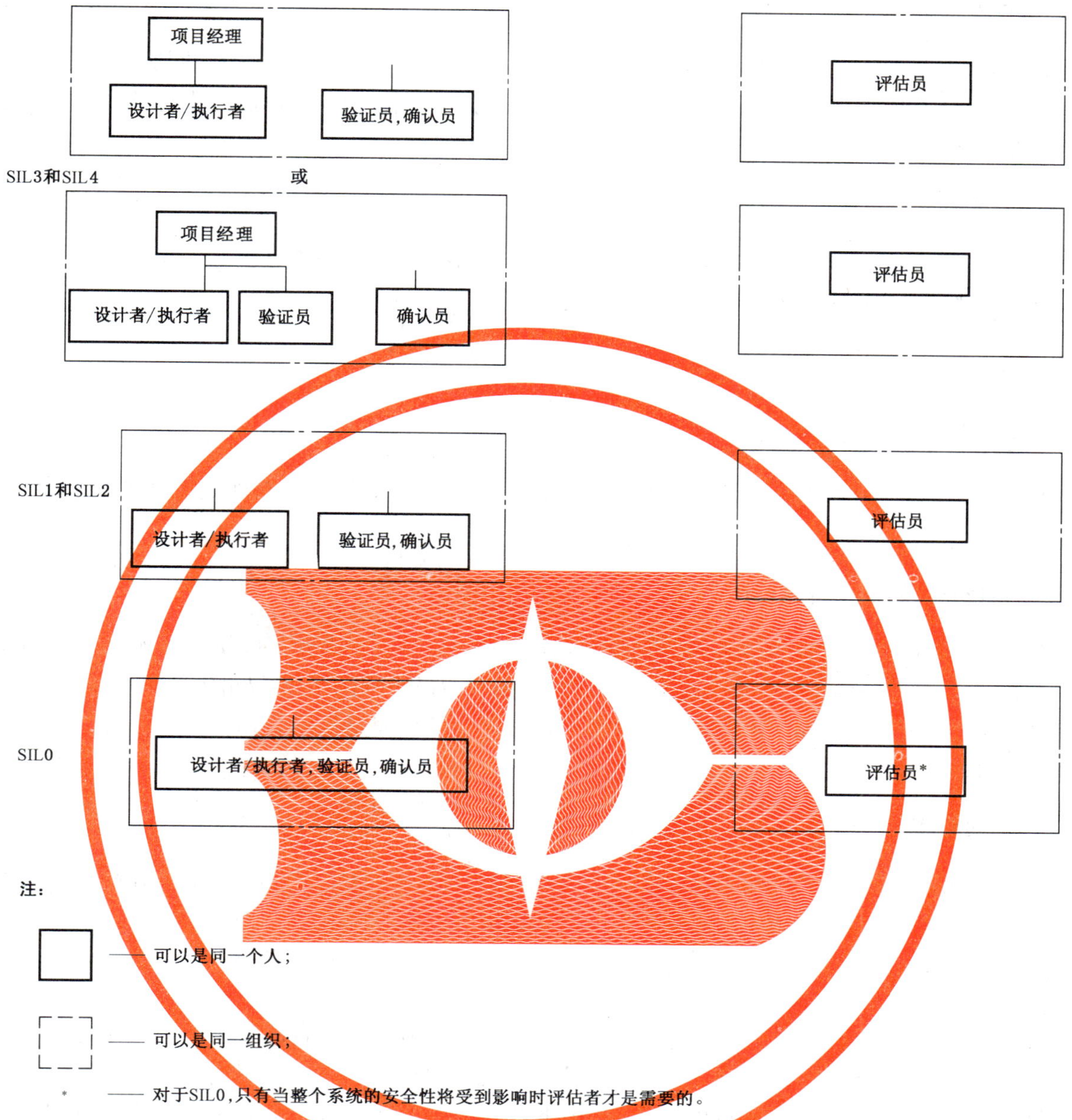

图 6 独立性安排

5.3.4 安全计划

在生命周期的开始前期应制定一个安全计划。该计划应确定安全管理结构、整个生命周期的安全相关活动和审批的里程碑,并应包含以适当间隔对安全计划进行复查的需求。当对原系统/子系统/设备进行变更和扩展后,应对安全计划进行更新并进行复查。如果做了这样的改动,那么要在生命周期的适当阶段对其对安全的影响进行评估。对每个安全完整性等级的安全计划指导参见表 E.1。

安全计划应涉及系统/子系统/设备的所有方面,包括软硬件两部分。软件方面参考 IEC 62279。

安全计划应包括一个确定最终安全论据具体结构和主要部分的安全论据计划。

5.3.5 危害日志

如 IEC 62278 中所述，应创建并在整个安全生命周期内维护危害日志。它应包括一个已识别危害的清单，以及与每个危害关联的风险分类和风险控制信息。在对系统/子系统/设备做出更改之后也应更新危害日志。

5.3.6 安全需求规范

每个系统/子系统/设备的特定安全需求，包括安全功能和安全完整性，应在安全需求规范中加以确定并形成文档。这应通过以下在 IEC 62278 中阐述的方法实现：

——危害识别和分析；

——风险评估和分类；

——安全完整性等级分配。

附录 A 给出了一些轨道交通电子系统安全完整性的相关信息。

注：安全需求规范可以是系统/子系统/设备功能需求规范的一部分，也可以写成单独文档。参见表 E.2 关于每个安全完整性等级的系统需求规范的指导。

5.3.7 系统/子系统/设备的设计

在生命周期的这一阶段要建立一个满足指定运营和安全需求的设计。应使用自顶向下、结构化的设计方法，并实施严格的控制和评审并形成文档。特别地，对软件需求规范提出的软硬件的关系以及软硬件集成应严格管理并遵循 IEC 62279。表 E.7 针对每一安全完整性等级，对系统/子系统/设备的设计和开发给出指导。

5.3.8 安全评审

在生命周期的适当阶段应进行安全评审。在安全计划中应明确这些评审，评审结果应形成文档。系统/子系统/设备的任何变更和扩展也应进行评审。

5.3.9 安全验证和确认

安全计划应包含用于验证生命周期的每个阶段满足前一阶段所规定的安全需求的计划，以及用于确认所完成的系统/子系统/设备满足初始的安全需求规范的计划，或给出这些计划的参考索引。

包括适当测试和安全分析在内的活动都应被执行并形成文档。如后续对系统/子系统/设备做出变更和扩展，应充分重复执行这些活动。

验证员和确认员所需的独立程度应与系统/子系统/设备的安全完整性等级需求一致，如图 6 所示。表 E.9 给出了每个安全完整性等级的验证和确认的技术和措施。

根据安全主管部门的意见，评估员可以是供应商组织的一部分，也可以是用户组织的一部分。此时，评估员应：

——由安全主管部门授权；

——完全独立于项目团队；

——直接向安全主管部门报告。

5.3.10 安全举证

系统/子系统/设备满足安全性验收条件的证据应在一个称之为安全论据的结构化安全性举证文档里列出，如 5.1 所阐述。

5.3.11 系统/子系统/设备交付

系统/子系统/设备在向轨道交通主管部门交付之前，应满足5.5定义的安全验收和安全审批条件，包括提交安全论据和安全评估报告。

5.3.12 运行和维护

交付之后，应符合在安全计划和技术安全报告第5章中所定义的规程、支持系统和安全监控的要求。

在系统的运行生命过程中，会由于种种原因产生改动需求，这些改动并非都与安全相关。对每一改动需求对安全的影响都应依据安全文档的相关部分进行评估。在改动导致系统/关联系统/环境的安全会受影响时，安全生命周期的相应部分要重复操作以保证不降低安全等级。表E.10给出了每个安全完整性等级的应用、操作和维护的指导。

5.3.13 系统停用和处置

在系统运行生命结束时，应按照安全计划和技术安全报告（安全论据的一部分）第5章所定义的方法进行停用和处置。

5.4 功能安全和技术安全证据

除了5.2、5.3描述的质量和安全管理证据外，为保证系统/子系统/设备针对指定应用的充分安全性得以验收，还应满足由设计安全的技术证据组成的第三个条件，并应包含在技术安全报告之中。由此形成了安全论据的第4部分，如5.1所述。

对安全完整性等级1～等级4，技术安全报告属强制性的（见附录A关于安全完整性等级的说明）。但其信息深度和支持文档的广度应仔细核实并与系统/子系统/设备的安全完整性等级相适应。安全完整性等级0（非安全相关的）的需求不在本安全标准范围之内。

技术安全报告应解释确保设计安全的技术原则，包括（或给出参考索引）所有的支持证据（如，设计原则和计算，测试规范和测试结果以及安全分析）。

技术安全报告应依据以下标题步骤进行：

a) 第1章：概要

本章应提供设计的总体描述，包括对安全所依赖的技术安全准则和依据本标准系统/子系统/设备所声明达到的安全程度的概括。

本章也应指明在设计阶段技术安全应遵循的基础标准（及发行号）。作为特定情况，对已使用、或处于标准化生产，或处于开发过程已完成阶段的设备的变更和扩展，用于原始设计的标准的版本可以作为基准，这已在原始设备的审批中被接受。这仅用于在考虑标准的最新版本时需对系统进行改动或是改动需要高额成本，但应给出这样做的合理理由。

b) 第2章：功能正确运行的保障

本章应包含在无故障的常规运行条件下能证明系统/子系统/设备按规定的操作和安全需求正确运行的所有必要的证据。

应包括以下几个方面（详细需求包含在B.2中）：

——2.1 系统结构描述（见B.2.1并参见表E.4）；

——2.2 接口定义（见B.2.2）；

——2.3 系统需求规范的实现（见B.2.3）；

——2.4 安全需求规范的实现（见B.2.4）；

——2.5 硬件功能正确性的保障（见B.2.5）；

——2.6 软件功能正确性的保障（见B.2.6）。

c) 第 3 章:故障影响

本章应证明系统/子系统/设备在随机硬件故障情况下依然能满足规定的安全需求,包括量化的安全目标。

此外,尽管有 5.2、5.3 所定义的质量和安全管理流程,系统性故障依然可能存在。本章应论证已采取何种技术方法使产生的风险降低到可接受的水平。

本章也应包含对出现在比整个系统的安全完整性等级低(包括等级 0)的系统/子系统/设备中的故障不会降低整个系统的安全性的证明。

本章应使用下列标题,更详细的需求包含在 B.3 中,表 E.5 和表 E.8 也给出了指导。

——3.1 单个故障的影响(见 B.3.1);

——3.2 对象的独立性(见 B.3.2);

——3.3 单个故障的检测(见 B.3.3);

——3.4 检测后的动作(包括安全状态的维持,见 B.3.4);

——3.5 多故障的影响(见 B.3.5);

——3.6 系统性故障的防护(见 B.3.6)。

d) 第 4 章:外界影响下的运行

本章应证明当受到在系统需求规范中定义的外部影响的时候,系统/子系统/设备将

——继续实现其规定的运行需求;

——继续实现其规定的安全需求(包括故障条件)。

因此安全论据只在系统需求规范中定义的外部影响范围内有效。除非提供专门的附加措施,否则不保证超出此限定范围的安全性。

对承受指定的外部影响的方法应予充分说明并予以证明。

更多细节需求包含在 B.4 中。

e) 第 5 章:安全相关应用条件

本章应规定在系统/子系统/设备的应用中应遵循的规则、条件和约束。这应包括任何关联子系统或设备的安全论据中所包含的应用条件。

更多需求包含在 B.5 中,表 E.10 给出了指导。

f) 第 6 章:安全合格测试

本章应包含证明在运行条件下成功完成安全合格测试的证据。在 B.6 中给出了解释。

图 7 给出了技术安全报告的结构描述。

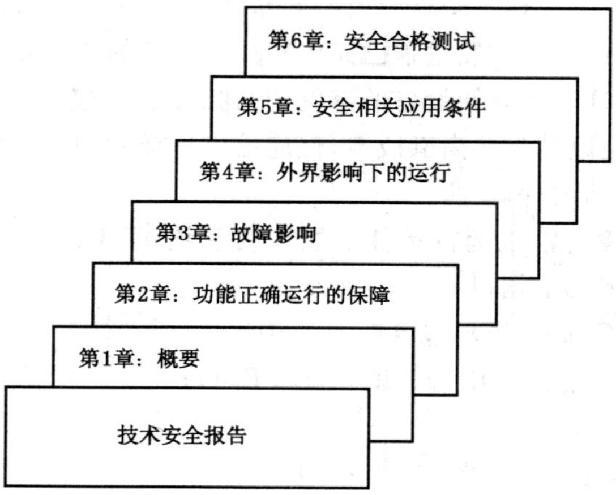

图 7 技术安全报告结构

5.5 安全验收和审批

本条定义了安全相关电子系统/子系统/设备的安全验收和审批的过程。除非在认为适合的地方，并不规定应由谁来完成每个阶段的工作，因为在不同的场合有不同的规定。

5.5.1 概述

如5.1所述，轨道交通安全相关电子系统/子系统/设备针对指定应用被确认为充分安全并验收之前，应提供下列三类证据：

——质量管理证据；

——安全管理证据；

——功能安全和技术安全证据。

这三类证据的说明见5.2、5.3和5.4。

质量管理证据、安全管理证据和功能/技术安全的证据应包含在安全论据中，见5.1和图3所示。

要考虑三类不同类别的安全论据：

——通用产品安全论据(独立于应用)

通用产品指可在不同的独立应用中重复使用；

——通用应用安全论据(针对一类应用)

通用应用指可在一类具有共同功能的应用中重复使用；

——特定应用安全论据(针对一种特定应用)

特定应用指仅用于某一特定的装配。

应证明每个特定应用的环境条件和背景与通用应用条件相兼容。

在以上三种安全论据中，安全论据的结构和获得安全审批的规程基本相同。但是对特定应用有一个附加因素：在此范畴内，系统的应用设计和其物理实现(例如生产、安装、测试以及运行与维护设施)需要单独的安全审批。为此，特定应用的安全论据应分成两部分：

——应用设计安全论据：应包括特定应用理论设计的安全证据；

——物理实现安全论据：应包括特定应用物理实现的安全证据。

两部分的结构应遵循5.1和图3的要求。

5.5.2 安全审批流程

申请安全审批前应对系统/子系统/设备进行独立的安全评估和完成其安全论据，以提供达到必需的安全等级的额外保证。其结果要体现在安全评估报告中。报告宜说明安全评估员为确定系统/子系统/设备是否被设计成可满足规定需求所进行的活动，可能会规定一些系统/子系统/设备运行的附加条件。安全评估的深度和独立程度要基于风险分类的结果，同IEC 62278中的解释。为增加可信度，评估员可以要求进行特定的测试。

整个文档性证据应包括：

——系统/子系统/设备需求规范；

——安全需求规范；

——安全论据，包括：

- 第1部分：系统/子系统/设备的定义；
- 第2部分：质量管理报告(质量管理证据)；
- 第3部分：安全管理报告(安全管理的证据)；
- 第4部分：技术安全报告(功能/技术安全证据)；
- 第5部分：相关安全论据(如果适用)；

- 第 6 部分：结论。

——安全评估报告。

只要安全验收的条件均已得到满足（如由安全论据所示，并取决于独立的安全评估结果），那么系统/子系统/设备可以获得相关安全主管部门的安全审批。审批可能会受到评估员所附加的（临时或永久）条件约束。

对于一个通用产品（独立于应用）和通用应用（即一类应用），由一个安全主管部门的安全审批可以被另一个安全主管部门所接受（即相互认可）。这对特定应用不适合。

所有种类的安全论据的安全审批流程的说明如图 8 所示。

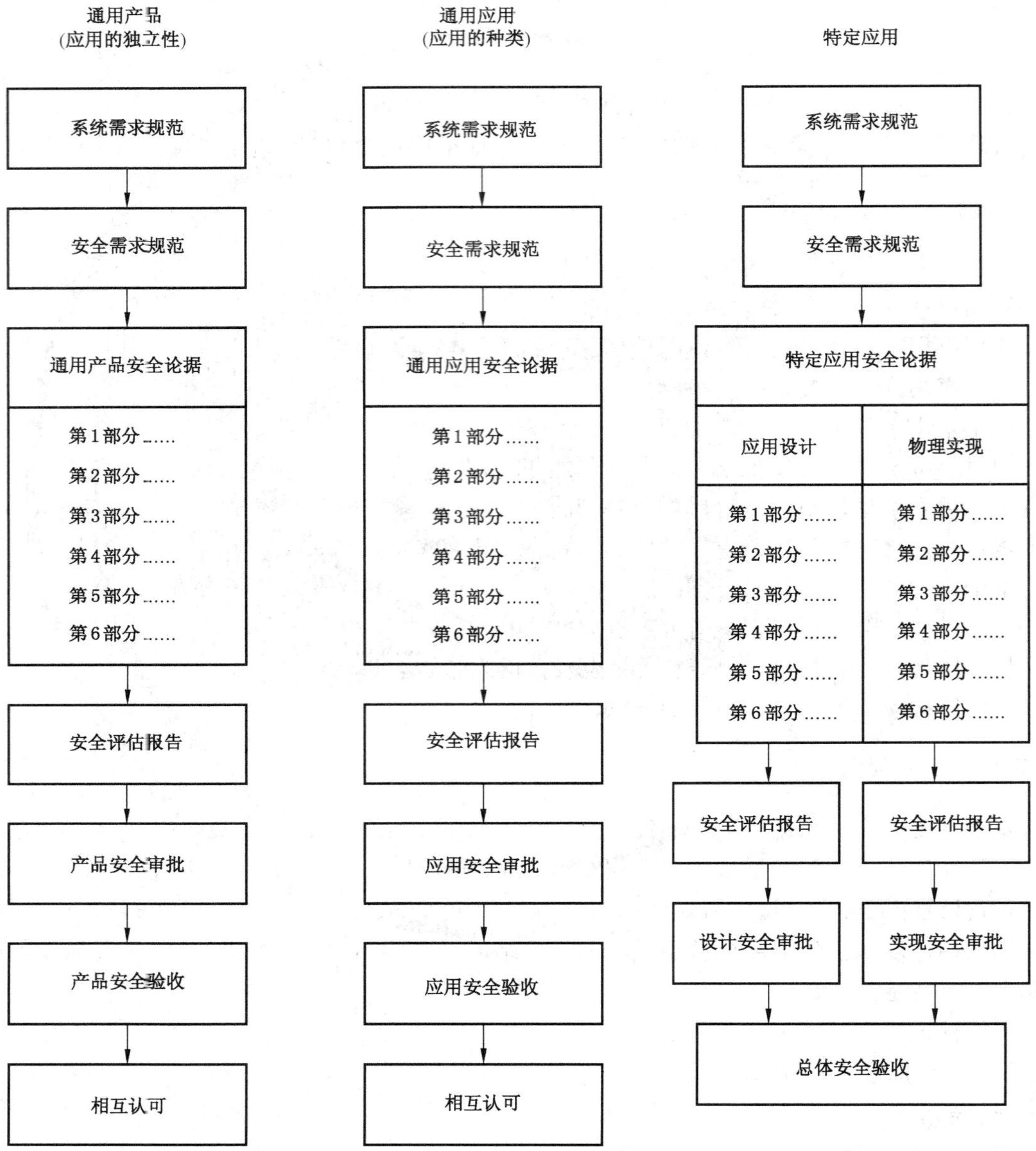

图 8　安全验收和审批流程

5.5.3　安全审批后

在对一个系统/子系统/设备安全审批后，任何随后的改动应按与新设计相同的质量管理、安全管理和功能/技术安全准则进行控制。所有相关的文档包括安全论据，应被更新或由附加文档进行补充，并且修改后的设计应提交审批。

当已安装的系统/子系统/设备开始试运行，应执行安全计划和技术安全报告第5章(安全论据的一部分)定义的适当的规程、支持系统和安全监控，以确保使用寿命期内，包括运行、维护、变更、扩展以及最终停用期间的持续安全。这些活动应由与原始设计相同的质量管理、安全管理和技术安全准则来进行控制。所有的相关文档应保持更新，包括安全论据，而且任何变更或扩展应递交审批。

5.5.4 安全审批间的相互依赖关系

如5.1所述，一个系统的安全论据可能依赖于其他子系统或设备的安全论据。在这种情况下，在对主系统进行安全审批前应先对相关子系统/设备进行安全审批。

如果通用产品或通用应用已获得安全审批，那么针对某一特定应用，只要在安全审批申请中给出参考索引而无需针对每一应用重复通用的审批流程。这种安全审批的依赖关系如图9所示。

如果能够证实提出的特定应用在技术上等同于一个既有的已获得特定应用安全审批的应用，那么安全论据可以据此提出。但应对这一特定应用进行新的安全审批。

在这些依赖关系的示例中，最基本的是保证在技术安全报告中提出的安全相关应用条件在上一层的安全论据中得以实现或已结合到上一层安全论据的安全相关应用条件中。

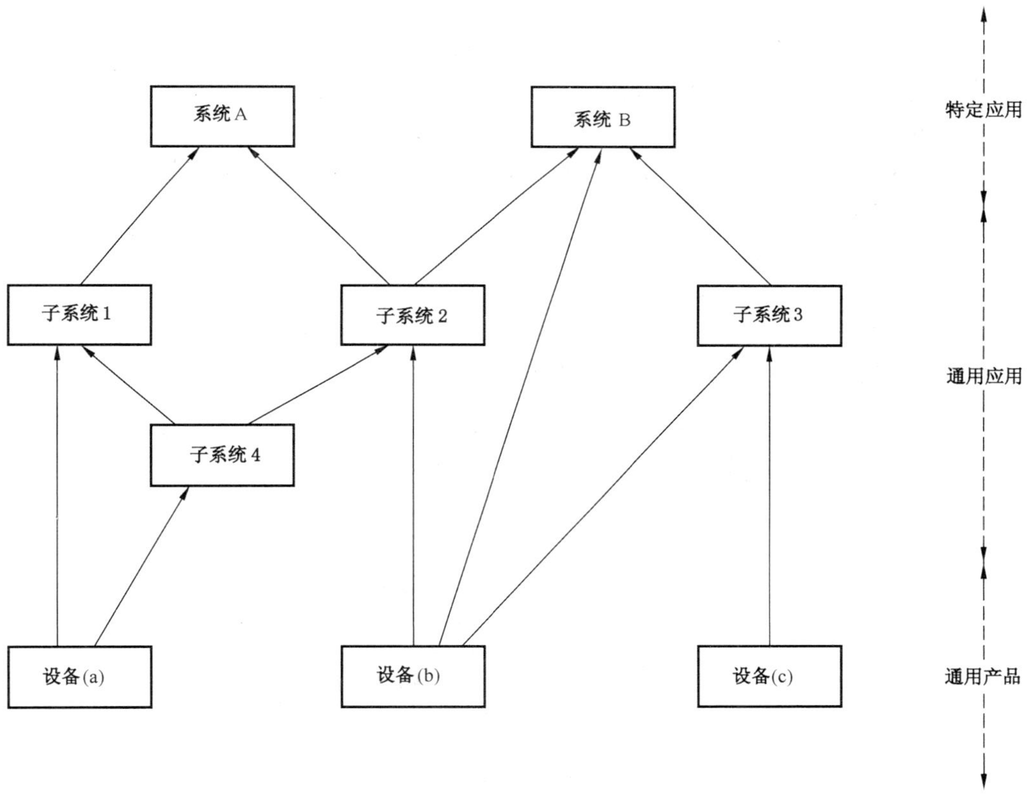

图9 安全论据与安全审批之间依赖关系的示例

附 录 A
（规范性附录）
安全完整性等级

A.1 概要

本附录详细规定了安全相关系统的安全需求、安全完整性的导出、分配和实施以及轨道交通应用的安全完整性等级的使用。

针对每一特定轨道交通应用，由相关轨道交通主管部门负责给出容许危害率（THR）量化的安全目标，本标准不予定义。

安全管理流程在 IEC 62278 中定义。

A.2 安全需求

系统/子系统/设备的需求规范可以分两部分加以考虑（如图 A.1）：

——与安全无关的需求（包括运行功能需求）；

——与安全相关的需求。

与安全相关的需求通常称为安全需求。这可以包含在一个单独的安全需求规范中。

安全需求可以从两个方面考虑：

——安全功能需求；

——安全完整性需求。

安全功能需求就是系统/子系统/设备应具备的与安全性相关的实际功能。

安全完整性需求定义了每一安全相关功能的安全完整性等级。

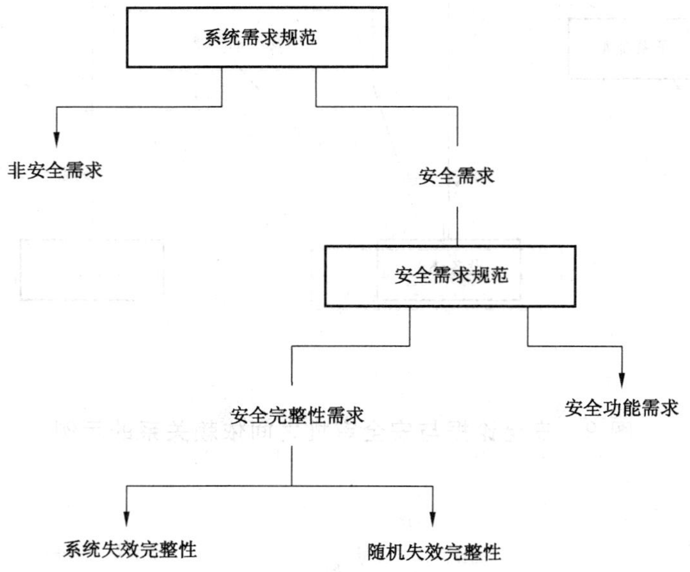

图 A.1 安全需求和安全完整性

A.3 安全完整性

安全完整性关系到一个安全相关系统实现其所需安全功能的能力。安全完整性越高，它在执行所需的安全功能时失效的可能性越低。

安全完整性包括(见图 A.1)系统失效完整性和随机失效完整性。

为获得足够的安全完整性，应同时满足系统失效完整性和随机失效完整性的需求。

注：由环境引起的失效(如：电磁兼容、温度、振动等。)适当包括在系统和随机失效完整性中。

系统失效完整性是安全完整性的不可量化部分，并且与危害的系统性故障(硬件或软件)有关。系统性故障是在系统/子系统/设备生命周期的各种阶段中由人为错误导致的。

示例：——规范错误；

——设计错误；

——制造错误；

——安装错误；

——操作错误；

——维护错误；

——修改错误。

通过 5.2 和 5.3 中规定的质量管理和安全管理条件来达到系统失效完整性。

在 5.4 规定的技术安全性条件里包含了防止系统性故障的技术措施。

因为无法用定量分析的方法评估系统失效完整性，采用有效方法、工具和技术的组合得出的安全完整性等级可以看作系统在实现规定的完整性等级时达到的恰当的可信水准(参见附录 E)。

随机失效完整性是安全完整性中与危害随机故障(特别是随机硬件故障)相关的部分。随机硬件故障源于硬件元器件的有限可靠性。

在 5.4 规定的技术安全性条件中包含了随机失效完整性的实现。

随机失效完整性应利用概率计算进行定量评估。这都建立在硬件元器件失效率、失效模式和随机硬件失效的出现次数等已知数据的基础上。对于具备内在物理特性的元器件(见附录 C)，通常假定危害失效率为零。尽管可能存在危害失效的残余风险，但可以按 5.4 和 B.3.6 所述加以防护。

安全完整性需求和安全完整性等级的分配分别在 A.4 和 A.5 中描述。

A.4 安全完整性需求的分配

应系统地运用确定轨道交通信号设备安全完整性需求(要考虑信号系统的运行环境和结构设计)的方法。

这一方法的核心是明确定义运行环境和信号系统的界面。从安全的观点来看，这一界面是由一系列系统内的危害和与之关联的容许危害率定义。需要指出的是这一方法的目标不是限制供应商和轨道交通主管部门之间的合作，而是澄清责任和分界面。

从这一界面出发，分析过程如下：

——自底向上的分析以识别危害和相关风险可能造成的后果；

——自顶向下的分析以识别危害的原因。

整个流程包括风险分析和危害控制，见图 A.2。风险分析产生容许危害率，容许危害率是危害控制的输入。

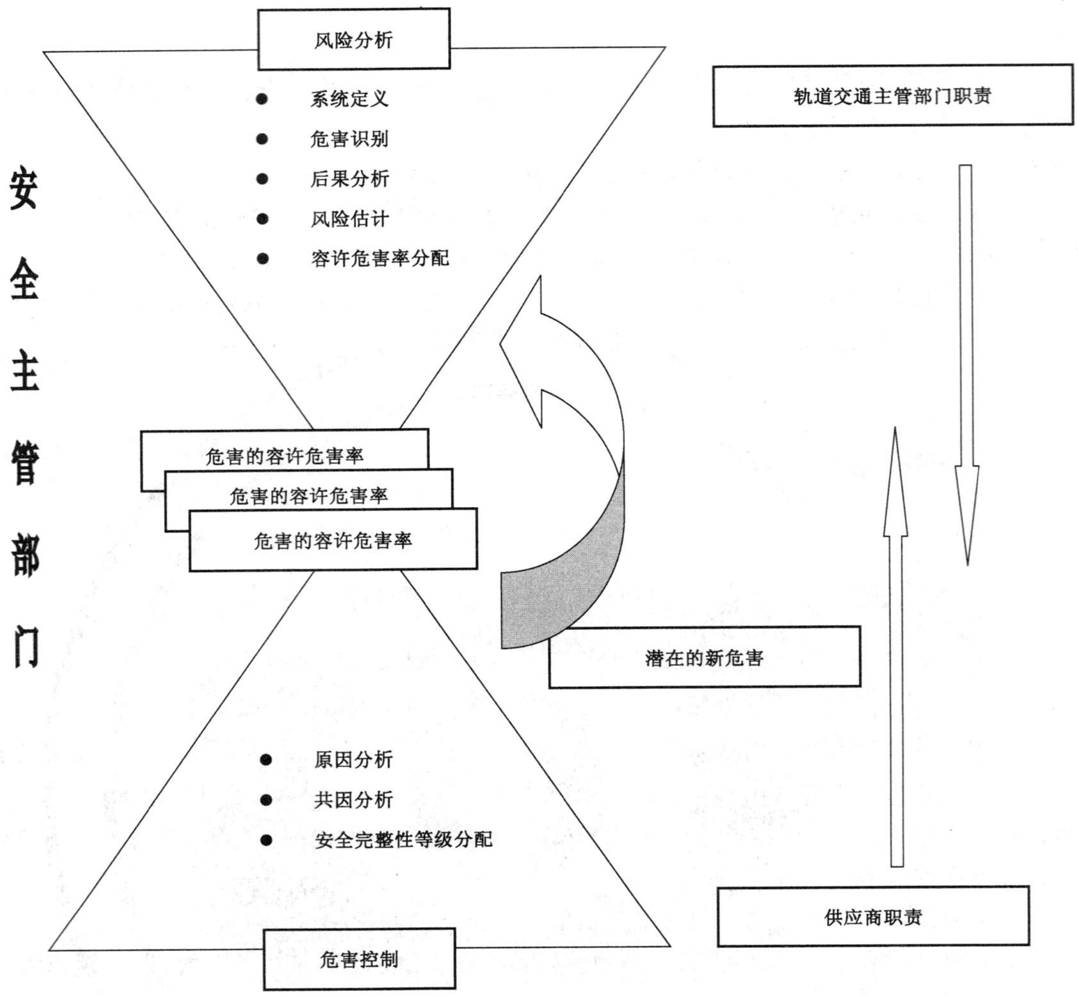

图 A.2 总流程示意图

需要重点指出的是，容许危害率是关于系统失效完整性和随机失效完整性的目标度量。普遍认为仅在考虑随机失效完整性时，容许危害率才可以量化。在确定系统完整性需求是否满足时，将采用定性度量和评判。这些主要由安全完整性等级(以及由安全完整性等级导出的度量方法)所涵盖。

安全主管部门应对风险分析和危害控制进行审批。

注：在一些情况下，这些步骤不是完全独立的。危害控制会导致系统产生更多的安全性能的改善。如图 A.2 中重叠的箭头所示。因此，在这些情况下整体流程是重复进行的。

A.4.1 风险分析

图 A.3 给出了一个风险分析流程示例。以下的子条款更详细地阐述了流程步骤。

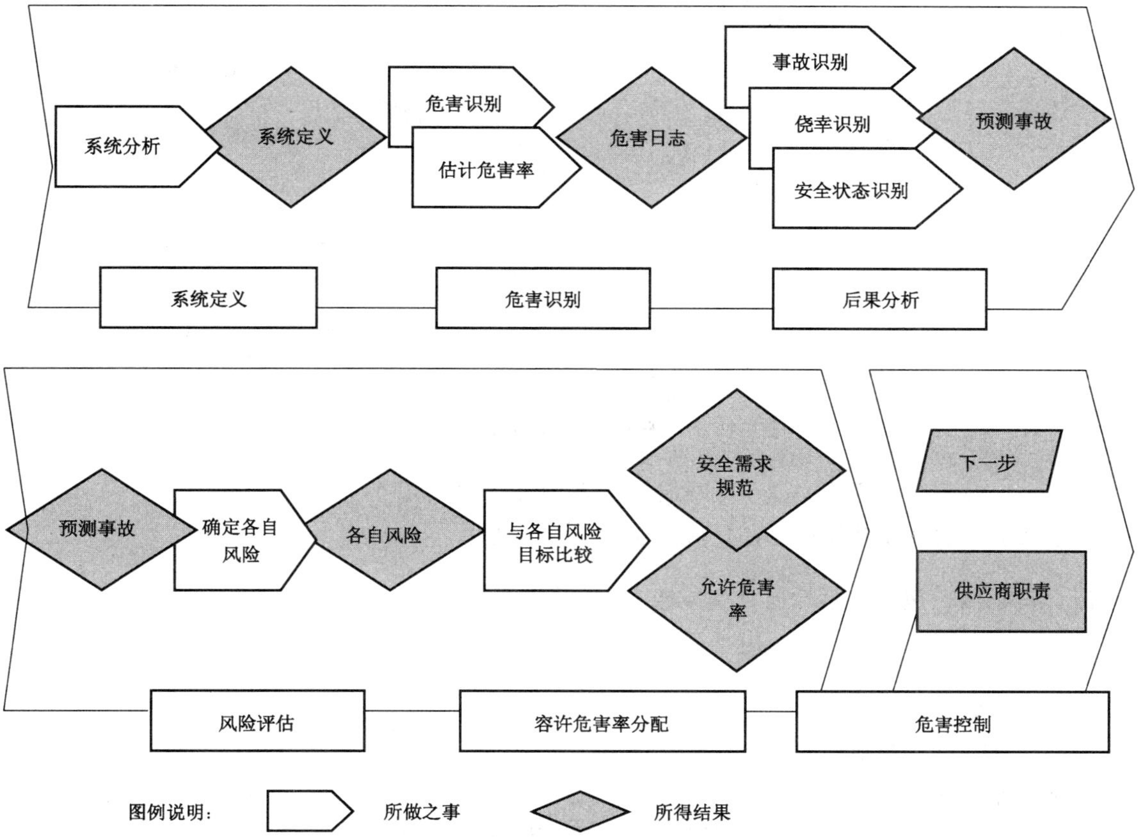

图 A.3 风险分析流程示例

A.4.1.1 系统定义和危害识别

轨道交通主管部门的职责有:

——定义系统(与技术实现无关);

——识别与系统相关的危害。

危害识别包括对产品、流程、系统或任务进行系统的分析,以确定在整个生命周期中可能发生的能造成人员伤害或环境破坏的不利条件。

对危害的系统化识别通常包含两个阶段:

——经验阶段(使用以往的经验,如审查清单);

——创造阶段(主动预测,如集体研讨,结构化的假设分析)。

危害识别的经验阶段和创造阶段相互补充,增强了已覆盖潜在的危害空间和已识别所有重大危害的置信度。

注:产生大量不切实际的琐碎的定义危害的方法是浪费资源,而且会导致风险评估的偏差和无效。除包含许多人员、活动和设备的大型任务外,一个包含几百条危害的列表是不合理的并意味着设计和研究的不足。

危害依赖于系统定义,特别是系统边界,这允许针对系统和子系统的危害进行分层构建。这也意味着危害识别和原因分析应在系统研发的几个细节层次重复进行。

如图 A.4 所示,在系统层面一个危害产生的原因可认为是子系统级的一个危害(针对子系统边界)。因此这一定义给出了一个结构化和层次化危害分析和危害跟踪的方法。

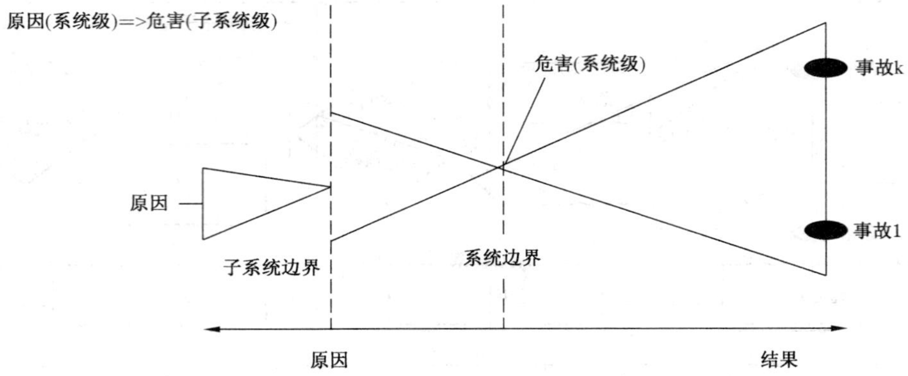

图 A.4　关于系统边界的危害定义

为了进一步保证危害评估关注于最重要的危害，所识别的危害宜按风险等级排序。

所有已识别的危害和其他相关信息应记录在危害日志中。

A.4.1.2　后果分析、风险评估和容许危害率分配

轨道交通主管部门应负责：

——后果分析，如损失；

——定义风险容许准则；

——导出容许危害率；

——确保产生的风险是允许的(根据适当的风险容许准则)。

唯一的要求是容许危害率依据风险容许准则导出。本标准不定义风险容许准则，它是依照国家立法需求而定。

分析方法应是以下方法之一：

——明确地估计(单个)风险的后果；

——与现有系统的性能进行对照或依据公认的技术准则，或利用统计或分析方法导出容许危害率；

——若某些定性方法定义了一个危害清单和相应的容许危害率，则可利用这些方法获得容许危害率。

需要重点指出的是，这一方法允许轨道交通主管部门依据其特定需求在任意层面上定义危害和相应的容许危害率。某一轨道交通主管部门可能设定通用的、高层次目标；而另一轨道交通主管部门则设定在安全功能层的详细目标。

A.4.2　危害控制

危害控制涵盖对所需容许危害率及其相关联安全功能的具体实现的管理。

如未提供容许危害率，则要么供应商在系统投标时向轨道交通主管部门提供这些指标，要么轨道交通主管部门和供应商将一起来定义这些需求。

危害控制由实施原因分析以及由下面归纳的一系列后续活动组成：

——若没有定义容许危害率，根据定义的危害来定义安全假设和系统功能；

——若定义了容许危害率，定义系统结构和在结构(技术方案)内分配系统功能以满足安全需求；

——确定子系统的安全完整性需求；

——完成安全需求规范；

——分析系统/子系统来满足需求；

——识别在设计和验证阶段中系统/子系统设计引发的潜在的新危害，并确保要么新的潜在危害已被现有功能所涵盖，要么对新的潜在危害重新进行风险分析以便进一步处理（若新的潜在危害要求系统/子系统以外增加附加功能或采用危害降低措施）；

——确定设备的可靠性需求。

危害控制流程在图 A.5 中描述。

注：一个结构完善的危害控制隐含技术安全报告的相关部分。在这种情况下，在技术安全报告中只要给出其参考索引即可。

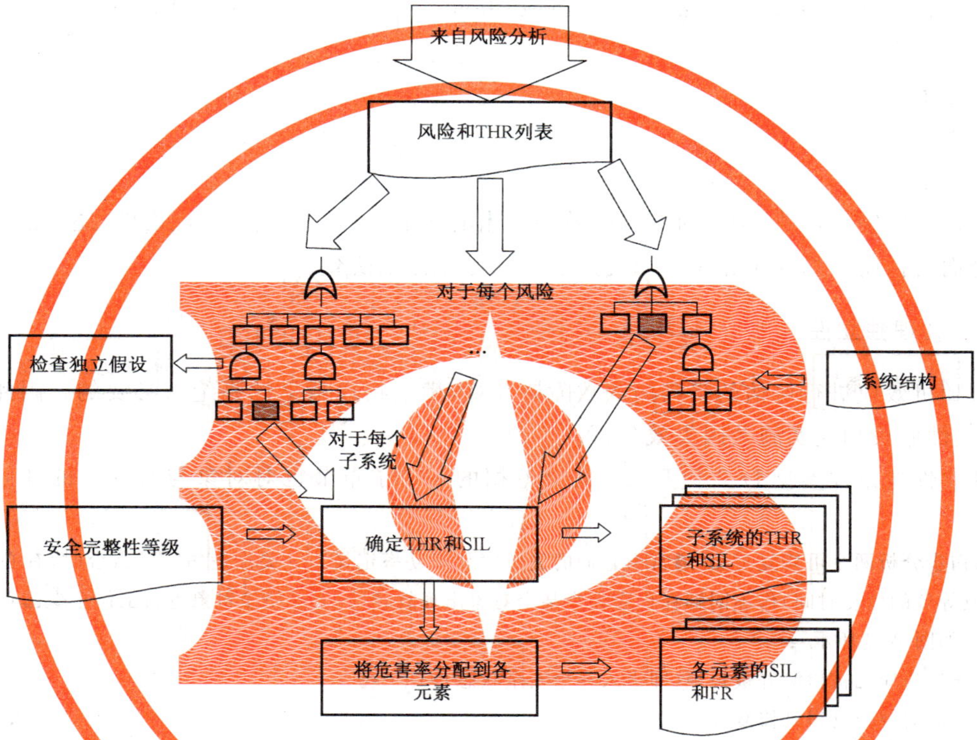

图 A.5 危害控制过程示例

A.4.2.1 原因分析

原因分析由两个关键阶段构成：

在原因分析的第一阶段，将每个危害的容许危害率分配到一个功能级（系统功能）。然后利用 SIL 表将一个功能的容许危害率转变成该功能的 SIL。实现此功能的子系统的安全完整性等级则被定义在这一功能级。

如果轨道交通主管部门为安全功能已经定义危害和容许危害率，那么原因分析的第一阶段可省略，立即基于规定的 THR 分配 SIL。

一个子系统（即设备组合）可能实现一些安全相关功能，每个安全相关功能可能需要不同的安全完整性等级。若是如此，子系统应满足所有需要的安全完整性等级。要达到这一点，要么每一个功能都满足最高的 SIL，要么能提供它们的独立性证明。在两种情况下都应执行共因失效分析。

在原因分析的第二个阶段，子系统的危害率被进一步指定为设备的失效率，但在这一物理层或执行层上 SIL 维持不变。因此，除了在 IEC 62279 中提及的例外情况，在 IEC 62279 中定义的软件的 SIL 与子系统的 SIL 相同。

分配流程可以使用任何具有恰当组合逻辑表示的方法，例如可靠性结构图、故障树、二元判定表和马尔可夫模型等。当需要对象与对象间的独立性时，要极为谨慎。在原因分析的第一个阶段需要功能独立性(即：对于系统的和随机的故障，功能的失效应是独立的)，在第二阶段，只需物理独立性(即：子系统的失效对于随机故障应是独立的)。应对在原因分析阶段所做的假设进行核查，并可以由此产生实现阶段的安全相关应用规则。

A.4.2.2 共因失效分析

在声称具备独立性(逻辑“与”组合)时，应特别慎重。应保证在子系统之间或系统功能之间存在以下方面的充分独立性(见 B.3.2 和 B.3.6)：

——物理上；

——功能上；

——流程上。

若独立性不能完全证明，则应对共因失效在适当的详细层次上建模。除此之外，还应证明由使用逻辑“与”组合而直接隐含的安全相关应用规则已被满足并已被核查。

A.4.2.2.1 物理独立性

为了对随机效应进行可信的带与门的故障树计算，满足物理独立性是绝对必要的。因此在任何情形下，对独立性假设均应实施共因失效分析。

物理独立性的条件参见 D.2 和 D.3。安全论据的一个子章节也对对象与对象间的独立性进行明确说明。

注：当初步分析两个可修复对象(通常由它们的失效率和修复率定义)，并关注逻辑“与”组合时，有必要对修复率(或等效的修复时间)作不同解释。通常当某个对象出现故障后，为了使该对象重新工作至少已有两件事情发生(如图 A.6 所示)：

——故障应已被检测并被拒绝(即进入一个安全状态)；

——此对象应已得到修复。

修复时间是指在检测后为修复所需的后勤保障时间、实际修理时间(故障探测、修理、替换、核查)和把设备恢复到运行状态的时间。在研究可靠性时检测时间常被忽略，但在研究安全性时这一时间变得非常重要。安全苛求应用不能依赖于自检或类似方法，而是故障检测和拒绝应独立于对象进行。足够的失效检测和拒绝机制应在安全论据中说明。

在研究安全性时，如果在修复期间采用其他控制措施，通常可忽略实际的修复时间。在这种情形下，可靠性分析中的修复率可被解释为检测和拒绝时间。这里定义为安全宕机时间(SDT)或等价的安全宕机率(SDR)。

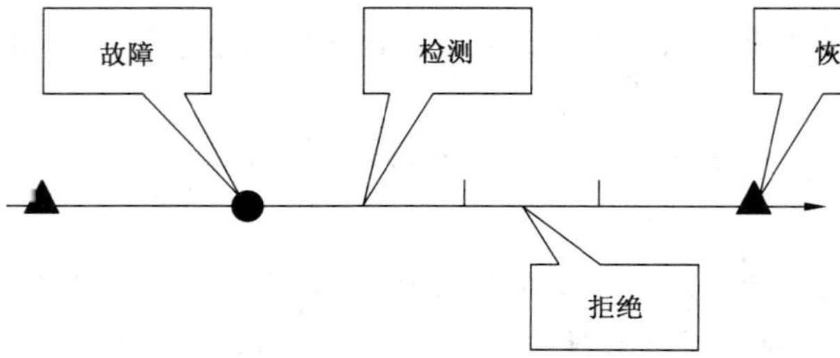

图 A.6 失效和修复时间的解释

在对两个独立对象通过与门组合进行建模时可以使用针对高可用系统的允许危害和检测率的基本公式

[见式(A.1)],假设允许危害和检测率不随时间变化。

$$THR_S \approx \frac{FR_A}{SDR_A} \times \frac{FR_B}{SDR_B} \times (SDR_A + SDR_B), SDR_S \approx SDR_A + SDR_B \quad \cdots\cdots\cdots\cdots\cdots (A.1)$$

式中:FR 代表潜在危害失效率。

若将定期测试时间作为检测时间,则式(A.1)可与平均测试时间一起使用:$T/2 + \text{negation time} = SDT = 1/SDR$。

这意味着为了合理使用逻辑"与"组合,每个对象应有一个独立的失效检测和停用机制。若一个对象没有这种机制,则根据B.3.3,应考虑此对象的安装生命时间。

另一个需要在设计时考虑的方面是系统的可用性对于自由选择参数的限制。

例如:取两个相同的对象,它们都具有10 000 h的平均故障间隔时间和1 h的平均检测时间(忽略拒绝时间),并行系统(失效逻辑的"与"组合)的结果失效率为1×10^{-8}/h。若一个元件平均检测时间为1 000 h(如通过维护进行检测),则结果仅为10^{-5}/h,这仅比单个对象的平均故障间隔时间高一个数量级。若一个对象的平均检测时间为其生命时间,则增益将变得更微小。

物理独立性是最低层面的,通常为元器件层。若已保证物理独立性,则随机完整性需求可被分配给下一层面。

A.4.2.2.2 功能独立性

功能独立性蕴涵不会由于系统性故障或随机故障造成一系列功能同时失效。因此,为了表明功能的独立性,在这一层面上需要再一次进行共因失效分析。在本标准中,这被称之为关于功能相互影响的独立性。只有确保功能独立性,随机完整性需求和系统完整性需求才可能被分配到下一个层次。

当应用故障树对系统功能进行分析时,比如判定功能A和功能B哪一个在安全完整性需求分配流程中是主要考虑因素,应考虑使用"与门"直接产生以下安全相关应用准则:

——A和B的实现应是物理独立的;

——对于每个对象应估计并达到用检测和拒绝时间定义的安全宕机时间。

注:通常,功能是不独立的,但可以进一步划分为独立的子功能和受共因失效影响的子功能。图A.7给出利用FTA对CCF的一般处理。

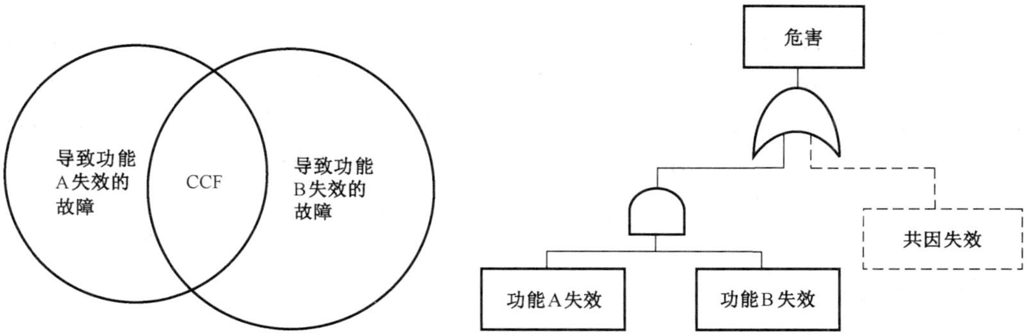

图 A.7 FTA功能独立性处理关系

A.4.2.2.3 流程独立性

产品和系统通常可看作为生命周期早期内在活动过程的结果。这些活动过程贯穿于生命周期的概念、需求规范、系统设计、系统研发、验证和确认阶段,这些阶段对最终产品的特性有巨大的影响。一般认为产品或系统在其应用环境中安全等级要求越高则需要更健壮的和系统化的生命周期流程。此外,由于生命周期流程中内在的系统错误,通常需要一定程度的独立性。

在某种意义上,与功能的和物理的独立性情形类似,人力资源和生命周期流程的独立性和多样性有益于提高产品和系统的总的安全完整性。高安全完整性等级(SIL)需要更高的流程和人力资源的独立性以保证避免或减少系统错误。

研发流程应满足需求的 SIL,并确保研发团队在人员和组织机构上有足够的独立性以便进一步最大程度地减少系统错误。对于软件的指导见 IEC 62279。

A.4.3 对由设计引入的新危害的识别与处理

信号系统的实现过程中可能产生造成人员伤害的、不可预见的或非预期的危害,特别是当系统或技术是全新的时候。新的危害可能来源于几个方面:

——新技术具有巨大的潜在新危害(缺少经验);

——由于引入新技术导致轨道交通系统原内在的潜在危害的暴露(例如:模拟到数字技术);

——由于缺少恰当/合适的规范而产生的设计危害;

——特定操作模式可能不太适合既有轨道交通系统,并可能对操作员、维护人员或其他成员,公众造成新的危害等;

——设计错误可能造成新的危害,但它们通常能与已识别的危害相关联。

这些方面可能引发对环境和状态的危害,这些危害与已识别的危害一样需要相同的系统处理。

一个系统设计或应用中产生的新危害的识别、处理流程应与风险分析阶段相同。一旦识别出会对系统整体性能造成影响或对人员造成伤害的潜在的系统级危害时,供应商应向轨道交通主管部门进行声明。依据已知的风险,这些危害需要定性的或定量的评估,以达到对每个危害进行预告和形成容许危害率(THR)。

注:至少可以采用两种不同的方法:

——能将新的危害与一个已识别的危害相关联:在这种情况中,供应商应保证这两个危害组合的结果危害率仍然满足轨道交通主管部门制定的容许危害率。危害日志和安全论据应跟踪这一危害。

——新的危害与已识别的危害没有任何关联:在这种情况中,供应商应与轨道交通主管部门联系,把所有分析的信息(原因、结果、风险等)提交给轨道交通主管部门。轨道交通主管部门应决定新的危害是否能接受:

- 如果不能接受,供应商应在可能的情况下重新设计他的产品/系统。若无法重新设计,供应商应采取其他的保护措施来确保危害和相关风险达到可接受的等级。
- 如果能接受,则轨道交通主管部门需负责定义新危害的容许危害率,供应商应提供符合这一需求的设计。
- 对于两种情况,一旦确定了结论,任何活动都应记录在危害日志和安全论据中。

容许危害率应从每一个新危害导出,这将导致对需求的更新。

A.5 安全完整性等级 SIL

A.5.1 概要

安全完整性被分为 4 个独立的等级。等级 4 为安全完整性最高等级,等级 1 为最低等级,等级 0 用于表明无安全性需求。安全完整性等级是对诸如质量和安全管理以及技术安全条件这类要素的定性评价。

与系统相关的危害是以它们在系统生命周期的风险分析阶段所得到的潜在后果来识别和评估的,如 A.4.1 所述。这一活动(自顶向下)可获得对于每个危害的容许危害率。然而供应商可能是以自底向上的方式研发通用产品,甚至可能已获得通用产品安全论据的审批(没有任何可用的风险分析结果),

但供应商最终应确保满足需求的容许危害率(应用安全论据)。轨道交通主管部门和/或安全主管部门应确定这一过程的基线。

在后续系统需求和系统需求分配阶段,容许危害率被分别分配给系统功能和子系统。

每一个功能应有一个定性的安全目标和与之关联的定量目标。定性目标应以安全完整性等级形式给出,且应涵盖系统失效完整性。定量目标应以失效率形式给出,且应涵盖随机失效完整性。

系统的安全相关功能由子系统实现。安全完整性等级被分配给安全相关功能,进而被分配给实现这些功能的子系统,并到此为止。组成子系统的设备的安全完整性等级和子系统相同,除非能证明子系统中设备的功能独立性。

重要的是,要认识到满足规定的安全完整性等级需求需满足图 A.8 所示的所有要素,这些要素是:

——质量管理条件;

——安全管理条件;

——技术安全条件;

——定量的安全目标。

实现一个特定的定量安全性目标就其自身而言并不意味着已达到相应的安全完整性等级。同样,完成一个规定的安全完整性等级相关的质量管理、安全管理和技术安全条件并不意味着达到相应的定量安全目标或安全完整性等级。要达到规定的安全完整性等级应满足图 A.8 所示的所有要素。

同样重要的是,也要意识到图 A.8 所示的定量安全目标是实现下节所述轨道交通安全性能所必需的同时,不应假设一个规定的安全功能目标能用一个子系统或设备实现,而是应由功能、子系统或设备共同来实现规定的安全目标,如本附录所述。

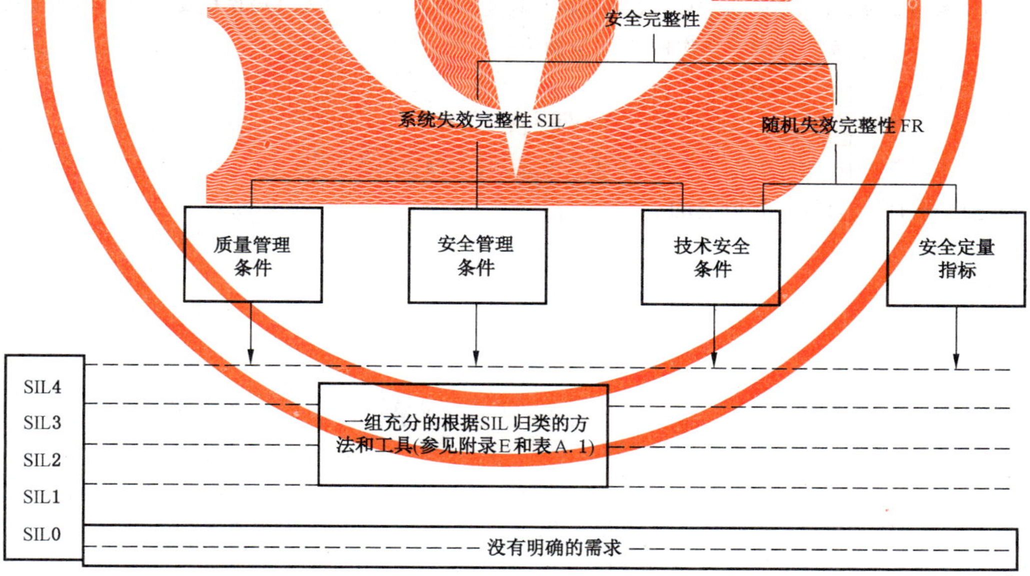

图 A.8 SIL 与技术的关系

A.5.2 SIL 与安全目标的关系

本标准假设安全依赖于一些用于避免或容许故障的恰当措施(用于防护系统性故障)和用于控制随机故障的措施。应平衡运用这两种措施以使系统的安全性能达到最优。为了达到这一目的可使用安全完整性等级。由于无法对系统性故障进行量化,安全完整性等级被用作为匹配定性方法(避免系统失效)和定量方法(控制随机失效)的手段。

与许多其他的标准一样，通过一张表表示这种平衡。其中一列表示安全完整性等级1、2、3、4，另一列为与之对应的容许危害率的分级范围l_1、…l_4。

SIL表可用于安全相关功能或执行一个或多个这些功能的子系统。如果遵循这些安全完整性等级所需的措施和方法，当证明满足容许危害率时无须考虑系统性失效。

SIL表用于根据容许危害率确定需求的安全完整性等级。因此若一个功能F的容许危害率用一种定量方法获得，安全完整性等级可按表A.1确定。

表A.1　SIL表

每功能每小时容许危害率	安全完整性等级
$10^{-9}=THR<10^{-8}$	4
$10^{-8}=THR<10^{-7}$	3
$10^{-7}=THR<10^{-6}$	2
$10^{-6}=THR<10^{-5}$	1

若一个功能对于容许危害率需求超过10^{-9}/h，应通过以下方法之一来处理：

——若能把功能分解为独立的子功能，容许危害率则可在那些子功能间分解并给每个子功能分配一个SIL；

——若功能不能被分解，至少应实施SIL4所需要的措施和方法，而且这一功能应与其他技术或操作方法结合，以达到必要的容许危害率。

注：与其他标准对比，本标准中的SIL表只列出一个频度栏(以前称为高要求操作模式或连续操作模式)，不需要失效概率栏(以前称为低要求操作模式)。限制为一个模式的原因是：

——减少确定SIL时的模糊性；

——所有要求模式系统能被模拟为连续模式系统；

——连续控制和命令信号系统显然是在现代轨道交通信号应用的主体。

SIL表是依据IEC 61508-1构造的。

附 录 B
（规范性附录）
技 术 需 求

B.1 概要

如5.4中所述，系统/子系统/设备设计的安全技术证据应在技术安全报告（其构成了安全论据的第4部分）中给出。报告应按以下标题组织：

——第1章：概要；

——第2章：功能正确运行的保障；

——第3章：故障的影响；

——第4章：外界影响下的运行；

——第5章：安全相关应用条件；

——第6章：安全合格证明测试。

每一章都已在5.4中简要涉及。对于技术安全报告的第2章～第6章的详细需求包含在B.2～B.6中。

技术安全报告对于安全完整性等级1～4是强制性的（见附录A对安全完整性等级的解释）。然而，信息的深度和支持文档的广度应适合于需审查的系统/子系统/设备的安全完整性等级。安全完整性等级0的需求不在本安全标准范围内。

技术安全报告的结构见图7。

B.2 功能正确运行的保障（技术安全报告第2章）

依照指定的运行和安全需求，本章涉及系统/子系统/设备在无故障条件下的正确运行。

一些细节方面在下文中讨论，使用与5.4一致的标题。

B.2.1 系统结构描述

应包含对系统/子系统/设备设计的总体描述。总体描述应有足够的深度以便能清晰地理解系统所用的原则和技术。

B.2.2 接口定义

B.2.2.1 人机接口

a） 操作员

应描述操作人员和工程人员操作系统/子系统/设备的机制。

示例：

——正常情况；

——报警的响应；

——运用“帮助”例程。

b） 配置

应描述工程人员为专门轨道交通应用配置系统/子系统/设备的处理过程。

示例：

——软件参数的确定；
——布线；
——安装技术；
——规程。

c） 维护

应描述维护人员在不同级别的维护过程中使用的接口机制，包括任何辅助设备的使用。

更多详细信息包含在 B.5.2 中。

B.2.2.2 系统接口

a） 内部接口

应定义系统/子系统/设备内部各对象之间的功能接口和物理接口。

示例：

——电净区和电污染区；
——内部总线结构；
——通信链路；
——功能监测和纠错；
——诊断和健康监测。

b） 外部接口

应定义系统/子系统/设备与外部各对象之间的功能接口和物理接口。

示例：

——传感器；
——执行器；
——通信链路；
——测试和监控设施；
——扩展设备。

B.2.3 系统需求规范的实现

应论证在系统/子系统/设备需求规范里规定的运行功能需求是如何通过设计来实现的。应包括所有相关的证据材料（或给出参考索引）。

示例：

——设计原理和计算；
——测试规范和结果；
——确认。

B.2.4 安全需求规范的实现

应论证规定的安全功能需求是如何通过设计来实现的。包括所有相关的证据材料（或给出参考索引）。

示例：

——设计原理和计算；
——测试规范和结果；
——安全性分析和结果。

B.2.5 硬件功能正确性的保障

应描述系统/子系统/设备的硬件结构，解释设计是如何达到所需的完整性。包括需求规范和其他相关标准所拟定的以下几方面：

——可靠性；
——可用性；
——可维护性；
——安全性。

这里对安全性的考虑只限于无故障条件，因为故障的影响已在其他地方考虑处理（见 B.3）。

B.2.6 软件功能正确性的保障

应满足 IEC 62279 的需求。

应包含或参考所有 IEC 62279 所需文档，尤其是软件确认报告和软件评估报告。

除此之外，应说明硬件与软件之间的相互作用。

注：一些需特别注意的主题：
——硬件与软件之间的依赖性；
——交互作用顺序；
——响应时间；
——自检验程序；
——健康监测；
——数据采集技术；
——平滑降级；
——拒绝方法。

B.3 故障的影响（技术安全报告第 3 章）

本章论证在发生随机硬件故障直至可能的系统性故障时，系统/子系统/设备持续满足规定的安全需求的能力。

应考虑的细节方面在下面 B.3.1～B.3.6 详细给出，使用与 5.4 一致的标题。

B.3.1 单一故障影响（参见表 E.4）

在发生单个随机故障时应确保系统/子系统/设备满足规定的容许危害率。当可识别的任何一种单一随机硬件故障发生时，应保证 SIL3 和 SIL4 的系统保持安全。被证明其影响可被忽略的故障可以不予考虑。这种故障-安全的机制有几种实现方式：

a) 组合式故障-安全

采用这种技术，每个安全相关功能应至少由两个对象来执行。各对象之间应相互独立，以避免共因失效。只有当必要数量的对象取得一致时，才允许进行非限制行为。应能检测出一个对象中的危害故障并在足够的时间内加以拒绝，以避免第二个对象发生相同故障。

b) 反应式故障-安全

这种技术允许一个安全相关功能由单个对象执行，前提是通过快速的危害故障检测和拒绝来确保它的安全操作（例如通过编码，多路计算和比较，或通过连续的测试）。尽管只由一个对象实施实际的安全相关功能，但检查/测试/检测功能应被看作为第二对象。检查/测试/检测功能应是独立的，以避免共因失效。

c) 内在式故障-安全

这种技术允许一个安全相关功能由单个对象执行，前提是假定对象的所有可信失效模式均为非危害的。任何被声明为不可信的失效模式（例如，因为内在的物理特性）应使用附录 C 定义的规程来进行评定。内在式故障-安全也可用在组合式和反应式故障-安全系统的某些功能中，例如，用来确保各对象之间的独立性或在检测到一个危害故障时强制关闭的功能。

无论使用哪种技术或其组合，都应使用适当的结构分析方法来证明以确保单个硬件元件的随机失效模式是非危害的。分析过程中考虑的元器件失效模式应使用附录C定义的规程来识别。

注：应使用一个“自顶向下”的失效分析方法，如故障树分析(FTA)。在必要时可辅之以“自底向上”的方法，如失效模式和影响分析(FMEA)。参见表E.6。

失效分析应是定性的，并且当可以得到可信的数据时进行定量化。随机硬件失效率或元器件的失效概率如有可能应基于现场数据。分析应证明失效模式之间元器件失效率分配的合理性。

B.3.2 对象的独立性

在包括多个对象并且各对象同时出错可能导致危害的系统中，各对象间的独立性是单一故障安全性的强制性先决条件。为确保这种独立性，应实施适当的规则或指导方针。采取的措施应在系统的整个生命周期内有效。此外，系统/子系统的设计应最大程度减少由于独立性丧失(例如，由系统性设计故障引起)而带来的潜在危害后果。

图B.1给出了两个工作对象组成的系统中各种类型的影响。该图可以扩展到多个工作对象组成的系统。

当安全性依赖于电气间隙和爬电距离时，应按应用要求(包括材料、工艺、实现、环境和运行条件、失效和过电压)定义最小的电气间隙和爬电距离。

可能导致独立性丧失的几种影响：

——类型A内部物理影响

如果系统内部的各对象之间不存在物理连接，就没有物理或功能的影响，因此就获得了内部独立性。

注1：物理连接是指两个对象之间的任何介质。例如：

——电连接；

——电磁耦合。

应采用措施防止意外的内部物理影响。

注2：附录D.2给出了实现内部物理独立性的许多措施(对类型A影响的防护)。

——类型B内部功能影响

各对象之间的功能影响是基于物理连接的，应采取措施防止内部功能影响。应通过内部功能独立性方法来实现(对类型B影响的防护)。

注3：内部功能影响能使一个对象的故障信息以危害方式影响另一个对象。

——类型C外部物理影响

外部物理影响能导致各对象之间丧失物理独立性。

注4：这主要取决于以下因素，例如：

——环境应力，如电磁干扰(EMI)、静电放电(ESD)、气候、机械和化学因素；

——电源；

——外部输入和输出。

应采取措施防止意外的外部物理影响。B.4给出了应考虑的外部影响的需求。

注5：附录D.3给出实现外部物理独立性的措施(对类型C影响的防护)。

——类型D外部功能影响

外部功能影响能导致各对象之间丧失功能独立性，应采取措施避免外部功能影响。应通过外部功能独立性方法来实现(对类型D影响的防护)。

注6：外部功能影响能使来自外部的故障信息以危害方式影响系统。

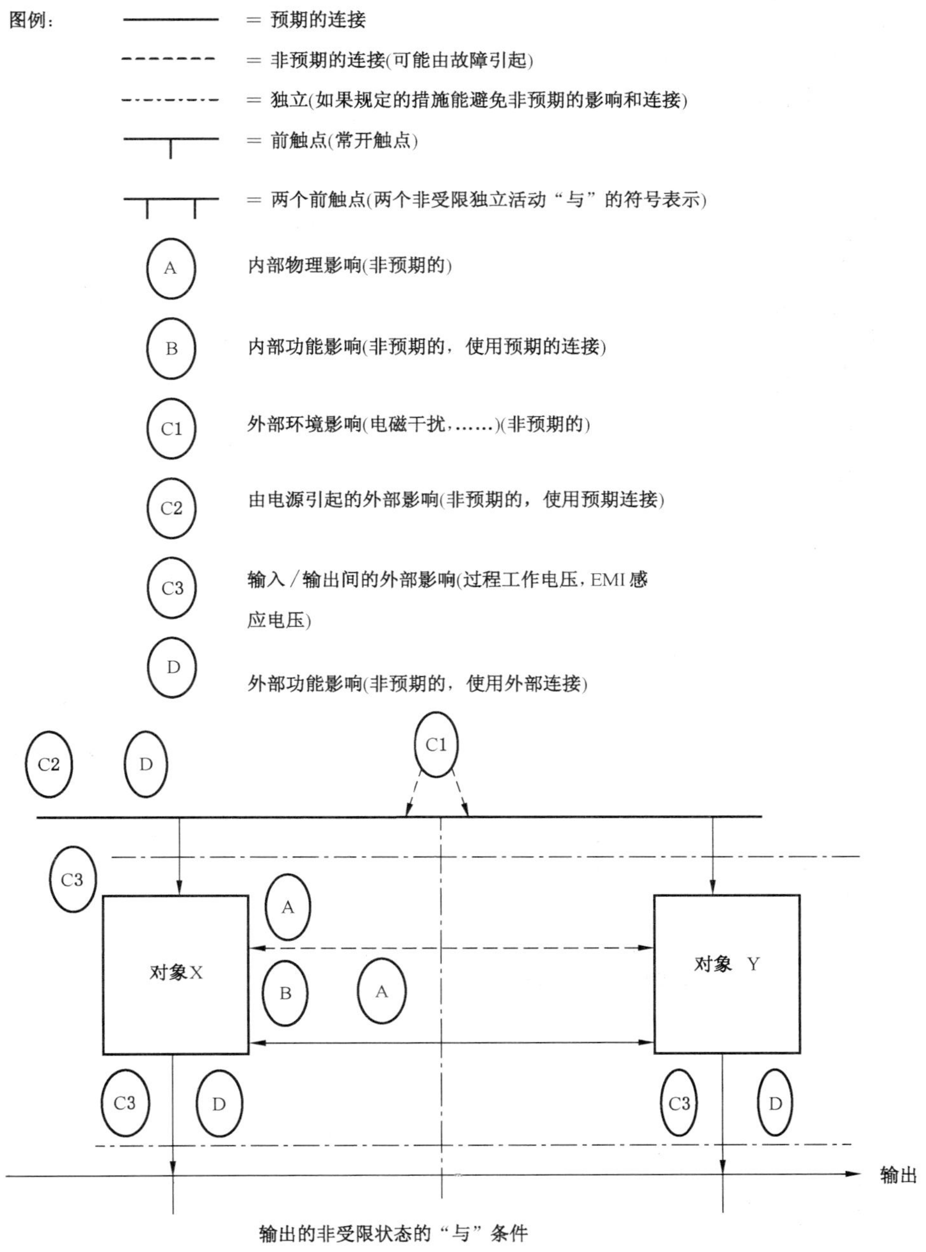

图 B.1 对象独立性的影响因素

B.3.3 单一故障检测(参见表 E.4)

第一个故障(单一故障)可能是危害故障，它可能以单独的形式或与第二个故障组合的形式出现，它应在足够短的时间内被检测到并强制进入安全状态(例如：拒绝)以实现规定的量化安全目标。这应通过采用失效模式和影响分析方法(FMEA)和随机失效完整性的定量评估方法(见附录 A.3)来加以证明。

在组合式故障-安全条件下，上述需求意味着应在足够短的时间内检出第一个故障，并强制达到安全状态，以确保在检测和拒绝期间出现第二个故障的风险小于规定的概率指标。

在反应式故障-安全条件下，上述需求意味着检测和拒绝所需最大时间不应超出规定的有潜在危害的瞬间输出持续时间限制。

在图 B.2 中，描述了组合式和反应式故障-安全的需求。

应给出在允许时间内实现故障检测和拒绝的技术和相关计算。在计算中使用的基本失效率数据(如硬件元器件的失效率)的出处应是明确的,并且应明确解释定量分析方法。

注 1：在检测由设备自身完成时故障检测时间是测试的时间间隔,而在检测由人工完成时故障检测时间是维护的间隔时间。极端情况是系统安装后的生命时间。当设备处于储存时,它是维护人员定期测试的间隔时间。

注 2：在附录 D.4 中给出了一个实现这些需求的方法的示例。

B.3.4 故障检测后的措施(包括安全状态的保持)(参见表 E.4)

检测出第一个故障后,系统/子系统/设备应进入或保持在一个安全状态。这个安全状态通常(但非必要)是受更多限制的。达到安全状态的时间应足够短以使检测和拒绝的总时间满足规定的安全指标。

注：拒绝时间一般是自动或人为切断系统相应部分所用的时间。

这些需求如图 B.2 所示。

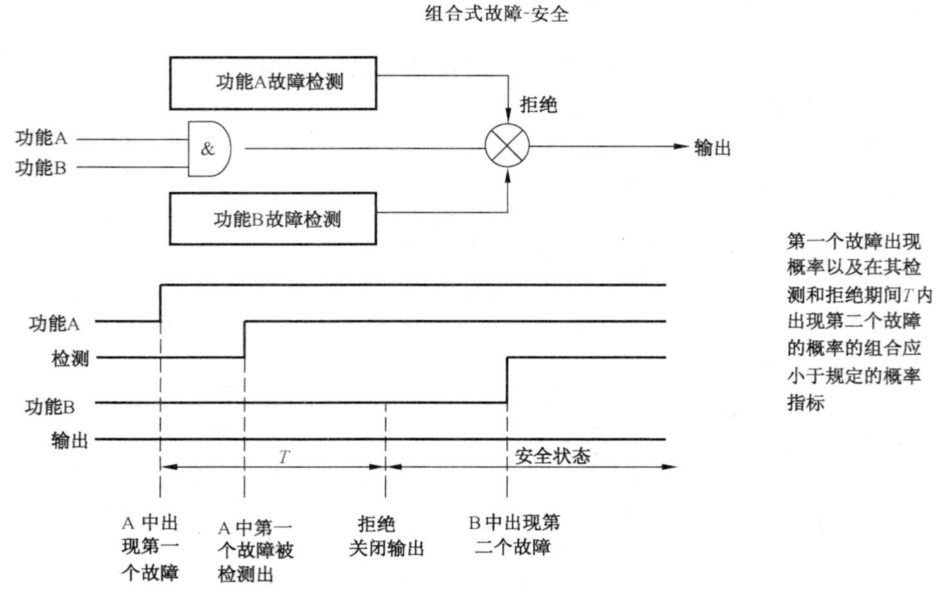

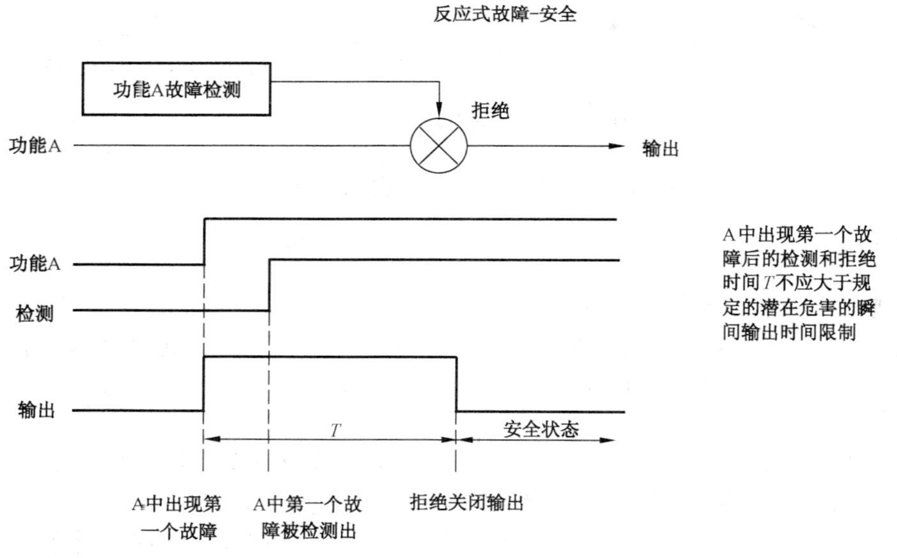

图 B.2 单一故障的检测和拒绝

检测出第一个故障并进入安全状态后，后续故障应不能使系统退出安全状态。仅在受控方式下并作为纠错过程的一部分，才能退出限制性的安全状态。

在第一个故障出现后允许的修复时间内，如果故障进一步发生，系统/子系统/设备应保持在安全状态。为实现规定的安全性指标允许的修复时间应足够短。

B.3.5 多重故障的影响(参见表 E.4)

应及时检测可能直接造成危害或与继发故障组合后造成危害的多重故障(例如两重或三重故障)，并且强制达到一个安全状态。这一时间应足够短以满足规定的安全指标。应用恰当方法(如故障树分析法 FTA)来证明多重故障的影响。同时给出在允许时间内完成多重故障检测和拒绝的技术及其支持计算。

注：附录 D.5 给出实现这些需求的方法实例。

应进行共因失效分析(CCF)以确保多重故障只在多个随机单一故障组合情况下发生，而不是一个共因故障的结果。

B.3.6 系统性故障的防护

除通过质量和安全管理技术(见 5.2 和 5.3)来减少人为错误的概率之外，还应采取技术性措施，以使得即便存在一个危害性系统性故障，也应最大程度地防止它产生不可接受的风险。

示例：可以将整个系统的结构配置成：即便设计为安全的子系统或设备对象出现危害失效时仍不会引发事故。

B.4 外界影响下的运行(技术安全报告第 4 章)

本章讨论系统/子系统/设备在规定的外界影响下正确、安全地运行的能力。“正确运行”包括满足功能需求和安全需求两个方面。

安全相关系统应切实可行地设计成即使在外界影响超出规定限制的条件下，系统仍能保持安全。

应考虑的影响列在下面 B.4.1～B.4.7 里。应遵照 IEC 62498-1 和 IEC 62498-3 中列出的不同情况的条件值。

应考虑存储和运输的影响。

B.4.1 气候条件

应确保在 IEC 62498-3 规定的气候条件下达到国际标准所需的安全性。

如果轨道交通主管部门规定的条件比设备能实现的条件更严格，供应商可以在用户同意的条件下增加适应气候条件的措施。

B.4.2 机械条件

应确保在规定的机械环境条件下达到国际标准所需的安全性。

B.4.3 海拔条件

应确保在实际的海拔高度下达到国际标准所需的安全性。

注：系统/子系统/设备工作的海拔高度一般不超过海拔 1 800 m。

B.4.4 电气条件(非车载)

应确保在规定的电气环境条件下达到国际标准所需的安全性。

注：GB/T 24338.5(IEC 62236-4)、IEC 62497-1 给出的值可作为基础数据。

B.4.5 电气条件(车载)

应确保车载装置在规定电气条件下达到国际标准所需的安全性。

注：GB/T 24338(IEC 62236)、IEC 62497-1 和 GB/T 25119(IEC 60571)给出的值可作为基础数据。

B.4.6 对非授权访问的保护

应满足下列要求：

a) 访问等级定义

用访问等级来定义谁具有访问权限、访问原因和访问方法，从而防范非授权访问。对于每个特定操作，操作人员都需符合一定准则，这些准则包括以下几个方面：

——专业领域；

——技能水平；

——针对设备的培训。

b) 防护

按照上述的访问等级，本章应规定如何实现防护。

应防护授权人员的无意访问和非授权人员的故意访问。

c) 外部条件

应描述如何通过设备自身之外的方法来实现防护，如：

——设备隔室；

——保安措施；

——可访问性。

d) 封装

应描述如何通过实际设备来完成防护，如：

——外罩；

——安装；

——密封；

——电编码；

——机械编码；

——固件。

B.4.7 更严酷的条件

必要时，应采取措施来满足轨道交通主管部门规定的更严酷的条件。

注：以下为更严酷条件的例子：

——设备周围温度快速变化造成的凝露；

——由以下原因造成的严重空气污染：

- 灰尘；
- 烟雾；
- 蒸气；
- 腐蚀性化学制品；
- 盐；
- 硫化氢。

污染物的种类和浓度应在规范中明确：

——对于室外设备：

- 霜；

- 温度快速变化。

——化学影响，如：

- 石油制品；
- 有机材料；
- 除草剂。

——来自火灾或太阳辐射的过度热量；

——植物、昆虫或动物的活动/入侵；

——污物或灰尘的积累(导电的或非导电的)；

——某些更极端的温度限值。

B.5 安全相关应用条件(技术安全报告第5章)

本章应规定系统/子系统/设备在应用时应遵守的与功能安全相关的规则、条件和约束。

一般应考虑以下主题：

——适合特定应用的可编程系统配置；

——生产、安装、测试和试运行的防范要点；

——故障发现和维护的规则和方法；

——系统操作规程；

——安全告警和预防；

——电磁兼容(EMC)防范要点(抗扰度和发射)；

——关于修改和最终停用的信息；

——辅助设备和工具的安全性证明，如测试设备、维修设备和配置工具。

下列B.5.1～B.5.3给出了一些应包括的特定主题。

B.5.1 子系统/设备的配置及系统建立

应满足下列要求：

a) 配置

如果一个子系统或设备对每个特定应用都需进行配置，那么应规定配置工具和/或配置的规程。

示例：

——规程性的方法；

——版本控制；

——配置系统的硬件需求；

——配置系统的软件细节；

——软件维护；

——验证和确认；

——仿真。

b) 系统建立

应详述如何将子系统和设备构造成一个特定的信号系统。

示例：

——版本控制设置；

——应用控制设置；

——接口设置；

——初始化设置；

——维护控制设置；

——生产和产品测试；

——系统测试例程；

——安装、测试和试运行。

c） 功能改变

如一个子系统或设备的设计是充分通用的，即可用在不同应用的系统里，那么应编写文件说明为了适应这些不同应用它是如何配置和设定的。任何与安全使用有关的限制与条件应加以明确规定。

B.5.2 运行与维护

为确保系统/子系统/设备在规定的环境条件下持续安全和正确地运行，应实施必要的最小维护，并形成操作和维护计划文档，这些文档应包括下列几个方面：

a） 工作状态

应对每个系统/子系统/设备的内在条件加以定义，从而为操作与维护人员在下述情形下提供足够理解信息：

1） 启动

描述系统/子系统/设备在上电后或者由于断电或其他原因造成系统关闭后的启动条件。

注：应规定：

——缺省条件；

——初始化周期；

——自检测的执行；

——所需的人工介入；

——输出条件；

——异常事件后的报警，如火灾或者非法入侵。

2） 正常运行

一旦系统/子系统/设备初始化成功后，应规定正常工作的条件：

——周期；

——非数据例程；

——故障暴露。

3） 切换

如果设备或配置的系统/子系统/设备有一个切换到一个冷备或热备系统/子系统的装置，那么此切换例程应重述1）和2）里规定的条件，还要清楚规定设备对失效模块切换时的反应。

4） 关闭

当一个系统/子系统/设备在因配置变化或终止试运行的预期关闭、或由于断电造成非预期关闭时，应规定所有相关条件。

示例：

——缺省条件；

——平滑降级应用的条件；

——安全方面；

——过程；

——对其他互连系统的影响。

b） 维护分级

应规定：

——一线维护；

——由用户实施的二线维护；

——由制造商实施的二线维护。

注：“一线”是指预防性维护以及故障发现/修复均在现场进行，而“二线”是指预防性维护以及可能的修复是在车间，即脱离现场的环境进行。

c) 周期性维护

在周期性维护的描述里，应参考所有相关领域。

示例：

——培训；

——可访问性；

——模块化；

——可交换性；

——备件供给；

——备件储备。

d) 维护辅助手段

在每一级维护中，应规定人员可使用的辅助设备。

注：这些辅助设备应包括：

——故障诊断；

——故障信息解释；

——故障纠正。

B.5.3 运行安全监控

在系统生命周期的运行与维护期间，应对系统/子系统/设备工作状态进行监控以确保其性能与设计吻合，并且确保在最初安全性评估时的假设条件在实际工作环境中依然保持有效。

注：这部分应包括：

——安全相关性能监控并与预期的性能比较；

——利用对失效报告的监控和评估来检测失效趋势及可能出现的能被纠正的危害失效，继而提高安全性与可靠性；

——利用对事件和事故报告的分析和调查来确定为提高系统安全性所需的修改。

B.5.4 停用和处置

系统/子系统/设备最后在停用时所需的技术安全性预防措施和规程应成文。其中应考虑在不中断轨道交通运行的情况下可能进行分阶段更换系统的因素。

设备停用后的最终处置的警告和指南也应包括在该文档内。

B.6 安全合格测试(技术安全报告第6章)

本章应包括证明在运行条件下成功完成安全合格测试的证据。这些测试的目的是：

——增强系统/子系统/设备能满足规定的运行需求的置信度；

——增强已达到规定的可靠性和安全性指标的置信度；

——在遵循所提供的适当预防和监测措施的情况下，允许系统/子系统/设备在最后安全审批之前投入运行。

注：这些测试仅仅增加了置信度，而非安全性论证的唯一方法。

B.6.1 需求

安全合格测试的范围和持续时间应在轨道交通主管部门和安全主管部门间达成一致，并应在考虑系统/子系统/设备的新颖性和复杂性的基础上证明其合理性。

因为安全合格测试的实现包含在安全论据内，所以在测试期间系统的安全性没有得到完全保障。因此，应提供适当的预防措施、规程与监控手段来确保测试期间的轨道交通安全。

在负有完全安全责任的运行开始前，应完成所定义的安全合格测试。

应建立一个说明系统何时投入使用、有无乘客、有无预防措施、每个阶段获得的认可等级(临时的或最终的安全性认可)的记录。

B.6.2 结果

技术安全性报告应记录安全性合格测试的说明，其中包括所进行测试和获得结果的完整描述。

附　录　C
（规范性附录）
硬件元器件失效模式的识别

C.1　概要

本附录包括确认硬件元器件可信失效模式的规程和信息。

注：本附录包括的硬件元器件失效模式表来源于国际经验和以下文献：

——UIC/ORE Report A155/RP12；

——MIL-HDBK-338-1A；

——德国联邦铁路 Mü8004；

——可靠性分析中心报告 FMD-91。

如 C.2 和 C.5 所述，只要改动有充足的依据，那么表中的内容就可以修改。

C.2　一般规程

为了分析单一故障的后果（见 B.3.1），有必要识别每个硬件元器件可信失效模式。

表 C.1～表 C.16 包括的硬件元器件失效模式列表应作为设计和分析的基础，除非对任何改动已进行论证。应遵守 C.5 的一般说明。

这些表不一定是完整的，任何其他被认为可信的失效模式都可以加入到分析中。在这种情况下，应提醒相关主管部门关注这些增加的失效模式，以便这些列表在将来得到扩充。

C.3　针对集成电路的规程（包括微处理器）

采用集成电路的设计需要特殊对待，因为很难预测设备可能存在的所有可信失效模式。对于可编程设备更应如此，因为在设备边界观测到的失效模式是和具体应用相关的。

对于特定应用的危害失效模式的识别，推荐使用自顶向下方法，如故障树分析技术。（另一种方法是用自底向上的方法，如失效模式和影响分析，但是这种方法费时，并且可能会遗漏某些危害失效模式）。

然后应进行评估和论证，以表明每个已明确的危害失效模式：

a）　由于内部软件构造和数据结构，失效模式不可能发生；

b）　或者，失效模式在外部被检测到并且在规定的时间内强制进入安全状态。在这种情况下，应进行定量分析以证明设计的正确，并应考虑全部元器件失效率下的危害失效模式的最不利的情况。

注：有些对象，如“智能”传感器，使用嵌入式微处理器。这些部件的评估应使用上述提及的处理集成电路的方法。

C.4　带内在物理特性元器件的规程

如果使用内在的故障-安全技术（见 B.3.1），应对被认为不可信的任何元器件失效模式提供充足的证明。这个证明应包括但不仅限于下列论题：

内在物理特性的理论解释：

——与公认的质量标准一致的证据；

——元器件特殊结构的说明；

——元器件的特殊装配或其他预防措施的说明；

——超出元器件额定值(例如由于故障或过载)并非是失效模式出现的原因的证据；

——用测试结果来论证元器件在不利条件下的故障-安全行为(通过物理测试、技术论证、仿真等方法)；

——已有的元器件内在的故障-安全特性可信赖的经验证据。

如果已经提供满意的论证，相关元器件失效模式就可免除安全分析。

如果以前已提供论证，那么就没有必要再重复，只要给出参考索引即可。但是如果这个论证包括特定条件(如特殊安装布局或过载的防护方法)，那么这些条件的实现应包括在安全论据中。

经验表明，某些特殊的元器件失效模式更可能被证明是不可信的，这些失效模式在表 C.1～表C.16 中用(*)号表示，加上 C.6 和 C.7 的相关注释说明。其他元器件失效模式难以被证明是不可信的。应注意对所有被认为是不可信的失效模式进行论证，其中包括表中所说明的那些失效模式。

C.5　元器件失效模式的通用说明

1)　表 C.1～表 C.16 列出硬件元器件可信失效模式。

2)　失效模式是在元器件边界被证明的，并不是内部物理原因所致。

3)　所列出的失效模式都可以是间歇性的。

4)　间歇性的失效是由环境影响，如温度变化、机械应力等导致(参见相关环境标准)。因此间歇性失效的频率与这些因素相关。

5)　在元器件规范公布的允许范围内的变化不认为是失效。

6)　假定元器件是在公布的环境限制条件下运行。

7)　假定元器件是在公布的电气参数范围内运行。

8)　同一元器件引脚间的外部短路或漏泄不认为是元器件失效，合适的电气间隙和爬电距离见 10)。

9)　不同元器件之间的外部短路或漏泄不认为是元器件失效。合适的电气间隙和爬电距离应满足加强绝缘的需求，见 10)。如果环境条件可能导致元器件位置变动，那么就应稳定安装和/或进行特别紧固。

10)　在安全性依赖于电气间隙和爬电距离时，最小电气间隙和爬电距离应根据实际应用需求来定义(包括材料、工艺、实现、环境和运行条件、失效条件和瞬时过电压)。应使用 IEC 62497-1 或 IEC 60664 确定基于加强绝缘的最低需求。这些需求应被轨道交通主管部门接受或进一步强化或补充。

C.6　带有内在物理特性元器件的附加通用说明

1)　论证任意元器件的失效模式是不可信的规程和条件列在 C.4 中。

2)　表 C.1～表 C.16 中用(*)表示的失效模式更易被证明是不可信的。

3)　在表 C.1～表 C.16 中(*)之后的“Note XY”指的是 C.7 中可能用来证明失效模式不可信的一些要素的指导说明。

4)　在下面 5)、6)、7)三项附加条件下，C.5 中的概要说明也适用于具有内在物理特性的元器件。

5)　除 C.5 中 5)之外，建议对超出正常限值的变化允许范围作出规定。

6)　除 C.5 中 6)之外，建议对偏离正常环境限值的允许范围作出规定。

7） 除 C.5 中 7)之外，应确保在公布的电气参数内有一定的余量，以防止元器件过载。

8） 未用。

9） 未用。

C.7 带有内在物理特性元器件的特别说明

为了能论证表 C.1～表 C.16 中(*)标识的失效模式是不可信的，下面说明提供其指南。

10） 器件应当没有空洞。

电阻应限制在最低可能值(例如不超过 10 kΩ)。

在元器件各引脚的插座/连接线之间的电气间隙和爬电距离至少应满足 IEC 62497-1 的需求，以符合加强绝缘的需求。

元器件应以胶合剂或瓷漆密封。在其他情形下，即使在最高温度下(包括故障条件)涂层也不应导电。

物体应由即使在最高温度下(包括故障条件)也不导电的材料构成。

线绕电阻的附加指南：

——线绕电阻的线圈应只有一层；

——线绕电阻绕线之间应通过涂层和/或物理分隔来防止短路。

11） 4 端电阻应由以下方法构成：如果出现一个导致阻抗材料开路的故障，这个故障也应导致四个连接引脚中至少一个开路。

电阻的外部电路应采用故障-安全的方法来揭露引脚的开路。

使用了混合厚涂层技术的 4 端电阻示例见图 C.1。

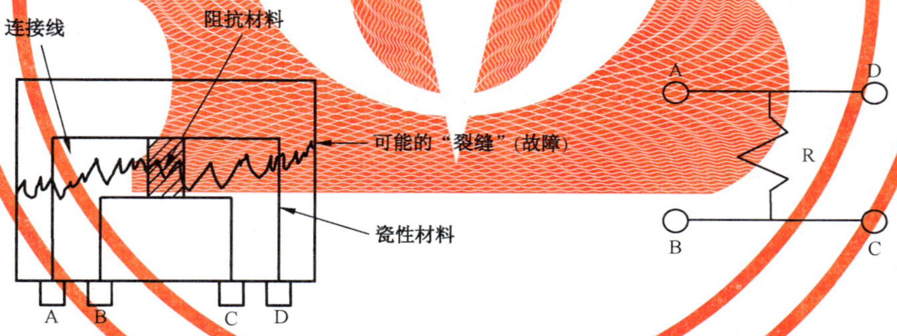

图 C.1 使用了混合厚涂层技术的 4 端电阻示例

12） 两个引脚应独立地与元器件一边连接。

13） 一个简单的平行板电容器的电容计算见式 C.1：

$$C = \varepsilon_O \cdot \varepsilon_r \frac{A}{d} \qquad \cdots\cdots (C.1)$$

式中：

A——板公共面积；

d——板间距离；

ε_O——自由空间介电常数；

ε_r——相对介电常数(介电常数)。

确认失效模式不可信需要论证上述参数均没有发生显著变化。

电解电容由于不存在这种失效模式，因而不适合上述方法。

14） 电容的设计和构成应适应与最大工作电压(包括故障条件)相对应的高压应用环境。它应具有 Y 级规范，并且在源工作阻抗和超过工作电压范围时有自愈功能。

15） 绕线应只有一层匝间的绝缘体上的槽沟隔离，或者绕线应具备加强绝缘性。
线圈应可靠紧固。

16） 电气间隙和爬电距离应至少满足 IEC 62497-1 的加强绝缘规定。
所有绕线和连接的部分应可靠紧固。
应限制功耗以防止内部碳化（包括故障条件）。

17） 磁芯构造应使磁路上的磁阻不会发生显著的变化。

18） 传输比取决于每个线圈的匝数和磁耦合的完整性。因此应满足 15）、16）、17）。

19） 饱和电抗和直流阈值电压取决于磁芯材料的性能，因此论证这些磁性能不会显著变化是必要的。
饱和电抗和直流阈值电压也取决于每个线圈的匝数和磁耦合的完整性。因此，应满足 15）、16）、17）。
饱和电抗器的输出与控制线圈的安匝数有关。应论证：在与相应驱动电路连接时，不存在能导致控制线圈安匝数增加的可信失效模式。

20） 继电器或转换装置的所有部分的结构应坚固可靠，包括：
——操作机制；
——接点系统；
——磁路（若有的话）；
——线圈（若有的话）。
电气间隙和爬电距离应至少满足 IEC 62497-1 的加强绝缘性需求。

21） 应选择不易熔接的接点材料。
应通过适当的机械设计和接点构造进一步减少熔接的风险。
应限制最大电流以确保接点温度不至于使接点发生熔接。

22） 继电器特性的稳定性应通过关注下列因素来保证：
——磁特性：
- 磁性材料的选择；
- 提供一个限位装置，避免磁路（磁芯）的永久磁化；
- 外部磁场的防护。

——电特性：
- 绕线及绝缘的选择与质量；
- 绕线的缠绕质量；
- 引脚的质量。

——机械特性：
- 材料的选择及质量；
- 各部分的可靠紧固；
- 安全相关调节的可靠保持；
- 使用重力（如果必要，通过弹簧和/或叶片的弹性来补充）提供足够的回复力；
- 或使用弹簧（和/或叶片的弹性）提供足够的回复力；
- 操作装置的设计和构造应使之不被卡阻。

23） 一个 P-N 结的阈值电压，如一个二极管或三极管的 b-e 结为下面参数的函数：
——少数和多数载流子的密度；
——波尔兹曼常数（K）；
——电子电荷（e）；

——温度(K)。

因此,阈值电压取决于P-N结的不可变特性,在给定温度下应是一个常数。

24) 击穿电压取决于两种可能:齐纳击穿或雪崩击穿。它们都取决于二极管的不可变物理特性,因此对于给定的温度,击穿电压应为常数。

应仔细考虑以避免内部有两个或多个二极管串联连接。

注意由于并联或串联电阻,在低于或高于击穿电压时都可能导电,但是这种情况下差分(斜率)电阻将比击穿导电情况下要高。

25) 三极管的放大率(或增益或互导)和光电二极管或三极管的光灵敏度取决于:

——掺杂等级;

——结的厚度;

——载流子的寿命期。

除了随时间减少的载流子寿命期,这些参数应保持恒定。因此放大率/灵敏度将保持恒定或者可能减小,但不会增加。

放大率的增加仅在由于污染影响表面掺杂的情况下可能发生。这些可通过元器件的高质量生产和包装来防止。同样,这种影响只有在很低偏置电流时才很显著,这在设计电路时就可以避免。

26) 发光是电流流经在一个正向偏置的P-N结时,电子和空穴的重新组合而产生的物理特性。

重新结合率是正向电流的函数。因此,恒定电流时发光量不会增加。

在阈值电压以下,没有明显的电流流动,因此不会发光。

27) 如果P-N结反向偏置,在击穿电压以下没有明显电流,故不会发光。

在击穿电压以上时,电流流向的结构与正向偏置不同,所以也不会发光。

28) 对于光耦合器和自含光纤系统,应考虑每个元器件的失效模式,如:

——光发射器;

——光介质;

——光敏接收器。

29) 电气间隙和爬电距离至少应满足IEC 62497-1的加强绝缘的需求。

元器件结构应坚固和稳定。

应限制功耗以防止内部碳化(包括故障条件)。

30) 电气间隙和爬电距离至少应满足IEC 62497-1的加强绝缘的需求。

输入和输出驱动或耦合元件应可靠紧固。

31) 元器件应结构牢固。

谐振器的构造和安装应能防止某有效尺寸的变化。

谐振器应由温度变化时其尺寸不会显著变化的材料构成。

谐振器材料应通过温度循环和/或预先运行足够长的时间达到稳定状态。

谐振器的材料不应超过其应力值(即使在故障条件下),特别不应超过其弹性限值。

32) 传输比是驱动/耦合元件的效率和滤波器的品质因数的函数。

驱动/耦合元件的设计和构造应防止其效率的显著升高。

33) 谐振器的结构和安装应使品质因数最大,从而避免品质因数的持续升高。

34) 谐振器的结构和安装应能防止发生任何机制的阻尼。

35) 绝缘材料应当是稳定的。

电气间隙和爬电距离应至少满足IEC 62497-1的加强绝缘性需求。

36) 连接器应构造坚固。

连接器的所有部分应确保紧固。

37) 应通过诸如机械设计或机械插头编码方式防止连接器方向错误或插入错误的插座中。
另外一种方法,通过连接器引脚电子编码或唯一的地址/身份的分配来保证不正确插入时不会产生危害。
应通过告警标志和人员培训进一步降低风险。

38) 显示屏应构造牢固,并且应防止过度的物理损伤。
与显示屏连接的电子连接器应耐用且安全稳固。

39) 应具备足够的绝缘性。
电气间隙和爬电距离至少应满足 IEC 62497-1 的加强绝缘的需求。
应提供防护措施以防止过度物理损伤。
应提供防护措施来防止外部物体的导电。

40) 熔断器和它的底座应经过物理构造和安装以防止发生平行短路。
应提供防止使用标称值不正确的熔断器的手段。
应提供防止使用具有自恢复或自愈能力的熔断器的手段。

表 C.1 电阻

a) 各种类型的电阻和可调电阻(不包括 4 端电阻)	
开路	
短路	(*)说明 10)
阻值增加	
阻值减小	(*)说明 10)
与导体外壳短路	
b) 4 端电阻	
任一引脚的开路	
电阻材料的开路	(*)说明 11)
短路	(*)说明 10)
任一引脚电阻值的增加	
阻值的减小	(*)说明 10)
同侧两引脚间的短路	(*)说明 12)
与导体外壳短路	

表 C.2 电容

a) 各种类型的电容和可调电容(不包括 4 端电容)	
开路	
短路	(*)说明 14)
容值增加	(*)说明 13)
容值减小	(*)说明 13)
并联电阻减小	(*)说明 14)
串联电阻增大	
与导体外壳短路	

表 C.2（续）

b） 4 端电容	
每个引脚的开路	
短路	
容值增加	（*）说明 13）
容值减小	（*）说明 13）
并联电阻减小	（*）说明 14）
串联电阻增大	
同侧两引脚间的短路	（*）说明 12）
与导体外壳短路	

表 C.3 电磁元件

a） 电感	
线圈开路	
线圈短路： ——匝之间； ——层之间； ——整个线圈	 （*）说明 15） （*）说明 16） （*）说明 17）
线圈和磁芯之间的短路或绝缘降低	（*）说明 16）
线圈电阻的增加	
电感值的增加	（*）说明 17）
电感值的减少	（*）说明 17）
b） 变压器	
任意线圈开路	
任意线圈短路： ——匝之间； ——层之间； ——整个线圈	 （*）说明 15） （*）说明 16） （*）说明 16）
线圈之间的短路或绝缘降低	（*）说明 16）
线圈和磁芯之间的短路或绝缘降低	（*）说明 16）
任意线圈电阻的增加	
任意线圈感抗的增加	（*）说明 17）
任意线圈感抗的减少	（*）说明 17）
变比的变化	（*）说明 18）
c） 磁放大器（饱和电抗或磁放大器）	
任意线圈开路	
直流线圈的短路	

表 C.3(续)

c) 磁放大器(饱和电抗或磁放大器)	
交流线圈的短路: ——匝之间; ——层之间; ——整个线圈	 (*)说明 15) (*)说明 16) (*)说明 16)
短路或绝缘电阻减小: ——直流线圈与交流线圈之间; ——任何线圈与磁芯之间	 (*)说明 16) (*)说明 16)
交流线圈感抗的增加	(*)说明 17)
交流线圈感抗的减少	(*)说明 17)
饱和电抗值的增加	(*)说明 19)
饱和电抗值的减小	
直流阈值电压的提高	
直流阈值电压的降低	(*)说明 19)
d) 继电器	
任意线圈开路	
任意接点的开路	
短路或绝缘电阻减小: ——开接点之间; ——线圈与线圈之间; ——线圈与接点之间; ——线圈与导体外壳之间; ——接点与接点之间; ——接点与导体外壳之间	 (*)说明 20) (*)说明 16) (*)说明 20) (*)说明 16) (*)说明 20) (*)说明 20)
接点熔接	(*)说明 21)
接点电阻增加	
接点抖动时间增加	
吸合电流增加	
吸合电流减小	(*)说明 22)
释放电流增加	
释放电流减小	(*)说明 22)
吸合/释放比的变化	(*)说明 22)
吸合时间增加	
吸合时间减小	(*)说明 22)
释放时间增加	(*)说明 22)
释放时间减小	(*)说明 22)
继电器不吸合	
继电器不释放	(*)说明 22)
任何前接点闭合与任意后接点闭合同时发生(瞬间或持续)	(*)说明 22)
前接点之间动作的不一致性	
后接点之间动作的不一致性	

表 C.4 二极管

a) 普通二极管(电源、信号、开关)	
开路	
短路	
反向电流增加	
反向击穿电压减小	
导通状态的电压增加	
导通状态的电压减小	
阈值电压增加	(*)说明 23)
阈值电压减小	(*)说明 23)
与导体外壳短路	
b) 齐纳二极管	
开路	
短路	
齐纳电压增加	(*)说明 24)
齐纳电压减小	(*)说明 24)
斜率电阻的变化	
反向电流增加	
正向导通的电压增加	
正向导通的电压减小	
正向阈值电压增加	(*)说明 23)
正向阈值电压减小	(*)说明 23)
与导体外壳短路	

表 C.5 晶体管

a) 双极晶体管	
开路: ——发射极(E);和/或 ——基极(B);和/或 ——集电极(C)	
短路: ——E、B 之间; ——B、C 之间; ——E、C 之间; ——E、B 和 C 之间	
两个结之间短路和第三个结的开路	
外壳和 E 或 B 或 C 之间的短路	

表 C.5（续）

a） 双极晶体管	
直流和/或交流放大系数的增加	(*)说明 25)
直流和/或交流放大系数的减小	
基-射导通状态的电压增加	
基-射导通状态的电压减小	
阈值电压 V_{BE} 的增加	(*)说明 23)
阈值电压 V_{BE} 的减小	(*)说明 23)
击穿电压 V_{EB}，或 V_{CB}，或 V_{CE} 的减小	
上升时间、下降时间、开启时间、关闭时间的变化	
漏泄电流 I_{CB}、I_{EB}、I_{CE} 的增加	
饱和电压 V_{CE} 的变化	
b） 场效应管	
开路： ——栅极(G)；和/或 ——源极(S)；和/或 ——漏极(D)	
短路： ——S、D 之间； ——G、D 之间； ——S、G 之间； ——S、G 和 D 之间	
两个结之间短路和第三个结的开路	
外壳和 S 或 G 或 D 之间的短路	
正向互导的增加	(*)说明 25)
正向互导的减小	
栅极阈值电压的增加	
栅极阈值电压的减小	
基-射导通状态的电压减小	
减小： ——漏、源击穿电压； ——栅、源和漏、栅最大额定电压	
开启时间，关闭时间的变化	
漏泄电流 I_{GS}，或 I_{DS} 或 I_{GE} 的增加	
静态漏极到源极通路电阻的变化	

表 C.6　可控整流器

a)　晶闸管(SCR)	
开路： ——栅极(G)；和/或 ——阳极(S)；和/或 ——阴极(D)	
短路： ——G、C 之间； ——G、A 之间； ——A、C 之间； ——A、G 和 C 之间	
两个结之间短路和第三个结的开路	
外壳和 A 或 G 或 C 之间的短路	
保持电流的变化	(*)说明 25)
门触发电流和/或门触发电压的变化	
减小： ——阴阳之间正向阻断电压； ——阴阳之间反向阻断电压； ——反向栅极最大额定电压	
开启时间，关闭时间的变化	
漏泄电流 I_{AC}，或 I_{GC}，或 I_{GA} 的增加	
正向静态导通电压的变化	
b)　双向场效应管	
开路： ——栅极(G)；和/或 ——MT1(第一载流端)；和/或 ——MT2(第二载流端)	
短路： ——G、MT1 之间； ——G、MT2 之间； ——MT1、MT2 之间； ——MT1、G 和 MT2 之间	
两个结之间短路和第三个结的开路	
外壳和 MT1 或 G 或 MT2 之间的短路	
保持电流的变化	(*)说明 25)
门触发电流和/或门触发电压的变化	
MT1-MT2 最大额定不导通电压和/或最大栅极额定电压的减少	
漏泄电流 MT1-MT2、G-MT1、或 G-MT2 的增加	
正向静态导通电压的变化	

表 C.7　浪涌抑制器

a)　压敏电阻(VDR)	
开路	
短路	
箝位电压的增加	
箝位电压的减小	
漏泄电流的增加	
b)　防护二极管	
开路	
短路	
击穿电压的增加	(*)说明 24)
击穿电压的减小	(*)说明 24)
漏泄电流的增加	
与导体外壳的短路	
c)　气体放电管	
开路	
短路	
击穿电压的增加	
击穿电压的减小	
漏泄电流的增加	
d)　气隙放电管	
开路	
短路	
击穿电压的增加	
击穿电压的减小	
漏泄电流的增加	

表 C.8　光电器件

a)　**光敏二极管**	
开路	
短路	
光灵敏度的增加	(*)说明 25)
光灵敏度的减小	
漏泄电流的增加	
b)　光敏晶体管	
开路	

表 C.8（续）

b） 光敏晶体管	
短路	
光灵敏度的增加	（*）说明 25）
光灵敏度的减小	
漏泄电流的增加	
c） 发光二极管（LED）	
开路	
短路	
发光的增强（恒流下）	（*）说明 26）
发光的减弱（恒流下）	
漏泄电流的增加	
阈值电压的增加	（*）说明 23）
阈值电压的减小	（*）说明 23）
低于阈值电压时的光发射	（*）说明 26）
相反极性下的光发射	（*）说明 27）
d） 光耦和自约束光纤系统	
短路或绝缘电阻的减少： ——输入输出之间； ——同一导体外壳中相邻系统之间	 （*）说明 29） （*）说明 29）
与导体外壳的短路	
切换时间的变化	
电流传输比的增加	（*）说明 25）、26）
电流传输比的减小	

表 C.9 滤波器

a） 晶振	
开路	
短路	
谐振频率的变化	
品质因素的降低	
与导体外壳的短路	
b） 机械谐振器（音叉/舌簧/摆）	
开路	
短路或绝缘电阻的减少： ——输入输出之间； ——输入或输出与导体外壳之间	 （*）说明 30） （*）说明 30）

表 C.9（续）

b） 机械谐振器（音叉/舌簧/摆）	
谐振频率的变化	（*）说明 31）
传输比的增加	（*）说明 32）、33）
传输比的减小	
品质因素的增加	（*）说明 33）
品质因素的降低	（*）说明 33）、34）

表 C.10 互连组件

a） 印制电路板	
一根线或多根线的开路或电阻增加	
不同线之间的短路或绝缘降低	（*）说明 35）
b） 连接器	
开路： ——一个或多个接点； ——屏蔽层	
短路或绝缘电阻降低： ——接点与接点之间； ——接点与外壳之间	 （*）说明 35）、36） （*）说明 35）、36）
机械位置错误	（*）说明 37）
c） 电缆和电线	
一根线或多根线的开路或电阻增加	
屏蔽层开路或电阻增加	（*）说明 38）
短路或绝缘电阻降低 ——导线和导线之间或多种组合的导线之间； ——单导线或多导线与屏蔽层之间； ——单导线或多导线或屏蔽层与外部导体之间	 （*）说明 39） （*）说明 39） （*）说明 39）
多处开路与短路	（*）说明 39）
d） 连接-焊、卷、压、夹、拧	
开路	
电阻增加	
e） 光缆	
开路	
衰耗增加	
f） 光纤连接器	
开路	
衰耗增加	

表 C.11 熔丝

开路	
平行短路	(*)说明 40)
熔断电流的增加	(*)说明 40)
熔断时间的增加	(*)说明 40)
熔断后的重新连接	(*)说明 40)

表 C.12 开关和按钮

任一接点的开路	
短路或绝缘电阻减小： ——开接点间； ——接点与接点间； ——接点与导体外壳间	 (*)说明 20) (*)说明 20) (*)说明 20)
接点熔接	(*)说明 21)
接点电容增加	
装置卡在当前状态	
接点	

表 C.13 灯

开路	
短路	
光强的减少	
与导体外壳短路	

表 C.14 电池

开路	
短路： ——单个电池； ——多个电池； ——整个电池组	
电动势减少	
内部电阻增加	

表 C.15　变送器/传感器(不包括内部电子线路)

开路	
平行短路	(*)说明 40)
输出过高	(*)说明 40)
输出过低	(*)说明 40)
响应时间过长	(*)说明 40)
与导体外壳短路	

表 C.16　集成电路

a)　模拟器件	
功能不正常(见附录 C.3)	
b)　数字器件	
功能不正常(见附录 C.3)	
c)　微处理器	
功能不正常(见附录 C.3)	

附　录　D
（资料性附录）
补 充 资 料

D.1　概要

本附录提供了实例和指导，作为对本标准 5.4 和附录 B 中包括的技术需求的补充。所给出的需求仅对 SIL3 或 SIL4 有效。

D.2　内部物理独立性的获得

（防护类型 A 影响，如 B.3.2 中所述。）

D.2.1　主要独立性

下面的措施提供了两个同时出错可能导致危害的对象之间的“主要独立性”：

a)　防止意外电联接的措施（内部电绝缘的防护）
   1)　印制电路板同一层上的线路之间的绝缘；
   绝缘距离（爬电距离和电气间隙）至少符合 IEC 62497-1 的加强绝缘要求；
   2)　多层印制板的不同层线路之间的绝缘；
   3)　同一电缆中的绝缘导线之间的绝缘；
   4)　同一变压器的绝缘绕组之间的绝缘；
   变压器内部的最高温度应加以限制（包括故障情况）以避免碳化；
   5)　光耦合器内绝缘元件之间的绝缘；
   应限制光耦合器内部的最高温度（包括故障情况）以避免碳化。

b)　避免由预期的连接产生非预期结果的措施（内部接口的防护）
   使用具有内在特性的设备对接口进行防护；

c)　避免由电磁耦合产生非预期结果的措施（内部串扰的防护）
   电子网络之间的串扰可通过如下的措施来防护：
   1)　如果不同的对象位于同一印制电路板上，它们应通过不同的供电网络来供电。若非如此，则接地网络阻抗应足够低，以便即使在故障时也能避免串扰。
   2)　如果要防止位于同一印制电路板上的不同线路之间的串扰，必要的线间距取决于所使用的技术、耦合长度和耦合机制。对于正常运行模式，这个距离应通过理论计算及实际测量加以论证。
   3)　如果在发生故障时需要避免耦合，应采取附加的措施（如屏蔽或采用双倍距离）。有效性应通过理论计算和（或）实际测量加以论证。

D.2.2　次要独立性

下面的措施为两个同时出错可能不会导致危害的对象之间提供次要的独立性。

a) m 中取 n 系统每一对象可由多个独立对象组成。

b) 同时出错可能导致危害的两个对象间的独立性已在 D.2.1 中论述(主要的独立性)。这些对象被称为主对象,每个主对象可含有一个或多个用于检查主对象的所谓附加对象。

c) 主对象和附加对象之间的独立程度可以低于 D.2.1 中所述,称为"次要独立性"。

d) 如果主对象和附加对象之间任何可能的一次故障后果可以在由后续故障使之变得危害之前就被检测出,那么主对象独立于附加对象。

e) 对于次要独立性,允许对 D.2.1 作下述简化:

——绝缘距离(爬电距离和电气间隙)应与 IEC 62497-1 的基本绝缘要求相一致;

——防护装置不需要内在特性(只有二次故障才可能破坏一个主对象和一个附加对象之间的独立性);

——至少电压监控(附加对象)的电源网要和被监控主对象的电源网隔离。

D.3 外部物理独立性的获得

(防护类型 C 影响,如本标准附录 B.3.2 中所述。)

以下措施提供物理的外部独立性:

a) 遵循 IEC 62236-4,采取措施以避免由于电磁干扰/静电放电(EMI/ESD)干扰正常运行所造成的非预期影响;

b) 一般应遵守规定的气候条件,需采取措施最大程度降低系统在规定的气候条件之外运行的风险;

c) 采取措施避免由机械应力干扰正常运行所产生的非预期影响:

  1) 即使在轨道交通主管部门和供应商商定的机械应力状态下,也应采取措施确保可靠而正确的运行;

  2) 应按 IEC 62498-1 或 IEC 62498-3 采取适当防护措施。

d) 即使在轨道交通主管部门和供应商商定的化学应力状态下,也应采取措施确保可靠而正确的运行;

e) 采取措施以避免在非允许供电电压下的非预期操作(供电电压的防护):

  1) 应由电压监控检测非允许供电电压(超出系统/设备/元器件允许数据值),并在可能出现危害前触发进入一个安全状态;

  2) 电压监控应在整个生命周期内正常运行。如果不能检测电压监控的故障,那么有必要对电压监控进行冗余。

f) 要采取措施以避免外部电压通过输入输出端口干扰正确的运行而造成非预期的危害结果(外部接口防护):

  1) 要假定最不利情形下的外部电压(电缆和导线上的过程电压和所有可能的电磁干扰感应电压);

  2) 通电部分与需保护正确运行的外露导电部分/地/电路之间的间隙应根据 IEC 62497-1 规定的浪涌电压来确定;

  3) 通电部分与需保护正确运行的外露导电部分/地/电路之间的爬电距离应根据 IEC 62497-1 规定来确定,且与运行期间最大标称均方根值电压相对应;

4) 对于绝缘尺度的规定，应选择比较大的距离（电气间隙和爬电距离）。

D.4 单一故障分析方法示例

（如 B.3.3 所述）

注 1：下列 a)～g)的内容源于 CENELEC 文件 CLC/SC9XA(SEC) 114："Calculation with Mü8004 Formulas"。

a) 根据同时失效可能导致危害的对象失效率总和"a"，相应对象的单一故障检测和拒绝时间 t_{sf} 应不超过下面的数值：

$$t_{sf} \leqslant \frac{k}{1\,000 \times a} \qquad \cdots\cdots\cdots\cdots (\text{D.1})$$

式中：

——对于二取二系统，$k=1$；

——对于三取二系统，$k=0.5$。

b) 在 a)里提到的失效率是应力分布的一个函数，该应力分布取决于运行期间的环境条件。应力分布依赖于应用。如果对失效率具有不利影响，可以用一个简化的应力分布作为基础。

c) 如果系统/子系统/设备内包括多个对象，并且不是所有双故障对象的组合都是有危害的，那么故障检测时间对于不同组合要分别确定。在这种情况下，如果一个对象有多个不同的故障检测时间，那么应选取最短的时间。

d) 应对所有对象的故障进行周期性测试，这些测试应代表所有影响正确运行的可信故障，并且完成测试时间应小于 t_{sf}；大规模集成电路的故障检测应符合表 D.1。

e) 如果无故障的 N 取二系统（$N=2$ 或 3）掉电，那么故障检测可能被中断。中断的时间长度应不超过 a)中允许的故障检测时间值的 400 倍。

注 2：这是建立在假定电子元器件在设备不上电时的可靠性是 20 倍的基础上。

f) 当故障检测被中断的时间比 e)中的允许时间更长时，系统/子系统/设备可能只有在完成多故障检测之后才能再次运行。

注 3：以下 h)～k)的内容是从意大利铁路技术标准的安全性电子系统（IS 353）中继承而来。IS 353 遵守 ORE A155.3推荐。

g) 当安全相关功能由单一部件执行时，安全侧失效暴露时间 t_{sf}是对单一故障进行检测和以安全方式来反应的最大时间总和。暴露时间应不超过任何危害条件持续时间的规定时限。为了避免所有危害条件，该持续时间应小于所控制设备的所需响应时间（取决于单一部件系统）。

h) 响应时间主要取决于所控制的设备类型，因此，它取决于具体应用。

例如：t_{sf}的值可假设为：如果控制的设备是一个信号继电器，则 $t_{sf}<100$ ms；

i) 在 t_{sf}时间内，第一个安全相关失效应被检测出，同时应触发一个安全反应。

j) 在单一部件情况下，对故障应进行定期的测试。这些测试应代表影响正确运行的所有故障，并且完成测试时间应小于 t_{sf}。

D.5 多重故障分析方法示例

（如 B.3.5）

注：这部分内容来自 CENELEC 文件 CLC/SC9XA(SEC) 114："Calculation with MU8004 Formulas"。

a) 与第三个故障组合可能导致危害的双故障：

1) 如果由某部件完成单一故障的及时检测和拒绝是不可能的或不适宜的，那么应考虑第二个部件发生后续故障的可能性。

2) 应确保两个部件中同时故障是无危害的。这意味着至少需要三个独立部件。它们的连接方式保证只有在三个部件都不正常时才可能是有危害的，如三取三系统。

3) 根据同时误动作可能导致危害的至少三个部件的失效率总和“a”，双故障的故障检测和拒绝时间 t_{df}应满足：$t_{df} \leqslant 2/a$。

4) 在 3)中提到的失效率应是应力分布的一个函数，该应力分布取决于运行期的环境条件。此应力分布依赖于应用。如果对于失效率具有不利影响，那么可以用一个简化的应力分布来作为基础。

5) 如果系统/子系统/设备包括多个部件，并且不是所有的三个故障部件的组合都是有危害的，那么对于不同组合的检测时间可分开确定。在这种情况下，如果对于两个部件有多个不同的故障检测时间，应选择最短的时间。

b) 与第四个故障组合可能导致危害的三重故障：

1) 如果两个部件中双故障的及时检测和拒绝是不可能的或不适合的，那么应考虑第三个部件后续故障的发生几率；

2) 应确保三个部件同时故障是无危害的，这意味着至少需要四个独立部件。它们的连接方式保证只有在四个部件都不正常工作才可能导致危害，如四取四系统；

3) 如果失效率“a”不超过下述值：$a \leqslant 2 \times 10^{-4} h^{-1}$就不需要在维护期采取运行数据流和测试之外的三重故障检测措施；

4) 失效率“a”是同时误动作可能导致危害的那些部件的失效率的总和(四重故障)。

c) 结合说明 D.4 中的 c)，不允许存在后续失效取消一个安全反应的可能。仅在对象的故障部分处于离线状态并且应实施恢复性维护时，才能在受控方式下允许后续失效取消一个安全反应。图 D.1 为故障分析方法的示例。

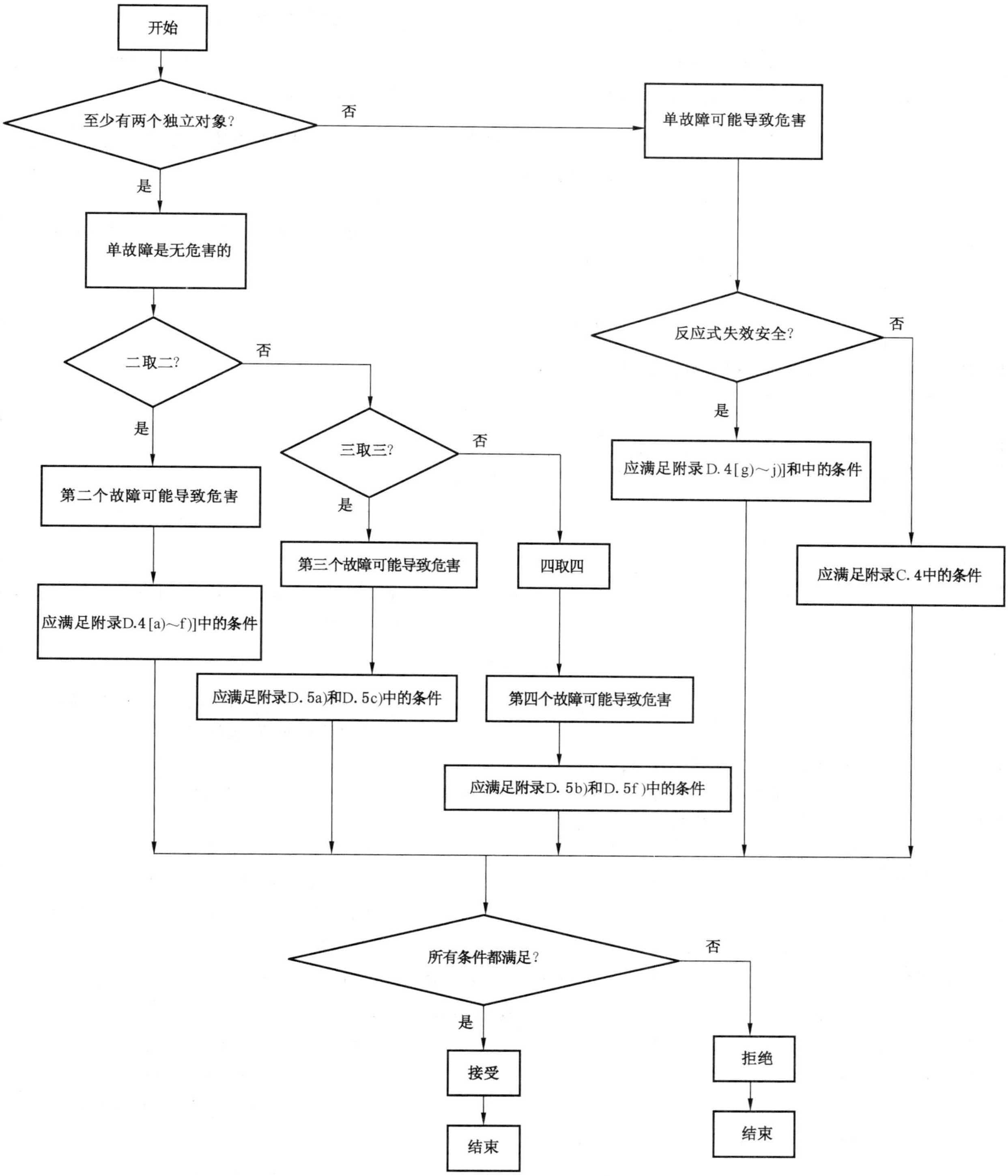

图 D.1 故障分析方法的示例

表 D.1 *n* 取 2 系统中，通过周期性在线测试，同时加以比较(软件或硬件)的方式对大规模集成电路的故障加以暴露的措施(假设在第二个故障发生之前暴露第一个故障)

元器件	误动作	措　　施
1 CPU 1.1 寄存器	任意，例如数据位组合上的依赖性(模式敏感型故障)	在各种可能模式里(数据位组合)使用所有寄存器(除预置寄存器) 在初始化预置寄存器后(如中断控制寄存器)，需测试正确的预置功能 超过 8 比特的寄存器可以使用下列数据位的组合在每个在线测试周期加以测试： ..5555....H 0AAAA...H ..33.....H 9999....H 0CCCC....H 6666....H 0000....H 0FFFF...H 0F0F0....H ..0F0F....H 数据位的各种组合的附加测试是必要的，可以分配在几个测试周期进行(例如用一个随机数发生器)
1.2 指令解码和执行	任意，例如：影响寄存器或内存的错误指令译码或错误指令执行，取决于源和/或目标数据位组合	使用各种类型的一条指令，用 1.1 里列出的数据位的组合来测试 对于所有条件、源、目标和地址位的值(包括加载程序计数器)进行测试，判断是否所有可用的系统指令是可执行的 测试判断所有可用的系统相关中断指令都已执行，这与中断和中断条件有关 要测试所有可用的系统指令，允许在 RAM 里生成并跳转执行 在至少有一个寄存器里的存贮信息发生与执行相关的变化后，建议不仅检查相关的寄存器而且要检查所有其他寄存器里的存贮信息
1.3 时钟	频率错误	如果对每个计算通道使用独立的时钟发生器，那么可以通过比较来检测一个通道中的频率错误 在多故障的情况下，需要附加的频率监视器
1.4 复位	附加或没有复位	如果对每个计算通道使用独立的复位装置，那么可以通过比较来检测一个通道中的复位错误 在多故障的情况下，需要附加的正确启动监视器
1.5 电源	供电电压错误	如果对每个计算通道使用独立的电源，那么可以通过比较来检测一个通道中的供电电压错误 在无独立或多故障的情况下，需要附加的电压监视器

表 D.1（续）

元器件	误动作	措　施
2.存储器 2.1　ROM	任何错误的内容和地址或控制信号的任何错误解码	读并比较所有的内容
2.2　RAM	读写之后的任何错误内容和地址或控制信号任何错误解码	读并比较所有的内容 用1.1里列出的数据位组合进行写/读/比较测试 测试是否所有的单元是可寻址的(例如通过在一个单元里加载一个特定的数据位组合，并且读/比较相关芯片上的所有其他单元)。在同一单元里加载相反的数据位组合重复上述过程。对相邻单元用相同的方式重复该过程，直到所有RAM芯片中所有芯片都用到为止
		最后描述的测试也暴露了同一RAM电路里每个位对其他位的影响，这个测试可分作几个在线测试周期完成

附　录　E
（资料性附录）
安全相关电子信号系统避免系统性故障以及控制随机故障和系统性故障的技术和措施

安全完整性等级定义在执行功能的子系统的功能级上。本附录涉及针对安全完整性等级1～4等级，避免系统性故障以及控制随机故障和系统性故障的结构，技术及措施。

因此，下面的表格描述对应4个不同的安全完整性等级的各种技术/措施。

由于系统性故障在不同的生命周期阶段对系统有不同的影响，并且一些措施取决于具体的应用，因此不可能列出生命周期各阶段所有系统性故障的单独原因。从而，不可能对避免故障进行定量分析。

根据系统生命周期和在IEC 62278中描述的安全管理流程，同时参考5.3，在每个生命周期阶段应进行一些活动。正如在安全管理流程中所描述的，安全管理流程的目的是为了进一步减少在系统生命周期内与安全相关的人为错误的发生，并由此最大程度减少安全相关的系统性故障的残余风险。这包括验证和质量保障过程。该过程的需求在表E.1列出。

遵循IEC 62278中阶段1～4的描述：

——阶段1：概念；

——阶段2：系统定义和应用条件；

——阶段3：风险分析；

——阶段4：系统需求。

依照表E.2中的技术/措施，活动结果应编入到系统需求规范中。在安全计划准备期间，应确定安全管理结构。相关支持信息在表E.3中给出。

在生命周期设计和实现阶段（阶段6）系统结构描述应参照表E.4形成文档。

为避免和控制由下列因素引起的故障：

——任何残留的设计故障；

——环境条件；

——误用或操作错误；

——软件中的任何残余错误；

——人为因素。

设计特点的技术/措施在表E.5中给出。

根据设计特点，故障影响分析应使用RAMS分析和附录C中的失效模式，来确定软硬件的RAM和安全性约束。

识别和评估故障影响的方法在表E.6中给出。

无论采取哪种设计方法，它应具备以下特征：

——清晰和准确的文档材料；

——清晰和准确的功能表述；

——透明性，模块性和可追溯性；

——技术的和时间相关的信息；

——确认和验证阶段的可测性。

一些技术和措施在表E.7中给出。

预期设计应参见表E.8形成文档，并参见表E.9中的技术/措施进行确认。

利用危害日志，建立确认测试报告，它包括以下内容：

——所用测试规范的版本；

——所用元素（HW和SW）的版本；

——所用的工具和设备；

——每次测试的结果；

——预期结果和实际结果之间的任何偏差；

——出现偏差时，所进行的分析和采取的决定。

设计和开发阶段的结果以及安全论据的结果将指导应用、运行和维护过程，这些过程应参见表 E.10（参见 5.3.12 和 5.4）给出的技术/措施形成文档。

这些表中的每种技术和措施，针对每个安全完整性等级（SIL）1～4 都有相应的建议。

“HR”表示在该安全完整性等级中某措施或技术是极力推荐的。如果不使用该技术或措施，则应详细说明其理由。

“R” 表示在该安全完整性等级中某措施或技术是推荐的。

“—”表示该措施或技术既不反对使用也不推荐使用。

表 E.1　安全计划和质量保证活动（参见 5.2 和 5.3.4）

技术/措施	SIL1	SIL2	SIL3	SIL4
1. 检查清单	R：产生活动和对象目检查清单		R：产生活动和对象检查清单	
2. 工作审查	R		HR	
3. 检查文档内容	HR：轨道交通主管部门/安全主管部门和企业协商一致的文档		HR：所有文档	
4. 安全计划修改后的评审	HR			
5. 在安全生命周期每个阶段后进行安全计划的评审	HR			

表 E.2　系统需求规范（参见 5.3.6）

技术/措施	SIL1	SIL2	SIL3	SIL4
1. 区分安全相关系统和非安全相关系统	R：明确定义安全相关系统和非安全相关系统之间的接口		HR：明确定义安全相关系统和非安全相关系统之间的接口并进行接口分析	
2. 图形描述（例如方框图）	HR		HR	
3. 结构化的规范	HR：手工分层地划分成多个子任务并对接口进行描述		HR：使用形式化方法进行层次划分，自动一致性校核，精进至功能级	
4. 形式化或半形式化方法	—		R：计算机辅助	
5. 计算机辅助的规范工具	—	R：不偏爱某特殊设计方法的工具	R：具有层次划分的面向模型的过程，所有对象及其关系的描述，公共数据库，自动一致性校核	
6. 检查清单	R：为安全生命周期各个阶段准备检查清单，着重于主要安全问题		R：为安全生命周期所有阶段准备详细检查清单	
7. 危害日志	HR：建立危害日志并在整个系统生命周期内维护危害日志			
8. 规范检查	R		HR	
注：因为检查清单或计算机辅助规范工具一般只说明“做什么”（以备不遗漏某件事），而不能确保实际完成的质量，因此它们应和其他方法一起使用。				

表 E.3 安全组织(参考 5.3.3)

技术/措施	SIL1	SIL2	SIL3	SIL4
1.安全组织机构员工的培训	HR:在所有安全相关活动中进行初始培训		HR:在所有安全相关活动中进行重复培训或定期实施	
2.角色间的独立性	见图 6:独立性安排			
3.安全组织中员工的资质 4.(见备注)	HR:技术教育或足够的经验		HR:更高的技术教育或广泛的经验	
注:安全活动所涉及的人员应能够胜任这些工作(参见 5.3.3)				

表 E.4 系统/子系统/设备的结构(参考 5.4)

技术/措施	SIL1	SIL2	SIL3	SIL4
1.区分安全相关系统和非安全相关系统	R	R	HR	HR
2.带自检和监测的单电子结构	R	R	—	—
3.双电子结构	R	R	—	—
4.基于具有故障-安全比较的组合故障-安全的双电子结构	R	R	HR	HR
5.基于内在故障-安全的单电子结构	R	R	HR	HR
6.基于反应式故障-安全的单电子结构	R	R	HR	HR
7.带故障-安全比较的多样电子结构	R	R	HR	HR
8.通过硬件可靠性定量分析来证明结构合理性	HR	HR	HR	HR
注:阴影部分中所有技术是可选择的。“R”意味着至少要选择一种技术。				

表 E.5 设计要点(参考 5.4)

技术/措施	SIL1	SIL2	SIL3	SIL4
1.操作错误的防护	R:每个输入命令进行合理性检查		HR:每个输入命令进行合理性检查	
2.故意破坏的防护			R:应增加有组织的措施	
3.分立元件单一故障的防护(B.3.1)	R:所有的危害失效模式或者能被检出并屏蔽,或者能证明内在物理特性使之是内在安全的。 对基本绝缘的需求见 IEC 62497-1		HR:所有的危害失效模式或者能被检出并屏蔽,或者能证明内在物理特性使之是内在安全的。IEC 62497-1 对绝缘有基本需求	
4.数字电子技术集成电路单一故障的防护(B.3.1、C.3)	R:粘连(stuck-at)故障模式	R:直流(DC)故障模式	HR:部件级的永久性和短暂性的故障模式(集成电路故障实例定义在表 D.1 中)	

表 E.5（续）

技术/措施	SIL1	SIL2	SIL3	SIL4
5.安全相关结构内的物理独立性(B.3.2 中类型 A 和 C)	R:绝缘距离至少要符合 IEC 62497-1(基本绝缘)		HR:绝缘距离应符合 IEC 62497-1 的加强值(加强绝缘)	
6.单一故障的检测(B.3.3)	R:通过检测与正常运行状态的偏差发现	R:根据安全目标，单一故障的检出和屏蔽时间应满足安全目标	HR:根据安全目标，单一故障的检出和屏蔽时间应满足安全目标	
7.安全状态的保持(B.3.4)	R:告知操作员不能使用或不能依靠故障部件涉及的安全相关功能		HR:自动关闭故障部件、子系统或系统，或者阻断故障部件、子系统或系统的所有安全相关功能	
8.多故障(B.3.4)	R:通过检测与正常运行状态的偏差发现	R:多故障检出和屏蔽时间应符合安全目标	HR:根据安全目标，多故障的检出和屏蔽时间应满足安全目标	
9.动态故障检测	R:应进行在线动态测试，以检查安全相关系统的运行状态并将其显示给操作员	HR:应进行在线动态测试，以检查安全相关系统的运行状态并将其显示给操作员	HR:应进行在线动态测试，以检查安全相关系统的运行状态并自动关闭故障部件、子系统或系统，或者阻断故障部件、子系统或系统的所有安全相关功能	
10.程序执行顺序监督	R:对程序进行时序或逻辑监督并显示给操作员	HR:对程序进行时序或逻辑监督并显示给操作员	HR:在程序中许多检查点对程序执行顺序进行时序和逻辑监督并自动关闭故障部件、子系统或系统，或者阻断故障部件、子系统或系统的所有安全相关功能	
11.应对掉电、电压波动、过压和欠压的措施	HR:应对掉电、电压波动、过压和欠压的措施		HR:应对掉电、电压波动、过压和欠压的更广泛措施	
12.应对温度升高的措施	HR:检测温度升高的温度传感器		HR:检查是否需要安全性关闭	
13.软件结构	参见 IEC 62279		参见 IEC 62279	

表 E.6 失效和危害分析方法(参考 5.4)

技术/措施	SIL1	SIL2	SIL3	SIL4
1.初步危害分析 PHA	HR	HR	HR	HR
2.故障树分析 FTA	R	R	HR	HR
3.马尔可夫状态图	R	R	HR	HR
4.失效模式、影响和危害性分析 FMECA	R	R	HR	HR
5.危害性和可操作性研究(HAZOP)	R	R	HR	HR
6.因果图	R	R	HR	HR
7.事件树	R	R	R	R
8.可靠性方框图	R	R	R	R

表 E.6(续)

技术/措施	SIL1	SIL2	SIL3	SIL4
9.分区分析	R	R	R	R
10.接口危害分析	R	R	HR	HR
11.共因失效分析	R	R	HR	HR
12.历史事件分析	R	R	R	R
注:初步危害分析(PHA)只应考虑在开发初期进行。当设计过程中已有准确的技术信息时,最好用其他方法。				

表 E.7 系统/子系统/设备的设计和开发(参考 5.3.7)

技术/措施	SIL1	SIL2	SIL3	SIL4
1.结构设计	HR:进行自顶而下的分层设计		HR:进行自顶而下的分层设计,要能完全追溯到需求规范,其中包括规范、设计、电路图和应用文档之间的互相参考	
2.模块化	R:模块大小应限制,模块之间应隔离	HR:模块大小应限制,模块之间应隔离	HR:使用完全确认过的、易于理解的且大小受限制的模块,模块之间应功能隔离	
3.形式化或半形式化方法			R:计算机辅助	
4.计算机辅助设计工具		R:复杂设计采用计算机支持	R:用经过应用证明的或确认的工具,通用的计算机辅助开发	
5.环境研究(EMC,振动等)	R	R	HR	HR

表 E.8 设计阶段的文档(参考 5.2)

技术/措施	SIL1	SIL2	SIL3	SIL4
1.子系统图形描述	HR	HR	HR	HR
2.接口描述	HR	HR	HR	HR
3.环境研究(电磁兼容,振动)	R	R	HR	HR
4.修改规程	HR	HR	HR	HR
5.维护手册	HR	HR	HR	HR
6.生产文档	HR	HR	HR	HR
7.应用文档	HR	HR	HR	HR

表 E.9 系统和产品设计的验证和确认(参考 5.3.9)

技术/措施	SIL1	SIL2	SIL3	SIL4
1.检查清单	R:准备检查清单,关注主要安全性问题		R:准备详细的检查清单	
2.仿真		R	R	
3.系统功能测试	HR:应实施功能测试、评审,以证实达到预定的特征和安全需求		HR:应基于良好定义的测试用例进行全面的功能测试,以证实达到预定的特征和安全需求	

表 E.9（续）

技术/措施	SIL1	SIL2	SIL3	SIL4
4. 环境条件下的功能测试	HR：应在指定环境条件下进行安全相关功能和其他功能的测试		HR：应在指定环境条件下进行安全相关功能和其他功能的测试	
5. 浪涌抗扰度测试	HR：应进行实际运行条件边界值的浪涌抗扰度测试	HR：应进行比实际运行条件边界值更高的浪涌抗扰度测试		
6. 文档检查	HR：检查所有文档			
7. 确保设计假设没有向生产过程妥协			HR：明确生产需求和防范要点，另外由安全组织审查实际生产过程	
8. 测试装置	R：测试装置的设计者应独立与系统或产品的设计者		HR：测试装置的设计者应独立与系统或产品的设计者	
9. 设计评审	HR：在生命周期的适当阶段进行评审，以证实实现了指定的特征和安全性需求		HR：在生命周期的适当阶段进行评审，以证实实现了指定的特征和安全性需求	
10. 确保设计前提条件未受安装和维护过程影响	HR：明确安装和维护需求以及防范要点		HR：明确安装和维护需求以及防范要点，另外由安全组织审查实际安装和维护过程	
11. 通过使用达到高置信度（当无法获得以往证据时）	R：10 000 h运行时间，有运行设备中运用至少1年的经历		R：1 000 000 h运行时间，有不同设备中运用至少2年的经历，其中包括安全性分析，运行期间的小修改也要有详细文档资料	
注：在阶段验证活动中，可以使用检查清单、计算机辅助规范工具和规范检查。				

表 E.10　实施，运行和维护（参考5.3.12和5.4）

技术/措施	SIL1	SIL2	SIL3	SIL4
1. 生成实施、运行和维护指导说明	R：所有运行、实施和维护指导说明可以追溯到运用危害日志的设计		HR：所有运行、实施和维护指导说明可以追溯到运用危害日志的设计	
2. 运行和维护指导说明的操作培训（参见5.4）	HR：所有操作员和维护人员的初级培训		HR：所有操作员和维护人员的初级培训以及定期的更新培训	
3. 易操作性	HR：人和系统的交互尽可能简单，以减少人因错误的风险			
4. 易维护性	HR：独立的分析工具，安全相关维护措施尽可能少		HR：对于无法避免的修复措施，应有足够的、灵敏的且操作简单的分析工具，安全相关维护措施尽可能少或完全不必要	
5. 对操作错误的防护	R：每条输入命令要进行规程的合理性检查		HR：每句命令要进行规程的合理性检查	
6. 对故意破坏的防护			R：需要增加有组织的措施	

参 考 文 献

［1］ HD 485 S1:1987 Analysis techniques for system reliability—Procedure for failure mode and effects

［2］ analysis (FMEA) (IEC 60812:1985)

［3］ HD 617 S1:1992 Fault tree analysis (FTA) (IEC 61025:1990)

［4］ CLC/SC9XA(SEC)114 Calculation with Mü8004 formulas, August 1994

［5］ ISO 9001:1994 Quality Systems—Model for quality assurance in design, development, production, installation and servicing

［6］ R009-004 Railway applications—Systematic allocation of safety integrity requirements (CENELEC Report)

［7］ UIC/ORE Report A155/RP6 Computer-based safety systems requirements specification, September 1985

［8］ UIC/ORE Report A155/RP7 The design of computer-based safety systems, April 1986

［9］ UK Health & Safety Executive Programmable electronic systems in safety-related applications—Parts 1 and 2, 1987

［10］ UIC/ORE Report A155/RP11 Proof-of—Safety of computer-based safety systems, September 1987

［11］ UIC/ORE Report A155/RP12 Failure catalogue for electronic components, April 1988

［12］ MIL-HDBK-338-1A Electronic reliability design handbook, October 1988

［13］ German Federal Railways Mü8004 Principles for the technical approval of signalling and communications technology, January 1991

［14］ Reliability Analysis Center Report FMD-91 Failure mode/mechanism distributions, September 1991

［15］ IRSE International Technical Committee Report No. 1 Safety system validation with regard to cross-acceptance of signaling systems by the railways, January

ICS 29.130.10
K 43

中华人民共和国国家标准

GB/T 28810—2012

高压开关设备和控制设备　电子及其相关技术在开关设备和控制设备的辅助设备中的应用

High-voltage switchgear and controlgear—The use of electronic and associated technologies in auxiliary equipment of switchgear and controlgear

(IEC 62063:1999,MOD)

2012-11-05 发布　　2013-02-01 实施

中华人民共和国国家质量监督检验检疫总局
中国国家标准化管理委员会　发布

前 言

本标准按照 GB/T 1.1—2009 给出的规则起草。

本标准修改采用 IEC 62063:1999《高压开关设备和控制设备　电子及其相关技术在开关设备和控制设备的辅助设备中的应用》。

本标准与 IEC 62063:1999 的主要差别有:

——将 IEC 62063:1999 中第 4 部分“开关设备和控制设备应用的趋势”作为附录内容;

——将 IEC 62063:1999 中第 5 部分“技术趋势”更改为“设计与结构”;

——增加了“必要时,智能化开关设备中的电子装置与高压开关设备一起进行相关试验”;

——增加了“高压开关设备和控制设备的接口标准见 GB/T 28811(IEC 62271-3)”;

——理想开关设备基本功能的示例增加:动作计数器和 SF_6 密度监测;

——理想开关设备非基本功能的示例去掉:动作计数器和 SF_6 气体密度监测,将极的爬电比距更改为绝缘状态;

——删除了实现现场总线的制约因素;

——在维修的趋势中去掉:关于财政限制和缺乏专业知识人员的附加因素;

——在变送器的应用章节明确工业变送器用于压力和温度的括号中的液压改为液压机构用流体;

——删除了 7.2 中关于“TC 57 已着手起草关于接口方面的标准”的内容。

本标准由中国电器工业协会提出。

本标准由全国高压开关设备标准化技术委员会(SAC/TC 65)归口。

本标准负责起草单位:西安高压电器研究院有限责任公司。

本标准参加起草单位:西安西电自动化控制系统有限责任公司、金华电力开关有限公司、日升集团有限公司、许昌开普电器检测研究院、南京新宁光电自动化有限公司、上海西门子高压开关有限公司、南京南瑞继保电气有限公司、浙江华仪电力自动化有限公司、北京科锐配电自动化股份有限公司、武汉市武昌电控设备有限公司、新东北电气(沈阳)高压开关有限公司、ABB(中国)有限公司中压技术中心、西安西开高压电气股份有限公司、河南平高电气股份有限公司、天津市三源电力设备制造有限公司、天水长城开关厂有限公司、ABB(中国)有限公司集团研究中心。

本标准主要起草人:游一民、雷颖、薛晔、田恩文、张实。

本标准参加起草人:任稳柱、路俊勇、牟京卫、冯建华、戴冬云、张杭、张蕾、卢德银、欧建军、林爱民、贺春、汤汉松、孙波、须雷、廖学军、袁钦成、沈祥裕、李志刚、付海明、王军、周华、陈娟、尹军华、彭在兴、顾德明、李菊红、王照、王其恺。

高压开关设备和控制设备　电子及其相关技术在开关设备和控制设备的辅助设备中的应用

1　范围

1.1　范围和目标

本标准规定了对与高压开关设备和控制设备相关的国家标准引入先进技术的基本导则。要求这些先进技术可以使开关设备的用户最大限度地获得由电子设备带来的利益。

本标准限定了技术允许与开关设备和控制设备相关的辅助设备的全部或部分采用电子装置。本标准中引入的新条款就是为了涵盖这些技术。它还定义了应保证的功能的不同等级，以及相应的界定条件，它将：

——给用户提供与所选技术无关的运行安全性保证。这就要求，例如在采用变送器的情况下，应有涉及准确度、响应时间、可试验性等方面的条款。

——允许制造厂通过自己特有的技术保证要求的功能。可以自行选择使用或者不使用光纤、数字式连接或传统式连接通信网络等。

——必要时，智能化开关设备中的电子装置与高压开关设备一起进行相关试验。

——高压开关设备和控制设备的接口标准见 GB/T 28811。

1.2　新的概念

开关设备可以从两个方面来考虑：

——一次设备即开关设备的高压部分，用于高压绝缘、载流和开合；

——辅助设备即开关设备的低压部分，用于主元件的控制和监测。

采用传统的技术，这两部分通常均由一个开关设备制造厂提供，其分界就是通常的端子排。

电子技术的使用引起下述几方面发生重大变化：

——辅助设备的位置不必限定于相应的开关设备，而可以放置在任何位置，从开关设备的就地控制柜到变电站的控制室。一次设备和辅助设备的分界不再是物理上接近就地控制柜的位置。

——辅助设备的不同元件可以由不同的制造厂提供。

——采用分布式结构的电子技术，基于微处理器的元件和数字通信引入了可信性方面的新概念。这将导致开关设备的维修规程以及用户运行方式的改变。

继而，在变电站内部出现故障的情况下，就出现了责任划分问题。本标准建议对相关标准进行修改，以明确一次设备和辅助设备制造商之间的责任。

1.3　本标准的结构

本标准主要由 3 部分组成。

第 1 部分（第 1 章～第 3 章）讲述本标准的范围、引用标准和术语定义；第 2 部分（第 4 章）着重于系统结构设计、安装、试验等方面的技术和结果；第 3 部分（第 5 章、第 6 章）推荐在一些变电站使用新技术和建议对标准进行适当修改以适应新形势。

2 规范性引用文件

下列文件对于本文件的应用是必不可少的。凡是注日期的引用文件，仅注日期的版本适用于本文件。凡是不注日期的引用文件，其最新版本（包括所有的修改单）适用于本文件。

GB/T 2900.13—2008 电工术语 可信性与服务质量（IEC 60050-191:1990,IDT）

GB/T 2900.56—2008 电工术语 自动控制（IEC 60050-351:2006,IDT）

GB/T 3805—2008 特低电压（ELV）限值

GB/T 5080.1—1986 设备可靠性试验 总要求（idt IEC 60605-1:1978）

GB/T 5080.2—1986 设备可靠性试验 试验周期设计导则

GB/T 5080.4—1985 设备可靠性试验 可靠性测定试验的点估计和区间估计方法（指数分布）

GB/T 5080.5—1985 设备可靠性试验 成功率的验证试验方案（idt IEC 60605-5:1982）

GB/T 5080.6—1996 设备可靠性试验 恒定失效率假设的有效性检验（idt IEC 60605-6:1989）

GB 7288（所有部分） 设备可靠性试验 推荐的试验条件（IEC 60605（所有部分））

GB/T 7289—1987 可靠性、维修性与有效性预计报告编写指南（eqv IEC 60863:1986）

GB/T 11022—2011 高压开关设备和控制设备标准的共用技术要求（IEC 62271-1:2007,MOD）

GB/T 14733.5—1993 电信术语 使用离散信号的电信方式、电报、传真和数据通信

GB/T 17045—2008 电击防护 装置和设备的通用部分（IEC 61140:2001,IDT）

IEC 61000-5-1:1996 电磁兼容性（EMC） 第5部分：安装和调试指南 第1节：一般考虑 基础EMC出版物（Electromagnetic compatibility Part 5: Installation and mitigation guidelines Section 1: General considerations Basic EMC publication）

IEC 61000-5-2:1997 电磁兼容性（EMC） 第5部分：安装和调试指南 第2节：接地和电缆敷设 基础 EMC 出版物（Electromagnetic compatibility Part 5: Installation and mitigation guidelines Section 2: Earthing and cabling Basic EMC publication）

IEC 61000-5-6 电磁兼容性（EMC） 第5部分：安装和调试指南 第6节：外部电磁影响的克服（正在考虑中）（Electromagnetic compatibility Part 5: Installation and mitigation guidelines Section 6: Mitigation of external EM influences（under consideration））

ANSI/IEEE 110:1993 对于供电和接地敏感的电子设备 IEEE 推荐的经验（IEEE recommended practice for powering and grounding sensitive electronic equipment）

3 术语和定义

下列术语和定义适用于本文件。

3.1 与元件有关的定义（开关设备和控制设备的部件）

3.1.1

模拟装置 analogue device

装置的输出取决于装置的输入，且输出是在其范围内连续变化的。

3.1.2

数字装置 numeric device

装置的输出取决于装置的输入，且输出的是数字量（装置输出的数字量可以是串行的，也可以是并行的）。

3.1.3

智能开关设备　intelligent switchgear

具有较高性能的开关设备和控制设备，配装有电子设备、变送器和执行器，不仅具有开关设备的基本功能，还具有附加功能，尤其在监测和诊断方面。

3.1.4

理想开关设备　idealised switchgear

无任何内部故障如老化效应、气体或油的泄露、电气的或机械的磨损，且仅对外部要求作出反应的开关设备和控制设备。因此，理想开关设备不需要使用监测系统来保证其正确运行(免维护开关设备和控制设备)。

注：显然，这样的开关设备和控制设备并不存在，定义这样一个概念的目的是为了清楚地区分什么是功能操作所要求的，什么是保证开关设备和控制设备正确性能所要求的。

3.1.5

变送器　transducer

根据确定的法则，接收物理量形式的信息并把其转化成相同形式或其他物理量形式，便于传输或使用的装置。

3.1.6

传感器　sensor

变送器的一部分，把输入信号转化成适合于测量的形式。

3.1.7

接口点　interfacing point

适合于用户连接到其他设备的端口。

3.1.8

临时连接　temporary connection

开关设备和控制设备正常运行时不要求的连接，即仅用于调试或维修目的的连接。

3.1.9

执行器　actuator

辅助设备的最终控制元件。

注：最终控制元件通常都是机械式(阀、气闸、钳夹等)，但也有其他形式的(例如，发电机的励磁装置)。

3.1.10

并行传输　parallel transmission

字符信号或信号串的信号单元在各自的通道同时传输。

[GB/T 14733.5—1993 的 3.3.3 的 721.33.17，修改过]

3.1.11

串行传输　serial transmission

字符信号或信号串的信号单元在连续的时间间隔内传输，这种传输本身可以是连续的，也可以是断续的。

[GB/T 14733.5—1993 的 3.3.3 的 721.33.16，修改过]

3.2　与功能有关的术语和定义

3.2.1

开关设备的基本功能　base switchgear functions

保证理想开关设备和控制设备正确运行所要求的功能，如对开关设备和控制设备外部事件作出的反应。

注：为了正确运行，即使是理想开关设备（见定义）也应根据一组相关联的装置的状态来操作。例如，隔离开关的授权操作取决于临近的接地开关设备的状态。根据现行标准和一般可接受的用户要求，应提供一定数量的这种控制功能。考虑到二次设备，如今这些功能通过机械的或电路的机电控制和辅助设备来实现，可以统称为开关设备的基本功能。

基本功能的示例有：脱扣、合闸、位置指示、防跳跃、联锁、通信、动作计数器和 SF_6 密度监测等。

实际上，开关设备通常都要承受老化效应、气体或油的泄漏、电气或机械磨损。更进一步，开关设备的绝缘和开合性能取决于一系列参量的影响，例如：周围温度、气体密度或电磨损。为了正确运行，开关设备的基本功能通常由一系列非基本功能来完善，在基本功能实现授权动作时它们保证了开关设备的正确运行。应注意到监测功能并非基本功能。

这些功能的示例有：早期警告报警（SF_6、能量的损失），绝缘状态、合闸和分闸时间、行程曲线采集、储能（O-CO）的间隔等。

3.2.2

开关设备和控制设备监测　switchgear and controlgear monitoring

通过对影响开关设备和控制设备的能力或实现其功能的部分能力的一个或多个参量的测量，来判断哪些参量不在其有效范围内。

3.2.3

监测系统　monitoring system

实现预定监测功能的在线系统。

3.2.4

修复性维修　corrective maintenance

故障确认后，为使产品恢复到能完成要求的功能的状态所实施的维修。

[GB/T 2900.13—2008 的 2.7 的 191-07-08]

3.2.5

预防性维修　preventive maintenance

在预定的时间间隔或根据规定的判据以及为了降低故障的概率或防止某项功能的劣化而进行的维修。

[GB/T 2900.13—2008 的 2.7 的 191-07-07，修改过]

3.2.6

状态维修　condition-based maintenance

根据监测系统探测到的，以某些规定判据为基础的预防性维修。

3.2.7

预计　prediction

用于获得某个量的预计值的计算过程。

[GB/T 2900.13—2008 的 2.16 的 191-16-01]

3.2.8

预测性维修　predictive maintenance

根据故障查找的预测和要求的介入概率所进行的维修。

3.2.9

监测　supervision

旨在观察某个元件的状态，不论手动或自动进行的一种行为。

[GB/T 2900.13—2008 的 2.7 的 191-07-26，修改过]

注：自动监测可以在该元件的内部或外部进行。

3.2.10

以可靠性为核心的维修　reliability centered maintenance

RCM

一种确定系统中设备维修要求的结构方法学。它是根据设备故障危害度的估算、故障的概率和故障对整个系统可靠性的影响来作出维修决策的过程。

3.3　与运行性能有关的术语和定义

3.3.1

弹跳时间　bounce time

触头在关合电路时，从触头第一次接触瞬间到回路取得永久接通瞬间的时间间隔。

3.3.2

可信性　dependability

用来描述系统在下述任一因素：可靠性、维修性、可用性和安全性方面的一个共同术语。

[GB/T 2900.13—2008 的 2.2 的 191-02-03，修改过]

3.3.3

可用性　availability

在所要求的外部资源得到提供的情况下，产品在给定的条件下、在给定的时刻或时间区间内处于能完成要求的功能状态的能力。

[GB/T 2900.13—2008 的 2.2 的 191-02-05]

3.3.4

瞬时可用度　instantaneous availability

在所要求的外部资源得到提供的情况下，产品在给定的条件下和给定的时刻处于能完成要求的功能状态的概率。

[GB/T 2900.13—2008 的 2.11 的 191-11-01]

3.3.5

可靠度　reliability

产品在给定的条件下和给定的时间区间内能完成要求的功能的概率。

[GB/T 2900.13—2008 的 2.12 的 191-12-01]

3.3.6

维修度　maintainability

在规定条件下和采用规定的程序和资源，对于某个元件，在给定的维修条件下所采取的主动维修行为的概率。

[GB/T 2900.13—2008 的 2.13 的 191-13-01，修改过]

3.3.7

安全性　safety

为了提高可能危及操作者、设备、系统性能等的安全而采取的附加措施的保护形式。

4　设计与结构

4.1　概述

早期变电站中的低压部分的技术，即变电站控制和监测系统的技术，是基于传统电路的机电设备，自从 80 年代中期，通过引入了数字式变电站控制系统，对该技术产生了积极影响。这些新型、计算机化装置的主要优点包括：良好的人机接口、灵活性、用户友好的方式、运行可靠性、减少空间要求，且可以提供早期故障探测。例如,持续的自我监视能力。

尽管采用了数字式变电站控制系统,但与开关设备直接相关的系统的低压部分,即安装在操动机构箱内的机电控制设备(辅助开关、限位接点等),已经成熟,至今没有创新。

与过程(即一次元件)的接口,传统上,由机电控制技术实现。经验表明,开关设备的大部分误操作和失效出现在其操动机构中的机电辅助和控制设备中或其周围。继而,系统化地减少了传统的机电控制设备以及过程和数字式变电站控制系统之间的并行连接线,就可望获得更高的可靠性。开关设备的可用性得以提升,并伴随着在其整个使用寿命期间较高的投资/收益率。

用于过程接口的传统的机电元件可以用新型的变送器、执行器和集成的微控制器技术取代,这样可给用户提供最新的功能,而且还在过程控制和监测领域提供更大范围的新的备选功能。

实现这一过程接口的最先进方法是由尽可能靠近过程的独力工作的电子装置组成分散系统。它们可以直接装在断路器或隔离开关的机构箱内,且可以就地处理过程规定的所有任务。在一个间隔内,这些分布式装置、继电保护装置、间隔控制器和数字式变电站控制系统的其他装置之间的通信优先通过串行数据通信和现场总线方式(过程总线)完成。因此,来自过程的变电站的传统硬接线与下一层的计算机连接技术并存,其间通过接口(如 EMI-隔离器和信号电平转换器)联系,这种异质的控制技术将会被一个同质的从过程到网络级的数字控制技术取代。

一次设备,例如断路器、隔离开关等高压部件,如今已非常可靠且技术已非常成熟。它们的故障率远低于控制设备的故障率。与此相比,更广泛地对开关设备进行监测是一个趋势。监测装置可以是开关设备的附加零件,也可以是如上述提及的数字式变电站控制系统等先进的组合元件。根据采用的原理,监测既可以在线又可以离线实现。所有原理的共同目标是借助于各种各样的诊断方法,根据采集的数据去寻找商用的最佳值,作为所涉及开关设备状态、维修周期和新设备的投资期限的函数。

4.2 系统结构

4.2.1 功能结构

引入理想开关设备的概念,所具有的基本功能和用于监测的附加功能,构成完整开关设备和控制设备的一般功能模型如图1所示。

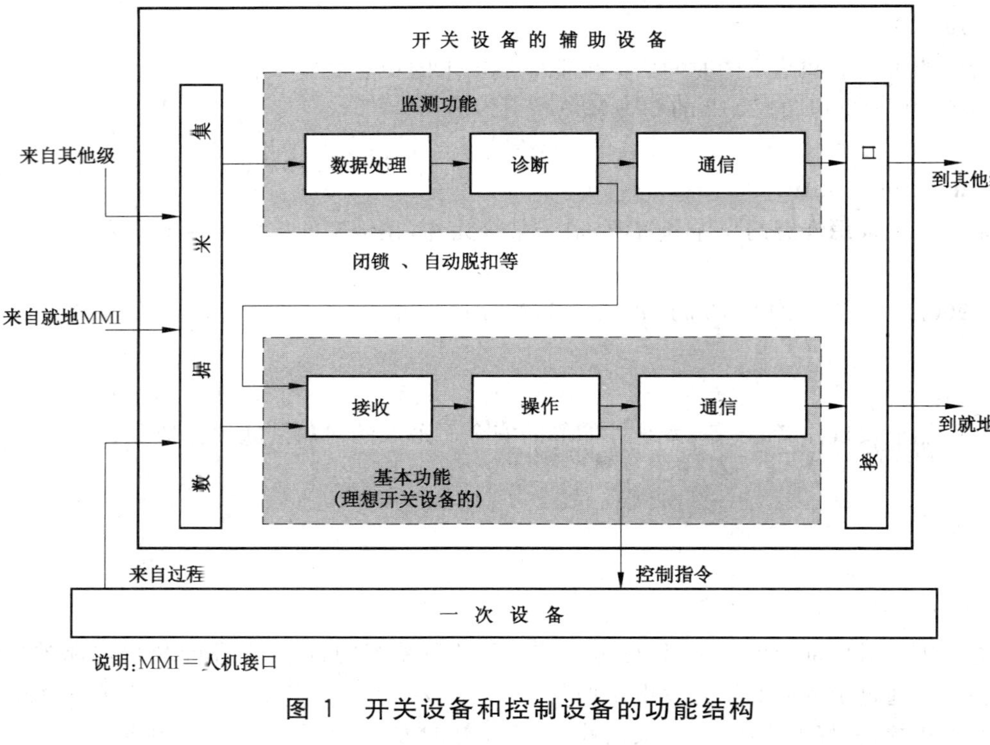

图1 开关设备和控制设备的功能结构

4.2.2 系统结构的发展

在开关设备和控制设备中引入电子辅助设备，打开了通向各种各样关于如何实现与开关设备直接相关的功能以及如何在间隔层或变电站层上将过程与保护及控制设备连接等概念的途径。传感器、执行器和电子技术使开关设备具有新的备选功能而升级，并且具有使其他功能从间隔层或变电站层转移到过程层的可能性。

由于采用了电子技术，辅助设备提供了实现开关设备和控制设备要求功能的多种可能性。根据所选的技术、概念或原理，开关设备和控制设备二次技术将导致特定的系统结构。现今的系统结构及其技术手段并没有经过任何标准化处理。开放式即竞争者的产品间的一致性和兼容性仅体现在通信接口上，例如传统的并行连接线或通过光纤或双绞线的串行数据传输。

4.2.3 结构比较

图 2 给出了开关设备的传统结构(结构 1)。开关设备的控制和辅助部分是由一定数量的传统元件组成，如继电器、连线、端子排、辅助开关等，置于断路器操动机构箱内或者靠近就地的控制柜，并且通过多芯电缆与间隔中的控制和保护设备相连。

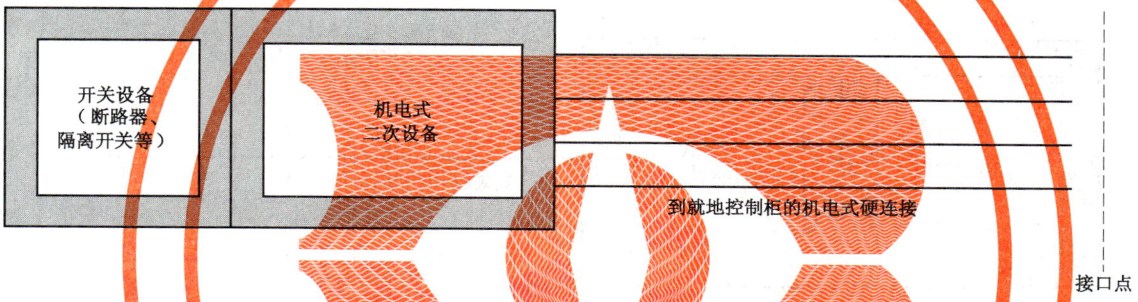

图 2 开关设备的传统结构[结构 1]

只要开关设备的传统二次设备通过新技术使其或多或少得到提升，则与传统控制和保护设备的接口可以按照图 2 或图 3 来实现。图 3 中给出的系统结构(结构 2)描述了开关设备通过串行数据传输与装置的链接。例如在变电站控制室内，它提供数字输入和输出通道去模拟开关设备以前的机电式辅助触点，图 2 中的这些机电式辅助触点已被电子元件替代。控制和操作这样一个系统的主要功能是由软件模块提供的。

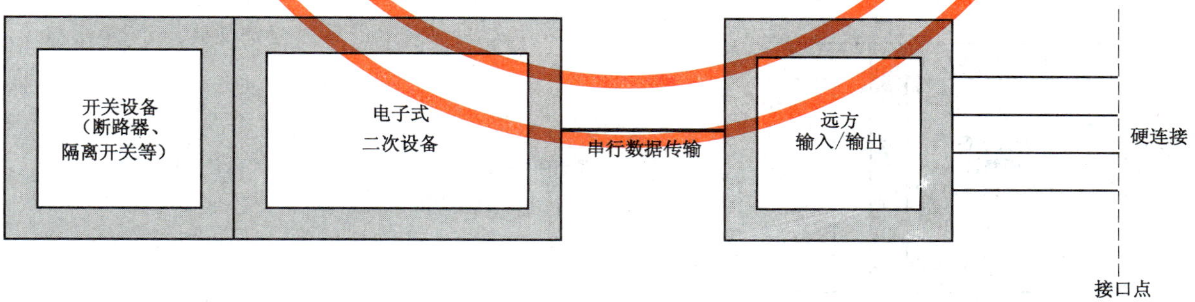

图 3 硬连接环境中具有电子式二次设备的开关设备(远方)[结构 2]

考虑到现有的数字式变电站控制系统，有可能以更直接的方式实现远方输入/输出，因此提议采用由结构 2 演变来的稍加改良的结构，即所谓的 RTB(远方端子排)。它可以在串行链接和现有的控制计算机之间起接口作用。

除了开关设备和远方输入/输出单元之间的串行通信链接外，图 4 中的系统结构(结构 3)与图 2 中的系统结构类似。输入/输出单元置入开关设备的外壳内。数字端口设置在传统的端子排或插座附近。

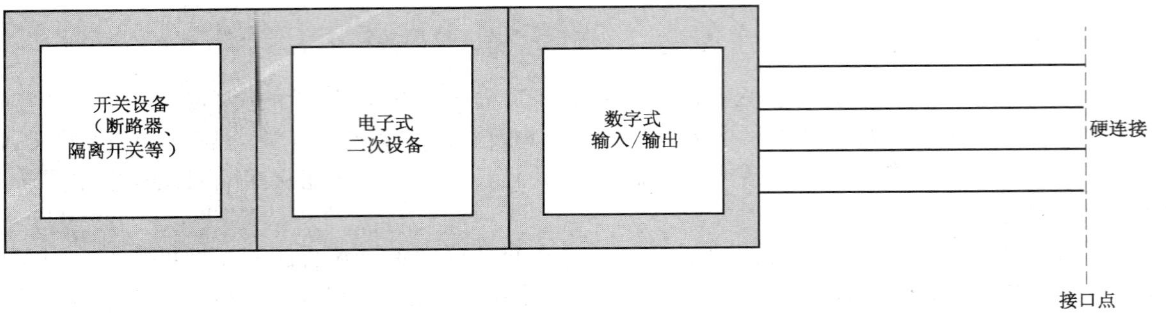

图 4　硬连接环境中具有电子辅助设备的开关设备(就地)[结构 3]

正因为变电站层使用电子辅助设备和在间隔层和变电站层中使用数字式控制系统，串行数据传输便可以按图 5(结构 4)使用。因此，在这样的环境中，就不再需要机械触点或带有数字式输入和输出的模拟元件。

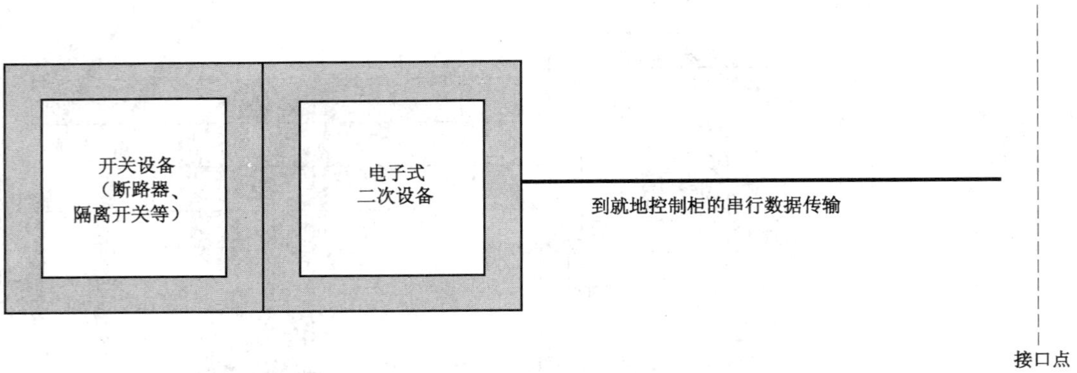

图 5　具有与串行通信连接的电子辅助设备的开关设备[结构 4]

其他的系统结构如图 6～图 8 所示，它们包括了图 2～图 5 中所示的一些结构，并提供了一些附加功能。这些附加功能可以是监测功能，可以通过安装在开关设备上独立的附加装置以最简单的方式提供。进一步处理所要求的过程信息既可以通过并行线路也可以通过串行数据传输到变电站的间隔层或变电站层(图 6 和图 7)(结构 5 和结构 6)。

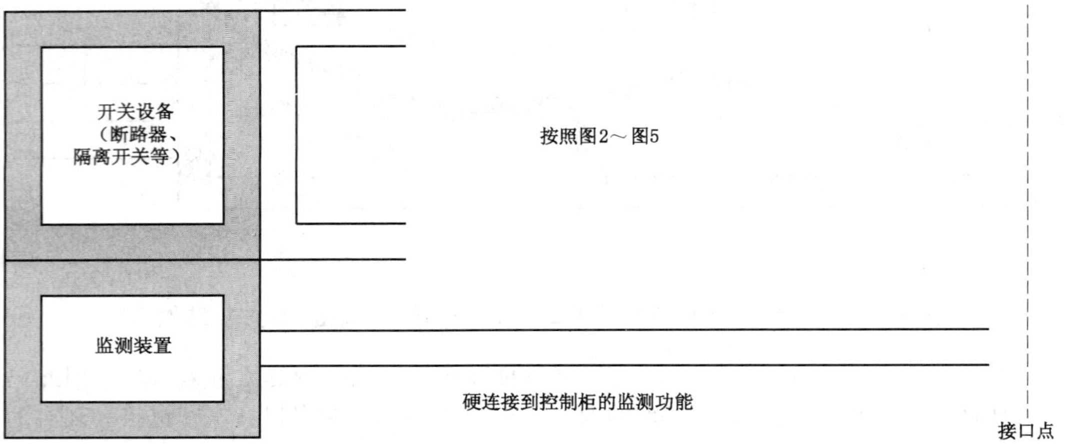

图 6　由独立的附加装置提供的监测功能(硬连接)[结构 5]

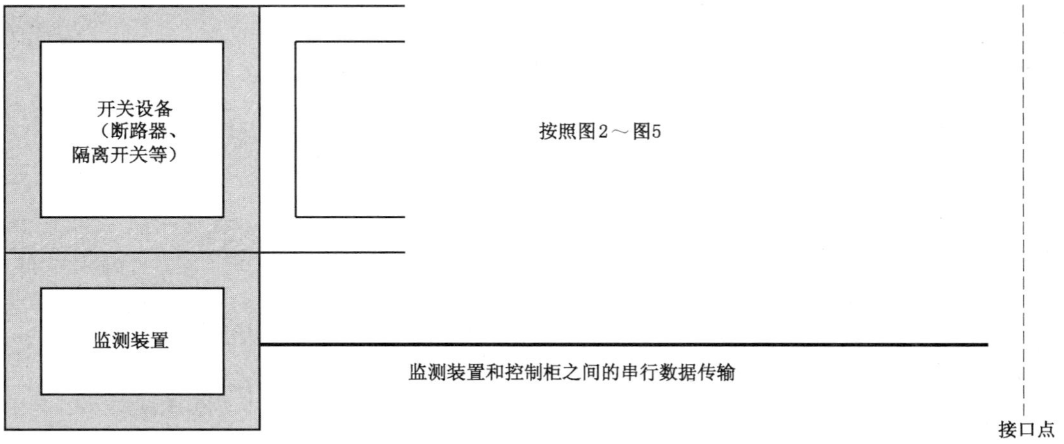

图 7　由独立的附加装置提供的监测功能(串行连接)[结构 6]

集成度最高的方法见图 8(结构 7)：监测功能集成在与开关设备直接相关的电子控制设备内。监测功能通过模块来实现，利用了用于替换机电设备而附于开关设备上的传感器所提供的过程信息的优点。监测模块更有效地利用了传感器提供的信息，这些信息也是全面控制和操作开关设备所需的软件的一部分。

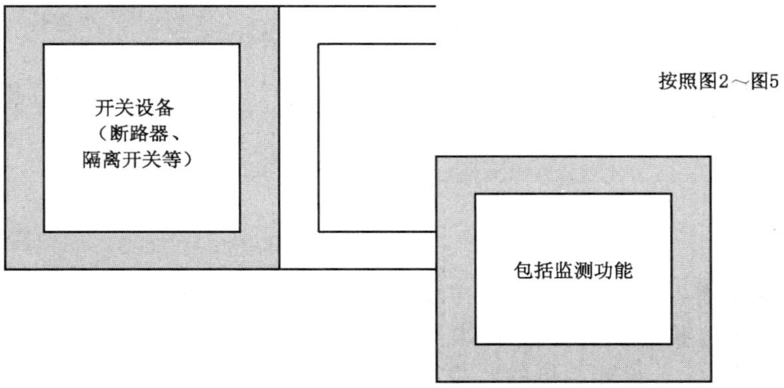

图 8　集成在开关设备的电子辅助设备中的监测功能[结构 7]

4.2.4　接口技术

4.2.4.1　现场总线

串行通信可以通过点对点或多点链接(专用连接)来实现，它替代了并行(线缆)链接。

现在局部使用并代表了未来发展的主要趋势是采用现场总线连接去替代点对点或多点链接的串行或并行链接。

现场总线的应用会大大减少电缆连接，继而降低铺设和维修的费用。更进一步，现场总线的连接可导致在改变或添加信息方面更好的灵活性，以实现真正的分布式结构。

4.2.4.2　远方端子排(RTB)

RTB 的概念允许制造厂和用户在一侧的开关设备和控制设备(0 级)以及另一侧变电站的监测和控制(1 级)之间规定一个开放的接口系统。图 9 所示的标准接口可以满足现今的计算机化的变电站控制系统的需要。

链接就是 RTB 内部的过程映像中的数据连续刷新的通道。所提供的数据，既包括来自 0 级系统而被1级系统所采用的,又包括来自1级系统而被0级系统所采用的。

没有关于链接特征的假设,它可以是并行的多线线路、串行线路或者是包含各种可能性的一个混合体。链接的介质可以是铜线或光纤。

如果在0级采用电子设备,RTB中的过程映像(PI)可以从0级和1级获得。

——0级接口专用于访问PI而不是链接;

——1级接口专用于访问通过1级处理的PI。

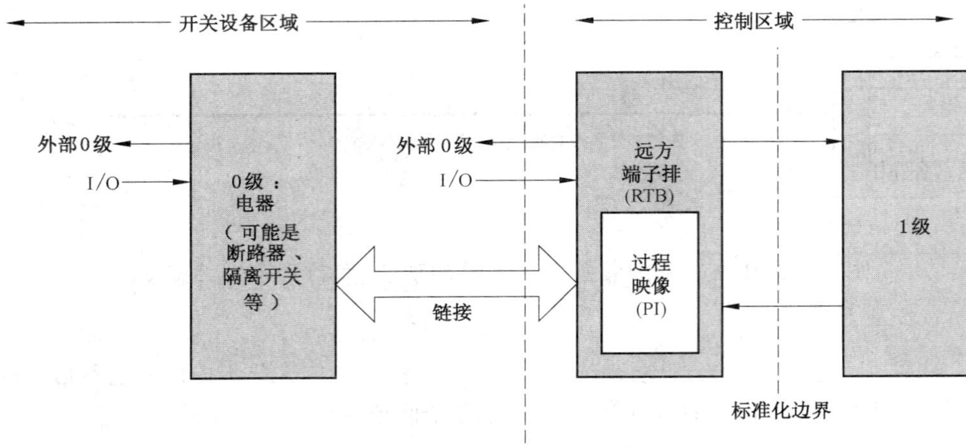

图9　远方端子排(RTB)

观察该接口,在这种情况下它显然是允许RTB对1级进行对话的典型的计算机外围接口。这样的接口通常由下述几部分组成:

——地址总线;

——数据总线;

——控制总线。

按照每一数据使用的临界性,各个端口在传统的周期内连续刷新相应的PI区域。在这种情况下,每级均可连续访问和处理这些"周期性刷新的数据"。

如果RTB直接与使用了1级计算机的监测和控制设备连接(图10),则在1级计算机上安装RTB是非常有用的(该RTB由开关设备制造厂作为0级元件提供)。这是因为在采用这种方案时,RTB的内存和其他内存模块一样可以直接访问计算机的地址/数据总线。

该原理可以减少接口的成本,尤其使用光纤进行链接(LINK)时,可以在可靠性、可用性以及EMC问题方面取得有益的进展。

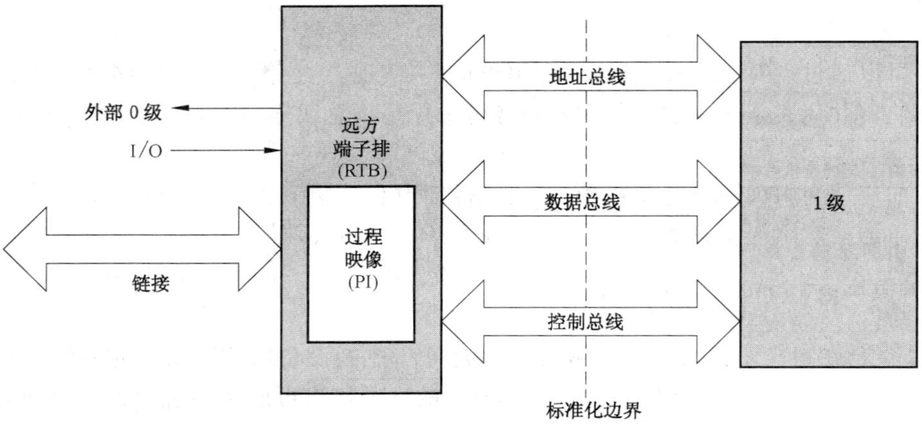

图10　RTB与1级设备的接口

如果需要标准化,RTB应以具有国际发布的技术规范(VME,MULTIBUS Ⅱ,VXI等)的标准计算机总线的形式来规定。这是提高RTB电子屏(由开关设备制造厂生产的)和1级监测及控制计算机(不必由同一制造厂生产)之间互操作性的第一个重要的特征。第二个重要特征是系统软件也应为具有国际发布的技术规范的实时操作系统(RMX、VRTX、OS9等)的标准。在这种情况下,RTB制造厂应提供这些元件的软件驱动程序。否则,RTB制造厂应详细描述其接口的工作方式,以便系统软件能够管理该接口。

该项临时性技术可以获得良好的开放性水平,并且能够填补现今的技术和未来的现场总线方案之间的空白。

4.3 变送器和执行器

4.3.1 变送器

4.3.1.1 应用

至今,在开关设备和控制设备领域,已有专用的装置用作变送器。例如,SF_6密度的测量是通过仅用于该领域的专用变送器来实现的。如今,很多类型的变送器用在各个工业领域,而且同样也可用在开关设备和控制设备上。将来,密度测量将由电子密度变送器来完成,而且会越来越普遍。工业变送器应用如下:

——压力(气体,液压机构用流体);
——温度(气体,液压机构用流体);
——位置;
——液压水平;
——电流、电压(工频的和高频的);
——机械振动。

4.3.1.2 变送器的接口

现今的技术提供了很多方案来定义带变送器的接口。连接线可以是光纤或铜质导线,信号可以以模拟形式或数字形式等直接传送。其中一些方案被称为"事实"标准(例如:铜质导线4 mA~20 mA接口)。然而,变送器技术是不断进步的,而且向数字式和智能化的"超小型"方向发展。这就导致了对给定功能接口技术的变革。

因此,在传统和电子技术之间出现了重大的差异:变送器和端子可能不再靠近开关设备的端子排。从用户的观点出发,它属于"黑盒子",它可以满足需要的功能而不考虑其变送器的具体技术。

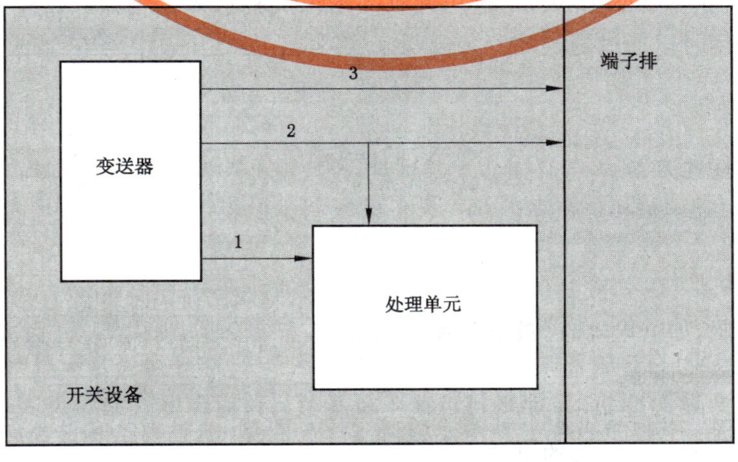

图11 变送器的接口

图 11 中给出了三种接口类型：

——1 表示到处理单元的内部连接，且不可从外部获取；

——2 表示到处理单元的连接、且又适用于外部装置；

——3 表示变送器的直接访问而不与内部处理单元连接。

接口更广的适用范围如下所示，采用输出接口的型式作为选择的判据：

——模拟输出(模拟输出通常与铜质导线相关联)：

- 电流输出(例如 4 mA～20 mA，这是现今最普遍的)；
- 电压输出(例如：0 V～5 V，0 V～10 V 等)。

——数字输出：

- 串行口(铜质导线)：
  RS232，RS485 等；
  脉冲频率调制；
  脉冲宽度调制。
- 并行口(变送器接口中不常用)。

4.3.1.3 判据的选择

电子式变送器在开关设备和控制设备内的使用应考虑到下述判据：

——高的电磁抗扰性；

——自我诊断的可能性；

——备件的可用性；

——易维修性。

在 4.3.1.2 给出的方案中，4 mA～20 mA 是一个技术示例，且满足了这些要求。显然，也存在其他选择的可能。

4.3.1.4 安装和试验

变送器技术发展的趋势带来了用户和制造厂态度的转变。用户通常在低压设备端子排上可以看见传统变送器端子。以 SF_6 密度检测仪为例，与二级报警相关的接点通常要到变电站的 2 级才可看见。因此，该变送器在绝缘水平和 EMC 方面应能满足变电站设备的所有一般要求。

如果是与电子式低压设备相关的电子式变送器，情况就有所不同：变送器的端子不再会在端子排级可以看见。因此，它们不需要承受施加于其上的电气负荷。此外，变送器传感元件的设计通常只要求较低的绝缘水平(典型值如 500 V(r.m.s))这与现有的绝缘试验水平不兼容。在开关设备的苛刻环境中这些变送器的安全使用可以通过适当的安装规程来实现，且应由开关设备方面的专家明确地规定。这包括：

——电缆的类型；

——电缆屏蔽的接地方案；

——电缆的敷设路径，尤其是在靠近开关设备的区域。

4.3.1.5 执行器

执行器的传统控制，如继电器，已被电子装置所取代，且实际应用的数量已大幅提高。

这些装置的基本功能如下：

——驱动断路器的脱扣/合闸线圈；

——驱动隔离开关或接地开关的电动机；

——驱动液压泵的电动机。

执行器使用电子控制的主要优点是易于把下述自我诊断和状态监测功能集成化：

——自我诊断(状态监测)功能；

——脱扣线圈回路的监测；

——合闸线圈回路的监测；

——驱动元件的监测(大功率 MOSFET,等)；

——触发回路的监测。

4.4 控制

实时控制开关设备的能力是对与厂站相关的控制和监测设备最基本的要求。

因为工业发展的趋势是使用更智能化的控制和监测系统,如果系统更加集成化,则这一要求的判定就更加困难。从可靠性的观点出发,满足该基本要求的同时不应妨碍新设施的添加。

设计也应允许在老厂站中向全面数字化系统和新系统集成化的升级。

该要求可以通过采用模块化设计和/或过程总线来很好地满足。

电厂控制的要求可以从离散的并行控制设施发展到基于过程总线的系统。

新系统的供应商应该认识到这一趋势,同时应能改进他们的设备以满足传统方式的厂站。

这可用下述不同方式来实现：

——采用离散的方案去满足用户的要求；

——采用标准的接口单元或远方端子排；

——采用新的监测设备和基于标准过程总线的新的变送器替代老设备。

在每种情况下,控制的设计要求应考虑到同样的可信性概念。控制机构应可靠。例如：

——对于传统设备,它可以使用不接地的辅助电源供电的单极开关,如果是接地电源,系统应使用双极开关；

——如果采用串行技术,应在过程层采用某种满足最低要求的方法,如选择、检查和调节以及两级以上的监测机构以保证控制机构的完整性。

4.5 监测

4.5.1 现今的监测

断路器现今的监测仅限于气体密度监测、储能机构的动作计数器和操作计数器以及在某些情况下表征主触头磨损的总的短路电流的累加值。储能或气体密度的报警或闭锁是由简单的机械接点实现的,所有这些气体密度和能量监测装置均为传统的二次设备的组成部分。

4.5.2 诊断连接器

操作机构的详尽状态可由开关设备中附有的诊断连接器连接的预先接线的辅助触点和变送器(例如,用于行程曲线、线圈电流、储能等)提供。这样的预先接线系统本身不能储存或传送任何状态信息。它们仅能减少每台断路器的检查时间。在某些试验的脱扣和合闸操作过程中,利用袖珍式诊断终端或数据采集单元插入诊断连接器,在某一固定的时间间隔内完成检查。数据的评估既可以在现场通过数据采集单元又可以在用户或开关设备制造厂的服务中心完成。

4.5.3 添加监测系统

更高级的技术是基于就地控制柜中的电子监测设备,例如断路器的电子监测设备。电子监测系统是与传统二次设备并行工作的附加装置,而且通常用于过程的在线监测。有很多可行的技术方案,然而所有的原理均应能够连续地采集和储存分布在过程中的变送器获取的资料。更高级的方案就是既能就地也能在线实现一些基本的评测，如活塞行程曲线和开关设备触指轨迹的比较以得出关于这方面的状态信息。诊断结果既可以通过串行数据通信，也可以通过欠成熟的具有公用状态信号的硬件数字输出传送到就地或远方的服务中心。

4.5.4 控制和监测的集成系统

将来高度复杂的变电站控制系统的过程接口将通过直接与过程（例如与开关设备）和电子模块连接的变送器和执行器来实现。这些将取代包括各种类型的硬件过程接口在内的，与开关设备相关的传统的机电式二次设备。电子模块、变送器和执行器将提供开关设备正常运行所要求的所有功能。这些装置通过串行数据通信（过程总线）链接到数字式变电站控制系统。气体密度监测、活塞位移或储能变送器提供的功能和储能机构操作或分合闸线圈用的执行器可以同时用于过程控制和过程监视，即监测。然而，人们已经认识到过程控制和通信可能需要一些冗余以达到可接受的可靠性水平，且高于监测的可靠性水平。在这样的环境中实施监测功能，在开关设备的电子模块和变电站控制系统中仅需要一个附加的软件模块。附加的变送器既可以直接连接到过程总线，也可以直接连接到模块化的模拟或数字输出。

由于其靠近间隔或整个变电站的一次设备，因此，系统的诊断能力与纯粹的状态监测系统（3.2.3）相比有所加强。

4.6 接口和连接

4.6.1 概述

从系统的观点出发，如果认为任何装置都是用来实现一些功能的，那么可以标识一些组件，以便整个系统的分解和模块化。这样，就可发现系统是由实现一组功能的、可进行信息交换的内部连接的装置组成。从概念上讲，此处的信息可以具有逻辑或（和）模拟性质。为了从物理上交换信息，有必要采用一种物理连接路径把这些装置连接起来，使其能以直接方式或多路复用方式进行信息交换。

4.6.1.1 直接连接

在两台装置间直接连接时，一台装置所产生的基本信息对该装置而言是输出而对另一台装置而言则是输入，反之亦然。因此，对每一信息而言存在着一个物理连接通道。输入和输出应相互兼容（特性、电平、阻抗等）以便能够正确地交换。在这种连接下，所有的信息都可以同时连续地传输和使用。

4.6.1.2 多路复用

多路复用方式传输时，装置间基本信息的交换并不是同时进行，因为物理连接数量与需传输的信息条数并不相等。信息是按即定的规则和相应的编码通过一组接线，以一定时序发送和接收的。一个装置的输出映像被编码和发送，而另一台装置接收并对其解码以重现该输出映像。从技术的观点出发，这一过程可以通过一个物理连接（串行传输）、一组物理连接（串行—并行连接）或总线连接来完成。这种传输类型也可以在同一线路上进行双向传输。

4.6.2 互操作性

为了正确地完成这些交换，设备应具有互操作性。互操作性的概念适用不同类型和不同功用的设备，但却连接在一起解决一个应用问题。

如果两台设备可以共同协作实现给定的一组功能，则认为该设备与另一台设备具有互操作性。应区别互操作性的两个概念——连接互操作性和应用互操作性。

4.6.2.1 点对点连接

4.6.2.1.1 连接的互操作性

该概念也被称为“互连性”，反映了两部分设备在物理信号传输以及硬件连接方面是可相互连接的。因此，在这个层面上讲，连接器、传输介质和信号均应兼容。

在下述3个主要方面的技术要求应尽可能详尽：

——连接硬件：

- 连接器类型；
- 几何尺寸；
- 电气隔离。

——传输介质：

- 电线(线的数量、类型、信号电平等)；
- 光纤(光纤的数量、类型、使用模式等)；
- 无线传输(频率、通道数量、原始编码等)。

——通信协议：

- 信号的基本传输原则(串行、串行—并行)；
- 信息交换的协议和握手。

4.6.2.1.2 应用的互操作性

该概念反映了两台互连装置相互领会交换信号及其语义内容的能力。为满足该要求，实现互联设备的功能模型通常便于完整地规定传送信息时应实现的内容。

4.6.2.2 网络链接和总线传输

网络链接或现场总线连接时，上述的两层意义上的互操作性经常参考OSI通信模型来表示。

该模型确定了7层连接兼容性：

第1层	物　理　层
第2层	数据链路层
第3层	网络层
第4层	传输层
第5层	会话层
第6层	表征层
第7层	应用层

该模型的主要目标是采用模块化结构(以层为基础的)提出硬件和软件的逻辑结构，以改进具有不同的性能或功能、可能连接到复杂的多节点网络中通信装置(计算机)的设计。

如果是现场总线，可能比通常的计算机——计算机通信更简化，共同的实践说明仅维持第1、2和7层，因为不需要对一套复杂的可能的路径进行例行的和节点的确认。

该模型的另一个优点是：为了获得不同制造厂的装置间的互操作性而实现了各层的标准化。

连接的兼容性通过第1和2层实现，它们完整地规定了物理连接并保证基本信息的传输。

应用的兼容性通过第7层实现，它规定了传输信息的语义内容，而且通常以指南标准的形式表示。也要求具有功能模型的相关要求以完整地规定传输信息的语义内容。

4.6.3 临时连接

对于具有电子式控制监测和监视的开关设备，用户接口和/或试验连接是便于维修。在开关设备的安装地点，这些临时连接仅在需要时使用，在其他情况下，这些接口是不用的。

对于用户远方访问的接口，串行接口（如RS232）被便携式计算机和数据传输终端非常广泛地使用。也是数字式继电保护的典型就地接口。

在开关设备的整个运行期间，如果可能连接和使用该接口，有必要提出关于安全性和保密性的附加要求。

5 变电站中推荐使用的新技术

5.1 安装

变电站中使用新技术的推荐与它们的EMC性能相关，因为（部分）设备的兼容性水平可以作为安装判据的函数被大幅提高或降低。

应严格控制的基本点：

——接地和连接；

——电缆；

——屏蔽；

——滤波。

为了使系统的不同参考点之间等电位，接地和连接应严格遵循给定的判据，即使在接地网络中存在较大故障电流时也应如此。这样就会最大限度地减少干扰耦合的阻性分量。

电缆布置也应遵照给定的判据，以减小干扰耦合的感性分量。因此，应注意电缆布线避免交叉，如信号电缆和电力电缆的交叉。

为防止容性耦合和辐射场的干扰，屏蔽是基本要求，而且对高压设施也很重要。

最后，滤波是提供对传导干扰防护的措施，如来自电源连接传导的干扰。

涉及所有这些主题的安装导则可参照下列标准：IEC 61000-5-1、IEC 61000-5-2和IEC 61000-5-6。

也可参考ANSI/IEEE 110。

对于所有的工况，安装导则的第一来源是制造厂的安装使用说明书，且应包含在每类设备的用户手册中。这点尤为重要，因为最佳的EMC性能不能仅通过一种单一方法获得，但是，根据制造厂采取的不同设计方案，基于具体的工况，也可设计其他解决方案。

因为引入了新的电子技术，辅助设备可以由不同的制造厂提供。要求成套厂应能确定在故障状况下哪个制造厂负有责任。为了协助其达到此目的，每个制造厂应提供适当的文件。

5.2 变送器和执行器

在使用现代电子式变送器和执行器的情况下，应区别下列两种情况：

工况1，变送器和执行器作为现代开关设备的集成部件而不直接和端子排连接；

工况2，变送器用于改造和诊断目的（直接或间接相连）而作为传统的和/或旧型开关设备的添加部件。

对于工况1，要求取决于制造厂的技术方案，并由其负责；

对于工况2，应该考虑有关变送器和执行器更实际的方面。应注意变送器和执行器安装现场的环境条件。这在由第三方安装传感器和执行器时尤为重要。

如果传感器和执行器连接到端子排上，应检查附加的项目，且应满足整套接口要求（EMC，绝缘方面等）。

表1摘要了主要要求、意见和导则以及两种工况间的差异。

表1 变送器和执行器安装的要求和导则

	建议和导则	
一般要求	工况1	工况2
周围运行温度和湿度	按照一次设备	按照一次设备
服务	包含在一次设备的服务之内	独立的服务
与一次导体的隔离	包含在制造厂的设计之内	通过附加系统采取独立的措施
机构冲击和振动	包含在制造厂的设计之内	主要取决于安装场所——开关设备制造厂要求的技术规范
EMC	适当的水平，由制造厂检查	如果可直接触及，则按GB/T 11022—2011附录J中规定的正常等级
		适当等级，如果不能直接触及，由制造厂检查
绝缘性能	包含在制造厂的设计之内	如果可直接触及，则按GB/T 11022—2011附录J中规定的正常等级
		适当等级，如果不能直接触及，由制造厂检查
电源质量	不适用	如果采用了独立电源，则应采取特别的措施
维修性	包含在开关设备的维修之内	独立的维修性和试验性
准确度	包含在制造厂的设计之内	应与附加设备的要求匹配
寿命	按照一次设备	根据用户要求
户外安装能力	包含在制造厂的设计之内	按照一次设备

5.3 绝缘方面

如果考虑开关设备和控制设备的辅助和控制回路的绝缘，即使采用了电子式辅助回路，GB/T 11022—2011中6.2.10适用，按照配有EMC保护的每条回路的规定，如压敏电阻或瞬态吸收装置，不能认为是独立的，因此，EMC试验应优先于耐压试验进行。

对于临时连接，允许较低的绝缘水平。

5.4 安全性和保密性

运行中可触及的试验连接和用户接口应有防止电击的保护(GB/T 17045—2008，GB/T 3805—2008)。最高电压不应超过所选接口类型的最大额定值。

接近临时连接时不应导致误动作、误报警或错误的远方信号。

应禁止未授权的人员接近这些连接。此类接近应采取适合的保安机构。这可以通过硬件(锁定的接口连接器、钥匙开关等)和/或软件(口令、进入密码等)来实现。

如果开关设备的运行通过临时连接可以控制，则应由附加的保安机构实现远方和就地控制。如果联锁状态可由电子控制实现，那么也应采用就地控制。为了操作开关设备而忽视联锁状态仅适用于通过另一个更严格的保安机构来处理。

5.5 连接器的防护等级

各种类型连接器适用的防护等级为：户外为IP44，户内为IP41或IP20(具有适当的外壳)。

使用光学连接器时，应采取防尘和除湿措施。

通常，为了避免光纤接口的性能降低，要求仔细对待。通常可通过使用特别的外壳来满足。如有要求，应规定光纤的洁净运行。

5.6 维修

5.6.1 给制造厂的建议

由于开关设备的辅助设备中加入了越来越复杂的装置，包括电子的或基于微处理器的元件，其中一些被用作“黑盒子”，制造厂应意识到必须使这些设备具有最高的性能水平，尤其在：

——互操作性；

——寿命和可获取的资源(可持续性)。

这会使维修性水平更高。

5.6.2 备件的可用性

制造厂应负责保证在开关设备和控制设备最终生产之日起不少于10年的期间内维修所要求的备件的连续可用性，既包括软件又包括硬件。

采用了新技术，元件的商业性可用时间通常短于主电器的寿命，因此，在采用了这些技术的场合，制造厂应保证零配件的功能持续性。

在这种情况下，制造厂还应保证交付使用和运行所必须的工具的商业可用性。

6 标准革新的建议

6.1 新技术的引入导致的变化

新技术，通常基于电子元件，变电站中采用的目的是：

——完成通常由传统元件实现的功能；

——提高一些性能(成本、可靠性、处理能力等)；

——增加新的功能。

这些功能可以分成图1所示的五种不同类型：

——数据采集；

——控制；

——监测；

——接口(与过程：与操作单元，与人机接口MMI)；

——通信。

考虑到标准的协调性，这些类别中的每一种都有共用条款和专门条款。例如，因为这些功能中的每一种功能均需要从变电站中涉取能量，电源(电压、电流、频率、质量等)的等级均应指明，并应进行特定的试验。这些试验应符合现行标准，例如：ANSI/IEEE 110。

进而，每种类别的内部差别应明确，以便考虑功能的分布和每部分的环境条件。例如，在确定标准时，应区别对待分装于断路器旁边的监测系统和变电站内的其他部分。

考虑到安装和现场试验，并且为了涵盖传统的和非传统的开关设备，仅应在开关设备的辅助设备的端子排上实施绝缘和EMC出厂试验。除非在现场出现了某些在工厂不能模拟的状况。在开关设备交接过程中，需要在现场进行某些附加型式试验，保证在一次开合操作过程中辅助设备的安全运行。推荐下列试验条件和要求：

——试验应在电器最敏感的操作方式下进行；

——整个接口可能同时承受试验电压；
——如果电器是系统的一部分，应在须检验的接口最小的、有代表性的配置上进行试验；
——如果电器具有大量的、类似的接口，应选择足够数量的接口去模拟实际的运行条件，并保证覆盖了所有不同类型的端子；
——如果制造厂有规定，则保护装置、屏蔽电缆或测量仪表在试验过程中也应安装；
——在特定的和判定时的条件下，这些试验可由现场的 EMC 验证试验代替。

6.2 标准现场总线的引入导致的变化

根据图 5 所示的结构 4，开关设备中未来的数字系统允许利用总线或变电站层上的数字设备通过串行数据方式直接通信。为了充分发挥该新技术的优势，有必要保证通过串行口连接的装置间进行自由的信息交换。因此，必需实现新接口的标准化。如此，未来的数字设备将会和今天的传统设备一样具有互换性。

附　录　A
（规范性附录）
开关设备和控制设备应用的趋势

A.1　维修的趋势

用户要求电力供应商：

——输送电力的质量和供电的连续性不断提高；

——减少恢复供电的时间；

——降低电价。

然而，与此同时，由于电器设备数量的增加以及现有设备的运行时间的增长使得维修工作量不断加大。

因此，所有的电力供应商必须更高效。达到这一目的的一个途径是减少维修成本，它在总成本中占相当部分。这可通过采用有效的技术如预防性维修和/或 RCM 来实现。也必须寻找一种附加导则，该导则具有较好定义的标准试验的形式，用于评估试验结果、关键设备的在线监测以及数据库系统。

工业上趋向于采用基于最优的风险/收益比率的维修策略。为达到此目的，应采用更有效和更实用的方法去合理组合三种现有的维修程序：以时间为基础的维修、以可靠性为核心的维修和状态评定。

即使有最新的替代性维修方案的趋势，今天最普遍使用的还是以时间为基础的维修程序。计划的维修间隔时间通常基于设备类型、运行的时间以及设备的年代。这一方法的缺点首先是耗时、耗资，在大多数设备没有任何异常表现时，需要确认设备处在满意状态所做的工作，而获得安全感；其次，该方法并不能保证设备在下次维修之前不劣化和失效。虽然所有的设备得到维修，该方法的风险非常小，且不考虑设备的状态及年份，但是考虑到成本因素该方法是不可取的。这些缺点在很大程度上可以通过引入状态监测系统得以克服。

以可靠性为核心的维修的目的是保持和提高系统的可靠性，优选设备的维修程序以降低花费。RCM 分析的结果可以提出需对设备和设备元件进行的维修任务(时间为基础，状态为基础或不需维修)。

状态评估程序是基于采用适当的校准过的变送器，根据变送器采集的数据以及这些数据的趋向来评定。这一数据趋向的斜率就是设备漂移的象征；通过把这些曲线和从制造厂获取的或软件模型(仍然有待于开发和完成)提供的曲线进行比较，监测系统可以设计成连续跟踪感兴趣的功能参数，在误动作出现之前指示出其异常状态并可预示元件的劣化。高级的报警可以使在最方便的时间进行的计划维修更具有灵活性，可能使得基于固定时间间隔进行的预防性维修向基于设备状况的预测性维修转变。更重要的是这些诊断系统具有识别初期故障的早期发展以及诊断和标示潜在的不正常状况的能力。

可以预言，将来的电力设备会配备完善的监测系统，此系统可以确保对设备实现状态维修和故障预防。这样的系统是将来电站的重要特征。

A.2　可信性的新概念

可信性是用来描述系统在下述方面性能的一般术语：

——可靠性；

——可用性；

——维修性；

——安全性。

新技术和新设计导致元件的新布置，引入了采用不同规则来衡量可信性的新途径，并可满足类似或更高的性能要求。

开关设备中引入电子控制和监测系统的总体目标是保持或提高开关设备的可信性水平。

A.2.1 可靠性

A.2.1.1 电子元件可靠性的趋势

电子元件的可靠性不断提高主要是基于下述因素：

——对诱发元件故障的“内部”物理和化学现象的进一步了解；

——对电子元件的设计和制造过程的进一步掌握；

——对故障的环境原因的进一步理解，尤其是存在电磁兼容性(EMC)的场合。

因此，电子元件的性能越来越稳定。元件的基本故障率，表现为未知和随机故障不断减少。对单个元件，平均无故障时间(MTBF)超过一百万小时已经很普遍，即使是复杂的集成电路也是如此。这就使构造极其复杂的系统成为可能，如计算机，且具有可以接受的可靠性水平。

A.2.1.2 传统元件的可靠性

用于变电站的低压设备场合中的传统元件基本上是电气开关和机电式继电器，这些元件的可靠性是相当高的。但是，这一技术的应用仅限于简单的系统，如 SF_6 密度监测器或断路器的控制箱。复杂功能的实现如计算机单元，显然是不现实的，由于需要大量的分立元件，因此，这样的系统总体可靠性会非常差。

总的来讲，技术革命对可靠性所产生的影响，可以通过采用传统技术的开关设备误操作的概率低，而采用电子元件的开关设备误操作的概率非常低来评估。

然而，考虑到系统的复杂性，这些技术的应用场合明显可以界定：

——对于简单系统，传统技术更可靠；

——对于复杂系统，电子技术更可靠。

用于开关设备中的低压辅助设备属于上述第一类。因此，用电子技术替换传统技术意味着要引入更高的维修率。但是，这一瑕疵完全可以被电子设备的自我诊断能力的优势所补偿。

下述标准可以用作系统可靠性方面的导则：GB/T 5080.1、GB/T 5080.2、GB/T 7288、GB/T 5080.4、GB/T 5080.5、GB/T 5080.6。

A.2.2 可用性

A.2.2.1 可用性的测量

根据定义，可用性是在确定的时间段内测量的，用下述比值表示：

$$A = 可用时间 / 总的时间段$$

通常，可用时间通过下述两值测取：

MTBF＝平均无故障时间

MTTR＝平均修复时间

所以，通常使用的公式为：

$$A = MTBF/(MTBF + MTTR)$$

然而，这一方法并没有考虑到一些特定的参数，尤其是开关设备和控制设备不属于连续操作而是间断操作的装置(“间歇式装置”)的事实。例如，如果用于保护，断路器可能几个月不脱扣或不合闸。因此在下次操作要求和维修行为之前设备可能已经出现未探测到的故障。

为了更正这样的情形并且尽可能地消除开关设备和控制设备瞬时可用性的疑点，可以使用下述两个方法：

a) 在确定的时间间隔内(程序化行为)定期操作开关设备和控制设备以检查设备的瞬时可用性。显然,这一方法并没有提高固有的可用性,而是限定了“不确定可用性”的周期;
b) 利用带有远方通信(自诊断)的监视系统去探测,而不需对设备进行操作,大多数故障会出现在相对较短的延时内。这一方法的优点是避免了设备的中断期。

A.2.2.2 数据

如果考虑到与可用性相关的数值及比较传统技术和电子技术测取的可用性的统计值,可得出表 A.1:

表 A.1 可用性水平

		传统技术	电子技术
可用性	开关设备误操作的概率(例如:拒分)	低	非常低
	——辅助回路引起的;	10^{-4}/年	10^{-5}/年
	——全部原因引起的	5×10^{-4}/年	10^{-5}/年
	MTBF/年	500	50
	MTTR	高	低
	与结构有关的部分 (技术方面)	(1～15)天 取决于变电站	(1～15)天 取决于变电站
	与介入有关的部分 (诊断、修理、检查)	2 天	0.5 天
	可用性(总的)	高(>0.999)	高(>0.999)

表 A.1 清楚地说明开关设备和控制设备的总的可用性并没有因为采用了自监视而真正提高。但是,说明了采用自监视系统后主要故障“有命令不动作(拒动)”的出现概率大幅降低。这一点也可以用图 A.1 来说明。

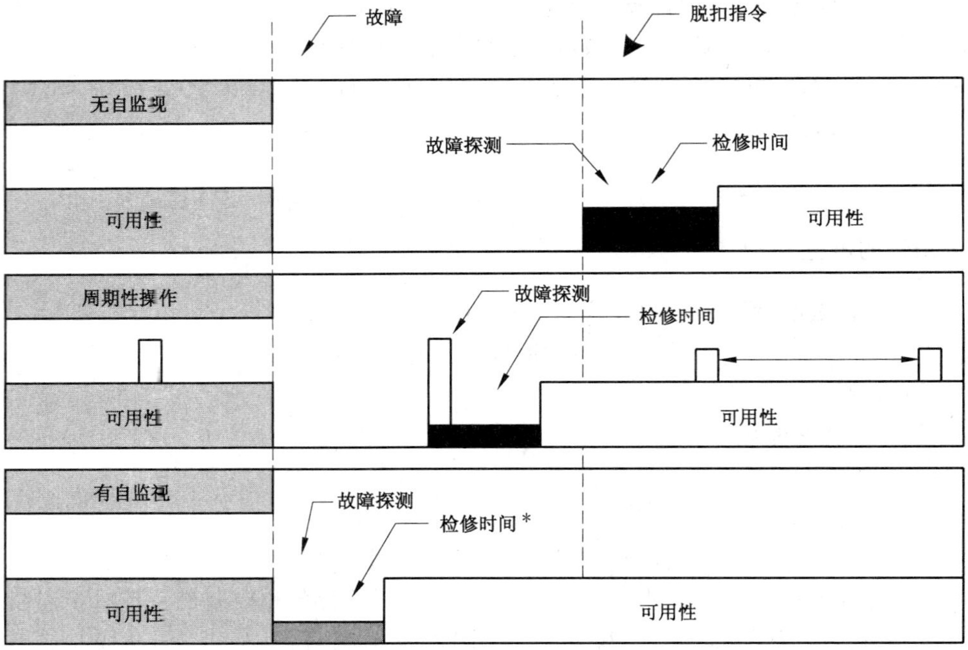

* 检修时间较短是因为自监视功能进行了诊断并减少了故障根源的确认时间。

图 A.1 故障探测

因此，采用自我监视功能提高了瞬时可用度，是重要改进。因为，很显然电子技术可以提供更好的实现远方自我监视的能力和灵活性，这也表示了电子技术比之于传统技术的真正优点。

综上所述：可用性是可靠性和维修性（见下述）的直接结果。GB/T 7289 可以作为可用性方面的导则。

控制和监测系统的设计应遵循：在通常条件下运行的完整系统的平均无故障时间（MTBF）至少应为 10 年。故障定义为因元件故障导致的系统不可用性。

A.2.3 维修性

为了有助于提供满意的维修性水平，将自诊断能力并入系统设计中。采用电子设备的自我诊断功能并不困难且费用低廉，尤其是在考虑用传统设备提供等效的能力时。

自我诊断的特点有助于获取故障位置和类型的详细资料。可以减少设备停运的总时间。与等效情形下的传统设备相比较，平均修复时间包括故障探测和恢复运行之间的总时间，可以显著减少。

复杂的监测和诊断特征允许连续跟踪所有感兴趣的功能参数，可以实现用预测性维修取代预防性维修方法，从而进一步降低成本。

更进一步，通信能力是电子设备的本质特征。这就意味着在出现故障时，电子设备可以通知与其连接的其他设备和远方的用户。

对传统的设备实现这些功能要求作专门的和重大的修改。

实时地知道故障可以产生几个结果：与故障设备相关的开关设备元件可以闭锁、或者通过临近的开合单元把其从系统网络上隔离。

如果一次网络是内部连接的，可以接受开关设备元件的不可用性。

表 A.2 摘录了与提供满意的维修性水平相关的一些资料。

表 A.2 维修性

	传统技术	电子技术
维修操作率	低	中
维修操作的成本	中	低
采用自我诊断能力的复杂性	高	低
注：典型的数据如下（来自 CEA（加拿大电气协会）报告，1997 年 1 月）：维修操作率（已安装设备观察到的统计值）。	2×10^{-3}/年	20×10^{-3}/年

A.2.4 安全性

装置的安全性应理解为不出现危险事件的能力，对于一给定应用情况，危险事件有明确的定义。安全性可以用出现这种事件的概率来量化。对于开关站，这些事件可能是断路器的不合逻辑的合闸或分闸。

在大多情况下，非常可靠的装置具有满意的安全性水平。基于传统技术的简单装置即属于这种情况。

通常，击穿可能对元件产生几种故障模式的影响，例如，晶体管可能误关断或误接通，脱扣电路被切除或短路，且这些模式中的一种可以有非常高的出现概率。为了达到确定的安全性水平，一个适当的设计应考虑到这一概率的要求。这个方法通常不是很昂贵，且不仅适合于传统技术，而且适合于电子技术。然而，这一基本方法仅对中等复杂程度的装置有效。

当装置变得更复杂时，为了达到适当的安全性水平，必须增加一些功能来测试、比较和决定做什么。

如果这些附加功能的可靠性不够完善，其可用性会降低。为了协调安全性和可用性这两者之间的矛盾，则有必要采用冗余结构。

所有这些附加功能和机理应实时工作，因此只有电子技术特别是数字技术能够同时保证安全性和可用性。

这些系统的设计应满足总的一次电力设备的故障安全性和二次设备的故障性能要求。

单个元件的故障不应引起不必要的操作。

这可以摘要如下：

表 A.3　MTBF 水平

（典型值）

复杂性	传统技术的 MTBF	电子技术的 MTBF
低（例如：辅助触点）	MTBF＞5000 年	MTBF＞500 年
中（例如：防跳跃电路）	750 年	200 年
高（例如：间隔控制装置）	1 年	20 年

表 A.3 也可用图 A.2 表示：

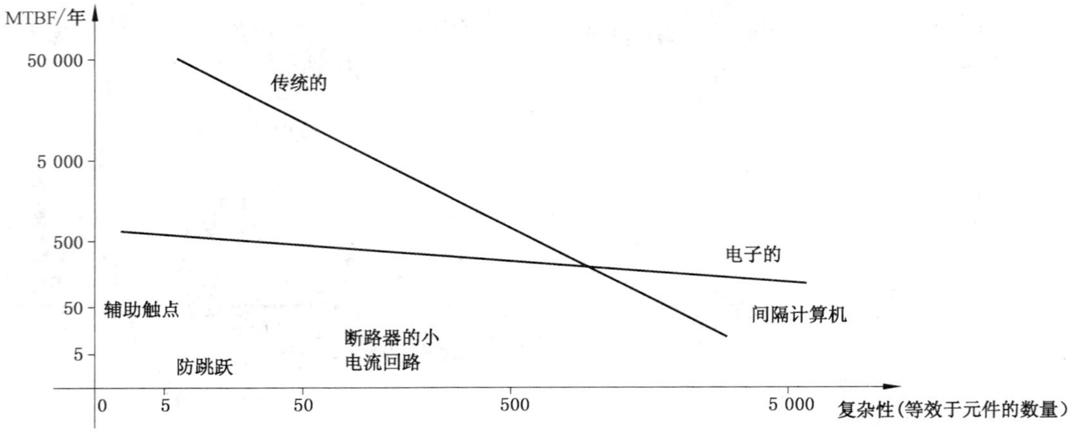

图 A.2　MTBF/复杂性关系曲线

A.3　现有开关设备元件的改造

为了减少总成本，电力供应商趋向于通过增加监测单元或更换即使来自于不同供应商的设备零部件以延长他们的设备寿命。

如果配电网络适合于用新的电子技术更换原始的辅助设备，则该情况不同于较高电压等级的网络。输配电设备之间的不同之处表现在下述几方面：

——配电变电站设备的更换比输电变电站的容易，这是因为配电设备的价格较低以及更易安装（停运的影响更小）。

——配电系统的集成水平较高且更易接受（例如在同一装置内实现控制和保护功能）。

——配电系统中更易接受新技术。

这一点不仅是现在情况的反映，而且通过清楚、准确的技术规范以及试验程序使用户的信心不断提高，这一点会得到明显的改善。

A.4　以可靠性为核心的维修(RCM)

以可靠性为核心的维修(RCM)是通过开发一个维修程序,以尽可能低的成本来达到与可靠性相适应的给定目标,用以保证操作功能及安全性功能可靠性的技术或过程。通常既定的可靠性和安全性是设备的设计参数,RCM可首先应用于这方面,其次也可根据现场经验进行调整。因此,新的变电站设备均可根据预想的RCM进行设计,而且可适用于全过程。对于现有的变电站设备,除了固有的可靠性、操作功能和安全性水平外,已没有可能进行RCM设计。为了避免和现有设备在可靠性、操作功能以及安全性方面的矛盾,新设备的RCM可能被限制到现有设备相同的水平。尤其是这将影响到那些为获取下面将要讨论的RCM预测性维修元件即传感器的接入。

具体地说,RCM评估过程由下述几步构成:

1)　选择评估的系统(可以是完整的系统,完整的变电站或者仅是断路器和变压器或仅是变电站内的所选元件);

2)　确定系统或分支系统的边界;

3)　确定RCM系统必要的或要求的功能;

4)　识别功能性故障模式;

5)　识别包括对选定系统的内部和外部冲击的每种故障的结果;

6)　确定每一种结果的危害度;

7)　确定对每种危害性故障的起因选择适当的和经济地判定的维修任务;

8)　收集和分析与系统相关的数据(额定值、操作极限、经验、故障、故障率、维修记录),以便能连续校正对故障模式和故障效应的理解。

步骤4)～6)通常被看作是故障模式与影响分析(FMEA),而步骤4)～7)被看作是故障模式、影响与危害度分析(FMECA)。

RCM技术规定了适当的维修任务以防止产生具有重大影响的故障。类似地,RCM技术也可用来选择最适当的监测方法以便对障碍性故障定位探测,以便有足够的时间去采取正确的行动。

RCM有三部分维修任务,如果没有经济有效的维修任务时采取计划性的“运行直至故障”方案(见图A.3)。

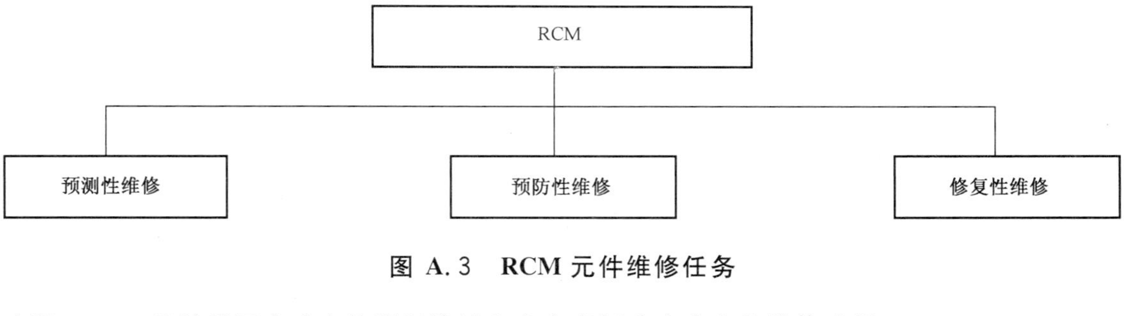

图A.3　RCM元件维修任务

步骤4)～6)的结果用来确定按照经济性和危害度标准来决定的维修选择。

参 考 文 献

[1] IEC 60050-721:1991 国际电工词汇(IEV) 第721章:电报、传真和数据通讯

[2] IEC 60605-2:1994 设备的可靠性试验 第2部分:试验循环的设计

[3] IEC 60605-4:1986 设备的可靠性试验 第4部分:设备可靠性判定试验时确定评价点和置信界限的程序

[4] IEC 60605-6:1997 设备的可靠性试验 第6部分:假设的恒定故障率或恒定故障密度的有效性的试验

[5] IEC 61123:1991 可靠性试验 成功率的验证试验方法

ICS 29.130.10
K 43

中华人民共和国国家标准

GB/T 28811—2012

高压开关设备和控制设备基于IEC 61850的数字接口

High-voltage switchgear and controlgear—
Digital interfaces based on IEC 61850

(IEC 62271-3:2006,MOD)

2012-11-05 发布　　2013-05-01 实施

中华人民共和国国家质量监督检验检疫总局
中国国家标准化管理委员会　发布

前　言

本标准按照 GB/T 1.1—2009 给出的规则起草。

本标准修改采用 IEC 62271-3:2006《高压开关设备和控制设备　第 3 部分:基于 IEC 61850 的数字接口》。

本标准与 IEC 62271-3:2006 的主要差异有:

——范围的"注 2"中,"对于额定电压≤52.5 kV 的范围内",根据我国情况改为"对于额定电压≤40.5 kV 的范围内";

——术语与定义中,对编号的顺序作了改动,因为原文在定义这一术语之前(3.7)就对它进行了引用。本标准将 IEC 62271-3 中的 3.8 IED 改为 3.1 智能电子装置,原来的编号 3.1 到 3.7 依次后延;

——附录 A 中,"试验的基本标准是现行的 IEC 62271 系列标准"改为"试验的基本标准是现行的相关系列标准"。因为根据我国情况,IEC 62271 系列未必对应某一国标系列;

——附录 C 中,表 C.3 后的注是对 AC_DLN_M 注解,实际上,该内容第一次出现于表 C.1 中,故而将该注移至表 C.1 后。

本标准由中国电器工业协会提出。

本标准由全国高压开关设备标准化技术委员会(SAC/TC 65)归口。

本标准负责起草单位:西安高压电器研究院有限责任公司。

本标准参加起草单位:西安西电自动化控制系统有限责任公司、金华电力开关有限公司、日升集团有限公司、许昌开普电器检测研究院、南京新宁光电自动化有限公司、上海西门子高压开关有限公司、南京南瑞继保电气有限公司、浙江华仪电力自动化有限公司、北京科锐配电自动化股份有限公司、武汉市武昌电控设备有限公司、新东北电气(沈阳)高压开关有限公司、ABB(中国)有限公司中压技术中心、西安西开高压电气股份有限公司、河南平高电气股份有限公司、天津市三源电力设备制造有限公司、天水长城开关厂有限公司、ABB(中国)有限公司集团研究中心。

本标准主要起草人:游一民、牟京卫、薛晔、田恩文、张实。

本标准参加起草人:雷颖、任稳柱、戴冬云、冯建华、张杭、张蕾、卢德银、欧建军、林爱民、贺春、汤汉松、孙波、须雷、廖学军、袁钦戍、沈祥裕、李志刚、付海明、王军、周华、陈娟、尹军华、彭在兴、顾德明、李菊红、王照、王其恺。

高压开关设备和控制设备 基于 IEC 61850 的数字接口

1 范围

本标准规定了高压开关设备和控制设备以及它们构成的成套设备和与变电站其他部分进行数字通信的专用设备及对它们的试验要求。该数字通信设备可代替金属并行导线并可以集成到高压开关设备和控制设备及其成套设备中，也可以作为外部设备使现有的开关设备、控制设备及其成套设备和 IEC 61850 相兼容。

本标准适用于 IEC 61850 系列的产品标准。它用来处理遵循 IEC 61850 标准带有串行通信接口的开关设备、控制设备及其成套设备的相关部分。它特别定义了：

a) 根据 IEC 61850 选择信息模型以支持开关设备、控制设备以及成套设备；

b) 开关设备、控制设备以及成套设备应支持用于整套通信服务的一致性分类；

c) 开关设备、控制设备以及成套设备的型式试验和例行检验的修改和扩展应根据串行通信接口的要求进行；

d) 为实现开关设备的在线监测对 IEC 61850 的对象模型所进行的扩展。

注 1：目的是为了让改进后的 IEC 61850 的开关设备在线监测装置的对象模型和 IEC 61850 将来的发展相吻合，当两者有机融合后，相关部分将从本标准中删除。

本标准基于 IEC 61850。对用于高压开关设备、控制设备及其成套设备的数字通信设备作了具体要求以及相关试验要求。

相关开关设备标准加上本标准中所增补的技术要求广泛适用。

注 2：对于额定电压≤40.5 kV 的范围内，现在很少有带数字接口的开关设备。这种开关设备通常没有集成数字通信接口，如果想开发这样的产品，就需按本标准进行。

注 3：本标准旨在提高通信接口的互操作性。由于没有互换性要求，其可互换性不在本标准和 IEC 61850 标准的范围之内。

注 4：关于变电站通信和相关术语、定义和模型，通常参阅 IEC 61850 系列标准中的目标与要求概述：IEC 61850-1。建模方法参阅 IEC 61850-7-1。

2 规范性引用文件

下列文件对于本文件的应用是必不可少的。凡是注日期的引用文件，仅注日期的版本适用于本文件。凡是不注日期的引用文件，其最新版本(包括所有的修改单)适用于本文件。

GB/T 2900.13—2008 电工术语 可信性与服务质量(IEC 60050-191:1990,IDT)

GB 3804—2004 3.6 kV～40.5 kV 高压交流负荷开关(IEC 60265-1:1998,MOD)

GB/T 7424(所有部分) 光缆 总规范(IEC 60794(所有部分))

GB/T 9387.1—1998 信息技术 开放系统互连 基本参考模型 第 1 部分：基本模型(idt ISO/IEC 7498-1:1994)

GB/T 11022 高压开关设备和控制设备标准的共用技术要求(GB/T 11022—2011,IEC 62271-1:2007,MOD)

GB/T 11594—2009 公用数据网上数据终端设备(DTE)与数据电路终接设备(DCE)间的互换电路定义表(ITU-T V.24:2000,IDT)

GB/T 14810—1993　110 kV及以上交流高压负荷开关(neq IEC 60265-2:1988)

GB/T 15629.3—1995　信息处理系统　局域网　第3部分:带碰撞检测的载波侦听多址访问(CSMA/CD)的访问方法和物理层规范(idt ISO/IEC 8802-3:1990)

GB/T 17463—1998　远动设备及系统　第4部分:性能要求(idt IEC 60870-4:1990)

GB/T 28810—2012　高压开关设备和控制设备　电子及其相关技术在开关设备和控制设备的辅助设备中的应用(IEC 62063:1999,IDT)

IEC 60874-10-3:1998　光纤和电缆的连接器　单模和多模纤维用BFOC/2.5型纤维光学适配器的详细规范(Connectors for optical fibres and cables—Detail specification for fibre optic adaptor type BFOC/2.5 for single and multimode fibre)

IEC 61850-1:2003　变电站的通信网络与系统　第1部分:概念与原理(Communication networks and systems in substations—Part 1:Concept and principles)

IEC 61850-2:2003　变电站的通信网络与系统　第2部分:术语(Communication networks and systems in substations—Part 2:Glossary)

IEC 61850-3:2002　变电站的通信网络与系统　第3部分:一般要求(Communication networks and systems in substations—Part 3:General requirements)

IEC 61850-4:2002　变电站的通信网络与系统　第4部分:系统和项目管理(Communication networks and systems in substations—Part 4:System and project management)

IEC 61850-5:2003　变电站的通信网络与系统　第5部分:功能和设备模型的通信要求(Communication networks and systems in substations—Part 5:Communication requirements for functions and device models)

IEC 61850-6:2004　变电站的通信网络与系统　第6部分:变电站自动化系统配置语言(Communication networks and systems in substations—Part 6:Configuration description language for communication in electrical substations related to IEDs)

IEC 61850-7-1:2003　变电站的通信网络与系统　第7-1部分:变电站和馈线设备的基本通信结构　原理和模型(Communication networks and systems in substations—Part 7-1: Basic communication structure for substation and feeder equipment—Principles and models)

IEC 61850-7-2:2003　变电站的通信网络与系统　第7-2部分:变电站和馈线设备基本的通信结构　抽象通信服务接口(ACSI)(Communication networks and systems in substations—Part 7-2:Basic communication structure for substation and feeder equipment—Abstract communication service interface)

IEC 61850-7-3:2003　变电站的通信网络与系统　第7-3部分:变电站和馈线设备基本的通信结构　公共数据分类及性能(Communication networks and systems in substations—Part 7-3:Basic communication structure for substation and feeder equipment—Common data classes and attributes)

IEC 61850-7-4:2003　变电站的通信网络与系统　第7-4部分:变电站和馈线设备基本的通信结构　兼容的逻辑节点类和数据类(Communication networks and systems in substations—Part 7-4: Basic communication structure for substation and feeder equipment—Compatible logical node and data object addressing)

IEC 61850-8-1:2004　变电站的通信网络与系统　第8-1部分:特殊通信服务映射(SCSM)　映射到制造报文规范(MMS)(ISO/IEC 9506-1和ISO/IEC 9506-2)和映射到ISO/IEC 8802-3(Communication networks and systems in substations—Part 8-1: Specific communication service mapping (SCSM)—Mappings to MMS(ISO 9506-1 and ISO 9506-2)and to ISO/IEC 8802-3)

IEC 61850-9-1:2003　变电站的通信网络与系统　第9-1部分:特殊通信服务映射(SCSM)　单向多路点对点串行通信链路上的采样值(Communication networks and systems in substations—Part 9-

1:Specific communication service mapping(SCSM)—Sampled values over serial unidirectional multi-drop point to point link 2)

IEC 61850-9-2:2004 变电站的通信网络与系统 第9-2部分:特殊通信服务映射(SCSM) 映射到ISO/IEC 8802-3的采样值(Communication networks and systems in substations—Part 9-2:Specific communication service mapping(SCSM)—Sampled values over ISO/IEC 8802-3)

IEC 61850-10:2004 变电站的通信网络与系统 第10部分:一致性试验(Communication networks and systems in substations—Part 10:Conformance testing)

3 术语和定义

下列术语和定义适用于本文件。

3.1

IED(智能电子装置) IED(intelligent electronic device)

一个或多个处理器协同工作的装置,能够从一个外部源接收数据/控制或发送数据/控制到一个外部源,如电子多功能仪表,数字继电器,控制器等。

[IEC 61850-1 的 3.1.6]

3.2

时间要求 time requirement

从源到目的地允许的最大时间延迟。

3.3

强制性数据 mandatory data

指定了编码且必须要给出信息的数据。

注:强制性数据确保变电站的互操作性。

3.4

可选性数据 optional data

指定了编码,但可以不给出信息的数据。

3.5

数据的完整性 data integrity

残余误码率将数据从它的发送端传送到接收端的通信系统的能力。

注:在开关设备带有数字接口的情况下,数据的完整性体现在监测的实际操作过程中由未知误差导致错误信息的可能性,以及系统控制中出现误动的可能性。

3.6

互操作性 interoperability

从同一个厂商购买的或从不同厂商购买的两个或多个IED之间能够互相交换信息,并且利用这些信息正确地完成特定功能的能力。

[IEC 61850-1 的 3.1.8]

3.7

逻辑节点(LN) logical node

实现数据交换功能的最小单元,一个逻辑节点是由其数据和方法定义的一个对象。

[IEC 61850-1 的 3.1.9]

3.8

ACSI(抽象通信服务接口) abstract communication service interface

为智能电子装置(IED)提供抽象通信服务的虚拟接口,如连接、变量访问、非请求数据传输、装置控制以及文件传输服务，它独立于实际的通信栈和所用的协议。

［IEC 61850-1 的 3.1.1］

3.9

PICS（协议实现一致性声明） PICS（protocol implementation conformance statements）

被测试系统的能力的概述。

［ISO/IEC 8823-2］

注：PICS 包含了关于 ACSI 的信息。这些信息可以是可选择部分，特定约束或附加信息（见 IEC 61850-7-2）。

3.10

MICS（模型实现一致性声明） MICS（model implementation conformance statement）

详细描述系统或者设备所支持的标准数据对象模型元素的文档。

［IEC 61850-10］

3.11

服务 service

能够由一连串服务原语建模的资源的功能能力。

［IEC 61850-2 的 2.121］

注：服务原语是服务使用者与服务提供者之间交互作用的抽象的、与实现无关的表述。

3.12

配置（系统配置或装置配置） configuration（of a system or device）

系统设计的一个步骤，例如，选择功能单元，功能单元定位并定义它们之间的关联。

［IEC 61850-2 的 2.14］

3.13

数据安全 data security

带数字通信接口的开关设备的数据安全定义为在错误未被检测出的情况下，能够避免系统面临潜在危险或不稳定因素的能力。

3.14

可靠度 reliability

产品在给定的条件下和给定的时间区间内能完成要求的功能的概率。

［IEC 60271，IEC 60271A，IEC 60300］

3.15

可用性 availability

［GB/T 2900.13］

3.16

可维护性 maintainability

在给定使用条件下，带数字通信接口的开关设备探测出一个故障后，能够完全恢复到正常工作状态并且能在正常工作状态下得到维护的能力。

3.17

可信性 dependability

用来描述系统在下述任一因素：可靠性、维修性、可用性和安全性方面的一个共同术语。

［GB/T 2900.13—2008］

3.18

通信一致性测试 communication conformance test

依据标准条件检验信道内的数据流，该条件涉及到访问组织、格式和位序、时间同步、时序、信号形式和电平以及对错误的响应。通信一致性测试可以依据该标准或该标准中做过特殊说明的部分来执行并得到验证。

[IEC 61850-10]

注：在一致性测试中加了“通信”两个字是为了说明该测试涉及到了通信的一致性。

3.19

性能试验　performance test

在运行条件下对整个智能开关设备系统进行的性能检测。

3.20

SAS（变电站自动化系统）　SAS(substation automation system)

变电站自动化系统。

[IEC 61850-2]

注：变电站自动化系统概述见 IEC 61850-1。

3.21

智能开关设备　intelligent switchgear

具有较高性能的开关设备和控制设备，配装有电子设备、变送器和执行器，不仅具有开关设备的基本功能，还具有附加功能，尤其在监测和诊断方面。

[GB/T 28810 3.1.3]

3.22

开关设备控制器　switchgear controller

开关设备控制器是一种带有符合 IEC 61850-8-1 接口的智能电子装置(IED)。

它是开关设备的二次部分中的一部分，它能提供应用功能。

注：开关设备控制器可以是：

断路器控制器(本标准缩写为 CBC)；

隔离开关控制器(本标准缩写为 DCC)；

接地开关控制器(本标准缩写为 ESC)；

其他类型开关设备的控制器。

3.23

智能传感器　intelligent sensor

本标准所说的智能传感器是带有符合 IEC 61850 接口的传感器(例如，用于测量气体品质)。

3.24

通信装置　communication device

用于实现多个 IED 之间互连的装置称为通信装置(例如网络集线器或交换机或通信网关)。它不规定应用功能。

注 1：这种交换机用于局域网将通信子网用不同的通信硬件(如铜网线和光纤串行通信网络)连接起来。定义的数据传输速率在每一个网段中都是可用的。通信开关是根据 GB/T 9387.1 实现 ISO/OSI 参考模型的第 1 和第 2 层的设备。

注 2：网络集线器用于局域网将基于相同通信硬件的通信子网连接起来。它用来扩展通信网络。定义的数据传输率通常在所有网段上都是可达到的。网络集线器是根据 GB/T 9387.1 实现 ISO/OSI 参考模型的第 1 和第 2 层的设备。

注 3：通信网关是用于连接多个使用完全不同通信方式的 IED 的一种通信装置(例如，一个 IED 采用专有通信方式，另一个 IED 采用符合 IEC 61850 的通信方式)。通信网关是根据 GB/T 9387.1 实现 ISO/OSI 所有 7 层参考模型的设备。

4　正常和特殊使用条件

GB/T 11022 中的第 2 章中所给出的环境条件(例如大气、机械、电气)适用。

5 额定值和分类

5.1 高压变电站过程层的逻辑节点(LN)

根据开关设备中集成功能的数量,实现从 IEC 61850-5 中所给定的逻辑节点中进行选择。标准给出了相关功能的最低要求。

注 1:逻辑节点是 IEC 61850 系列标准中的基本概念,可以被认为是 IED 中数据的承载者。为了实现 IED 之间的互操作性,IEC 61850-7-4 中对逻辑节点进行了恰当的定义。更多信息可参阅 IEC 61850-7-1。

注 2:例如,一个智能断路器的控制器能够实现逻辑节点 XCBR。断路器控制器实现同期检查功能时,也就包括了逻辑节点 RSYN。

表 1 中逻辑节点将用于对相关开关设备功能的通信接口进行建模。当功能存在并有一个串行通信接口时,这些节点是必需的。

注 3:表 1 中逻辑节点源自 IEC 61850-7-4。“目的和说明”栏中给出了适合本标准上下文的要求和解释。

表 1 过程层逻辑节点

逻辑节点	名称	目的与说明
报警处理(产生成组报警和事件)	CALH	该逻辑节点用于处理报警与事件
逻辑节点 0 (每一个逻辑装置强制)	LLN0	该逻辑节点将用于逻辑装置公共数据寻址。 注 1:依据 IEC 61850-7-2,一个逻辑装置可看作逻辑节点和通信服务的结合。 逻辑装置不是开关装置。 注 2:通信服务是存取逻辑节点中数据的一种手段。
物理装置逻辑节点(LN) (每一个物理装置强制)	LPHD	该逻辑节点为物理装置的公共数据建模。 注:依据 IEC 61850-7-2,物理装置是一个智能电子装置(IED)(例如断路器控制器),而不是一个开关装置。
断路器	XCBR	该逻辑节点用于断路器的建模。 注:如果是分相断路器,逻辑节点对应每一相有一个实例。3 个实例可以被分配到多个物理装置。
除断路器外的所有开关设备,例如负荷开关、隔离开关、接地开关、快速接地开关	XSWI	该逻辑节点用于对除断路器外的所有开关设备进行建模。 注:如果是分相开关设备(非断路器),逻辑节点对应每一相有一个实例。3 个实例可被分配到多个物理装置。
绝缘介质的监测(气体)	SIMG	该逻辑节点用于检测 GIS(气体绝缘开关设备)的气体密度、压力及温度等。
电弧的监测与诊断	SARC	该逻辑节点用于 GIS 中切合故障和故障电弧时气体的监测。
局部放电的监测和诊断	SPDC	逻辑节点应能够对 GIS(气体绝缘设备)的局部放电信号进行监测。
试验发生器	GTES	本逻辑节点是用过程信号进行测试,但避免其对过程有任何影响(闭锁过程输出)。

5.2 开关设备监测的附加数据和逻辑节点(LN)

IEC 61850-7-4 的第 2 版(或修订)中包含这些逻辑节点后,这些逻辑节点将不在此处描述。

如 5.1 所述,IEC 61850 系列标准包括了对开关设备进行控制和监测的一系列逻辑节点。

如果这些逻辑节点不能为监测指定的开关设备提供足够的信息，表 2 中所定义的逻辑节点是对 IEC 61850 中定义的逻辑节点的补充。

表 2　过程层附加的逻辑节点

逻辑节点	名称	目的与说明
断路器监测	SCBR	IEC 61850 系列标准中未定义的附加的逻辑节点，可专门用于断路器的监测，逻辑节点形式的详细信息见附录 B。
监测除断路器外的所有开关设备，例如负荷开关、隔离开关、接地开关和快速接地开关	SSWI	IEC 61850 系列标准中未定义的附加的逻辑节点，可专门用于除断路器以外的所有开关设备的监测，逻辑节点形式的详细信息见附录 B。

为了正确地再现设备的功能，这些补充的逻辑节点将与 IEC 61850 中所规定的逻辑节点联合使用，而不是替代 IEC 61850 中所规定的逻辑节点。

这些逻辑节点用于对以下项目监测：

——操动机构的能量(例如，弹簧能量、液体压力)；

——元件故障（例如，脱扣回路故障、位置传感器故障)；

——环境条件；

——执行能力（例如，行程曲线)；

——老化(例如，电磨损)。

逻辑节点 SCBR 和 SSWI 的详细内容见附录 B。

这些节点的使用还应该考虑监测设备远离被监测开关设备和厂商定义的数据通信的情况。

超出 IEC 61850 系列标准所定义的，用于监测绝缘、电弧和局部放电的附加逻辑节点将在 IEC 61850-7-4 中通过扩展逻辑节点 SIMS、SARC 和 SPDC 来实现。

5.3　通信服务

5.3.1　一致性分类

IEC 61850 系列标准定义了很多通信服务，不是所有的服务都是用于操作开关设备的。其中许多服务支持附加功能，如智能电子装置的配置与监测。

注：通信服务通过符合 IEC 61850 系列标准的串行通信网络访问和交换逻辑节点中的数据。

因此，在智能电子装置中，不是所有 IEC 61850 中定义的服务都必须执行。需要执行的服务是根据本条款中的一致性分类进行定义。在 IEC 61850-7-2 的附录 A 中，用抽象通信服务接口(ACSI)一致性声明来定义一致性分类。一致性分类的定义如下：

——a 类：对开关设备进行操作所要求的基本服务。

——b 类：用其自我描述能力实现一个完整的 IEC 61850 数据模型所需要的服务。

——c 类：执行指定的逻辑节点适用的所有服务。包括配置能力，文件传输和日志。

给定一致性分类的开关设备控制器不需要确定是否实现一个指定的逻辑节点(LN)。

注 1：IEC 61850 中规定的服务是采用抽象对象模型技术定义的，抽象是指定义的重点是对提供什么服务的描述。

注 2：IEC 61850 系列标准中规定的逻辑节点和服务提供了重新获得综合信息的能力，这些信息是关于信息模型和操作信息模型的服务，即关于它们自己。因此该能力称为自我描述。

注 3：文件传输是通过通信网络传输信息，如行程曲线或配置信息。

注 4：创建日志是 IEC 61850 系列标准规定的通信手段，用于为了维护变电站而将诸如一系列事件从智能电子装置传送给人机接口。

5.3.2 抽象通信服务接口(ACSI)的基本一致性声明

ACSI是由IEC 61850-7-2标准定义的智能电子装置的抽象通信服务接口,它以抽象的方式定义,因此独立于底层通信体系。

抽象通信服务接口(ACSI)一致性声明提出一个关于与ACSI相一致的智能电子装置的概述和详细描述。

由GB/T 15629.3-1995(以太网)/TCP/IP/MMS标准定义的通信协议的映射称为SCMS(特定通信服务映射),并由IEC 61850-8-1,IEC 61850-9-1和IEC 61850-9-2所定义,其中IEC 61850-9-1和IEC 61850-9-2考虑了本标准范围以外的采样值的交换。TCP/IP是传输控制协议/ 网络协议,MMS是制造信息规范。

表3中的客户-服务器模型是IEC 61850系列标准规定的数据交换的基本概念之一。客户端定义为通信服务的需求方,服务器定义为通信服务的提供方。客户-服务器模型最常见的应用是交换报警和事件。

GSE(通用变电站事件)模型是IEC 61850系列标准规定的另一个数据交换的基本概念。它为IED之间提供快速、可靠的数据传输。它能够交换例如实现联锁功能或分闸信号的二进制信息。发出者可用的信息网数据被用户直接接收而不需要提出进一步请求。通用变电站事件模型为一个IED输入多个IED输出之间提供对等的网络信息交换(多点传输,对等通信)。

SVC(采样值控制)模型用于快速地交换测量数据,例如在非传统的电流互感器和保护装置之间通信。该形式的数据交换已经超出了本标准的范围。

表3中的前两列取自IEC 61850-7-2,第一列用于列举不同的基本一致性要求。B表示“ACSI基本的一致性声明”中的“基本的”。

更详细的信息见IEC 61850-7-2中A.2。

表3 ACSI基本一致性声明

		一致性分类		
客户-服务器角色		a	b	c
B11	(双边应用关联)的服务器端	—	M	M
B12	(双边应用关联)的客户端	—	—	—
SCSM(特定通信服务映射)支持				
B21	SCSM:支持IEC 61850-8-1	M	M	M
B22	SCSM:支持IEC 61850-9-1	N/A	N/A	N/A
B23	SCSM:支持IEC 61850-9-2	N/A	N/A	N/A
B24	SCSM:其他	—	—	—
通用变电站事件(GSE)模型				
B31	发布方	M	M	M
B32	订阅方	O	O	O
采样值　控制(SVC)模型的传输				
B41	发布方	N/A	N/A	N/A
B42	订阅方	N/A	N/A	N/A
通过GSE服务可控的智能电子装置(IED)也应支持B32。 M ——强制; O ——可选; — ——不需要; N/A——不适用于文中所述的一致性分类(例如,超出了本标准的范围)。				

要求这样做是因为通过 GSE 可控的智能电子装置(IED)可以从其他 IED 接收诸如脱扣命令等信息。与时间紧密关联的信息的接收要求对其进行预订,因此订阅方也应支持。

5.3.3 抽象通信服务接口(ACSI)模型一致性声明

ACSI 是由 IEC 61850-7-2 标准所定义的智能电子装置(IED)的抽象通信服务接口,它以抽象的方式定义,因此独立于底层的通信体系。

抽象通信服务接口(ACSI)一致性声明提出一个关于与 ACSI 相一致的智能电子装置(IED)的概述和详细描述。

表 4 中的前两列取自 IEC 61850-7-2,第一列(M1 到 M17)列举出不同模型的一致性要求,其中 M 表示"ACSI 模型一致性声明"中的"模型"。

通过通信系统,用报告的形式将事件和报警从智能电子装置(IED)传输到人机接口(HMI)。缓冲报告控制的专有特性是它们通过通信网络的传输全部完成前,对数据进行缓冲。非缓冲的报告控制则无此功能。例如通信中断时事件数据将会丢失。

GOOSE(面向对象的通用变电站事件)是实现通用变电站事件(GSE)的一个选择(见 5.3.2)。与 GSSE (通用变电站状态事件)(实现 GSE 的另一个选择)的主要区别是后者仅仅支持即将发布固定的数据结构,而 GOOSE 报文的数据是可配置的。

其他模型需求在此不再赘述。参阅 IEC 61850-7-1 可获得更详尽的信息。

关于更详细的模型一致性声明见 IEC 61850-7-2 中 A.3。

表 4 ACSI 模型一致性声明

		一致性分类		
如果支持服务端(B11)		a	b	c
M1	逻辑装置	—	M	M
M2	逻辑节点	—	M	M
M3	数据		M	M
M4	数据集		M	M
M5	取代		M	M
M6	定值组控制	N/A	N/A	N/A
	报告			
M7	缓冲报告控制		O	O
M7-1	序列号		O	O
M7-2	报告时间标记		O	O
M7-3	包含的原因		O	O
M7-4	数据集名		O	O
M7-5	数据引用		O	O
M7-6	缓冲溢出		O	O
M7-7	条目标识符		O	O
M7-8	缓存时间		O	O
M7-9	完整性周期		O	O

表 4（续）

		一致性分类		
如果支持服务端(B11)		a	b	c
M7-10	总召唤		O	O
M8	非缓冲报告控制		M	M
M8-1	序列号		O	O
M8-2	报告时间标记		O	O
M8-3	包含的原因		O	O
M8-4	数据集名		O	O
M8-5	数据引用		O	O
M8-6	缓存时间		O	O
M8-7	完整性周期		O	O
M8-8	总召唤		O	O
	日志			
M9	日志控制			M
M9-1	完整性周期		O	O
M10	日志			M
M11	控制		M	M
如果支持 GSE(B31/B32)				
M12	GOOSE(面向对象的通用变电站事件)	M	M	M
M12-1	条目标识符		O	O
M12-2	数据引用		O	O
M13	GSSE(通用变电站状态事件)			
如果支持 SVC(B41/42)				
M14	多播发布采样值控制	N/A	N/A	N/A
M15	单播发布采样值控制	N/A	N/A	N/A
M16	时间	M	M	M
M17	文件传输	—	—	M
M ——强制； O ——可选； — ——不需要； N/A——不适用于本文中所述的一致性分类(例如，超出了本标准的范围)。				

表 4 中的条件“如果支持 SVC”仅仅针对 M14 和 M15，M16 和 M17 不受此条件限制。

以下信息应用于给定一致性分类的所有的开关设备控制器，如果开关设备控制器实现表 5 “逻辑节点”列中的逻辑节点信息，表 5 中“GOOSE 报文中必须包含的数据”列中所提到的数据将包括在开关设备控制器的 GOOSE 报文的数据集中。

表 5 GOOSE 的附加限制

逻辑节点(LN)	GOOSE 报文中必须包含的数据
CALH	Beh,Health,GrAlm
LLNO	Beh,Health
LPHD	PhyHealth
XCBR	Beh,Health,EEHealth,Loc,Pos,BlkOpn,BlkCls,CBOpCap
XSWI	Beh,Health,EEHealth,Loc,Pos,BlkOpn,BlkCls,SwOpCap
SIMG	Beh,Health,InsAlm,PresAlm[a],DenAlm[a],TmpAlm[a]
SARC	—
SPDC	—
[a] 根据绝缘气体的监测特征,至少给出一个报警信息。	

注 1:以下给出包含在 GOOSE 报文中的数据的简短解释,见 IEC 61850-7-4,列举条目以表 5 中的顺序进行排序。

1. Beh:逻辑节点的行为;
2. Health:反映 LN 状态相关软件和硬件的健康信息(即红黄绿指示);
3. GrAlm:组报警,根据配置赋值;
4. PhyHealth:反映 IED 健康状态信息;
5. EEHealth:外部设备健康(例如,本标准中,断路器的开关设备健康状态是通过 XCBR 逻辑节点进行控制的);
6. Loc:就地操作权限;
7. Pos:开关位置(例如,断路器的分、合位置);
8. BlkOpn:分闸闭锁;
9. BlkCls. 合闸闭锁;
10. CBOpCap:断路器操作能力;
11. SwOpCap:开关设备(非断路器)的操作能力;
12. InsAlm:绝缘报警;
13. PresAlm:压力报警;
14. DenAlm:密度报警;
15. TmpAlm:温度报警。

所有以上提出的数据,GOOSE 报文中应包括 stVal 和 q. validity 属性。

注 2:stVal 特性是指数据的状态信息(例如,断路器的分、合闸位置),q. validity 是描述数据有效性的质量属性的一部分:例如,在连续抖动输入或接点输入错误的情况下,数据将不再有效。关于属性的更详细的说明见 IEC 61850-7-3。

5.3.4 抽象通信服务接口(ACSI)服务一致性声明

ACSI 是由 IEC 61850-7-2 标准所定义的智能电子装置 IED 的抽象通信服务接口,它以抽象的方式定义,因此独立于底层的通信体系。

抽象通信服务接口 ACSI 一致性声明提出一个关于与 ACSI 相一致的智能电子装置 IED 的概述和详细描述。

表 6 中的前两列引自 IEC 61850-7-2;第一列(S35 到 S39)列举了不同服务一致性的要求。S 代表“ACSI 服务一致性声明”中“服务”。

如果支持 4.3.3 中描述的 ACSI 模型,相应的服务一致性在 IEC 61850-7-2 中 A.4 中定义。

对于“a”类装置,ACSI 服务一致性声明见表 6。

表 6　ACSI 服务一致性声明

	服务(Services)		
通用变电站事件模型(GSE)			
GOOSE—控制—闭锁			
S35		M	发送 GOOSE 报文
S36		—	读引用
S37		—	读 GOOSE 成员数目
S38		—	读 GOOSE 控制块值
S39		—	设置 GOOSE 控制块值
M ——强制； — ——不需要。			

对于“b”类和“c”类装置，ACSI 的服务一致性声明将由制造商说明。

5.4　时间要求

5.4.1　概述

制造商应定义智能开关设备的时间特性。为此，制造商应指明接口点 A(GB/T 11022 中定义的与外部的连接点)的位置。所有的时间特性都应该根据此接口点定义。详细解释见本标准的 6.1。

关于时间特性，图 1 与图 2 定义的 t_3(智能开关设备的总操作时间)包括 t_1(通信装置(如果有)和开关设备控制器的总延迟时间)和 t_2(开关的操作时间)。这些时间延迟见图 1 与图 2。

时间特性的计算是从接口点 A(见图 1、图 2、图 3)接收到通信报文的第一位开始至开关操作所需的时间。开关的操作是指主触头的动作。

仅仅当符合 IEC 61850 系列标准的访问点置于图 1 的位置时，才需要包含通信装置的过程延迟时间。当访问点直接在智能开关设备(如图 2 所示)的位置时，则不包含通信装置的过程延时。

对于独立于开关设备的通信装置或开关设备控制器，例如用于改造项目，制造商应定义包含通讯装置过程的总过程时延 t_1，如果有其他控制器，还应包括这些控制器的过程时延。

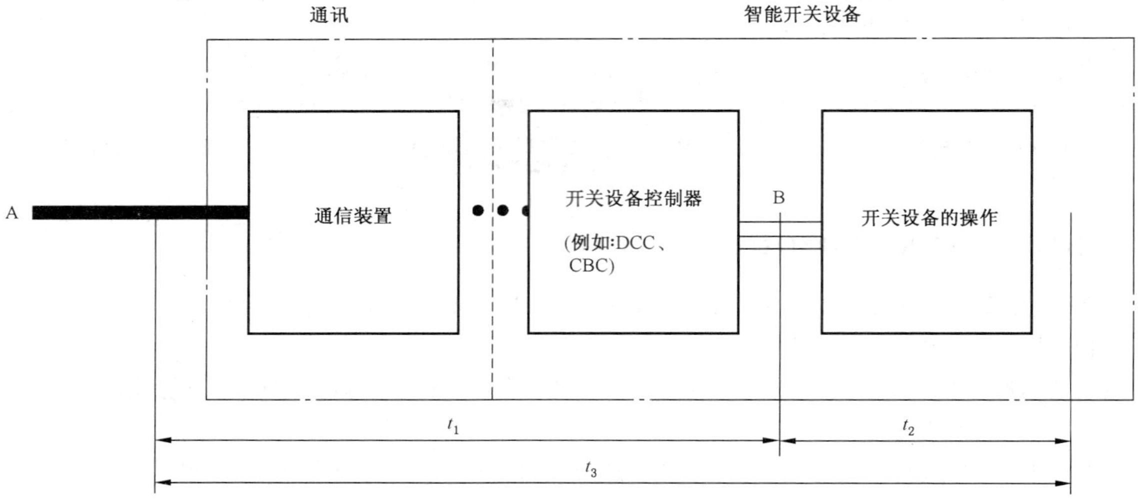

图 1　智能开关操作时间的计算(例 1)

A	符合 GB/T 11022 的外部连接	t_1	总处理延时
B	符合 GB/T 11022 的内部连接	t_2	开关操作时间
DCC	隔离开关控制器	t_3	智能开关设备总操作时间
CBC	断路器控制器		——符合 IEC 61850-8-1 的串行连接(强制)
			——符合 IEC 61850-8-1 的串行连接(可选)

图 1(续)

图 1 示出了图 10 中 GIS(气体绝缘开关设备)间隔或图 13 中 AIS(空气绝缘开关设备)间隔的时间计算实例。

注：在图 1 中，通信装置的定义见 3.24。

图 2 示出了图 7 中 GIS 间隔或图 12 中 AIS 的时间计算实例。

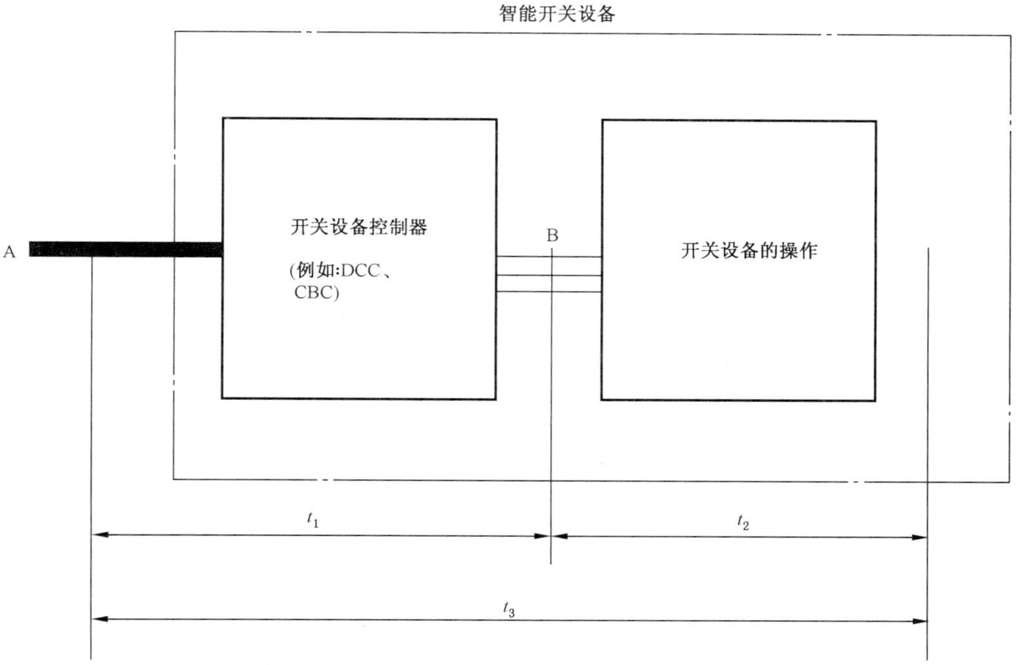

A	符合 GB/T 11022 的外部连接	t_1	全过程延迟时间
B	符合 GB/T 11022 的内部连接	t_2	开关操作时间
DCC	隔离开关控制器	t_3	智能开关总操作时间
CBC	断路器控制器		——符合 IEC 61850-8-1 的串行连接(强制)

图 2　智能开关操作时间的计算(例 2)

5.4.2　断路器的分、合闸时间

本条款描述了分、合闸时间的定义方法。分、合闸时间是 5.4.1 中所描述的智能断路器的总操作时间的实例。

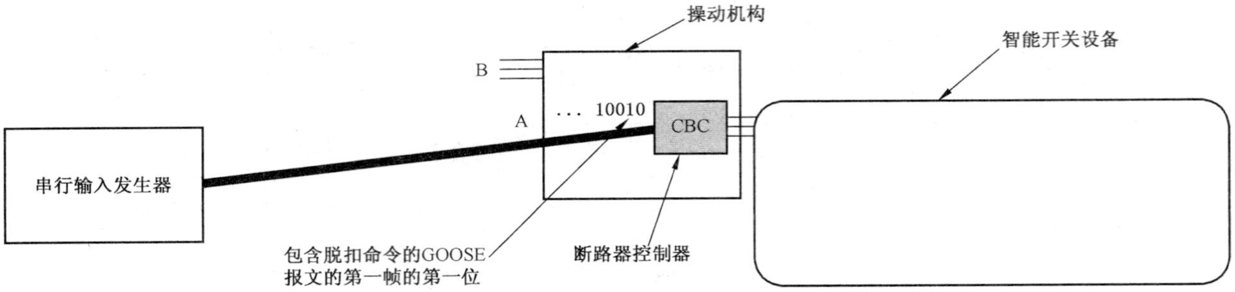

说明：

A——符合 GB/T 11022 的外部连接；

B——符合 GB/T 11022 的内部连接。

图 3 智能断路器的分/合闸命令

注：图 3 中列出的位序"…10010"是为了阐明原理的一个示例，不需要遵守通过分/合闸命令的串行接口的实际位序传输规则。在本例中，"0"是包含了分闸命令的 GOOSE 命令中第一帧的第一位。

图 4 示出了非智能开关设备分闸线圈通电时的试验情况。对于智能开关设备，分闸线圈的通电由符合 IEC 61850 规定的图 3 中的串行接口的分闸命令完成。

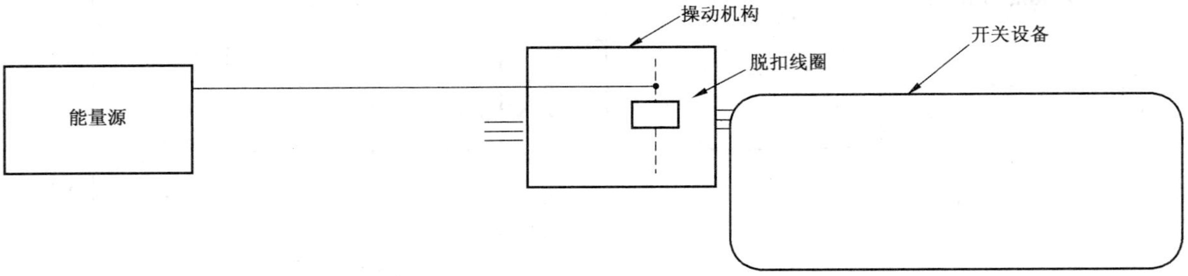

图 4 开关设备的分/合闸命令

对于断路器，GB 1984 给出的分合闸时间的定义适用，另补充如下内容：

对于智能开关设备，当断路器处于合闸位置时，分闸时间是从通过符合 IEC 61850 规定的接口(5.4.2 的图 3 中 GOOSE 报文)接收到的脱扣命令的第一帧的第一位开始到断路器所有极的弧触头分离(见图 5)为止的时间。

注：关于 GOOSE 报文，见 5.3.2 和 5.3.3。

如图 15 所示，利用通信分析仪能够测量出所接收到的脱扣命令的第一帧的第一位。

对于智能开关设备，当断路器处于分闸位置时，合闸时间的测量是从通过符合 IEC 61850 规定的接口(5.4.2 条款图 3 中 GOOSE 报文)接收到的合闸命令的第一帧的第一位开始到断路器所有极的触头闭合(见图 6)。图 15 示出的通信分析仪能够检测出所接收到的合闸命令的第一个帧的第一位。

进行时间测量时，应检查二次系统中通过串行接口(见图 6)得到的位置指示与智能开关设备的实际位置指示是否一致。

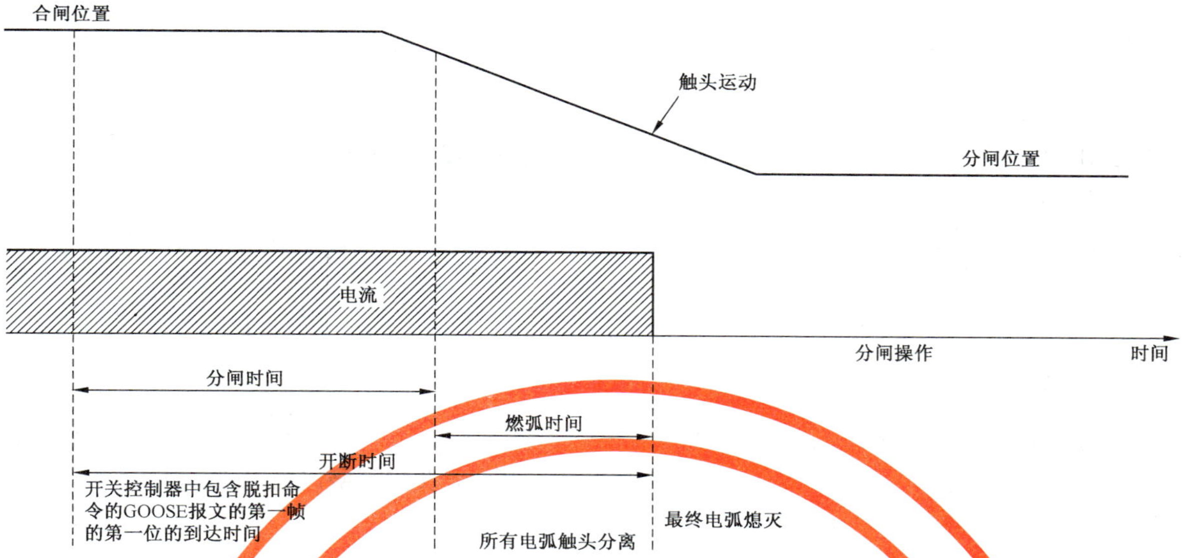

图 5　智能断路器的分闸操作

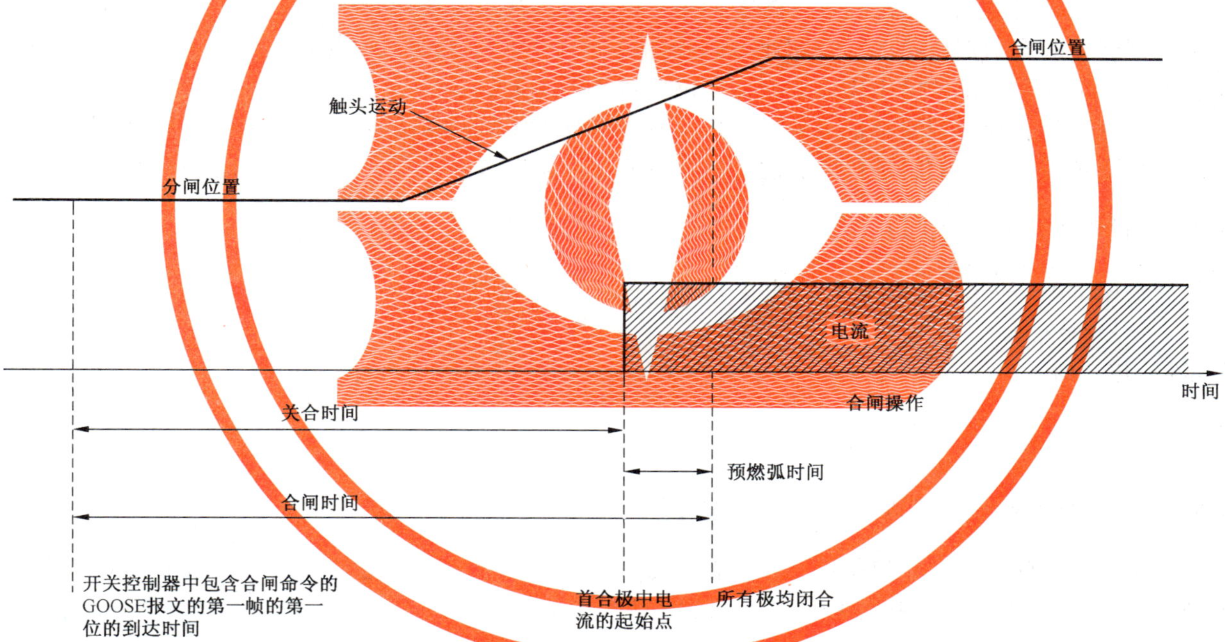

图 6　智能断路器的合闸操作

5.5　数据分辨率和准确度的额定等级

IEC 61850-5 的第 12 章适用。

5.6　数据安全

GB/T 17463 的 3.4 适用。

5.7　数据完整性

IEC 61850-5 的第 13 章适用。

5.8 性能要求

5.8.1 性能的可靠性等级

IEC 61850-3 的 4.2 适用，并作如下补充：带数字接口的开关设备首选的可靠性等级为 GB/T 17463 的 3.1 中定义的 R3。

5.8.2 性能的可用性等级

IEC 61850-3 的 4.3 适用。

5.8.3 性能的可维护性等级

IEC 61850-3 的 4.4 适用，并作如下补充：首选的可维护性等级为 GB/T 17463 的 3.3 中定义的 M3。

另外，任何开关设备控制器应具有自我监视和对所控制的开关进行错误探测的功能。

注：自我监视功能是数字装置监测自身健康状态的能力。

5.8.4 可信性

任何开关设备控制器或通信装置的故障都不应该引起其他功能的丧失，除非是直接需要开关设备控制器或通信装置的那些功能。特别地，因为通信与整个过程的监测与控制有关，在某一位置的开关设备控制器或通信装置的故障不应该引起其他位置功能的丧失。

任何开关设备控制器或通信装置的故障都不应导致未探测到的功能丧失、多重或级联的故障。

任何开关设备控制器或通信装置的故障都不能引起误操作。

5.8.5 过程总线的最大扩展

IEC 61850-3 的 4.7.1 和 4.7.2 适用。

6 设计与结构

6.1 概述

6.1.1 开关设备控制器和通信装置的典型布置

图 7 示出了带开关设备控制器和通信装置的 GIS 的典型布置。在此例中，断路器控制器 CBC 控制断路器的三极，隔离开关控制器 DCC 控制隔离开关的三极。

断路器控制器 CBC 实现它控制的断路器的逻辑节点 XCBR；隔离开关设备控制器 DCC 实现它控制的隔离开关的逻辑节点 XSWI。

接地开关设备控制器 ESC（图 7 中未示出）实现它控制的接地开关的逻辑节点 XSWI。

一个典型的智能传感器实现 SIMG（绝缘介质监测），SARC（电弧监测与诊断），SPDC（局部放电监测和诊断）中的一个或多个逻辑节点。

注 1：间隔控制功能（例如，间隔联锁，就地人机接口等）也可以置于控制室中。由智能电子装置 IED 实现这些间隔控制功能和它们的通信链接，如与变电站层的联系，不在本标准的范围内。

注 2：间隔控制功能，通信装置和开关设备控制器可以进一步集成为物理装置。

注 3：关于开关设备控制器与通信装置之间的串行通信链接实例见 6.1.2。

注 4：CBC（断路器控制器）和 SC（负荷开关控制器）都是开关设备控制器。

图 8 与图 9 示出了智能化 AIS 中的断路器的例子，在图 8 中，开关设备控制器控制断路器的三极。图 9 中断路器的每个极上都有一个断路器控制器，且每一个断路器控制器都与通信装置相连接。

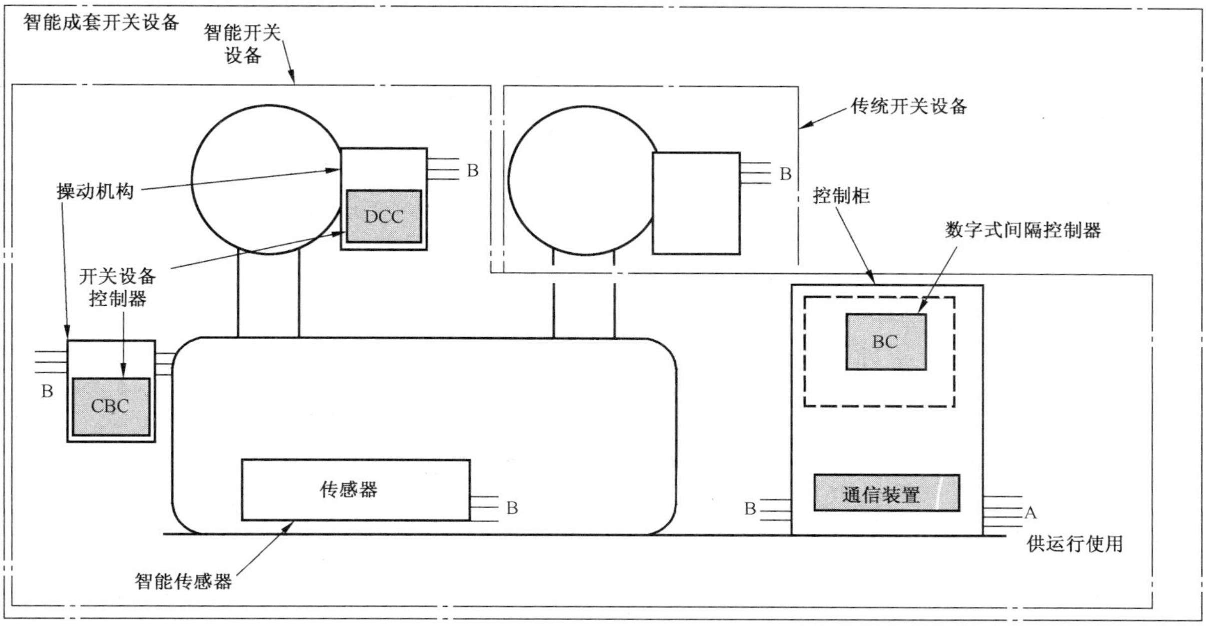

说明：

A ——符合 GB/T 11022 的外部接线；

B ——符合 GB/T 11022 的内部接线；

CBC ——断路器控制器；

DCC ——隔离开关控制器；

BC——数字式间隔控制器；

金属平行导线(非串行链接)；

该标准范围以外。

图 7 GIS(例 1)

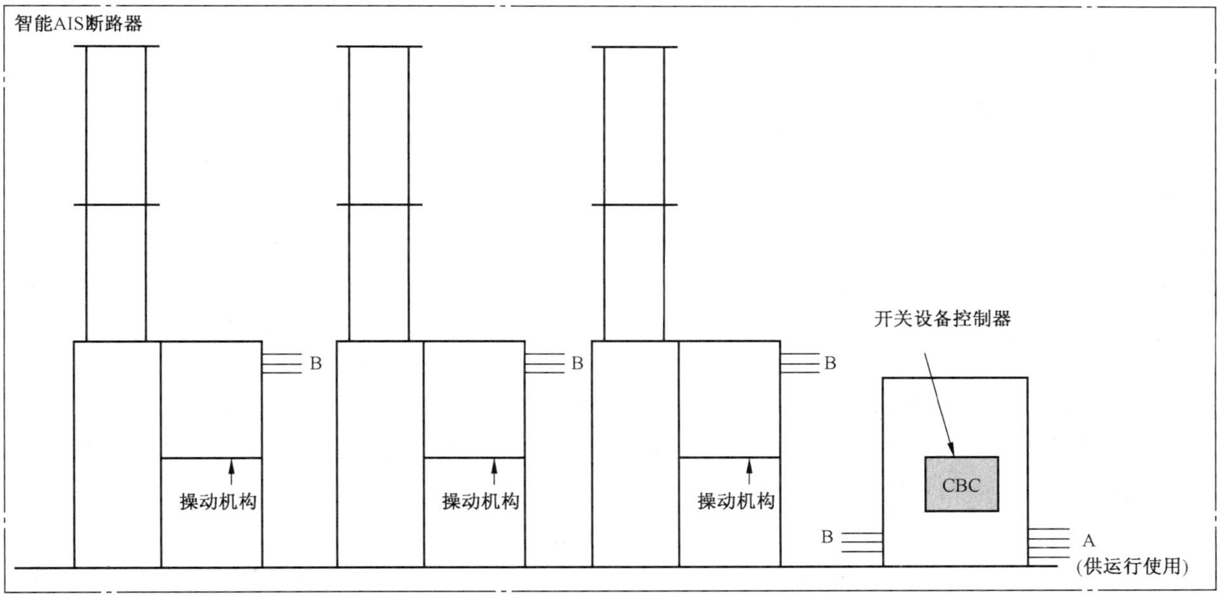

说明：

A ——符合 GB/T 11022 的外部接线；

B ——符合 GB/T 11022 的内部接线；

CBC ——断路器控制器；

金属并行导线(非串行链接)。

图 8 图 AIS 断路器(例 2)

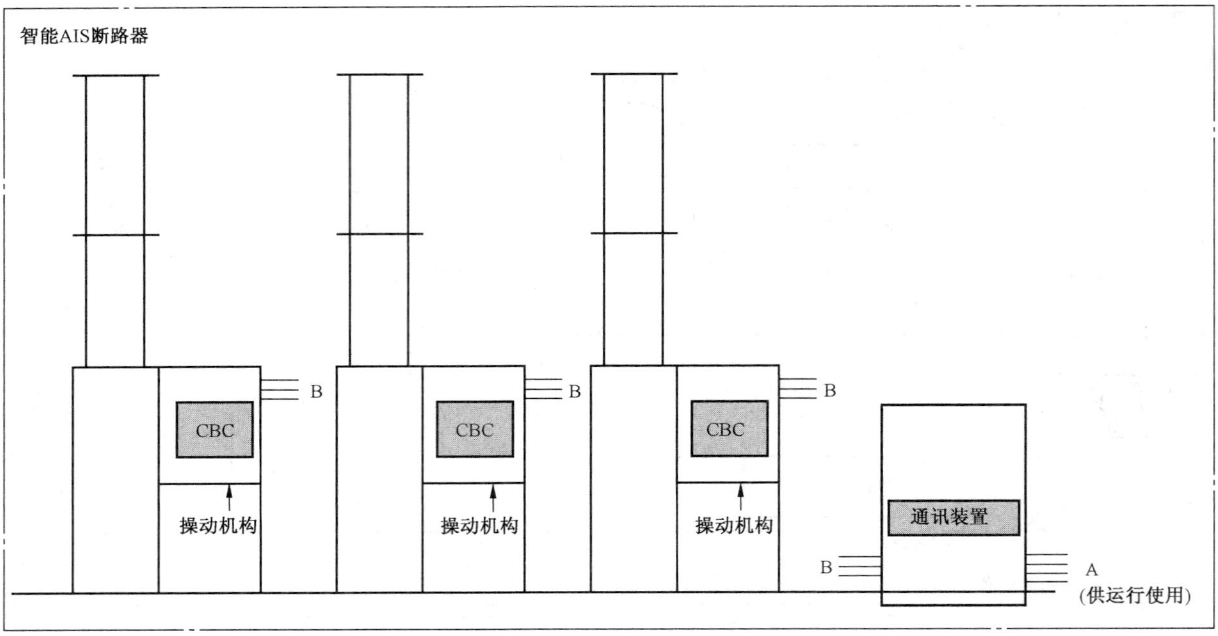

说明：

A ——符合 GB/T 11022 的外部接线；

B ——符合 GB/T 11022 的内部接线；

CBC ——断路器控制器；

金属并行导线(非串行链接)。

图 9　AIS 断路器(例 3)

6.1.2　典型系统拓扑结构

开关设备控制器和变电站自动化设备之间是通过串行通信实现相互链接的。下图以实例示出这些通信网络是如何实现的。

注 1：如图 10 所示的通信装置也可以是一个网关，与所提供的具有 IEC 61850 规定的现有设备相符。

开关设备控制器可以有外部(GB/T 11022 规定的“A”类型)或内部(GB/T 11022 规定的“B”类型)连接。在智能开关设备中，接口点“A”可以安装于相关通信设备的一个端口上(见图 10)或直接安装在开关设备控制器中(见图 11)。

开关设备控制器的外部连接(GB/T 11022 规定的“A”类型)应符合 IEC 61850-8-1 的规定。

开关设备控制器的内部连接(GB/T 11022 规定的“B”类型)应符合 IEC 61850-8-1 的规定。在此情况下，外部连接采用通信装置完成。

图 10 示出了带外部和内部串行通信接口的 GIS 的示例。

注 2：图 10 中的通信装置是 3.24 定义的网关，在此情况下，用虚线表示的通信链接有别于 IEC 61850 中规定的通信链接。

另一种配置如图 11 所示，开关设备控制器安装在操作机构内。在该配置中，开关设备控制器的接口符合 IEC 61850 规定的“A”类型(外部接口)。

图 12 和图 13 给出了带串行通信网络的智能 AIS 的例子。图 12 中，接口点“A”直接安装在一个断路器控制器的串行通信接口处。图 13 中，外部接口点“A”是安装在连接 3 个断路器控制器(一相一个)的通信装置的串行通信端口上。

注 3：对于所定义的接口点“A”的说明见 5.4。

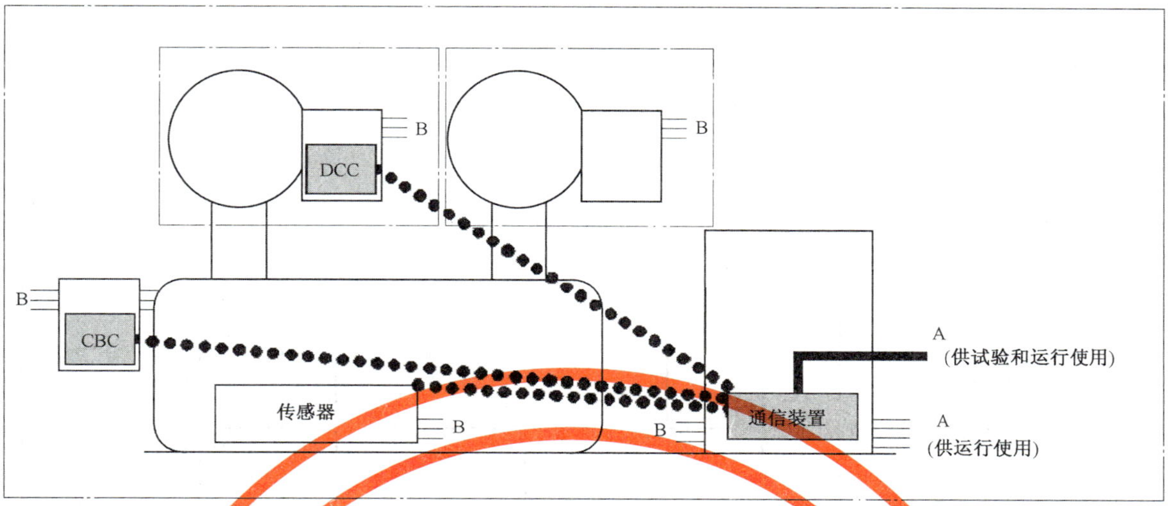

说明：

A ——符合 GB/T 11022 的外部链接；

B ——符合 GB/T 11022 的内部链接；

DCC ——断路器控制器；

CBC ——隔离开关控制器；

金属并行导线(非串行链接)；

IEC 61850-8-1 规定的串行链接(必备的)；

IEC 61850-8-1 规定的串行链接(可选的)。

图 10 具有通信网络的 GIS(例 1)

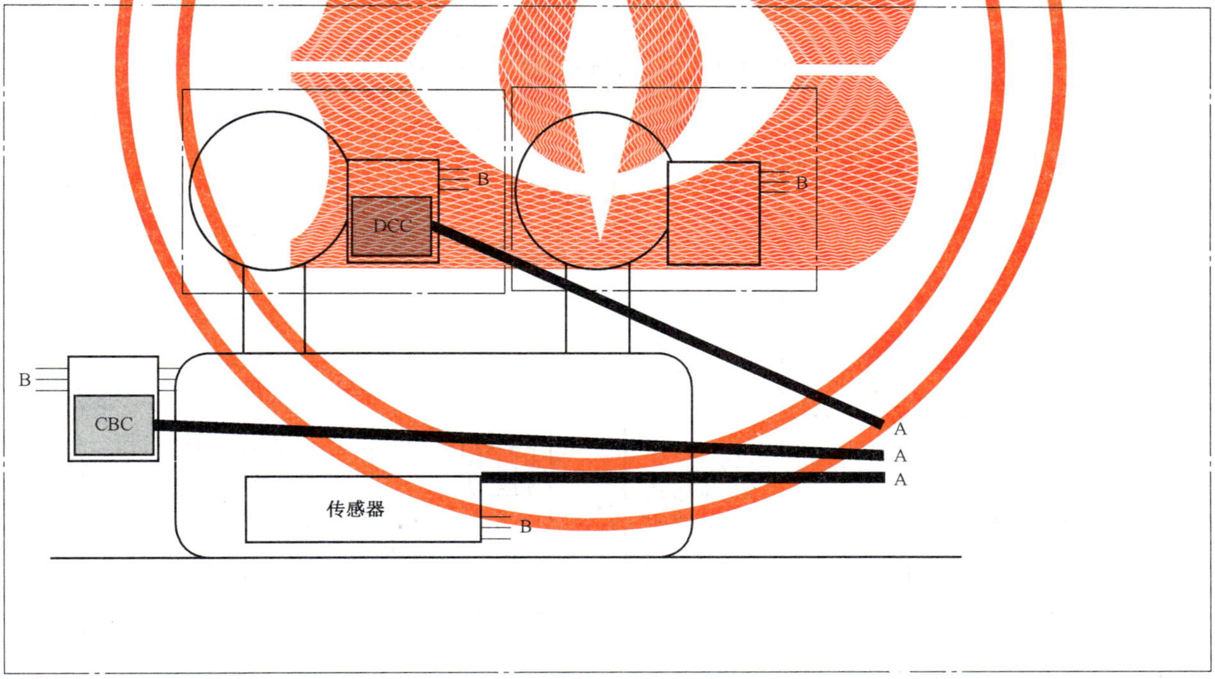

说明：

A ——符合 GB/T 11022 的外部链接；

B ——符合 GB/T 11022 的内部链接；

DCC ——隔离开关控制器；

CBC ——断路器控制器；

金属平行导线(非串行链接)；

IEC 61850-8-1 规定的串行链接(必备的)。

图 11 带串行通信网络的 GIS(由例 1 转化而来)

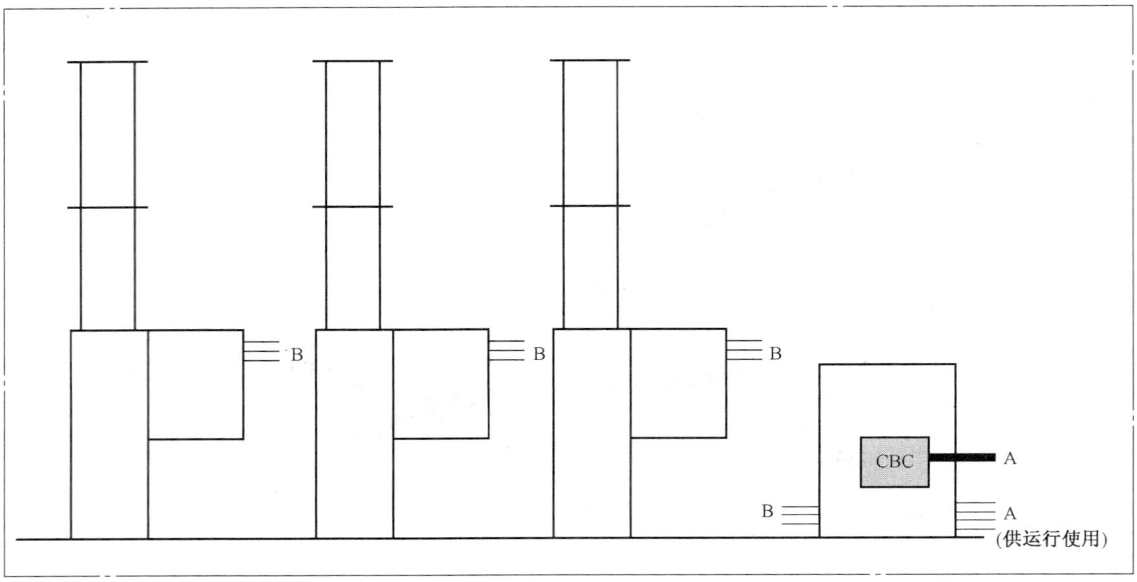

说明：
A ——符合 GB/T 11022 的外部链接；
B ——符合 GB/T 11022 的内部链接；
CBC ——断路器控制器；
金属并行导线(非串行链接)；
IEC 61850-8-1 规定的串行链接(必备的)。

图 12 带串行通信网络的 AIS 断路器(例 2)

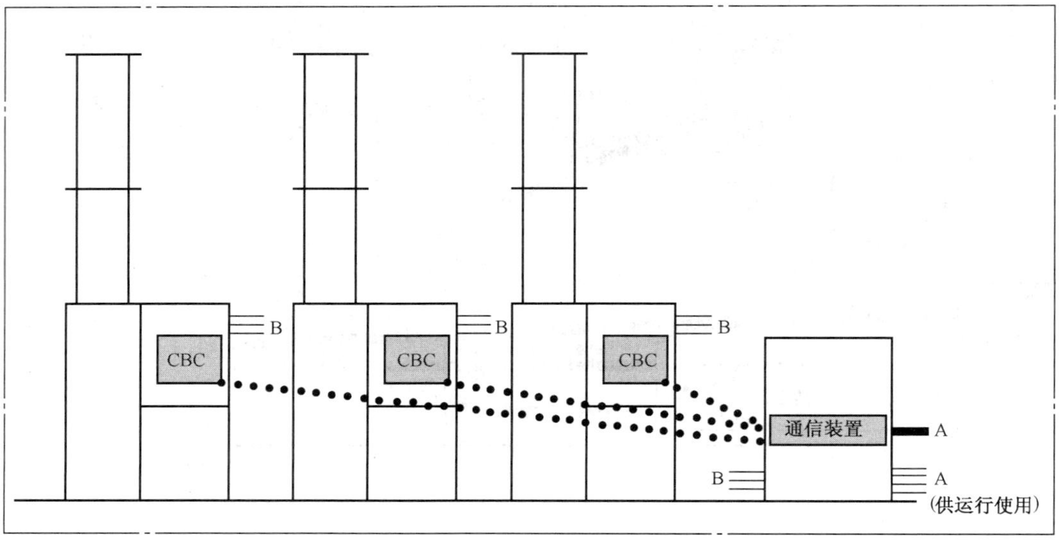

说明：
A ——符合 GB/T 11022 的外部链接；
B ——符合 GB/T 11022 的内部链接；
CBC ——断路器控制器；
金属并行导线(非串行链接)；
IEC 61850-8-1 规定的串行链接(必备的)；
IEC 61850-8-1 规定的串行链接(可选的)。

图 13 带串行通信网络的 AIS 断路器（例 3）

图 14 所示的控制系统的数字部分不在本标准范围内。然而，它显示在这种控制系统模式下，用于型式试验和例行试验的外部接口点“A”就位于控制柜中的端子排。

注 4：因为此图中的数字部分超出了本标准的要求，图 14 不在本标准范围内。此图中开关设备和变电站系统的接口点是端子排。此种配置在 GB/T 11022 中描述。

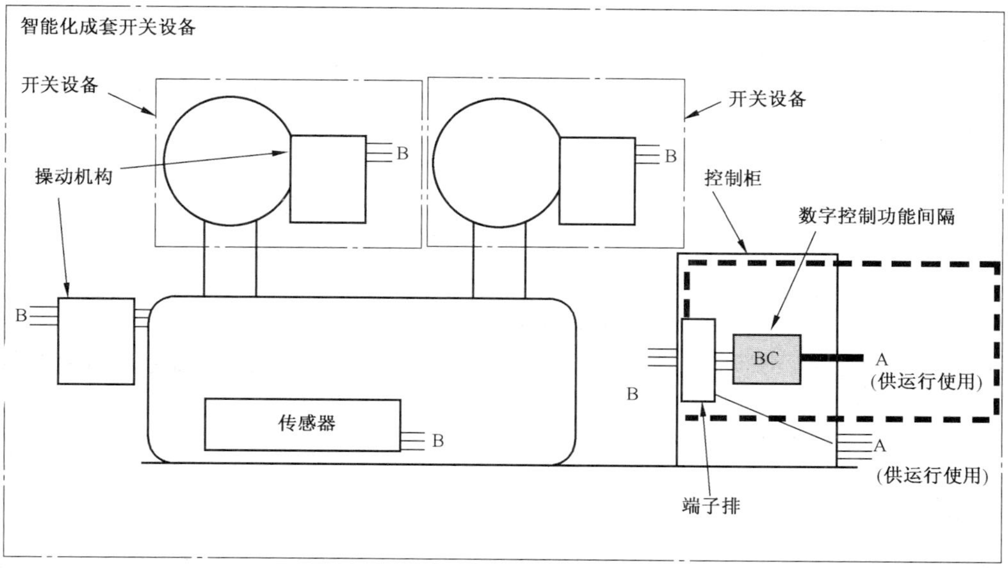

说明：

A ——符合 GB/T 11022 的外部链接；

B ——符合 GB/T 11022 的内部链接；

BC ——数字控制功能间隔；

[虚线框] 本标准范围以外；

[细平行线] 金属并行导线(非串行链接)；

[粗实线] 符合 IEC 61850-8-1 的串行链接。

图 14 带数字式间隔控制器的开关设备

6.2 技术范围

6.2.1 概述

串行通信链接应该把本标准所涵盖的所有开关设备和控制设备与变电站自动化系统(SAS)连接起来，该链接可以使用光纤或铜导线的传输系统来实现。

串行通信链接实现了开关设备之间的外部连接。

6.2.2 接口点

开关设备的接口点由适用于开关设备控制器或通信装置的光纤或电的连接器实现。它最好能够将开关设备制造商和系统集成者的责任分开。

开关设备制造商应该提供成套开关设备内部安装的所有的电缆和接线，必要时，包括所有相间导线。系统集成商应提供所有的与变电站自动化系统 SAS 连接的电缆和接线。延伸到开关设备壳体外部的所有电缆或者接线，都应有适当的机械保护，并应限定环境条件。

开关设备制造商最好应该提供所需要的光纤的或电的端子盒，并且应为变电站自动化系统 SAS 的电缆连接提供适当的措施。端子盒最好能从地面直接进行检查，对于没有安装在开关设备壳体内部的端子盒要提供保护，户内产品的防护等级至少为 IP44，户外产品的防护等级至少为 IP65。

6.2.3 传输系统

6.2.3.1 概述

IEC 61850-8-1 为串行通信推荐采用如下的传输系统：

——ISO/IEEE 802.3:2001 所定义的 100Base-FX，其中连接器由 IEC 60874-10-1，IEC 60874-10-2，IEC 60874-10-3 定义。

——ISO/IEEE 802.3:2001 所定义的 10Base-T/100Base-T。

注 1：100Base-FX 是一个传输速率为 100 Mbit/s 的串行通信的光纤传输系统。

注 2：推荐使用 ST 连接器。

注 3：10Base-T 是一个传输速率为 10 Mbit/s 的串行通信的铜介质传输系统。

注 4：100Base-T 是一个传输速率为 100 Mbit/s 的串行通信的铜介质传输系统。

推荐采用如下所述的光纤实现串行通信传输。也可采用基于铜介质的传输系统代替光纤方式实现串行通信，但要考虑电磁环境的要求。

其他类型的传输系统和连接器也可选择使用。

6.2.3.2 光纤传输

为了设计出互操作性较好的光纤传输系统，表 7 为开关设备制造商提供了指导。对于特定工程，为了保证兼容性，开关制造商应与系统集成商进行协商。

本标准不包含其他机械规范，例如安装布置和电缆布局等由制造商确定。

表 7 推荐使用的光纤传输系统

特性	合成光纤	玻璃光纤
传输	全双工通信	全双工通信
连接器	ST IEC 60874-10-3	ST IEC 60874-10-3
光缆型式	阶跃折射率 980/1 000 μm GB/T 7424	渐变折射率 62.5/125 μm[a] GB/T 7424
光波长	660 nm	820 nm～860 nm
温度范围	见 GB/T 11022	见 GB/T 11022
最大传输功率[b,c]	－10 dBm	－15 dBm
最小传输功率[b,c]	－15 dBm	－20 dBm
最大接收功率[b]	－15 dBm	－15 dBm
最小接收功率[b]	－25 dBm	－30 dBm
系统储备量[d]	Min＋3 dB	Min＋3 dB

[a] 可以采用 50/125 μm 光纤。如果使用这种光纤，输入的传输功率将减小，因此传输距离，接收功率和系统的储备量将分别定义。

[b] 功率值为 50％占空比的平均值。

[c] 所传输的光功率的值可由 10 m 长 62.5/125 μm 的光纤或 1 m 长的合成光纤的输出来计算。0 dBm 被定义为 1 mW 光功率有效值。

[d] 在设计传输链接时，应注意接收器处的光的传输功率的瞬时值(峰值)不能超过接收器功率的最大额定值。否则，接收器就不能正确地探测比特流(因为接收器处于盲区)，因此，就会传送错误的信号。

6.2.3.3 双绞线传输

双绞线传输系统采用 IEEE 802.3 定义的 100Base-TX，为了保证系统不受电磁干扰，应采取附加措施。

为了设计互操作性较好的传输系统，表 8 为开关设备制造商提供了指导。对于特定工程，为了保证兼容性，开关设备制造商应与系统集成商进行协商。

本标准不包含其他机械规范，例如安装布置和电缆布局等由制造商确定。

表 8 推荐的双绞线传输系统

特性	双绞线
传输	全双工通信
连接器	带 EMC 保护的 RJ-45
电缆类型	5 类屏蔽双绞线(STP)
温度范围	见 GB/T 11022

6.2.4 人机接口

开关设备应该提供一个相应的人机接口(HMI)，或者提供一个外部连接的装置。

一个外部连接的人机接口 HMI 可以用以下任一方式与控制装置进行连接。

——采用串行接口(ITU-T 推荐 V.24)，通过就地插件直接连接到开关装置。

——通过一个技术服务接口或一个调制解调器进行连接。

为了确保在单台计算机上不同的软件工具之间保持协同工作，所需要的最基本的硬件是一台 PC 机或与其等同的设备。

6.3 机械要求

6.3.1 机械应力

通信装置的设计应该能够承受在开关设备使用寿命期内可能产生的所有机械应力，GB/T 11022—2011 的第 2 章和第 5 章适用。

6.3.2 外壳防护等级

外壳防护等级应符合 GB/T 11022—2011 中 5.13 的规定。

推荐的防护等级为 IP44。

6.3.3 连接器的防护等级

防护等级将适用于所有型式的连接器，至少为：

——户外为 IP44；

——户内为 IP41；

——在外壳中的连接器为 IP20。

处置时应注意防尘和防凝露。

6.3.4 适应性

除在现场安装光纤及其连接器的必要的设备外，所设计的通信设备不需要任何专用工具。

6.4 电气要求

通信设备的电气要求应符合 GB/T 11022—2011 中 4.8 和 4.9。

6.5 电磁兼容性(EMC)

通信设备对电磁兼容的要求应符合 GB/T 11022—2011 中 5.18 及 IEC 61850-3 中 5.7 和 5.8。

6.6 电子铭牌

通过开关设备控制器的串行接口读电子铭牌的功能是可选的。如果采用了电子铭牌,它的内容应符合开关设备的产品标准。

附录 C.2 给出了开关设备电子铭牌的规定。

7 型式试验

7.1 概述

本条款描述的试验必须有熟悉开关设备试验(尤其是断路器的时间测量)的专家及熟悉变电站串行通信(尤其是熟悉 IEC 61850 系列标准)的专家参与。

试验总表见附录 A。

注:开关设备控制器(即不包括它所控制的开关设备)的型式试验仅对新改进的控制装置进行。这种开关设备控制器的试验将包涵在本标准的扩展内容中。所需的试验项目可以通过用户与制造商双方协商进行。

关于开关设备产品的标准一般都适用,适用时应考虑数字接口。

以下附加内容适用:

注:下述条款的编号与 GB/T 11022 一致。

7.2 开关设备通信接口一致性测试

IEC 61850-10 第 6 章中关于一致性和性能试验的内容适用。

为了验证智能电子装置 IED 的正确性能,试验是在满足设备技术参数(IEC 61850-10)的试验环境下,采用系统试验过的软件进行的。

注:本开关设备控制器的试验(不包括所控制的开关设备)可以仅在开关生产商提供的开关设备的仿真模型(例如,改造时需要)上进行,也可以和它所控制的开关设备一起来进行。

7.3 开关设备的时间测量

7.3.1 断路器

7.3.1.1 概述

本条款描述的试验是为了说明在 5.4 中确定的分闸和合闸时间在额定限值内。

注 1:本条款描述的试验与 GB 1984—2003 一致。

为实现这个目的,7.3.1.2 和 7.3.1.3 描述了两种试验配置。对于串行通信连接来说,合闸、分闸时间的测量与通信网络的负荷有关。使用的网络负荷将在 7.3.1.4 中定义。为了消除不同网络负荷情况的影响,每个试验都应重复几次。

注 2:网络负荷是传输的信息容量。这里的网络负荷不同于电力系统的负载。

7.3.1.2 对开关设备控制器直接命令的性能试验

这种试验配置参见图 11 或图 12。

在这种配置中(图 15),命令(如分合闸命令)直接从串行输入发生器传输到开关设备控制器(图 15所示的断路器控制器)。这些指令通过 GOOSE 报文发送。相应的返回指示通过串行通信链接的通信分析仪获取。

注 1:这种情况中应该注意通信分析仪对通信接口的时间性能不产生任何影响。

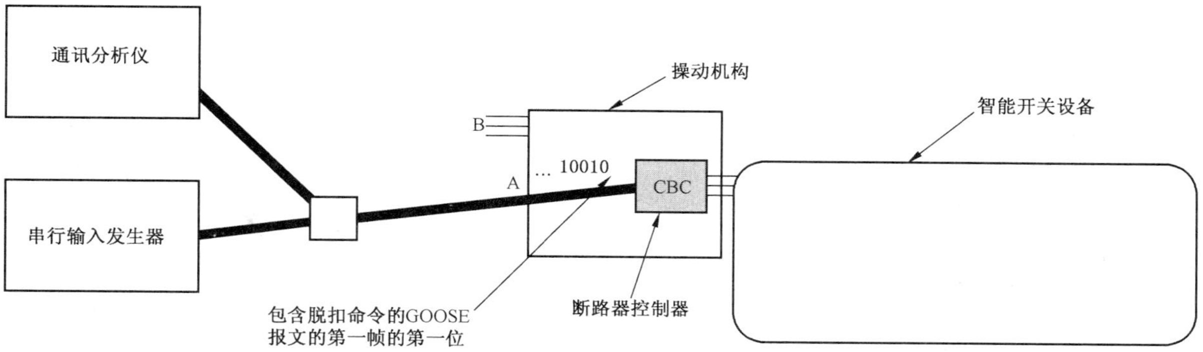

说明:

A——符合 GB/T 11022 的外部链接;

B——符合 GB/T 11022 的内部链接。

图 15 智能开关设备的性能试验(配置 1)

在本试验配置中,使用如下网络负荷:

除了试验中使用的指令外,输入发生器生成下列信息作为通信网络的背景通信量。

1) 7.3.1.4 中描述的 8 kHz 测试报文 1(这相当于采样率为 4 kHz,每一周期内采样两个点的负荷)。
2) 如果装置符合一致性分类 C(支持文件传输),就用被试验的装置重复地上传文件(7.3.1.4 中定义的测试信息 2)。

注 2:重复表示在文件完成接收之后立即再次发出文件上传的请求。

这种背景通信量将在这个指令发出的至少 1 min 前施加。在文件传输请求发出之后,串行输入发生器应立即发送命令,从而使被试验装置处于最苛刻的试验条件。

这个试验包括以下部分:

a) 实际测量的分闸时间与生产厂家给定的分闸时间相比较,如果满足下面 3 个条件,就认为测试通过:
——测量的分闸时间在厂家规定允许的范围之内;
——获得的传输状态返回信息表明开关处于分闸位置(XCBR. pos. stval=OFF);
——发送指令到获得返回指示的时间在厂家给定的允许范围之内。
测试应该重复进行 5 次。
b) 实际测量的合闸时间与生产厂家规定的合闸时间相比较,如果满足下面 3 个条件,就认为测试通过:
——测量的合闸时间在厂家规定的允许范围之内;
——获得的传输状态返回指示表明开关处于合闸位置(XCBR. pos. stval=ON);
——发送指令到获得返回指示的时间在厂家给定的允许范围之内。
测试应该重复进行 5 次。

7.3.1.3 通信设备作为被试智能开关设备一部分的性能试验

这种试验配置见图 10 或图 13。

在这种配置中(图 16),通过通信网络命令(如分合闸命令)直接从串行输入发生器传输到被试设备的开关设备控制器(图 15 所示的断路器控制器)。这些指令通过 GOOSE 报文发送。相应的返回指示由通信分析仪获取。

注 1：这种情况中应该注意通信分析仪对通信接口的时间性能不产生任何影响。

注 2：此试验在开关设备控制器的接口为专有(非标准的)的情况下适用。

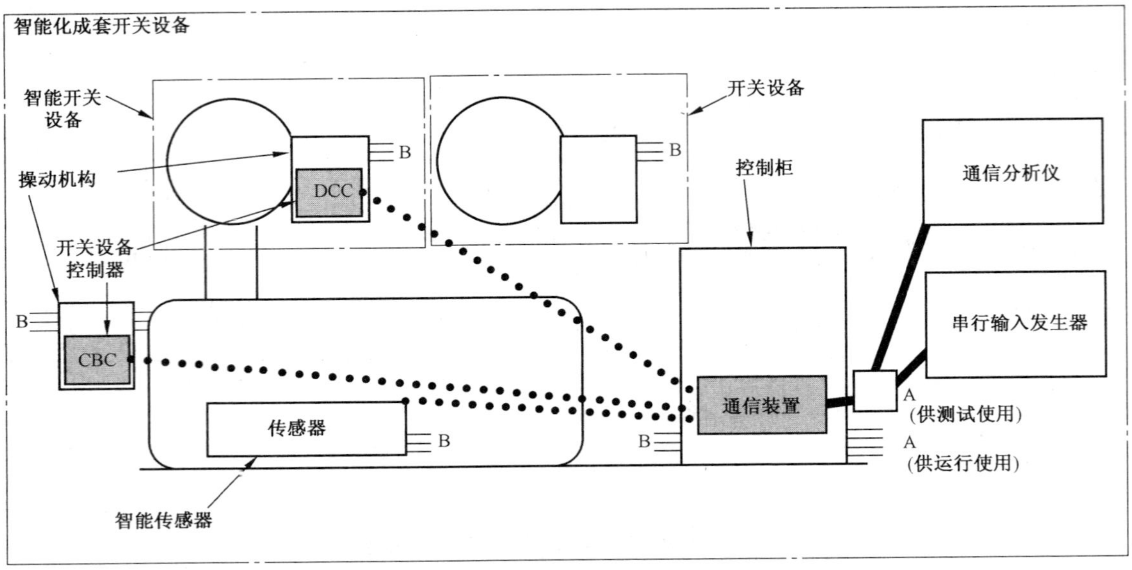

说明：

A ——符合 IEC 60694 的外部链接；

B ——符合 IEC 60694 的内部链接；

DCC ——隔离开关控制器；

CBC ——断路器控制器；

（双细线） 金属并行导线(非串行链接)；

（粗实线） IEC 61850-8-1 规定的串行链接(必备的)；

（圆点线） IEC 61850-8-1 规定的串行链接(可选的)。

图 16 智能开关设备性能试验(配置 2)

在这种试验配置中，可以使用以下网络负荷：

除了试验中使用的指令外，输入发生器生成下列信息作为通信网络的背景通信量：

1) 7.3.1.4 中描述了 8 kHz 测试报文 1(这与采样率分别为 4 kHz 的两个采样点的负荷相一致)

2) 如果装置符合一致性分类 C(支持文件传输)，就用被试验的装置重复地上传文件(7.3.1.4 中定义的测试报文 2)

3) 如果存在其他开关设备控制器(如图 16 中的 DCC)，并且该控制器支持文件传输，从这个控制器重复请求上传文件(7.3.1.4 中定义的测试报文 2)。这种情况只适用于通信网络上背景通信量的产生。

注 3：重复表示在文件完成接收之后立即再次发出文件上传的请求。

这种背景通信量将在这个指令发出的至少 1 min 前应用。在文件传输请求发出之后，串行输入发生器应立即发送命令，从而使被试装置处于最苛刻的试验条件。

这个试验包括以下部分：

a) 实际测量的分闸时间与生产厂家定义的分闸时间相比较，如果满足下面 3 个条件，就认为测试通过：

——测量的分闸时间在厂家规定允许的范围之内；

——获得的传输状态返回信息表明开关处于分闸位置(XCBR. pos. stval=OFF);

——发送指令到获得反馈指示的时间在厂家定义的允许范围之内。

测试应该重复进行5次。

b) 实际测量的合闸时间与生产厂家定义的合闸时间相比较,如果满足下面3个条件,就认为测试通过:

——测量的合闸时间在厂家规定的允许范围之内;

——获得的传输状态返回信息表明开关处于合闸位置(XCBR. pos. stval=ON);

——发送指令到获得返回指示的时间在厂家定义的允许范围之内。

测试应该重复进行5次。

7.3.1.4 在7.3.1.2和7.3.1.3中规定的试验负荷模式

为了产生网络负荷,应定义以下信息:

测试报文1:

这帧报文代表一个测量点(4个电流值和4个电压值)的采样值,如IEC 61850-9-2所定义。

GB/T 15629.3(以太网)多播报文具有以下特征:

——目的地址:01-0c-cd-04-00-00;

——优先级标记:优先级4,VLAN ID 0;

——以太网类型88-ba;

——有效的网络负荷以40-00-00-80开始,后跟128个字节的00。

测试报文2:

这个报文代表IEC 61850-8-1定义的不带优先级标记的2M字节长度的文件(如,监测数据上传)的传输要求。

注:测试报文1和2描述以GB/T 15629.3(以太网)为背景的网络通信,从而占用一部分有效带宽并使得试验情况更加真实。它们可由图15所示的串行输入发生器生成。

测试报文1实际上可用于从一个电流互感器(传统的或非传统的)或一个电压互感器(传统的或非传统的)向几个其他并行装置(例如保护装置)传输测量值(原始数据)。此报文以给定的频率周期性地传输。在试验过程中,实际的互感器和保护装置可以不出现,只要给出它们通信的报文即可。需要向通信专家提供优先级、VLAN ID、以太网等信息以便配置相应的串行输入发生器。

测试报文2实际上用于传输大量数据(用于监控和配置的报文)。如此巨大的传输数据量不能只用一个通信报文,而应该将报文分为几段。这种试验中的信号可来源于被试装置(在这种情况下,同时实现几个任务)或其他装置(只生成背景通信量)。

7.3.2 其他开关设备

对于其他开关设备来说,与之相应的产品标准适用,在使用时应考虑数字接口。

8 例行试验

8.1 概述

参阅附录A中的试验汇总表。

注1:仅对新改进的开关设备控制器(不包括它所控制的开关设备)进行例行试验。关于开关设备控制器的这方面的试验将在本标准的扩展部分进行描述。如果现在要进行此类试验,需要在生产商和用户之间协商进行。

注2:开关设备控制器的定义见3.22。

例行试验用于检验材料和结构的故障。它们不会破坏被试对象的性能和可靠性。例行试验的实施应该涵盖所有厂家生产的每台装置，以保证与已通过型式试验的产品相一致。只要达成共识，所有的例行试验都可以在现场进行(GB/T 11022)。

关于开关设备的产品标准一般都适用。适用时，应考虑数字接口。

适用时作如下补充：

注：下述条款的编号与 GB/T 11022 一致。

8.2 开关设备的时间测量

附属条款 7.3 适用并做以下修正：

——应进行 7.3.1.2 描述的试验，分闸一次，合闸一次；

——应进行 7.3.1.3 描述的试验，分闸一次，合闸一次。

9 询问单、标书、订单应给出的资料

询问单、标书、订单给出的资料应该在开关设备和控制设备的相关标准中定义，对通信接口专门做了如下补充：

——符合 4.3 的一致性分类。按照 IEC 61850-10 的规定不需要提供 PICS(协议实现一致性声明)或 MICS(模型实现一致性声明)；

——支持的逻辑节点(LN)清单和支持的可选数据(符合 IEC 61850-6 的 XML 文件是适用的)；

——冗余通信链接的数量；

——时间特性，在所有限制条件下，对于每一种类型报文，从通信输入端接收到相关报文到开关报文的开关设备动作的时间；

——可用性等级。

10 运输、储存、安装、运行和维护规则

GB/T 11022 的第 10 章适用。

11 安全

GB/T 11022 的第 11 章适用。

附 录 A
（规范性附录）
试验汇总表

表 A.1 试验汇总表

	型式试验（开关设备）	例行试验（开关设备）	系统相关试验（工厂或现场验收试验）
符合 IEC 61850 的通信一致性试验	是 7.2		
符合 IEC 61850 的互操作性试验			是
符合 IEC 61850 的系统和 IED 配置试验			是（仅适用于成套开关设备）
符合本标准的时间特性试验	是 7.3	是 8.2	
符合 IEC 61850 的系统性能试验			是
符合本标准和相关产品标准的开关设备试验	是 7.1	是 8.1	
注：型式试验验证开关设备的设计开发；例行试验验证开关设备的生产；与系统相关试验验证成套开关设备的工程和试运行。			

根据本标准、开关设备的现行标准、IEC 61850-4 和 IEC 61850-10，开关设备应进行的全部试验见表 A.1。试验应将开关设备作为一个独立单元考虑，仅对开关设备接口处输入的反应进行试验（“黑盒试验”）。

试验的基本标准是现行的相关系列标准。由于数字技术和/或数字通信的使用，金属并行线接口已不再使用，因此现行的试验规范也应有所改变。本标准中描述了这些改变。

在间隔层装置中使用开关设备控制器和金属并行线时，现行的开关设备标准适用。这里不再赘述。

与系统相关的试验不在本标准范围内，这些试验都根据具体的工程由生产厂商和用户协商进行。如果需要进行与系统相关的试验，参见 IEC 61850-4 的 7.1.1.2。

附 录 B
（规范性附录）
用于传感器和监测的逻辑节点

B.1 一般要求

注：下面所定义的逻辑节点包括断路器和负荷开关的监测信息。将它们定义为单独的逻辑节点而不是对IEC 61850-7-4 中所定义的逻辑节点进行扩展(例如 XCBR,XSWI)，是为了满足独立监测单元的需要，见图 B.1。

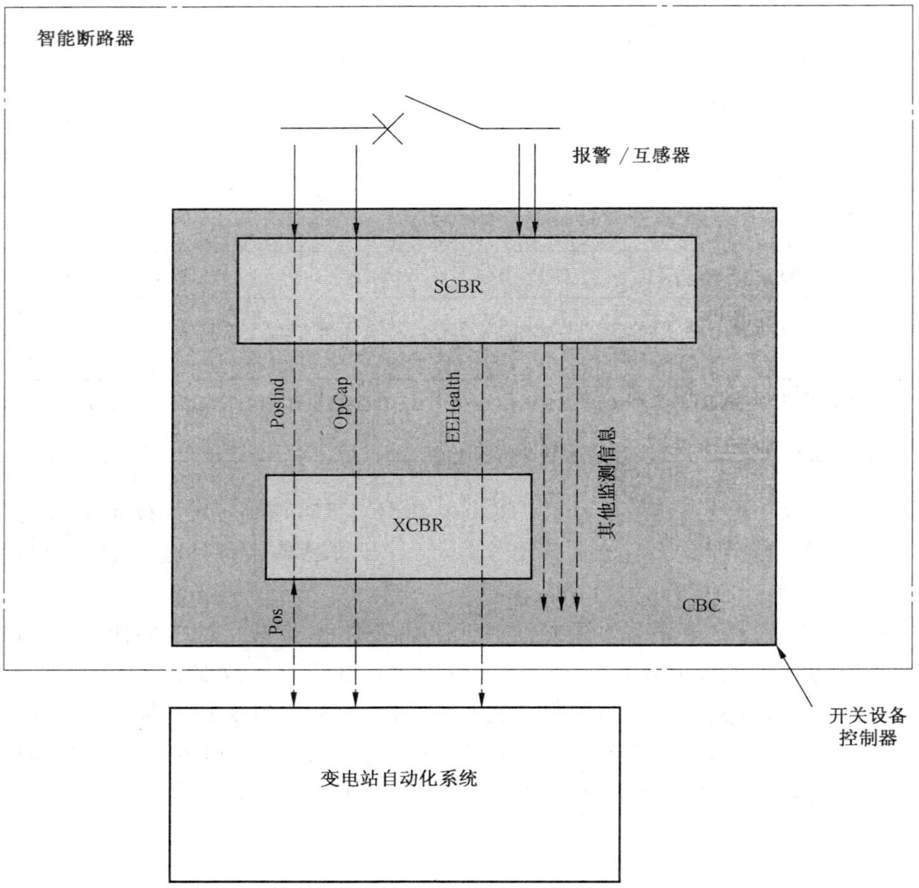

说明：

XCBR 逻辑节点；
CBC 断路器控制器；
Pos 位置；
PosInd 位置指示；
OpCap 操作能力；
EEhealth 外部设备健康状况；
——→ 来自金属并行导线的数据；
- - -→ 数据可以通过串行通信接口传输。

图 B.1 开关设备监测

B.2 用于传感器和监测的附加逻辑节点　　　　LN 组:S

"LN(逻辑节点)组:S"代表"监视"。详见 IEC 61850-7-4。

LN(逻辑节点):断路器监测　　　　名称:SCBR

表 B.1 中逻辑节点(LN)用于断路器监测系统的建模,这些逻辑节点虽然包含在 IEC 61850 中,但在那里它们没有包含足够的数据,因此,将这些逻辑节点和 IEC 61850 中定义的逻辑节点(例如 XCBR)结合使用,以正确表示给出的开关设备。

除强制的通用逻辑节点的信息外,开关设备制造商应指定包含在逻辑节点中的所有数据。这些数据应尽量采用公共数据类并应符合 IEC 61850-7-4 中附录 A 的规定。

表 B.1 用于断路器监测的逻辑节点描述

SCBR 类				
属性名称	属性类型	说明	T	M/O
LNName		应继承逻辑节点类(见 IEC 61850-7-2)		
数据				
公共逻辑节点信息				
		从公共逻辑节点类中继承所有的强制数据		M
EEHealth	INS	外部设备健康状态		O
EEName	DPL	外部设备电子铭牌		O
测量值				
例(资料性)		用户定义数据		
PresNit	MV	储气罐内氮气压力		O
状态信息				
例(资料性)		用户定义数据		
TrCctAlm	SPS	脱扣电路状态报警		O
PosInd	DPS	开关设备位置指示		O

表中,使用下列首字母缩写(见 IEC 61850-7-3):
T　transient data　瞬时数据
O　optional data　可选数据
M　mandatory data　强制数据
INS　Integer Status　整型状态
DPL　Device Name Plate　装置电子铭牌
SPS　Single Point Status　单点状态
DPS　Double Point Status　双点状态

LN: 除断路器外的所有其他开关设备的监测　　　　名称:SSWI

表 B.2 中逻辑节点用于除断路器外的其他所有开关设备(例如隔离开关、空气负荷开关和接地开关等)的监控系统的建模,IEC 61850 中的逻辑节点没有包括足够的数据。这些节点和 IEC 61850 中指定的节点(如 XSWI)结合使用,用来正确表示给出的开关设备。

除强制的公共逻辑节点的信息外,开关设备制造商应指定包含在逻辑节点中的所有数据。这些数据应尽量采用公共数据类并应符合 IEC 61850-7-4 中附录 A 的规定。

表 B.2 除断路器外的各种开关设备逻辑节点描述

SSWI 类				
属性名称	属性类型	说明	T	M/O
LNName		应继承逻辑节点类(见 IEC 61850-7-2)		
数据				
通用逻辑节点信息				
		逻辑节点应继承公共逻辑节点类中所有的强制信息		M
EEHealth	INS	外部设备健康状态		O
EEName	DPL	外部设备电子铭牌		O
测量值				
例(资料性)		用户定义数据		
OilPres	MV	油压		O
状态信息				
例(资料性)		用户定义数据		
MotCctAlm	SPS	电动机回路报警		O
PosInd	DPS	开关设备位置指示		O
表中,使用下列首字母缩写(见 IEC 61850-7-3): T transient data 瞬时数据 O optional data 可选数据 M mandatory data 强制数据 INS Integer Status 整型状态 DPL Device Name Plate 装置电子铭牌 SPS Single Point Status 单点状态 DPS Double Point Status 双点状态				

附 录 C
（规范性附录）
电 子 铭 牌

C.1 断路器电子铭牌的定义

用于逻辑节点 XCBR 的数据 EEName 的公共数据类装置电子铭牌(DPL)扩展见表 C.1。

表 C.1 断路器的电子铭牌

DPL-XCBR 类					
属性名	属性类型	FC		值/取值范围	M/O/C
数据名	继承数据类(见 IEC 61850-7-2)				
数据属性					
从 IEC 61850-7-3:2003 中继承的属性					
vendor	VISIBLE STRING255	DC			M
hwRev	VISIBLE STRING255	DC			O
serNum	VISIBLE STRING255	DC			O
model	VISIBLE STRING255	DC			M
location	VISIBLE STRING255	DC			M
dataNs	VISIBLE STRING255	EX			AC_DLN_M
本标准的扩展定义					
cdcNs	VISIBLE STRING255	EX		"GB 3804"	M
cdcName	VISIBLE STRING255	EX		"DPL-XCBR"	M
namUr	VISIBLE STRING255	DC			M
namUp	VISIBLE STRING255	DC			M
namUs	VISIBLE STRING255	DC			EC_1
namfr	VISIBLE STRING255	DC			EC_2
namlr	VISIBLE STRING255	DC			M
namtk	VISIBLE STRING255	DC			EC_3
namlsc	VISIBLE STRING255	DC			M
namlscDC	VISIBLE STRING255	DC			EC_4
namkpp	VISIBLE STRING255	DC			EC_5
namld	VISIBLE STRING255	DC			O
namll	VISIBLE STRING255	DC			EC_6
namlc	VISIBLE STRING255	DC			EC_7
namlsb	VISIBLE STRING255	DC			O

表 C.1（续）

DPL-XCBR 类					
属性名	属性类型	FC		值/取值范围	M/O/C
数据名	继承数据类(见 IEC 61850-7-2)				
本标准的扩展定义					
namlbb	VISIBLE STRING255	DC			O
namlsi	VISIBLE STRING255	DC			EC_8
namlbi	VISIBLE STRING255	DC			O
namprm	VISIBLE STRING255	DC			O
nampre	VISIBLE STRING255	DC			O
namUop	VISIBLE STRING255	DC			O
namfop	VISIBLE STRING255	DC			O
namUa	VISIBLE STRING255	DC			O
namfa	VISIBLE STRING255	DC			O
namM	VISIBLE STRING255	DC			EC_9
namMfl	VISIBLE STRING255	DC			EC_10
namOpSeq	VISIBLE STRING255	DC			M
namYear	VISIBLE STRING255	DC			M
namTC	VISIBLE STRING255	DC			EC_11
namCI	VISIBLE STRING255	DC			EC_12
namStd	VISIBLE STRING255	DC			M
表中,使用下列首字母缩写: FC:功能约束 这是表征指定用途的相关数据的一种性质 在本标准中,它为: EX(数据用来作为扩展信息,数据不可写) DC(数据用来描述:数据可读写) 更多信息见 IEC 61850-7-3 M:强制 O:可选 C:条件(根据 C.3 给出的条件)					

C.2 除断路器以外的开关设备电子铭牌的定义

用于逻辑节点 XSWI 的数据 EEName 的 DPL 扩展见表 C.2。

表 C.2　除断路器以外的开关设备电子铭牌的定义

属性名称	属性类型	FC	值/取值范围	M/O/C	
数据名称	继承数据类(见 IEC 61850-7-2)				
数据属性					
从 IEC 61850-7-3:2003 继承的属性					
vendor	VISIBLE STRING255	DC			M
hwRev	VISIBLE STRING255	DC			O
swRev	VISIBLE STRING255	DC			O
serNum	VISIBLE STRING255	DC			M
model	VISIBLE STRING255	DC			M
location	VISIBLE STRING255	DC			O
dataNs	VISIBLE STRING255	EX			AC_DLN_M
本标准的扩展定义					
cdcNs	VISIBLE STRING255	EX		"GB 3804"	M
cdcName	VISIBLE STRING255	EX		"DPL-XSWI"	M
namUr	VISIBLE STRING255	DC			M
namUp	VISIBLE STRING255	DC			M
DPL-XSWI 类					
namUs	VISIBLE STRING255	DC			M
namlr	VISIBLE STRING255	DC			EC_13
namlk	VISIBLE STRING255	DC			M
namtk	VISIBLE STRING255	DC			EC_3
namPre	VISIBLE STRING255	DC			M
namF	VISIBLE STRING255	DC			O
namMr	VISIBLE STRING255	DC			EC_14
namEr	VISIBLE STRING255	DC			EC_15
namm	VISIBLE STRING255	DC			O

表中,使用下列首字母缩写:
FC:功能约束
这是表征指定用途的相关数据的一种性质
在本标准中,它为:
EX(数据用来作为扩展信息,数据不可写)
DC(数据用来描述:数据可读写)
更多信息见 IEC 61850-7-3
M:强制
O:可选
C:条件(根据 C.3 给出的条件)

注 1:表中最左列和最右列的信息都是来自 GB 3804 的综合缩写。

注 2:AC_DLN_M 由 IEC 61850-7-3 定义并和 IEC 61850 系列命名空间概念相对应,命名空间的概念用来解释在本标准中唯一使用的名字,以便于所有 IEC 61850 设施和其他更多的扩展。

C.3 包含的属性条件

表 C.3 包含的属性条件

缩写	条件
EC_1	额定电压在 300 kV 及以上
EC_2	50 Hz 和 60 Hz 都不适用的情况下
EC_3	不同于 1s 时
EC_4	超过 20%时
EC_5	额定电压为 100 kV～170 kV,不同于 1,3 时
EC_6	额定电压大于或等于 72.5 kV
EC_7	额定电压小于或等于 52 kV
EC_8	考虑到电容器组关合涌流
EC_9	质量超过 300 kg
EC_10	油或气体断路器
EC_11	室内低于－5 ℃或室外低于－25 ℃
EC_12	不同于 E1,C1 和 M1
EC_13	不同于 10
EC_13	隔离开关
EC_14	不同于 M0 或 E0 级的隔离开关
EC_15	不同于 M0 或 E0 级的接地开关

ICS 27.040
K 54

中华人民共和国国家标准

GB/T 28812—2012

地热发电用汽轮机规范

Steam turbine specification for geothermal power station

2012-11-05 发布 2013-05-01 实施

中华人民共和国国家质量监督检验检疫总局
中国国家标准化管理委员会 发布

前　言

本标准按照 GB/T 1.1—2009 给出的规则起草。

本标准由中国电器工业协会提出。

本标准由全国汽轮机标准化技术委员会(SAC/TC 172)归口。

本标准负责起草单位:青岛捷能汽轮机集团股份有限公司。

本标准参加起草单位:西安热工研究院有限公司、上海发电设备成套设计研究院。

本标准主要起草人:张强、杨寿敏、吴东成、陈进、叶奋、张英。

地热发电用汽轮机规范

1 范围

本标准规定了地热发电用汽轮机(以下简称地热汽轮机)及其主要辅助设备的术语和定义、技术要求、试验和检验等的基本要求。

本标准适用于利用地热流体为工质,驱动发电机的固定式发电用汽轮机。

本标准不适用于下列地热汽轮机:

a) 直接利用地热流体作工质的两相流旋转透平。

b) 利用地热流体加热低沸点有机工作流体作工质的汽轮机。

2 规范性引用文件

下列文件对于本文件的应用是必不可少的。凡是注日期的引用文件,仅注日期的版本适用于本文件。凡是不注日期的引用文件,其最新版本(包括所有的修改单)适用于本文件。

GB/T 5578 固定式发电用汽轮机规范

GB/T 7441 汽轮机及被驱动机械发出的空间噪声的测量

JB/T 2862 汽轮机包装技术条件

JB/T 2900 汽轮机涂装技术条件

JB/T 2901 汽轮机防锈技术条件

3 术语和定义

下列术语和定义适用于本文件。

3.1

地热发电 geothermal power generation

利用地热流体的热能转换为电能的发电方式。

3.2

地下热水 hot water under ground

从地热井中提取的热水。

3.3

不凝结气体 non-condensable gas

地热流体中所包含的在地热发电全热力循环过程中,不能凝结为液态的气体。

3.4

汽水混合物 steam and water mixture

地热蒸汽和地下热水的两相混合物。

3.5

汽水分离器 steam separator

使汽水混合物中的热水和固体杂质分离出来,产生湿蒸汽的装置。

3.6

扩容器　flasher

使热水经过减压扩容产生湿蒸汽的装置。

3.7

地下干蒸汽　dry steam under ground

从地热井中提取的过热蒸汽。

3.8

地热流体　geothermal fluid

从地热井中提取的热水或汽水混合物或干蒸汽。

3.9

地热蒸汽　geothermal steam

从地热井中提取的湿蒸汽或者是经汽水分离器或扩容器产生的湿蒸汽。

3.10

气汽比　rate of gas and steam

不凝结气体在地热蒸汽中所占的比例，其表示方式为：

$$P_v=\frac{V_g}{V_s}\times 100\% \text{或} P_g=\frac{G_g}{G_s}\times 100\%$$

式中：

P_v——气汽比（体积分数），%；

V_g——地热蒸汽中不凝结气体的体积，m^3；

V_s——地热蒸汽体积，m^3；

P_g——气汽比（质量分数），%；

G_g——地热蒸汽中不凝结气体的质量，kg；

G_s——地热蒸汽质量，kg。

3.11

一次蒸汽　primary steam

地热汽轮机采用两级或两级以上扩容热力循环系统时，经一级汽水分离器或一级扩容器产生的蒸汽。

3.12

二次蒸汽　secondary steam

地热汽轮机采用两级或两级以上扩容热力循环系统时，自一级汽水分离器或一级扩容器排出的热水经二级扩容器产生的蒸汽。

3.13

汽水比例　rate of steam and water

汽水混合物中蒸汽质量与热水质量之比。

3.14

高位式（大气压力式）　high level (atmospheric pressure)

凝汽器内凝结水依靠自重由热井排至大气压力空间的一种布置方式。

3.15

低位式　low level

凝汽器凝结水依靠凝结水泵排出热井的一种布置方式。

4 技术要求

4.1 总则

4.1.1 用户在订货时至少应向制造厂提供下列资料,作为制造厂设计地热汽轮机及其辅助设备时的依据。

4.1.1.1 电站环境条件和气候条件。基本内容见附录A。

4.1.1.2 地热井的流量特性曲线、衰减速率。

4.1.1.3 地热流体的性质和化学成分。基本内容见附录B。

4.1.1.4 地热蒸汽的气汽比和不凝结气体、凝结水、冷却水的化学成分。基本内容见附录C。

4.1.1.5 从地热井中取得的地热流体对材料的腐蚀试验结果。长期腐蚀试验结果的基本内容见附录D。

4.1.1.6 地热流体在汽水分离器或扩容器前的流量、压力和温度。

4.1.1.7 制造厂因设计需要而要求用户提供的其他资料。

4.1.2 为使地热汽轮机尽可能不因结垢或其他原因导致输出功率下降而影响地热汽轮机输出功率达不到铭牌功率,制造厂在设计地热汽轮机时可考虑地热汽轮机有20%的功率储备。

4.1.3 制造厂应给出确保地热汽轮机长期连续安全运行的地热汽轮机进汽的蒸汽品质。其项目为:

a) 蒸汽湿度<0.5%;

b) 不溶性固体<5 μg/g(Cl<1 μg/g;SiO_2<1 μg/g; Fe<1 μg/g)。

4.1.4 制造厂应给出地热汽轮机的额定功率和连续运行的最大功率。

4.1.5 制造厂对下列运行工况应有明确规定:

a) 蒸汽参数高于或低于额定值时的运行规定;

b) 允许长期连续运行的最低负荷;

c) 甩负荷后的运行规定;

d) 不允许长期连续运行的工况。

4.1.6 地热汽轮机转速在98%~101%额定转速范围内允许长期连续运行。

4.1.7 制造厂应给出保证汽耗值的条件。

4.1.8 地热汽轮机在正常运行条件下,在各轴承座上测得的全振幅振动值不大于0.025 mm。

4.1.9 地热汽轮机的噪声限值由用户和制造厂在订货合同中予以明确。

4.1.10 制造厂应提供汽机本体保温设计图,用户应严格按照保温设计和保温施工所规定的要求对设备进行可靠的保温。

4.1.11 地热汽轮机的热力循环系统和地热汽轮机的进排汽参数值由制造厂和用户在进行技术经济分析后确定。可供选择的几种基本热力循环系统参见附录E。

4.1.12 地热汽轮机单机容量大小由用户和制造厂共同商定。

4.1.13 本标准未规定的项目应符合GB/T 5578。当用户或制造厂有特殊要求时,双方应通过协商在订货合同中予以明确。

4.2 地热汽轮机本体

4.2.1 设计要求

地热汽轮机本体设计应考虑各零部件在接触地热蒸汽、凝结水所产生的腐蚀、磨蚀、水蚀和结垢的影响,并采取措施减小这些影响。

4.2.2 汽缸和隔板

4.2.2.1 汽缸可以采用铸造或钢板焊接结构。必要时内表面应采取防腐措施。内部易受冲击的部位可加装防冲板。

4.2.2.2 汽缸内部应尽量避免形状突变,在容易积水,沉积固体微粒和聚集腐蚀性气体的部位应采用易于排放的结构。

4.2.2.3 隔板应有去湿疏水措施。

4.2.3 转子和叶片

4.2.3.1 转动部件应考虑硫化氢等气体造成的应力腐蚀开裂和腐蚀疲劳等影响,谨慎地选用材料的安全系数。

4.2.3.2 转动部件应尽量减少与蒸汽接触的表面。在接触高速汽流部分应尽可能降低表面粗糙度数值。

4.2.3.3 动叶片和静叶片之间的距离应考虑汽流所携带的水滴对动叶片的冲蚀和结垢的影响,适当放大动静叶片的间距。

4.2.3.4 各级动叶、静叶按其所担负的工况条件应采用有效的去湿措施。

4.2.3.5 动叶片设计时应考虑由于结垢而可能出现改变动叶片固有振动频率所造成的影响。

4.2.3.6 末级或末几级动叶片的进汽侧应采用防止水冲蚀的强化措施。

4.2.4 汽封

4.2.4.1 地热汽轮机端部轴封应能可靠地防止地热蒸汽或凝结水进入轴承座和油系统。

4.2.4.2 为防止硫化氢等气体腐蚀,汽机轴封和隔板汽封的材料一般应采用不锈钢,严禁使用铜合金材料。

4.3 调节保安系统

4.3.1 地热汽轮机一般采用全周进汽、节流调节方式,调节系统采用机械液压式调节系统或电-液调节系统。

4.3.2 主汽阀和调节阀的结构应考虑防止因腐蚀、结垢使阀产生卡涩、粘连的措施。

4.3.3 采用两级或两级以上扩容循环系统时,调节系统应能协调控制全系统各次调节阀的开度。

4.3.4 为方便地控制机组启动时地热汽轮机的升速,可设置一启动旁通阀。机组启动时,在主汽阀关闭条件下,启动旁通阀全开时的通过流量,应能达到制造厂所规定的一定转速。启动旁通阀可置于主汽阀内,也可置于主汽阀外。

4.3.5 地热汽轮机的保护系统可按 GB/T 5578 的相关部分执行。

4.3.6 当机组甩负荷时,调节汽阀迅速关闭。若调节阀后管道容积过大,其内残存的蒸汽有可能引起机组超速,为避免这一情况发生,应在调节汽阀后设置紧急旁路,迅速将其内蒸汽排入凝汽器中。

4.3.7 采用低位布置的混合式凝汽器,当凝结水泵出现故障导致凝汽器水位急剧上升时,应有可靠的措施防止水位进一步上升而引起地热汽轮机损坏。

4.3.8 地热汽轮机一般应有下列报警项目,在超过其规定极限值时发出信号报警:

a) 转速过高;

b) 轴承座或轴的振动过大;

c) 轴位移过大;

d) 润滑油压过低;

e) 轴承排油温度过高;

f) 油箱油位过低；

g) 油箱油位过高；

h) 排汽压力过高；

i) 汽水分离器或扩容器水位过高；

j) 凝汽器水位过高。

4.3.9 跳闸系统应包含下列装置，但其中任何一个装置动作均应导致保护系统动作：

a) 超速保护装置；

b) 地热汽轮机就地手动遮断装置；

c) 遥控操作的危急停机装置；

d) 低凝汽真空保护装置；

e) 进汽压力过低跳闸保护装置(必要时)；

f) 润滑油压过低跳闸保护装置；

g) 轴向位移跳闸保护装置；

h) 电子调节器故障跳闸保护装置；

i) 由发电机或其辅助系统故障引发的跳闸保护装置，例如发电机定子线圈断水；

j) 电气系统故障跳闸保护装置。

4.4 监视仪表

应设置下述监视仪表：

a) 转速：地热汽轮机的转速；

b) 负荷：发电机的输出电功率(通常该仪表不包括在地热汽轮机合同内)；

c) 转子和轴承座(或汽缸)的位移：

1) 在远离推力轴承端测量转子相对于轴承座(或汽缸)的轴向相对位移(胀差)，

2) 转子(推力盘)相对于推力轴承的相对位移(轴向位移)，

3) 轴承座(或汽缸)相对于基础的轴向位移(绝对热膨胀)；

d) 振动：轴承座或转子的振动；

e) 阀门开度：主汽阀、调节汽阀的开度；

f) 水位：汽水分离器(或扩容器)、凝汽器的水位；

g) 另外应供应 4.3.8 和 4.3.9 列出的报警和跳闸监视保护装置。

4.5 汽水分离器

4.5.1 汽水分离器的设计压力应与本设备所配安全泄放装置的开启压力相同。设计温度为设计压力对应的蒸汽饱和温度。

4.5.2 设计汽水分离器应考虑的基本事项：

a) 汽水分离器入口处汽水混合物的流量和汽水比例等。

b) 应采用热水和固体杂质易于分离的结构；确定合理的介质流速。以使汽水分离器产生的蒸汽符合 4.1.5 的规定。

c) 内部构件设置应使蒸汽的压力损失尽量小。压力损失值应低于分离器内压力值的 1.5%。

d) 应采用易于清除内部积存的杂质和结垢物的结构。

e) 热水应能在分离器内部保持一定水位又能连续不断地排出，即应有良好的水位控制装置和安全排水措施。

f) 汽水分离器通常采用不锈钢材质或普通碳钢加涂防腐涂料。

4.6 扩容器

4.6.1 正压扩容器的设计压力应与本设备所配安全泄放装置的开启压力相同。设计温度为设计压力对应的蒸汽饱和温度。

4.6.2 设计扩容器应考虑的基本事项：

a) 扩容器应有足够的降压扩容空间；良好的分离结构和合理的介质流速，使扩容器产生的蒸汽符合 4.1.5 的规定；

b) 应采用热水和固体杂质易于分离的结构；确定合理的介质流速，以使汽水分离器产生的蒸汽符合 4.1.5 的规定；

c) 二级及二级以后扩容器的应考虑当地热汽轮机负荷降低时，其内部压力下降对排放热水的影响；

d) 扩容器通常采用不锈钢材质或普通碳钢加涂防腐涂料；

e) 其余按 4.5.2c)和 4.5.2d)及 4.5.2e)的规定。

4.7 凝汽器

4.7.1 地热汽轮机采用凝汽式时，其凝汽器一般选用地热汽轮机排汽和冷却水直接接触的混合式凝汽器。

4.7.2 凝汽器的布置方式可以是高位式(大气压力式)或低位式。

4.7.3 凝汽器内部冷却水的喷淋方式可以是水帘式。其他有效的方式也可以采用。

4.7.4 设计凝汽器应考虑的基本事项：

a) 地热汽轮机排汽中不凝结气体的含量；

b) 冷却水的水质；

c) 内部结构简单，方便检修和清理内部积存的杂质和结垢物；

d) 合理安排蒸汽和冷却水的流向，以取得良好的换热效果并尽量减少汽阻；

e) 凝汽器材质通常采用普通碳钢加涂防腐涂料。

4.8 抽真空设备

4.8.1 在确定抽真空设备型式时，制造厂应作详尽的技术经济分析。

4.8.2 在作技术经济分析时，必须综合考虑以下内容：

a) 用于抽真空设备的能量消耗及对电站经济性的影响；

b) 抽真空设备的投资、维护和使用寿命等；

c) 电站是否有经济的，并可作为射汽抽气器工作蒸汽的汽源。

4.8.3 在选用二级射汽抽气器时应考虑：

a) 抽气器的工作蒸汽为地热蒸汽时，抽气器的冷却器应采用混合式凝汽器；

b) 射汽抽气器排气管高度，应能防止对厂房设备的腐蚀和环境的污染。

4.8.4 在选用射水抽气器时应考虑设置二台以上抽气器，并考虑射水泵的腐蚀问题。

4.9 汽水管道

4.9.1 正压汽水管道的设计压力和设计温度，应取同一管系中离所设计管道进口侧最近的设备或容器的设计压力和设计温度。

4.9.2 所有蒸汽管道及阀门等易于积水的部位都应有疏水措施。

4.9.3 所有处于负压的管道均应采用防止空气渗入的措施。

4.9.4 为了提高进入地热汽轮机的蒸汽品质，应在主汽阀前蒸汽管道上加设除湿装置及蒸汽滤网。

4.9.5　轴封抽汽系统应能防止蒸汽漏泄污染环境及汽水漏入轴承座。

4.9.6　为保证地热汽轮机安全运行，联接地热汽轮机的管道应有防止对地热汽轮机产生超过允许推力的措施。

4.9.7　凝汽器采用高位布置时，在低于凝汽器进汽口的排汽管道最低积水部位，应设置一疏水装置，不断排出排汽管道内的积水。

4.9.8　所有管道的管壁厚度应是强度计算所得壁厚和考虑了腐蚀、磨蚀等因素所加裕量之和。

4.9.9　在主蒸汽管拐弯处钻腐蚀预警孔，以防止管道爆炸，该孔深不应超过管壁厚的50%。

4.10　材料和材料保护

4.10.1　制造厂在设计地热汽轮机及其辅助设备时，对材料和材料保护措施的选用要以4.1.1.5为依据。

4.10.2　当用户尚无条件提供4.1.1.5所述资料时，用户应向制造厂提供其他类似井孔地热流体的材料腐蚀试验结果、电站实际运行对材料腐蚀问题的报告或实验室模拟试验数据。

4.10.3　制造厂应根据4.1.1.5或4.10.2提供的资料分析零部件所处介质条件下，可能产生的材料腐蚀类型和水蚀、结垢的影响，谨慎地选用材料和材料保护措施。

4.10.4　对于下述条件的零件应首先考虑选用普通材料或采取可靠的材料保护措施：

a)　强度和刚度足够大的非运动零件；

b)　结构上允许增加足够腐蚀裕量的零件；

c)　在电站现场维修时易于更换的零件；

d)　采用保护措施的基体材料，在两次检修间如发生材料保护措施失效，不影响安全的零件；

e)　在材料保护措施失效后，电站现场能方便地更新或修复的零件。

4.10.5　地热汽轮机及其辅助设备的常用材料。列表见附录F。可供制造厂设计选材时参考。

4.11　运行和维护

4.11.1　地热汽轮机应合理地用于担负电网的基本负荷，并在额定参数下长期连续运行。

4.11.2　应尽量减少非检修计划内的停机次数。在必须停机时应尽量避免空气进入热力系统。

4.11.3　地热汽轮机正常运行期间应加强监测，下列项目应特别注意监视：

a)　进排汽参数值；

b)　通流部分中间级段的压力变化；

c)　转子位移和汽缸膨胀；

d)　主汽阀、调节阀开度变化；

e)　汽水分离器或扩容器、凝汽器的水位变化；

f)　凝结水、冷却水水质变化。

4.11.4　主汽阀和调节阀应定期进行微量活动或开闭试验，以确认阀动作的灵活性。严防因腐蚀、结垢产生卡涩使阀动作不灵而造成事故。

4.11.5　排大气阀、安全阀等阀门应定期做动作试验。防止因腐蚀或结垢使阀门卡死。

4.11.6　定期检查设备及管道的腐蚀、结垢情况，并及时清理。对涂有保护涂料的设备应定期检查保护层是否脱落。

4.11.7　凡需防冻的仪表及其附件都应采取适当的防冻措施。

4.11.8　有关运行维护方面的详细要求，制造厂应在所提供的技术文件中予以说明，用户应按制造厂的要求执行。

5 试验和检验

5.1 调节、保安部套及其他规定在制造厂内进行试验的部套均应在出厂前进行试验。试验结果必须符合设计要求。

5.2 地热汽轮机一般要求在制造厂内进行空负荷试车。

5.2.1 参加空负荷试车的地热汽轮机本体和调节、保安部套必须是属于本地热汽轮机配套的,并经总装检验合格后方可进行空负荷试车。通过空负荷试车的部套不允许和其他机组的部套对换。

5.2.2 空负荷试车应严格按照制造厂制定的空负荷试车规程进行。

5.2.3 空负荷试车的全部检验考核项目应按有关检验规定逐项检验,主要检验结果填入产品合格证明书。

5.2.4 空负荷试车厂内检验考核项目:

a) 采用电动盘车装置时,应首先作投入和自动解脱试验;
b) 调速系统静态特性试验;
c) 超速保护试验;
d) 轴向位移保护装置动作试验;
e) 在启动、升速和额定转速下应运行平稳。在连续运行试验中振动值小于 0.025 mm。

5.2.5 若试车厂内不具备空负荷条件,需在电站调试时检验考核项目:

a) 主汽阀全关闭时间;
b) 各保护泵自启动和自关闭试验;
c) 各报警装置的报警试验;
d) 测绘停机惰走曲线;
e) 电磁切断装置动作试验。

5.3 制造厂检验部门应按照 5.1～5.2 规定对每台地热汽轮机及其辅助设备进行验收。验收合格后发放产品合格证明。

5.4 地热汽轮机在电站安装调试阶段应进行 72 h 带负荷试验,其试验项目参照有关规定,由用户和制造厂共同商定执行。

5.5 当用户要求检验或考核试验时,由用户和制造厂共同商定。

6 供应范围

6.1 地热汽轮机成套供应范围总的要求

6.1.1 地热汽轮机成套供应范围包括地热汽轮机成套供应项目和随机技术文件供应项目两部分。

6.1.2 制造厂成套供应范围的设备应达到完整。符合本标准规定的技术要求和用户在订货合同中提出的技术要求。

6.1.3 用户对本标准规定的供应范围内的项目如有变动要求,用户和制造厂可共同协商,并在订货合同中予以明确。

6.2 地热汽轮机成套供应项目

a) 地热汽轮机主机部套;
b) 主汽阀、调节阀、调节保安油路系统各部套;
c) 辅助设备(包括汽水分离器或扩容器、凝汽器、抽气器、冷油器等);
d) 热力系统图中所表示供应范围内的汽水管路及附件;

e) 油系统管路及附件；
f) 随机专用工具；
g) 随机备品备件；
h) 制造厂在“供货清单”中列出的其他项目。

6.3 随机技术文件供应项目

a) 产品技术规范和热力技术特性；
b) 产品技术性能说明和主要技术条件；
c) 产品技术经济指标和保证条件；
d) 产品安装使用说明(包括安装、启动、运行、维护、停机等)；
e) 交货验收项目和要求；
f) 随机图样；
g) 随机供应图样和技术文件清单；
h) 供应项目清单；
i) 产品合格证明书：
  1) 总装记录；
  2) 部套试验记录；
  3) 空负荷试车记录；
  4) 大型铸锻件及重要部件材料理化检验记录；
j) 发货装箱清单。

7 保证与担保

7.1 在运输和保管良好的情况下，制造厂对地热汽轮机零部件防锈的负责期自发货日起算为 12 个月。

7.2 地热汽轮机一般应在制造厂发货完毕后 12 个月内安装完毕，制造厂保证在规定的运行条件下，地热汽轮机试运行后 12 个月内运行正常，且无设计、材料或工艺方面的缺陷。

7.3 若在保证与担保期内发现任何因设计和制造质量问题而不能正常运行或造成零部件损坏，制造厂应负责无偿修理或更换零部件。

7.4 如因地热汽轮机通流部分结垢严重，用户应采取防垢、防堵措施或缩短检修周期予以解决。

7.5 地热汽轮机运行 12 个月应进行第一次大修。以后地热汽轮机的大修周期为 18 个月。

8 标志、包装、运输和储存

8.1 标志

8.1.1 地热汽轮机及其辅助设备都应有固定铭牌。铭牌尺寸和材质应符合有关规定。

8.1.2 铭牌上标志的项目、技术规范内容应符合图样要求，标志应清晰、醒目。

8.1.3 调节、保安部套，重要的阀门等应有表示其行程、转角、操作方向等明显易辨的指示、标志。对于运输或检修时可能发生危险的部件必须有醒目的特殊标志。

8.1.4 重要零部件应根据图样规定，在一定位置上标明装配的编号，采用的材料和检验合格的标志。

8.2 包装和运输

8.2.1 地热汽轮机及其辅助设备应在取得出厂合格证、备品备件、随机工具、随机供应的图样和技术文件完整并经包装检验合格后方可出厂。

8.2.2 地热汽轮机的防锈、涂装、包装应符合JB/T 2901、JB/T 2900、JB/T 2862的规定。

8.2.3 当用户地处边远地区，对产品包装、运输、单件包装质量及外形尺寸限制等问题有特殊要求时，用户均应在订货合同中予以明确。

8.2.4 和地热汽轮机配套的外购设备的包装和运输要求按该设备制造厂制定的有关规定。

8.3 储存

在运出工厂之前，为防止运往现场途中和在安装前的储存阶段发生腐蚀、应力腐蚀和装卸损坏，所有地热汽轮机部件均应适当包装保护。储存条件和时间应由供需双方商定。

附　录　A
（资料性附录）
环境和气候条件

A.1 环境和气候条件包括：

- 安装地点。
- 海拔高度。
- 大气压力。
- 冷却水
  - a） 设计温度；
  - b） 供水方式；
  - c） 年最高水温；
  - d） 年最低水温；
  - e） 水质条件。
- 环境温度
  - a） 最高；
  - b） 最低；
  - c） 年平均。
- 风力或基本风压值。
- 冻土层厚度。
- 地震烈度。

附　录　B
（资料性附录）
地热流体性质和化学成分

B.1 地热流体性质和化学成分包括：

- 温度（℃）。
- pH 值。
- 硬度（mmol/L）。
- 溶解二氧化硅（mg/L）。
- 游离 CO_2（mg/L）。
- 总固形物（mg/L）。
- 灼烧残渣（mg/L）。
- 总碱度（mmol/L）。

附 录 C
（资料性附录）
地热蒸汽的气汽比和不凝结气体、凝结水、冷却水化学成分

C.1 表 C.1 给出了用户需提供的地热蒸汽的气汽比和不凝结气体、凝结水、冷却水化学成分资料。

表 C.1 地热蒸汽的气汽比和不凝结气体、凝结水、冷却水化学成分

名 称	化 学 成 分	单 位	数 值
不凝结气体	硫化氢 二氧化碳 氢 氨 偏硼酸	%	
凝结水	钾 钠 硅酸 二氧化碳 硫酸根 氯根 硫化氢	mg/L	
凝结水 pH 值			
冷却水	氯根	mg/L	
冷却水 pH 值 冷却水硬度		mmol/L	
气汽比		%	

附 录 D
（资料性附录）
材料长期腐蚀试验结果

D.1 表 D.1 给出了用户需提供的材料长期腐蚀试验结果。

表 D.1 材料长期腐蚀试验结果

电站名称	号 井		号 井	
材 料	腐蚀度/(mm/年)		腐蚀度/(mm/年)	
	蒸 汽	热 水	蒸 汽	热 水
碳钢				
碳钢铸件				
灰铸铁				
13 铬钢				
铝				
铜				
碳钢(表面有涂料)				
碳钢(表面渗铝)				

附 录 E
（资料性附录）
基本热力循环方式

E.1 地热蒸汽循环系统

E.1.1 凝汽式

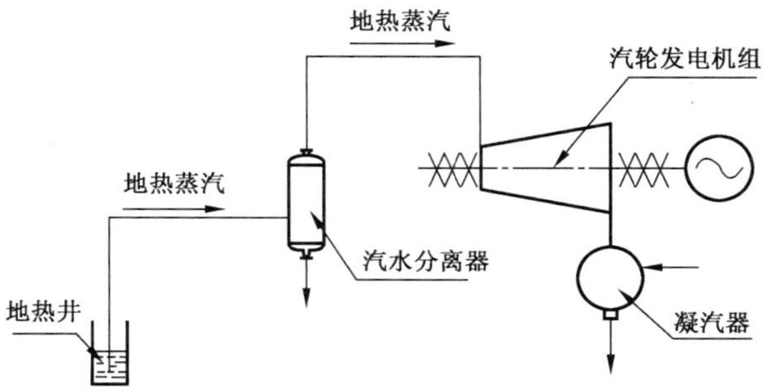

E.1.2 背压式

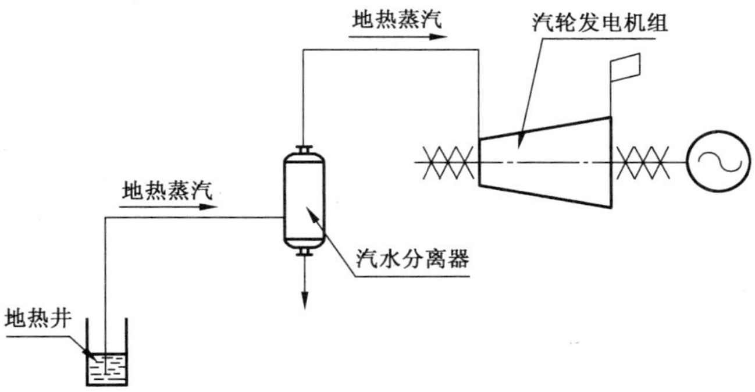

E.1.3 地热水减压扩容循环系统

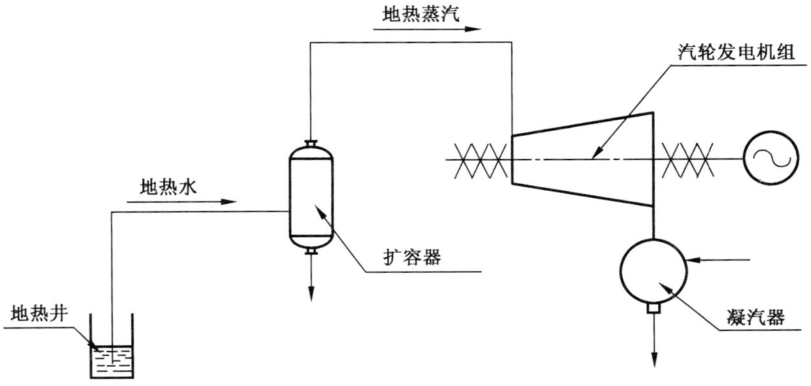

附 录 F
（资料性附录）
地热汽轮机及其辅机设备常用材料

F.1 表F.1给出了地热汽轮机及其辅助设备常用材料。

表F.1 地热汽轮机及其辅助设备常用材料

名称		材料
地热汽轮机本体	汽缸 主轴、叶轮 叶片 隔板 汽封片	铸钢；碳钢板 铬钼钢 13铬钢 碳钢；铸铁 13铬钢；铬钼钢
凝汽器		碳钢板（内表面涂防腐涂料）
冷油器	冷却管 管板	13铬钢；铬镍钢；钛 13铬钢；碳钢板
汽水分离器 扩容器	外壳 内部构件	铬镍钢；碳钢板（内表面涂防腐涂料） 铬镍钢
阀门	阀体 阀板	铸钢 铬钼钢
管道	蒸汽管道 水管道 油管道	碳钢 碳钢 碳钢；铬镍钢